结构设计计算与实例

钢结构设计计算与实例

本书编委会　编

人民交通出版社
China Communications Press

内 容 提 要

本书以现行规范《钢结构设计规范》(GB 50017—2003)、《冷弯薄壁型钢结构技术规范》(GB 50018—2002)为基础，结合作者实践经验总结编写而成。主要内容包括：受弯构件的计算，轴心受力构件和拉弯、压弯构件的计算，疲劳计算，连接计算，构件的连接设计，围护结构计算，屋架结构、支撑系统的计算，吊车梁设计，门式刚架、钢-混凝土组合结构等。第十二章为实际工程算例，方便读者借鉴、参考。

本书可供钢结构设计和监理人员使用，也可供建筑结构专业大专院校师生学习参考。

图书在版编目(CIP)数据

钢结构设计计算与实例/本书编委会编. —北京：人民交通出版社，2008.9

ISBN 978-7-114-07027-3

Ⅰ.钢… Ⅱ.本… Ⅲ.①钢结构—结构设计②钢结构—结构计算 Ⅳ.TU391

中国版本图书馆 CIP 数据核字(2008)第 029963 号

书　　名：钢结构设计计算与实例
著 作 者：本书编委会
责任编辑：邵　江
出版发行：人民交通出版社
地　　址：(100011)北京市朝阳区安定门外外馆斜街 3 号
网　　址：http://www.ccpress.com.cn
销售电话：(010)59757969，59757973
总 经 销：北京中交盛世书刊有限公司
经　　销：各地新华书店
印　　刷：北京牛山世兴印刷厂
开　　本：787×1092　1/16
印　　张：26.75
字　　数：660 千
版　　次：2008 年 9 月第 1 版
印　　次：2011 年 1 月第 2 次印刷
书　　号：ISBN 978-7-114-07027-3
定　　价：55.00 元

钢结构设计计算与实例

编 委 会

主　编：苑　辉

副主编：孙高磊　刘　锦

编　委：白　鸽　卜永军　陈海霞　杜翠霞

韩国栋　吉斌武　刘雪芹　刘　争

卢月林　彭　顺　秦付良　田雪梅

文丽华　武志华　杨静林　岳永铭

张　谦　赵　娟

前　言

现在市场上的结构设计书大致可分两种，一种是结构设计教科书，侧重讲清道理；一种是设计参考书，侧重传授方法。很少有既讲道理又介绍方法和经验解决实际问题的书。设计人员设计时往往需要花费很多时间查找图书资料，广大学生在课程设计、毕业设计时也苦于如何将学到的专业知识转化为实际应用。一本既符合规范规定又有实际设计例题并收录有常用参考资料的手册是他们真正渴求的，而且随着近年来各种年新版建筑结构设计标准规范的修订和颁布实施，新形势对广大的设计人员和土木工程专业学生提出了新的更高的要求。正是出于这种思考，我们编写一套面向广大设计人员和土木工程专业学生的设计实例丛书——《结构设计计算与实例》。

《结构设计计算与实例》丛书紧扣现行建筑结构设计标准规范，重点突出了新的标准规范的设计要求，通过一系列计算例题和设计实例来促进新规范的理解应用。同时通过设计实例具体化一些规范的规定和要求，并根据实例整理出设计中常用的一些数据资料以便查用。最近几年电算的运用已经很普遍，但是设计方案是由设计人员来选定，计算结果也需要设计人员来判断和取舍，也有超过电算适用范围的工程。因此对于基本概念的了解和基本规范规定的熟悉就显得特别重要。为此，本书特别强调基本构件的计算和规范规定的理解，并在实例中分析，力求步骤清晰，促进基本技能的训练。

本系列丛书内容新而全，涉及内容广泛，编撰体例新颖，并且具有实用、可操作性强、可随查随用等特点。相信本丛书的出版，将会成为广大设计人员必备的参考书，也是土木工程专业学生课程设计的好的指导书。

本系列丛书共有以下分册：

1.《钢结构设计计算与实例》

2.《混凝土结构设计计算与实例》

3.《地基基础设计计算与实例》

4.《建筑抗震设计计算与实例》

5.《轻型钢结构设计计算与实例》

《钢结构设计计算与实例》根据现行《钢结构设计规范》(GB 50017—2002)编写，主要内容包括：受弯构件、轴心受力构件、拉弯构件、压弯构件的计算，疲劳计算，连接计算和连接构件的设计，屋盖结构和屋面结构设计计算，支撑系统的计算，吊车梁设计，门式刚架设计，钢与混凝土组合梁设计，钢管结构设计等。书中还从工程概况、设计依据入手详细介绍了单层框架钢结构厂房设计步骤，同时列出了钢结构工程设计中常用的数据资料，是一本实用性很强的资料集。

《混凝土结构设计计算与实例》根据混凝土结构设计的特点，紧扣《混凝土结构设计规范》(GB 50010—2002)、《高层建筑混凝土结构技术规程》(JGJ 3—2002)系统性地介绍了混凝土结构受弯构件、受压构件、受拉构件、受扭、受冲切及局部受压构件等的计算，板、梁、柱、墙的设计计算，根据实际工程分别列出了预应力混凝土结构、剪力墙结构、框架-剪力墙结构、底部大空间剪力墙结构、筒体结构、板柱-剪力墙结构、单层钢筋混凝土柱厂房的设计以及设计常用的数据资料等。全书内容全面丰富，理论联系实际，实用性强。

《地基基础设计计算与实例》依据《建筑地基基础设计规范》(GB 50007—2002)、《建筑基坑支护技术规程》(JGJ 120—99)、《建筑桩基技术规范》(JGJ 94—2008)等规范以及根据地基基础设计实际工程的特点，详细介绍了土的物理性质指标、地基中应力的计算、建筑地基中基础沉降的计算、土的抗剪强度及地基稳定计算、土坡稳定和土压力计算等，根据实际工程全面系统地列举了浅基础设计、无筋扩展式基础设计、钢筋混凝土扩展式基础设计、柱下钢筋混凝土条形基础设计、十字交叉钢筋混凝土条形基础设计、筏形基础设计、箱形基础设计、桩基础设计、重力式挡土墙设计、锚定板挡土墙设计、基坑设计、地下连续墙设计、沉井设计等以及设计常用的数据资料。全书理论联系实际，内容丰富，实用性及可操作性强。

《建筑抗震设计计算与实例》根据《建筑抗震设计规范》(GB 50011—2001)以及实际工程中抗震设计的内容，主要介绍了地震作用和结构抗震验算、多层砖房抗震设计、多层混凝土小砌块房屋抗震设计、配筋混凝土小型空心砌块抗震墙房屋设计、钢筋混凝土框架结构抗震设计、钢筋混凝土抗震墙结构房屋设计、钢筋混凝土框架-抗震墙结构房屋设计、底部大空间抗震墙结构房屋设计、钢筋混凝土筒体结构房屋抗震设计、板柱-抗震墙结构房屋设计、预应力混凝土结构抗震设计、单层钢筋混凝土柱厂房抗震设计、多层和高层钢结构房屋抗震设计、钢结构工业厂房抗震设计等以及设计常用的数据资料。本书知识全面、简明实用，注重理论联系实际，具有很强的实用性和可操作性。

《轻型钢结构设计计算与实例》主要根据《钢结构设计规范》(GB 50017—2002)、《冷弯薄壁型钢结构技术规范》(GB 50018—2002)、《门式刚架轻型房屋钢结构技术规程》(CECS102：2002)，按近年来轻型结构的新发展及工程设计成果，考虑建设、设计和施工的要求，将各方面的经验资料总结编写而成。主要内容包括：轻型钢结构各构件的计算、轻型钢结构的连接计算与设计、压型钢板的计算与设计、檩条与墙梁的计算与设计、屋架的计算与设计、刚架的计算与设计，还列举了单层轻型钢结构厂房的设计以及设计常用的数据资料。全书注重理论联系实际以及现代与传统方法的结合，在保证系统全面的同时，力求体现实用性和可操作性。

本套丛书主要有如下的特点和优越性：

1. 采用最新标准。丛书是最新建筑结构设计规范和实例设计相结合的书籍。

2. 快速实用。即帮助读者在短时间内掌握设计的主要方法并向读者提供一些简明实用的设计数据及相关资料。在书的前一部分介绍结构设计的基本知识以及基本算例；在书的后一部分详细列举了实际工程中经常采用的设计的实例，促进读者在实例中更好地理解规范和掌握设计方法。这种帮助读者快速学快速查，快速设计快速解决问题的轻松学习过程正是本套丛书的特色所在。此外，在书的最后还附有常用的数据资料供读者参考。

3. 内容全面。丛书从设计施工各个方面，参考大量的文献资料和实践经验编制而成，基本上能满足设计施工人员的要求。

本套丛书由一批具有丰富建筑工程设计工作经验的专家学者及高校教育工作者编写，在编写过程中还得到了部分专家的指导和帮助，在此深表谢意。限于编者的水平，同时建筑工程设计涉及面广，技术复杂，书中错误及疏漏之处在所难免，恳请广大读者批评指正。

本书编委会

目　录

第一章　受弯构件的计算 ……………………………………………… (1)

第一节　强度计算 ……………………………………………… (1)

一、正应力计算 ……………………………………………… (1)

二、剪应力计算 ……………………………………………… (1)

三、局部压应力计算 ……………………………………………… (1)

四、折算应力计算 ……………………………………………… (2)

【例 1-1】　简支梁截面强度的计算 ……………………………………………… (2)

【例 1-2】　工字形梁强度验算 ……………………………………………… (4)

第二节　整体稳定性计算 ……………………………………………… (6)

【例 1-3】　梁的整体稳定性和强度计算 ……………………………………………… (7)

【例 1-4】　梁截面设计及稳定性验算 ……………………………………………… (9)

第三节　局部稳定性计算 ……………………………………………… (9)

一、不考虑腹板屈曲后强度的受弯构件设计 ……………………………………………… (9)

二、考虑腹板屈曲后强度的受弯构件设计 ……………………………………………… (14)

【例 1-5】　主梁设计 ……………………………………………… (15)

第二章　轴心受力构件和拉弯、压弯构件的计算 ……………………………………………… (20)

第一节　轴心受力构件的强度和稳定计算 ……………………………………………… (20)

一、实腹式轴心受力构件 ……………………………………………… (20)

二、格构式轴心受力构件 ……………………………………………… (22)

【例 2-1】　拉杆截面选择 ……………………………………………… (24)

【例 2-2】　设计某轴心受压构件的截面尺寸 ……………………………………………… (24)

【例 2-3】　双肢缀条柱设计 ……………………………………………… (29)

第二节　拉弯构件和压弯构件 ……………………………………………… (32)

一、实腹式拉弯和压弯受力构件 ……………………………………………… (32)

二、格构式拉弯和压弯受力构件 ……………………………………………… (33)

【例 2-4】　拉弯构件受力计算 ……………………………………………… (34)

【例 2-5】 压弯构件整体稳定性计算(弯矩作用平面内) …… (35)
【例 2-6】 实腹式压弯构件整体稳定 …… (36)
【例 2-7】 压弯格构式缀条柱设计 …… (37)
第三节 构件的计算长度和容许长细比 …… (39)
【例 2-8】 构件计算长度 …… (42)
第四节 受压构件的局部稳定 …… (43)
一、轴心受压构件局部稳定 …… (43)
二、压弯构件局部稳定 …… (43)
【例 2-9】 受压构件的局部稳定计算 …… (44)

第三章 疲劳计算 …… (47)

第一节 疲劳计算规定 …… (47)
【例 3-1】 疲劳验算(一) …… (47)
【例 3-2】 疲劳验算(二) …… (48)
第二节 吊车梁和吊车桁架疲劳计算 …… (49)
【例 3-3】 吊车梁疲劳验算 …… (49)

第四章 连接计算 …… (53)

第一节 焊缝连接的计算 …… (53)
一、焊缝的质量等级 …… (53)
二、对接焊缝的计算 …… (53)
三、直角角焊缝连接的计算 …… (54)
四、斜角角焊缝的计算 …… (55)
五、不焊透的对接焊缝 …… (55)
【例 4-1】 焊缝位置计算 …… (56)
【例 4-2】 两块钢板的连接采取全熔透对接焊缝(例图 4-3) …… (57)
【例 4-3】 拼接对接焊缝设计 …… (58)
【例 4-4】 两根焊接工字钢的连接采取全熔透对接焊缝设计 …… (59)
【例 4-5】 拼接板尺寸设计 …… (60)
【例 4-6】 板件的焊接拼接连接设计 …… (61)
【例 4-7】 悬伸支承托座(牛腿)与柱的焊接连接设计 …… (62)
【例 4-8】 悬伸支承托板与柱的焊接连接设计 …… (63)

第二节　普通螺栓、锚栓、铆钉连接 …… (64)
一、受剪连接 …… (64)
二、受拉连接 …… (64)
三、拉剪联合作用下的连接 …… (64)
【例 4-9】 钢板的单面拼接 …… (65)
【例 4-10】 双盖板拼接 …… (66)
第三节　高强度螺栓连接 …… (67)
一、高强度螺栓摩擦型连接 …… (67)
二、高强度螺栓承压型连接 …… (68)
【例 4-11】 高强度螺栓连接设计 …… (68)
【例 4-12】 钢板用高强度螺栓摩擦型连接的连接设计 …… (69)
第四节　螺栓群的计算 …… (70)
一、螺栓群轴心受剪 …… (70)
二、螺栓群偏心受剪 …… (70)
三、高强度螺栓群受拉 …… (70)
四、螺栓群承受拉力、弯矩和剪力的共同作用 …… (71)
【例 4-13】 螺栓安全验算 …… (72)
【例 4-14】 螺栓数目计算 …… (73)

第五章　构件的连接设计 …… (75)

第一节　组合工字梁翼缘连接 …… (75)
【例 5-1】 翼缘焊缝计算 …… (75)
第二节　梁与柱的刚性连接 …… (76)
【例 5-2】 梁柱刚性连接设计 …… (78)
第三节　节点处板件的计算 …… (82)
第四节　梁的支座计算 …… (84)
【例 5-3】 弧形支座设计 …… (85)

第六章　围护结构计算 …… (87)

第一节　檩条 …… (87)
一、实腹式檩条 …… (87)
二、平面桁架式檩条 …… (89)

三、空间桁架式檩条 …… (90)
四、空腹式檩条 …… (91)
【例 6-1】 空腹式檩条 …… (93)
【例 6-2】 冷弯薄壁卷边槽钢檩条 …… (99)
【例 6-3】 冷弯薄壁卷边槽钢檩条(风吸力控制) …… (103)
第二节 压型钢板 …… (105)
【例 6-4】 屋面压型钢板计算 …… (107)
第三节 墙梁 …… (113)
【例 6-5】 墙梁设计 …… (113)
第七章 屋架结构 …… (118)
第一节 屋架 …… (118)
一、角钢和 T 形钢屋架 …… (118)
二、钢管屋架 …… (122)
【例 7-1】 24m 角钢(含上下弦 T 形钢)屋架 …… (129)
【例 7-2】 15m 三角形薄壁圆管屋架 …… (146)
【例 7-3】 18m 三铰拱屋架 …… (153)
第二节 天窗架 …… (164)
【例 7-4】 三铰拱式天窗架 …… (166)
【例 7-5】 三支点式天窗架 …… (171)
第三节 托架和托梁 …… (175)
一、托架 …… (176)
二、托梁 …… (176)
【例 7-6】 双壁式托架计算 …… (177)
第八章 支撑系统的计算 …… (184)
第一节 柱的设计 …… (184)
一、柱的设计计算长度 …… (184)
二、柱的截面设计 …… (187)
三、缀条(板)设计 …… (190)
【例 8-1】 实腹式阶形柱的计算 …… (191)

第二节　柱间支撑 …… (202)
一、柱间支撑内力计算 …… (202)
二、柱间支撑杆件的截面计算 …… (204)
三、厂房纵向刚度计算 …… (205)
四、柱纵向温度应力计算 …… (206)
【例 8-2】　支撑计算 …… (208)
【例 8-3】　屋架端部竖向支撑 …… (212)
第九章　吊车梁设计 …… (215)
第一节　焊接工字形吊车梁设计 …… (215)
一、吊车梁设计的基本要求 …… (215)
二、实腹式焊接吊车梁设计 …… (218)
【例 9-1】　6m 工字形吊车梁 …… (223)
【例 9-2】　7.5m 焊接工字形吊车梁 …… (232)
第二节　焊接箱形吊车梁 …… (239)
【例 9-3】　箱形吊车梁计算 …… (241)
第十章　门式刚架 …… (255)
第一节　门式刚架设计一般规定 …… (255)
第二节　门式刚架设计 …… (256)
【例 10-1】　单跨双坡门式刚架设计 …… (264)
第十一章　钢-混凝土组合结构 …… (272)
第一节　钢-混凝土组合楼盖 …… (272)
一、组合梁设计要求 …… (272)
二、组合梁设计计算 …… (274)
三、组合楼盖设计 …… (284)
【例 11-1】　钢-混凝土组合楼盖设计 …… (289)
第二节　钢管混凝土柱结构 …… (302)
一、圆形钢管混凝土柱 …… (302)
二、矩形钢管混凝土柱 …… (306)
【例 11-2】　格构式钢管混凝土柱计算 …… (310)

第十二章　框架钢结构厂房设计 …………………………………… (317)

第一节　工程概况 …………………………………… (317)

第二节　设计依据及计算基本条件 …………………………………… (318)

一、所依据的国家规范 …………………………………… (318)

二、计算基本条件 …………………………………… (318)

第三节　荷载及构件系统 …………………………………… (318)

一、荷载值标准 …………………………………… (318)

二、厂房结构构件系统 …………………………………… (319)

第四节　檩条设计 …………………………………… (319)

第五节　刚架计算 …………………………………… (320)

一、刚架布置图 …………………………………… (320)

二、刚架构件计算长度系数 …………………………………… (320)

三、刚架计算 …………………………………… (321)

四、荷载计算 …………………………………… (322)

五、连续梁配筋 …………………………………… (348)

第六节　连接计算 …………………………………… (353)

一、螺栓计算 …………………………………… (353)

二、柱脚连接 …………………………………… (357)

第十三章　常用数据表 …………………………………… (364)

参考文献 …………………………………… (414)

第一章　受弯构件的计算

第一节　强度计算

一、正应力计算

在主平面内受弯的实腹构件(考虑腹板屈曲后强度),其抗弯强度应按下列规定计算:

$$\frac{M_x}{\gamma_x W_{nx}}+\frac{M_y}{\gamma_y W_{ny}}\leqslant f \tag{1-1}$$

式中　M_x、M_y——同一截面处绕 x 轴和 y 轴的弯矩(对工字形截面:x 轴为强轴,y 轴为弱轴);

W_{nx}、W_{ny}——对 x 轴和 y 轴的净截面模量;

γ_x、γ_y——截面塑性发展系数;对工字形截面,$\gamma_x=1.05$,$\gamma_y=1.20$;对箱形截面,$\gamma_x=\gamma_y=1.05$;对圆管截面,$\gamma_x=\gamma_y=1.15$;对 T 形截面的无翼缘一侧,$\gamma_x=1.20$;对需要计算疲劳的梁,宜取 $\gamma_x=\gamma_y=1.0$;详见表 13-9;

f——钢材的抗弯强度设计值,见表 13-1。

当梁受压翼缘的自由外伸宽度与其厚度之比大于 $13\sqrt{235/f_y}$ 而不超过 $15\sqrt{235/f_y}$ 时,应取 $\gamma_x=1.0$。f_y 为钢材牌号所指屈服点:对 Q235 钢,$f_y=235\text{N/mm}^2$;Q345 钢,$f_y=345\text{N/mm}^2$;Q390 钢,$f_y=390\text{N/mm}^2$ 等。

二、剪应力计算

在主平面内受弯的实腹构件(不考虑腹板屈曲后强度),其抗剪强度应按下式计算:

$$\tau=\frac{VS}{It_w}\leqslant f_v \tag{1-2}$$

式中　V——计算截面沿腹板平面作用的剪力;

S——计算剪应力处以上毛截面对中和轴的面积矩;

I——毛截面惯性矩;

t_w——腹板厚度;

f_v——钢材的抗剪强度设计值,见表 13-1。

三、局部压应力计算

当梁上翼缘受有沿腹板平面作用的集中荷载、且该荷载处又未设置支承加劲肋时,腹板计算高度上边缘的局部承压强度应按下式计算:

$$\sigma_c=\frac{\psi F}{t_w l_z}\leqslant f \tag{1-3}$$

式中　F——集中荷载,对动力荷载应考虑动力系数;

ψ——集中荷载增大系数;对重级工作制吊车梁,$\psi=1.35$;对其他梁,$\psi=1.0$;

l_z——集中荷载在腹板计算高度上边缘的假定分布长度,按下式计算:

$$l_z=a+5h_y+2h_R \tag{1-4}$$

a——集中荷载沿梁跨度方向的支承长度，对钢轨上的轮压可取 50mm；

h_y——自梁顶面至腹板计算高度上边缘的距离；

h_R——轨道的高度，对梁顶无轨道的梁 $h_R=0$；

f——钢材的抗压强度设计值。

在梁的支座处，当不设置支承加劲肋时，也应按式(1-3)计算腹板计算高度下边缘的局部压应力，但 ψ 取 1.0。支座集中反力的假定分布长度，应根据支座具体尺寸参照式(1-4)计算。

腹板计算高度(h_0)：对轧制型钢梁，为腹板与上、下翼缘相连处两内弧起点的距离[图 1-1a)]；对焊接组合梁，取为腹板高度[图 1-1b)]；对铆接或高强度螺栓连接的组合梁，取为上、下翼缘与腹板连接的铆钉线间最近距离[图 1-1c)]。

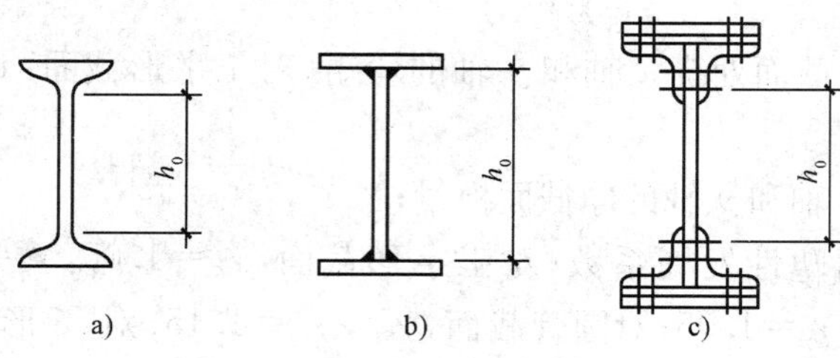

图 1-1 腹板的计算高度 h_0

四、折算应力计算

在梁的腹板计算高度边缘处，若同时受有较大的正应力、剪应力和局部压应力，或同时受有较大的正应力和剪应力(如连续梁中部支座处或梁的翼缘截面改变处等)时，其折算应力应按下式计算：

$$\sqrt{\sigma^2+\sigma_c^2-\sigma\sigma_c+3\tau^2}\leqslant\beta_1 f \tag{1-5}$$

式中 σ、τ、σ_c——腹板计算高度边缘同一点上同时产生的正应力、剪应力和局部压应力，τ 和 σ_c 应按式(1-2)和式(1-3)计算；σ 和 σ_c 以拉应力为正值，压应力为负值；σ 应按下式计算：

$$\sigma=\frac{M}{I_n}y_1 \tag{1-6}$$

I_n——梁净截面惯性矩；

y_1——所计算点至梁中和轴的距离；

β_1——计算折算应力的强度设计值增大系数；当 σ 与 σ_c 异号时，取 $\beta_1=1.2$；当 σ 与 σ_c 同号或 $\sigma_c=0$ 时，取 $\beta_1=1.1$。

【例 1-1】 简支梁截面强度的计算

有一梁跨为 6m 的简支梁，焊接组合截面 150×420×10×16(例图1-1)。梁上作用均布恒载 16.8kN/m(未含梁自重)，均布活载 7kN/m。距一端 2m 处尚有恒载 70kN，支撑长度 0.2m，荷载作用面距钢梁顶面 12cm。此外，梁两端的支撑长度各 0.1m。钢材抗拉设计强度为 215N/mm^2，抗剪设计强度为 125N/mm^2。在工程设计时，荷载系数对恒载取 1.2，对活载取 1.4。试设计钢梁截面的强度。

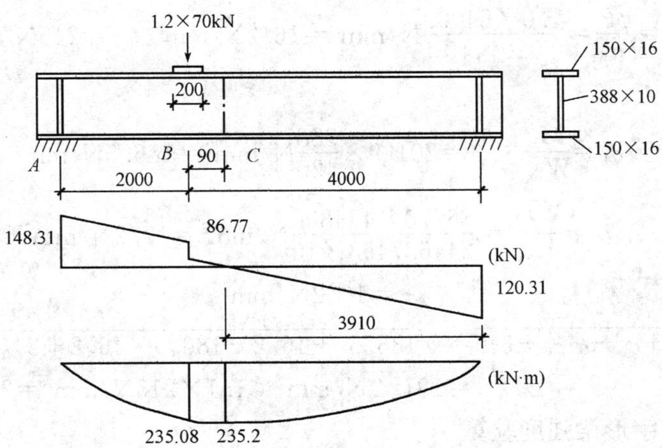

例图 1-1　梁上剪力与弯矩分布

解:(1)计算截面模量。

$$A=(150\times16\times2+388\times10)\text{mm}^2=8680\text{mm}^2$$

$$I=\frac{1}{12}\times(150\times420^3-140\times388^3)\text{mm}^4=244637493\text{mm}^4$$

$$W_{nx}=1164940\text{mm}^3$$

$$S_{x_1}=150\times16\times\frac{420-16}{2}\text{mm}^3=484800\text{mm}^3$$

$$S_{x_2}=\left(484800+\frac{10\times\left(\frac{388}{2}\right)^2}{2}\right)\text{mm}^3=672980\text{mm}^3$$

(2)计算荷载与内力。

自重　　$g_k=0.679\text{kN/m}$

均布荷载(设计值)　　$q=[1.2\times(16.8+0.679)+1.4\times7]\text{kN/m}=30.77\text{kN/m}$

集中荷载(设计值)　　$F=1.2\times70\text{kN}=84\text{kN}$

(3)验算截面强度。

1)弯曲正应力　　$f=215\text{N/mm}^2$

$$M_x=235.2\text{kN}\cdot\text{m}$$

$$\frac{M_x}{W_{nx}}=\frac{235.2\times10^6}{1164940}\text{N/mm}^2=201\text{N/mm}^2<f=215\text{N/mm}^2$$

$$\frac{M_x}{\gamma_x W_{nx}}=\frac{235.2\times10^6}{1.05\times1164940}\text{N/mm}^2=192\text{N/mm}^2<f=215\text{N/mm}^2$$

2)剪应力　　$V=148.31\text{kN}$

$$\tau_{max}=\frac{148.310\times672980}{244637493\times10}\text{N/mm}^2=40.8\text{N/mm}^2<f_v=125\text{N/mm}^2$$

3)局部承压应力

A 处设置了加劲肋,可不计算局部承压应力。

B 处截面

$$l_z=a+5h_y+2h_R=(200+5\times16+2\times120)\text{mm}=520\text{mm}$$

$$\sigma_c=\frac{\psi F}{l_z t_w}=\frac{1.0\times84000}{520\times10}\text{N/mm}^2=16.2\text{N/mm}^2<f=215\text{N/mm}^2$$

4)折算应力

$$\sigma_1=\frac{M_x}{W_{nx}}\cdot\frac{h_0}{h}=201.9\times\frac{388}{420}\text{N/mm}^2=186.5\text{N/mm}^2$$

$$\tau_1=\frac{VS_{x_1}}{I_x t_w}=\frac{86770\times484800}{244637493\times10}\text{N/mm}^2=17.2\text{N/mm}^2$$

$$\sigma_c=16.2\text{N/mm}^2$$

所以有：$\sqrt{\sigma_1^2+\sigma_c^2-\sigma_1\sigma_c+3\tau_1^2}=\sqrt{186.5^2+16.2-186.5\times16.2+3\times17.2^2}\text{N/mm}^2$

$$=181.4\text{ N/mm}^2<1.1\times215\text{N/mm}^2=236.5\text{N/mm}^2$$

【例 1-2】 工字形梁强度验算

某焊接工字形等截面简支楼盖梁，截面尺寸如例图 1-2 所示，无削弱。在跨度中点和两端都设有侧向支承，材料为 Q345-B 级钢。集中荷载标准值 $P_k=280\text{kN}$，为间接动力荷载，其中永久荷载效应和可变荷载效应各占一半，作用在梁的顶面，其沿梁跨度方向的支承长度为 130mm。试计算该梁的强度和刚度是否满足要求？

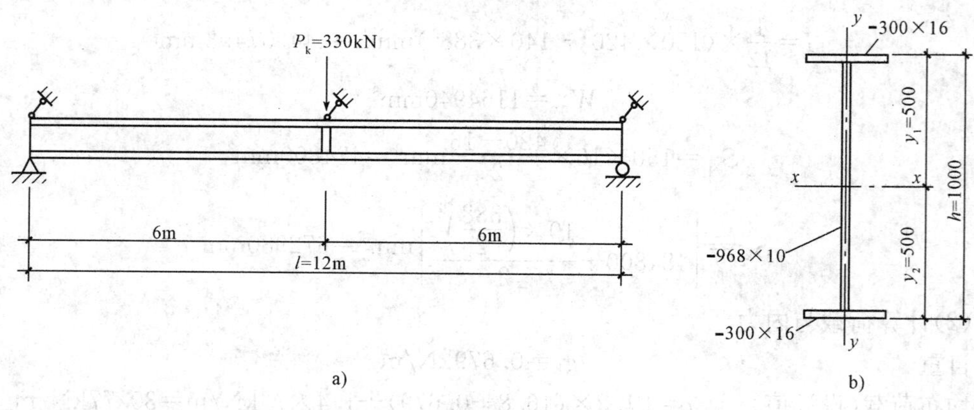

例图 1-2 焊接工字形截面简图
a)工字形截面简支梁；b)截面尺寸

解：Q345 钢强度设计值：$f=310\text{N/mm}^2$，$f_v=180\text{N/mm}^2$

楼盖主梁的挠度容许值：$[v]=\frac{l}{400}=\frac{12\times10^3}{400}\text{mm}=30\text{mm}$

(1)截面几何特性计算。

面积 $A=(30\times1.6\times2+96.8\times1)\text{cm}^2=192.8\text{cm}^2$

中和轴位置[例图 1-2b)]

$$y_1=y_2=50\text{cm}$$

对强轴 x 轴的惯性矩

$$I_x=\frac{1}{12}\times(30\times100^3-29\times96.8^3)\text{cm}^4=307989\text{cm}^4$$

式中略去不计翼缘板对其自身形心轴的惯性矩。

对受压纤维的截面模量 $W_{1x}=\frac{I_x}{y_1}=\frac{307989}{50}\text{cm}^3=6160\text{cm}^3$

对受拉纤维的截面模量　　$W_{2x}=\frac{I_x}{y_2}=\frac{307989}{50}\text{cm}^3=6160\text{cm}^3$

受压翼缘板对 x 轴的面积矩　$S_{1x}=30\times1.6\times\left(50-\frac{1.6}{2}\right)\text{cm}^3=2361.6\text{cm}^3$

受拉翼缘板对 x 轴的面积矩　$S_{2x}=30\times1.6\times\left(50-\frac{1.6}{2}\right)\text{cm}^3=2361.6\text{cm}^3$

x 轴以上(或以下)截面对 x 轴的面积矩

$$S_x=\left[2361.6+(50-1.6)^2\times1.0\times\frac{1}{2}\right]\text{cm}^3=3533\text{cm}^3$$

(2)荷载计算。

梁自重标准值

$$g_k=1.2A\rho=1.2\times192.8\times10^{-4}\times7850\times9.8\times10^{-3}\text{kN/m}=1.78\text{kN/m}$$

式中 1.2 为考虑腹板加劲肋等附加构造用钢材使梁自重增大的系数。

梁自重设计值　　$g=1.2g_k=1.2\times1.78\text{kN/m}=2.14\text{kN/m}$

集中荷载设计值　$P=(1.2\times0.5+1.4\times0.5)P_k=1.3\times280\text{kN}=364\text{kN}$

(3)梁的内力计算(例图 1-3)。

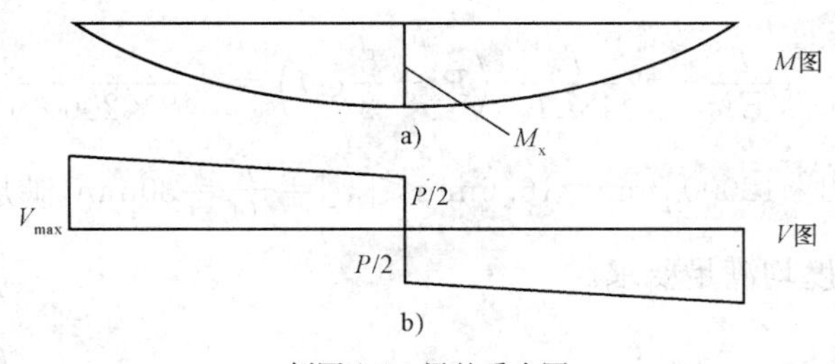

例图 1-3　梁的受力图

a)弯矩图;b)剪力图

弯矩设计值

$$M_x=\frac{1}{4}Pl+\frac{1}{8}gl^2=\left(\frac{1}{4}\times364\times12+\frac{1}{8}\times7.14\times12^2\right)\text{kN}\cdot\text{m}=1130.52\text{kN}\cdot\text{m}$$

剪力设计值

$$V_{max}=\frac{1}{2}P+\frac{1}{2}gl=\left(\frac{1}{2}\times364+\frac{1}{2}\times2.14\times12\right)\text{kN}=194.84\text{kN}$$

跨度中点截面处剪力设计值

$$V=\frac{1}{2}P=\frac{1}{2}\times364\text{kN}=182\text{kN}$$

(4)截面强度计算。

1)抗弯强度——验算跨中截面受拉边缘纤维处

按表 13-9 取截面塑性发展系数 $\gamma_x=1.05$。

因截面无削弱,$W_{nx}=W_x$

$\frac{M_x}{\gamma_x W_{nx}}=\frac{1130.52\times10^6}{1.05\times6160\times10^3}\text{N/mm}^2=174.8\text{N/mm}^2<f=310\text{N/mm}^2$,满足要求。

2)梁支座截面处的抗剪强度

$\tau_{max}=\frac{V_{max}S_x}{I_x t_w}=\frac{194.84\times10^3\times3533\times10^3}{307989\times10^4\times10}\text{N/mm}^2=22.35\text{N/mm}^2<f_v=180\text{N/mm}^2$,满

足要求。

3)腹板局部承压强度。由于在跨度中点固定集中荷载作用处和支座反力作用处设置了支承加劲肋,因而不必验算腹板局部承压强度。

4)折算应力。由跨度中点截面腹板计算高度下边缘处控制,该处的正应力σ、剪应力τ和局部压应力σ_c分别为

$$\sigma=\frac{M_x}{I_x}y=\frac{1130.52\times10^6}{307989\times10^4}\times(500-16)\text{N/mm}^2=177.7\text{N/mm}^2$$

$$\tau=\frac{VS_{2x}}{I_x t_w}=\frac{182\times10^3\times2361.6\times10^3}{307989\times10^4\times10}\text{N/mm}^2=14.0\text{N/mm}^2$$

$$\sigma_c=0$$

折算应力

$\sqrt{\sigma^2+\sigma_c^2-\sigma\cdot\sigma_c+3\tau^2}=\sqrt{177.7^2+3\times14.0^2}\ \text{N/mm}^2=179.3\text{N/mm}^2<\beta_1 f=1.1\times310\text{N/mm}^2=341\text{N/mm}^2$,满足要求。

(5)刚度计算。

跨中最大挠度

$v=\dfrac{P_k l^3}{48EI_x}+\dfrac{5g_k l^4}{384EI_x}=\dfrac{l^3}{48EI_x}\left(P_k+\dfrac{5}{8}g_k l\right)=\dfrac{12000^3}{48\times206\times10^3\times307989\times10^4}\times\left(280\times10^3+\dfrac{5}{8}\times1.78\times12000\right)\text{mm}=16.6\text{mm}<[v]=\dfrac{l}{400}=30\text{mm}$,满足要求。

该梁的强度和刚度均满足要求。

第二节 整体稳定性计算

梁的整体稳定计算是使梁的最大弯曲纤维压应力小于或等于使梁侧扭失稳的临界应力,从而保证梁不致因侧扭而失去整体稳定。符合下列情况之一时,可不计算梁的整体稳定性:

(1)有铺板(各种钢筋混凝土板和钢板)密铺在梁的受压翼缘上并与其牢固相连、能阻止梁受压翼缘的侧向位移时。

(2)H 型钢或等截面工字形简支梁受压翼缘的自由长度 l_1 与其宽度 b_1 之比不超过表1-1所规定的数值时。

表 1-1　H 型钢或等截面工字形简支梁不需计算整体稳定性的最大 l_1/b_1 值

钢号	跨中无侧向支承点的梁		跨中受压翼缘有侧向支承点的梁,不论荷载作用于何处
	荷载作用在上翼缘	荷载作用在下翼缘	
Q235	13.0	20.0	16.0
Q345	10.5	16.5	13.0
Q390	10.0	15.5	12.5
Q420	9.5	15.0	12.0

注:其他钢号的梁不需计算整体稳定性的最大 l_1/b_1 值,应取 Q235 钢的数值乘以 $\sqrt{235/f_y}$。对跨中无侧向支承点的梁,l_1 为其跨度;对跨中有侧向支承点的梁,l_1 为受压翼缘侧向支承点间的距离(梁的支座处视为有侧向支承)。

(3)箱形截面简支梁截面尺寸满足 $h/b_0\leqslant6$,$l_1/b_0\leqslant95(235/f_y)$,可不计算整体稳定性,

如图 1-2 所示。

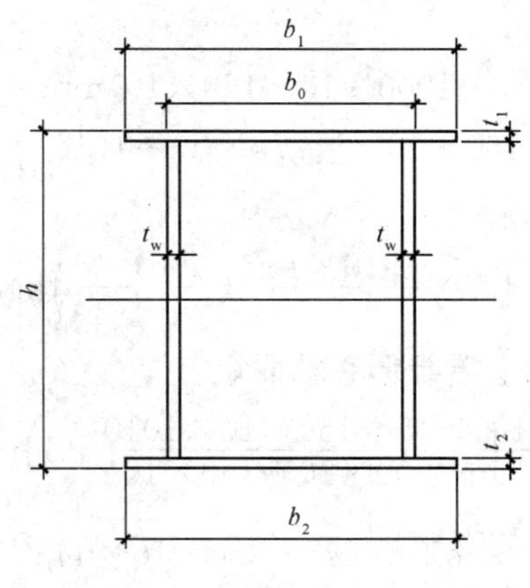

图 1-2　箱形截面

除上述情况外，在最大刚度主平面内受弯的构件，其整体稳定性应按下式计算：

$$\frac{M_x}{\varphi_b W_x} \leqslant f \tag{1-7}$$

式中　M_x——绕强轴作用的最大弯矩；

W_x——按受压纤维确定的梁毛截面模量；

φ_b——梁的整体稳定性系数，应按表 13-13 确定。

在两个主平面受弯的 H 型钢截面或工字形截面构件，其整体稳定性应按下式计算：

$$\frac{M_x}{\varphi_b W_x} + \frac{M_y}{\gamma_y W_y} \leqslant f \tag{1-8}$$

式中　W_x、W_y——按受压纤维确定的对 x 轴和对 y 轴毛截面模量；

φ_b——绕强轴弯曲所确定的梁整体稳定系数。

【例 1-3】　梁的整体稳定性和强度计算

有一简支梁（例图 1-4），其截面为不对称工字形，材料为Q235B，钢梁的中点和两端均有侧向支撑，在集中荷载 F=200kN（设计值）的作用下，验算一下梁的整体稳定性及强度（集中荷载未包括梁自重）。

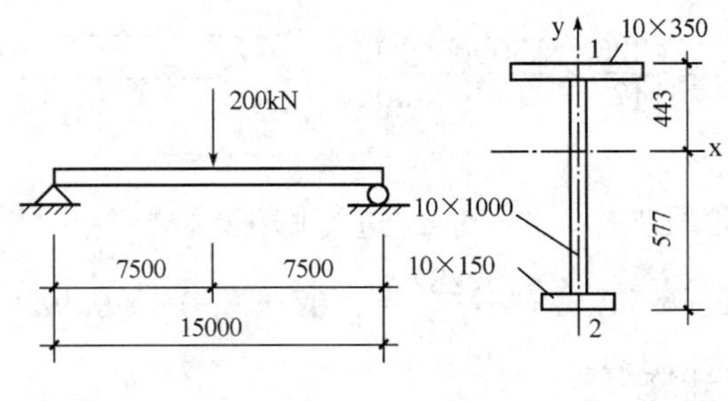

例图 1-4　简支梁

分析：由已知条件可知，梁的中点和两端均有侧向支撑，故受压翼缘的自由长度为 l_1=7.5m，而竖向平面跨度为 15m。验算整体稳定性应取梁的最大弯矩，且按梁的受压翼缘计算。本题强度验算应验算下翼缘受拉纤维，因为上翼缘加宽的单轴对称截面的中和轴上移，故下翼缘边缘纤维的拉应力大于上翼缘边缘纤维的压应力。

解：(1)计算梁的自重。

$$A=(350\times10+1000\times10+150\times10)\text{mm}^2=15000\text{mm}^2$$

$$q=150\times10^{-4}\times77\text{kN/m}=1.16\text{kN/m}$$

跨中最大弯矩设计值

$$M_{\max}=\gamma_G\frac{Fl^2}{8}+\frac{ql}{4}=\left(1.2\times\frac{1.16\times15^2}{8}+\frac{200\times15}{4}\right)\text{kN}\cdot\text{m}=789.15\text{kN}\cdot\text{m}$$

(2)计算中和轴的位置，对上翼缘形心轴取矩。

$$y=\left(\frac{1000\times10\times505+150\times10\times1010}{350\times10+1000\times10+150\times10}+5\right)\text{mm}=443\text{mm}$$

$$I_x=\left(\frac{1}{12}\times10\times1000^3+1000\times10\times67^2+350\times10\times443^2+150\times10\times577^2\right)\text{mm}^4$$

$$=206448\times10^4\text{mm}^4$$

按受压翼缘最外面纤维确定的毛截面模量

$$W_x=\frac{I_x}{y_1}=\frac{206448\times10^4}{443}\text{mm}^3=4660\times10^3\text{mm}^3$$

(3)计算梁整体稳定系数 φ_b。根据表 13-10 查得 $\beta_b=1.75$(按跨度中点有一个侧向支撑点，集中荷载作用在上翼缘)。

$$I_y=\frac{1}{12}\times(10\times350^3+10\times150^3)\text{mm}^4=3854\times10^4\text{mm}^4$$

$$A=15000\text{mm}^2,i_y=\sqrt{\frac{I_y}{A}}=\sqrt{\frac{3854\times10^4}{15000}}\text{mm}=51\text{mm}$$

$$\lambda_y=\frac{l_1}{i_y}=\frac{7500}{51}=147$$

$$\alpha_b=\frac{I_1}{I_1+I_2}=\frac{1\times350^3}{1\times350^3+1\times150^3}=0.93$$

$$\eta_b=0.8\times(2\alpha_b-1)=0.8\times(2\times0.93-1)=0.69\text{(按加强受压翼缘)}$$

所以有：$$\varphi_b=\beta_b\frac{4320}{\lambda_y^2}\cdot\frac{Ah}{W_x}\left[\sqrt{1+\left(\frac{\lambda_y t_1}{4.4h}\right)^2}+\eta_b\right]\frac{235}{f_y}$$

$$=1.75\times\frac{4320}{147^2}\times\frac{15000\times1020}{4660000}\times\left[\sqrt{1+\left(\frac{147\times10}{4.4\times1020}\right)^2}+0.69\right]\times\frac{235}{235}$$

$$=2.0>0.6$$

该梁已进入弹塑性阶段工作，故应对 φ_b 进行修正。

$$\varphi'_b=1.07-\frac{0.282}{\varphi_b}=1.07-\frac{0.282}{2.0}=0.929$$

(4)梁的整体稳定性计算。

$$\frac{M}{\varphi'_b W_x}=\frac{789.15\times10^6}{0.929\times4660\times10^3}\text{N/mm}^2=182.3\text{N/mm}^2<f=215\text{N/mm}^2\text{(满足)}$$

(5)抗弯强度验算。中和轴到下翼缘边缘的距离

$$y_2=h-y_1=(1020-443)\text{mm}=577\text{mm}$$

按受拉翼缘最外面纤维确定的净截面抵抗矩

$$W_2=\frac{I_x}{y_2}=\frac{206448\times10^4}{577}\text{mm}^3=3578\times10^3\text{mm}^3$$

$$\frac{M}{\gamma_x W_2}=\frac{789.15\times10^6}{1.05\times3578\times10^3}\text{N/mm}^2=210\text{N/mm}^2<f=215\text{N/mm}^2\text{(满足)}$$

【例 1-4】 梁截面设计及稳定性验算

有一次梁跨度为 6m，间距为 2m 的平台梁格，梁上所受荷载标准值为恒载 2kN/m^2，活载 8kN/m^2，所用钢材为 Q235 钢，若平台板不与次梁连接牢固试选择次梁截面(H 形钢)。

分析：由于平台铺板不与次梁连接牢固，所以要对其稳定性进行计算。在选择截面时应该按照整体稳定性的要求进行计算。

解：(1)计算最大弯矩。假设次梁自重为 0.6kN/m，次梁上的荷载设计值为(当活载大于 4.0kN/m^2 时，活载分项系数取 1.3)

$$q=[(2\times2+0.6)\times1.2+8\times2\times1.3]\text{kN/m}^2=26.32\text{kN/m}^2$$

最大弯矩　$M_x=\frac{1}{8}ql^2=\frac{1}{8}\times26.32\times6^2\text{kN/m}=118.44\text{kN/m}$

(2)截面选择。参考普通工字钢的整体稳定系数(表 13-13)，设 $\varphi_b=0.6$ 需要的截面模量为

$$W_x=M_x/(\varphi_b f)=118.44\times10^6/(0.6\times215)\text{cm}^3=918\text{cm}^3$$

选用 HN 400×200×8×13，$W_x=1190\text{cm}^3$，自重 0.65kN/m，与假设基本相符。

$$i_y=4.54,A=84.12\text{cm}^2$$

$$\xi=\frac{l_1t_1}{b_1h}=\frac{6000\times13}{200\times400}=0.975$$

$$\beta_b=0.69+0.13\times0.975=0.817$$

$$\lambda_y=\frac{600}{4.54}=132$$

$$\varphi_b=\beta_b\cdot\frac{4320}{\lambda_y^2}\cdot\frac{Ah}{W_x}\cdot\sqrt{1+\left(\frac{\lambda_y t_1}{4.4h}\right)^2}=0.817\times\frac{4320}{132^2}\times\frac{84.12\times40}{1190}\times\sqrt{1+\left(\frac{132\times1.3}{4.4\times40}\right)^2}$$

$=0.802>0.6$，该梁已进入弹塑性阶段工段，故应对 φ_b 进行修正。

$$\varphi'_b=1.07-\frac{0.282}{0.802}=0.718$$

验算整体稳定　$\frac{M_x}{\varphi'_b W_x}=\frac{118.44\times10^6}{0.718\times1190\times10^3}\text{N/mm}^2=138.6\text{N/mm}^2<f=215\text{N/mm}^2$

其他验算从略。

第三节　局部稳定性计算

一、不考虑腹板屈曲后强度的受弯构件设计

(1)不考虑屈曲后强度组合梁腹板配置加劲肋应符合下列规定：

1)当 $h_0/t_w\leqslant80\sqrt{235/f_y}$ 时，对有局部压应力($\sigma_c\neq0$)的梁，应按构造配置横向加劲肋；但对无局部压应力($\sigma_c=0$)的梁，可不配置加劲肋。

2)当 $h_0/t_w>80\sqrt{235/f_y}$ 时，应配置横向加劲肋。其中，当 $h_0/t_w>170\sqrt{235/f_y}$(受压

翼缘扭转受到约束，如连有刚性铺板、制动板或焊有钢轨时）或 $h_0/t_w>150\sqrt{235/f_y}$（受压翼缘扭转未受到约束时），或按计算需要时，应在弯曲应力较大区格的受压区增加配置纵向加劲肋。局部压应力很大的梁，必要时尚宜在受压区配置短加劲肋。

任何情况下，h_0/t_w 均不应超过 250。

此处 h_0 为腹板的计算高度（对单轴对称梁，当确定是否要配置纵向加劲肋时，h_0 应取腹板受压区高度 h_c 的 2 倍），t_w 为腹板的厚度。

3）梁的支座处和上翼缘受有较大固定集中荷载处，宜设置支承加劲肋。

（2）仅配置横向加劲肋的腹板［图 1-3a)］，其各区格的局部确定应按下式计算：

$$\left(\frac{\sigma}{\sigma_{cr}}\right)+\left(\frac{\tau}{\tau_{cr}}\right)^2+\frac{\sigma_c}{\sigma_{c,cr}}\leqslant 1 \tag{1-9}$$

式中　σ——所计算腹板区格内，由平均弯矩产生的腹板计算高度边缘的弯曲压应力；

τ——所计算腹板区格内，由平均剪力产生的腹板平均剪应力，应按 $\tau=V/(h_w t_w)$ 计算，h_w 为腹板高度；

σ_c——腹板计算高度边缘的局部压应力，应按式(1-3)计算，但取式中的 $\varphi=1.0$；

σ_{cr}、τ_{cr}、$\sigma_{c,cr}$——各种应力单独作用下的临界应力，按下列方法计算：

1）σ_{cr} 按下列公式计算。

当 $\lambda_b\leqslant 0.85$ 时：

$$\sigma_{cr}=f \tag{1-10}$$

当 $0.85<\lambda_b\leqslant 1.25$ 时：

$$\sigma_{cr}=[1-0.75(\lambda_b-0.85)]f \tag{1-11}$$

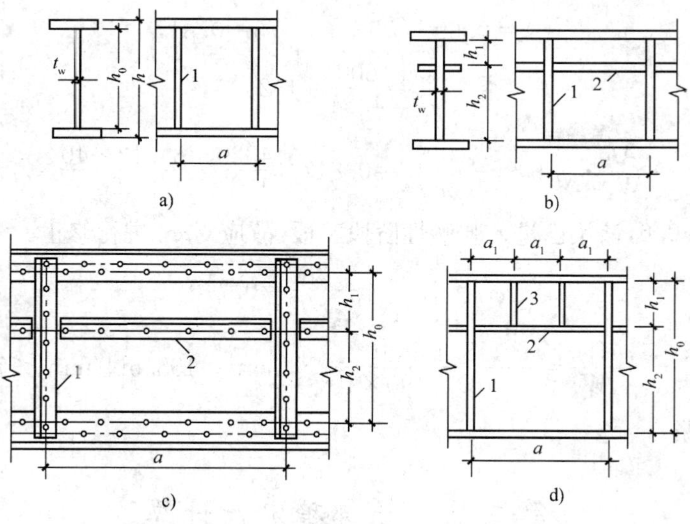

图 1-3　加劲肋布置图

1-横向加劲肋；2-纵向加劲肋；3-短加劲肋

当 $\lambda_b>1.25$ 时：

$$\sigma_{cr}=1.1f/\lambda_b^2 \tag{1-12}$$

式中　λ_b——用于腹板受弯计算时的通用高厚比；

当梁受压翼缘扭转受到约束时：

$$\lambda_b=\frac{2h_c/t_w}{177}\sqrt{\frac{f_y}{235}} \tag{1-13}$$

当梁受压翼缘扭转未受到约束时：

$$\lambda_b=\frac{2h_c/t_w}{153}\sqrt{\frac{f_y}{235}} \tag{1-14}$$

h_c——梁腹板弯曲受压区高度，对双轴对称截面 $2h_c=h_0$。

2)τ_{cr}按下列公式计算：

当 $\lambda_s\leqslant 0.8$ 时：

$$\tau_{cr}=f_v \tag{1-15}$$

当 $0.8<\lambda_s\leqslant 1.2$ 时：

$$\tau_{cr}=[1-0.59(\lambda_s-0.8)]f_v \tag{1-16}$$

当 $\lambda_s>1.2$ 时：

$$\tau_{cr}=1.1f_v/\lambda_s^2 \tag{1-17}$$

式中　λ_s——用于腹板受剪计算时的通用高厚比。

当 $a/h_0\leqslant 1.0$ 时：

$$\lambda_s=\frac{h_0/t_w}{41\sqrt{4+5.34(h_0/a)^2}}\sqrt{\frac{f_y}{235}} \tag{1-18}$$

当 $a/h_0>1.0$ 时：

$$\lambda_s=\frac{h_0/t_w}{41\sqrt{5.34+4(h_0/a)^2}}\sqrt{\frac{f_y}{235}} \tag{1-19}$$

3)$\sigma_{c,cr}$按下列公式计算：

当 $\lambda_c\leqslant 0.9$ 时：

$$\sigma_{c,cr}=f \tag{1-20}$$

当 $0.9<\lambda_c\leqslant 1.2$ 时：

$$\sigma_{c,cr}=[1-0.79(\lambda_c-0.9)]f \tag{1-21}$$

当 $\lambda_c>1.2$ 时：

$$\sigma_{c,cr}=1.1f/\lambda_c^2 \tag{1-22}$$

式中　λ_c——用于腹板受局部压力计算时的通用高厚比。

当 $0.5\leqslant a/h_0\leqslant 1.5$ 时：

$$\lambda_c=\frac{h_0/t_w}{28\sqrt{10.9+13.4(1.83-a/h_0)^3}}\sqrt{\frac{f_y}{235}} \tag{1-23}$$

当 $1.5\leqslant a/h_0\leqslant 2.0$ 时：

$$\lambda_c=\frac{h_0/t_w}{28\sqrt{18.9-5a/h_0}}\sqrt{\frac{f_y}{235}} \tag{1-24}$$

(3)同时用横向加劲肋和纵向加劲肋加强的腹板[图 1-3b)、c)]，其局部稳定性应按下列公式计算：

1)受压翼缘与纵向加劲肋之间的区格：

$$\frac{\sigma}{\sigma_{\mathrm{cr1}}}+\left(\frac{\tau}{\tau_{\mathrm{cr1}}}\right)^2+\left(\frac{\sigma_{\mathrm{c}}}{\sigma_{\mathrm{c,cr1}}}\right)^2\leqslant 1.0 \tag{1-25}$$

式中，σ_{cr1}、τ_{cr1}、$\sigma_{\mathrm{c,cr1}}$分别按下列方法计算：

①σ_{cr1}按式(1-10)、式(1-11)或式(1-12)计算，但式中的λ_{b}改用下列λ_{b1}代替。

当梁受压翼缘扭转受到约束时：

$$\lambda_{\mathrm{b1}}=\frac{h_1/t_{\mathrm{w}}}{75}\sqrt{\frac{f_{\mathrm{y}}}{235}} \tag{1-26}$$

当梁受压翼缘扭转未受到约束时：

$$\lambda_{\mathrm{b1}}=\frac{h_1/t_{\mathrm{w}}}{64}\sqrt{\frac{f_{\mathrm{y}}}{235}} \tag{1-27}$$

式中 h_1——纵向加劲肋至腹板计算高度受压边缘的距离。

②τ_{cr1}按式(1-15)、式(1-16)或式(1-17)计算，将式中的h_0改为h_1。

③$\sigma_{\mathrm{c,cr1}}$按式(1-10)、式(1-11)或式(1-12)计算，但式中的λ_{b}改用下列λ_{c1}代替。

当梁受压翼缘扭转受到约束时：

$$\lambda_{\mathrm{c1}}=\frac{h_1/t_{\mathrm{w}}}{56}\sqrt{\frac{f_{\mathrm{y}}}{235}} \tag{1-28}$$

当梁受压翼缘扭转未受到约束时：

$$\lambda_{\mathrm{c1}}=\frac{h_1/t_{\mathrm{w}}}{40}\sqrt{\frac{f_{\mathrm{y}}}{235}} \tag{1-29}$$

2)受拉翼缘与纵向加劲肋之间的区格：

$$\left(\frac{\sigma_2}{\sigma_{\mathrm{cr2}}}\right)^2+\left(\frac{\tau}{\tau_{\mathrm{cr2}}}\right)^2+\frac{\sigma_{\mathrm{c2}}}{\sigma_{\mathrm{c,cr2}}}\leqslant 1.0 \tag{1-30}$$

式中 σ_2——所计算区格内由平均弯矩产生的腹板在纵向加劲肋处的弯曲压应力；

σ_{c2}——腹板在纵向加劲肋处的横向压应力，取$0.3\sigma_{\mathrm{c}}$。

①σ_{cr2}按式(1-10)、式(1-11)或式(1-12)计算，但式中的λ_{b}改用下列λ_{b2}代替。

$$\lambda_{\mathrm{b2}}=\frac{h_2/t_{\mathrm{w}}}{194}\sqrt{\frac{f_{\mathrm{y}}}{235}} \tag{1-31}$$

②τ_{cr2}按式(1-15)、式(1-16)或式(1-17)计算，将式中的h_0改为h_2($h_2=h_0-h_1$)。

③$\sigma_{\mathrm{c,cr2}}$按式(1-20)、式(1-21)或式(1-22)计算，但式中的h_0改为h_2，当$a/h_2>2$时，取$a/h_2=2$。

(4)在受压翼缘与纵向加劲肋之间设有短加劲肋的区格[(图1-3d)，其局部稳定性按式(1-26)计算]。该式中的σ_{cr1}按式(1-10)～式(1-12)计算，但式中λ_{b}改用λ_{b1}代替；τ_{cr1}按式(1-15)～式(1-19)计算，但将h_0和a改为h_1和a_1(a_1为短加劲肋间距)；$\sigma_{\mathrm{c,cr1}}$按式(1-10)～式(1-14)计算，但式中λ_{b}改用下列λ_{c1}代替。

当梁受压翼缘扭转受到约束时：

$$\lambda_{\mathrm{c1}}=\frac{a_1/t_{\mathrm{w}}}{87}\sqrt{\frac{f_{\mathrm{y}}}{235}} \tag{1-32}$$

当梁受压翼缘扭转未受到约束时：

$$\lambda_{\mathrm{c1}}=\frac{a_1/t_{\mathrm{w}}}{73}\sqrt{\frac{f_{\mathrm{y}}}{235}} \tag{1-33}$$

对 $a_1/h_1>1.2$ 的区格，式(1-32)、式(1-33)右侧应乘以 $1/\left(0.4+0.5\dfrac{a_1}{h_1}\right)^{\frac{1}{2}}$。

(5)加劲肋宜在腹板两侧成对配置，也可单侧配置，但支承加劲肋、重级工作制吊车梁的加劲肋不应单侧配置。

横向加劲肋的最小间距应为 $0.5h_0$，最大间距应为 $2h_0$（对无局部压应力的梁，当 $h_0/t_w\leqslant 100$ 时，可采用 $2.5h_0$）。纵向加劲肋至腹板计算高度受压边缘的距离应在 $h_c/2.5\sim h_c/2$ 范围内。

在腹板两侧成对配置的钢板横向加劲肋，其截面尺寸应符合下列公式要求：

外伸宽度：

$$b_s\geqslant\frac{h_0}{30}+40\quad(\text{mm})\tag{1-34}$$

厚度：

$$t_s\geqslant\frac{b_s}{15}\tag{1-35}$$

在腹板一侧配置的钢板横向加劲肋，其外伸宽度应大于按式(1-34)算得的 1.2 倍，厚度不应小于其外伸宽度的 1/15。

在同时用横向加劲肋和纵向加劲肋加强的腹板中，横向加劲肋的截面尺寸除应符合上述规定外，其截面惯性矩 I_z 尚应符合下式要求：

$$I_z\geqslant 3h_0t_w^3\tag{1-36}$$

纵向加劲肋的截面惯性矩 I_y，应符合下列公式要求：

当 $a/h_0\leqslant 0.85$ 时：

$$I_y\geqslant 1.5h_0t_w^3\tag{1-37}$$

当 $a/h_0>0.85$ 时：

$$I_y\geqslant\left(2.5-0.45\frac{a}{h_0}\right)\left(\frac{a}{h_0}\right)^2h_0t_w^3\tag{1-38}$$

短加劲肋的最小间距为 $0.75h_1$。短加劲肋外伸宽度应取横向加劲肋外伸宽度的 0.7～1.0 倍，厚度不应小于短加劲肋外伸宽度的 1/15。

用型钢（H 型钢、工字钢、槽钢、肢尖焊于腹板的角钢）做成的加劲肋，其截面惯性矩不得小于相应钢板加劲肋的惯性矩。

在腹板两侧成对配置的加劲肋，其截面惯性矩应按梁腹板中心线为轴线进行计算。

在腹板一侧配置的加劲肋，其截面惯性矩应按与加劲肋相连的腹板边缘为轴线进行计算。

(6)梁的支承加劲肋，应按承受梁支座反力或固定集中荷载的轴心受压构件计算其在腹板平面外的稳定性。此受压构件的截面应包括加劲肋和加劲肋每侧 $15t_w\sqrt{235/f_y}$ 范围内的腹板面积，计算长度取 h_0。

当梁支承加劲肋的端部为刨平顶紧时，应按其所承受的支座反力或固定集中荷载计算其端面承压应力（对突缘支座尚应符合《钢结构设计规范》(GB 50017—2003)第 8.4.12 条的要求）；当端部为焊接时，应按传力情况计算其焊缝应力。

支承加劲肋与腹板的连接焊缝，应按传力需要进行计算。

(7)梁受压翼缘自由外伸宽度 b 与其厚度 t 之比，应符合下式要求：

$$\frac{b}{t}\leqslant 13\sqrt{\frac{235}{f_y}} \tag{1-39}$$

当计算梁抗弯强度取 $\gamma_x=1.0$ 时，b/t 可放宽至 $15\sqrt{235/f_y}$。

箱形截面梁受压翼缘板在两腹板之间的无支承宽度 b_0 与其厚度 t 之比，应符合下式要求：

$$\frac{b_0}{t}\leqslant 40\sqrt{\frac{235}{f_y}} \tag{1-40}$$

当箱形截面梁受压翼缘板设有纵向加劲肋时，则式(1-40)中的 b_0 取为腹板与纵向加劲肋之间的翼缘板无支承宽度。

翼缘板自由外伸宽度 b 的取值为：对焊接构件，取腹板边至翼缘板(肢)边缘的距离；对轧制构件，取内圆弧起点至翼缘板(肢)边缘的距离。

二、考虑腹板屈曲后强度的受弯构件设计

(1)腹板仅配置支承加劲肋(或尚有中间横向加劲肋)而考虑屈曲后强度的工字形截面焊接组合梁[图 1-3a)]，应按下式验算抗弯和抗剪承载能力：

$$\left(\frac{V}{0.5V_u}-1\right)^2+\frac{M-M_f}{M_{eu}-M_f}\leqslant 1 \tag{1-41}$$

$$M_f=\left(A_{f1}\frac{h_1^2}{h_2}+A_{f2}h_2\right)f \tag{1-42}$$

式中 M、V——梁的同一截面上同时产生的弯矩和剪力设计值；计算时，当 $V<0.5V_u$，取 $V=0.5V_u$；当 $M<M_f$，取 $M=M_f$；

M_f——梁两翼缘所承担的弯矩设计值；

A_{f1}、h_1——较大翼缘的截面积及其形心至梁中和轴的距离；

A_{f2}、h_2——较小翼缘的截面积及其形心至梁中和轴的距离；

M_{eu}、V_u——梁抗弯和抗剪承载力设计值。

1)M_{eu}应按下列公式计算：

$$M_{eu}=\gamma_x\alpha_e W_x f \tag{1-43}$$

$$\alpha_e=1-\frac{(1-\rho)h_c^3 t_w}{2I_x} \tag{1-44}$$

式中 α_e——梁截面模量考虑腹板有效高度的折减系数；

I_x——按梁截面全部有效算得的绕 x 轴的惯性矩；

h_c——按梁截面全部有效算得的腹板受压区高度；

γ_x——梁截面塑性发展系数；

ρ——腹板受压区有效高度系数。

当 $\lambda_b\leqslant 0.85$ 时：

$$\rho=1.0 \tag{1-45}$$

当 $0.85<\lambda_b\leqslant 1.25$ 时：

$$\rho=1-0.82(\lambda_b-0.85) \tag{1-46}$$

当 $\lambda_b>1.25$ 时：

$$\rho=\frac{1}{\lambda_b}\left(1-\frac{0.2}{\lambda_b}\right) \tag{1-47}$$

式中 λ_b——用于腹板受弯计算时的通用高厚比。

2)V_u 应按下列公式计算：

当 $\lambda_s \leqslant 0.8$ 时：

$$V_u=h_w t_w f_v \tag{1-48}$$

当 $0.8<\lambda_s\leqslant 1.2$ 时：

$$V_u=h_w t_w f_v[1-0.5(\lambda_s-0.8)] \tag{1-49}$$

当 $\lambda_s>1.2$ 时：

$$V_u=h_w t_w f_v/\lambda_s^{1.2} \tag{1-50}$$

式中 λ_s——用于腹板受剪计算时的通用高厚比。

当组合梁仅配置支座加劲肋时，取式(1-19)中的 $h_0/a=0$。

(2)当仅配置支承加劲肋不能满足式(1-41)的要求时，应在两侧成对配置中间横向加劲肋。中间横向加劲肋和上端受有集中压力的中间支承加劲肋，其截面尺寸除应满足式(1-34)和式(1-35)的要求外，尚应按轴心受压构件参照《钢结构设计规范》(GB 50017—2003)第 4.3.7 条计算其在腹板平面外的稳定性，轴心压力应按下式计算：

$$N_s=V_u-\tau_{cr}h_w t_w+F \tag{1-51}$$

式中 V_u——按式(1-48)～式(1-50)计算；

h_w——腹板高度；

τ_{cr}——按式(1-15)～式(1-17)计算；

F——作用于中间支承加劲肋上端的集中压力。

当腹板在支座旁的区格利用屈曲后强度亦即 $\lambda_s>0.8$ 时，支座加劲肋除承受梁的支座反力外尚应承受拉力场的水平分力 H，按压弯构件计算强度和在腹板平面外的稳定。

$$H=(V_u-\tau_{cr}h_w t_w)\sqrt{1+(a/h_0)^2} \tag{1-52}$$

对设中间横向加劲肋的梁，a 取支座端区格的加劲肋间距。对不设中间加劲肋的腹板，a 取梁支座至跨内剪力为零点的距离。

H 的作用点在距腹板计算高度上边缘 $h_0/4$ 处。此压弯构件的截面和计算长度同一般支座加劲肋。当支座加劲肋采用图 1-4 的构造形式时，可按下述简化方法进行计算：加劲肋 1 作为承受支座反力 R 的轴心压杆计算，封头肋板 2 的截面积不应小于按下式计算的数值：

$$A_c=\frac{3h_0 H}{16ef} \tag{1-53}$$

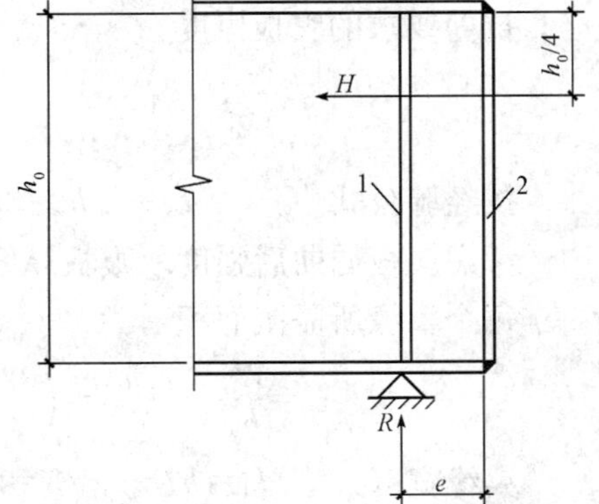

图 1-4 设置封头肋板的梁端构造

腹板高厚比不应大于 250。考虑腹板屈曲后强度的梁，可按构造需要设置中间横向加劲肋。中间横向加劲肋间距较大($a>2.5h_0$)和不设中间横向加劲肋的腹板，当满足式(1-9)时，可取 $H=0$。

【例 1-5】 主梁设计

如例图 1-5a)为一工作平台主梁的计算简图，次梁传来的集中荷载标准值为 $F_k=$

300kN,设计值为 $F_d = 383$kN,试设计此主梁,钢材为 Q235－B,焊条 E43 型。

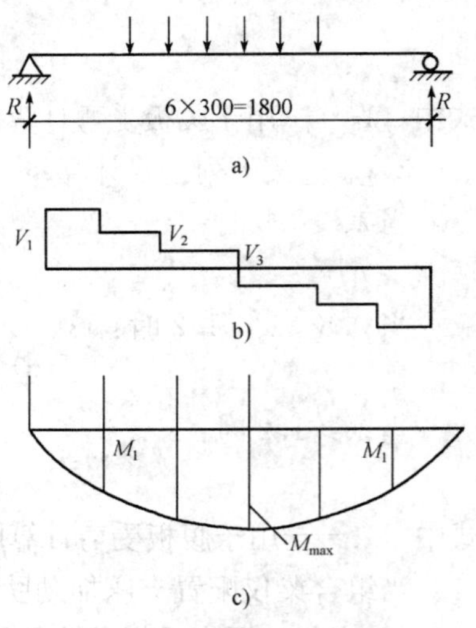

例图 1-5　内力图

解:根据经验假设此主梁自重标准为 4kN/m

设计值　　$g_d = 1.2 g_k = 4.8$kN/m

支座处最大剪力

$$V_1 = R = \left(383 \times 3 + \frac{1}{2} \times 4.8 \times 18\right)\text{kN} = 1192.2\text{kN}$$

跨中最大弯矩

$$M_x = \left[1192.2 \times 9 - 383 \times (6+3) - \frac{1}{2} \times 4.8 \times 9^2\right]\text{kN} \cdot \text{m} = 7088.4\text{kN} \cdot \text{m}$$

采用焊接组合梁,估计翼缘板厚度 $t_f \geqslant 16$mm,故抗弯强度设计值 $f = 205\text{kN/mm}^2$

需要的截面模量

$$W_x \geqslant \frac{M_x}{\gamma_x f} = \frac{7088.4 \times 10^6}{1.05 \times 205}\text{mm}^3 = 32931 \times 10^3\text{mm}^3$$

最大的轧制型钢也不能提供如此大的截面模量,所以此梁需按组合梁计算。

(1)试选截面。

按刚度条件,梁的最小高度为($[v_T]/l = 1/400$)

$$h_{min} = 0.6 f l \left(\frac{l}{[l/T]}\right) \times 10^{-6} = 0.6 \times 205 \times 400 \times 18000 \times 10^2\text{mm} = 886\text{mm}$$

梁的经济高度

$$h_s = 7\sqrt[3]{W_x} - 330 = (7 \times \sqrt[3]{32931 \times 10^3} - 300)\text{mm} = 1944\text{mm}$$

取梁的腹板高度

$$h_w = h_0 = 2000\text{mm}$$

抗剪要求的腹板厚度

$$t_w \geqslant 1.2\frac{V_{max}}{h_w f_v} = 1.2 \times \frac{1192.2 \times 10^3}{2000 \times 125}\text{mm} = 5.7\text{mm}$$

按经验公式　　$t_w = \sqrt{h_w}/3.5 = \sqrt{2000}/3.5\text{mm} = 12.8\text{mm}$

考虑腹板屈曲后强度取腹板厚度 $t_w = 10$mm

每个翼缘所需截面积

$$A_f = \frac{W_x}{h_w} - \frac{t_w h_w}{6} = \left(\frac{32931 \times 10^3}{2000} - \frac{10 \times 2000}{6}\right)\text{mm}^2 = 13132\text{mm}^2$$

翼缘宽度　　$b_f = h/5 \sim h/3 = 2000/5 \sim 2000/3\text{mm} = 400 \sim 667\text{mm}$

取　　$b_f = 550$mm

翼缘厚度　$t_f = A_f/b_f = 13132/550\text{mm} = 23.8\text{mm}$　取 25mm

翼缘板外伸宽度与厚度之比　$270/25 = 10.8 < 13\sqrt{\frac{235}{f_y}} = 13$

满足局部稳定要求。如例图 1-6 所示。

此组合梁的跨度并不是很大，为了施工方便，不沿梁长改变截面。

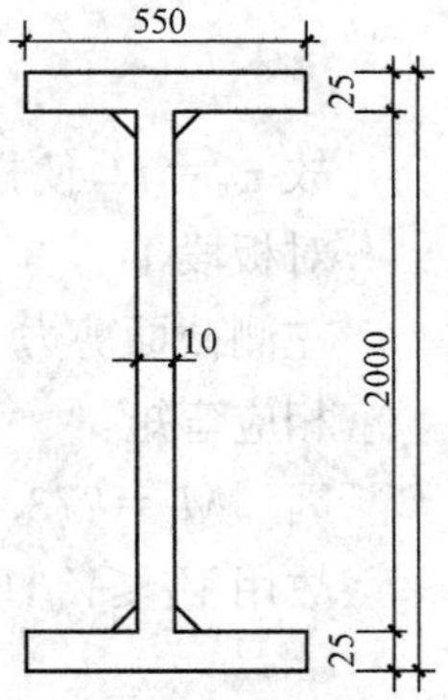

(2)强度验算。

梁的截面几何常数

$$I_x=\frac{1}{12}\times(55\times205^3-54\times200^3)\text{cm}^4=3485990\text{cm}^4$$

$$W_x=\frac{2I_x}{h}=\frac{2\times3485990}{205}\text{cm}^3=34010\text{cm}^3$$

$$A=(200\times1+2\times55\times2.5)\text{cm}^2=475\text{cm}^2$$

$$S_1=\left[55\times2.5\times(102.5-1.25)+(102.5-2.5)^2\times\frac{1}{2}\right]\text{cm}^3$$

$$=18921.875\text{cm}^3=18921875\text{mm}^3$$

550 25 10 2000 25

例图 1-6 工字梁截面图

梁自重 $g_k=0.0475\times77=3.6\text{kN/m}$

考虑到加劲肋等增加的重量，原假设梁自重 4kN/m 较合适。

验算抗弯强度(无孔眼 $W_{nx}=W_x$)

$$\sigma=\frac{M_x}{\gamma_x W_{nx}}=\frac{7088.4\times10^6}{1.05\times34010\times10^3}\text{N/mm}^2=198.5\text{N/mm}^2<f=205\text{N/mm}^2$$

验算抗剪强度

$$\tau=\frac{V_{max}s_1}{I_x t_w}=\frac{1192.2\times10^3}{3485990\times10^4\times10}\times18921875\text{N/mm}^2=64.7\text{N/mm}^2<f_v=125\text{N/mm}^2$$

主梁的支承处以及支承次梁处均配置支承加劲肋，故不验算局部承压强度($\sigma_c=0$)。

(3)梁整体稳定性验算。

次梁可视为主梁受压翼缘的侧向支承，主梁受压翼缘自由长度与宽度之比 $V_1/b_1=300/55=5.5<16$，故不需验算主梁的整体稳定性。

(4)刚度验算。

挠度容许值为$[v_T]/l=1/400$(全部荷载标准作用)或$[v_T]/l=1/500$(仅可变荷载标准值作用)。

全部荷载标准值在梁跨中产生的最大弯矩

$$R_k=(300\times3+4\times18/2)\text{kN}=936\text{kN}$$

$$M_k=\left[936\times9-300\times(6+3)-4\times9^2\times\frac{1}{2}\right]\text{kN}\cdot\text{m}=5562\text{kN}\cdot\text{m}$$

$$\frac{v_T}{l}\approx\frac{M_k l}{10EI_x}=\frac{5562\times10^6\times18000}{10\times206000\times3485990\times10^4}=\frac{1}{717}<\frac{[v_T]}{l}=\frac{1}{400}$$

因$\frac{v_T}{l}$已小于 1/500，故不必再验算仅有可变荷载作用下的挠度。

(5)翼缘和腹板的连接焊缝计算。

翼缘和腹板之间采用角焊缝连接

$$h_f\geqslant\frac{VS_1}{1.4I_x f_f}=\frac{1192.2\times10^3\times18921875}{1.4\times3485990\times10^4\times160}\text{mm}=2.9\text{mm}$$

取 $h_f=8\text{mm}>1.5\sqrt{t_w}=1.5\times\sqrt{25}\text{mm}=7.5\text{mm}$

(6)主梁加劲肋设计(例图 1-7)。

1)各板段的强度验算 $a_1=650$ $a_1/h_0<1$

$$\lambda_s=\frac{h_0/t_w}{41\sqrt{4+5.34\times(2000/650)^2}}=0.66<0.8$$

故 $\tau_{cr}=f_v$，使板段 I_1 范围内不会屈曲，支座加劲肋就不会受到水平力 H_t 的作用。

对板段Ⅰ

左侧截面剪力：　$V_1=(1192.2-4.8\times0.65)\text{kN}=1189.08\text{kN}$

相应弯矩：　$M_1=(1192.2\times0.65-4.8\times0.65^2/2)\text{kN}\cdot\text{m}=773.92\text{kN}\cdot\text{m}$

因　$M_1=773.92\text{kN}\cdot\text{m}<M_f=550\times25\times2025\times205\times10^{-6}\text{kN}\cdot\text{m}=5708\text{kN}\cdot\text{m}$

故用 $V_1\leqslant V_u$，验算 $a/h_0>1$

$$\lambda_s=\frac{h_0/t_w}{41\sqrt{5.34+4(h_0/a)^2}}=\frac{2000/10}{41\sqrt{5.34+4\times(2000/2350)^2}}=1.7>1.2$$

$V_u=h_wt_wf_v/\lambda_s^{1.2}=2000\times10\times125\times10^{-3}/1.7^{1.2}\text{kN}=1322.8\text{kN}>1189.08\text{kN}$（通过）

对板段Ⅲ，验算右侧截面

$$\lambda_s=\frac{h_0/t_w}{41\sqrt{5.34+4(h_0/a)^2}}=\frac{2000/10}{41\sqrt{5.34+4\times(2000/3000)^2}}=1.83$$

$$V_u=h_wt_wf_v/\lambda_s^{1.2}=2000\times10\times125/1.83^{1.2}\text{kN}=1208\text{kN}$$

$$V_3=(1192.2-2\times383-4\times9)\text{km}=390.2\text{km}<0.5V_u=604\text{kN}$$

所以用 $M_3=M_{max}\leqslant M_{eu}$ 验算

$$\lambda_b=\frac{h_0/t_w}{153}\sqrt{\frac{f_y}{235}}=\frac{200}{153}=1.3>1.25$$

$$P=(1-0.2/\lambda_b)/\lambda_b=(1-0.2/1.3)/1.3=0.654$$

$$\alpha_e=1-\frac{(1-\rho)h_c^3t_w}{2I_x}=1-\frac{(1-0.654)\times1000^3\times10}{2\times3485990\times10^4}=0.95$$

$M_{eu}=\gamma_x\alpha_eW_xf=1.05\times0.95\times34010\times10^3\times205\text{kN}\cdot\text{m}=6955\text{kN}\cdot\text{m}\approx M_3=7088\text{kN}\cdot\text{m}$

2）加劲肋计算。

横向加劲肋的截面

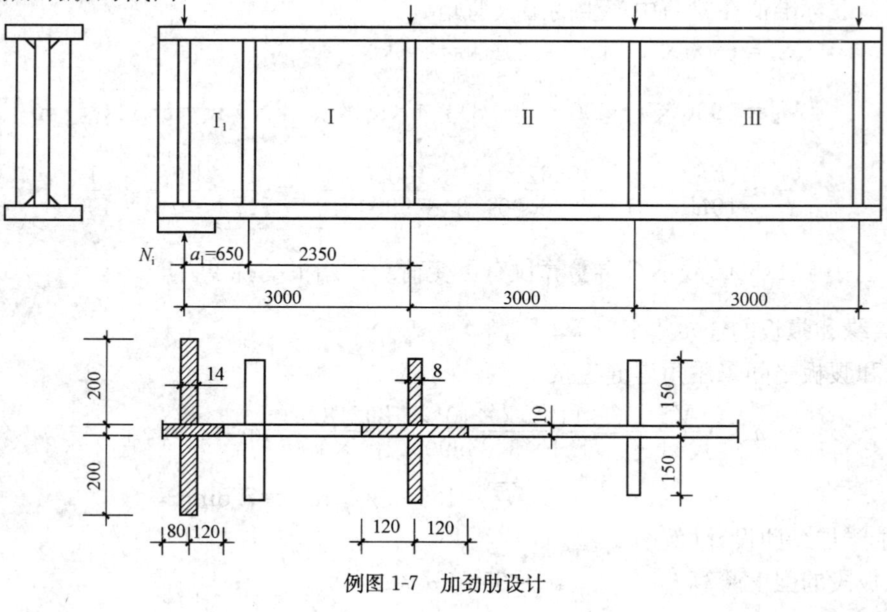

例图 1-7　加劲肋设计

宽度：　　$b_s \geqslant \frac{h_0}{30}+40=\left(\frac{2000}{30}+40\right)mm=107mm$，用 $b_s=150mm$

厚度：　　$t_s \geqslant \frac{b_s}{15}=\frac{120}{15}mm=8mm$

中部承受次梁支座反力的支承加劲肋的截面验算

由上可知：$\lambda_s=1.83, \tau_{cr}=L_1 f_r/\lambda_s^2=1.1\times125/1.83^2 N/mm^2=41N/mm^2$

所以该加劲肋所承受轴心力

$$N_s=V_u-\tau_{cr}h_w t_w+F=(1190.5-41\times2000\times10\times10^{-3}+383)kN=753.5kN$$

截面面积　　$A_s=(2\times120\times8+300\times8)mm^2=4320mm^2$

$$I_z=\frac{1}{12}\times8\times300^3 mm^4=1800\times10^4 mm^4, i_z=\sqrt{\frac{I_z}{A}}=64.5$$

$$\lambda_z=2000/64.5=31 \quad \varphi_z=0.932$$

验算在腹板平面外稳定

$$\frac{N_s}{\varphi_z A_s}=\frac{753.5\times10^3}{0.932\times4320}N/mm^2=187N/mm^2<f=215N/mm^2$$

采用次梁连于主梁加劲肋的构造，故不必验算加劲肋端部的承压强度，靠近支座加劲肋的中间横向加劲肋仍用 150×8 截面，不必验算。

支座加劲肋的验算：承受支座反力 $R=1192.2kN$，另外还应加上边部次梁直接传给主梁的支反力，为 383/2＝191.5kN

采用 2－200×14 板　$A_s=(2\times200\times14+200\times8)mm^2=7200mm^2$

$$I_z=\frac{1}{12}\times14\times408^3 mm^4=7924\times10^4 mm^4 \quad i_z=\sqrt{\frac{I_z}{A}}=105mm$$

$$\lambda_z=2000/105=19 \quad \varphi_z=0.973$$

验算在腹板平面外稳定

$$\frac{N'_s}{\varphi_z A_s}=\frac{(1192.2+191.5)\times10^3}{0.973\times7200}N/mm^2=198N/mm^2<f=215N/mm^2$$

验算端部承压

$$\sigma_{ce}=\frac{(1192.2+191.5)\times10^3}{2(200-40)\times14}N/mm^2=309N/mm^2<f_{ce}=325N/mm^2$$

计算与腹板的连接焊缝

$$h_f \geqslant \frac{1383.7\times10^3}{4\times0.7(2000-2\times10)\times200}mm=1.3mm$$

用　　$6mm>1.5\sqrt{t}=1.5\times\sqrt{14}mm=5.6mm$

第二章　轴心受力构件和拉弯、压弯构件的计算

第一节　轴心受力构件的强度和稳定计算

一、实腹式轴心受力构件

(1)轴心受拉构件和轴心受压构件的强度，除高强度螺栓摩擦型连接处外，应按下式计算：

$$\sigma=\frac{N}{A_n}\leqslant f \tag{2-1}$$

式中　N——轴心拉力或轴心压力；

A_a——净截面面积。

高强度螺栓摩擦型连接处的强度应按下列公式计算：

$$\sigma=\left(1-0.5\frac{n_1}{n}\right)\frac{N}{A_n}\leqslant f \tag{2-2}$$

$$\sigma=\frac{N}{A}\leqslant f \tag{2-3}$$

式中　n——在节点或拼接处，构件一端连接的高强度螺栓数目；

n_1——所计算截面（最外列螺栓处）上高强度螺栓数目；

A——构件的毛截面面积。

(2)实腹式轴心受压构件的稳定性应按下式计算：

$$\frac{N}{\varphi A}\leqslant f \tag{2-4}$$

式中　φ——轴心受压构件的稳定系数（取截面两主轴稳定系数中的较小者），应根据构件的长细比、钢材屈服强度和表13-16、表13-17的截面分类按表13-26～表13-29采用。

构件长细比λ应按照下列规定确定：

1)截面为双轴对称或极对称的构件：

$$\lambda_x=l_{0x}/i_x \qquad \lambda_y=l_{0y}/i_y \tag{2-5}$$

式中　l_{0x}、l_{0y}——构件对主轴x和y的计算长度；

i_x、i_y——构件截面对主轴x和y的回转半径。

对双轴对称十字形截面构件，λ_x或λ_y取值不得小于$5.07b/t$（其中b/t为悬伸板件宽厚比）。

2)截面为单轴对称的构件，绕非对称轴的长细比λ_x仍按式(2-5)计算，但绕对称轴应取计及扭转效应的下列换算长细比代替λ_y：

$$\lambda_{yz}=\frac{1}{\sqrt{2}}\left[(\lambda_y^2+\lambda_z^2)+\sqrt{(\lambda_y^2+\lambda_z^2)^2-4(1-e_0^2/i_0^2)\lambda_y^2\lambda_z^2}\right]^{\frac{1}{2}} \tag{2-6}$$

$$\lambda_z^2=i_0^2A/(I_t/25.7+I_\omega/l_\omega^2) \tag{2-7}$$

$$i_0^2=e_0^2+i_x^2+i_y^2$$

式中 e_0——截面形心至剪心的距离；

i_0——截面对剪心的极回转半径；

λ_y——构件对对称轴的长细比；

λ_z——扭转屈曲的换算长细比；

I_t——毛截面抗扭惯性矩；

I_ω——毛截面扇性惯性矩；对 T 形截面（轧制、双板焊接、双角钢组合）、十字形截面和角形截面可近似取 $I_\omega=0$；

A——毛截面面积；

l_ω——扭转屈曲的计算长度，对两端铰接端部截面可自由翘曲或两端嵌固端部截面的翘曲完全受到约束的构件，取 $l_\omega=l_{0y}$。

3）单角钢截面和双角钢组合 T 形截面绕对称轴的 λ_{yz} 可采用下列简化方法确定：

①等边单角钢截面［图 2-1a)］：

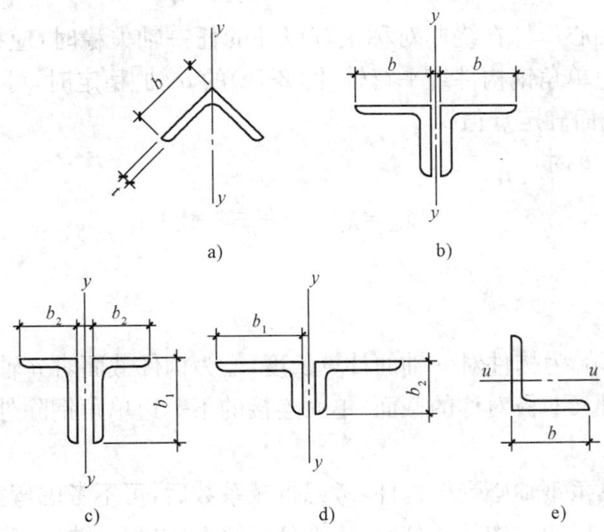

图 2-1　单角钢截面和双角钢组合 T 形截面

b-等边角钢肢宽度；b_1-不等边角钢长肢宽度；b_2-不等边角钢短肢宽度

当 $b/t\leqslant0.54l_{0y}/b$ 时：

$$\lambda_{yz}=\lambda_y\left(1+\frac{0.85b^4}{l_{0y}^2t^2}\right)\tag{2-8a}$$

当 $b/t>0.54l_{0y}/b$ 时：

$$\lambda_{yz}=4.78\frac{b}{t}\left(1+\frac{l_{0y}^2t^2}{13.5b^4}\right)\tag{2-8b}$$

式中 b、t——分别为角钢肢的宽度和厚度。

②等边双角钢截面［图 2-1b)］：

当 $b/t\leqslant0.58l_{0y}/b$ 时：

$$\lambda_{yz}=\lambda_y\left(1+\frac{0.475b^4}{l_{0y}^2t^2}\right)\tag{2-9a}$$

当 $b/t>0.58l_{0y}/b$ 时：

$$\lambda_{yz}=3.9\frac{b}{t}\left(1+\frac{l_{0y}^2t^2}{18.6b^4}\right) \tag{2-9b}$$

③长肢相并的不等边双角钢截面[图 2-1c)]：

当 $b_2/t\leqslant0.48l_{0y}/b_2$ 时：

$$\lambda_{yz}=\lambda_y\left(1+\frac{1.09b_2^4}{l_{0y}^2t^2}\right) \tag{2-10a}$$

当 $b_2/t>0.48l_{0y}/b_2$ 时：

$$\lambda_{yz}=5.1\frac{b_2}{t}\left(1+\frac{l_{0y}^2t^2}{17.4b_2^4}\right) \tag{2-10b}$$

④短肢相并的不等边双角钢截面[图 2-1d)]：

当 $b_1/t\leqslant0.56l_{0y}/b_1$ 时，可近似取 $\lambda_{yz}=\lambda_y$。否则应取

$$\lambda_{yz}=3.7\frac{b_1}{t}\left(1+\frac{l_{0y}^2t^2}{52.7b_1^4}\right)$$

4)单轴对称的轴心压杆在绕非对称主轴以外的任一轴失稳时，应按照弯扭屈曲计算其稳定性。当计算等边单角钢构件绕平行轴[图 2-1e)的 u 轴]稳定时，可用下式计算其换算长细比 λ_{uz}，并按 b 类截面确定 φ 值：

当 $b/t\leqslant0.69l_{0u}/b$ 时，

$$\lambda_{uz}=\lambda_u\left(1+\frac{0.25b^4}{l_{0u}^2t^2}\right) \tag{2-11a}$$

当 $b/t>0.69l_{0u}/b$ 时：

$$\lambda_{uz}=5.4b/t \tag{2-11b}$$

式中 $\lambda_u=l_{0u}/i_u$；l_{0u} 为构件对 u 轴的计算长度，i_u 为构件截面对 u 轴的回转半径。

无任何对称轴且又非极对称的截面(单面连接的不等边单角钢除外)不宜用作轴心受压构件。

对单面连接的单角钢轴心受压构件，考虑折减系数后，可不考虑弯扭效应。

当槽形截面用于格构式构件的分肢，计算分肢绕对称轴(y 轴)的稳定性时，不必考虑扭转效应，直接用 λ_y 查出 φ_y 值。

(3)用填板连接而成的双角钢或双槽钢构件，可按实腹式构件进行计算，但填板间的距离不应超过下列数值：

受压构件：$40i$；

受拉构件：$80i$。

i 为截面回转半径，应按下列规定采用：

1)当为如图 2-2a)、b)所示的双角钢或双槽钢截面时，取一个角钢或一个槽钢对与填板平行的形心轴的回转半径。

2)当为如图 2-2c)所示的十字形截面时，取一个角钢的最小回转半径。

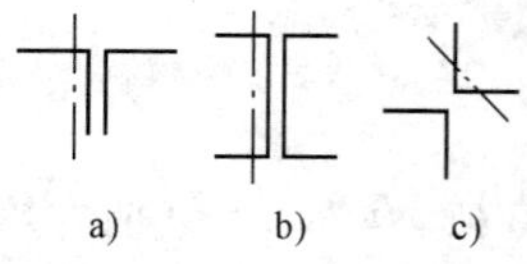

图 2-2 计算截面回转半径时的轴线示意图

受压构件的两个侧向支承点之间的填板数不得少于 2 个。

二、格构式轴心受力构件

(1)格构式轴心受压构件的稳定性按下式计算：

$$\frac{N}{\varphi A}\leqslant f \tag{2-12}$$

·构件对虚轴[图 2-3a)的 x 轴和图 2-3b)、c)的 x 轴和 y 轴]的长细比应取换算长细比。按算长细比应按下列公式计算：

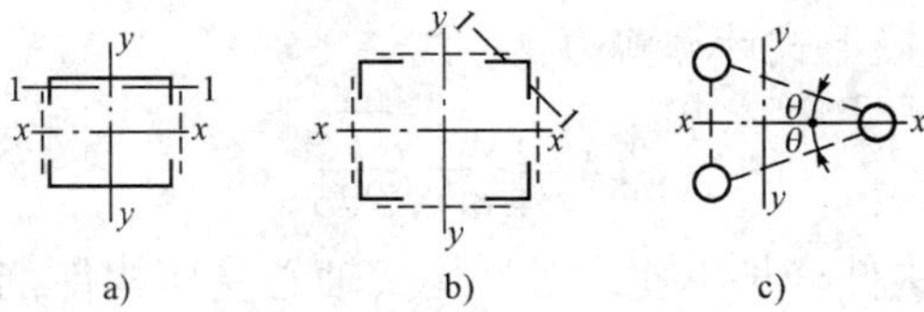

图 2-3　格构式组合构件截面

1)双肢组合构件[图 2-3a)]：

当缀件为缀板时：

$$\lambda_{0x}=\sqrt{\lambda_x^2+\lambda_1^2} \tag{2-13}$$

当缀件为缀条时：

$$\lambda_{0x}=\sqrt{\lambda_x^2+27\frac{A}{A_{1x}}} \tag{2-14}$$

式中　λ_x——整个构件对 x 轴的长细比；

λ_1——分肢对最小刚度轴 1-1 的长细比，其计算长度取为：焊接时，为相邻两缀板的净距离；螺栓连接时，为相邻两缀板边缘螺栓的距离；

A_{1x}——构件截面中垂直于 x 轴的各斜缀条毛截面面积之和。

2)四肢组合构件[图 2-3b)]：

当缀件为缀板时：

$$\lambda_{0x}=\sqrt{\lambda_x^2+\lambda_1^2} \tag{2-15}$$

$$\lambda_{0y}=\sqrt{\lambda_y^2+\lambda_1^2} \tag{2-16}$$

当缀件为缀条时：

$$\lambda_{0x}=\sqrt{\lambda_x^2+40\frac{A}{A_{1x}}} \tag{2-17}$$

$$\lambda_{0y}=\sqrt{\lambda_y^2+40\frac{A}{A_{1y}}} \tag{2-18}$$

式中　λ_y——整个构件对 y 轴的长细比；

A_{1y}——构件截面中垂直于 y 轴的各斜缀条毛截面面积之和。

3)缀件为缀条的三肢组合构件[图 2-3c)]：

$$\lambda_{0x}=\sqrt{\lambda_x^2+\frac{42A}{A_1(1.5-\cos^2\theta)}} \tag{2-19}$$

$$\lambda_{0y}=\sqrt{\lambda_y^2+\frac{42A}{A_1\cos^2\theta}} \tag{2-20}$$

式中　A_1——构件截面中各斜缀条毛截面面积之和；

θ——构件截面内缀条所在平面与 x 轴的夹角。

缀板的线刚度应符合《钢结构设计规范》(GB 50017—2003)第 8.4.1 条的规定。斜缀条与构件轴线间的夹角应在 40°～70°范围内。

(2)对格构式轴心受压构件:当缀件为缀条时,其分肢的长细比 λ_1 不应大于构件两方向长细比(对虚轴取换算长细比)的较大值 λ_{max} 的 0.7 倍;当缀件为缀板时,λ_1 不应大于 40,并不应大于 λ_{max} 的 0.5 倍(当 $\lambda_{max}<50$ 时,取 $\lambda_{max}=50$)。

(3)轴心受压构件应按下式计算剪力:

$$V=\frac{Af}{85}\sqrt{\frac{f_y}{235}} \tag{2-21}$$

剪力 V 值可认为沿构件全长不变。对格构式轴心受压构件,剪力 V 应由承受该剪力的缀材面(包括用整体板连接的面)分担。

(4)用作减小轴心受压构件(柱)自由长度的支撑,当其轴线通过被撑构件截面剪心时,沿被撑构件屈曲方向的支撑力应按下列方法计算:

1)长度为 l 的单根柱设置一道支撑时,支撑力 F_{b1} 为:

当支撑杆位于柱高度中央时:

$$F_{b1}=N/60 \tag{2-22a}$$

当支撑杆位于距柱端 αl 处时($0<\alpha<1$):

$$F_{b1}=\frac{N}{240\alpha(1-\alpha)} \tag{2-22b}$$

式中 N——被撑构件的最大轴心压力。

2)长度为 l 的单根柱设置 m 道等间距(或间距不等但与平均间距相比相差不超过 20%)支撑时,各支承点的支撑力 F_{bm} 为:

$$F_{bm}=N/[30(m+1)] \tag{2-23}$$

3)被撑构件为多根柱组成的柱列,在柱高度中央附近设置一道支撑时,支撑力应按下式计算:

$$F_{bn}=\frac{\sum N_i}{60}\left(0.6+\frac{0.4}{n}\right) \tag{2-24}$$

式中 n——柱列中被撑柱的根数;

$\sum N_i$——被撑柱同时存在的轴心压力设计值之和。

4)当支撑同时承担结构上其他作用的效应时,其相应的轴力可不与支撑力相叠加。

【例 2-1】 拉杆截面选择

一钢屋架轴心受拉下弦杆,采用 2 个长肢相并的不等肢角钢截面,杆件两端与节点板焊接连接,如例图 2-1 所示;杆件承受的拉力设计值为 105kN,节间无横向荷载,材质 Q235,试选择此拉杆的截面。

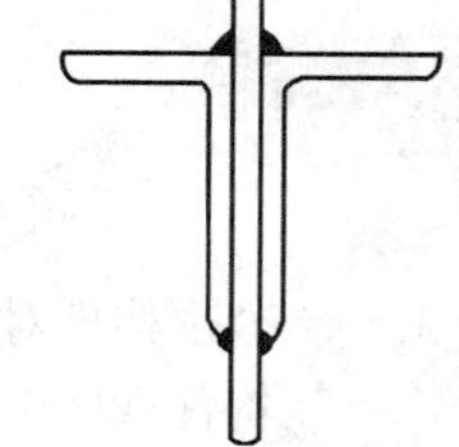

例图 2-1 钢屋架轴心受拉下弦杆

解:因杆件采用 2 个长肢相并的不等肢角钢与节点板连接,不存在构造偏心,根据式(2-1)可得所需角钢截面面积为

$$A_n=\frac{N}{f}=\frac{105000}{215}\text{mm}^2=488.4\text{mm}^2$$

查 GB/T 706—2008,选择 2∟45×28×4,截面面积为 281×2mm²=562mm²,满足设计要求。

【例 2-2】 设计某轴心受压构件的截面尺寸

已知构件长 $l=8\text{m}$，两端铰接，承受的轴心压力设计值 $N=660\text{kN}$（包括构件的自重）。采用焊接工字形截面，截面无削弱，翼缘板为火焰切割边，钢材用 Q235—B 钢。

解：计算长度 $l_{0x}=l_{0y}=l=8\text{m}$

1. 初选截面

构件对 x 轴和 y 轴屈曲时均属 b 类截面。

(1)按整体稳定性要求确定所需的截面面积 A 和回转半径 i_x、i_y。

先假设 $\lambda=\lambda_x=\lambda_y=80$，由表 13-27 查得 $\varphi=0.688$

Q235 钢　　$f=215\text{N/mm}^2$

需要　　$$A\geqslant\frac{N}{\varphi f}=\frac{660\times10^3}{0.688\times215}\times10^{-2}\text{cm}^2=44.62\text{cm}^2$$

$$i_x=i_y\geqslant\frac{800}{80}\text{cm}=10\text{cm}$$

(2)利用截面回转半径与轮廓尺寸的近似关系等确定截面各部分尺寸得 $i_x=0.43h$，$i_y=0.24b$。工字形截面当两个方向计算长度相等时，控制屈曲方向为 y 轴，先确定翼缘板尺寸 b 和 t，后确定腹板尺寸 h_w 和 t_w。

由 $b=\dfrac{i_y}{0.24}=\dfrac{8\times10}{0.24}\text{mm}=333.3\text{mm}$，取 $b=340\text{mm}$

一块翼缘板截面面积为整个构件截面面积的 0.35～0.4

$$t=\frac{(0.35\sim0.4)A}{b}=\frac{(0.35\sim0.4)\times44.62\times10^2}{340}\text{mm}=4.59\sim5.25\text{mm}$$

取 $t=5\text{mm}$

对工字形截面一般应取 $h>b$ 和 $h\geqslant l/30$，取 $h_w=350\text{mm}$

得　　$$t_w\approx\frac{A-2bt}{h_w}=\frac{4462-2\times340\times5}{350}\text{mm}=3.03\text{mm}$$

取 $t_w=4\text{mm}$

选用的截面尺寸如例图 2-2 所示

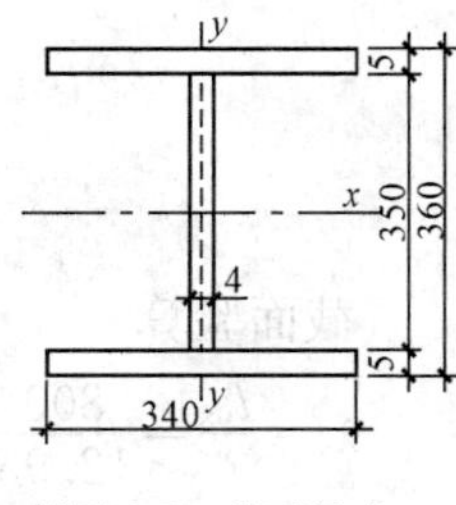

例图 2-2　截面尺寸

面积　$A=(2\times34\times0.5+35\times0.4)\text{cm}^2=4.8\text{cm}^2$

截面惯性矩

$$I_x=\frac{1}{12}\times(34\times36^3-33.6\times35^3)\text{cm}^4=12142\text{cm}^4$$

$$I_y=2\times\frac{1}{12}\times0.5\times34^3\text{cm}^4=3275.3\text{cm}^4$$

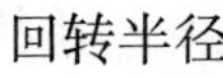
回转半径　$$i_x=\sqrt{\frac{I_x}{A}}=\sqrt{\frac{12142}{48}}\text{cm}=15.9\text{cm}$$

$$i_y=\sqrt{\frac{I_y}{A}}=\sqrt{\frac{3275.3}{48}}\text{cm}=8.3\text{cm}$$

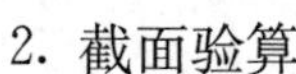
2. 截面验算

(1)刚度和整体稳定性。

$$\left.\begin{aligned}\lambda_x&=\frac{l_{0x}}{i_x}=\frac{800}{15.9}=50.3\\\lambda_y&=\frac{l_{0y}}{i_y}=\frac{800}{8.3}=96.4\end{aligned}\right\}<[\lambda]=150，满足要求$$

由 $\lambda=\max\{\lambda_x,\lambda_y\}=97$，查 13-27 得 $\varphi=0.575$

$\frac{N}{\varphi A}=\frac{660\times10^3}{0.575\times48\times10^2}\text{N/mm}^2=239.13\text{N/mm}^2>f=215\text{N/mm}^2$，不满足要求

(2)局部稳定性。

$\lambda=97$

翼缘板 $\frac{b'}{t}=\frac{(340-4)/2}{5}=33.6>(10+0.1\times97)\sqrt{\frac{235}{235}}=19.7$

腹板 $\frac{h_0}{t_w}=\frac{350}{4}=87.5>(25+0.5\times97)\sqrt{\frac{235}{235}}=73.5$

所选截面不合适，需要重新选择

假设构件长细比 $\lambda=\lambda_x=\lambda_y=125$，由表 13-27 查得 $\varphi=0.411$

$$A\geqslant\frac{N}{\varphi f}=\frac{660\times10^3}{0.411\times215}\times10^{-2}\text{cm}^2=74.69\text{cm}^2$$

$$i_x=i_y\geqslant\frac{800}{125}\text{cm}=6.4\text{cm}$$

$$b=\frac{6.4}{0.24}\text{cm}=26.7\text{cm}，取\ b=270\text{mm}$$

$$t=\frac{270}{36}\text{cm}=7.5\text{mm}，取\ t=10\text{mm}$$

$$h_w=280\text{mm}\qquad t_w=8\text{mm}$$

$$A=(2\times27\times1+28\times0.8)\text{cm}^2=76.4\text{cm}^2$$

$$I_x=\frac{1}{12}\times(27\times30^3-26.2\times28^3)\text{cm}^4=12821\text{cm}^4$$

$$I_y=2\times\frac{1}{12}\times1\times27^2\text{cm}^4=3281\text{cm}^4$$

$$i_x=\sqrt{\frac{I_x}{A}}=\sqrt{\frac{12821}{76.4}}\text{cm}=12.95\text{cm}$$

$$i_y=\sqrt{\frac{I_y}{A}}=\sqrt{\frac{3281}{76.4}}\text{cm}=6.55\text{cm}$$

截面验算

$$\left.\begin{aligned}\lambda_x=\frac{l_{0x}}{i_x}=\frac{800}{12.95}=61.8\\ \lambda_y=\frac{l_{0y}}{i_y}=\frac{800}{6.55}=122.1\end{aligned}\right\}<\lambda=[150]，满足要求$$

由 $\lambda=\max\{\lambda_x,\lambda_y\}=122.1$ 查表 13-27 得 $\varphi=0.425$

$\frac{N}{\varphi A}=\frac{660\times10^3}{0.425\times76.4\times10^2}\text{N/mm}^2=203.3\text{N/mm}^2<215\text{N/mm}^2$，满足要求

翼缘板 $\frac{b'}{t}=\frac{(270-8)/2}{10}=13.1<(10+0.1\times100)\sqrt{\frac{235}{235}}=20$

腹板 $\frac{h_w}{t_w}=\frac{280}{8}=35<(25+0.5\times100)\sqrt{\frac{235}{235}}=75$

均满足要求，截面无削弱，所选截面合适

讨论：上述设计首先选择的截面不满足要求。所以设计时选择合适的构件长细比就显

得尤其重要。根据

$$A \geqslant \frac{N}{\varphi f}$$

$$A = \alpha \cdot i^2$$

式中　α——参数，随构件的截面尺寸、形状和屈曲方向而变化，由 $\lambda = \frac{l_0}{i}$，可得 $\frac{\lambda^2}{\varphi} \geqslant \frac{\alpha l_0^2 f}{N}$ 即可以求得比较合适的长细比，见表 2-1 和表 2-2。

表 2-1　　求轴心受压构件合适长细比用的参数 α 值

项次	截面形式	弯曲屈曲对应主轴	α	说明
1	焊接工字钢	x	0.45	设 $h_w t_w = 0.2A$、$b/t = 30$、$h_w/t_w = 60$ 和 $h \approx h_w$
		y	1.5	
2		x	0.55	设 $h_w t_w = 0.2A$、$b/t = 20$、$h_w/t_w = 50$ 和 $h \approx h_w$
		y	2.2	
3	箱形或方管	x 或 y	0.7	板件宽厚比为 40 时
			0.9	板件宽厚比为 30 时
			1.1	板件宽厚比为 25 时
4	等边角钢	x	3.6	设角钢每边的宽厚比为 12
		y	1.7	
5	长边相连	x	2.6	设角钢长边的宽厚比为 12
		y	3.7	
6	短边相连	x	7.6	
		y	1.1	
7	焊接 T 形	x	3.6	设 $bt = (0.7 \sim 0.75)A$、$b/t = 30$ 和 $h_w/t_w = 15$
		y	0.8	
8	钢管	通过截面形心的任意轴	$\frac{26}{d/t}$	对热轧无缝钢管通常可取 $b/t = 30 \sim 40$
9	等边角钢	v	4.2	设角钢每边的宽厚比为 12
10		$y(x)$	Ⅰ28 及以下：10(0.5) Ⅰ32～Ⅰ40：12(0.4) Ⅰ45 及以上：14(0.3)	热轧普通工字钢截面。括号内数值为对 x 轴屈曲时的参数 α 值
11		y	Ⅰ32 及以下：1.0 Ⅰ36～Ⅰ40：0.8 Ⅰ45 及以上：0.7	分肢为热轧普通工字钢截面

续上表

项次	截面形式	弯曲屈曲对应主轴	α	说　明
12	y y y y	y	0.8	分肢为热轧普通槽钢截面
13	y x x y	x	0.78	截面高度和翼缘宽度不小于 200mm 的常用国产热轧宽翼缘 H 形钢截面(按GB/T 11263—2005 计算)
		y	2.34	

表 2-2　　轴心受压构件的合适长细比 λ(假定值)

$\frac{\alpha l_0^2 f}{N}\times 10^{-3}$	Q235 钢				Q345 钢				Q390 钢				Q420 钢			
	a	b	c	d	a	b	c	d	a	b	c	d	a	b	c	d
0.1	10	10	10	10	10	10	10	10	10	10	10	10	10	10	10	10
0.5	22	22	22	21	22	22	22	21	22	22	21	21	22	22	21	21
1.0	31	31	30	29	31	30	29	28	31	30	29	28	31	30	29	28
1.5	38	37	36	35	37	36	35	34	37	36	35	33	37	36	35	33
2.0	43	42	41	39	43	41	40	38	42	41	39	37	42	41	39	37
2.5	48	47	45	43	47	46	43	41	47	45	43	41	47	45	43	41
3.0	52	51	49	46	51	49	47	45	51	49	46	44	51	48	46	44
3.5	56	54	52	49	55	53	50	47	54	52	49	47	54	51	49	46
4.0	59	57	55	52	58	55	52	50	57	55	52	49	57	54	51	48
4.5	63	60	57	54	61	58	55	52	60	57	54	51	59	57	53	51
5.0	66	63	60	57	63	60	57	54	62	60	56	53	62	59	55	53
6.0	71	68	64	61	68	65	61	58	67	64	60	57	66	63	59	56
7.0	75	72	68	64	72	68	64	61	70	67	63	60	70	66	62	59
8.0	79	76	71	67	75	72	67	64	74	70	66	63	73	69	65	62
10	86	82	77	73	81	77	73	69	79	76	71	67	78	75	70	67
12	92	87	82	78	86	82	77	73	83	80	76	72	82	79	75	71
14	96	92	87	82	90	86	81	77	87	84	80	75	86	83	79	74
16	101	96	91	86	93	90	85	80	91	87	83	79	89	86	82	78
18	104	100	94	89	96	93	88	84	94	91	86	82	92	89	85	81
20	108	103	97	92	99	96	91	87	97	93	89	85	95	92	88	84
25	115	111	105	99	106	102	98	93	103	99	96	91	101	98	94	90
30	121	117	111	106	111	108	104	99	108	105	101	97	106	103	100	96
35	126	122	117	111	116	112	109	104	112	109	106	102	110	108	104	100
40	131	127	122	116	120	117	113	109	116	113	110	106	114	112	108	104
45	135	131	126	121	124	120	117	113	120	117	114	110	118	115	112	108
50	139	135	130	125	127	124	121	116	123	121	117	113	121	118	116	112

续上表

$\frac{\alpha l_0^2 f}{N}\times10^{-3}$	Q235 钢				Q345 钢				Q390 钢				Q420 钢			
	a	b	c	d	a	b	c	d	a	b	c	d	a	b	c	d
60	146	142	138	132	133	130	127	123	130	127	124	120	127	124	122	118
70	152	148	144	139	139	136	133	129	135	132	129	125	132	130	127	123
80	158	154	150	145	144	141	138	134	140	137	134	130	137	134	132	128
100	167	163	160	154	152	149	147	143	148	145	143	139	145	143	140	137
120	175	171	168	163	160	157	154	150	155	152	150	146	152	150	147	144
140	182	179	175	170	166	163	161	157	161	158	156	153	158	156	154	150

注：表中 a、b、c 和 d 为轴心压杆的截面分类。

【例 2-3】 双肢缀条柱设计

某工作平台的轴心受压柱，承受的轴心压力设计值 $N=2685\text{kN}$（包括柱身等构造自重），计算长度 $l_{0x}=l_{0y}=8\text{m}$。钢材采用 Q235-B 钢，焊条 E43 型，手工焊。柱截面无削弱。要求设计成由两个热轧普通工字钢组成的双肢缀条柱。

解：采用单缀条体系，缀条试选等边单角钢 ∟45×4：面积 $A_t=3.49\text{cm}^2$，最小回转半径为 $i_v=0.89\text{cm}$。

1. 按绕实轴的整体稳定性选择分肢截面尺寸

查表 2-1 项次 11 试取参数 $\alpha=0.8$，利用表 2-2 得合适的假定长细比 $\lambda_y=57$，$\varphi=0.823$（b 类截面，表 13-27）

需要
$$A\geqslant\frac{N}{\varphi f}=\frac{2685\times10^3}{0.823\times215}\times10^{-2}\text{cm}^2=151.74\text{cm}^2$$

$$i_y\geqslant\frac{l_{0y}}{\lambda_y}=\frac{8\times10^2}{57}\text{cm}=14.04\text{cm}$$

选用 2I36a：$A=2\times76.48\text{cm}^2=152.96\text{cm}^2$，$i_y=14.4\text{cm}$；分肢对最小刚度轴 1-1 的惯性矩 $I_1=552\text{cm}^4$，回转半径 $i_1=2.69\text{cm}$，翼缘宽度 $b_1=136\text{mm}$（例图 2-3），翼缘厚度 $t=15.8\text{mm}<16\text{mm}$，$f=215\text{N/mm}^2$

验算
$$\lambda_y=\frac{l_{0y}}{i_y}=\frac{8\times10^2}{14.4}=55.5<[\lambda]=150$$

$\varphi=0.830$（b 类截面）

$$\frac{N}{\varphi A}=\frac{2685\times10^3}{0.830\times152.96\times10^2}\text{N/mm}^2=211.5\text{N/mm}^2<f=215\text{N/mm}^2$$，满足要求

2. 按虚轴与实轴的稳定条件 $\lambda_{0x}=\lambda_y$ 确定分肢间距

由 $\lambda_{0x}=\sqrt{\lambda_x^2+27\dfrac{A}{A_{1x}}}=\lambda_y$，得

$$\lambda_x=\sqrt{\lambda_y^2-27\frac{A}{A_{1x}}}=\sqrt{50^2-27\times\frac{152.96}{2\times3.49}}=43.7$$

$$i_x=\frac{l_{0x}}{\lambda_x}=\frac{8\times10^2}{43.7}\text{cm}=18.31\text{cm}$$

要求两分肢的间距为

$$b_0=2\sqrt{i_x^2-i_1^2}=2\sqrt{18.31^2-2.69^2}\text{cm}=36.2\text{cm}$$，采用 $b_0=36\text{cm}$

$$b=b_0+b_1=(36+13.6)\text{cm}=49.6\text{cm}$$

两工字钢翼缘内趾净距为 $b_0-b_1=(36-13.6)\text{cm}=22.4\text{cm}$

柱截面(例图 2-3)对虚轴 x 轴的惯性矩 I_x 和回转半径 i_x 分别为

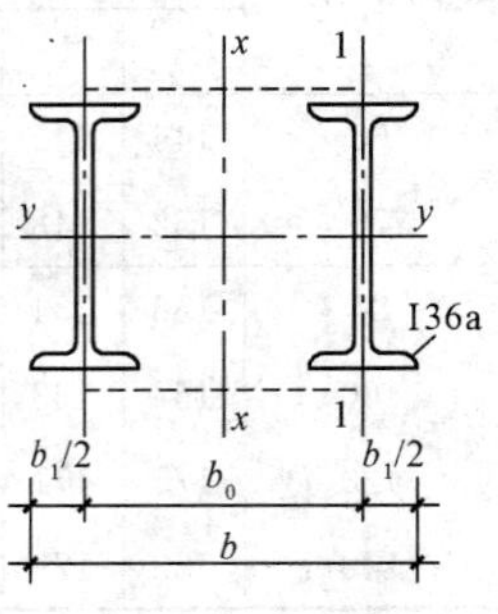

例图 2-3　柱截面

$$I_x=2\left[I_1+\frac{A}{2}\left(\frac{b_0}{2}\right)^2\right]=2\left[552+76.48\times\left(\frac{36}{2}\right)^2\right]\text{cm}^4$$

$$=50663\text{cm}^4$$

$$i_x=\sqrt{\frac{I_x}{A}}=\sqrt{\frac{50663}{152.96}}\text{cm}=18.20\text{cm}$$

3. 柱截面的验算

(1)刚度和整体稳定性。

$$\lambda_x=\frac{l_{0x}}{i_x}=\frac{8\times10^2}{18.20}=44.0$$

换算长细比

$$\lambda_{0x}=\sqrt{\lambda_x^2+27\frac{A}{A_{1x}}}=\sqrt{44.0^2+27\times\frac{152.96}{2\times3.49}}=50.3<[\lambda]=150\text{，满足要求}$$

$\varphi_x=0.855$(b 类截面)

$$\frac{N}{\varphi A}=\frac{2685\times10^3}{0.855\times152.96\times10^2}\text{N/mm}^2=205.3\text{N/mm}^2<f=215\text{N/mm}^2\text{，满足要求}$$

柱截面刚度和整体稳定性满足要求

(2)分肢稳定性。

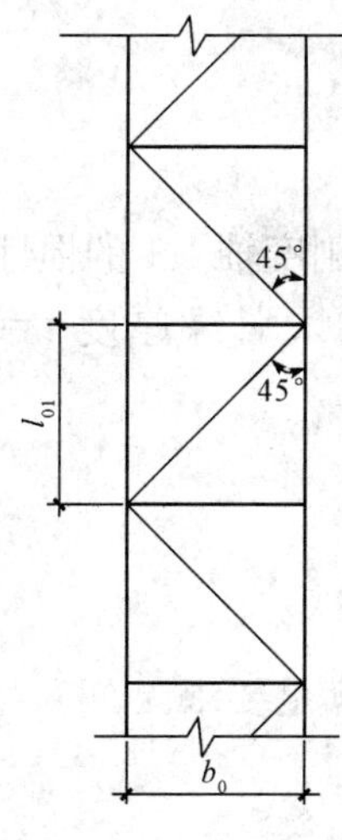

例图 2-4　缀条

取斜缀条与柱轴线夹角 $\alpha=45°$，布置，如例图 2-4 所示，分肢对 1-1 轴的计算长度 l_{01} 和长细比 λ_1 分别为

$$l_{01}\approx\frac{b_0}{\tan\alpha}=\frac{36}{\tan45°}\text{cm}=36\text{cm}$$

$$\lambda_1=\frac{l_{01}}{i_1}=\frac{36}{2.69}=13.4<0.7\lambda_{max}=0.7\times50.3=35.2\text{，满足要求}$$

4. 缀条计算

轴心受压构件的计算剪力

$$V=\frac{Af}{85}\sqrt{\frac{f_y}{235}}=\frac{152.96\times10^2\times215}{85}\times\sqrt{\frac{235}{235}}\times10^{-3}\text{kN}$$

$$=38.7\text{kN}$$

每个缀条面承担的剪力

$$V_1=\frac{1}{2}V=\frac{1}{2}\times38.7\text{kN}=19.4\text{kN}$$

斜缀条内力(按平行弦桁架的腹杆计算)

$$N_t=\frac{V_1}{\sin\alpha}=\frac{19.4}{\sin45°}\text{kN}=27.4\text{kN}$$

斜缀条计算长度

$$l_t\approx\frac{b_0}{\sin\alpha}=\frac{36}{\sin45°}\text{cm}=50.9\text{cm}$$

斜缀条最大长细比

$\lambda_t=\frac{l_t}{i_v}=\frac{50.9}{0.89}=57.2<[\lambda]=150$，满足要求。

稳定系数　$\varphi=0.822$（b 类截面）

单面连接等边单角钢按轴心受压构件计算稳定性时的强度设计值折减系数

$$\eta_R=0.6+0.0015\lambda=0.6+0.0015\times57.2=0.686$$

$$\frac{N_t}{\varphi_t A_t}=\frac{27.4\times10^3}{0.822\times3.49\times10^2}\text{N/mm}^2=95.5\text{N/mm}^2<\eta_R f$$

$$=0.686\times215\text{N/mm}^2=147.5\text{N/mm}^2$$

所选斜缀条截面（∟45×4）适用。

横缀条采用与斜缀条相同截面，不必计算

5. 缀条与其分肢连接，焊缝计算

采用三面围焊（例图 2-5），取 $h_f=4$mm，为方便计算，取 $\beta_f=1.0$。验算连接时的强度设计值折减系数 $\eta_R=0.85$。由

$$\tau_f=\frac{N_t}{0.7h_f\sum l_w}\leqslant\eta_R f_f^w=0.85f_f^w$$

得所需围焊缝的计算长度

$$\sum l_w\geqslant\frac{N_t}{0.7h_f(0.85f_f^w)}=\frac{27.4\times10^3}{0.7\times4\times0.85\times160}\text{mm}=72\text{mm}$$

按构造满焊即可

6. 横隔设置

横隔用厚度为 8mm 的钢板制作，如例图 2-6 所示。

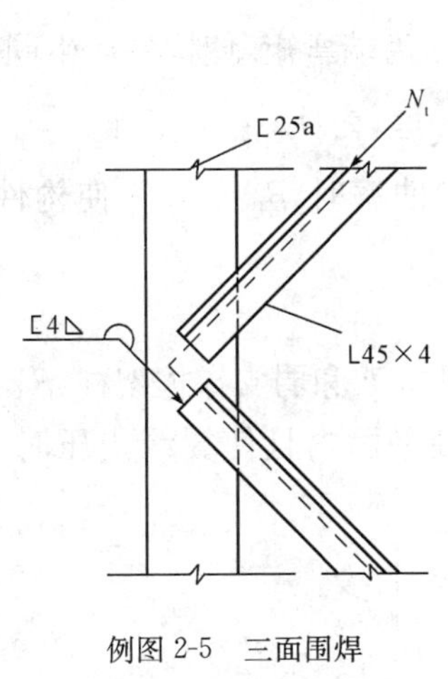

例图 2-5　三面围焊

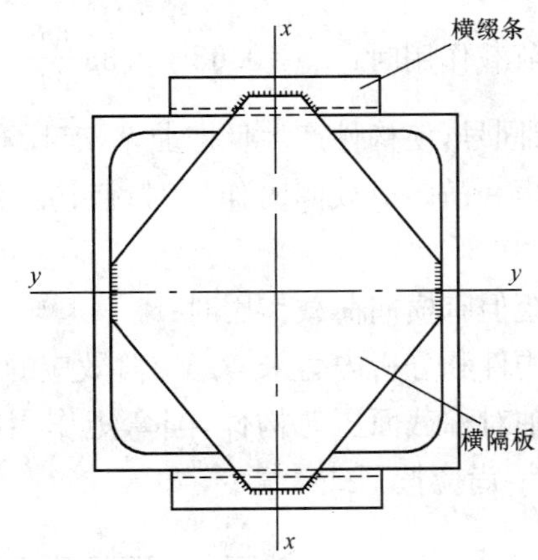

例图 2-6　横隔

横隔间距 S 取

$$S=2\text{m}<\begin{cases}8\text{m}\\9\max\{h,b\}=9\times0.496\text{m}=4.5\text{m}\end{cases}，满足要求。$$

讨论：由上题可知，采用格构式双肢缀条柱比实腹式焊接工字形截面柱节约钢板。

第二节　拉弯构件和压弯构件

一、实腹式拉弯和压弯受力构件

(1)弯矩作用在主平面内的拉弯构件和压弯构件，其强度应按下列规定计算：

$$\frac{N}{A_n}\pm\frac{M_x}{\gamma_x W_{nx}}\pm\frac{M_y}{\gamma_y W_{ny}}\leqslant f \tag{2-25}$$

式中　γ_x、γ_y——与截面模量相应的截面塑性发展系数。当压弯构件受压翼缘的自由外伸宽度与其厚度之比大于 $13\sqrt{235/f_y}$ 而不超过 $15\sqrt{235/f_y}$ 时，应取 $\gamma_x=1.0$。需要计算疲劳的拉弯、压弯构件，宜取 $\gamma_x=\gamma_y=1.0$。

(2)弯矩作用在对称轴平面内(绕 x 轴)的实腹式压弯构件，其稳定性应按下列规定计算：

1)弯矩作用平面内的稳定性：

$$\frac{N}{\varphi_x A}+\frac{\beta_{mx}M_x}{\gamma_x W_{1x}\left(1-0.8\dfrac{N}{N'_{Ex}}\right)}\leqslant f \tag{2-26}$$

式中　N——所计算构件段范围内的轴心压力；

N'_{Ex}——参数，$N'_{Ex}=\pi^2EA/(1.1\lambda_x^2)$；

φ_x——弯矩作用平面内的轴心受压构件稳定系数；

M_x——所计算构件段范围内的最大弯矩；

W_{1x}——在弯矩作用平面内对较大受压纤维的毛截面模量；

β_{mx}——等效弯矩系数，应按下列规定采用。

①框架柱和两端支承的构件：

无横向荷载作用时：$\beta_{mx}=0.65+0.35\dfrac{M^2}{M_1}$，$M_1$ 和 M_2 为端弯矩，使构件产生同向曲率(无反弯点)时取同号；使构件产生反向曲率(有反弯点)时取异号，$|M_1|\geqslant|M_2|$。

有端弯矩和横向荷载同时作用时：使构件产生同向曲率时，$\beta_{mx}=1.0$；使构件产生反向曲率时，$\beta_{mx}=0.85$。

无端弯矩但有横向荷载作用时：$\beta_{mx}=1.0$。

②悬臂构件和分析内力未考虑二阶效应的无支撑纯框架和弱支撑框架柱，$\beta_{mx}=1.0$。

对于单轴对称截面压弯构件，当弯矩作用在对称轴平面内且使翼缘受压时，除应按式(2-26)计算外，尚应按下式计算：

$$\left|\frac{N}{A}-\frac{\beta_{mx}M_x}{\gamma_x W_{2x}\left(1-1.25\dfrac{N}{N'_{Ex}}\right)}\right|\leqslant f \tag{2-27}$$

式中　W_{2x}——对无翼缘端的毛截面模量。

2)弯矩作用平面外的稳定性：

$$\frac{N}{\varphi_y A}+\eta\frac{\beta_{tx}M_x}{\varphi_b W_{1x}}\leqslant f \tag{2-28}$$

式中　φ_y——弯矩作用平面外的轴心受压构件稳定系数；

φ_b——均匀弯曲的受弯构件整体稳定系数，按表 13-12～表 13-14 计算，其中工字形（含 H 型钢）和 T 形截面的非悬臂（悬伸）构件可按表 13-14 确定；对闭口截面 $\varphi_b=1.0$；

M_x——所计算构件段范围内的最大弯矩；

η——截面影响系数，闭口截面 $\eta=0.7$，其他截面 $\eta=1.0$；

β_{tx}——等效弯矩系数，应按下列规定采用。

①在弯矩作用平面外有支承的构件，应根据两相邻支承点间构件段内的荷载和内力情况确定：

所考虑构件段无横向荷载作用时：$\beta_{tx}=0.65+0.35\dfrac{M_2}{M_1}$，$M_1$ 和 M_2 是在弯矩作用平面内的端弯矩，使构件段产生同向曲率时取同号；产生反向曲率时取异号，$|M_1|\geqslant|M_2|$。

所考虑构件段内有端弯矩和横向荷载同时作用时：使构件段产生同向曲率时，$\beta_{tx}=1.0$；使构件段产生反向曲率时，$\beta_{tx}=0.85$。

所考虑构件段内无端弯矩但有横向荷载作用时：$\beta_{tx}=1.0$。

②弯矩作用平面外为悬臂的构件，$\beta_{tx}=1.0$。

(3)弯矩作用在两个主平面内的双轴对称实腹式工字形（含 H 形）和箱形（闭口）截面的压弯构件，其稳定性应按下列公式计算：

$$\frac{N}{\varphi_x A}+\frac{\beta_{mx}M_x}{\gamma_x W_x\left(1-0.8\dfrac{N}{N'_{Ex}}\right)}+\eta\frac{\beta_{ty}M_y}{\varphi_{by}W_y}\leqslant f \tag{2-29}$$

$$\frac{N}{\varphi_y A}+\eta\frac{\beta_{tx}M_x}{\varphi_{bx}W_x}+\frac{\beta_{my}M_y}{\gamma_y W_y\left(1-0.8\dfrac{N}{N'_{Ey}}\right)}\leqslant f \tag{2-30}$$

式中 φ_x、φ_y——对强轴 $x—x$ 和弱轴 $y—y$ 的轴心受压构件稳定系数；

φ_{bx}、φ_{by}——均匀弯曲的受弯构件整体稳定性系数，按表 13-12～表 13-14 计算，其中工字形（含 H 形钢）截面的非悬臂（悬伸）构件 φ_{bx} 可按表 13-14 确定，φ_{by} 可取 1.0；对闭口截面，取 $\varphi_{bx}=\varphi_{by}=1.0$；

M_x、M_y——所计算构件段范围内对强轴和弱轴的最大弯矩；

N'_{Ex}、N'_{Ey}——参数，$N'_{Ex}=\pi^2EA/(1.1\lambda_x^2)$，$N'_{Ey}=\pi^2EA/(1.1\lambda_y^2)$；

W_x、W_y——对强轴和弱轴的毛截面模量；

β_{mx}、β_{my}——等效弯矩系数，应按弯矩作用平面内稳定计算的有关规定采用；

β_{tx}、β_{ty}——等效弯矩系数，应按弯矩作用平面外稳定计算的有关规定采用。

二、格构式拉弯和压弯受力构件

(1)弯矩绕虚轴（x 轴）作用的格构式压弯构件，其弯矩作用平面内的整体稳定性应按下式计算：

$$\frac{N}{\varphi_x A}+\frac{\beta_{mx}M_x}{W_{1x}\left(1-\varphi_x\dfrac{N}{N'_{Ex}}\right)}\leqslant f \tag{2-31}$$

式中 $W_{1x}=I_x/y_0$，I_x 为对 x 轴的毛截面惯性矩，y_0 为由 x 轴到压力较大分肢的轴线距离或者到压力较大分肢腹板外边缘的距离，二者取较大者；φ_x、N'_{Ex} 由换算长细比确定。

弯矩作用平面外的整体稳定性可不计算，但应计算分肢的稳定性，分肢的轴心力应按桁架的弦杆计算。对缀板柱的分肢尚应考虑由剪力引起的局部弯矩。

(2)弯矩绕实轴作用的格构式压弯构件，其弯矩作用平面内和平面外的稳定性计算均与实腹式构件相同。但在计算弯矩作用平面外的整体稳定性时，长细比应取换算长细比，φ_b 应取 1.0。

(3)弯矩作用在两个主平面内的双肢格构式压弯构件，其稳定性应按下列规定计算：

1)按整体计算：

$$\frac{N}{\varphi_x A}+\frac{\beta_{mx}M_x}{W_{1x}\left(1-\varphi_x\frac{N}{N'_{Ex}}\right)}+\frac{\beta_{ty}M_y}{W_{1y}}\leqslant f \tag{2-32}$$

式中 W_{1y}——在 M_y 作用下，对较大受压纤维的毛截面模量。

2)按分肢计算：

在 N 和 M_x 作用下，将分肢作为桁架弦杆计算其轴心力，M_y 按式(2-33)和式(2-34)分配给两分肢(图 2-4)，然后按规定计算分肢稳定性。

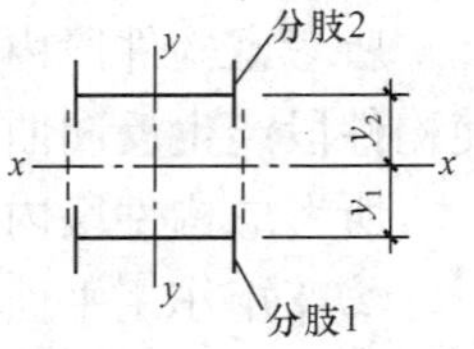

分肢 1：
$$M_{y1}=\frac{I_1/y_1}{I_1/y_1+I_2/y_2}\cdot M_y \tag{2-33}$$

分肢 2：
$$M_{y2}=\frac{I_2/y_2}{I_1/y_1+I_2/y_2}\cdot M_y \tag{2-34}$$

图 2-4 格构式构件截面

式中 I_1、I_2——分肢 1、分肢 2 对 y 轴的惯性矩；

y_1、y_2——M_y 作用的主轴平面至分肢 1、分肢 2 轴线的距离。

(4)计算格构式压弯构件的缀件时，应取构件的实际剪力和按式(2-21)计算的剪力两者中的较大值进行计算。

【例 2-4】 拉弯构件受力计算

某拉弯构件的受力情况和截面尺寸，如例图 2-7a)、b)所示，承受的荷载设计值为 $N=500\text{kN}$，钢材为 Q235—A，构件截面无削弱，横向荷载作用处有侧向支撑，构件不会丧失整体稳定。试求 F 的最大设计值。

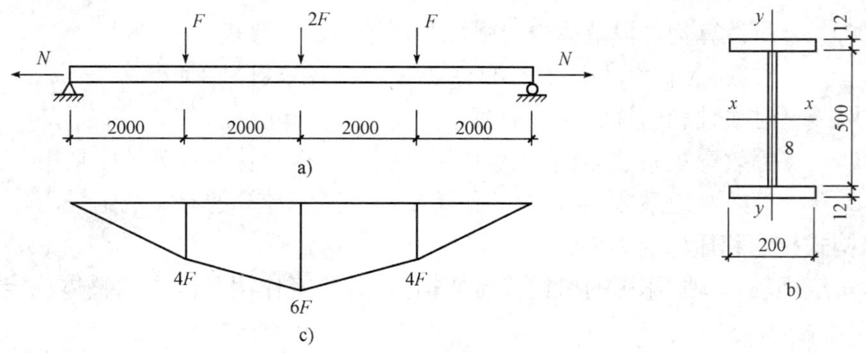

例图 2-7 某拉弯构件的受力情况和截面尺寸

解：(1)截面几何特征。

$$A_n=A=(2\times20\times1.2+50\times0.8)\text{cm}^2=88\text{cm}^2$$

$$I_x=\frac{1}{12}\times(20\times52.4^3-19.2\times50^3)\text{cm}^4=4\times10^4\text{cm}^4$$

$$W_{nx}=W_x=\frac{2\times4\times10^4}{52.4}\text{cm}^3=1527\text{cm}^3$$

(2)极限荷载。

查表 13-9 得 $\gamma_x=1.05$。构件的弯矩图,如例图 2-7c)所示,其最大弯矩为 $M_x=6F(\text{kN}\cdot\text{m})$

$$M_x\leqslant\left(f-\frac{N}{A_n}\right)\gamma_x W_{nx}=\left(215-\frac{500\times10^3}{8800}\right)\times1.05\times1.527\text{kN}\cdot\text{m}=253.65\text{kN}\cdot\text{m}$$

$$F_{max}=\frac{M_x}{6}=\frac{253.65}{6}\text{kN}=42.27\text{kN}$$

【例 2-5】 压弯构件整体稳定性计算(弯矩作用平面内)

如例图 2-8 所示 Q235C 钢焊接工字形截面压弯构件,两端铰接,构件长 16m,翼缘为火焰切割边,承受的轴线压力设计值为 $N=950\text{kN}$,跨中集中横向荷载设计值 $F=105\text{kN}$,横向荷载作用处有一侧向支撑。验算此构件在弯矩作用平面内的整体稳定性。

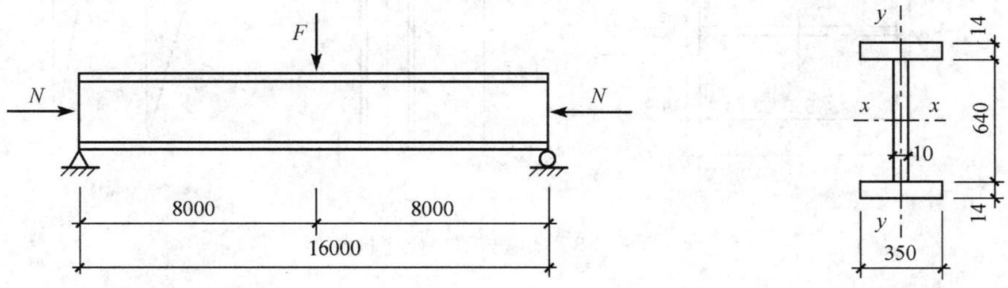

例图 2-8　Q235C 钢焊接工形截面压弯构件

解:(1)截面几何特性。

$$A=(2\times35\times1.4+64\times1.0)\text{cm}^2=162\text{cm}^2$$

$$I_x=\frac{1}{12}\times(35\times66.8^3-34\times64^3)\text{cm}^4=1.27\times10^5\text{cm}^4$$

$$W_{1x}=\frac{1.27\times10^5}{33.4}\text{cm}^3=3802\text{cm}^3$$

$$I_y=2\times\frac{1}{12}\times1.4\times32^3\text{cm}^4=7.65\times10^3\text{cm}^4$$

$$i_x=\sqrt{\frac{1.27\times10^5}{162}}\text{cm}=28\text{cm}$$

(2)弯矩作用平面内的整体稳定。

$$M_x=\frac{1}{4}\times105\times16\text{kN}\cdot\text{m}=420\text{kN}\cdot\text{m}$$

$\lambda_x=\dfrac{1600}{28}=57.1$,按 b 类截面查表 13-27 得 $\varphi_x=0.822$

$$N'_{Ex}=\frac{\pi^2EA}{1.1\lambda_x^2}=\frac{\pi^2\times20600\times162}{1.1\times57.1^2}\text{kN}=9174\text{kN}$$

$$\beta_{mx}=0.65+0.35M_2/M_1=0.65+0.35\times0=0.65$$

$$\frac{N}{\varphi_x A}+\frac{\beta_{mx}M_x}{\gamma_x W_{1x}(1-0.8N/N'_{Ex})}=\left[\frac{950\times10^3}{0.822\times16200}+\frac{0.65\times420\times10^6}{1.05\times3.802\times10^6\times\left(1-0.8\times\frac{950}{9174}\right)}\right]N/mm^2$$

$$=145.92N/mm^2<f=215N/mm^2$$

即该构件在弯矩作用平面内不会发生弯曲失稳

【例 2-6】 实腹式压弯构件整体稳定

某实腹式双向压弯构件，如例图 2-9 所示，焊接箱形截面，截面无削弱，材料为 Q345 钢。承受的荷载设计值为：轴心压力 $N=3125$kN，构件上端绕 x 轴作用的端弯矩 $M_x=650$kN·m，绕 y 轴作用的端弯矩 $M_y=200$kN·m。构件总长度 $l=15$m，两端铰接。验算该构件的整体稳定。

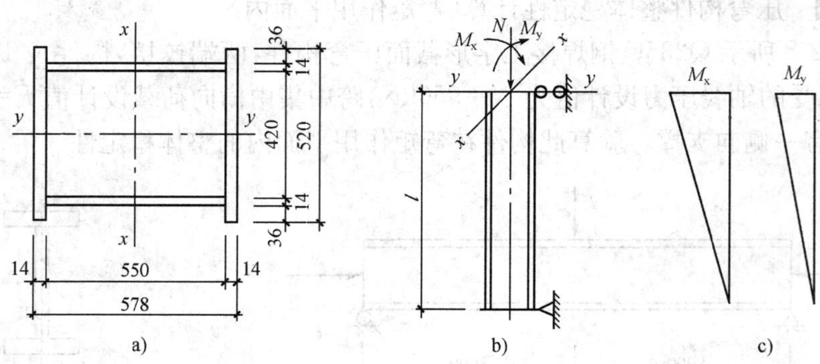

例图 2-9 实腹式双向压弯构件

解：(1)截面几何特性。

$$A=2\times(55\times1.4+52\times1.4)cm^2=299.6cm^2$$

$$I_x=\left[\frac{1}{12}\times55\times57.8^3-\frac{1}{12}\times(52-2\times1.4)\times52^3\right]cm^4=308551cm^4$$

$$W_x=\frac{308551}{57.8/2}cm^3=10677cm^3$$

$$i_x=\sqrt{\frac{308551}{299.6}}cm=32cm$$

$$I_y=\left[2\times\frac{1}{12}\times1.4\times55^3+2\times52\times1.4\times\left(\frac{42+1.4}{2}\right)^2\right]cm^4=107383cm^4$$

$$W_y=\frac{107383}{52/2}cm^3=4131cm^3,i_y=\sqrt{\frac{107383}{299.6}}cm=18.93cm$$

(2)整体稳定验算。

$$\lambda_x=\frac{1500}{32}=46.9,\lambda_x\sqrt{\frac{f_y}{235}}=56.3,\text{按 b 类截面查表 13-27 得 }\varphi_x=0.826$$

$$\lambda_y=\frac{1500}{18.93}=79.2,\lambda_y\sqrt{\frac{f_y}{235}}=95,\text{按 b 类截面查表 13-27 得 }\varphi_y=0.588$$

$$N'_{Ex}=\frac{\pi^2EA}{1.1\lambda_x^2}=\frac{3.14^2\times20600\times299.6}{1.1\times46.9^2}kN=25150kN$$

$$N'_{Ey}=\frac{\pi^2EA}{1.1\lambda^2y}=\frac{3.14^2\times20600\times299.6}{1.1\times79.2^2}kN=8819kN$$

弯矩示意见例图 2-9c)，等效弯矩系数为：

$$\beta_{mx}=\beta_{tx}=0.65+0.35\times\frac{0}{650}=0.65$$

$$\beta_{my}=\beta_{ty}=0.65 \quad \varphi_{bx}=\varphi_{by}=1.0 \quad \gamma_x=\gamma_y=1.05 \quad \eta=0.6$$

$$\frac{N}{\varphi_x A}+\frac{\beta_{mx}M_x}{\gamma_x W_x(1-0.8N/N'_{Ex})}+\eta\frac{\beta_{ty}M_y}{\varphi_{by}W_y}$$

$$=\left[\frac{3125\times10^3}{0.826\times299.6\times10^2}+\frac{0.65\times650\times10^6}{1.05\times10677\times10^3\times\left(1-0.8\times\frac{3125}{25150}\right)}+\right.$$

$$\left.0.7\times\frac{0.65\times200\times10^6}{1.0\times4131\times10^3}\right]\text{N/mm}^2$$

$$=190\text{N/mm}^2<f=310\text{N/mm}^2$$

$$\frac{N}{\varphi_y A}+\eta\frac{\beta_{tx}M_x}{\varphi_{bx}W_x}+\frac{\beta_{my}M_y}{\gamma_y W_y(1-0.8N/N'_{Ey})}$$

$$=\left[\frac{3125\times10^3}{0.588\times299.6\times10^2}+0.7\times\frac{0.65\times650\times10^6}{1.0\times10677\times10^3}+\right.$$

$$\left.\frac{0.65\times200\times10^6}{1.05\times4131\times10^3\times\left(1-0.8\times\frac{3125}{8819}\right)}\right]\text{N/mm}^2$$

$$=247\text{N/mm}^2<f=310\text{N/mm}^2$$

该构件的整体稳定满足要求。

【例 2-7】 压弯格构式缀条柱设计

试设计一单向压弯格构式缀条柱截面，截面无削弱，材料为 Q235—B。承受的荷载设计值为：轴心压力 $N=475\text{kN}$，弯矩 $M_x=\pm90\text{kN}\cdot\text{m}$，剪力 $V=45\text{kN}$。柱高 $H=6\text{m}$。在弯矩作用平面内，下端固接，上端为有侧移的弹性支承，计算长度为 $l_{0x}=8.9\text{m}$；在弯矩作用平面外，柱两端铰接，$l_{0y}=H=6.3\text{m}$。

解：(1)初估柱截面尺寸。

因柱承受的正负弯矩大小相同，两分肢采用相同的截面，即柱为双轴对称截面。初选截面如例图 2-10 所示，柱截面高度 $h=400\text{mm}$，槽钢规格为[22a：$A_1=31.8\text{cm}^2$，$i_{y1}=8.67\text{cm}$，$I_1=157.8\text{cm}^4$，$i_1=2.23\text{cm}$，$y_1=2.1\text{cm}$。柱截面几何特征如下：

$$A=2A_1=2\times31.8\text{m}^2=63.6\text{cm}^2$$

$$I_x=2(I_1+A_1y_1^2)=2\times\left[157.8+31.8\times\left(\frac{40-2\times2.1}{2}\right)^2\right]\text{cm}^4=20694\text{cm}^4$$

$$W_{nx}=W_x=\frac{20694}{40/2}\text{cm}^3=1035\text{cm}^3\text{(验算强度时用)}$$

$$W_{1x}=\frac{I_x}{y_0}=\frac{20694}{20}\text{cm}^3=1035\text{cm}^3\text{(验算稳定时用)}$$

$$i_x=\sqrt{\frac{20694}{63.6}}\text{cm}=18.04\text{cm}$$

(2)缀条截面选择。

缀条按 45°夹角设置(例图 2-10)。

柱截面的计算剪力为：$V=\frac{Af}{85}\sqrt{\frac{f_y}{235}}=\frac{63.6\times10^2\times215}{85}\times\sqrt{\frac{235}{235}}\times10^{-3}\text{kN}=16.1\text{kN}$

计算剪力为 16.1kN，小于柱的实际剪力 $V=45\text{kN}$，因此计算缀条内力时，按$V=45\text{kN}$进行计算。

缀条内力：
$$N_t=\frac{V_1}{\sin\alpha}=\frac{45/2}{\sin45^\circ}\text{kN}=31.8\text{kN}$$

缀条长度：
$$l_t=\frac{\alpha}{\sin\alpha}=\frac{40-2\times2.1}{\sin45^\circ}\text{cm}=50.6\text{cm}$$

选用单角钢∟45×4 做缀条，$A=3.49\text{cm}$，$i_{min}=0.89\text{cm}$

$\lambda=\frac{50.6\times0.9}{0.89}=51.2<[\lambda]=150$，按 b 类截面查表 13-27 得 $\varphi=0.851$

单角钢单面连接的设计强度折减系数为：$\eta=0.6+0.0015\lambda=0.677$

缀条稳定验算：$\frac{N_t}{\varphi A}=\frac{31.8\times10^3}{0.851\times3.49\times10^2}\text{N/mm}^2=107.07\text{N/mm}^2<\eta f=0.677\times215\text{N/mm}^2=145.6\text{N/mm}^2$，满足要求。

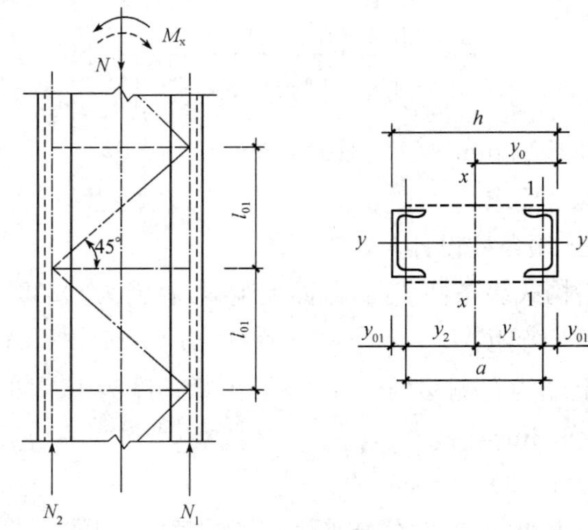

例图 2-10　柱截面

(3)柱截面验算。

1)弯矩作用平面内稳定验算。

构件截面中垂直于 x 轴的各斜缀条毛截面面积之和为 $A_1=2\times3.49\text{cm}^2=6.98\text{cm}^2$

$$\lambda_x=\frac{l_{0x}}{i_x}=\frac{890}{18.04}=49.3$$

$$\lambda_{0x}=\sqrt{\lambda_x^2+27\frac{A}{A_1}}=\sqrt{49.3^2+27\times\frac{63.6}{6.98}}=51.8$$

按 b 类截面查表 13-27 得 $\varphi_x=0.848$

弯矩作用平面内柱上端有侧移，$\beta_{mx}=1.0$

$$N'_{Ex}=\frac{\pi^2EA}{1.1\lambda_{0x}^2}=\frac{3.14^2\times20600\times63.6}{1.1\times51.8^2}\text{kN}=4377\text{kN}$$

$$\frac{N}{\varphi_x A}+\frac{\beta_{mx}M_x}{W_{1x}(1-\varphi_x N/N'_{Ex})}=\left[\frac{475\times10^3}{0.848\times63.6\times10^2}+\frac{1.0\times110\times10^6}{1035\times10^3\times(1-0.848\times475/4377)}\right]\mathrm{N/mm^2}$$

$$=(88.1+117.1)\mathrm{N/m^2}=205.2\mathrm{N/mm^2}<f=215\mathrm{N/mm^2}$$，满足要求。

2)分肢稳定验算。

分肢轴心压力：$N_1=\frac{M_x}{a}+N\frac{y_z}{a}=\left[\frac{90}{(40-2\times2.1)\times10^{-2}}+475\times\frac{(40-2\times2.1)/2}{40-2\times2.1}\right]\mathrm{kN}=488.9\mathrm{kN}$

分肢对 1-1 轴的计算长度：　$l_{01}=\frac{a}{\tan\alpha}=\frac{40-2\times2.1}{\tan45^\circ}\mathrm{cm}=35.8\mathrm{cm}$

分肢对 1-1 轴的长细比：　$\lambda_1=\frac{l_{01}}{i_1}=\frac{35.8}{2.23}=16.1$

分肢对 y 轴的长细比：　$\lambda_{y1}=\frac{l_{0y}}{i_{y1}}=\frac{6.3\times10^2}{8.67}=72.7>\lambda_1$

$\lambda_{y1}=72.7$，按 b 类截面查表 13-27 得分肢稳定系数 $\varphi_1=0.734$

$$\frac{N_1}{\varphi_1 A_1}=\frac{488.9\times10^3}{0.734\times31.8\times10^2}\mathrm{N/mm^2}=209.5\mathrm{N/mm^2}<f=215\mathrm{N/mm^2}$$，满足要求。

讨论：轴心力 N 为受压翼缘或分肢所受应力的合力。应注意到，弯矩较小的压弯构件往往两侧翼缘或两侧分肢均受压；另外，框架柱和墙架柱等压弯构件，弯矩有正反两个方向，两侧翼缘或两侧分肢都有受压的可能性。在这些情况下，N 应取为两侧翼缘或两侧分肢压力之和。最好设置双片支撑，每片支撑按各自翼缘或分肢的压力进行计算。

第三节　构件的计算长度和容许长细比

压杆稳定承载力计算来源于两端铰支情况，实际上桁架节点具有一定刚性，致使某杆受压屈曲受到其他杆件的约束。因此，杆件的计算长度小于其几何长度。

(1)确定桁架弦杆和单系腹杆(用节点板与弦杆连接)的长细比时，其计算长度 l_0 应按下列规定采用：

1)在桁架平面内，弦杆为 l，支座斜杆和支座竖杆为 l，其他腹杆为 $0.8l$。

2)在桁架平面外，弦杆为 l_1，支座斜杆和支座竖杆为 l，其他腹杆为 l。

3)斜平面支座斜杆和支座竖杆为 l，其他腹杆为 $0.9l$。l 为构件的几何长度(节点中心间距离)；l_1 为桁架弦杆侧向支承点之间的距离。无节点板的腹杆计算长度在任意平面内均取其等于几何长度(钢管结构除外)。

(2)当桁架弦杆侧向支承点之间的距离为节间长度的 2 倍(图 2-5)且两节间的弦杆轴心压力不相同时，则该弦杆在桁架平面外的计算长度，应按下式确定(但不应小于 $0.5l_1$)：

$$l_0=l_1\left(0.75+0.25\frac{N_2}{N_1}\right)\tag{2-35}$$

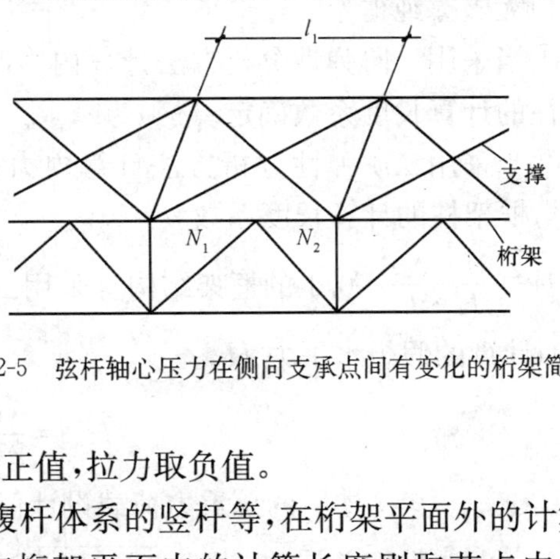

图 2-5　弦杆轴心压力在侧向支承点间有变化的桁架简图

式中　N_1——较大的压力，计算时取正值；

N_2——较小的压力或拉力，计算时压力取正值，拉力取负值。

桁架再分式腹杆体系的受压主斜杆及 K 形腹杆体系的竖杆等，在桁架平面外的计算长度也应按式(2-35)确定(受拉主斜杆仍取 l_1)；在桁架平面内的计算长度则取节点中心间距离。

(3)确定在交叉点相互连接的桁架交叉腹杆的长细比时，在桁架平面内的计算长度应取节点中心到交叉点间的距离；在桁架平面外的计算长度，当两交叉杆长度相等时，应按下列规定采用：

1)压杆。

①相交另一杆受压，两杆截面相同并在交叉点均不中断，则：

$$l_0=l\sqrt{\frac{1}{2}\left(1+\frac{N_0}{N}\right)} \tag{2-36}$$

②相交另一杆受压，此另一杆在交叉点中断但以节点板搭接，则：

$$l_0=l\sqrt{1+\frac{\pi^2}{12}\cdot\frac{N_0}{N}} \tag{2-37}$$

③相交另一杆受拉，两杆截面相同并在交叉点均不中断，则：

$$l_0=l\sqrt{\frac{1}{2}\left(1-\frac{3}{4}\cdot\frac{N_0}{N}\right)}\geqslant 0.5l \tag{2-38}$$

④相交另一杆受拉，此拉杆在交叉点中断但以节点板搭接，则：

$$l_0=l\sqrt{1-\frac{3}{4}\cdot\frac{N_0}{N}}\geqslant 0.5l \tag{2-39}$$

当此拉杆连续，而压杆在交叉点中断但以节点板搭接，若 $N_0\geqslant N$ 或拉杆在桁架平面外的抗弯刚度 $EI_y\geqslant\frac{3N_0l^2}{4\pi^2}\left(\frac{N}{N_0}-1\right)$ 时，取 $l_0=0.5l$。式中 l 为桁架节点中心间距离(交叉点不作为节点考虑)；N 为所计算杆的内力；N_0 为相交另一杆的内力，均为绝对值。两杆均受压时，取 $N_0\leqslant N$，两杆截面应相同。

2)拉杆，应取 $l_0=l$。

当确定交叉腹杆中单角钢杆件斜平面内的长细比时，计算长度应取节点中心至交叉点的距离。

(4)单层或多层框架等截面柱，在框架平面内的计算长度应等于该层柱的高度乘以计算长度系数 μ。框架分为无支撑的纯框架和有支撑框架，其中有支撑框架根据抗侧移刚度的大小，分为强支撑框架和弱支撑框架。

1)无支撑纯框架。

①当采用一阶弹性分析方法计算内力时，框架柱的计算长度系数 μ 按表 13-32 有侧移框架柱的计算长度系数确定。

②当采用二阶弹性分析方法计算内力且在每层柱顶附加考虑式(2-40)的假想水平力 H_{ni} 时，框架柱的计算长度系数 $\mu=1.0$。

对 $\frac{\sum N\cdot\Delta u}{\sum H\cdot h}>0.1$ 的框架结构宜采用二阶弹性分析，此时应在每层柱顶附加考虑由式(2-40)计算的假想水平力 H_{ni}。

$$H_{ni}=\frac{\alpha_y Q_i}{250}\sqrt{0.2+\frac{1}{n_s}} \tag{2-40}$$

式中 Q_i——第 i 楼层的总重力荷载设计值；

n_s——框架总层数；当 $\sqrt{0.2+1/n_s}>1$ 时，取此根号值为 1.0；

α_y——钢材强度影响系数，其值：Q235 钢为 1.0；Q345 钢为 1.1；Q390 钢为 1.2；Q420 钢为 1.25。

2)有支撑框架。

①当支撑结构(支撑桁架、剪力墙、电梯井等)的侧移刚度(产生单位侧倾角的水平力)S_b 满足式(2-41)的要求时，为强支撑框架，框架柱的计算长度系数 μ 按表 13-31 无侧移框架柱的计算长度系数确定。

$$S_b \geqslant 3(1.2\sum N_{bi} - \sum N_{0i}) \tag{2-41}$$

式中 $\sum N_{bi}$、$\sum N_{0i}$——第 i 层层间所有框架柱用无侧移框架和有侧移框架柱计算长度系数算得的轴压杆稳定承载力之和。

②当支撑结构的侧移刚度 S_b 不满足式(2-41)的要求时，为弱支撑框架，框架柱的轴压杆稳定系数 φ 按式(2-42)计算。

$$\varphi = \varphi_0 + (\varphi_1 - \varphi_0)\frac{S_b}{3(1.2\sum N_{bi} - \sum N_{0i})} \tag{2-42}$$

式中 φ_1、φ_2——分别是框架柱用表 13-31～表 13-36 中无侧移框架柱和有侧移框架柱计算长度系数算得的轴心压杆稳定系数。

(5)单层厂房框架下端刚性固定的阶形柱，在框架平面内的计算长度应按下列规定确定：

1)单阶柱：

①下段柱的计算长度系数 μ_2：当柱上端与横梁铰接时，等于按表 13-33(柱上端为自由的单阶柱)的数值乘以表 13-37 的折减系数；当柱上端与横梁刚接时，等于按表 13-34(柱上端可移动但不转动的单阶柱)的数值乘以表 13-37 的折减系数。

②上段柱的计算长度系数 μ_1，应按下式计算：

$$\mu_1 = \frac{\mu_2}{\eta_1} \tag{2-43}$$

式中 η_1——参数，按表 13-33 或表 13-34 中公式计算。

2)双阶柱：

①下段柱的计算长度系数 μ_3：当柱上端与横梁铰接时，等于按表 13-35(柱上端为自由的双阶柱)的数值乘以表 13-37 的折减系数；当柱上端与横梁刚接时，等于按表 13-36(柱上端可移动但不转动的双阶柱)的数值乘以表 13-37 的折减系数。

②上段柱和中段柱的计算长度系数 μ_1 和 μ_2，应按下列公式计算：

$$\mu_1 = \frac{\mu_3}{\eta_1} \tag{2-44}$$

$$\mu_2 = \frac{\mu_3}{\eta_2} \tag{2-45}$$

式中 η_1、η_2——参数，按表 13-35 或表 13-36 中的公式计算。

对截面均匀变化的楔形柱，其计算长度的取值参见现行国家标准《冷弯薄壁型钢结构技术规范》(GB 50018—2002)。

(6)当计算框架的格构式柱和桁架式横梁的惯性矩时，应考虑柱或横梁截面高度变化和缀件(或腹杆)变形的影响。

(7)在确定下列情况的框架柱计算长度系数时应考虑：

1)附有摇摆柱(两端铰接柱)的无支撑纯框架柱和弱支撑框架柱的计算长度系数应乘以增大系数 η:

$$\eta=\sqrt{1+\frac{\sum(N_1/H_1)}{\sum(N_f/H_f)}} \tag{2-46}$$

式中 $\sum(N_f/H_f)$——各框架柱轴心压力设计值与柱子高度比值之和;

$\sum(N_1/H_1)$——各摇摆柱轴心压力设计值与柱子高度比值之和。

摇摆柱的计算长度取其几何长度。

2)当与计算柱同层的其他柱或与计算柱连续的上下层柱的稳定承载力有潜力时,可利用这些柱的支持作用,对计算柱的计算长度系数进行折减,提供支持作用的柱的计算长度系数则应相应增大。

3)当梁与柱的连接为半刚性构造时,确定柱计算长度应考虑节点连接的特性。

(8)框架柱沿房屋长度方向(在框架平面外)的计算长度应取阻止框架柱平面外位移的支承点之间的距离。

【例 2-8】 构件计算长度

如例图 2-11 所示双跨刚架,柱为等截面,试计算柱在框架平面内的计算长度。$I_{c1}=46440\text{cm}^4$,$I_{c2}=101890\text{cm}^4$,$I_b=267770\text{cm}^4$,$H=6\text{m}$,$L=12\text{m}$。柱脚与基础铰接,按有侧移失稳形式计算。

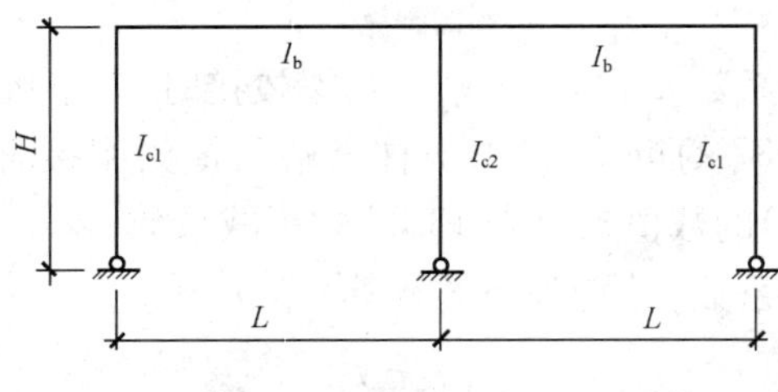

例图 2-11 双跨刚架

解:(1)边柱计算长度。

上端梁与柱的刚度比值为:

$$K_1=\frac{I_b/L}{I_{c1}/H}=\frac{267770/1200}{46440/600}=2.88$$

下端铰接,$K_2=0$

由 K_1、K_2 查表 13-32 得 $\mu=2.12$

所以边柱的计算长度为 $H_0=\mu H=2.12\times6\text{m}=12.72\text{m}$

(2)中柱计算长度。

上端梁与柱的线刚度比值为:

$$K_1=\frac{2I_b/L}{I_{c2}/H}=\frac{2\times(267770/1200)}{101890/600}=2.63$$

下端铰接,$K_2=0$

由 K_1、K_2 查表 13-32 得 $\mu=2.13$

所以中柱的计算长度为 $H_0=\mu H=2.13\times6\text{m}=12.78\text{m}$

第四节　受压构件的局部稳定

在轴心受压构件和压弯构件中，如果组成板件失去局部稳定，就会加速构件整体失稳而丧失承载能力。保证板件局部失稳不先于整体失稳的办法，是对其宽厚比加以限制。

一、轴心受压构件局部稳定

(1)轴心受压构件中，翼缘板自由外伸宽度 b 与其厚度 t 之比，应符合

$$\frac{b}{t}\leqslant(10+0.1\lambda)\sqrt{\frac{235}{f_y}} \tag{2-47}$$

式中　λ——构件两方向长细比的较大值；当 $\lambda<30$ 时，取 $\lambda=30$；当 $\lambda>100$ 时，取 $\lambda=100$。

翼缘板自由外伸宽度 b 的取值为：对焊接构件，取腹板边至翼缘板(肢)边缘的距离；对轧制构件，取内圆弧起点至翼缘板(肢)边缘的距离。

(2)在工字形及 H 形截面的轴心受压构件中，腹板计算高度 h_0 与其厚度 t_w 之比，应符合：

$$\frac{h_0}{t_w}\leqslant(25+0.5\lambda)\sqrt{\frac{235}{f_y}} \tag{2-48}$$

(3)箱形截面轴心受压构件的腹板计算高度 h_0 与其厚度 t_w 之比，应符合：

$$\frac{h_0}{t_w}\leqslant40\sqrt{\frac{235}{f_y}} \tag{2-49}$$

(4)T 形截面轴心受压构件中，腹板高度与其厚度之比，应符合：

热轧剖分 T 形钢：

$$\frac{h_0}{t_w}\leqslant(15+0.2\lambda)\sqrt{\frac{235}{f_y}} \tag{2-50}$$

焊接 T 形钢：

$$\frac{h_0}{t_w}\leqslant(13+0.17\lambda)\sqrt{\frac{235}{f_y}} \tag{2-51}$$

(5)圆管截面的受压构件，其外径与壁厚之比不应超过 $100(235/f_y)$。

二、压弯构件局部稳定

(1)压弯构件中，翼缘板自由外伸宽度 b 与其厚度 t 之比，应符合：

$$\frac{b}{t}\leqslant13\sqrt{\frac{235}{f_y}} \tag{2-52}$$

当强度和稳定计算中取 $\gamma_x=1.0$ 时，b/t 可放宽至 $15\sqrt{235/f_y}$。

(2)在工字形及 H 形截面的压弯构件中，腹板计算高度 h_0 与其厚度 t_w 之比，应符合：

当 $0\leqslant\alpha_0\leqslant1.6$ 时：

$$\frac{h_0}{t_w}\leqslant(16\alpha_0+0.5\lambda+25)\sqrt{\frac{235}{f_y}} \tag{2-53}$$

当 $1.6<\alpha_0\leqslant2.0$ 时：

$$\frac{h_0}{t_w}\leqslant(48\alpha_0+0.5\lambda-26.2)\sqrt{\frac{235}{f_y}} \tag{2-54}$$

$$\alpha_0=\frac{\sigma_{max}-\sigma_{min}}{\sigma_{max}}$$

式中 σ_{max}——腹板计算高度边缘的最大压应力，计算时不考虑构件的稳定系数和截面塑性发展系数；

σ_{min}——腹板计算高度另一边缘相应的应力，压应力取正值，拉应力取负值；

λ——构件在弯矩作用平面内的长细比；当 $\lambda<30$ 时，取 $\lambda=30$；当 $\lambda>100$，取$\lambda=100$。

(3)箱形截面压弯构件的 h_0/t_w 不应超过式(2-53)或式(2-54)右侧乘以 0.8 后的值，当此值小于 $40\sqrt{235/f_y}$ 时，应采用 $40\sqrt{235/f_y}$。

(4)在 T 形截面压弯构件中，腹板高度与其厚度之比，不应超过下列数值：

1)弯矩使腹板自由边受拉的压弯构件：

热轧剖分 T 形钢：$(15+0.2\lambda)\sqrt{235/f_y}$

焊接 T 形钢：$(13+0.17\lambda)\sqrt{235/f_y}$

2)弯矩使腹板自由边受压的压弯构件：

当 $\alpha_0\leqslant 1.0$ 时：$15\sqrt{235/f_y}$

当 $\alpha_0>1.0$ 时：$18\sqrt{235/f_y}$

(5)H 形、工字形和箱形截面受压构件的腹板，其高厚比不符合《钢结构设计规范》(GB 50017—2003)第 5.4.2 条或第 5.4.3 条的要求时，可用纵向加劲肋加强，或在计算构件的强度和稳定性时将腹板的截面仅考虑计算高度边缘范围内两侧宽度各为 $20t_w\sqrt{235/f_y}$ 的部分(计算构件的稳定系数时，仍用全部截面)。

用纵向加劲肋加强的腹板，其在受压较大翼缘与纵向加劲肋之间的高厚比，应符合《钢结构设计规范》(GB 50017—2003)第 5.4.2 条或第 5.4.3 条的要求。

纵向加劲肋宜在腹板两侧成对配置，其一侧外伸宽度不应小于 $10t_w$，厚度不应小于 $0.75t_w$。

【例 2-9】 受压构件的局部稳定计算

计算假定：受压构件为多跨厂房的边柱，上柱与屋架铰接，下柱与基础刚接，其计算简图如例图 2-12 所示。吊车梁为突缘支座，边柱采用整体式柱脚，基础混凝土强度等级为 C15。材料采用 Q235-B · F，钢柱主焊缝采用自动焊，手工焊焊条采用 E4303 型。

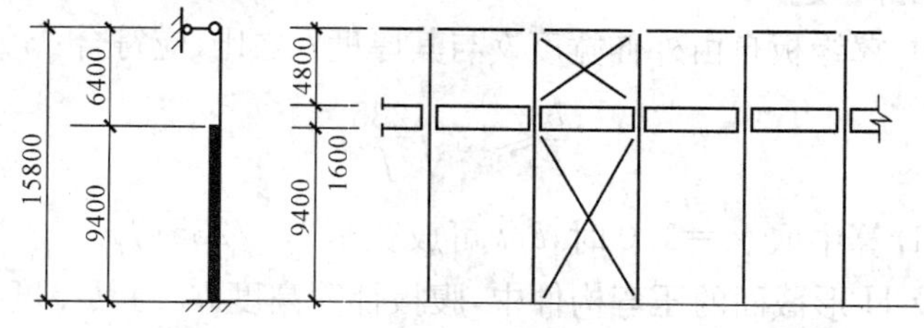

例图 2-12 柱的计算简图

解：(1)下柱承载能力按以下两组内力验算：

1)$N=1784\text{kN}$ $M=-427.7\text{kN}\cdot\text{m}$ $V=-10.4\text{kN}$

2)$N=1374\text{kN}$ $M=671.3\text{kN}\cdot\text{m}$ $V=65\text{kN}$

负弯矩使吊车肢受压。控制设计的工况为组合作用下框架平面外稳定。因腹板宽厚比达到 98.1，超过局部稳定的限值，腹板仅两侧各宽 200mm 部分有效。

由于为单轴对称截面，需要计算剪心位置和确定扭转惯性矩和扇形惯性矩。元件Ⅱ和

Ⅰ绕 y 轴的惯性矩分别为：

$$I_{y\text{Ⅱ}}=1.4\times40^3/12\text{cm}^4=7467\text{cm}^4$$

$$I_{y\text{Ⅰ}}=(1\times40^3/12+2\times28\times20.7^2)\text{cm}^4=29329\text{cm}^4$$

$$I_y=I_{y\text{Ⅰ}}+I_{y\text{Ⅱ}}=36796\text{cm}^4$$

构件截面剪心至元件Ⅰ剪心的距离为：

$$h_1=7467\times99.3/36796\text{cm}=20.15\text{cm}$$

$$e_0=(41.7-20.15)\text{cm}=21.55\text{cm}$$

$$i_0^2=e_0^2+i_x^2+i_y^2=2366\text{cm}^2$$

$$4(1-e_0^2/i_0^2)=3.21$$

扭转惯性矩为：

$$I_t=(40\times1.4^3+40\times1^3+40\times1.4^3)/3\text{cm}^4=86.5\text{cm}^4$$

扇形惯性矩为：

$$I_\omega=[7467\times29329\times99.3^2/36796+(2.8\times20^3/12)\times(41.4^2/4)]\text{cm}^6=59486764\text{cm}^6$$

由
$$\lambda_z=i_0\sqrt{\frac{A}{I_t/25.7+I_\omega/l_\omega^2}}$$

$$\lambda_z^2=2366\times250/(86.5/25.7+59486764/940^2)=8367.7$$

$$\lambda_z^2+\lambda_y^2=14374$$

由 $\lambda_{yz}^2=\frac{1}{2}(\lambda_y^2+\lambda_z^2)+\frac{1}{2}\sqrt{(\lambda_y^2+\lambda_z^2)^2-4\left(1-\frac{e_0^2}{i_0^2}\right)\lambda_y^2\lambda_z^2}$ 可得

$$\lambda_{yz}=0.707\times[14374+(14374^2-3.21\times8367.7\times6006)^{1/2}]^{1/2}=102.7$$

相应稳定系数：

$$\varphi=0.538$$

受弯整体稳定系数为：

$$\varphi_b=1.07-\lambda_y^2/44000=0.933$$

由于边柱有均布风荷载作用，在稳定计算中偏安全地取 $\beta_{tx}=1.0$。

若腹板全部有效（如在应力大的范围设置纵向加劲肋）则平面外稳定验算可以通过，即

$$\left(\frac{1374\times10^3}{0.538\times250\times10^2}+\frac{671.3\times10^6}{0.933\times7535\times10^3}\right)\text{N/mm}^2=(102.2+95.5)\text{N/mm}^2=197.7\text{N/mm}^2<f$$

若腹板仅两边各宽 200mm 部分有效，则验算通不过，即

$$\left(\frac{1374\times10^3}{0.538\times192\times10^2}+\frac{671.3\times10^6}{0.933\times6870\times10^3}\right)\text{N/mm}^2=(133+104.7)\text{N/mm}^2$$

$$=237.7\text{N/mm}^2>f$$

(2)验算一计算有效截面积。

现在取减去肩梁和柱脚高度后下柱净高的上三分点处截面来计算有效截面积。截面至肩梁顶面距离为(0.4+8.55/3)m=3.25m(例图 2-13)，该截面的弯矩为：

$$(671.3-3.25\times65)\text{kN}\cdot\text{m}=460.1\text{kN}\cdot\text{m}$$

腹板边缘应力为：

$$\sigma_1=114.6\text{N/mm}^2$$

$$\sigma_2=11.8\text{N/mm}^2$$

下面按照门式刚架规程 6.1.1 条计算腹板有效宽度。

腹板边缘应力比：

$$\beta=\sigma_2/\sigma_1=11.8/114.6=0.103$$

压弯板件的屈曲系数：

$$k_\sigma=\frac{16}{[(1+\beta)^2+0.112(1-\beta)^2]^{0.5}+(1+\beta)}=7.1$$

计算有效截面的部位：

$$\lambda_p=\frac{h_w/t_w}{28.1\sqrt{k_\sigma}\cdot\sqrt{235/(\gamma_R\sigma_1)}}$$

$$=\frac{98.1}{28.1\sqrt{7.1\times235/(1.1\times114.6)}}=0.96$$

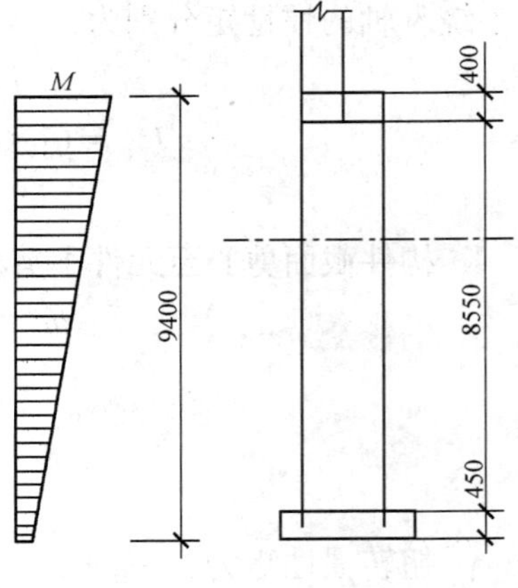

例图 2-13 计算有效截面的部位

有效宽度系数：

$$\rho=1-0.9(\lambda_p-0.8)=0.86$$

验算构件平面外稳定时有效截面为：

$$A_e=[250-98\times(1-0.86)]\text{mm}^2=236\text{mm}^2$$

由于翼缘全部有效，柱有效截面模量可取为：

$$W_e=0.95W=7158\text{cm}^3$$

β_{tx}可以足够安全地取 1.0 和 0.68 的平均值 0.84。以这些数据代入平面外稳定的相关公式，得到 192.6N/mm^2$<f$。即使 $\beta_{tx}=1.0$，计算仍然可以通过。

分析：从上面的算例可见，虽然新规范把单轴对称截面 φ 系数降低，过去设计的厂房柱并不需要加固。算例只是初步分析，今后如何在设计中充分利用构件的潜力，还有待进一步探讨。

第三章　疲劳计算

第一节　疲劳计算规定

《钢结构设计规范》(GB 50017—2003)中对疲劳计算的规定如下：

(1)直接承受动力荷载重复作用的钢结构构件及其连接，当应力变化的循环次数 n 等于或大于 5×10^4 次时，应进行疲劳计算。

(2)本章规定不适用于特殊条件(如构件表面温度大于 150℃，处于海水腐蚀环境，焊后经热处理消除残余应力以及低周高应变疲劳条件等)下的结构构件及其连接的疲劳计算。

(3)疲劳计算采用容许应力幅法，应力按弹性状态计算，容许应力幅按构件和连接类别以及应力循环次数确定。在应力循环中不出现拉应力的部位可不计算疲劳。

(4)对常幅(所有应力循环内的应力幅保持常量)疲劳，应按下式进行计算：

$$\Delta\sigma \leqslant [\Delta\sigma] \tag{3-1}$$

式中　$\Delta\sigma$——对焊接部位为应力幅，$\Delta\sigma=\sigma_{max}-\sigma_{min}$；对非焊接部位为折算应力幅，$\Delta\sigma=\sigma_{max}-0.7\sigma_{min}$；

σ_{max}——计算部位每次应力循环中的最大拉应力(取正值)；

σ_{min}——计算部位每次应力循环中的最小拉应力或压应力(拉应力取正值，压应力取负值)；

$[\Delta\sigma]$——常幅疲劳的容许应力幅(N/mm^2)，应按下式计算：

$$[\Delta\sigma]=\left(\frac{C}{n}\right)^{1/\beta} \tag{3-2}$$

n——应力循环次数；

C、β——参数，根据表 13-38 中的构件和连接类别采用。

(5)对变幅(应力循环内的应力幅随机变化)疲劳，若能预测结构在使用寿命期间各种荷载的频率分布、应力幅水平以及频次分布总和所构成的设计应力谱，则可将其折算为等效常幅疲劳，按下式进行计算：

$$\Delta\sigma_e \leqslant [\Delta\sigma] \tag{3-3}$$

式中　$\Delta\sigma_e$——变幅疲劳的等效应力幅，按下式确定：

$$\Delta\sigma_e=\left[\frac{\sum n_i(\Delta\sigma_i)^\beta}{\sum n_i}\right]^{1/\beta} \tag{3-4}$$

$\sum n_i$——以应力循环次数表示的结构预期使用寿命；

n_i——预期寿命内应力幅水平达到 $\Delta\sigma_i$ 的应力循环次数。

【例 3-1】　疲劳验算(一)

某承受轴心拉力的钢板，截面为 500×2，Q345 钢，因长度不够而用横向对接焊缝接长，如例图 3-1 所示。焊缝质量为一级，但表面未进行磨平加工。钢板承受重复荷载，预期循环次数 $n=10^6$ 次，荷载标准值 $N_{max}=1700kN$，$N_{min}=0$，荷载设计值 $N=2250kN$。试进行疲劳验算。

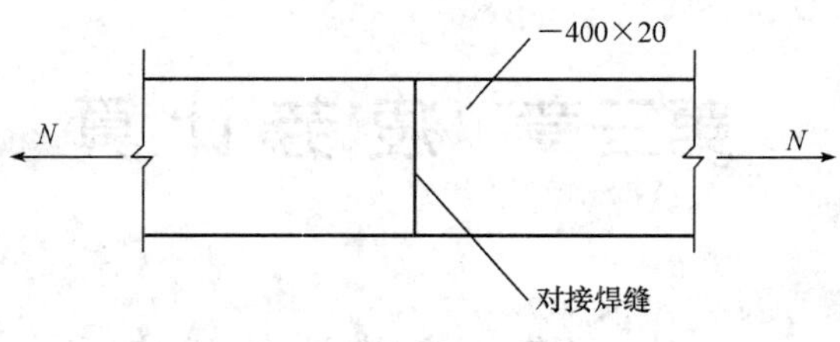

例图 3-1　计算简图

解:由表 13-38 的项次 2,横向对接焊缝附近的主体金属当焊缝表面未经加工但质量等级为一级时,计算疲劳时属第 2 类。由表 13-18,查得 $C=861\times10^{12}$,$\beta=4$。

$$[\Delta\sigma]=\left(\frac{C}{n}\right)^{1/4}=\left(\frac{861\times10^{12}}{10^6}\right)^{1/4}\text{N/mm}^2=171.3\text{N/mm}^2$$

$$\Delta\sigma=\sigma_{\max}-\sigma_{\min}=\frac{(1700-0)\times10^3}{500\times20}\text{N/mm}^2=170\text{N/mm}^2<[\Delta\sigma]\text{,满足要求。}$$

验算荷载设计值 F 的强度:

$$\sigma=\frac{N}{A_{\text{n}}}=\frac{2250\times10^3}{500\times20}\text{N/mm}^2=225\text{N/mm}^2<f=300\text{N/mm}^2\text{,满足要求。}$$

【例 3-2】 疲劳验算(二)

某 Q345 钢构件焊接部位的疲劳类别属于 6 类。经测试其一年内的应力变化总次数为 4×10^4 次;其中各种应力幅的出现频率为:$\Delta\sigma_1=10\text{N/mm}^2$ 占 5%,$\Delta\sigma_2=35\text{N/mm}^2$ 占 20%,$\Delta\sigma_3=70\text{N/mm}^2$ 占 30%,$\Delta\sigma_4=90\text{N/mm}^2$ 占 25%,$\Delta\sigma_5=130\text{N/mm}^2$ 占 15%,$\Delta\sigma_6=155\text{N/mm}^2$ 占 5%。

(1)以设计基准期 $T=50$ 年考虑,试验算其疲劳强度是否满足设计要求。

(2)求该构件的设计疲劳寿命(年)。

解:(1)该疲劳计算属于变幅疲劳的范畴,按照线性损伤累积原则和式(3-3)及式(3-4)得等效应力幅 $\Delta\sigma_{\text{e}}$ 的表达式为:

$$\Delta\sigma_{\text{e}}=\left[\frac{\sum n_1(\Delta\sigma_i)^\beta}{\sum n_i}\right]^{1/\beta}=\left[\frac{n_1(\Delta\sigma_1)^\beta}{\sum n_i}+\frac{n_2(\Delta\sigma_2)^\beta}{\sum n_i}+\frac{n_3(\Delta\sigma_3)^\beta}{\sum n_i}+\cdots+\frac{n_{\text{n}}(\Delta\sigma_{\text{n}})^\beta}{\sum n_i}\right]^{1/\beta}$$

式中,$\frac{n_i}{\sum n_i}$表示应力幅为 $\Delta\sigma_i$ 的循环次数占总循环次数的比例。因此据题意:

该 Q345 钢构件焊接部位的疲劳类别为 6 类,查表 13-18 得,

$$C=0.96\times10^{12}\quad\beta=3\quad n=4\times10^4\times50=2\times10^6\text{ 次}$$

故
$$[\Delta\sigma]=\left(\frac{C}{n}\right)^{1/\beta}=\left(\frac{0.96\times10^{12}}{2\times10^6}\right)^{1/3}\text{MPa}=78.3\text{MPa}$$

$$\begin{aligned}\Delta\sigma_{\text{e}}&=(5\%\times10^3+20\%\times35^3+30\%\times70^3+25\%\times90^3+15\%\times130^3+5\%\times155^3)\text{MPa}\\&=80.95\text{MPa}>78.3\text{MPa}\end{aligned}$$

故 $\Delta\sigma_{\text{e}}>[\Delta\sigma]$即在设计基准期 50 年内其疲劳强度不满足要求。

(2)求该构件的疲劳寿命,亦即求该构件在目前状态下能够允许的应力循环次数,故令

$$[\Delta\sigma]=\left(\frac{C}{n}\right)^{1/\beta}=\left(\frac{0.96\times10^{12}}{n}\right)^{1/3}=80.95[\Delta\sigma_{\text{e}}]$$

解上式得 $n=18\times10^5$ 次

因该构件经测试一年的循环次数为 3×10^4 次，故该构件的设计疲劳寿命为：

$$T=\frac{18\times10^5}{4\times10^4}\text{年}=45\text{年}$$

第二节　吊车梁和吊车桁架疲劳计算

吊车梁和吊车桁架疲劳计算除了满足疲劳计算的一般规定外，还需要满足以下几点：

(1)对于直接承受动力荷载的结构，在计算疲劳时，动力荷载标准值不乘动力系数。

(2)计算吊车梁或吊车桁架及其制动结构的疲劳时，吊车荷载应按作用在跨间内荷载效应最大的一台吊车确定。

(3)重级工作制吊车梁和重级、中级工作制吊车桁架的疲劳可作为常幅疲劳，按下式计算：

$$\alpha_f\cdot\Delta\sigma\leqslant[\Delta\sigma]_{2\times10^6} \tag{3-5}$$

式中　α_f——欠载效应的等效系数，按表 13-19 采用；

$[\Delta\sigma]_{2\times10^6}$——循环次数 n 为 2×10^6 次的容许应力幅，按表 13-20 采用。

【例 3-3】　吊车梁疲劳验算

某简支吊车梁，截面如例图 3-2 所示，跨度 $l=12$m。承受二台 75/20t 软钩桥式吊车，重级工作制，车间跨度 $L=30$m，吊车桥架跨度 $L_k=28.5$m，采用制动梁，辅助桁架与吊车梁中心距离 1.250m，钢材为 Q345 钢。按大连重工起重集团有限公司 75/20～1250/30t 吊钩起重技术规格(2003)，此桥式吊车的最大轮压标准值为 $P_{max}=294$kN，小车重 $G=23.964$t，轮压位置，如例图 3-2b)所示，钢轨为 QU100。腹板和翼缘板的连接采用：上翼缘为 K 形坡口自动焊；下翼缘为角焊缝自动焊，外观质量符合二级标准，$h_f=6$mm。制动梁与吊车梁上翼缘板用高强度螺栓摩擦型连接，吊车梁下翼缘板与辅助桁架下弦杆间的水平支撑架，用 C 级普通螺栓相连。验算此吊车梁的疲劳强度，包括下列各处：

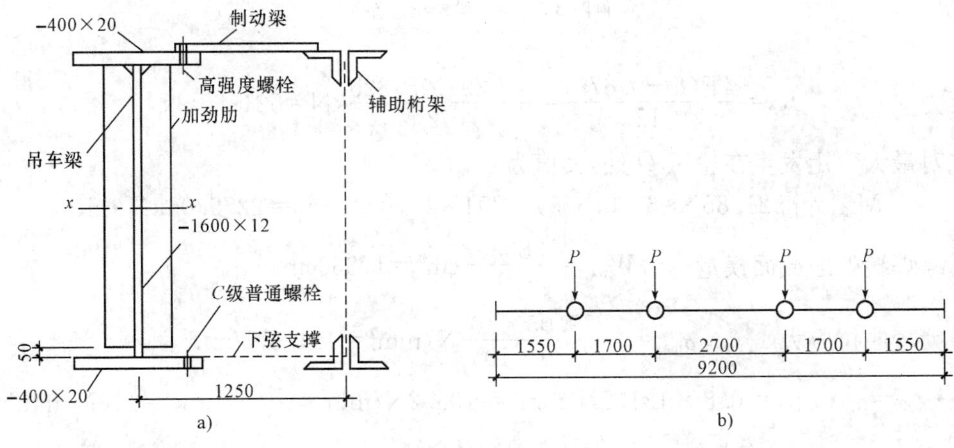

例图 3-2　吊车梁荷载及截面图

a)吊车梁截面；b)吊车轮压位置

(1)下翼缘与腹板连接焊缝附近的主体金属。

(2)下翼缘与腹板的连接角焊缝。

(3)横向加劲肋端部附近的主体金属。

(4)受拉翼缘板上的螺栓孔附近主体金属。

(5)梁端部突缘加劲肋与腹板的连接角焊缝,$h_f=8mm$,突缘加劲肋厚20mm。

解:(1)吊车梁截面的惯性矩。

$$I_x=\left(\frac{1}{12}\times1.2\times160^3+2\times40\times2\times81^2\right)cm^4=1459360cm^4$$

根据设计经验,设截面上的螺栓孔惯性矩约为全截面惯性矩的5%,则净截面惯性矩为:

$$I_{nx}=0.95I_x=0.95\times1459360cm^4=1386392cm^4$$

(2)受拉翼缘板与腹板连接角焊缝附近主体金属疲劳强度的验算。

验算条件 $\alpha_f\cdot\Delta\sigma\leqslant[\Delta\sigma]_{2\times10^6}$

重级工作制软钩吊车的吊车梁欠载效应等效系数 $\alpha_f=0.8$。

按表13-38中项次5的规定,单层翼缘板采用角焊缝自动焊在疲劳计算时属第3类,由表13-20查得循环次数 $n=2\times10^6$ 次时的容许应力幅为:

$$[\Delta\sigma]_{2\times10^6}=118N/mm^2$$

应力幅 $\Delta\sigma=\sigma_{max}-\sigma_{min}$。取 $\sigma_{min}=0$(即不计吊车梁自重的应力),σ_{max} 中也只计吊车竖向轮压引起的应力,所得 $\Delta\sigma$ 与两者中都考虑自重时相同。

取一台吊车,不计动力系数和可变荷载分项系数计算梁的绝对最大弯矩标准值,轮压位置如例图3-3所示(使梁跨度中点平分梁上所有轮压合力作用点和其最近的轮压)。

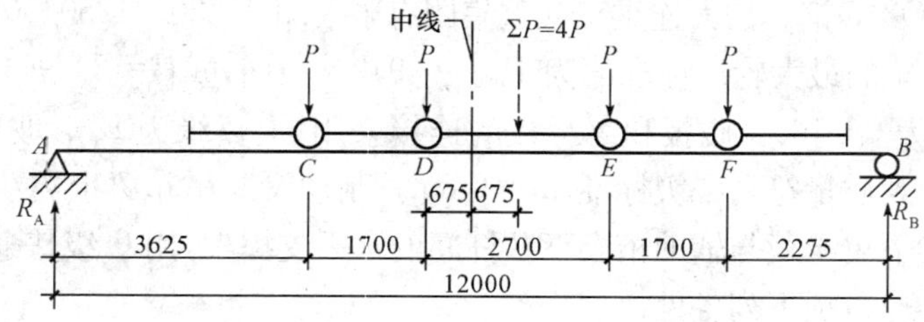

例图3-3 吊车梁轮压位置图

反力 $$R_A=\frac{4P(6-0.675)}{12}=\frac{4\times294\times5.325}{12}kN=521.85kN$$

绝对最大弯矩发生在轮压 D 处,其值为:

$$M_{max}=[521.85\times(6-0.675)-294\times1.7]kN\cdot m=2279.05kN\cdot m$$

翼缘焊缝处净截面模量 $$W_{nx}=\frac{1386392}{80}cm^3=17330cm^3$$

最大弯曲拉应力 $$\sigma_{max}=\frac{2279.05\times10^6}{17330\times10^3}N/mm^2=131.5N/mm^2$$

$\alpha_f\cdot\Delta\sigma=\alpha_f\cdot\sigma_{max}=0.8\times131.5N/mm^2=105.2N/mm^2<[\Delta\sigma]_{2\times10^6}=118N/mm^2$,满足条件。

(3)受拉翼缘与腹板连接角焊缝的疲劳验算。

角焊缝主要受剪力,验算条件为:

$\alpha_f\cdot\Delta\tau\leqslant[\Delta\tau]_{2\times10^6}$,其中 $\alpha_f=0.8$。由表13-38中项次16,计算疲劳时角焊缝属第8类,查表13-20得 $[\Delta\tau]_{2\times10^6}=59N/mm^2$。产生最大剪力的轮压位置如例图3-4所示。

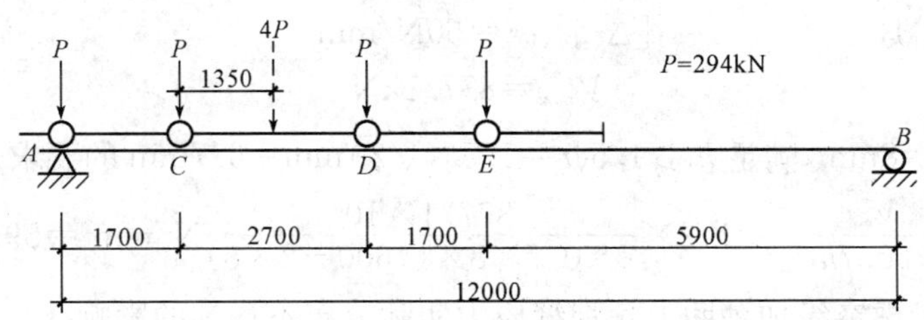

例图 3-4 最大剪力时轮压位置图

最大剪力 V_{max} 发生在左支座 A 处：

$$V_{max}=\frac{4\times294\times(12-1.7-1.35)}{12}\text{kN}=877.1\text{kN}$$

翼缘板面积对中和轴的静矩

$$S_x=40\times2\times81\text{cm}^3=6480\text{cm}^3$$

最大剪应力

$$\tau_{max}=\frac{V_{max}\cdot S_x}{2\times0.7h_f I_x}=\frac{(877.1\times10^3)\times(6480\times10^3)}{2\times0.7\times6\times1459360\times10^4}\text{N/mm}^2=46.4\text{N/mm}^2$$

$\alpha_f\cdot\Delta\tau=\alpha_f\cdot\tau_{max}=0.8\times46.4=37.1\text{N/mm}^2<[\Delta\tau]_{2\times10^6}=59\text{N/mm}^2$，满足要求。

此处取 $h_f=6$mm，满足自动焊的最小焊脚尺寸需要：$h_{fmin}=1.5\sqrt{t}-1=(1.5\times\sqrt{20}-1)$ mm$=5.7$mm。

(4)横向加劲肋端部主体金属的疲劳验算。

在加劲肋位置未正式确定前，近似偏安全地利用例图 3-3 所示轮压 D 所在截面作为加劲肋所在处进行验算。已知该处 $M_{max}=2279.05\text{kN}\cdot\text{m}$。

吊车梁内加劲肋端部离腹板下边缘 50mm 处即已切断，该处弯曲拉应力为：

$$\sigma=\frac{M_{max}\cdot y}{I_{nx}}=\frac{2279.05\times10^6\times(800-50)}{1386392\times10^4}\text{N/mm}^2=123.3\text{N/mm}^2$$

验算条件为：

$\alpha_f\cdot\Delta\sigma\leqslant[\Delta\sigma]_{2\times10^6}$，$\alpha_f=0.8$。由表 13-38 项次 6，当肋端不断弧（即采用回焊）时，属第 4 类。查表 13-20 得$[\Delta\sigma]_{2\times10^6}=103\text{N/mm}^2$。

$\alpha_f\cdot\Delta\sigma=0.8\times0.8\times123.3\text{N/mm}^2=98.6\text{N/mm}^2<[\Delta\sigma]_{2\times10^6}=103\text{N/mm}^2$，满足条件。

若肋端断弧，则属第 5 类，此时$[\Delta\sigma]_{2\times10^6}=90\text{N/mm}^2<\alpha_f\Delta\sigma=98.6\text{N/mm}^2$，不满足疲劳强度要求。因此本吊车梁的加劲肋肋端必须不断弧，采用回焊。

(5)受拉翼缘板上螺栓孔附近的主体金属疲劳验算。

受拉翼缘上螺栓孔附近的主体金属，由表 13-38 的项次 18 属第 3 类，查表 13-20 得$[\Delta\sigma]_{2\times10^6}=118\text{N/mm}^2$。

假设最大弯矩所在截面处有螺栓孔，则

$$\sigma_{max}=\frac{M_{max}\cdot y}{I_{nx}}=\frac{2279.05\times10^6\times820}{1386392\times10^4}\text{N/mm}^2=134.8\text{N/mm}^2$$

$\alpha_f\cdot\Delta\sigma=\alpha_f\cdot\sigma_{max}=0.8\times134.8\text{N/mm}^2=107.8\text{N/mm}^2<[\Delta\sigma]_{2\times10^6}=118\text{N/mm}^2$，满足条件。

(6)梁端突缘加劲肋与腹板连接角焊缝的疲劳验算。

角焊缝属第 8 类 $[\Delta\tau]_{2\times10^6}=59\text{N/mm}^2$

梁端 $V_{max}=877.1\text{kN}$

焊脚尺寸 $h_f=8\text{mm}$，满足 $h_f\geqslant1.5\sqrt{t}=1.5\times\sqrt{20}\text{mm}=6.7\text{mm}$ 的要求。

$$\tau_{max}=1.2\frac{V_{max}}{2\times0.7h_f l_w}=1.2\times\frac{877.1\times10^3}{2\times0.7\times8\times(1600-2\times8)}\text{N/mm}^2=59.3\text{N/mm}^2$$

式中，1.2 是考虑突缘加劲肋上角焊缝应力实际分布不均匀的影响。

$\alpha_f\cdot\Delta\tau=0.8\times59.3\text{N/mm}^2=47.4\text{N/mm}^2<[\Delta\tau]_{2\times10^6}=59\text{N/mm}^2$，满足要求。

讨论：本例题中对五处应力进行了疲劳验算，可见横向加劲肋端部主体金属的疲劳控制了设计，其应力幅为 $\alpha_f\cdot\Delta\sigma=98.6\text{N/mm}^2$，$[\Delta\sigma]_{2\times10^6}=103\text{N/mm}^2$，已接近限值。

本吊车梁按强度设计考虑两台吊车荷载的设计值，考虑动力系数 1.05，绝对最大弯矩为 $M_{max}=3350\text{kN}\cdot\text{m}$，最大剪力 $V_{max}=1289\text{kN}$，据此计算强度，其截面可采用腹板为-1600×12 和上、下翼缘板各为-400×18，即已足够。今例题中翼缘板已增大为-400×20，主要是疲劳强度的需要。若选用翼缘板为-400×18，则横向加劲肋端部主体金属的疲劳强度就不能满足要求。

第四章　连接计算

第一节　焊缝连接的计算

一、焊缝的质量等级

焊缝应根据结构的重要性、荷载特性、焊缝形式、工作环境以及应力状态等情况，按下述原则分别选用不同的质量等级：

(1)在需要进行疲劳计算的构件中，凡对接焊缝均应焊透，其质量等级为：

1)作用力垂直于焊缝长度方向的横向对接焊缝或T形对接与角接组合焊缝，受拉时应为一级，受压时应为二级。

2)作用力平行于焊缝长度方向的纵向对接焊缝应为二级。

(2)不需要计算疲劳的构件中，凡要求与母材等强的对接焊缝应予焊透，其质量等级当受拉时应不低于二级，受压时宜为二级。

(3)重级工作制和起重量$Q\geqslant 50t$的中级工作制吊车梁的腹板与上翼缘之间以及吊车桁架上弦杆与节点板之间的T形接头焊缝均要求焊透，焊缝形式一般为对接与角接的组合焊缝，其质量等级不应低于二级。

(4)不要求焊透的T形接头采用的角焊缝或部分焊透的对接与角接组合焊缝，以及搭接连接采用的角焊缝，其质量等级为：

1)对直接承受动力荷载且需要验算疲劳的结构和吊车起重量等于或大于50t的中级工作制吊车梁，焊缝的外观质量标准应符合二级。

2)对其他结构，焊缝的外观质量标准可为三级。

二、对接焊缝的计算

(1)在对接接头和T形接头中，垂直于轴心拉力或轴心压力的对接焊缝或对接与角接组合焊缝，其强度应按下式计算：

$$\sigma=\frac{N}{l_{w}t}\leqslant f_{t}^{w} \text{ 或 } f_{c}^{w} \tag{4-1}$$

式中　N——轴心拉力或轴心压力；

l_w——焊缝长度；

t——在对接接头中为连接件的较小厚度；在T形接头中为腹板的厚度；

f_t^w、f_c^w——对接焊缝的抗拉、抗压强度设计值，见表13-2。

当直对接焊缝不能满足强度要求时，可采用斜对接焊缝。如图4-1所示的轴心受拉斜焊缝，可按下式计算：

$$\sigma=\frac{N\cdot\sin\theta}{l_{w}t}\leqslant f_{t}^{w} \tag{4-2}$$

$$\tau=\frac{N\cdot\cos\theta}{l_{w}t}\leqslant f_{v}^{w} \tag{4-3}$$

式中 l_w——焊缝的计算长度:加引弧板时,$l_w=b/\sin\theta$,不加引弧板时,$l_w=b/\sin\theta-2t$;

f_v^w——对接焊缝抗剪强度设计值。

当斜焊缝倾角 $\theta\leqslant 56.3°$,即 $\tan\theta\leqslant 1.5$ 时,不用计算。

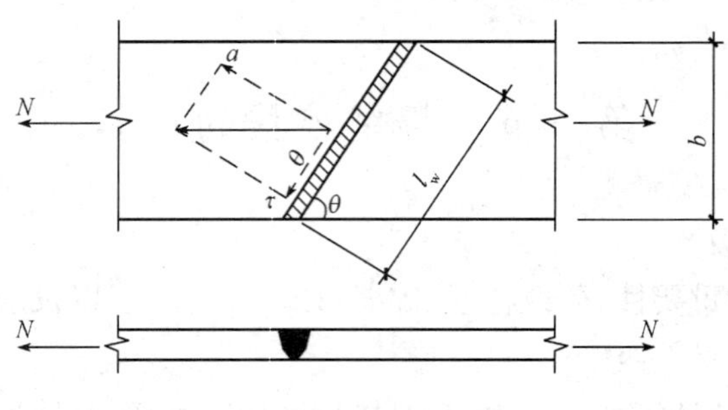

图 4-1 斜对接焊缝

(2)在对接接头和 T 形接头中,承受弯矩和剪力共同作用的对接焊缝或对接与角接组合焊缝,其正应力和剪应力应分别进行计算。但在同时受有较大正应力和剪应力处(例如梁腹板横向对接焊缝的端部),应按下式计算折算应力:

$$\sqrt{\sigma^2+3\tau^2}\leqslant 1.1f_t^w \tag{4-4}$$

当承受轴心力的板件用斜焊缝对接,焊缝与作用力间的夹角 θ 符合 $\tan\theta\leqslant 1.5$ 时,其强度可不计算。

当对接焊缝和 T 形对接与角接组合焊缝无法采用引弧板和引出板施焊时,每条焊缝的长度计算时应各减去 $2t$。

三、直角角焊缝连接的计算

(1)在通过焊缝形心的拉力、压力或剪力作用下:

正面角焊缝(作用力垂直于焊缝长度方向):

$$\sigma_f=\frac{N}{h_e l_w}\leqslant\beta_f f_f^w \tag{4-5}$$

侧面角焊缝(作用力平行于焊缝长度方向):

$$\tau_f=\frac{N}{h_e l_w}\leqslant f_f^w \tag{4-6}$$

(2)在各种力综合作用下,σ_f 和 τ_f 共同作用处:

$$\sqrt{\left(\frac{\sigma_f}{\beta_f}\right)^2+\tau_f^2}\leqslant f_f^w \tag{4-7}$$

式中 σ_f——按焊缝有效截面($h_e l_w$)计算,垂直于焊缝长度方向的应力;

τ_f——按焊缝有效截面计算,沿焊缝长度方向的剪应力;

h_e——角焊缝的计算厚度,对直角角焊缝等于 $0.7h_f$,h_f 为焊脚尺寸(图 4-2);

l_w——角焊缝的计算长度,对每条焊缝取其实际长度减去 $2h_f$;

f_f^w——角焊缝的强度设计值;

β_f——正面角焊缝的强度设计值增大系数:对承受静力荷载和间接承受动力荷载的结构,$\beta_f=1.22$;对直接承受动力荷载的结构,$\beta_f=1.0$。

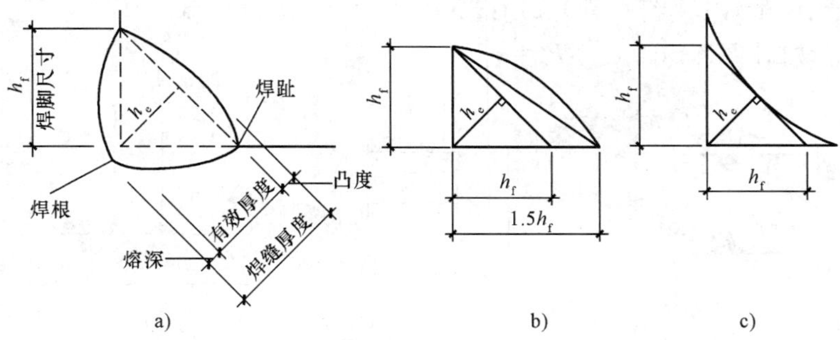

图 4-2　直角角焊缝截面

四、斜角角焊缝的计算

两焊脚边夹角 α 不等于 90°的角焊缝称为斜角角焊缝，这种焊缝一般用于 T 形接头中。

两焊脚边夹角 α 为 $60°\leqslant\alpha\leqslant135°$ 的 T 形接头，其斜角角焊缝图(图 4-3 和图 4-4)的强度应按式(4-5)和式(4-6)计算，但取 $\beta_f=1.0$，其计算厚度为：$h_e=h_1\cos\frac{\alpha}{2}$（根部间隙 b、b_1 或 $b_2\leqslant1.5$mm）或 $h_e=\left[h_f-\frac{b(\text{或}\,b_1、b_2)}{\sin\alpha}\right]\cos\frac{\alpha}{2}$（$b$、$b_1$ 或 $b_2>1.5$mm 但$\leqslant5$mm）。

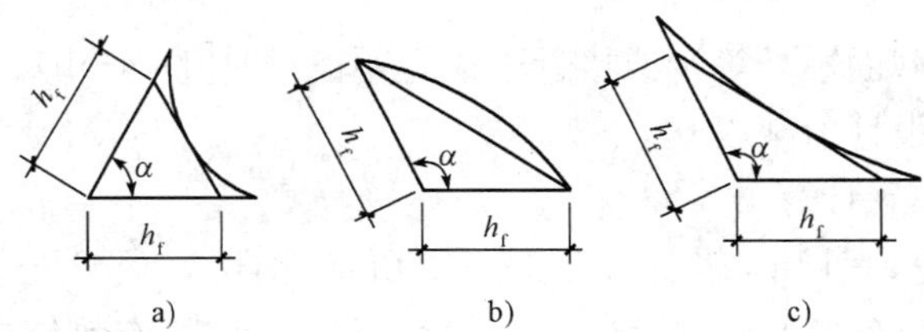

图 4-3　T 形接头的斜角角焊缝截面

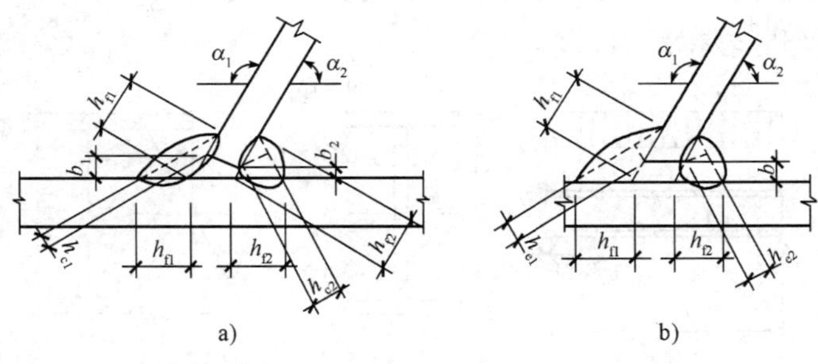

图 4-4　T 形接头的根部间隙和焊缝截面

五、不焊透的对接焊缝

不焊透的对接焊缝常用于外部需要平整的箱形柱和 T 形连接以及其他不需要焊透之处。

部分焊透的对接焊缝[图 4-5a)、b)、d)、e)]和 T 形对接与角接组合焊缝[图 4-5c)]的强度，应按角焊缝的计算式(4-5)～式(4-7)计算，在垂直于焊缝长度方向的压力作用下，取 $\beta_f=1.22$，其他受力情况取 $\beta_f=1.0$，其计算厚度应采用：

V 形坡口[图 4-5a)]：当 $\alpha\geqslant60°$时，$h_e=s$；当 $\alpha<60°$时，$h_e=0.75s$。

单边 V 形、K 形坡口[图 4-5b)、c)]：当 $\alpha=45°\pm5°$，$h_e=s-3$。

U 形、J 形坡口[图 4-5d)、e)]：$h_e=s$。

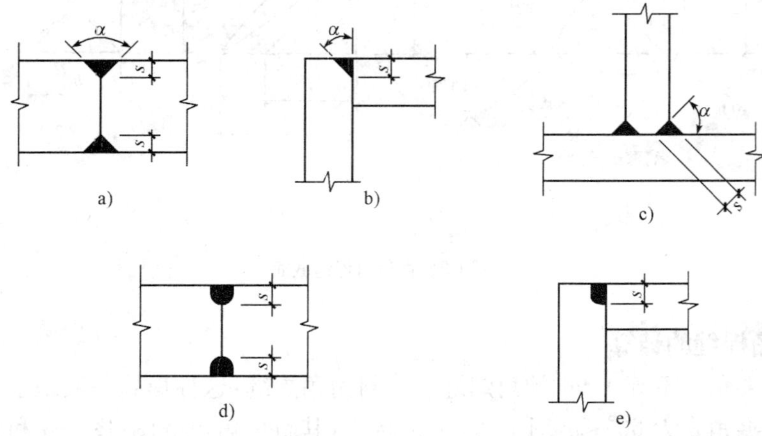

图 4-5　部分焊透的对接焊缝和其与角焊缝的组合焊缝截面

s 为坡口深度，即根部至焊缝表面（不考虑余高）的最短距离（mm）；α 为 V 形、单边 V 形或 K 形坡口角度。

当熔合线处焊缝截面边长等于或接近于最短距离 s 时[图 4-5b)、c)、e)]，抗剪强度设计值应按角焊缝的强度设计值乘以 0.9。

【例 4-1】 焊缝位置计算

某简支钢梁，跨度 $l=12$m，截面，如例图 4-1 所示，钢材为 Q235—B 钢，抗弯强度设计值 $f=215\text{N/mm}^2$，承受均布静力荷载设计值 $q=75$kN/m。设梁有足够的侧向支承，不会使梁侧扭屈曲，因而截面由抗弯强度控制。今因钢板长度不够，拟对其腹板在跨度方向离支座为 x 处设置工厂焊接的对接焊缝（例图 4-1），焊缝质量等级为三级，手工焊，E43 型焊条。试根据焊缝的强度，求该拼接焊缝的位置 x。

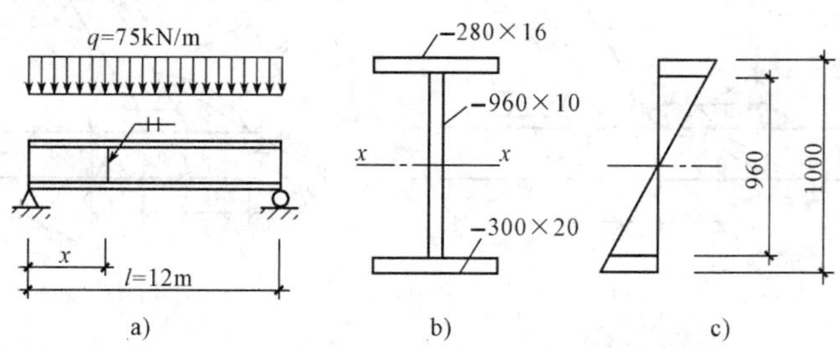

例图 4-1　简支梁图

a)简支梁；b)截面尺寸；c)弯曲正应力图

解：(1)截面几何特性。

对接焊缝的有效截面与腹板相同：

惯性矩　$$I_x=\frac{1}{12}\times(30\times100^3-29\times96^3)\text{cm}^4=361888\text{cm}^4$$

截面模量　$$W_x=\frac{I_x}{h/2}=\frac{361888}{100/2}\text{cm}^3=7238\text{cm}^3$$

翼缘板对梁中和轴的面积矩 $S_x = 30\times2\times49\text{cm}^3 = 2940\text{cm}^3$

(2)腹板对接焊缝处梁能承受的弯曲应力。

x 处截面上的弯曲应力图如例图 4-1 所示。已知 E43 型焊条、手工焊的三级对接焊缝抗弯曲受拉强度设计值 $f_t^w = 185\text{N/mm}^2$。按对接焊缝的抗弯强度要求，该处梁截面所能承受的边缘纤维弯曲接应力为：

$$\sigma_{max} = 185\times\frac{1000}{960}\text{N/mm}^2 = 192.7\text{N/mm}^2$$

(3)由焊缝处梁截面所能承受的 σ_{max} 求 x。

该处梁截面上的最大拉应力应满足下式要求：

$$\frac{M_x}{W_x}\leqslant\sigma_{max}$$

即 $$M_x\leqslant\sigma_{max}W_x = 192.7\times7238\times10^3\times10^{-6}\text{kN}\cdot\text{m} = 1395\text{kN}\cdot\text{m}$$

由 $$M_x = \frac{1}{2}qlx - \frac{1}{2}qx^2 = \frac{1}{2}\times85\times12x - \frac{1}{2}\times85x^2 = 1395$$

$$42.5x^2 - 510x + 1395 = 0$$

解得 $$x = \frac{510-\sqrt{510^2-4\times42.5\times1395}}{2\times42.5}\text{m} = 4.2\text{m}$$

按焊缝的抗拉强度，腹板的拼接焊缝必须位于离梁支座小于或等于 4.0m 处。

讨论：(1)腹板对接焊缝下端同时承受弯曲拉应力 σ 和剪应力 τ，理应按下式验算该处的折算应力：

$$\sqrt{\sigma^2+3\tau^2}\leqslant1.1f_t^w$$

弯曲应力 $$\sigma = f_t^w = 185\text{N/mm}^2$$

剪力 $$V = \frac{1}{2}ql - qx = \left(\frac{1}{2}\times85\times12 - 85\times4.2\right)\text{kN} = 153\text{kN}$$

剪应力 $$\tau = \frac{VS_x}{I_xt_w} = \frac{153\times10^3\times2940\times10^3}{316888\times10^4\times10} = 12.4$$

$\sqrt{153^2+3\times12.4^2}\text{N/mm}^2 = 154.5\text{N/mm}^2 < 1.1\times185\text{N/mm}^2 = 203.5\text{N/mm}^2$，满足条件。

以上计算说明在本例题及类似本例题的情况中，焊缝的折算应力常不是控制条件，可不计算。

(2)若腹板的对接焊缝质量等级改为二级，则 $f_t^w = 215\text{N/mm}^2$，与钢板强度设计值 f 相同，此时的工厂拼接焊缝位置就不受限制，x 可为 0～12m 之间的任意值。

【例 4-2】 两块钢板的连接采取全熔透对接焊缝(例图 4-3)

钢板的截面尺寸为宽度 $b=500\text{mm}$，厚度 $t=12\text{mm}$；钢板所受轴向拉力 $N=1500\text{kN}$(例图 4-2)。钢材为 Q235B 类钢，手工焊接，焊条为 E43(J422)，施焊时不加设引弧板，焊缝质量等级属二级。试验算焊缝强度。

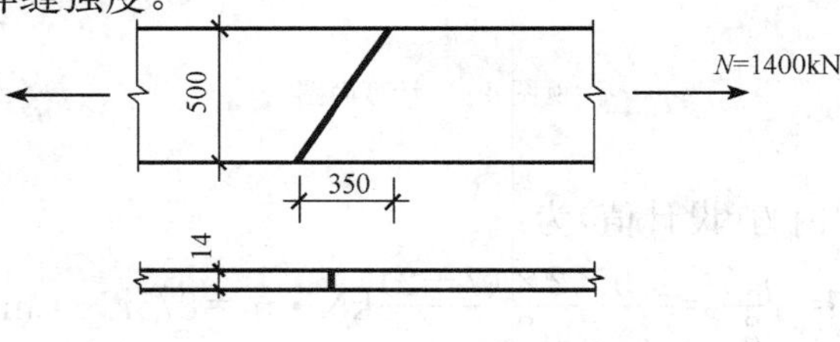

例图 4-2 计算简图

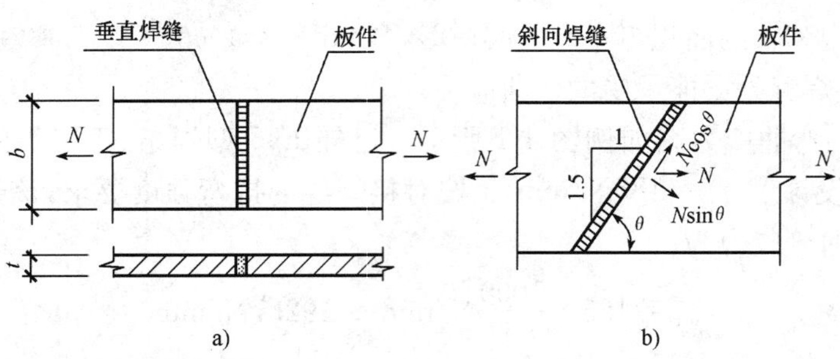

例图 4-3 全熔透对接焊缝的计算

a)垂直焊缝;b)斜向焊缝

解:按式(4-1)进行焊缝应力验算。

$$l_w = b - 2\times10 = (500-2\times10)\text{mm} = 480\text{mm}$$

$$\sigma = \frac{N}{l_w t} = \frac{1500\times10^3}{480\times12}\text{N/mm}^2 = 260.4\text{N/mm}^2 (>215\text{N/mm}^2)$$

计算结果说明,垂直焊缝不能满足要求。需改用斜向焊缝,取切割斜度为 1.5∶1,相应的斜角 $\theta=56°19'$,$\sin\theta=0.832$,$\cos\theta=0.555$,则焊缝计算长度 $l'_w=\left(\frac{430}{0.832}-20\right)\text{mm}=497\text{mm}$。

斜向受力焊缝计算:

焊缝正应力

$$\sigma = \frac{N\sin\theta}{l'_w t} = \frac{1500\times10^3\times0.832}{581\times12}\text{N/mm}^2 = 179\text{N/mm}^2 (<215\text{N/mm}^2)$$

焊缝剪应力

$$\tau = \frac{N\cos\theta}{l'_w t} = \frac{1500\times10^3\times0.555}{581\times12}\text{N/mm}^2 = 119.4\text{N/mm}^2 (<215\text{N/mm}^2)$$

满足要求。

【例 4-3】 拼接对接焊缝设计

跨度为 7m 简支梁的截面和荷载设计值(梁自重包括在内),如例图 4-4 所示,拟在离支座 2m 处做翼缘和腹板的拼接,试设计其拼接对接焊缝。已知钢材为 Q235—B·F,采用 E43 型焊条手工电弧焊,三级质量标准,用引弧板施焊。

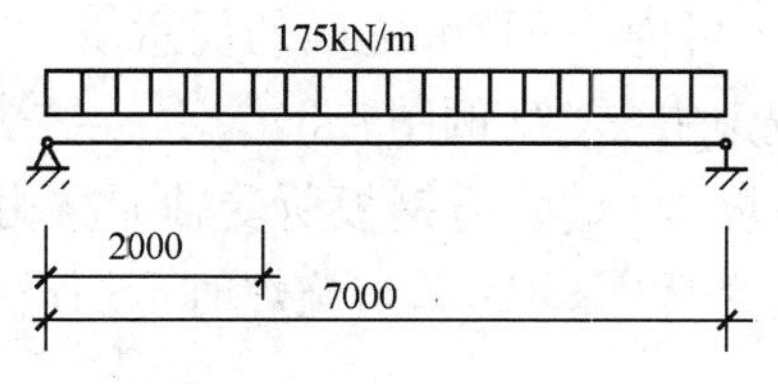

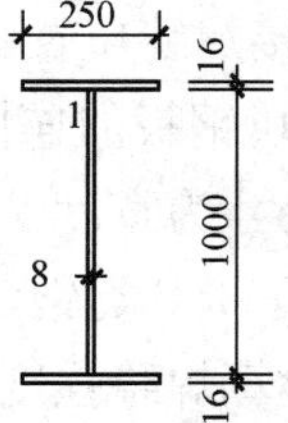

例图 4-4 计算简图

解:离支座 2m 处的内力(设计值)为:

$$M = \frac{qab}{2} = \frac{175\times2\times(7-2)}{2}\text{kN·m} = 875\text{kN·m}$$

$$V=q(l/2-a)=175\times(7/2-2)\text{kN}=262.5\text{kN}$$

梁截面参数：

$$I=(250\times1032^3-242\times1000^3)\times\frac{1}{12}\text{mm}^4=2731\times10^6\text{mm}^4$$

$$W=2731\times10^6/516\text{mm}^3=5.3\times10^6\text{mm}^3$$

$$S_1=250\times16\times508\text{mm}^3=2.032\times10^6\text{mm}^3$$

$$S=\left(2.032\times10^6+8\times500^2\times\frac{1}{2}\right)\text{mm}^3=3.032\times10^6\text{mm}^3$$

先考虑翼缘和腹板都用直对接焊缝拼接，验算其强度：

$$\sigma=\frac{M}{W}=\frac{875\times10^6}{5.3\times10^6}\text{N/mm}^2=165\text{N/mm}^2<f_t^w=185\text{N/mm}^2$$

$$\tau=\frac{VS}{It}=\frac{262.5\times10^3\times3.032\times10^6}{2731\times10^6\times8}\text{N/mm}^2=36.4\text{N/mm}^2<f_v^w=125\text{N/mm}^2$$

在腹板与翼缘连接点 1 处

$$\sigma_1=\frac{My_1}{I}=\frac{875\times10^6\times500}{2731\times10^6}\text{N/mm}^2=160\text{N/mm}^2<f_t^w=185\text{N/mm}^2$$

$$\tau_1=\frac{VS_1}{It}=\frac{262.5\times10^3\times2.032\times10^6}{2731\times10^6\times8}\text{N/mm}^2=24.4\text{N/mm}^2<f_v^w=125\text{N/mm}^2$$

$$\sigma=\sqrt{\sigma_1^2+3\tau_1^2}=\sqrt{160^2+3\times24.4^2}\text{N/mm}^2=165.49\text{N/mm}^2<1.1f_t^w$$
$$=1.1\times185\text{N/mm}^2=203.5\text{N/mm}^2$$

直焊缝拼接能满足设计要求，故采用。

【例 4-4】 两根焊接工字钢的连接采取全熔透对接焊缝设计

工字钢的截面尺寸为翼缘宽度 $b=150$mm，厚度 $t=10$mm，腹板截面高度 $h=150$mm，厚度 $t_w=8$mm；工字钢接头处的内力为轴向拉力 $N=200$kN，弯矩 $M=40$kN · m，剪力 $V=240$kN(例图 4-5)；工字钢的钢号为 Q345B，手工焊接，焊条为 E50，施焊时增设引弧板，焊缝质量等级属二级。试验算焊缝强度。

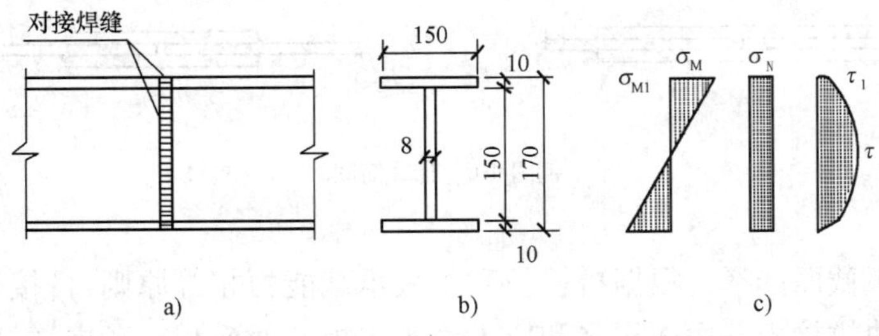

例图 4-5　工字钢对接焊缝的计算

a)立面；b)横截面；c)应力图形

解：(1)焊缝截面特性计算。

$$A_w=(2\times150\times10+150\times8)\text{mm}^2=4.2\times10^3\text{mm}^2$$

$$I_w=\left(\frac{8\times150^3}{12}+2\times150\times10\times80^2\right)\text{mm}^4=2145\times10^4\text{mm}^4$$

$$W_w=\frac{I_w}{y}=\frac{2145\times10^4}{85}\text{mm}^3=252\times10^3\text{mm}^3$$

$$S_1=150\times10\times80\text{mm}^3=120\times10^3\text{mm}^3$$

(2)翼缘焊缝应力验算。

$$\sigma_N=\frac{N}{A_w}=\frac{200\times10^3}{4.2\times10^3}\text{N/mm}^2=47.6\text{N/mm}^2$$

$$\sigma_M=\frac{M}{W_w}=\frac{40\times10^6}{252\times10^3}\text{N/mm}^2=158.7\text{N/mm}^2$$

$\sigma=(47.6+158.7)\text{N/mm}^2=206.3\text{N/mm}^2\leqslant315\text{N/mm}^2$，满足要求。

(3)腹板顶点处的焊缝应力验算。

$$\sigma_{M1}=\frac{M}{W_w}\cdot\frac{h_0}{h}=\frac{40\times10^6}{252\times10^3}\times\frac{150}{170}\text{N/mm}^2=140\text{N/mm}^2$$

$$\sigma_1=(140+47.6)\text{N/mm}^2=187.6\text{N/mm}^2$$

$$I_1=\frac{VS_1}{I_w t_w}=\frac{240\times10^3\times120\times10^3}{2145\times10^4\times8}\text{N/mm}^2=167.8\text{N/mm}^2$$

$\sigma=\sqrt{\sigma_1^2+3\tau_1^2}=\sqrt{187.6^2+3\times167.8^2}\text{N/mm}^2=345.9\text{N/mm}^2\leqslant1.1\times315\text{N/mm}^2$
$=346.5\text{N/mm}^2$，满足要求。

【例 4-5】 拼接板尺寸设计

如例图 4-6 所示，用拼接板平接连接，已知主板截面为 14mm×400mm，承受轴心力设计值 $N=920$kN(静力荷载)，钢材为 Q235B · F，采用 E43 型焊条，手工焊，试按：(1)用侧面直角焊缝；(2)用三面围焊，设计拼接板尺寸。

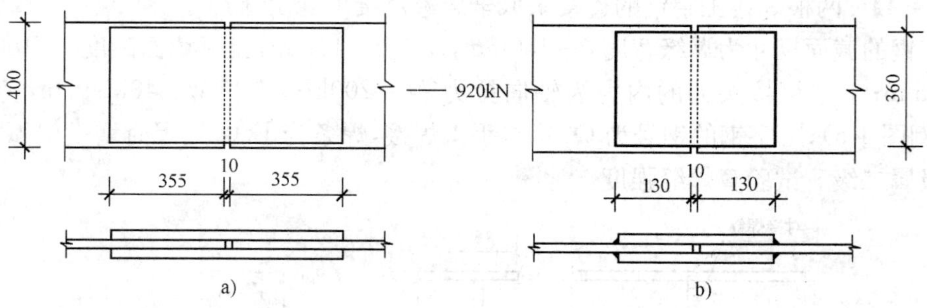

例图 4-6 计算简图

解：(1)拼接板截面选择。根据拼接板和主板承载能力相等原则，拼接钢板钢材也采用 Q235—B · F，两块拼接板截面面积之和应不小于主板截面面积。考虑拼接板要侧面施焊，取拼接板宽度为 360mm(主板与拼板宽度差要略大于 $2h_f$)。

拼接板厚度 $t_1=400\times14/2\times360\text{mm}\approx7.8\text{mm}$，取 $t_1=8$mm。

故拼接板截面为 360mm×8mm。

(2)焊缝计算。直角焊缝强度设计值 $f_f^w=160\text{N/mm}^2$。

根据构造要求　$1.5\sqrt{t_2}\leqslant h_f\leqslant1.2t_1$，即 $5.6\text{mm}=1.5\times\sqrt{14}\text{mm}\leqslant h_f\leqslant1.2\times8\text{mm}=9.6\text{mm}$，取 $h_f=6$mm。符合对板边 $t_1>6$mm 时，$h_f\leqslant t-(1\sim2)$mm。

1)采用侧面焊缝时，侧面角焊缝实际长度：

$$l_w=\frac{N}{4h_e f_t^w}+2h_f=\left(\frac{920\times10^3}{4\times0.7\times6\times160}+2\times6\right)\text{mm}\approx(342+12)\text{mm}=354\text{mm}，取\ l_w=355\text{mm}$$

被拼接两板间宜留出缝隙 10mm，则拼接板长度。

$$l=2l_w+10=(2\times355+10)\text{mm}=720\text{mm}$$

2)采用三面围焊时，端部角焊缝承担力为：

$$N'=h_e\sum l'_w\beta_f f_f^w=0.7\times6\times2\times360\times1.22\times160\text{N}\approx590285\text{N}\approx590\text{kN}$$

侧面角焊缝实际长度为：

$$l_w=\frac{N-N'}{4h_e f_f^w}+h_f=\left[\frac{(920-590)\times10^3}{4\times0.7\times6\times160}+6\right]\text{mm}\approx(123+6)\text{mm}=129\text{mm}，取\ l_w=130\text{mm}$$

拼接板长度为：　$l=2l_w+10=(2\times130+10)\text{mm}=270\text{mm}$

比较以上两种方案，可见三面围焊比仅在侧面施焊经济合理。

【例 4-6】 板件的焊接拼接连接设计

被连接板件的截面尺寸为 300mm×14mm，承受轴心力 $N=600\text{kN}$(静力荷载)，板件及其拼接连接板均为 Q235 钢，焊条为 E43××型焊条，采用角焊缝手工焊接，板件尺寸及其连接形式，如例图 4-7 所示。

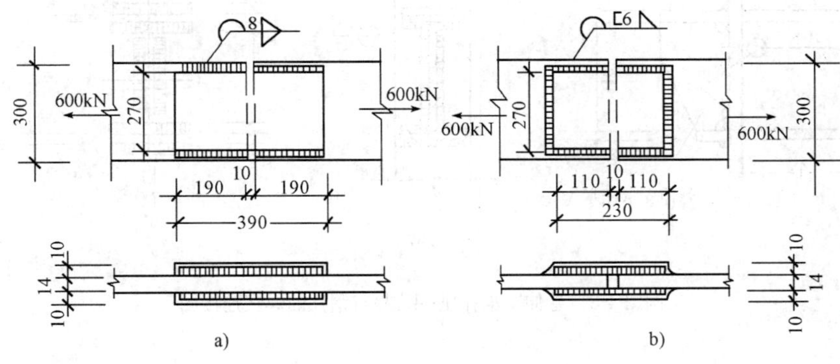

例图 4-7　板件的焊接拼接连接图

a)两面侧焊；b)三面围焊

解：(1)拼接连接板的截面选择。

根据拼接连接板与被连接板件的等强度条件和焊接构造要求，拼接连接板的宽度采用 270mm。由此得到拼接连接板的厚度为：

$$t_1=\frac{300\times14}{2\times270}\text{mm}=7.8\text{mm}，取\ t_1=10\text{mm}$$

每块拼接连接板的截面采用 270mm×10mm。

(2)连接焊缝计算和拼接连接板长度的确定。

1)当采用例图 4-7a)所示的两面侧焊连接时：

设连接角焊缝的焊脚尺寸 $h_f=8\text{mm}$，则拼接连接一侧的侧面角焊缝实际长度：

$$l'_w=\frac{N}{4\times0.7h_f f_f^w}+2h_f=\left(\frac{600\times10^3}{4\times0.7\times8\times160}+16\right)\text{mm}=183.4\text{mm}，取为\ 190\text{mm}$$

按被连接两板件间留出间隙 10mm，则拼接连接板长度为：

$$l=2l'_w+10=(2\times190+10)\text{mm}=390\text{mm}$$

2)当采用例图 4-7b)所示的三面围焊连接时：

设连接角焊缝的焊脚尺寸 $h_f=6$mm，则正面角焊缝所承担的力：

$$N_2=0.7h_f\sum l_{w1}\beta_f f_f^w=(0.7\times6\times2\times190\times1.22\times160)\text{kN}=312\text{kN}$$

侧面角焊缝的长度：

$$l'_w=\frac{N_1-N_2}{4\times0.7h_f f_f^w}+h_f=\left[\frac{(600-312)\times10^3}{4\times0.7\times6\times160}+6\right]\text{mm}=107.1\text{mm 取 }l_{w2}=110\text{mm}$$

按被连接两板件留出间隙 10mm，则拼接连接板的长度：

$$l=2l'_w+10=(2\times110+10)\text{mm}=230\text{mm}$$

【例 4-7】 悬伸支承托座(牛腿)与柱的焊接连接设计

悬伸支承托座采用组合工字形截面(Ⅰ350×200×10×20)，材料为 Q345 钢，焊条为 E50××型焊条，采用角焊缝手工焊接。悬伸支承托座的尺寸和作用的集中力 F，如例图 4-8 所示。

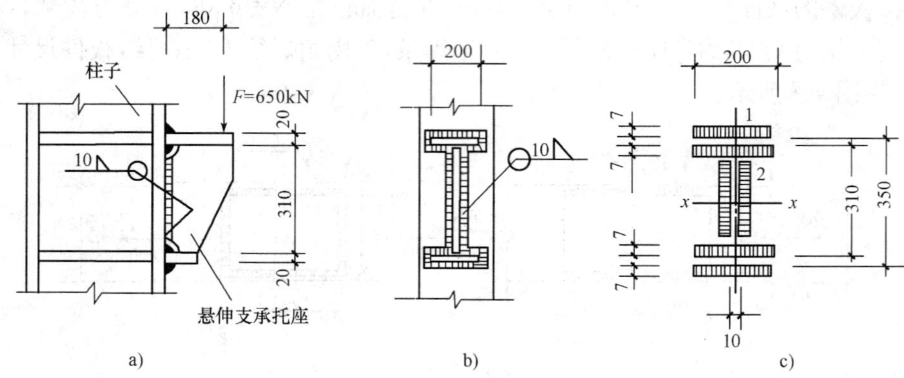

例图 4-8　悬伸支承托座(牛腿)与钢柱的焊接连接图

假设：连接采用沿全周施焊的角焊缝连接，转角处连续施焊，没有起弧和落弧所引起的焊口缺陷，并假定全部剪力由支承托座腹板的连接焊缝承担，不考虑工字形翼缘端部绕转部分焊缝的作用。

解：设沿工字形悬伸支承托座全周角焊缝的焊脚尺寸为 $h_f=10$mm，$h_e=0.7h_f=7$mm，则腹板连接焊缝的有效截面面积为：

$$A_{ww}=2\times0.7\times10\times(310-2\times15)\text{mm}^2=3920\text{mm}^2$$

全部焊缝对 x 轴的截面惯性矩近似地取：

$$I_{wx}=[2\times7\times200\times178.5^2+2\times7\times200\times151.5^2+7\times(310-2\times15)^3\times2/12]\text{mm}^4$$
$$=1.8\times10^8\text{mm}^4$$

焊缝在最外边缘"1"点处的截面抵抗矩为：

$$W_{w1}=\frac{1.8\times10^8}{182}\text{mm}^3=9.9\times10^5\text{mm}^3$$

焊缝在腹板顶部"2"点处的截面抵抗矩为：

$$W_{w2}=\frac{1.8\times10^8}{155}\text{mm}^3=11.6\times10^5\text{mm}^3$$

在偏心弯矩 $M_e=650\times180\times10^{-3}\text{kN}\cdot\text{m}=117\text{kN}\cdot\text{m}$ 作用下，角焊缝在"1"点处的最

大应力为：

$$\sigma_{M1}=\frac{M_e}{W_{w1}}=\frac{117\times10^6}{9.9\times10^5}\text{N/mm}^2=118\text{N/mm}^2<\beta_f f_f^w=1.22\times200\text{N/mm}^2=244\text{N/mm}^2$$

在翼缘和腹板交接的角焊缝"2"点处在偏心弯矩 M_e 和剪力 $V(V=F)$ 共同作用下的应力为：

$$\sigma_{M2}=\frac{M_e}{W_{w2}}=\frac{117\times10^6}{11.6\times10^5}\text{N/mm}^2=100.8\text{N/mm}^2$$

$$\tau_F=\frac{F}{A_{ww}}=\frac{650\times10^3}{3920}\text{N/mm}^2=165.8\text{N/mm}^2$$

$$\sigma_{f2}=\sqrt{\left(\frac{\sigma_{M2}}{\beta_f}\right)^2+\tau_f^2}=\sqrt{\left(\frac{100.8}{1.22}\right)^2+165.8^2}\text{N/mm}^2=185.2\text{N/mm}^2<f_f^w=200\text{N/mm}^2$$

【例 4-8】 悬伸支承托板与柱的焊接连接设计

悬伸支托与柱的连接及荷载的作用情况，如例图 4-9 所示。构件所用钢材为 Q345 钢，焊条为 E50××型焊条，采用角焊缝手工焊接(三面围焊)。

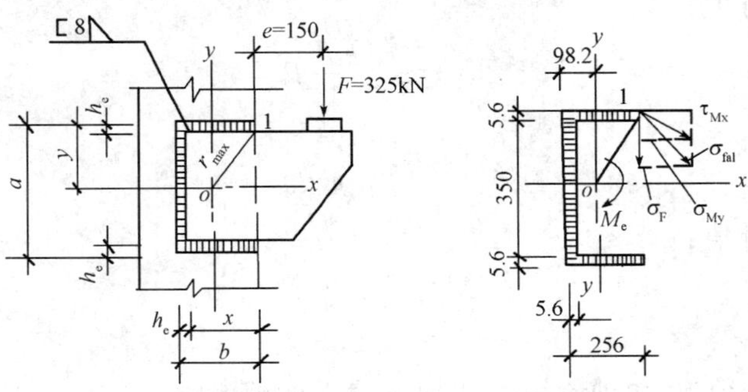

例图 4-9　悬伸支托与柱的焊接连接图

解：设三面围焊角焊缝焊脚尺寸 $h_f=8\text{mm}$，$h_e=0.7h_f=5.6\text{mm}$，则角焊缝有效截面的形心位置：

$$\bar{x}=\frac{2\times5.6\times305.6^2/2+350\times5.6^2/2}{5.6\times(305.6\times2+350)}\text{mm}=98.2\text{mm}$$

角焊缝有效截面的惯性矩为：

$$\begin{aligned}I_{wx}&=(5.6\times350^3/12+2\times305.6\times5.6^3/12+2\times305.6\times5.6\times177.8^2)\text{mm}^4\\&=1.28\times10^8\text{mm}^4\\I_{wy}&=[350\times5.6^3/12+350\times5.6\times(98.2-2.8)^2+2\times5.6\times305.6^3/12+\\&\quad 2\times5.6\times305.6\times(152.8-98.2)^2]\text{mm}^4\\&=5.5\times10^7\text{mm}^4\end{aligned}$$

角焊缝有效截面的极惯性矩为：

$$I_{wp}=I_{wx}+I_{wy}=(1.28\times10^8+0.55\times10^8)\text{mm}^4=1.83\times10^8\text{mm}^4$$

角焊缝有效截面形心处的弯矩为：

$$M_e=F(e+b-\bar{x})=325\times(150+305.6-98.2)\times10^{-3}\text{kN}\cdot\text{m}=116.2\text{kN}\cdot\text{m}$$

在弯矩 M_e 和剪力 $V(V=F)$ 共同作用下，角焊缝有效截面上"1"点的应力为：

$$\tau_{Mx}=\frac{M_e r_y}{I_{wp}}=\frac{116.2\times10^6\times(350\div2+5.6)}{1.83\times10^8}\text{N/mm}^2=114.7\text{N/mm}^2$$

$$\sigma_{My}=\frac{M_e r_x}{I_{wp}}=\frac{116.2\times10^6\times(305.6-98.2)}{1.83\times10^8}\mathrm{N/mm^2}=131.7\mathrm{N/mm^2}$$

$$\sigma_F=\frac{F}{A_w}=\frac{325\times10^3}{5.6\times(305.6\times2+350)}\mathrm{N/mm^2}=60.4\mathrm{N/mm^2}$$

$$\sigma_{f1}=\sqrt{\left(\frac{\sigma_{My}+\sigma_F}{\beta_f}\right)^2+\tau_{Mx}}=\sqrt{\left(\frac{131.7+60.4}{1.22}\right)^2+114.7^2}\mathrm{N/mm^2}$$

$$=194.8\mathrm{N/mm^2}<f_f^w=200\mathrm{N/mm^2}$$

第二节　普通螺栓、锚栓、铆钉连接

一、受剪连接

在普通螺栓或铆钉受剪的连接中，每个普通螺栓或铆钉的承载力设计值应取受剪和承压承载力设计值中的较小者。

抗剪承载力设计值：

普通螺栓
$$N_v^b=n_v\frac{\pi d^2}{4}f_v^b \tag{4-8}$$

铆钉
$$N_v^r=n_v\frac{\pi d_0^2}{4}f_v^r \tag{4-9}$$

承压承载力设计值：

普通螺栓
$$N_c^b=d\sum t\cdot f_c^b \tag{4-10}$$

铆钉
$$N_c^r=d_0\sum t\cdot f_c^r \tag{4-11}$$

式中　n_v——受剪面数目；单剪 $n_v=1$，双剪 $n_v=2$，四剪 $n_v=4$；

d——螺栓杆直径；

d_0——铆钉孔直径；

$\sum t$——在不同受力方向中一个受力方向承压构件总厚度的较小值；

f_v^b、f_c^b——螺栓的抗剪和承压强度设计值；

f_v^r、f_c^r——铆钉的抗剪和承压强度设计值。

二、受拉连接

在普通螺栓、锚栓或铆钉杆轴方向受拉的连接中，每个普通螺栓、锚栓或铆钉的承载力设计值应按下式计算：

普通螺栓
$$N_t^b=\frac{\pi d_e^2}{4}f_t^b \tag{4-12}$$

锚栓
$$N_t^a=\frac{\pi d_e^2}{4}f_t^a \tag{4-13}$$

铆钉
$$N_t^r=\frac{\pi d_0^2}{4}f_t^r \tag{4-14}$$

式中　d_e——螺栓或锚栓在螺纹处的有效直径；

f_t^b、f_t^a、f_t^r——普通螺栓、锚栓和铆钉的抗拉强度设计值。

三、拉剪联合作用下的连接

(1)同时承受剪力和杆轴方向拉力的普通螺栓和铆钉，应分别符合下式的要求：

普通螺栓
$$\sqrt{\left(\frac{N_v}{N_v^b}\right)^2+\left(\frac{N_t}{N_t^b}\right)^2}\leqslant 1 \tag{4-15}$$

$$N_v\leqslant N_c^b \tag{4-16}$$

铆钉
$$\sqrt{\left(\frac{N_v}{N_v^r}\right)^2+\left(\frac{N_t}{N_t^r}\right)^2}\leqslant 1 \tag{4-17}$$

$$N_v\leqslant N_c^r \tag{4-18}$$

式中 N_v、N_t——某个普通螺栓或铆钉所承受的剪力和拉力；

N_v^b、N_t^b、N_c^b——一个普通螺栓的受剪、受拉和承压承载力设计值；

N_v^r、N_t^r、N_c^r——一个铆钉的受剪、受拉和承压承载力设计值。

(2)在下列情况的连接中，螺栓或铆钉的数目应予增加：

1)一个构件借助填板或其他中间板件与另一构件连接的螺栓(摩擦型连接的高强度螺栓除外)或铆钉数目，应按计算增加10%。

2)当采用搭接或拼接板的单面连接传递轴心力，因偏心引起连接部位发生弯曲时，螺栓(摩擦型连接的高强度螺栓除外)或铆钉数目，应按计算增加10%。

3)在构件的端部连接中，当利用短角钢连接型钢(角钢或槽钢)的外伸肢以缩短连接长度时，在短角钢两肢中的一肢上，所用的螺栓或铆钉数目应按计算增加50%。

4)当铆钉连接的铆合总厚度超过铆钉孔径的5倍时，总厚度每超过2mm，铆钉数目应按计算增加1%(至少应增加一个铆钉)，但铆合总厚度不得超过铆钉孔径的7倍。

(3)连接薄钢板采用的自攻螺钉、钢拉铆钉(环槽铆钉)、射钉等应符合有关标准的规定。

【例4-9】 钢板的单面拼接

如例图4-10所示，按等强度原则设计。钢板承受轴心拉力，钢材的钢号为Q235，采用10.9S级的M20螺栓连接，孔径$d_0=21.5$mm；连接处钢板的接触面采用喷砂处理，求连接螺栓的数目。

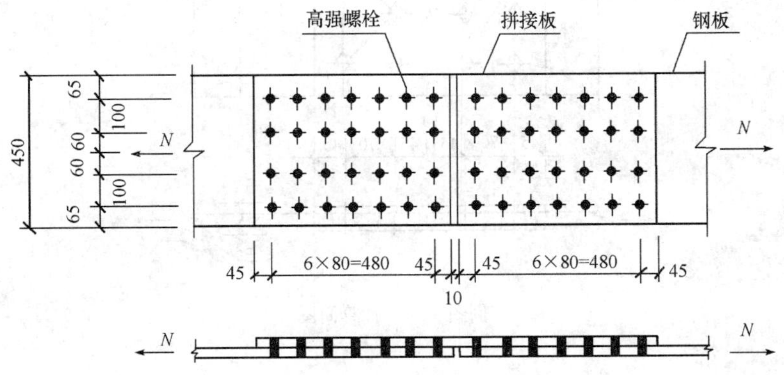

例图4-10 受拉钢板的单面拼接

解：设拼接板的截面与被拼接板的截面相同，则拼接板的受拉承载力为：

$$N=A_n f_c=(450-4\times 21.5)\times 20\times 205\times 10^{-3}\text{kN}=1492\text{kN}$$

(1)一般情况。

一个摩擦型高强度螺栓的抗剪承载力设计值为：

$$N_v^b=0.9n_f\mu P=0.9\times 1\times 0.45\times 155\text{kN}=63\text{kN}$$

因为是单面拼接，接头每一边所需的高强度螺栓数为：

$$n=\frac{1.1N}{N_{v}^{b}}=\frac{1.1\times 1492}{63}\text{个}=26\text{ 个}$$

螺栓按 4 排布置，每排 7 个螺栓，合计为 28 个螺栓，布置情况，如例图 4-10 所示。按照规定，螺栓孔的最小中心距 $S=3d_0=3\times 21.5\text{mm}=64.5\text{mm}$，沿板长方向，孔中心距取 80mm。

(2)接头超长。

拼接接头每一边的连接长度为 $l_1=6\times 80\text{mm}=480\text{mm}$，而 $15d_0=15\times 21.5\text{mm}=320\text{mm}$，$l_1>15d_0$，因此高强度螺栓的承载力设计值应乘以折减系数 η：

$$\eta=1.1-\frac{480}{150d_0}=1.1-\frac{480}{150}\times 21.5=0.95$$

故接头每一边的螺栓数应不少于：

$$n=1.1\times\frac{1492}{0.95\times 63}\text{个}=27.4\text{ 个}$$

拼接接头每一边布置的螺栓数为 28 个。

【例 4-10】 双盖板拼接

设计双盖板拼接的普通精制 5.6 级螺栓连接，被拼接的钢板为 370×16，钢材为 Q235-A · F，承受作用在拼接接头处的弯矩设计值 $M=59\text{kN}\cdot\text{m}$，剪力设计值 $V=350\text{kN}$，轴向拉力设计值 $N=350\text{kN}$，螺栓 M20，孔径 20.5mm，如例图 4-11 所示。

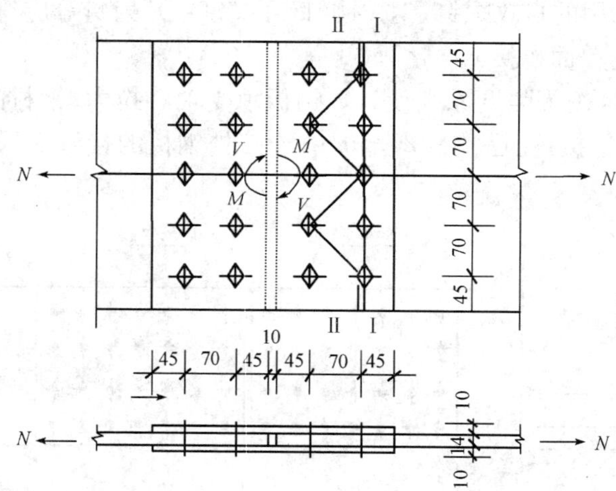

例图 4-11 计算简图

解：(1)单个螺栓的承载力。

$$N_{v}^{b}=n_{v}\frac{\pi d^{2}}{4}f_{v}^{b}=2\times\frac{3.14\times 20^{2}}{4}\times 190\text{N}=119381\text{N}\approx 119.4\text{kN}$$

$$N_{c}^{b}=d\sum tf_{c}^{b}=20\times 16\times 405\text{N}=129.6\text{kN}$$

将剪力 V 移至螺栓群形心，所引起的附加弯矩 M_1 为：

$$M_1=350\times(0.045+0.07/2)\text{kN}\cdot\text{m}=28\text{kN}\cdot\text{m}$$

修正后弯矩 $M=(59-28)\text{kN}\cdot\text{m}=31\text{kN}\cdot\text{m}$

$$\sum r^2=\sum x^2+\sum y^2=(10\times35^2+4\times70^2+4\times140^2)\text{mm}^2=110250\text{mm}^2$$

则
$$N_{1x}^{M}=\frac{My_1}{\sum r^2}=\frac{31\times10^6\times140}{110250}\text{N}=39365\text{N}$$

$$N_{1y}^{M}=\frac{M_{x1}}{\sum r^2}=\frac{31\times10^6\times35}{110250}\text{N}=9841\text{N}$$

$$N_{1x}^{N}=\frac{N}{n}=\frac{350\times10^3}{10}\text{N}=35000\text{N}$$

$$N_{1y}^{V}=\frac{V}{n}=\frac{350\times10^3}{10}\text{N}=35000\text{N}$$

由 M、V、N 的方向可知：右上角螺栓 A 的受力最大，为：

$$\begin{aligned}N_1^{M,V,N}&=\sqrt{(N_{1x}^{M}+N_{1x}^{N})^2+(N_{1y}^{M}+N_{1y}^{V})^2}\\&=\sqrt{(39365+35000)^2+(9841+35000)^2}\\&=74365\text{N}<N_{\min}^{b}\{N_V^b,N_c^b\}=119400\text{N}\end{aligned}$$

（2）验算钢板净截面强度，见例图 4-11；对并列螺栓排列，Ⅱ－Ⅱ净截面比Ⅰ－Ⅰ净截面大，所以只需验算Ⅰ－Ⅰ净截面积。

$$A_n=(370\times16-20.5\times16\times5)\text{mm}^2=4280\text{mm}^2$$

$$I_n=\left[\frac{16\times370^3}{12}-2\times16\times20.5\times(140^2+70^2)\right]\text{mm}^4=5.147\times10^7\text{mm}^4$$

$$W_n=\frac{5.147\times10^7}{185}\text{mm}^3=2.78\times10^5\text{mm}^3$$

$$S_n=\left[\frac{16\times370^2}{8}-16\times20.5\times(140+70)\right]\text{mm}^3=204920\text{mm}^3\approx2.05\times10^5\text{mm}^3$$

则正应力

$$\sigma_{\max}=\frac{N}{A_n}+\frac{M}{W_n}=\left(\frac{350\times10^3}{4280}+\frac{31\times10^6}{2.78\times10^5}\right)\text{N/mm}^2=193.29\text{N/mm}^2<f=215\text{N/mm}^2$$

剪应力

$$\tau_{\max}=\frac{V\cdot S_n}{I_n t}=\frac{350\times10^3\times2.05\times10^5}{5.147\times10^7\times16}\text{N/mm}^2=87.13\text{N/mm}^2<f_v=125\text{N/mm}^2$$

因为 $\sigma_{\max}$ 出现在钢材边缘，$\tau_{\max}$ 出现在钢板中间，所以不必再求折算应力。

第三节　高强度螺栓连接

一、高强度螺栓摩擦型连接

（1）在抗剪连接中，每个高强度螺栓的承接力设计值应按下式计算：

$$N_v^b=0.9n_f\mu P \tag{4-19}$$

式中　n_f——传力摩擦面数目；

μ——摩擦面的抗滑移系数，应按表 13-7 采用；

P——一个高强度螺栓的预拉力，应按表 13-8 采用。

（2）在螺栓杆轴方向受拉的连接中，每个高强度螺栓的承载力设计值取 $N_t^b=0.8P$。

（3）当高强度螺栓摩擦型连接同时承受摩擦面间的剪力和螺栓杆轴方向的外拉力时，其承载力应按下式计算：

$$\frac{N_v}{N_v^b}+\frac{N_t}{N_t^b}\leqslant 1 \tag{4-20}$$

式中 N_v、N_t——某个高强度螺栓所承受的剪力和拉力；

N_v^b、N_t^b——一个高强度螺栓的受剪、受拉承载力设计值。

二、高强度螺栓承压型连接

高强度螺栓承压型连接应按下列规定计算：

(1)承压型连接的高强度螺栓的预拉力 P 应与摩擦型连接高强度螺栓相同。连接处构件接触面应清除油污及浮锈。

高强度螺栓承压型连接不应用于直接承受动力荷载的结构。

(2)在抗剪连接中，每个承压型连接高强度螺栓的承载力设计值的计算方法与普通螺栓相同，但当剪切面在螺纹处时，其抗剪承载力设计值应按螺纹处的有效面积进行计算。

(3)在杆轴方向受拉的连接中，每个承压型连接高强度螺栓的承载力设计值的计算方法与普通螺栓相同。

(4)同时承受剪力和杆轴方向拉力的承压型连接的高强度螺栓，应符合下式的要求：

$$\sqrt{\left(\frac{N_v}{N_v^b}\right)^2+\left(\frac{N_t}{N_t^b}\right)^2}\leqslant 1 \tag{4-21}$$

$$N_v\leqslant N_c^b/1.2 \tag{4-22}$$

式中 N_v、N_t——某个高强度螺栓所承受的剪力和拉力；

N_v^b、N_t^b、N_c^b——一个高强度螺栓的受剪、受拉和承压承载力设计值。

【例 4-11】 高强度螺栓连接设计

钢梁腹板的双面拼接，接头同时受弯和受剪，承受弯矩 $M=600\text{kN}\cdot\text{m}$，承受剪力 $V=230\text{kN}$。腹板钢材为 Q235，采用 10.9S 级的摩擦型高强度螺栓连接，杆径 $M=20$，孔径 $d_0=22$，接头处钢板的接触面采用喷砂处理。

解：腹板的拼接板采用两块截面为 1380mm×10mm 的钢板。连接螺栓的布置原则是在满足构造要求的前提下，尽量加大螺栓的力臂，以取得较好的经济效果。

(1)螺栓抗剪承载力。

拼接板每一边采用 22 根螺栓，布置成两列 11 行，最远一行螺栓距离腹板边缘 60mm(例图 4-12)。

因为采用的是双面拼接，传力摩擦面的数目 $n_f=2$，一个摩擦型高强度螺栓的抗剪承载力设计值为：

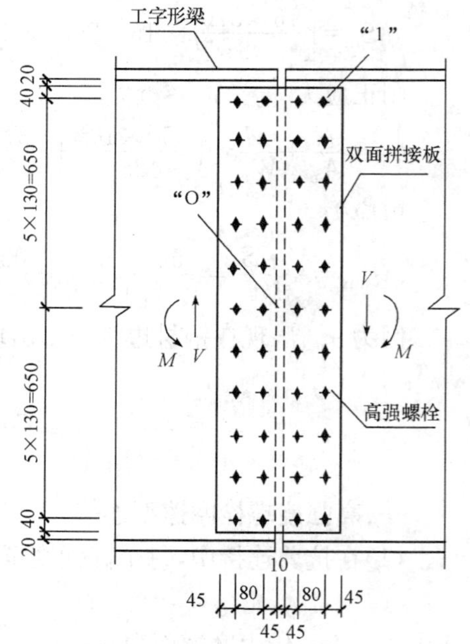

例图 4-12 钢梁腹板的拼接

$$N_v^b=0.9n_f\mu P=0.9\times 2\times 0.45\times 155\text{kN}=126\text{kN}$$

(2)螺栓承受的剪力。

1)腹板剪力 V 产生的剪力。拼接板一边的螺栓群，在腹板竖向剪力 V 的作用下，各个螺栓平均受剪，一个螺栓分担的剪力为：

$$N_1^{v}=\frac{V}{n}=\frac{230}{22}\text{kN}=10.5\text{kN}$$

2)腹板弯矩 M 产生的剪力。在弯矩 M 的作用下，接头一侧的腹板将绕该侧螺栓群的截面形心“O”旋转，上下最远一行的“1”号螺栓处于最大受力位置。

$$\sum y_i^2=2(2y_1^2+2y_2^2+2y_3^2+2y_4^2+2y_5^2)=4\times(0.65^2+0.52^2+0.39^2+0.26^2+0.13^2)\text{m}^2=3.7\text{m}^2$$

$$N_1^{M}=\frac{My_1}{\sum y_i^2}=\frac{600\times0.65}{3.7}\text{kN}=105\text{kN}$$

3)螺栓复合剪力。处于最不利受力位置的“1”号螺栓，在剪力和弯矩共同作用下所受到的剪力为：

$$N_1=\sqrt{(N_1^{V})^2+(N_1^{M})^2}=\sqrt{(10.5)^2+105^2}\text{kN}=106\text{kN}<N_v^b=126\text{kN}$$，满足要求。

需要说明的是，腹板接头沿剪力 V 作用方向的连接长度 $l_1=1300\text{mm}$，大于 $15d_0$（$=330\text{mm}$），按规定，需要考虑长接头的折减系数；但是，在弯矩作用下，各螺栓的受力不均匀，所以可以不再考虑长接头的折减系数。

【例 4-12】 钢板用高强度螺栓摩擦型连接的连接设计

如例图 4-13 所示，双盖板拼接的钢板连接。钢板钢材为 Q235 钢。采用摩擦型高强度螺栓连接，螺栓性能等级为 10.9 级，M20。螺栓孔径 d_0 为 21.5mm。构件接触面经喷砂后涂无机富锌漆，$\mu=0.35$。作用在螺栓群重心处的轴向拉力 $N=800\text{kN}$。

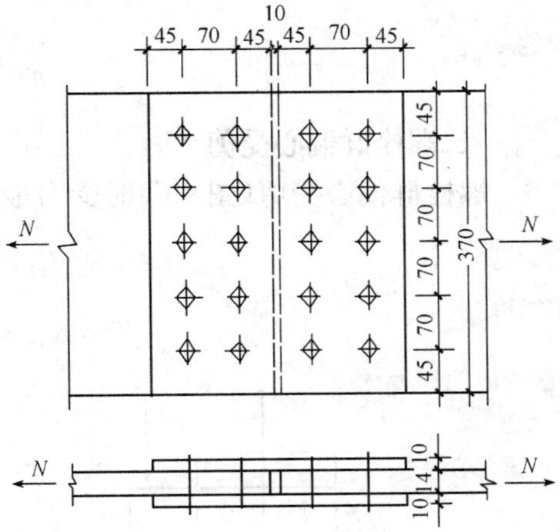

例图 4-13 计算简图

解：(1)螺栓连接计算。

查相关资料得一个 M20 的 10.9 级高强度螺栓的预拉力 $P=155\text{kN}$，计算一个螺栓承载力设计值为：

$$N_v^b=0.9n_f\mu P=0.9\times2\times0.35\times155\text{kN}=97.7\text{kN}$$

一个螺栓所受的剪力为：

$$N_v=\frac{N}{n}=\frac{800}{10}\text{kN}=80\text{kN}<N_v^b=97.7\text{kN}$$

按《钢结构设计规范》(GB 50017—2003)第 7.2.4 条，拼接连接一侧的 $l_1<15d_0$，故可不乘以 α_s。

(2)钢板截面强度计算。

钢板净截面面积为：

$$A_n=A-n_1d_0t=(370\times14-5\times21.5\times14)\text{mm}^2=3675\text{mm}^2$$

计算钢板强度为：

$$\sigma=\frac{\left(1-0.5\frac{n_1}{n}\right)N}{A_n}=\frac{\left(1-0.5\times\frac{5}{10}\right)\times800\times10^3}{3675}\text{N/mm}^2=163.2\text{N/mm}^2<215\text{N/mm}^2$$

$$\sigma=\frac{N}{A}=\frac{800\times10^3}{370\times14}\text{N/mm}^2=154.4\text{N/mm}^2<215\text{N/mm}^2$$

第四节 螺栓群的计算

一、螺栓群轴心受剪

螺栓群的抗剪连接承受轴心力时，当连接长度 $l_1 \leqslant 15d_0$（d_0 为螺孔公称直径）时，螺栓数为：

$$n=\frac{N}{N_{\min}^{b}} \tag{4-23}$$

式中 $N_{\min}^{b}$——一个螺栓抗剪承载力设计值，对普通螺栓和承压型高强度螺栓应取 N_v^b 和 N_t^b 的较小者；对摩擦型高强度螺栓应为抗滑移承载力 N_v^b。

对于 $l_1>15d_0$ 的长接头，螺栓数为：

$$n=\frac{N}{\eta N_{\min}^{b}} \tag{4-24}$$

$$\eta=1.1-\frac{l_1}{150d_0} \geqslant 0.7 \tag{4-25}$$

二、螺栓群偏心受剪

螺栓群偏心受剪（图 4-6）时受力最大螺栓的内力：

$$N_{1T}=\frac{Tr_1}{\sum r_c^2}=\frac{Tr_1}{\sum x_i^2+\sum y_i^2} \tag{4-26}$$

$$T=N_{1T}r_1+N_{2T}r_2+\cdots+N_{iT}r_i\cdots$$

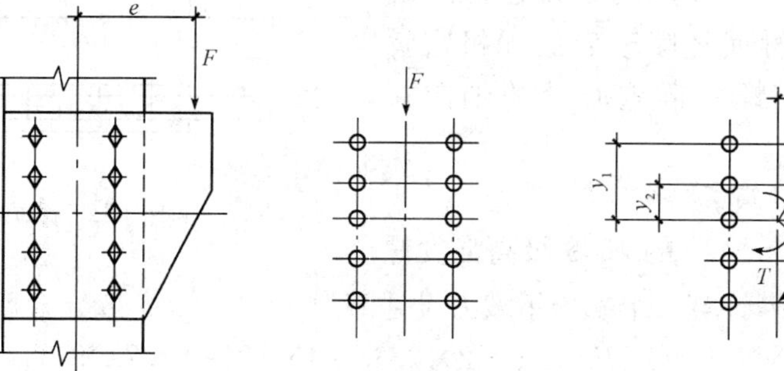

图 4-6 螺栓群偏心受剪

水平分力：
$$N_{1Tx}=N_{1T}\frac{y_1}{r_1}=\frac{Ty_1}{\sum x_i^2+\sum y_i^2} \tag{4-27}$$

垂直分力：
$$N_{1Ty}=N_{1T}\frac{x_1}{r_1}=\frac{Tx_1}{\sum x_i^2+\sum y_i^2} \tag{4-28}$$

由此得最不利的螺栓所承受的合力，验算得：

$$N_1=\sqrt{N_{1Tx}^2+(N_{1Ty}+N_{1F})^2} \leqslant N_{\min}^{b} \tag{4-29}$$

$$N_{1F}=\frac{F}{n} \tag{4-30}$$

三、高强度螺栓群受拉

(1)高强度螺栓的外拉力总是小于预拉力 P，在连接受弯矩使螺杆方向受力时，被连接构件的接触面一直保持紧密贴合，因此，应认为中和轴在螺栓群的形心轴上（图 4-7）。

高强度螺栓群弯矩受拉时，最大拉力及其验算为

$$N_1=\frac{My_1}{\sum y_i^2}\leqslant N_t^b=0.8P \tag{4-31}$$

式中　y_1——螺栓群形心轴至螺栓的最在距离；

$\sum y_i^2$——形心轴上、下各螺栓至形心轴距离的平方和。

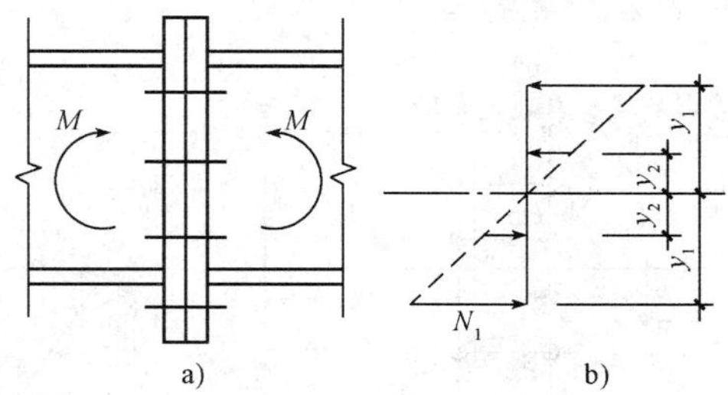

图 4-7　高强度螺栓弯矩受拉

(2)高强度螺栓（摩擦型或承压型）连接板层之间有压力，偏心受拉时，螺栓的最大拉力不得超过 $0.8P$，能够保证板层之间始终紧密贴合。所以不论偏心距 e 的大小，均按普通螺栓的第一种情况计算，即：

$$N_1=\frac{F}{n}+\frac{F\cdot e}{\sum y_i^2}\cdot y_1\leqslant 0.8P \tag{4-32}$$

四、螺栓群承受拉力、弯矩和剪力的共同作用

(1)对普通螺栓，计算每个螺栓由竖向力 V 产生的内力时，不必考虑长接头的折减系数 η，按平均分配考虑。每个螺栓的剪力为：

$$N_v=V/n$$

在最大拉力 N_t 和剪力 N_v 的共同作用下（图 4-8），普通螺栓按下式验算：

$$\sqrt{\left(\frac{N_v}{N_v^b}\right)^2+\left(\frac{N_t}{N_t^b}\right)^2}\leqslant 1 \tag{4-33}$$

$$N_v\leqslant N_c^b \tag{4-34}$$

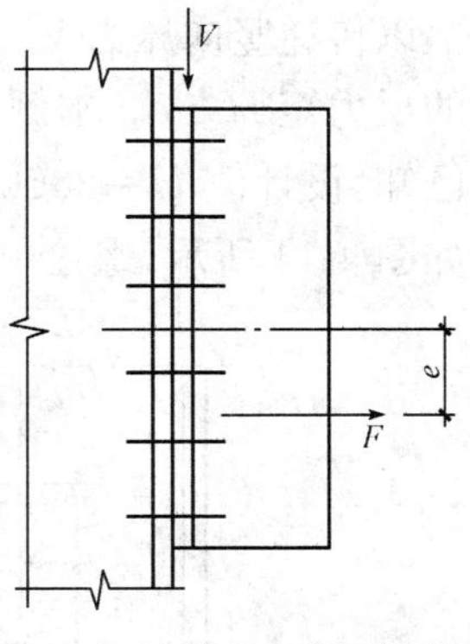

图 4-8　拉力、剪力和弯矩共同作用

式中　N_v^b、N_t^b、N_c^b 为一个螺栓的抗剪、抗拉和承压承载力设计值。

(2)对摩擦型连接高强度螺栓，螺杆的验算仍按式(4-33)，取 $N_t^b=0.8\text{P}$，但孔壁承压的验算应改用下式：

$$N_r=N_c^b/1.2 \tag{4-35}$$

(3)对承压型连接高强度螺栓，由于每行螺栓所受力不同（图 4-9），因而其抗剪承载力也各不相同。得到摩擦型高强度螺栓的抗剪强度计算式为：

$$V\leqslant n_c(0.9n_f\mu P)+0.9n_f\mu[(P-1.25N_{t1})+(P-1.25N_{t2})+\cdots] \tag{4-36}$$

式中　n_c——受压区（包括中和轴处）的高强度螺栓数；

N_{t1}、N_{t2}——受拉区高强度螺栓所承受的拉力。

也可将式(4-36)写成下列形式：

$$V \leqslant 0.9 n_f \mu (nP - 1.25 \sum N_{ti}) \tag{4-37}$$

式中 n——螺栓总数；

$\sum N_{ti}$——拉力的总和。例如图 4-9 的受力情况，$\sum N_{ti} = 2(N_{t1} + N_{t2} + N_{t3} + N_{t4})$。

在式(4-36)或式(4-37)中，只考虑螺栓拉力对抗剪承载力的不利作用，没有考虑受压区板间接触面的压力增加带来的有利作用，所以略偏安全方面。此外，还应验算螺栓的最大拉力 $N_{t1} \leqslant 0.8P$。

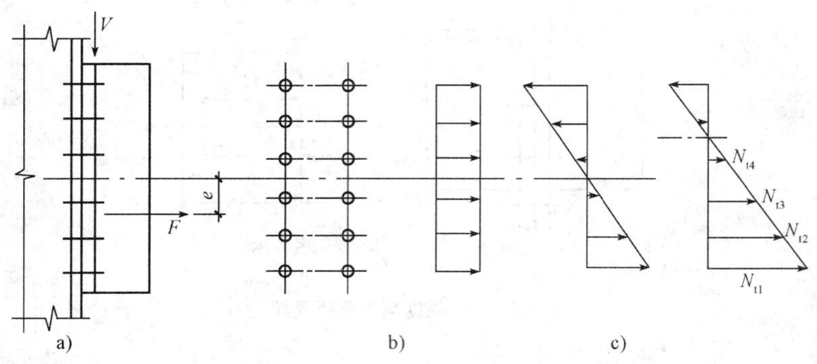

图 4-9 摩擦型高强度螺栓的拉力

【例 4-13】 螺栓安全验算

例图 4-14 所示，梯形钢屋架端部下弦杆与钢柱的连接节点。屋架下弦杆与端斜杆用角焊缝与节点板相连，节点板又用角焊缝连接于端板，端板下端刨平支承于焊接在柱翼缘板的支托上以传递竖向压力 V。端板上有 C 级螺栓与柱翼缘板相连，承受水平反力 H 及由偏心引起的反力矩 $H \cdot e$。本例题只要求计算承受水平反力 H 和力矩 $H \cdot e$ 的 C 级螺栓是否安全。已知：设计值 H=386kN，(T 和 C 的水平分力之和)，偏心距 e=105mm；共用 8 个螺栓排列如图 4-14 所示，螺栓中心距离 p=100mm，螺栓直径 d=30mm；端板宽度 b=210mm。

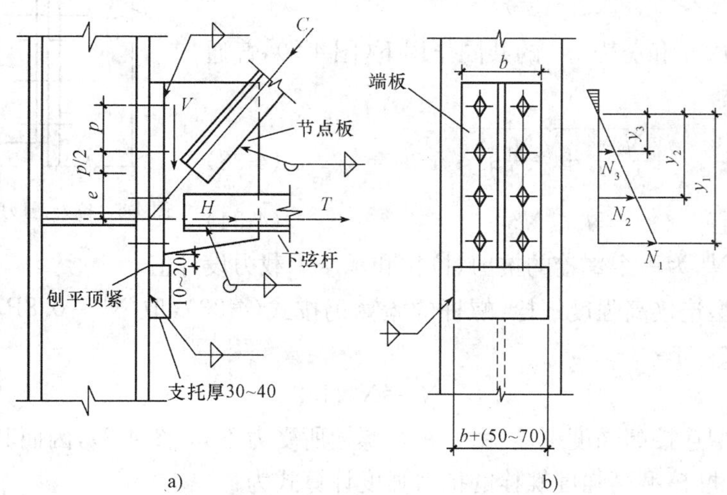

例图 4-14 连接节点图

a)屋架端部下弦杆与钢柱的连接；b)螺栓排列及受力

解：8 个 C 级螺栓只承受水平拉力 H 和偏心力矩 $H \cdot e$ 所产生的拉力作用。直径 d=

30mm 螺栓的有效截面积 $A_e=560.6\text{mm}^2$。

一个 C 级螺栓在杆轴方向受拉的承载力设计值为：

$$N_t^b=A_e\cdot f_t^b=560.6\times170\times10^{-3}\text{kN}=95.3\text{kN}$$

在螺栓群形心处的 H 作用下，螺栓均匀受力为：

$$N^H=\frac{H}{n}=\frac{386}{8}\text{kN}=48.25\text{kN}$$

力矩 $H\cdot e$ 为逆时针方向，假定中和轴位于最上排螺栓处，最下排螺栓所受拉力最大，中间各排螺栓受力按直线变化，如例图 4-14b)所示，略去不计中和轴以上端板与柱翼缘间的压应力影响，则得：

$$H\cdot e=2(N_1y_1+N_2y_2+N_3y_3)=2N_1\left(y_1+\frac{y_2^2}{y_1}+\frac{y_3^2}{y_1}\right)=\frac{2N_1}{y_1}\sum_{i=1}^{3}y_i^2$$

$$N_1=\frac{(H\cdot e)y_1}{2\sum_{i=1}^{3}y_i^2}=\frac{(386\times105)\times(3\times100)}{2\times(100^2+200^2+300^2)}\text{kN}=43.43\text{kN}$$

受力最大螺栓的拉力为：

$N_t=N^H+N_1=(48.25+43.43)\text{kN}=91.68\text{kN}<N_t^b=95.3\text{kN}$，满足要求。

【例 4-14】 螺栓数目计算

例图 4-15 所示拉杆与柱翼缘板的高强度螺栓摩擦型连接，拉杆轴线通过螺栓群的形心，求所需螺栓数目。已知钢材为 Q345—B 钢，轴心拉力设计值为 $N=950\text{kN}$，10.9 级、M20 螺栓。钢板表面用喷完后生赤锈处理。

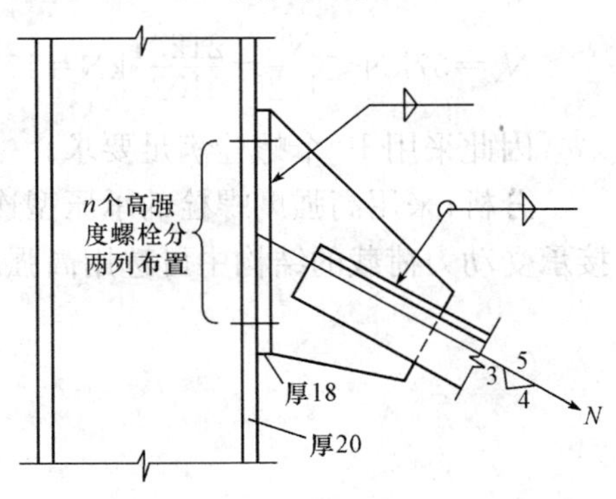

例图 4-15　拉杆连接图

解：Q345 钢喷完后生赤锈处理时 $\mu=0.5$

10.9 级、M20 螺栓预拉力 $P=155\text{kN}$

布置螺栓时使拉杆的轴线通过螺栓群形心。

一个高强度螺栓的抗剪承载力设计值为：

$N_v^b=0.9n_f\mu P=0.9\times1\times0.5\times155\text{kN}=69.75\text{kN}$

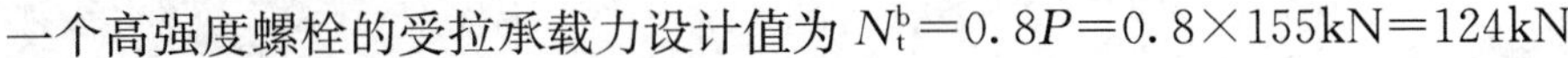

一个高强度螺栓的受拉承载力设计值为 $N_t^b=0.8P=0.8\times155\text{kN}=124\text{kN}$

一个螺栓受到的剪力 N_v 和拉力 N_t 分别为：

$$N_v=\frac{950\times\frac{3}{5}}{n}=\frac{570}{n}\quad N_t=\frac{950\times\frac{4}{5}}{n}=\frac{760}{n}$$

式中，n 为所需螺栓个数

将以上数据代入式(4-20)，有　$\frac{N_v}{N_v^b}+\frac{N_t}{N_t^b}=\frac{570}{69.75n}+\frac{760}{124n}\leqslant1$

解得 $n\geqslant14.3$，用 16 个，分两列，每列 8 个。

讨论：改用高强度螺栓承压型连接，求所需螺栓数目，设螺栓的剪切面不在螺纹处。

采用 10.9 级、M20 螺栓，螺栓的有效面积 $A_e=244.8\text{mm}^2$

$$f_v^b=310\text{N/mm}^2,f_c^b=590\text{N/mm}^2,f_t^b=500\text{N/mm}^2$$

螺栓同时受剪和受拉。承压型连接中一个 10.9 级、M20 高强度螺栓的承载力设计值为：

抗剪 $N_v^b = n_v \frac{\pi d^2}{4} \cdot f_v^b = 1 \times \frac{3.14 \times 20^2}{4} \times 310 \times 10^{-3}\text{kN} = 97.34\text{kN}$

抗压 $N_c^b = d\sum t \cdot f_c^b = 20 \times 18 \times 590 \times 10^{-3}\text{kN} = 212.4\text{kN}$

抗拉 $N_t^b = \frac{\pi d_e^2}{4} \cdot f_t^b = A_e \cdot f_t^b = 244.8 \times 500 \times 10^{-3}\text{kN} = 122.4\text{kN}$

代入已知数据得

$$\sqrt{\left(\frac{570/n}{97.34}\right)^2 + \left(\frac{760/n}{122.4}\right)^2} \leqslant 1$$

解得 $n \geqslant 8.54$，采用 10 个，分两列，每列 5 个。

验算

每个螺栓受剪力 $N_v = \frac{570}{n} = \frac{570}{10}\text{kN} = 57\text{kN}$

每个螺栓受拉力 $N_t = \frac{760}{n} = \frac{760}{10}\text{kN} = 76\text{kN}$

$\sqrt{\left(\frac{N_v}{N_v^b}\right)^2 + \left(\frac{N_t}{N_t^b}\right)^2} = \sqrt{\left(\frac{57}{97.34}\right)^2 + \left(\frac{76}{122.4}\right)^2} = 0.853 < 1$，满足要求。

$N_v = 57\text{kN} < \frac{N_c^b}{1.2} = \frac{212.4}{1.2}\text{kN} = 177\text{kN}$，满足要求。

因此采用 10 个螺栓满足要求。

分析：采用高强度螺栓的承压型连接可较采用摩擦型连接节省螺栓用量。因此，在非直接承受动力荷载的结构中可选用高强度螺栓的承压型连接，以节省钢材和安装工程量。

第五章　构件的连接设计

第一节　组合工字梁翼缘连接

(1)组合工字梁翼缘与腹板的双面角焊缝连接，其强度应按下式计算：

$$\frac{1}{2h_e}\sqrt{\left(\frac{VS_f}{I}\right)^2+\left(\frac{\psi F}{\beta_f l_z}\right)^2}\leqslant f_f^w \tag{5-1}$$

式中　S_f——所计算翼缘毛截面对梁中和轴的面积矩；

I——梁的毛截面惯性矩；

F——集中荷载，对动力荷载应考虑动力系数；当梁上翼缘受有固定集中荷载时，宜在该处设置顶紧上翼缘的支承加劲肋，此时取 $F=0$；

ψ——集中荷载增大系数；对重级工作制吊车梁，$\psi=1.35$；对其他梁，$\psi=1.0$；

l_z——集中荷载在腹板计算高度上边缘的假定分布长度，按下式计算：

$$l_z=a+5h_y+2h_R$$

a——集中荷载沿梁跨度方向的支承长度，对钢轨上的轮压可取 50mm；

h_y——自梁顶面至腹板计算高度上边缘的距离；

h_R——轨道的高度，对梁顶无轨道的梁 $h_R=0$；

β_f——正面角焊缝的强度设计值增大系数；对承受静力荷载和间接承受动力荷载的结构，$\beta_f=1.22$；对直接承受动力荷载的结构，$\beta_f=1.0$。

当腹板与翼缘的连接焊缝采用焊透的 T 形对接与角接组合焊缝时，其强度可不计算。

(2)组合工字梁翼缘与腹板的铆钉(或摩擦型连接高强度螺栓)的承载力，应按下式计算：

$$a\sqrt{\left(\frac{VS_f}{I}\right)^2+\left(\frac{\alpha_1\psi F}{l_z}\right)^2}\leqslant n_1N_{min}^r \text{或} n_1N_v^b \tag{5-2}$$

式中　a——翼缘铆钉(或螺栓)间距；

α_1——系数；当荷载 F 作用于梁上翼缘而腹板刨平顶紧上翼缘板时，$\alpha_1=0.4$；其他情况，$\alpha_1=1.0$；

n_1——在计算截面处铆钉(或螺栓)的数量；

N_{min}^r——一个铆钉的受剪和承压承载力设计值的较小值；

N_v^b——一个摩擦型连接的高强度螺栓的抗剪承载力设计值。

注：当梁上翼缘受有固定集中荷载时，宜在该处设置顶紧上翼缘的支承加劲肋，此时取 $F=0$。

【例 5-1】　翼缘焊缝计算

如例图 5-1 所示简支组合工字梁，钢材为 Q235-B·F，采用 E43 型焊条，试计算翼缘焊缝。

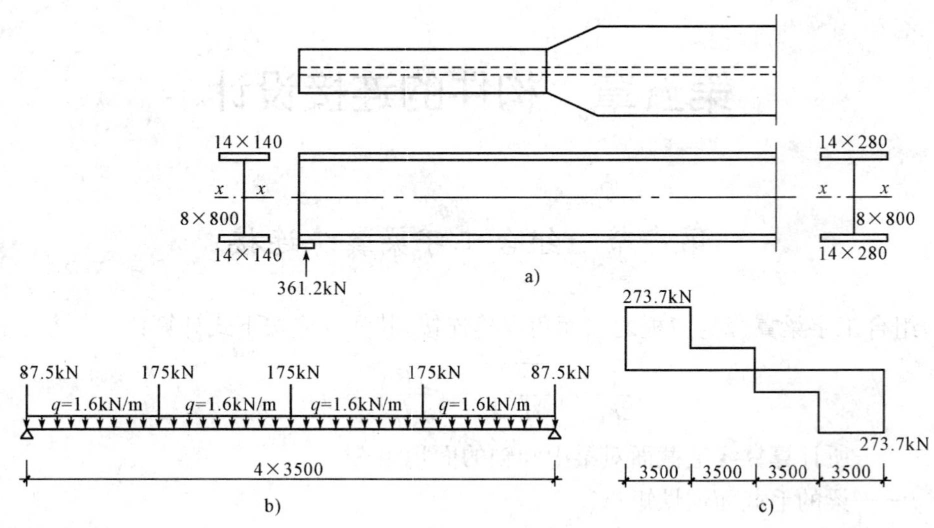

例图 5-1 计算简图

a)梁截面示意图;b)梁计算模型;c)梁的剪力图

解:(1)梁端处剪力最大。

$$V=(361.2-87.5)\text{kN}=273.7\text{kN}$$

$$S_f=14\times140\times407\text{mm}^3=797720\text{mm}^3$$

$$I=\left(\frac{1}{12}\times8\times800^3+\frac{2}{12}\times140\times14^3+2\times14\times140\times407^2\right)\text{mm}^4\approx10\times10^8\text{mm}^4$$

由
$$\tau=\frac{VS_f}{2h_eI}=\frac{VS_f}{2\times0.7h_fI}\leqslant f_f^w$$

$$h_f\geqslant\frac{VS_f}{1.4f_f^wI}=\frac{273.7\times10^3\times797720}{1.4\times160\times10\times10^8}\text{mm}\approx0.97\text{mm}$$

(2)变截面处剪力计算。

该处的 S_f 比梁端大,其剪力 $V=268.1\text{kN}$

$$S_f=280\times14\times407\text{mm}^3=1595440\text{mm}^3$$

$$I=\left(\frac{1}{12}\times8\times800^3+\frac{2}{12}\times280\times14^3+2\times14\times280\times407^2\right)\text{mm}^4\approx16.5\times10^8\text{mm}^4$$

$$h_f\geqslant\frac{VS_f}{1.4f_f^wI}=\frac{268.1\times10^3\times1595440}{1.4\times160\times16.5\times10^8}\text{mm}\approx1.2\text{mm}$$

由以上计算可以看出,所需要的焊缝很小,由构造要求 $1.5\sqrt{t_2}\leqslant h_f\leqslant1.2t$,即 5.6mm$\leqslant h_f\leqslant$9.6mm,取用 $h_f=6$mm,沿梁全长满焊。

组合工字梁翼缘连接的其他例题见屋盖结构设计实例。

第二节 梁与柱的刚性连接

在框架结构中,梁与柱的刚性连接是很重要的节点。梁与柱的连接构造型式多样,有焊接、高强度螺栓连接;只传递梁支座反力的简单连接、同时传递梁端反力和弯矩的刚性连接等。

(1)当工字形梁翼缘采用焊透的T形对接焊缝而腹板采用摩擦型连接高强度螺栓或焊缝与H形柱的翼缘相连，满足下列要求时，柱的腹板可不设置横向加劲肋：

1)在梁的受压翼缘处，柱腹板厚度 t_w 应同时满足：

$$t_w \geqslant \frac{A_{fc} f_b}{b_e f_c} \tag{5-3}$$

$$t_w \geqslant \frac{h_c}{30}\sqrt{\frac{f_{yc}}{235}} \tag{5-4}$$

式中　A_{fc}——梁受压翼缘的截面积；

f_c——柱钢材抗拉、抗压强度设计值；

f_b——梁钢材抗拉、抗压强度设计值；

b_e——在垂直于柱翼缘的集中压力作用下，柱腹板计算高度边缘处压应力的假定分布长度，参照式(1-4)计算；

h_c——柱腹板的宽度；

f_{yc}——柱钢材屈服点。

2)在梁的受拉翼缘处，柱翼缘板的厚度 t_c 应满足：

$$t_c \geqslant 0.4\sqrt{A_{ft} f_b / f_c} \tag{5-5}$$

式中　A_{ft}——梁受拉翼缘的截面积。

(2)由柱翼缘与横向加劲肋包围的柱腹板节点域应按下列规定计算：

1)抗剪强度应按下式计算：

$$\frac{M_{b1}+M_{b2}}{V_p} \leqslant \frac{4}{3} f_v \tag{5-6}$$

式中　M_{b1}、M_{b2}——分别为节点两侧梁端弯矩设计值；

V_p——节点域腹板的体积。柱为H形或工字形截面时，$V_p = h_b h_c t_w$，柱为箱形截面时，$V_p = 1.8 h_b h_c t_w$；

t_w——柱腹板厚度；

h_b——梁腹板高度。

当柱腹板节点域不满足式(5-6)的要求时，对H形或工字形组合柱宜将腹板在节点域加厚。腹板加厚的范围应伸出梁上、下翼缘外不小于150mm处。对轧制H形钢或工字钢柱，亦可贴焊补强板加强。补强板上下边可不伸过柱腹板的横向加劲肋或伸过加劲肋之外各150mm。补强板与加劲肋连接的角焊缝应能传递补强板所分担的剪力，焊缝的计算厚度不宜小于5mm。当补强板伸过加劲肋时，加劲肋仅与补强板焊接，此焊缝应能将加劲肋传来的剪力全部传给补强板，补强板的厚度及其连接强度，应按所承受的力进行设计。补强板侧边应用角焊缝与柱翼缘相连，其板面尚应采用塞焊与柱腹板连成整体，塞焊点之间的距离不应大于较薄焊件厚度的 $21\sqrt{235/f_y}$ 倍。对轻型结构亦可采用斜向加劲肋加强。

2)腹板的厚度 t_w 应满足下式要求：

$$t_w \geqslant \frac{h_c + h_b}{90} \tag{5-7}$$

(3)梁柱连接节点处柱腹板横向加劲肋应满足下列要求：

1)横向加劲肋应能传递梁翼缘传来的集中力，其厚度应为梁翼缘厚度的0.5～1.0倍；

其宽度应符合传力、构造和板件宽厚比限值的要求。

2)横向加劲肋的中心线应与梁翼缘的中心线对准，并用焊透的T形对接焊缝与柱翼缘连接。当梁与H形或工字形截面柱的腹板垂直相连形成刚接时，横向加劲肋与柱腹板的连接也宜采用焊透对接焊缝。

3)箱形柱中的横向加劲隔板与柱翼缘的连接，宜采用焊透的T形对接焊缝，对无法进行电弧焊的焊缝，可采用熔化嘴电渣焊。

4)当采用斜向加劲肋来提高节点域的抗剪承载力时，斜向加劲肋及其连接应能传递柱腹板所能承担剪力之外的剪力。

【例 5-2】 梁柱刚性连接设计

如例图 5-2a)、b)所示一梁柱刚性连接节点。柱截面为焊接工字形，翼缘板为2－400×25，腹板为－460×16。两侧的梁也是焊接工字形截面，翼缘板为2－300×20，腹板为－410×12。梁端反力有两组：第1组为(示于图上)竖向反力 V=267kN，弯矩 M=520kN·m；第2组为节点左侧梁端弯矩 M_{b1}=228kN·m，节点右侧梁端弯矩 M_{b2}=465kN·m，图上未示出，其方向两者均为对节点顺时针向。V 和 M 均为静力荷载的设计值。钢材为Q235—B，手工焊接，E43××焊条。试计算此梁柱的刚性连接。

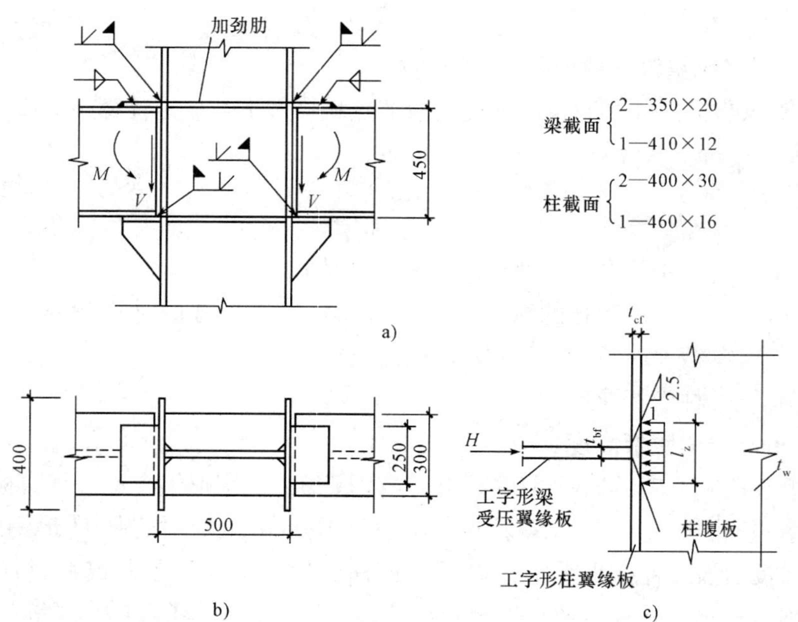

例图 5-2 梁柱刚性连接节点

a)、b)梁柱刚性连接节点；c)柱腹板局部承压应力

解：(1)牛腿设计。

根据例图5-2的构造，梁端反力 V 由工厂焊接于柱翼缘板的加劲牛腿承受，牛腿截面为焊接T形，截面尺寸设计如下：

1)梁的支承长度 a。

局部承压强度条件为 $$\sigma_c=\frac{\psi F}{t_w l_z}\leqslant f$$

$$l_z = a + 5h_y = a + 5 \times 20 = a + 100$$

$$a \geqslant \left(\frac{1.0 \times 267 \times 10^3}{12 \times 215} - 100\right)\text{mm} = 4\text{mm}$$

则牛腿顶板长度 $a_s \geqslant a + 10 = 14\text{mm}$，采用 $a_s = 100\text{mm}$。

假定梁的支承反力 N 作用在支承长度 a 的中点，则此支承反力对柱翼缘表面的偏心矩 e_1 为 $e_1 = a_s - \frac{a}{2} = \left(100 - \frac{4}{2}\right)\text{mm} = 98\text{mm}$。

2）牛腿与柱的焊缝计算（例图 5-3）。

竖向焊缝计算长度为 l_w，每条水平焊缝长度为 $(0.2 \sim 0.5)l_w$，取 $0.25l_w$。

$$\bar{y} = \frac{2l_w \cdot \frac{l_w}{2}}{2l_w + 2 \times 0.25l_w} = \frac{l_w}{2.5} = 0.4l_w$$

$$I_{wx} = \frac{2}{3}(0.4l_w)^3 + \frac{2}{3}(0.6l_w)^3 + 2 \times 0.25l_w \cdot (0.4l_w)^2 = \frac{4}{15}l_w^3$$

弯矩　　$M_x = N \cdot e_1 = 267 \times 98 \times 10^{-3}\,\text{kN} \cdot \text{m} = 26.2\text{kN} \cdot \text{m}$

剪力　　$V = N = 267\ \text{kN}$

假设弯矩由全部焊缝承受，剪力由竖向焊缝承受，则

$$\sigma_f = \frac{M_x y_1}{I_{wx}} = \frac{26.2 \times 10^6 \times 0.4l_w}{\frac{4}{15}l_w^3} = \frac{39.3 \times 10^6}{l_w^2}$$

$$\tau_f = \frac{V}{2l_w} = \frac{267 \times 10^3}{2l_w} = \frac{0.134 \times 10^6}{l_w}$$

即

$$\frac{1}{0.7h_f}\sqrt{\left(\frac{39.3 \times 10^6}{1.22l_w^2}\right)^2 + \left(\frac{0.134 \times 10^6}{l_w}\right)^2} \leqslant 160$$

取 $h_f = 12\text{mm}$，解得 $l_w = 171.7\text{mm}$，实际焊缝长度 $l \geqslant l_w + h_f = (171.7 + 12)\text{mm} = 183.7\text{mm}$，取 $l = 200\text{mm}$

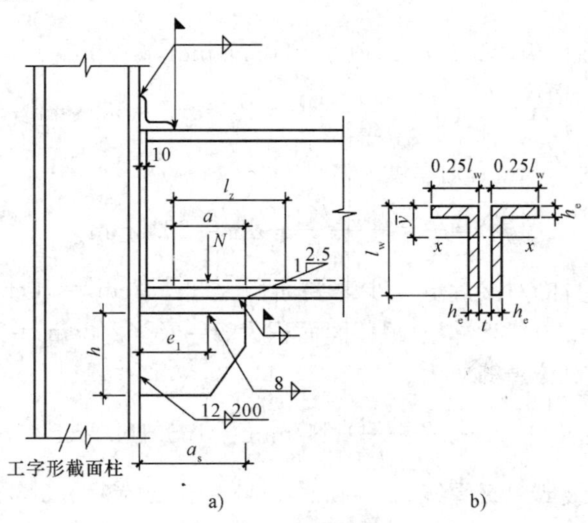

例图 5-3　焊缝节点

a）加劲牛腿连接节点；b）角焊缝有效截面

3）牛腿肋板的尺寸。

取牛腿肋板高度 $h=l=200\text{mm}$

牛腿肋板厚度可取与所支梁腹板等厚，取 $t=t_w=20\text{mm}$

则 $f_v=120\text{N/mm}^2$

肋板厚度 t 应满足 $\sigma_{ce}=\dfrac{N}{a_s t}+\dfrac{6M}{a_s^2 t}\leqslant f_{ce}=325\text{N/mm}^2$

$$M=N\left(e_1-\frac{1}{2}a_s\right)=267\times(98-50)\times10^{-3}\text{kN}\cdot\text{m}=12.8\text{kN}\cdot\text{m}$$

即 $$\frac{267\times10^3}{100t}+\frac{6\times12.8\times10^6}{100^2 t}\leqslant325$$

得 $t\geqslant10.6\text{mm}$

采用肋板为$-100\times20\times200$，焊脚尺寸 $h_f=8\text{mm}$。

满足 $h_f\geqslant1.5\times\sqrt{20}\,\text{mm}=6.7\text{mm}$ 的构造要求。

4）牛腿顶板尺寸。厚度与肋板相同取 $t=20\text{mm}$，宽度采用 $B=400\text{mm}\geqslant b=350\text{mm}$，长度为 $a_s=100\text{mm}$。

(2)梁截面计算梁端弯矩可化作力偶 $H\cdot h_b$，以数值较大的第1组内力计算，水平力 $H=\dfrac{M}{h_b}=\dfrac{520\times10^3}{450}\text{kN}=1155.6\text{kN}$，式中 h_b 为梁截面高度。

在梁的下翼缘处，端部用要求焊透的坡口对接焊缝与柱身相连以传递此水平压力 H。考虑高空焊接，取对接焊缝抗压强度设计值为 $f_c^w=0.90\times205=184.5\text{N/mm}^2$。焊缝应力验算：

$$\sigma_c=\frac{H}{bt}=\frac{1155.6\times10^3}{350\times20}\text{N/mm}^2=165.0\text{N/mm}^2<f_c^w$$，满足要求。

(3)盖板验算。

在梁的上翼缘处，拉力 H 由工厂焊接于梁顶的盖板通过要求焊透的工地对接焊缝连于柱的翼缘板传递。

1）盖板截面为(估计板厚>16mm，取 $f=205\text{N/mm}^2$)：

$$A=\frac{H}{f}=\frac{1155.6\times10^3}{205}\times10^{-2}\text{cm}^2=56.4\text{cm}^2$$

采用盖板宽度 $b=250\text{mm}$，则厚度 t 为：

$$t=\frac{A}{b}=\frac{56.4\times10^2}{250}\text{mm}=22.6\text{mm}$$

考虑到盖板与柱身的对接焊缝至少需要面积为 $35\times2\text{cm}^2=70\text{cm}^2$，因而采用盖板厚度为28mm，即取 $b\times t=250\times28$，得盖板截面面积为 $A=25\times2.8\text{cm}^2=70\text{cm}^2$。

2）盖板与柱身的对接焊缝应力。

$$\sigma_t=\frac{H}{A}=\frac{1155.6\times10^3}{70\times10^2}\text{N/mm}^2=165.1\text{N/mm}^2<f_t^w$$

此焊缝必须为一级或二级焊缝，$f_t^w=0.9\times205\text{N/mm}^2=184.5\text{N/mm}^2$。

3）盖板与梁上翼缘的工厂角焊缝采用三面围焊，为简便计，可不考虑正面角焊缝强度设计值的增大，即取 $\beta_f=1.0$(简化，影响不大)，则得：

$$H=0.7h_f\sum l_w\cdot f_f^w$$

最小 $h_f=1.5\sqrt{t}=1.5\times\sqrt{20}\,\text{mm}=6.7\text{mm}$，采用 $h_f=12\text{mm}$，得

$$\sum l_w=\frac{H}{0.7h_f f_f^w}=\frac{1155.6\times10^3}{0.7\times12\times160}\text{mm}=859.8\text{mm}$$

盖板长度为(考虑梁端安装空隙 10mm)：

$$l=\left[\frac{1}{2}\times(859.8-250)+12+10\right]\text{mm}=326.9\text{mm}，取\ l=340\text{mm}$$

如考虑正面角焊缝强度的提高，即取 $\beta_f=1.22$，则正面角焊缝可传力为：

$$0.7h_f l_w\beta_f f_f^w=0.7\times12\times250\times1.22\times160\times10^{-3}\text{kN}=409.9\text{kN}$$

每条侧焊缝的长度为：

$$\frac{(1155.6-409.9)\times10^3}{2\times0.7\times12\times160}\text{mm}=277.4\text{mm}$$

需要盖板长度 $l=(277.4+12+10)\text{mm}=299.4\text{mm}$，采用 $l=300\text{mm}$。

(4)加劲肋尺寸在梁下翼缘处压力 H 的作用下，柱腹板计算高度边缘的局部承压力[例图 5-2c]。代入上式得

$$\sigma_c=\frac{1.0\times1155.6\times10^3}{16\times170}\text{N/mm}^2=424.9\text{N/mm}^2>f=215\text{N/mm}^2$$

上述计算表明要求验算柱腹板必须具备的厚度条件未满足。此外，设计规范还要求按下式验算柱腹板在压力作用下的局部稳定性：

$$t_w\geqslant\frac{h_c}{30}\sqrt{\frac{f_{yc}}{235}}=\frac{460}{30}\times\sqrt{\frac{235}{235}}\text{mm}=15.3\text{mm}$$

$t_w=16\text{mm}>15.3\text{mm}$，满足要求。

因此处的局部承压条件未满足，必须设置柱腹板的横向加劲肋。

加劲肋面积 A_s 可按下式计算：

$$H=(t_w l_z+A_s)f$$

即
$$A_s=\frac{H}{f}-t_w\cdot l_z=\left(\frac{1155.6\times10^3}{215}-16\times170\right)\text{mm}^2=2655\text{mm}^2$$

横向加劲肋的中心线应与梁翼缘的中心线对准，其端部用焊透 T 形对接焊缝与柱翼缘板连接。加劲肋截面尺寸由对接焊缝强度控制。

试取每边加劲肋宽度 $b_s=175\text{mm}$ 和厚度 $t_s=12\text{mm}$，验算焊缝截面积：

$2t_s(b_s-30-2t_s)=2\times12\times(175-30-2\times12)\text{mm}^2=2904\text{mm}^2>A_s=2655\text{mm}^2$，满足要求。

$t_s=12\text{mm}>0.5\times20\text{mm}=10\text{mm}$，满足要求。

$\dfrac{b_s}{t_s}=\dfrac{175}{12}=14.6<15$，满足要求。

当柱两翼缘板每边连接的梁端弯矩不等时，则两翼缘板所受的水平力 H 不等，此时加劲肋与腹板的连接焊缝应足以抵抗两水平力之差 H_1-H_2。在第 2 组梁端弯矩作用下，梁下翼缘处所受的水平力为：

节点左侧
$$H_1=\frac{M_{b1}}{h_b}=\frac{228\times10^3}{450}\text{kN}=506.7\text{kN}$$

节点右侧
$$H_2=\frac{M_{b2}}{h_b}=\frac{465\times10^3}{450}\text{kN}=1033.3\text{kN}$$

两块横向加劲肋与柱腹板相连的4条角焊缝应传递 H_1+H_2，即

$$4\times0.7h_f l_w f_t^w\geqslant H_1+H_2$$

$$h_f\geqslant\frac{(506.7+1033.3)\times10^3}{4\times0.7\times(460-2\times30-2\times10)\times160}\text{mm}=9.0\text{mm}$$

采用 $h_f=10\text{mm}$。

(5)柱翼缘计算与梁受拉翼缘连接处，柱翼缘板的厚度 t_{cf} 应满足：

$$t_{cf}\geqslant0.4\sqrt{A_{bf}\frac{f_b}{f_c}}$$

令梁与柱的钢材抗拉、压强度设计值 $f_b=f_c=205\text{N/mm}^2$（钢板厚度两者都大于16mm），梁受拉翼缘的截面积 $A_{bf}=35\times2\text{cm}^2=70\text{cm}^2$，故

$$0.4\sqrt{A_{bf}\frac{f_b}{f_c}}=0.4\times\sqrt{(70\times10^2)\times\frac{205}{205}}\text{mm}=33.5\text{mm}>t_{cf}=25\text{mm}$$

不满足规范要求，因此与梁受拉翼缘连接处的柱腹板上也应设置横向加劲肋，可与梁受压翼缘相连处的加劲肋采用同样尺寸和同样连接焊缝。

(6)腹板节点域的计算详见《钢结构设计规范》(GB 50017—2003)第7.4.2条。

1)为求节点域腹板中的最大剪应力，应取 M_{b1} 和 M_{b2} 为同方向的弯矩（对节点同为顺时针向或同为逆时针方向）。应取第2组梁端弯矩，即 $M_{b1}=228\text{kN}\cdot\text{m}$ 和 $M_{b2}=465\text{kN}\cdot\text{m}$。

节点域腹板的体积　　$V_p=h_b h_c t_w=410\times460\times16\text{mm}^3=3017.6\times10^3\text{mm}^3$

$$\frac{M_{b1}+M_{b2}}{V_p}=\frac{(228+465)\times10^6}{3017.6\times10^3}\text{N/mm}^2=229.7\text{N/mm}^2<\frac{4}{3}f_v=\frac{4}{3}\times125\text{N/mm}^2=$$

166.7N/mm^2，不可满足节点域腹板的抗剪强度条件，应将该处的柱腹板加厚，其厚度应为：

$$t_w\geqslant\frac{M_{b1}+M_{b2}}{\frac{4}{3}f_v\cdot h_b h_c}=\frac{(228+465)\times10^6}{\frac{4}{3}\times120\times410\times460}\text{mm}=23.0\text{mm}\text{，采用 }t_w=24\text{mm}$$

式中考虑柱腹板厚度必大于16mm，故取腹板的抗剪强度设计值 $f_v=120\text{N/mm}^2$。

腹板加厚的范围应伸出梁上、下翼缘不小于150mm处，与原柱腹板对接相焊。

2)节点域腹板的厚度应满足下述局部稳定条件。

$$t_w\geqslant\frac{h_b+h_c}{90}=\frac{410+460}{90}\text{mm}=9.7\text{mm}$$

已取节点域腹板厚度 $t_w=22\text{mm}>9.7\text{mm}$，满足条件。

第三节　节点处板件的计算

连接节点处板件主要是指桁架节点板。

(1)连接节点处板件在拉、剪作用下的强度应按下式计算：

$$\frac{N}{\sum(\eta_i A_i)}\leqslant f \tag{5-8}$$

$$\eta_i=\frac{1}{\sqrt{1+2\cos^2\alpha_i}} \tag{5-9}$$

式中　N——作用于板件的拉力；

A_i——第 i 段破坏面的截面积，$A_i=tl_i$；当为螺栓（或铆钉）连接时，应取净截面面积；

t——板件厚度；

l_i——第 i 破坏段的长度，应取板件中最危险的破坏线的长度（图 5-1）；

η_i——第 i 段的拉剪折算系数；

α_i——第 i 段破坏线与拉力轴线的夹角。

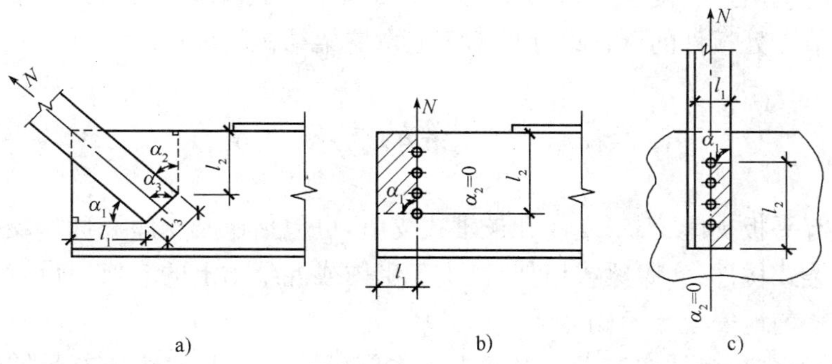

图 5-1　板件的拉、剪撕裂

（2）桁架节点板（杆件为轧制 T 形和双板焊接 T 形截面者除外）的强度除可按公式（5-8）计算外，也可用有效宽度法按下式计算：

$$\sigma=\frac{N}{b_e t}\leqslant f \tag{5-10}$$

式中　b_e——板件的有效宽度（图 5-2）；当用螺栓（或铆钉）连接时［图 5-2b)］，应减去孔径。

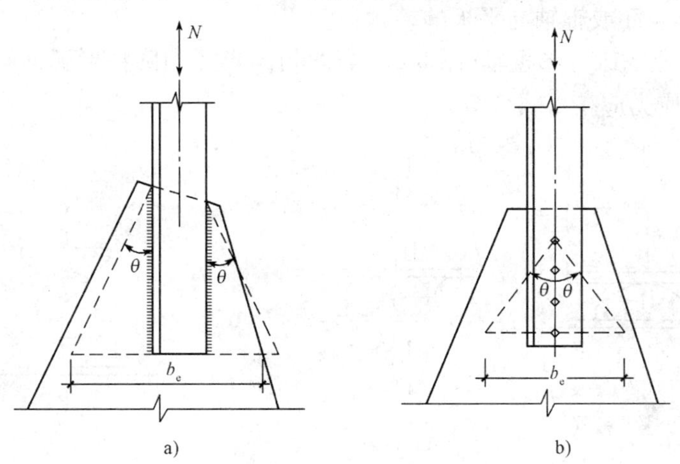

图 5-2　板件的有效宽度

（3）桁架节点板在斜腹杆压力作用下的稳定性可用下列方法进行计算：

1）对有竖腹杆相连的节点板，当 $c/t\leqslant 15\sqrt{235/f_y}$ 时（c 为受压腹杆连接肢端面中点沿腹杆轴线方向至弦杆的净距离），可不计算稳定。否则，应按《钢结构设计规范》（GB 50017—2003）附录 F 进行稳定计算。在任何情况下，c/t 不得大于 $22\sqrt{235/F_y}$。

2）对无竖腹杆相连的节点板，当 $c/t\leqslant 10\sqrt{235/f_y}$ 时，节点板的稳定承载力可取为 $0.8b_e tf$。当 $c/t>10\sqrt{235/f_y}$ 时，应按《钢结构设计规范》（GB 50017—2003）附录 F 进行稳

定计算，但在任何情况下，c/t 不得大于 $17.5\sqrt{235/f_y}$。

(4)当用(1)～(3)条方法计算桁架节点板时，尚应满足下列要求：

1)节点板边缘与腹杆轴线之间的夹角不应小于 15°。

2)斜腹杆与弦杆的夹角应在 30°～60°之间。

3)节点板的自由边长度 l_f 与厚度 t 之比不得大于 $60\sqrt{235/f_y}$，否则应沿自由边设加劲肋予以加强。节点处板件的计算设计见于第七章屋架结构的设计。

第四节　梁的支座计算

支座一般有平板支座、弧形支座和铰轴式支座，也包括橡胶支座和球形支座。规范中的支座主要是指梁式构件(实腹梁或桁架)铰支于砌体或混凝土上的支座。设置支座的目的是使梁的反力较均匀地安全传给砌体或支柱。

(1)梁或桁架支于砌体或混凝土上的平板支座(图 5-3)，其底板应有足够面积将支座压力传给砌体或混凝土，厚度应根据支座反力对底板产生的弯矩进行计算。

(2)弧形支座[图 5-3a)]和辊轴支座[图 5-3b)]中圆柱形弧面与平板为线接触，其支座反力 R 应满足下式要求：

$$R \leqslant 40ndlf^2/E \tag{5-11}$$

式中　d——对辊轴支座为辊轴直径，对弧形支座为弧形表面接触点曲率半径 r 的 2 倍；

n——辊轴数目，对弧形支座 $n=1$；

l——弧形表面或辊轴与平板的接触长度。

(3)铰轴式支座的圆柱形枢轴(图 5-4)，当两相同半径的圆柱形弧面自由接触的中心角 $\theta \geqslant 90°$时，其承压应力应按下式计算：

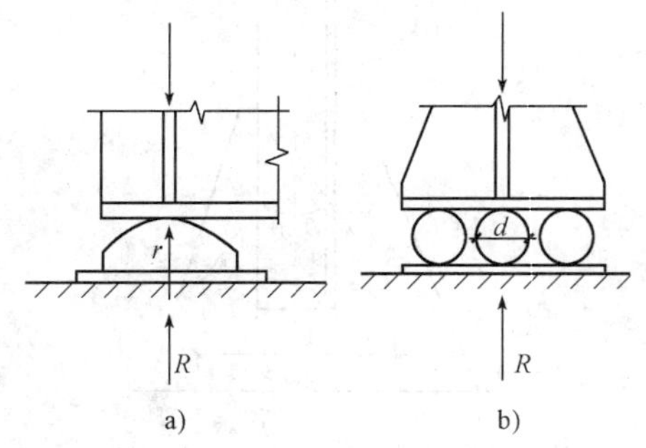

图 5-3　弧形支座与辊轴支座示意图

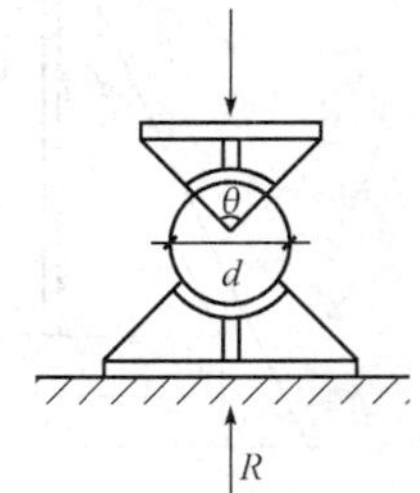

图 5-4　铰轴式支座示意图

$$\sigma = \frac{2R}{dl} \leqslant f \tag{5-12}$$

式中　d——枢轴直径；

l——枢轴纵向接触面长度。

(4)对受力复杂或大跨度结构，为适应支座处不同转角和位移的需要，宜采用球形支座或双曲形支座。

(5)为满足支座位移的要求采用橡胶支座时，应根据工程的具体情况和橡胶支座系列产品酌情选用。设计时还应考虑橡胶老化后能更换的可能性。

(6)轴心受压柱或压弯柱的端部为铣平端时，柱身的最大压力直接由铣平端传递，其连接焊缝或螺栓应按最大压力的15%或最大剪力中的较大值进行抗剪计算；当压弯柱出现受拉区时，该区的连接尚应按最大拉力计算。

【例 5-3】 弧形支座设计

如例图 5-4 所示一工字钢梁(Ⅰ50a)端部的弧形支座，钢梁支座反力设计值 $R=580\text{kN}$，支于钢筋混凝土柱顶，混凝土强度等级为 C20，轴心抗压强度设计值 $f_c=9.6\text{N/mm}^2$。支座材料为铸钢(ZG230-45)，抗弯强度设计值 $f=180\text{N/mm}^2$。试设计此弧形支座。

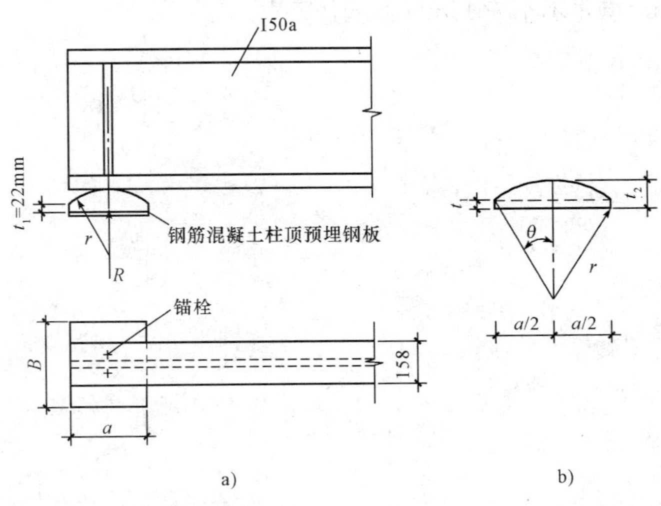

例图 5-4 弧形支座

a)梁的弧形支座；b)弧形支座板截面尺寸

解：(1)支座底板(钢筋混凝土柱顶预埋钢板)面积 $B\times a$。

按钢筋混凝土柱顶面的抗压强度需要：

$$A=B\times a=\frac{R}{f_c}=\frac{580\times10^3}{9.6}\text{mm}^2=60417\text{mm}^2$$

采用正方形，$B=a=\sqrt{A}=\sqrt{60417}\text{mm}=245.8\text{mm}$，取 250mm

因此得弧形支座的曲率半径 r 为：

$$r=\frac{d}{2}\geqslant\frac{1}{2}\times\frac{RE}{40lf^2}=\frac{1}{2}\times\frac{580\times10^3\times206\times10^3}{40\times158\times180^2}\text{mm}=291.7\text{mm}，采用 r=295\text{mm}$$

(2)弧形支座板中间处的厚度 t_2。

板中弯矩(弧形表面与梁底面接触处)

$$M=\frac{1}{2}\frac{R}{a}\left(\frac{a}{2}\right)^2=\frac{1}{8}Ra=\frac{1}{8}\times580\times250\times10^{-3}\text{kN}\cdot\text{m}=18.13\ \text{kN}\cdot\text{m}$$

按抗弯强度需要板厚：

$$t_2\geqslant\sqrt{\frac{6M}{Bf}}=\sqrt{\frac{6\times18.13\times10^6}{250\times180}}\text{mm}=49.2\text{mm}$$

式中采用板的弹性截面模量 $W=\frac{1}{6}Bt^2$。

(3)弧形支座板边缘处的厚度 t_1。

由例图 5-4b),知

$$\sin\theta=\frac{a/2}{r}=\frac{250/2}{295}=0.4237$$

$$\cos\theta=\sqrt{1-\sin^2\theta}=\sqrt{1-0.4237^2}=0.9058$$

按几何关系,有

$$t_2=t_1+r(1-\cos\theta)$$

得 $t_1=t_2-r(1-\cos\theta)=[49.2-295\times(1-0.9058)]\text{mm}=21.4\text{mm}$

采用 $t_1=22\text{mm}$,满足不小于 15mm 的构造要求。

第六章　围护结构计算

第一节　檩　　条

檩条是有檩屋盖体系的主要构件，主要用于轻型屋面。

一、实腹式檩条

1. 内力分析

应按在两个主轴平面内受弯的构件（双向弯曲梁）进行计算，即将均布荷载 p 分解为两个荷载分量 p_x 和 p_y 分别计算。

(1)垂直于主轴 x 和 y 的分荷载（图 6-1）按下式计算：

$$p_x = p\sin\alpha_0 \tag{6-1}$$

$$p_y = p\cos\alpha_0 \tag{6-2}$$

式中　p——檩条竖向荷载设计值；

α_0——p 与主轴 y 的夹角：对槽形和工字形截面 $\alpha_0=\alpha$，α 为屋面坡角；对 Z 形截面 $\alpha_0=\theta-\alpha$，θ 为主轴 x 与平行于屋面轴 x_1 的夹角。

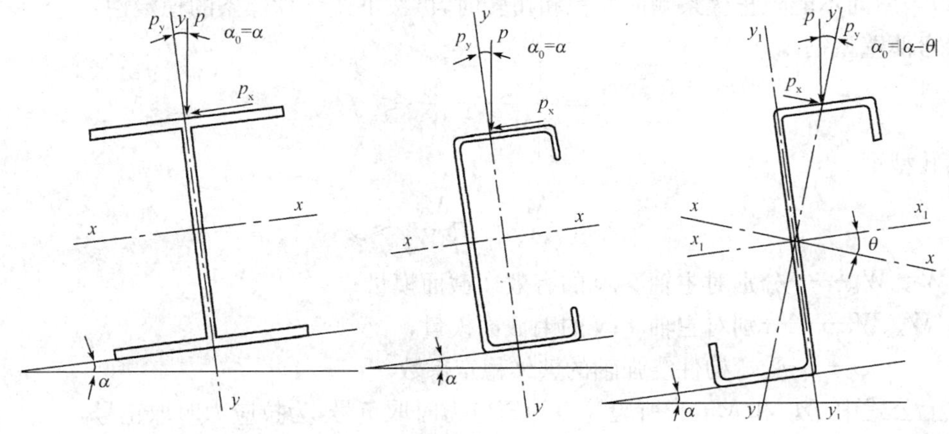

图 6-1　实腹式檩条截面主轴和荷载图

(2)檩条的弯矩。

1)对 x 轴，由 p_y 引起的弯矩。

单跨简支构件：跨中最大弯矩 $M_x=p_yl^2/8$，l 为檩条的跨度。

多跨连续构件：不考虑活荷载的不利组合，跨中和支座弯矩均近似取 $M_x=p_yl^2/10$。

2)对 y 轴，由 p_x 引起的弯矩，考虑拉条作为侧向支承点，按多跨连续梁计算。

一根拉条位于 $l/2$ 时：

跨中负弯矩　$$M_y=p_xl^2/32 \tag{6-3}$$

两根拉条位于 $l/3$ 时：

$l/3$处负弯矩 $M_y=p_x l^2/90$ (6-4)

跨中正弯矩 $M_y=p_x l^2/360$ (6-5)

2. 强度计算

当屋面能阻止檩条侧向失稳和扭转时，可不计算檩条的整体稳定性，仅按下式计算其强度：

冷弯薄壁型钢

$$\sigma=\frac{M_x}{W_{enx}}+\frac{M_y}{W_{eny}}\leqslant f \tag{6-6}$$

热轧型钢

$$\sigma=\frac{M_x}{\gamma_x W_{nx}}+\frac{M_y}{\gamma_y W_{ny}}\leqslant f \tag{6-7}$$

式中 M_x——由 p_y 引起 x 轴的最大弯矩；

M_y——由 p_x 引起 y 轴相应于最大 M_x 处的弯矩，拉条应作为侧向支承点；

W_{enx}、W_{eny}——分别对主轴 x、y 的有效净截面模量；

W_{nx}、W_{ny}——分别对主轴 x、y 的净截面模量；

γ_x、γ_y——截面塑性发展系数；

f——钢材的强度设计值。

3. 稳定性计算

(1)当屋面不能阻止檩条侧向失稳和扭转时，可按下式计算檩条的稳定性：

冷弯薄壁型钢

$$\sigma=\frac{M_x}{\varphi_b W_{ex}}+\frac{M_y}{W_{ey}}\leqslant f \tag{6-8}$$

热轧型钢

$$\sigma=\frac{M_x}{\varphi_b W_x}+\frac{M_y}{\gamma_y W_y}\leqslant f \tag{6-9}$$

式中 W_{ex}、W_{ey}——分别对主轴 x、y 的有效净截面模量；

W_x、W_y——分别对主轴 x、y 的毛截面模量；

φ_b——受弯构件绕强轴的整体稳定系数。

以上公式中，M_x 和 M_y，当所验算点为压应力时取负号，为拉应力时取正号。

(2)当檩条在永久荷载和风吸力组合下，下翼缘受压时：

1)可偏安全地按式(6-8)或式(6-9)计算檩条下翼缘受压、上翼缘受拉时的稳定，此时檩条可按跨中无侧向支承点考虑，即取 $l_y=l_0$(檩条下翼缘附近未设拉条时)。

2)当风吸力较大时，为提高受压下翼缘的稳定，允许在檩条下翼缘附近增设拉条，此时 l_y 应取其下翼缘的拉条间距。

3)若仅为提高檩条下翼缘受压时的稳定，将檩条上翼缘拉条下移至下翼缘附近时，还需重新验算檩条在永久荷载与可变荷载组合下，因受压上翼缘无拉条而使其平面外弯矩 M_y 增大对强度的不利影响，并采取临时措施保证檩条在安装时的稳定。

4. 变形计算

为使屋面较平整，实腹式檩条应验算垂直于屋面方向的挠度，对无积灰的瓦楞铁和石棉瓦屋面，其容许挠度值$[v]=l/150$；对有积灰的瓦楞铁和石棉瓦屋面、压型钢板、太空板(发泡水泥复合板)、钢丝网水泥瓦和其他水泥制品瓦材屋面,其容许挠度值$[v]=l/200$;l 为檩条的跨度。

对两端简支檩条的挠度可按下式计算:

$$v_y=\frac{5}{384}\cdot\frac{p_{ky}\cdot l^4}{EI_x}\leqslant[v] \tag{6-10}$$

式中 p_{ky}——沿 y 轴线荷载的标准值;

I_x——对主轴 x 的毛截面惯性矩。

对 Z 形钢垂直屋面方向的挠度:

$$v_{y1}=\frac{5}{384}\cdot\frac{p_k\cos\alpha\cdot l^4}{EI_{x_1}}\leqslant[v] \tag{6-11}$$

式中 α——屋面坡角;

I_{x_1}——对平行于屋面轴 x_1 的毛截面惯性矩。

二、平面桁架式檩条

1. 内力分析

(1)轴心力。假定各节点均为铰接,不考虑次应力的影响。将檩条上弦杆的均布荷载 q 换算为节点荷载 $P(P=qa)$,如图 6-2 中虚线所示,按一般桁架原理,采用数解法计算各杆件的轴心力。通常只需计算几根控制截面的杆件。

(2)弯矩。上弦杆由均布荷载产生的弯矩:M_x 可近似地取节点和节间均为 $q_ya^2/10$(a 为上弦杆节间长度);M_y 考虑拉条作为侧向支承点,按多跨连续梁计算。

当上弦杆为角钢截面时,弦杆中间节间的节点和节间弯矩也可取 $0.6M_0$,M_0 为以节间长度 a 为计算跨度的单跨简支梁的最大弯矩。

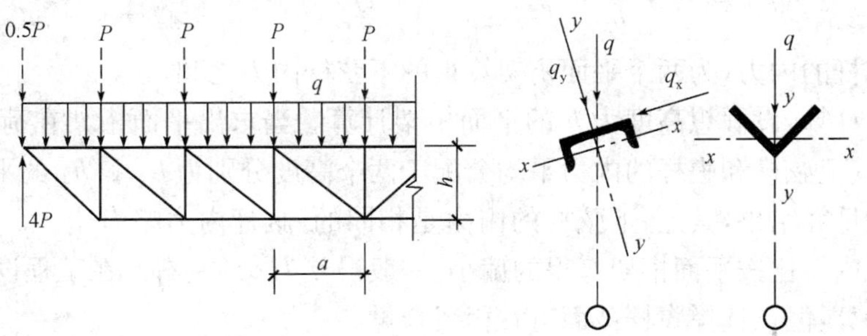

图 6-2 平面桁架式檩条计算简图

2. 强度及稳定性计算

平面桁架式檩条可按下式计算其上弦杆的强度和稳定性:

强度

$$\sigma=\frac{N}{A_n}+\frac{M_x}{W_{nx}}+\frac{M_y}{W_{ny}}\leqslant f \tag{6-12}$$

稳定性

$$\frac{N}{\varphi_{min}A}+\frac{M_x}{W_x}+\frac{M_y}{W_y}\leqslant f \tag{6-13}$$

式中 N——上弦杆轴心力,按铰接桁架求得;

φ_{min}——上弦杆的轴心受压稳定系数;根据其最大长细比 λ_{max}。

当上弦杆为薄壁型钢截面时，其板件的宽厚比应符合$\frac{b}{t}\leqslant 100\sqrt{\frac{\varepsilon}{\sigma_{\max}}}$，卷边的高厚比应符合表 13-39 的要求。

平面桁架式檩条端部主要受压腹杆的强度设计值应乘以折减系数 0.85。应尽量减小节点偏心值，一般不考虑节点偏心对上、下弦杆应力增大的影响，对腹杆在选择截面时宜留有一定的余量。桁架式檩条的截面高度 h，当符合前面所规定的高跨比 1/20～1/12 时可不作变形计算。

三、空间桁架式檩条

1. 内力分析

(1)轴心力。包括两种计算方法：

1)将空间桁架分解为两个平面桁架分别计算。平面桁架的高度分别为 h_1 和 h_2，相应的荷载为 q_1 和 q_2，见图 6-3。

$$q'_1=\frac{qb_2}{b}\cdot\frac{h_1}{h} \tag{6-14}$$

$$q'_2=\frac{qb_1}{b}\cdot\frac{h_2}{h} \tag{6-15}$$

如取 $b_1=b_2=b/2$，则 $q_1=q_2=q/2$

$$q'_1=\frac{q}{2}\cdot\frac{h_1}{h} \tag{6-16}$$

$$q'_2=\frac{q}{2}\cdot\frac{h_2}{h} \tag{6-17}$$

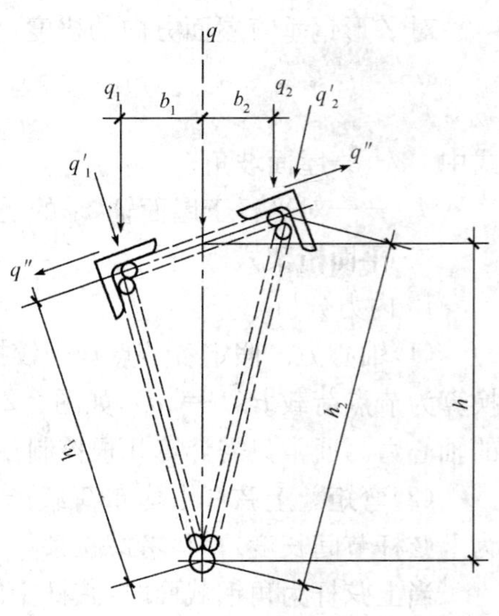

图 6-3　空间桁架式檩条荷载图(一)

檩条下弦杆的内力，为两个平面桁架算得的下弦杆内力之和。

2)为简化计算，设假想高度为 h 的平面桁架计算。当求出平面桁架在荷载 q 作用下的内力后，再将其上弦杆和腹杆的内力平均分配于两个高度分别为 h_1 和 h_2 的平面桁架中。

以上两种计算结果，其上、下弦杆的内力是相同的，腹杆内力略有出入。按假想平面桁架算得的腹杆内力比按平面桁架算得的偏小，一般误差为8%左右。在工程设计中建议按假想平面桁架计算，但在选择腹杆截面时宜稍留余量。

(2)弯矩。图 6-4 中，上弦杆单肢角钢的弯矩可近似地取：

$$M_x=\frac{1}{10}\cdot\frac{q_y a^2}{2} \tag{6-18}$$

$$M_y=\frac{1}{10}\cdot\frac{q_x a^2}{2} \tag{6-19}$$

式中　a——上弦杆节间长度。

上弦杆中间节点和节间的弯矩也可取 $0.6M_0$，M_0 为以节间长度，a 为计算跨度的单跨简支梁的最大弯矩。

2. 强度和稳定性计算

空间桁架式檩条的上弦杆可按式(6-18)和式(6-19)验算其单角钢的强度和稳定性。一般情况下仅需验算靠上边的那个单角钢。对节点偏心的考虑同平面桁架式檩条。

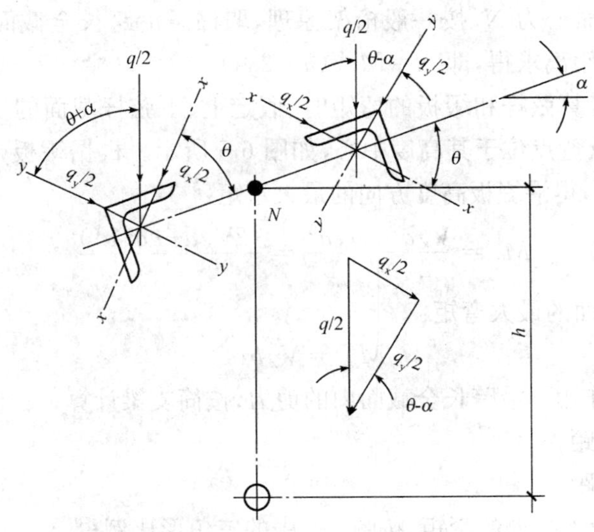

图 6-4　空间桁架式檩条荷载图(二)

四、空腹式檩条

1. 内力分析

空腹式檩条可按以下近似假定计算:

(1)将均布荷载 q 分解为两个荷载分量 q_{y0} 和 q_{x0} 分别计算,见图 6-5。在 q_{y0} 作用下,将檩条视作空腹桁架,求出沿跨长全截面的弯矩 $M_{x'}$ 和缀板边缘弦杆截面的弯矩 M_{x0};在 q_{x0} 作用下,考虑拉条作为侧向支承点,按多跨连续梁计算弯矩 M_{y0},因上、下弦杆由缀板相连,可近似地假定上、下弦杆各承受全部弯矩 M_{y0} 的一半。

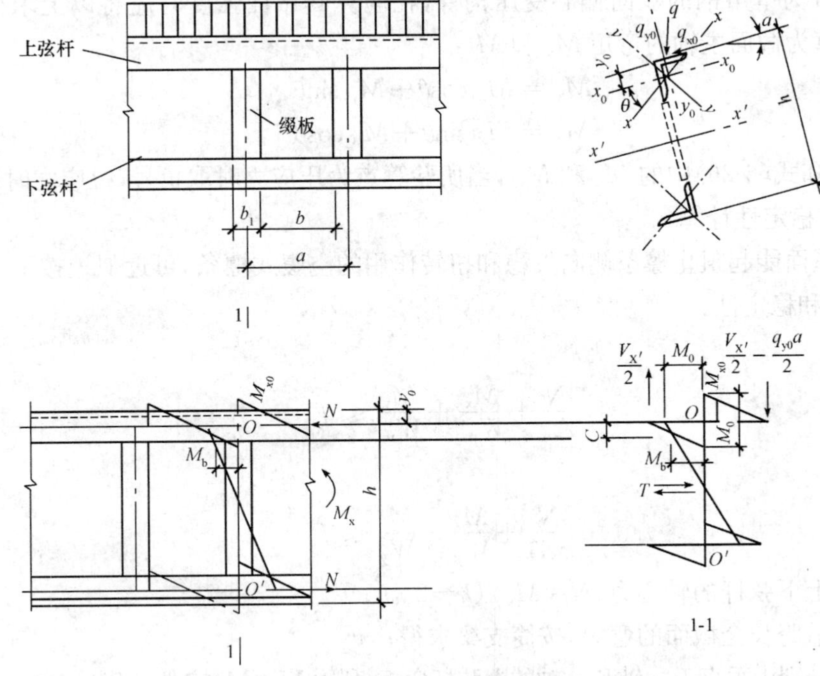

图 6-5　空腹式檩条计算简图

(2)上、下弦杆的轴心力 N，按一般桁架原理，取檩条沿跨长全截面的弯矩 $M_{x'}$ 除以上、下弦杆截面中心间的距离求得，即 $N=M_{x'}/(h-2y_0)$。

(3)按空腹桁架计算弦杆和缀板的弯矩时，假定上、下弦杆截面的反弯点位于相邻缀板间距的中心，缀板的反弯点位于其高度中心，如图 6-5 所示。根据缀板中心线与弦杆中心线交点 O 处的节点平衡，得沿缀板高度方向的最大弯矩：

$$M_0=\frac{V_{x'}a}{2}-\frac{q_{y0}a^2}{4}=\frac{(2V_{x'}a-q_{y0}a^2)}{4} \tag{6-20}$$

缀板边缘弦杆截面的最大弯矩：

$$M_{x0}=V_{x'}b/4 \tag{6-21}$$

式中 $V_{x'}$——在 q_{y0} 作用下沿跨长全截面内的剪力，按简支梁计算；

a——缀板中距；

b——缀板净距。

(4)上弦杆与缀板连接处的弯矩，按图 6-5 中的三角形比例得：

$$M_b=\frac{M_0\left(\frac{h}{2}-y_0-c\right)}{\frac{h}{2}-y_0}=\frac{(2V_{x'}a-q_{y0}a^2)(h-2y_0-2c)}{4(h-2y_0)} \tag{6-22}$$

沿缀板宽度方向的剪力 V：

$$V=\frac{2M_b}{h-2y_0-2c} \tag{6-23}$$

(5)上弦杆由均布荷载 q_{y0} 引起缀板处的弯矩为：

$$M_{x0}=q_{y0}a^2/10 \tag{6-24}$$

(6)上弦杆为单角钢的双向偏心受压构件，在验算其截面强度时应将以上求得的弯矩 M_{x0} 和 M_{y0} 换算为截面主轴的弯矩 M_x 和 M_y：

$$M_x=M_{x0}\cos\theta+M_{y0}\sin\theta \tag{6-25}$$

$$M_y=M_{x0}\sin\theta+M_{y0}\cos\theta \tag{6-26}$$

式(6-25)和式(6-26)中的 M_{x0} 和 M_{y0}，当所验算点为压应力时取负号，拉应力时取正号。

2. 强度和稳定性计算

(1)对于屋面能起阻止檩条侧向失稳和扭转作用的空腹式檩条，可近似地按下式计算其上弦杆的强度和稳定性：

强度

$$\frac{N}{A_n}+\frac{M_x}{W_{nx}}+\frac{M_y}{W_{ny}}\leqslant f \tag{6-27}$$

稳定性

$$\frac{N}{\varphi_x A}+\frac{M_x}{W_x}+\frac{M_y}{W_y}\leqslant f \tag{6-28}$$

式中 N——上下弦杆的轴心力，$N=M_{x'}/(h-2y_0)$；

$M_{x'}$——沿跨长全截面的弯矩，按简支梁求得；

M_x、M_y——分别为垂直于 x 轴和 y 轴的上弦杆弯矩，利用 M_{x0}、M_{y0} 按式(6-25)和式(6-26)求得；

A_n、A——上弦杆的净有效截面和截面面积；

φ_x——上弦杆截面对 x 轴的轴心受压稳定系数，计算长度取缀板中距。

所需验算的截面应取跨中、1/4 跨度、支座及缀板间距变化处。空腹式檩条的下弦杆截面一般与上弦杆相同，不需验算。

(2)缀板的宽度和厚度缀板的宽度 b_1 按其上弦杆连接处的焊缝强度确定；缀板的厚度一般与弦杆等厚。焊缝强度可按下式确定：

$$\sigma_f = 6M_b / l_w^2 t \tag{6-29}$$

$$\tau_f = V / l_w t \tag{6-30}$$

$$\sqrt{(\sigma_f/\beta_f)^2 + \tau_f^2} \leqslant f_f^w \tag{6-31}$$

式中 M_b——上弦杆与缀板连接处的弯矩，按式(6-22)计算；

V——上弦杆与缀板连接处的剪力，按式(6-23)计算；

l_w——焊缝计算长度，取缀板宽度 b_1 减 10mm；

t——缀板厚度；

β_f——正面角焊缝强度增大系数，取 1.22；

f_f^w——角焊缝的强度设计值。

3. 刚度计算

与实腹式檩条的计算方法基本相同，只是在计算其惯性矩时，可将上、下弦杆视作组合截面，将按整体弯矩求得的惯性矩 I_x 乘以折减系数 0.85。

【例 6-1】 空腹式檩条

1. 设计资料

屋面材料为彩钢压型板、油毡、木望板，屋面坡度为 1/2.5；檩条跨度为 6m，水平檩距为 0.75m，于跨中设一道拉条。钢材采用 Q235F。

2. 荷载的标准值(对水平投影面)

永久荷载：

彩钢压型板	$0.13/\cos 21.80°\text{kN/m}^2 = 0.14\text{kN/m}^2$
油毡、木望板	$0.18/\cos 21.80°\text{kN/m}^2 = 0.20\text{kN/m}^2$
檩条和支撑	0.09kN/m^2

可变荷载：屋面均布活荷载为 0.30kN/m^2。由于检修集中荷载 0.80kN 的等效均布荷载为 $2 \times 0.8/(0.75 \times 6)\ \text{kN/m}^2 = 0.36\text{kN/m}^2$，大于屋面均布活荷载，故可变荷载采用 0.36kN/m^2。

3. 截面形式和截面特性

(1)截面形式。檩条为空腹式，由上、下弦角钢和缀板焊接而成，见例图 6-1。

上、下弦杆截面选用∟ 50×32×4，缀板厚度 $t = 3\text{mm}$，$A = 3.18\text{cm}^2$，$i_x = 0.69\text{cm}$。截面高度 $h = 140\text{mm}$，缀板中距为 300mm。

(2)截面特性。

1)上、下弦杆截面(例图 6-2)。

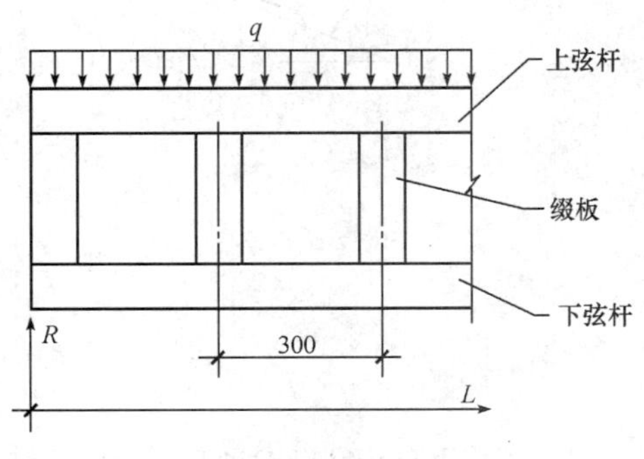

例图 6-1 檩条计算简图

查得：

$$\theta=21.9°, b_1=3.2\text{cm}, b_2=5.0\text{cm}$$

$$\sin\theta=0.373, \cos\theta=0.928, \tan\theta=0.402$$

$$x_0=1.65\text{cm}, y_0=0.77\text{cm} \quad I_{x1}=16.65\text{cm}^4$$

$$y_1=(y_0+x_0\tan\theta)\cos\theta$$
$$=(0.77+1.65\times0.402)\times0.928\text{cm}=1.33\text{cm}$$

$$y_2=(b_2-x_0)\sin\theta-y_0\cos\theta$$
$$=[(5-1.65)\times0.373-0.77\times0.928]\text{cm}=0.535\text{cm}$$

$$y_3=b_1\cos\theta-y_1=(3.2\times0.928-1.33)\text{cm}=1.64\text{cm}$$

$$x_1=(x_0-y_0\tan\theta)\cos\theta$$
$$=[(1.65-0.77\times0.402)\times0.928]\text{cm}=1.24\text{cm}$$

$$x_2=b_2\cos\theta-x_1=(5\times0.928-1.24)\text{cm}=3.40\text{cm}$$

$$x_3=b_1\sin\theta+x_1=(3.2\times0.373+1.24)\text{cm}=2.43\text{cm}$$

$$I_{x0}=2.58\text{cm}^4, I_{y0}=8.02\text{cm}^4, I_x=1.53\text{cm}^4$$

得

$$I_y=I_{x0}+I_{y0}-I_x=9.07\text{cm}^4$$

$$W_{x1}=I_x/y_1=1.53/1.33\text{cm}^3=1.15\text{cm}^3$$

$$W_{x2}=I_x/y_2=1.53/0.535\text{cm}^3=2.86\text{cm}^3$$

$$W_{x3}=I_x/y_3=1.53/1.64\text{cm}^3=0.93\text{cm}^3$$

$$W_{y1}=I_y/x_1=9.07/1.24\text{cm}^3=7.31\text{cm}^3$$

$$W_{y2}=I_y/x_2=9.07/3.40\text{cm}^3=2.67\text{cm}^3$$

$$W_{y3}=I_y/x_3=9.07/2.43\text{cm}^3=3.73\text{cm}^3$$

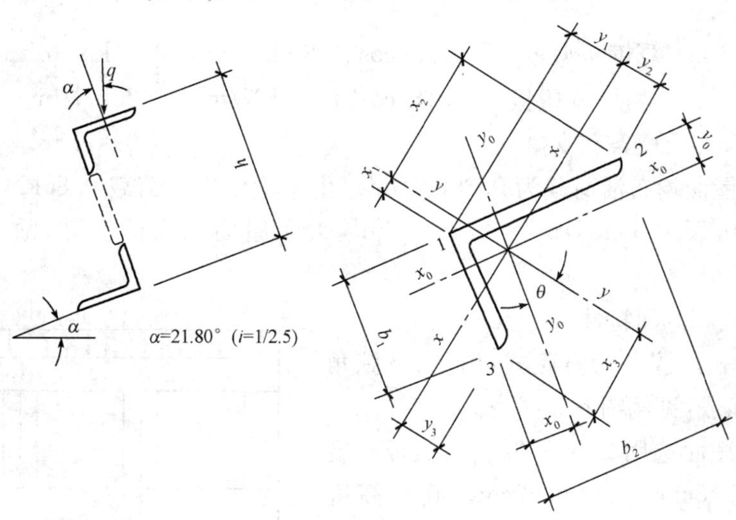

例图 6-2　弦杆截面尺寸图

2)全截面(例图 6-3)。假定上、下弦杆由缀板连成整体,近似地按以下式计算截面特性。

$h'=(14-0.4)\text{cm}=13.6\text{cm}, b'=(5-0.2)\text{cm}=4.8\text{cm}$

$A=2\times3.18=6.36\text{cm}^2$

$I_{y'}=2\times16.65=33.3\text{cm}^4$

$I_{x'}=2\times[2.58+3.18\times(7-0.77)^2]\text{cm}^4$

$=252\text{cm}^4$

$I_{x'y'}=b'^2h't/2=4.8^2\times13.6\times0.4/2=62.7\text{cm}^4$

$\tan2\beta=2I_{x'y'}/(I_{x'}-I_{y'})=2\times62.7/(252-33.3)$

$=0.573$

$2\beta=29.83°, \beta=14.91°$

$\sin^2\beta=0.066, \cos^2\beta=0.934, \sin2\beta=0.497$

$I_x=I_{x'}\cos^2\beta+I_{y'}\sin^2\beta+I_{x'y'}\sin2\beta$

$=(252\times0.934+33.3\times0.066+62.7\times0.497)\text{cm}^4$

$=269\text{cm}^4$

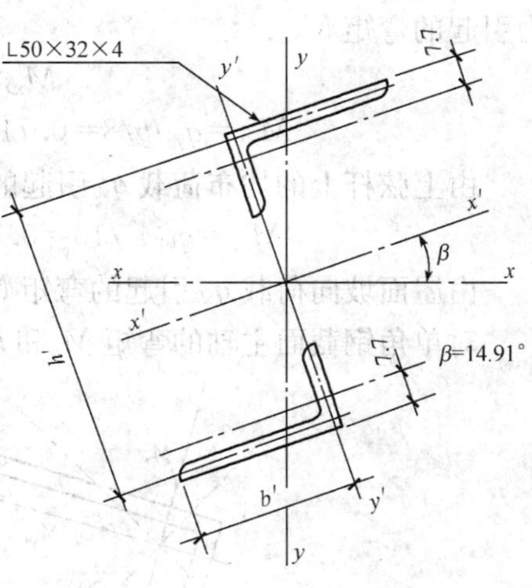

例图 6-3　全截面尺寸图

$I_y=I_{x'}\sin^2\beta+I_{y'}\cos^2\beta-I_{x'y'}\sin2\beta$

$=(252\times0.066+33.3\times0.934-62.7\times0.497)\text{cm}^4=16.6\text{cm}^4$

$$i_x=\sqrt{I_x/A}=\sqrt{269/6.36}\text{cm}=6.50\text{cm}$$

$$i_y=\sqrt{I_y/A}=\sqrt{16.6/6.36}\text{cm}=1.62\text{cm}$$

4. 内力计算(例图 6-4)

檩条线荷载为：

标准值　$q_k=(0.14+0.20+0.09+0.36)\times0.75\text{kN/m}=0.593\text{kN/m}$

设计值　$q=[1.2\times(0.14+0.20+0.09)\times0.75+1.4\times0.36\times0.75]\text{kN/m}$

$=0.765\text{kN/m}$

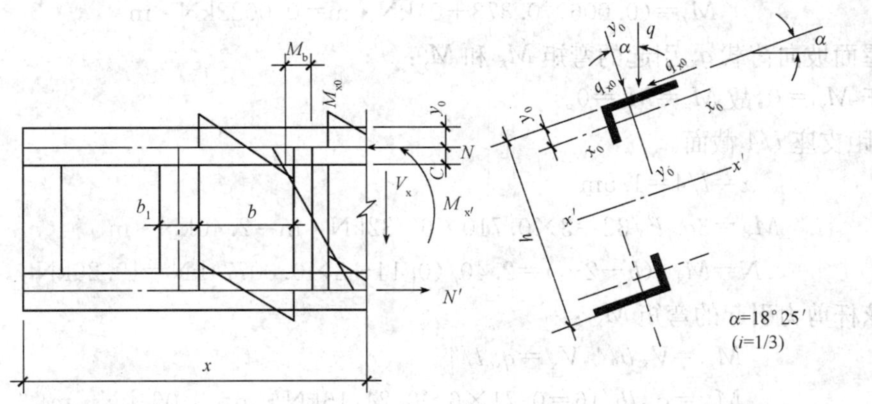

例图 6-4　檩条截面内弯矩图

$$q_{x0}=0.765\sin21.80°=0.284\text{kN/m}$$

$$q_{y0}=0.765\cos21.80°=0.710\text{kN/m}$$

(1)支座截面。

$$x=0,\quad M_{x'}=0,\quad N=0$$

缀板中距为 30cm。设缀板宽度 b_1 为 6cm，缀板净距 $b=(30-6)\text{cm}=24\text{cm}$。由弦杆剪

力引起的弯矩 M_{x0}：

$$M_{x0}=V_{x'}b/4, V_{x'}=q_{y0}l/2$$

$$M_{x0}=q_{y0}lb/8=0.710\times6\times0.24/8\text{kN}\cdot\text{m}=0.128\text{kN}\cdot\text{m}$$

由上弦杆上的均布荷载 q_{y0} 引起的弯矩 M_{x0}：

$$M_{x0}=q_{y0}a^2/10=0.710\times0.3^2/10\text{kN}\cdot\text{m}=0.006\text{kN}\cdot\text{m}$$

由屋面坡向荷载 q_{x0} 引起的弯矩 M_{y0}：当 $x=0$，$M_{y0}=0$。

对单角钢截面主轴的弯矩 M_x 和 M_y，见例图 6-5。

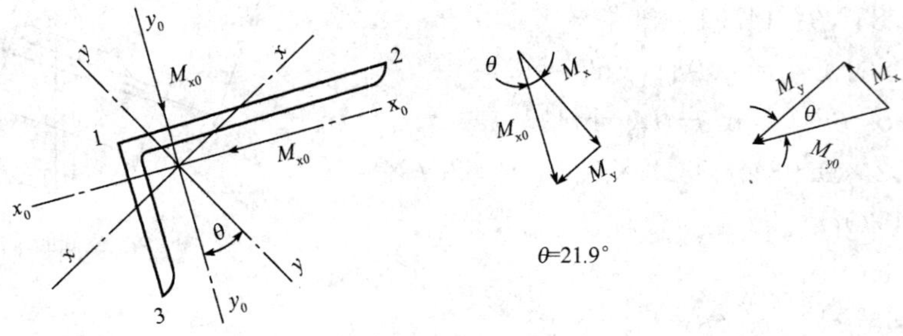

例图 6-5　弦杆截面内弯矩换算图

$$\theta=21.9°, \sin\theta=0.373, \cos\theta=0.928$$

由弦杆剪力引起的弯矩 M_x 和 M_y：

$$M_x=M_{x0}\cos\theta+M_{y0}\sin\theta=(0.128\times0.928+0)\text{kN}\cdot\text{m}=0.119\text{kN}\cdot\text{m}$$

$$M_y=M_{x0}\sin\theta+M_{y0}\cos\theta=(0.128\times0.373+0)\text{kN}\cdot\text{m}=0.048\text{kN}\cdot\text{m}$$

由上弦杆的均布荷载 q_{y0} 引起的弯矩 M_x 和 M_y：

$$M_x=(0.006\times0.928+0)\text{kN}\cdot\text{m}=0.0056\text{kN}\cdot\text{m}$$

$$M_y=(0.006\times0.373+0)\text{kN}\cdot\text{m}=0.0022\text{kN}\cdot\text{m}$$

由屋面坡向荷载 q_{x0} 引起的弯矩 M_x 和 M_y：

由于 $M_{y0}=0$，故 $M_x=M_y=0$。

(2)距支座 $l/4$ 截面。

$$x=l/4=1.5\text{m}$$

$$M_{x'}=3q_{y0}l^2/32=3\times0.710\times6^2/32\text{kN}\cdot\text{m}=2.40\text{kN}\cdot\text{m}$$

$$N=M_{x'}/(h-2y_0)=2.40/(0.14-2\times0.0077)\text{kN}=19.26\text{kN}$$

由弦杆剪力引起的弯矩 M_{x0}：

$$M_{x0}=V_{x'}b/4, V_{x'}=q_{y0}l/4$$

$$M_{x0}=q_{y0}lb/16=0.71\times6\times0.24/16\text{kN}\cdot\text{m}=0.064\text{kN}\cdot\text{m}$$

由上弦杆上的均布荷载 q_{y0} 引起的弯矩 M_{x0}，同前，$M_{x0}=0.006\text{kN}\cdot\text{m}$。

由屋面坡向荷载 q_{x0} 引起的弯矩 M_{y0}，考虑拉条作为侧向支撑点，按多跨连续梁计算，假定上、下弦杆各承受 $M_{y0}/2$。

当跨中设一道拉条，$x=l/4$ 处，上弦杆截面的弯矩 M_{y0}：

$$M_{y0}=\frac{1}{2}\cdot\frac{q_{x0}l^2}{64}=\frac{1}{2}\times\frac{0.284\times6^2}{64}\text{kN}\cdot\text{m}=0.080\text{kN}\cdot\text{m}$$

由弦杆剪力引起的弯矩 M_x 和 M_y：

$$M_x=M_{x0}\cos\theta+M_{y0}\sin\theta=(0.064\times0.928+0)\text{kN·m}=0.059\text{kN·m}$$

$$M_y=M_{x0}\sin\theta+M_{y0}\cos\theta=(0.064\times0.373+0)\text{kN·m}=0.024\text{kN·m}$$

由上弦杆的均布荷载 q_{y0} 引起的弯矩 M_x 和 M_y：

$$M_x=0.0056\text{kN·m},M_y=0.0022\text{kN·m}$$

由屋面坡向荷载 q_{x0} 引起的弯矩 M_x 和 M_y：

$$M_x=(0+0.080\times0.373)\text{kN·m}=0.030\text{kN·m}$$

$$M_y=(0+0.080\times0.928)\text{kN·m}=0.074\text{kN·m}$$

(3)跨中截面。

$$x=l/2=3.0\text{m}$$

$$M_{x'}=q_{y0}l^2/8=0.710\times6^2/8\text{kN·m}=3.195\text{kN·m}$$

$$N=M_{x'}/(h-2y_0)=3.195/(0.14-2\times0.0077)\text{kN}=25.64\text{kN}$$

由弦杆剪力引起的弯矩 M_{x0}：

由于弦杆剪力 $V_{x'}=0$；故 $M_{x0}=0$

由上弦杆上的均布荷载 q_{x0} 引起的弯矩 M_{x0}，同前，$M_{x0}=0.006\text{kN·m}$

由屋面坡向荷载 q_{x0} 引起的弯矩 M_{y0}：

$$M_{y0}=\frac{1}{2}\cdot\frac{q_{x0}l^2}{32}=\frac{1}{2}\times\frac{0.284\times6^2}{32}\text{kN·m}=0.160\text{kN·m}$$

由弦杆剪力引起的弯矩 M_x 和 M_y：

由于　　$V_{x'}=0$，故 $M_x=M_y=0$

由于弦杆的均布荷载 q_{y0} 引起的弯矩 M_x 和 M_y：

同前　　$M_x=0.0056\text{kN·m},M_y=0.0022\text{kN·m}$

由屋面坡向荷载 q_{x0} 引起的弯矩 M_x 和 M_y：

$$M_x=M_{x0}\cos\theta+M_{y0}\sin\theta=(0+0.160\times0.373)\text{kN·m}=0.060\text{kN·m}$$

$$M_y=M_{x0}\sin\theta+M_{y0}\cos\theta=(0+0.160\times0.928)\text{kN·m}=0.148\text{kN·m}$$

5. 强度和稳定性计算

由于孔洞削弱截面不大，故仅计算其上弦杆的稳定性。

(1)支座截面。

$$N=0\quad M_x=0.119\text{kN·m},0.0056\text{kN·m}$$

$$M_y=0.048\text{kN·m},0.0022\text{kN·m}$$

$$\frac{N}{\varphi_xA_n}+\frac{M_x}{W_{nx}}+\frac{M_y}{W_{ny}}\leqslant f$$

对 1 点：

$$\frac{N}{\varphi A}+\frac{M_x}{W_{x1}}+\frac{M_y}{W_{y1}}=\left[\frac{(0.119+0.0056)\times10^6}{1.15\times10^3}+\frac{(-0.048-0.0022)\times10^6}{7.31\times10^3}\right]\text{N/mm}^2$$

$$=(108.35-6.87)\text{N/mm}^2=102.48\text{N/mm}^2<215\times0.95\text{N/mm}^2$$

$$=204\text{N/mm}^2$$

对 2 点：

$$\frac{N}{\varphi A}+\frac{M_x}{W_{x2}}+\frac{M_y}{W_{y2}}=\left[\frac{(-0.119-0.0056)\times10^6}{2.86\times10^3}+\frac{(0.048-0.0022)\times10^6}{2.67\times10^3}\right]\text{N/mm}^2$$

$$=(-43.57+18.80)\text{N/mm}^2=-24.77\text{N/mm}^2<204\text{N/mm}^2$$

对 3 点：

$$\frac{N}{\varphi A}+\frac{M_x}{W_{x3}}+\frac{M_y}{W_{y3}}=\left[\frac{(-0.119-0.0056)\times10^6}{0.93\times10^3}+\frac{(-0.048-0.0022)\times10^6}{3.73\times10^3}\right]\text{N/mm}^2$$

$$=(-133.98-13.46)\text{N/mm}^2=-147.44\text{N/mm}^2<204\text{N/mm}^2$$

(2)距支座 $l/4$ 截面。

$$N=19.26\text{kN}\quad M_x=0.059\text{kN}\cdot\text{m},0.0056\text{kN}\cdot\text{m},0.03\text{kN}\cdot\text{m}$$

$$M_y=0.024\text{kN}\cdot\text{m},0.0022\text{kN}\cdot\text{m},0.074\text{kN}\cdot\text{m}$$

$$A=3.18\text{cm}^2,i_x=0.69\text{cm},l_x=30\text{cm}$$

$\lambda_x=l_x/i_x=30/0.69=43$，属 c 类截面，查得 $\varphi=0.820$

对 1 点：

$$\frac{N}{\varphi A}+\frac{M_x}{W_{x1}}+\frac{M_y}{W_{y1}}=\left[\frac{-19.26\times10^3}{0.82\times3.18\times10^2}+\frac{(0.059+0.0056+0.03)\times10^6}{1.15\times10^3}+\frac{(-0.024-0.0022+0.074)\times10^6}{7.31\times10^3}\right]\text{N/mm}^2$$

$$=(-73.86+82.26+6.54)\text{N/mm}^2=14.94\text{N/mm}^2<204\text{N/mm}^2$$

对 2 点：

$$\frac{N}{\varphi A}+\frac{M_x}{W_{x2}}+\frac{M_y}{W_{y2}}=\left[\frac{-19.26\times10^3}{0.82\times3.18\times10^2}+\frac{(-0.059-0.0056-0.03)\times10^6}{2.86\times10^3}+\frac{(0.024+0.0022-0.074)\times10^6}{2.67\times10^3}\right]\text{N/mm}^2$$

$$=(-73.86-33.08-17.90)\text{N/mm}^2=-124.84\text{N/mm}^2<204\text{N/mm}^2$$

对 3 点：

$$\frac{N}{\varphi A}+\frac{M_x}{W_{x3}}+\frac{M_y}{W_{y3}}=\left[\frac{-19.26\times10^3}{0.82\times3.18\times10^2}+\frac{(-0.059-0.0056-0.03)\times10^6}{0.93\times10^3}+\frac{(-0.024-0.0022+0.074)\times10^6}{3.73\times10^3}\right]\text{N/mm}^2$$

$$=(-73.86-101.72+12.82)\text{N/mm}^2=-162.76\text{N/mm}^2<204\text{N/mm}^2$$

(3)跨中截面。

$$N=25.64\text{kN}\quad M_x=0.0056\text{kN}\cdot\text{m},0.06\text{kN}\cdot\text{m}$$

$$M_y=0.0022\text{kN}\cdot\text{m},0.148\text{kN}\cdot\text{m}$$

对 1 点：

$$\frac{N}{\varphi A}+\frac{M_x}{W_{x1}}+\frac{M_y}{W_{y1}}=\left[\frac{-25.64\times10^3}{0.82\times3.18\times10^2}+\frac{(0.0056-0.06)\times10^6}{1.15\times10^3}+\frac{(-0.0022-0.148)\times10^6}{7.31\times10^3}\right]\text{N/mm}^2$$

$$=(-98.33-47.3-20.55)\text{N/mm}^2=-166.18\text{N/mm}^2<204\text{N/mm}^2$$

对 2 点：

$$\frac{N}{\varphi A}+\frac{M_x}{W_{x2}}+\frac{M_y}{W_{y2}}=\left[\frac{-25.64\times10^3}{0.82\times3.18\times10^2}+\frac{(-0.0056+0.06)\times10^6}{2.86\times10^3}+\frac{(0.0022+0.148)\times10^6}{2.67\times10^3}\right]\text{N/mm}^2$$

$$=(-98.33+19.02+56.25)\text{N/mm}^2=-23.05\text{N/mm}^2<204\text{N/mm}^2$$

对 3 点：

$$\frac{N}{\varphi A}+\frac{M_x}{W_{x3}}+\frac{M_y}{W_{y3}}=\left[\frac{-25.64\times10^3}{0.82\times3.18\times10^2}+\frac{(-0.0056+0.06)\times10^6}{0.93\times10^3}+\right.$$

$$\left.\frac{(-0.0022-0.148)\times10^6}{3.73\times10^3}\right]\text{N/mm}^2$$

$$=(-98.33+58.49-40.27)\text{N/mm}^2=-80.11\text{N/mm}^2<204\text{N/mm}^2$$

6. 上弦杆与缀板的连接焊缝计算

上弦杆与缀板连接处的弯矩 M_b：

$$M_b=(2V_{x'}a-q_{y0}a^2)(h-2y_0-2c)/4(h-2y_0)$$

支座处的剪力 $V_{x'}=q_{y0}l/2=0.71\times6/2\text{kN}=2.13\text{kN}$

缀板间距 $a=30\text{cm},c=b_1-y_0=(3.2-0.77)\text{cm}=2.43\text{cm}$

$$M_b=[(2\times2.13\times0.3-0.71\times0.3^2)\times(14-2\times0.77-2\times2.43)/4\times(14-2\times0.77)]\text{kN}\cdot\text{m}$$
$$=0.185\text{kN}\cdot\text{m}$$

沿缀板宽度 b_1 的剪力为：

$$V=2M_b/(h-2y_0-2c)$$
$$=[2\times0.185\times100/(14-2\times0.77-2\times2.43)]\text{kN}$$
$$=4.869\text{kN}$$

上弦杆与缀板连接处的焊缝强度：设缀板宽度 b_1 为 60mm，厚度 $t=3\text{mm}$；$l_w=(60-10)\text{mm}=50\text{mm}$。

$$\sigma_f=6M_b/l_w^2t=6\times0.185\times10^6/50^2\times3\text{N/mm}^2=148\text{N/mm}^2$$

$$\tau_f=V/l_wt=4.869\times10^3/50\times3\text{N/mm}^2=32.46\text{N/mm}^2$$

$$\sqrt{(\sigma_f/1.22)^2+\tau_f^2}=\sqrt{(148/1.22)^2+32.46^2}\text{N/mm}^2$$
$$=125.58\text{N/mm}^2<160\times0.95\text{N/mm}^2$$
$$=152\text{N/mm}^2$$

7. 刚度计算

空腹式檩条的惯性矩，可将上、下弦杆视作组合截面，按全截面求得的 $I_{x'}$ 乘以折减系数 0.85。

$$v_{y1}=\frac{5}{384}\cdot\frac{q_{ky}l^4}{EI_x}=\frac{5}{384}\cdot\frac{q_k\cos\alpha l^4}{EI_{x'}}$$

$$\cos\alpha=0.928,I_{x'}=0.85\times252\text{cm}^4=214.2\text{cm}^4$$

$$v_{y1}=\frac{5}{384}\times\frac{0.593\times0.928\times6000^4}{206\times10^3\times241.2\times10^4}\text{mm}=21.06\text{mm}<l/150=40\text{mm}$$

8. 构造要求

檩条兼作屋架上弦支撑的横杆或刚性系杆，应计算其长细比：

$$\lambda_x=l_x/i_x=600/6.50=92$$

$$\lambda_y=l_y/i_y=300/1.62=185<200$$

【例 6-2】 冷弯薄壁卷边槽钢檩条

1. 设计资料

封闭式建筑，屋面材料为压型钢板，屋面坡度 1/5($\alpha=11.31°$)，檩条跨度 6m，于 $l/2$ 处设一道拉条；水平檩距 1.50m。檐口距地面高度 8m，屋脊距地面高度 9.2m。钢材 Q235。

2. 荷载标准值(对水平投影面)

(1)永久荷载：

压型钢板(双层含保温)	0.28
檩条自重(包括拉条)	0.05
	0.33kN/m²

(2)可变荷载:屋面均布活荷载 0.50kN/m²,雪荷载 0.35kN/m²,计算时取两者的较大值 0.50kN/m²。基本风压 $w_0=0.30\text{kN/m}^2$。

3. 内力计算

(1)永久荷载与屋面活荷载组合。

檩条线荷载

$$p_k=(0.33+0.50)\times1.5\text{kN/m}=1.25\text{kN/m}$$

$$p=(1.2\times0.33+1.4\times0.50)\times1.5\text{kN/m}=1.64\text{kN/m}$$

$$p_x=p\sin11.31°=0.32\text{kN/m}$$

$$p_y=p\cos11.31°=1.61\text{kN/m}$$

弯矩设计值

$$M_x=p_yl^2/8=1.61\times6^2/8\text{kN}\cdot\text{m}=7.25\text{kN}\cdot\text{m}$$

$$M_y=p_xl^2/32=0.32\times6^2/32\text{kN}\cdot\text{m}=0.36\text{kN}\cdot\text{m}$$

(2)永久荷载与风吸力荷载组合。

按《建筑结构荷载规范》(GB 50009—2001),房屋高度小于 10m,风荷载高度变化系数取 10m 高度处的数值,$\mu_z=1.0$,风荷载体型系数为 $1.5\lg A-2.9=-1.47$(边缘带),$A=1.5\times6=9\text{m}^2$。

垂直屋面的风荷载标准值

$$w_k=\mu_s\cdot\mu_z\cdot w_0=-1.47\times1.0\times(1.05\times0.30)\text{kN/m}^2$$
$$=-0.463\text{kN/m}^2$$

檩条线荷载

$$p_x=0.33\times1.5\times\sin11.31°\text{kN/m}=0.097\text{kN/m}$$

$$p_y=(1.4\times0.463\times1.5-0.33\times1.5\times\cos11.31°)\text{kN/m}$$
$$=0.487\text{kN/m}$$

弯矩设计值(采用受压下翼缘不设拉条的方案)

$$M_x=p_yl^2/8=0.487\times6^2/8\text{kN}\cdot\text{m}=2.19\text{kN}\cdot\text{m}$$

$$M_y=p_xl^2/8=0.097\times6^2/8\text{kN}\cdot\text{m}=0.44\text{kN}\cdot\text{m}$$

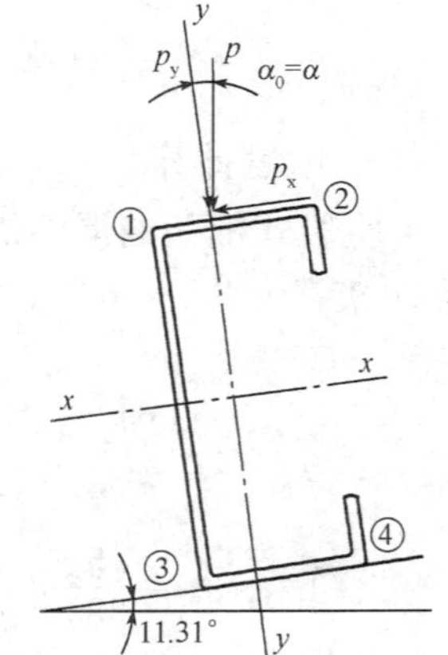

例图 6-6　檩条截面

4. 截面选择及截面特性

(1)选用 C180×70×20×2.2(例图 6-6)。

$A=7.52\text{cm}^2$, $I_x=374.90\text{cm}^4$, $W_x=41.66\text{cm}^3$, $I_y=48.97\text{cm}^4$, $W_{y_{max}}=23.19\text{cm}^3$, $W_{y_{min}}=10.02\text{cm}^3$, $I_t=0.1213\text{cm}^4$, $I_\omega=3165.62\text{cm}^6$, $i_x=7.06\text{cm}$, $i_y=2.55\text{cm}$, $x_0=2.11\text{cm}$, $e_0=5.14\text{cm}$

先按毛截面计算的截面应力为:

$$\sigma_1=\frac{M_x}{W_x}+\frac{M_y}{W_{y_{max}}}=\frac{7.25\times10^6}{41.66\times10^3}+\frac{0.36\times10^6}{23.19\times10^3}=189.55\text{N/mm}^2\quad(压)$$

$$\sigma_2=\frac{M_x}{W_x}+\frac{M_y}{W_{y_{min}}}=\frac{7.25\times10^6}{41.66\times10^3}+\frac{0.36\times10^6}{10.02\times10^3}=138.10\text{N/mm}^2\quad(压)$$

$$\sigma_3=\frac{M_x}{W_x}-\frac{M_y}{W_{y_{max}}}=\frac{7.25\times10^6}{41.66\times10^3}-\frac{0.36\times10^6}{23.19\times10^3}=158.50\text{N/mm}^2\quad(拉)$$

$$\sigma_4=\frac{M_x}{W_x}+\frac{M_y}{W_{y_{max}}}=\frac{7.25\times10^6}{41.66\times10^3}+\frac{0.36\times10^6}{10.02\times10^3}=209.96\text{N/mm}^2\quad(拉)$$

(2)受压板件的稳定系数。

1)腹板。

腹板为加劲板件，$\psi=\sigma_{min}/\sigma_{max}=-158.50/189.55=-0.836\geqslant-1$

$$k=7.8-6.29\psi+9.78\psi^2=7.8-6.29\times(-0.836)+9.78\times(-0.836)^2=19.894$$

2)上翼缘板。

上翼缘板为最大压应力作用于部分加劲板件的支承边，$\psi=\sigma_{min}/\sigma_{max}=138.10/189.55=0.729\geqslant-1$。

$$k=5.89-11.59\psi+6.68\psi^2=5.89-11.59\times0.729+6.68\times0.729^2=0.991$$

(3)受压板件的有效宽度。

1)腹板。

$k=19.894, k_c=0.991, b=180\text{mm}, c=70\text{mm}, t=2.2\text{mm}, \sigma_1=189.55\text{N/mm}^2$

$$\xi=\frac{c}{b}\sqrt{\frac{k}{k_c}}=\frac{70}{180}\times\sqrt{\frac{19.894}{0.991}}=1.742>1.1$$

板组约束系数为：

$$k_1=0.11+0.93/(\xi-0.05)^2=0.11+0.93/(1.742-0.05)^2=0.435$$

$$\rho=\sqrt{205k_1k/\sigma_1}=\sqrt{205\times0.435\times19.894/189.55}=3.059$$

由于 $\psi<0$，则 $\alpha=1.15, b_c=b/(1-\psi)=180/(1+0.836)\text{mm}=98.04\text{mm}$。

$b/t=180/2.2=81.82, 18\alpha\rho=18\times1.15\times3.059=63.32, 38\alpha\rho=38\times1.15\times3.059=133.68$，所以 $18\alpha\rho<b/t<38\alpha\rho$，截面有效宽度为：

$$b_e=\left(\sqrt{\frac{21.8\alpha\rho}{b/t}}-0.1\right)b_c=\left(\sqrt{\frac{21.8\times1.15\times3.059}{81.82}}-0.1\right)\times98.04\text{mm}=85.11\text{mm}$$

$$b_{e1}=0.4b_e=0.4\times85.11\text{mm}=34.05\text{mm}, b_{e2}=0.6b_e=0.6\times85.11\text{mm}=51.07\text{mm}$$

2)上翼缘板。

$k=0.991, k_c=19.894, b=70\text{mm}, c=180\text{mm}, \sigma_1=189.55\text{N/mm}^2$

$$\xi=\frac{c}{b}\sqrt{\frac{k}{k_c}}=\frac{180}{70}\times\sqrt{\frac{0.991}{19.894}}=0.574<1.1$$

板组约束系数为

$$k_1=1/\sqrt{\xi}=1/\sqrt{0.574}=1.320$$

$$\rho=\sqrt{205k_1k/\sigma_1}=\sqrt{205\times1.320\times0.991/189.55}=1.189$$

由于 $\psi>0$，则 $\alpha=1.15-0.15\psi=1.15-0.15\times0.729=1.041, b_c=b=70\text{mm}$

$b/t=70/2.2=31.82, 18\alpha\rho=18\times1.041\times1.189=22.279, 38\alpha\rho=38\times1.041\times1.189=47.034$，所以 $18\alpha\rho<b/t<38\alpha\rho$，截面有效宽度为：

$$b_e=\left(\sqrt{\frac{21.8\alpha\rho}{b/t}}-0.1\right)b_c=\left(\sqrt{\frac{21.8\times1.041\times1.189}{31.82}}-0.1\right)\times70\text{mm}=57.46\text{mm}$$

$$b_{e1}=0.4b_e=0.4\times57.46\text{mm}=22.98\text{mm}, b_{e2}=0.6b_e=0.6\times57.46\text{mm}=34.48\text{mm}$$

3)下翼缘板。

下翼缘板全截面受拉,全部有效。

(4)截面模量。

上翼缘板的扣除面积宽度为(70－57.46)mm＝12.54mm;腹板的扣除面积宽度为(98.04－85.11)mm＝12.93mm,同时在腹板的计算截面有一个 ϕ13 拉条连接孔(距上翼缘板边缘35mm),孔位置与扣除面积位置基本相同,所以腹板的扣除面积宽度按13mm计算,见例图6-7。有效净截面模量为:

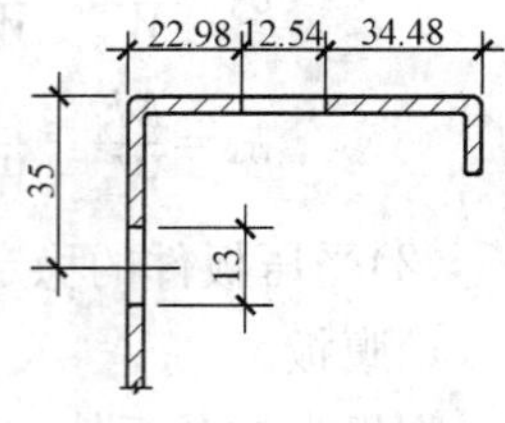

例图 6-7 檩条有效截面图

$$W_{enx}=\frac{374.9\times10^4-12.54\times2.2\times90^2-13\times2.2\times(90-35)^2}{90}mm^3=3.822\times10^4mm^3$$

$$W_{enymax}=\frac{48.97\times10^4-12.54\times2.2\times(12.54/2+22.98-21.1)^2-13\times2.2\times(21.1-2.2/2)^2}{21.1}mm^3$$

$$=2.258\times10^4mm^3$$

$$W_{enymin}=\frac{48.97\times10^4-12.54\times2.2\times(12.54/2+22.98-21.1)^2-13\times2.2\times(21.1-2.2/2)^2}{(70-21.1)}mm^3$$

$$=0.974\times10^4mm^3$$

$W_{enx}/W_x=0.917$,$W_{eny_{max}}/W_{y_{max}}=0.974$,$W_{eny_{min}}/W_{y_{min}}=0.972$。为简化计算可取 $W_{enx}=0.90W_x$,$W_{eny}=0.95W_y$;当腹板下侧有拉条孔时可取 $W_{enx}=0.85W_x$,$W_{eny}=0.9W_y$。

5. 强度计算

屋面能阻止檩条侧向失稳和扭转,计算①、②点的强度为:

$$\sigma_1=\frac{M_x}{W_{enx}}+\frac{M_y}{W_{eny_{max}}}=\left(\frac{7.25\times10^6}{3.822\times10^4}+\frac{0.36\times10^6}{2.258\times10^4}\right)N/mm^2$$

$$=204.13N/mm^2<205N/mm^2$$

$$\sigma_2=\frac{M_x}{W_{enx}}+\frac{M_y}{W_{eny_{min}}}=\left(\frac{7.25\times10^6}{3.822\times10^4}+\frac{0.36\times10^6}{0.974\times10^4}\right)N/mm^2$$

$$=152.8N/mm^2<205N/mm^2$$

6. 稳定性计算

有效截面模量。永久荷载与风吸力组合下的弯矩较永久荷载与屋面可变荷载组合下的弯矩小很多,按前述计算方法截面全部有效,同时不计孔洞削弱,则

$$W_{ex}=W_x=41.66cm^3,\qquad W_{ey}=W_{ey_{min}}=10.02cm^3$$

屋面能阻止檩条侧向失稳和扭转,在风吸力作用下计算檩条的稳定性。计算受弯构件的整体稳定系数 φ_{bx}。由于均布风荷载方向离开弯心,故 e_a 取正值。

跨中无侧向支承,$\mu_b=1.0$,$\xi_1=1.13$,$\xi_2=0.46$

$$e_a=h/2=18/2=9.0(取正值)$$

$$\eta=2\xi_2a/h=2\times0.46\times9/18=0.46$$

$$\xi=\frac{4I_\omega}{h^2I_y}+\frac{0.156I_t}{I_y}\left(\frac{\mu_bl}{h}\right)^2=\frac{4\times3165.62}{18^2\times48.97}+\frac{0.156\times0.1213}{48.97}\left(\frac{600}{18}\right)^2=1.227$$

$$\lambda_y=600/2.55=235.29$$

$$\varphi_{bx}=\frac{4320Ah}{\lambda_y^2W_x}\xi_1\left(\sqrt{\eta^2+\xi}+\eta\right)\left(\frac{235}{f_y}\right)$$

$$=\frac{4320\times7.52\times18}{235.29^2\times41.66}\times1.13\times\left(\sqrt{0.46^2+1.227}+0.46\right)$$

$$=0.475<0.7$$

查表得 $l_1=6\text{m}$，$\varphi_{bx}=0.475$ 与以上式计算一致。

稳定性为：

$$\sigma=\frac{M_x}{\varphi'_{bx}W_{ex}}+\frac{M_y}{W_{ey}}=\left(\frac{2.19\times10^6}{0.475\times41.66\times10^3}+\frac{0.44\times10^6}{10.02\times10^3}\right)\text{N/mm}^2$$

$$=154.58\text{N/mm}^2<195\text{N/mm}^2$$

计算表明由永久荷载与屋面活荷载组合控制。

7. 挠度计算

$$v_y=\frac{5}{384}\times\frac{1.25\times\cos11.31°\times6000^4}{206\times10^3\times374.90\times10^4}\text{mm}=26.78\text{mm}<l/200=30\text{mm}$$

8. 构造要求

$$\lambda_x=600/7.06=85.0,\lambda_y=300/2.55=117.6<200$$

故此檩条在平面内、外均满足要求。

【例 6-3】 冷弯薄壁卷边槽钢檩条(风吸力控制)

1. 设计资料

封闭式建筑，屋面材料为压型钢板，屋面坡度 1/7.5($\alpha=7.59°$)，檩条跨度 6m，于 $l/2$ 处设一道拉条；水平檩距 1.50m。檐口距地面高度 6m，屋脊距地面高度 7.2m。钢材 Q345。

2. 荷载标准值(对水平投影面)

永久荷载：压型钢板(一层无保温)自重为 0.14kN/m^2，檩条(包括拉条)自重设为 0.05kN/m^2。

可变荷载：屋面均布活荷载或雪荷载最大值为 0.50kN/m^2。基本风压 $w_0=0.45\text{kN/m}^2$，地面粗糙度类别为 B 类。

3. 内力计算

(1)永久荷载与屋面活荷载组合。

檩条线荷载

$$p_k=(0.19+0.50)\times1.5\text{kN/m}=1.035\text{kN/m}$$

$$p=(1.2\times0.19+1.4\times0.50)\times1.5\text{kN/m}=1.392\text{kN/m}$$

$$p_x=p\sin7.59°=0.184\text{kN/m}$$

$$p_y=p\cos7.59°=1.380\text{kN/m}$$

弯矩设计值

$$M_x=p_yl^2/8=1.380\times6^2/8\text{kN}\cdot\text{m}=6.21\text{kN}\cdot\text{m}$$

$$M_y=p_xl^2/32=0.184\times6^2/32\text{kN}\cdot\text{m}=0.21\text{kN}\cdot\text{m}$$

(2)永久荷载与风吸力荷载组合。按《建筑结构荷载规范》(GB 50009—2001)，房屋高度小于 10m，风荷载高度变化系数取 10m 高度处的数值，$\mu_z=1.0$，风振系数 β_z 取 1.0。风荷载体型系数为 $1.5\lg A-2.9=-1.47$(边缘带)，$A=1.5\times6=9\text{m}^2$。

垂直屋面的风荷载标准值

$$w_k=\mu_s\cdot\mu_z\cdot w_0=-1.47\times1.0\times(1.05\times0.45)\text{kN/m}^2=-0.695\text{kN/m}^2$$

檩条线荷载

$$p_x=0.19\times1.5\times\sin7.59°\text{kN/m}=0.038\text{kN/m}$$

$$p_y=(1.4\times0.695\times1.5-0.19\times1.5\times\cos7.59°)\text{kN/m}=1.177\text{kN/m}$$

弯矩设计值(采用受压下翼缘不设拉条的方案)

$$M_x = p_y l^2/8 = 1.177 \times 6^2/8\text{kN}\cdot\text{m} = 5.297\text{kN}\cdot\text{m}$$

$$M_y = p_x l^2/8 = 0.038 \times 6^2/8\text{kN}\cdot\text{m} = 0.171\text{kN}\cdot\text{m}$$

4. 截面选择

选用 C160×70×20×3.0(例图 6-8)。

$A=9.45\text{cm}^2$, $W_x=46.71\text{cm}^3$, $W_{y_{max}}=27.17\text{cm}^3$, $W_{y_{min}}=12.65\text{cm}^3$, $I_x=373.64\text{cm}^4$, $I_y=60.42\text{cm}^4$, $I_t=0.2836\text{cm}^4$, $I_\omega=3070.5\text{cm}^6$, $i_x=6.29\text{cm}$, $i_y=2.53\text{cm}$, $x_0=2.22\text{cm}$, $e_0=5.25\text{cm}$

5. 强度计算

(1)有效净截面模量。按例 6-2 同样方法计算腹板和上翼缘板全截面有效。在腹板的计算截面有一个 ϕ13 拉条连接孔(距上翼缘板边缘 35mm),见例图 6-8,则有效净截面模量为:

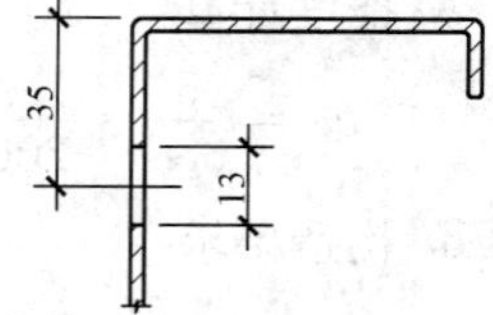

例图 6-8 檩条有效截面图

$$W_{enx} = \frac{373.64 \times 10^4 - 13 \times 3 \times (80-35)^2}{80}\text{mm}^3 = 4.572 \times 10^4\text{mm}^3$$

$$W_{eny_{max}} = \frac{60.42 \times 10^4 - 13 \times 3 \times (22.2 - 3/2)^2}{22.2}\text{mm}^3 = 2.646 \times 10^4\text{mm}^3$$

$$W_{eny_{min}} = \frac{60.42 \times 10^4 - 13 \times 3 \times (22.2 - 3/2)^2}{70 - 22.2}\text{mm}^3 = 1.229 \times 10^4\text{mm}^3$$

(2)屋面能阻止檩条侧向失稳和扭转,按公式计算例图 6-6 中①、②点的强度为:

$$\sigma_1 = \frac{M_x}{W_{enx}} + \frac{M_y}{W_{eny_{max}}} = \left(\frac{6.21 \times 10^6}{4.572 \times 10^4} + \frac{0.21 \times 10^6}{2.646 \times 10^4}\right)\text{N/mm}^2 = 140.70\text{N/mm}^2 < 300\text{N/mm}^2$$

$$\sigma_2 = \frac{M_x}{W_{enx}} + \frac{M_y}{W_{eny_{min}}} = \left(\frac{6.21 \times 10^6}{4.572 \times 10^4} + \frac{0.21 \times 10^6}{1.229 \times 10^4}\right)\text{N/mm}^2 = 118.74\text{N/mm}^2 < 300\text{N/mm}^2$$

6. 稳定计算

(1)有效截面模量。永久荷载与风吸力组合下的弯矩小于永久荷载与屋面可变荷载组合下的弯矩,根据前面的计算结果,截面全部有效;同时不计孔洞削弱,则

$$W_{ex} = W_x = 46.71\text{cm}^3, W_{ey} = w_{ey_{max}} = 27.17\text{cm}^3$$

(2)受弯构件的整体稳定系数 φ_{bx} 计算。由于均布风荷载方向离开弯心,故 e_a 取正值。

跨中无侧向支承,$\mu_b=1.0$,$\xi_1=1.13$,$\xi_2=0.46$

$e_a = h/2 = 16/2 = 8\text{cm}$(取正值)

$\eta = 2\xi_2 e_a/h = 2\times0.46\times8/16 = 0.46$

$$\xi = \frac{4I_\omega}{h^2 I_y} + \frac{0.156 I_t}{I_y}\left(\frac{\mu_b l}{h}\right)^2 = \frac{4\times3070.5}{16^2\times60.42} + \frac{0.156\times0.2836}{60.42}\times\left(\frac{600}{16}\right)^2 = 1.824$$

$\lambda_y = 600/2.53 = 237.15$

$$\varphi_{bx} = \frac{4320Ah}{\lambda_y^2 W_x}\xi_1\left(\sqrt{\eta^2+\xi}+\eta\right)\left(\frac{235}{f_y}\right) = \frac{4320\times9.45\times16}{237.15^2\times46.71}\times1.13\times\left(\sqrt{0.46^2+1.824}+0.46\right)$$

$$= 0.361 < 0.7$$

查表得 $l_1=6\text{m}$,$\varphi'_{bx}=0.361$ 与公式计算一致。

(3)风吸力作用使檩条下翼缘受压,计算的稳定性为:

$$\sigma = \frac{M_x}{\varphi'_{bx} W_{ex}} + \frac{M_y}{W_{ey}} = \left(\frac{5.297 \times 10^6}{0.53 \times 46.71 \times 10^3} + \frac{0.171 \times 10^6}{27.17 \times 10^3}\right)\text{N/mm}^2$$

$$= 220.26\text{N/mm}^2 \quad \begin{matrix} > 140.70\text{N/mm}^2 \\ < 300\text{N/mm}^2 \end{matrix}$$

计算表明由永久荷载与风荷载组合控制。以上计算未考虑屋面对上翼缘的约束，若考虑这一有利因素，可将公式中屋面自重 y 方向的分量忽略，即认为在 y 方向产生的弯矩全部由上翼缘承受。

7. 挠度计算

$$v_y = \frac{5}{384} \times \frac{1.035 \times \cos 7.59° \times 6000^4}{206 \times 10^3 \times 373.64 \times 10^4}\text{mm} = 22.49\text{mm} < l/200 = 30\text{mm}$$

8. 构造要求

$$\lambda_y = 600/6.29 = 95, \lambda_y = 300/2.53 = 119 < 200$$

故此檩条在平面内、外均满足要求。

第二节　压型钢板

压型钢板是以冷轧薄钢板（一般厚为 0.4～1.6mm）为基板，经过镀锌（铝锌）后成型或再涂覆彩色涂层后加工成型的波状板材，广泛应用于钢结构工程屋面、墙面围护板材。

(1)压型钢板受压翼缘的有效宽厚比。

两纵边均与腹板相连，或一纵边与腹板相连、另一纵边与中间加劲肋相连的受压翼缘，可按下式计算：

当 $\frac{b}{t} \leqslant 18\alpha\rho$ 时：

$$\frac{b_e}{t} = \frac{b_c}{t} \tag{6-32}$$

当 $18\alpha\rho < \frac{b}{t} < 38\alpha\rho$ 时：

$$\frac{b_e}{t} = \left(\sqrt{\frac{21.8\alpha\rho}{\frac{b}{t}}} - 0.1\right)\frac{b_c}{t} \tag{6-33}$$

当 $\frac{b}{t} \geqslant 38\alpha\rho$ 时：

$$\frac{b_e}{t} = \frac{25\alpha\rho}{\frac{b}{t}} \cdot \frac{b_c}{t} \tag{6-34}$$

式中　b——板件宽度；

t——板件厚度；

b_e——板件有效宽度；

α——计算系数，$\alpha = 1.15 - 0.15\psi$，当 $\psi < 0$ 时，取 $\alpha = 1.15$；

ψ——压应力分布不均匀系数，$\psi = \frac{\sigma_{min}}{\sigma_{max}}$；

σ_{max}——受压板件边缘的最大压应力（N/mm²），取正值；

σ_{min}——受压板件另一边缘的应力（N/mm²），以压应力为正，拉应力为负；

b_c——板件受压区宽度，当 $\psi \geqslant 0$ 时，$b_c=b$，当 $\psi<0$ 时，$b_c=\frac{b}{1-\psi}$；

ρ——计算系数，$\rho=\sqrt{\frac{205k_1k}{\sigma_1}}$；

k——板件受压稳定系数；

k_1——板组约束系数；若不计相邻板件的约束作用，可取 $k_1=1$。

有一纵边与边加劲肋相连的受压翼缘，压型钢板的有效宽厚比也用以上公式计算。

(2)受压翼缘的纵向加劲肋规定。

边加劲肋：

$$I_{es} \geqslant 1.83t^4\sqrt{\left(\frac{b}{t}\right)^2-\frac{27100}{f_y}} \tag{6-35}$$

且

$$I_{es} \geqslant 9t^4$$

中间加劲肋：

$$I_{is} \geqslant 3.66t^4\sqrt{\left(\frac{b_s}{t}\right)^2-\frac{27100}{f_y}} \tag{6-36}$$

且

$$I_{is} \geqslant 18t^4$$

式中 I_{es}——边加劲肋截面对平行于被加劲板件截面之重心轴的惯性矩；

I_{is}——中间加劲肋截面对平行于被加劲板件截面之重心轴的惯性矩；

b_s——子板件的宽度；

b——边加劲板件的宽度；

t——板件的厚度。

(3)腹板的剪应力计算。

当 $h/t<100$ 时：

$$\tau \leqslant \tau_{cr}=\frac{8550}{(h/t)} \tag{6-37}$$

$$\tau \leqslant f_v \tag{6-38}$$

当 $h/t \geqslant 100$ 时：

$$\tau \leqslant \tau_{cr}=\frac{855000}{(h/t)^2} \tag{6-39}$$

式中 τ——腹板的平均剪应力，N/mm^2；

τ_{cr}——腹板的剪切屈曲临界剪应力；

h/t——腹板的高厚比。

(4)支座处腹板局部抗压承载力验算。

$$R \leqslant R_w \tag{6-40}$$

$$R_w=\alpha t^2\sqrt{fE}(0.5+\sqrt{0.02l_c/t})[2.4+(\theta/90)^2] \tag{6-41}$$

式中 R——支座反力；

R_w——一块腹板的局部抗压承载力设计值；

α——系数，中间支座取 $\alpha=0.12$，端部支座取 $\alpha=0.06$；

t——腹板厚度，mm；

l_c——支座处的支承长度，$10mm<l_c<200mm$，端部支座可取 $l_c=10mm$；

θ——腹板倾角($45°\leqslant\theta\leqslant90°$)。

(5)强度计算和截面要求。

压型钢板强度计算可取一个波距或整块压型钢板的有效截面按受弯构件计算。

1)压型钢板同时承受弯矩 M 和支座反力 R 的截面,应满足下列要求:

$$M/M_u\leqslant1.0 \tag{6-42}$$

$$R/R_w\leqslant1.0 \tag{6-43}$$

$$M/M_u+R/R_w\leqslant1.25 \tag{6-44}$$

式中　M_u——截面的弯曲承载力设计值,$M_u=W_e f$。

2)压型钢板同时承受弯矩 M 和剪力 V 的截面,应满足下列要求:

$$\left(\frac{M}{M_u}\right)^2+\left(\frac{V}{V_u}\right)^2\leqslant1 \tag{6-45}$$

式中　V_u——腹板的抗剪承载力设计值,$V_u=(h_t\cdot\sin\theta)\tau_{cr}$。

(6)挠度要求。

压型钢板挠度与跨度的限值之比有如下要求:

屋面板:屋面坡度$<\frac{1}{20}$时取 1/250;屋面坡度$\geqslant\frac{1}{20}$时取$\frac{1}{200}$。

墙板:$\frac{1}{150}$。

楼板:$\frac{1}{200}$。

【例 6-4】 屋面压型钢板计算

1. 计算条件

已知一跨度为 18m 的屋盖结构,其屋面采用 W600 长尺压型钢板(高波),基板厚度为 1mm,材质为 350 级结构钢,屋面坡度 1/20,板为连续多跨支承,跨度为 4.5m。板的材料强度按 Q345 钢考虑,其屈服强度为 $f_y=345\text{N/mm}^2$,强度设计值为 $f=295\text{N/mm}^2$,弹性模量 $E=206000\text{N/mm}^2$。板的截面形状如例图 6-9 所示。

要求按强度及挠度条件分别求其最大承载力。

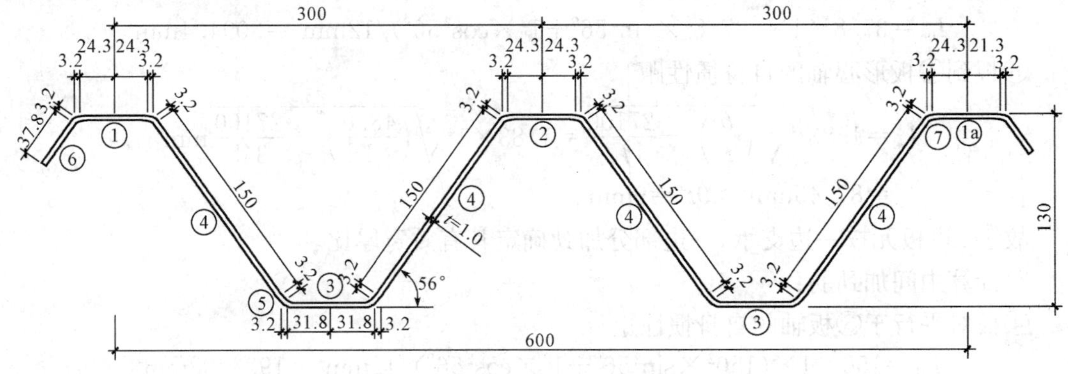

例图 6-9　高波压型钢板的截面

2. 计算压型钢板的截面特性

根据板型截面尺寸,计算所得的各板元尺寸、倾角、弧段等尺寸已标注在例图 6-9 中,由于上、下翼缘宽度不等，且其宽厚比分别为 48.6 和 63.6，应分别按正弯曲和负弯曲时板有效截面特性，计算时弧角均按折角和两边加劲肋按形状相同简化计算。

(1)板的截面特性(板元计算详见例表 6-1)。

板的重心矩

$$y_c=\frac{\sum b_i y_i}{\sum b_i}=\frac{593.07}{96.68}\text{cm}=6.13\text{cm}$$

$$y_{cmax}=(13-6.13)\text{cm}=6.87\text{cm}$$

例表 6-1　　板元基本性能计算

板件号	板件宽度 b_i(cm)	板件中心至①板形心轴距离 y_i(cm)	$b_i y_i$	$b_i y_i^2$	板元对自身平行于翼板的形心轴惯性矩 I_i(cm^4)
①	4.86	—	—	—	—
①a	4.56	—	—	—	—
②	4.86	—	—	—	—
③	2×6.36=12.72	13	165.36	2149.68	—
④	4×15=60	6.5	390	2535	$4\times1\times15(15^2\cos^2 34°+1\times\sin^2 34°)/12=774.8$
⑤	4×0.59=2.36	12.9	30.44	392.73	—
⑥	3.78	(1.89+0.32)sin56°=1.83	6.92	12.7	$1\times3.78(3.78^2\cos^2 34°+1\times\sin^2 34°)/12=3.2$
⑦	6×0.59=3.54	0.6−0.51=0.09	0.32	0.03	—
Σ	96.68		593.07	5090	778

(2)正弯曲时板的有效截面特性。

1)计算边加劲肋：

⑥板到①板形心轴的重心距　　$y_6=(18.9+3.2)\times\sin56°\text{mm}=18.3\text{mm}$

⑥板对平行于①板的轴的惯性矩

$$I_{06}=37.8\times1\times(37.8^2\times\sin^2 56°+1^2\times\cos^2 56°)/12\text{mm}^4=3094.4\text{mm}^4$$

⑥板到①板形心轴的自身惯性距

$$I_{es}=1.83t^4\sqrt{\left(\frac{b}{t}\right)^2-\frac{27100}{f_y}}=1.83\times1^4\sqrt{\left(\frac{48.6}{1}\right)^2-\frac{27100}{345}}\text{mm}^4$$

$$=87.45\text{mm}^4>9t^4=9\text{mm}^4$$

故①、①a板元按一边支承、一边部分加劲确定其有效宽厚比。

2)计算中间加劲肋：

④板对平行于③板轴的自身惯性矩

$$I_{04}=150\times1\times(150^2\times\sin^2 56°+1^2\times\cos^2 56°)/12\text{mm}^4=1933.08\text{mm}^4$$

$$I_{es}>3.66t^4\sqrt{\left(\frac{b}{t}\right)^2-\frac{27100}{f_y}}=174.90\text{mm}^4>18t^4=18\text{mm}^4$$

故②板元按两边支承板件确定其有效宽厚比。

3)受压板件考虑板组约束的有效宽厚比计算：

先假设板在弯矩作用下全截面有效，在正弯矩作用下，上翼缘均匀受压，下翼缘均匀受拉，由于板的重心距偏向上翼缘，所以下翼缘先达到设计强度 $\sigma = -295\text{N/mm}^2$，则上翼缘①、⑴ⓐ、②板件压应力及腹板④、⑥板件受压边最大压应力 $\sigma_{max} = 263.2\text{N/mm}^2$，④板件另一边的应力 $\sigma_{min} = -295\text{N/mm}^2$，⑥板件另一边的应力 $\sigma_{min} = 91.75\text{N/mm}^2$，受压板件考虑板组约束的有效宽厚比计算见例表 6-2。计算所得的正弯曲有效截面见例图 6-10。

例表 6-2　　　　计算正弯曲时各板元有效宽厚比的参数

板件号	ψ	α	k	c(mm)	b(mm)	k_c	ξ	k_1
①	1	1	0.98	150	48.6	23.87	0.625	1.265
1a	1	1	0.98	150	45.6	23.87	0.667	1.225
②	1	1	4.0	150	48.6	23.87	1.263	0.742
④	−1.12	1.15	23.87	48.6	150	0.98	1.599	0.498
⑥	0.311	1.10	0.89	48.6	37.8	0.98	1.225	0.783
板件号	σ_1(N/mm²)	ρ	$18\alpha\rho$	$38\alpha\rho$	b_c(mm)	b_e(mm)	b_{e1}(mm)	b_{e2}(mm)
①	263.2	1.179	21.21	44.78	48.6	29.46	14.73	14.73
1a	263.2	1.16	20.88	44.08	45.6	29.00	14.50	14.50
②	263.2	1.823	32.82	69.29	48.6	39.09	19.55	19.55
④	263.2	3.649	75.53	159.44	70.8	70.8	—	—
⑥	263.2	0.884	17.50	36.95	37.8	24.53	—	—

注：①、1a 按部分加劲板件，②、④按加劲板件，⑥按非加劲板件计算。

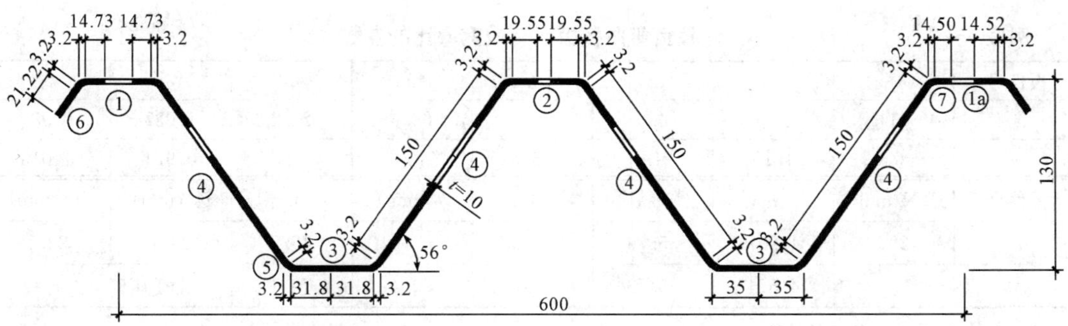

例图 6-10　正弯曲的有效截面

4）正弯曲时板的有效截面特性计算：

考虑受压板件的有效宽厚比后板的截面特性见例表 6-3。

板的重心矩

$$y_c = \frac{\sum b_i y_i}{\sum b_i} = \frac{589.26}{90.83}\text{cm} = 6.49\text{cm}$$

$$y_{cmax} = (13 - 6.49)\text{cm} = 6.51\text{cm}$$

$$I_e = (\sum_2^7 I_i + \sum_2^7 b_i y_i^2 - y_c^2 \sum_2^7 b_i)t = (940.62 + 5083 - 6.49^2 \times 90.73) \times 0.1\text{cm}^4 = 219.6\text{cm}^4$$

$$W_{e\,min} = \frac{I_e}{y_c + t/2} = \frac{219.6}{6.49 + 0.05}\text{cm}^3 = 33.58\text{cm}^3$$

例表 6-3　　正弯曲板元基本性能计算

板件号	板件宽度 b_i(cm)	板件中心至①板形心轴距离 y_i(cm)	$b_i y_i$	$b_i y_i^2$	各板元对自身形心轴的惯性矩 I_i(cm^4)
①	2.946	—	—	—	—
①a	2.900	—	—	—	—
②	3.909	—	—	—	—
③	2×6.36=12.72	13	165.36	2149.68	—
④	4×15=60	6.5	390	2535	939.71
⑤	4×0.59=2.36	12.9	30.44	392.73	—
⑥	2.453	$(2.453/2+0.32)\sin56°=1.282$	3.145	40.32	$2.453\times(2.453^2\times\sin^2 56°+1^2\times\cos^2 56°)/12=0.91$
⑦	6×0.59=3.54	0.6−0.51=0.09	0.32	0.03	—
Σ	90.83	—	589.26	5081.47	940.62

(3)负弯曲时板的有效截面特性。

1)受压板件考虑板组约束的有效宽厚比计算：

假设在负弯矩作用下板全截面有效。在负弯矩作用下，上翼缘均匀受拉，下翼缘均匀受压，由于板的重心距偏向上翼缘，所以下翼缘先达到设计强度 $\sigma=295\text{N/mm}^2$，则下翼缘③板件压应力及腹板④板件受压边最大压应力 $\sigma_{max}=295\text{N/mm}^2$，④板件另一边的应力 $\sigma_{min}=-\dfrac{6.13}{6.87}\times295\text{N/mm}^2=-263.2\text{N/mm}^2$。受压板件考虑板组约束的有效宽厚比计算见例表 6-4。负弯矩作用下，受压板件的有效截面见例图 6-11。

例表 6-4　　计算负弯曲各板元有效宽厚比的参数

板件号	ψ	α	k	c(mm)	b(mm)	k_c	ξ	k_1
③	1	1	4.0	150	63.6	21.1	1.027	0.987
④	−0.89	1.15	21.1	63.6	150	4	0.974	1.013
板件号	σ_1(N/mm^2)	ρ	$18\alpha\rho$	$38\alpha\rho$	b_c(mm)	b_e(mm)	b_{e1}(mm)	b_{e2}(mm)
③	295	1.987	35.76	75.5	63.6	46.2	23.1	23.1
④	295	4.624	95.72	202.1	79.4	79.4	④受压区全部有效	

注：板件③、④按加劲板件计算。

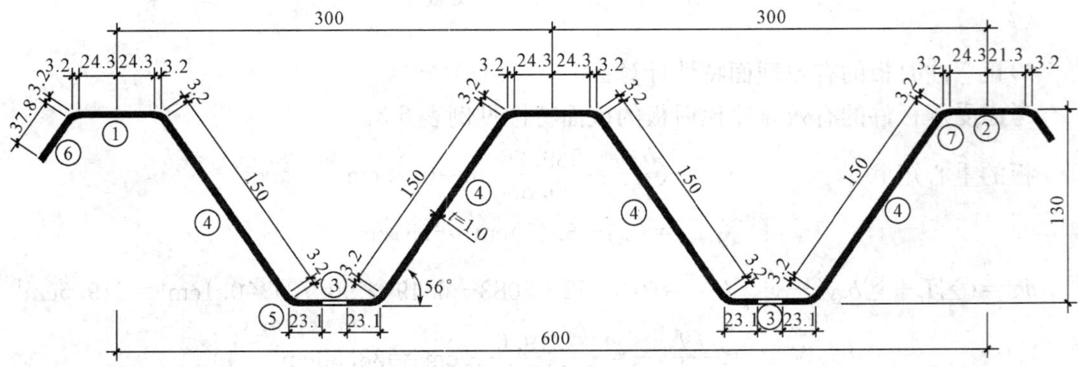

例图 6-11　负弯曲时板的有效截面

2)负弯曲时板的有效截面特性计算：

考虑受压板件的有效宽厚比以后板的截面特性见例表 6-5。

例表 6-5　　负弯曲板元基本性能计算

板件号	板件宽度 b_i(cm)	板件中心至③板形心轴距离 y_i(cm)	$b_i y_i$	$b_i y_i^2$	各板元对自身形心轴的惯性矩 I_i(cm⁴)
①	4.86	13	63.18	821.34	—
①a	4.86	13	63.18	821.34	—
②	4.56	13	59.23	770.64	—
③	2×4.62=9.24	—	—	—	—
④	4×15=60	6.5	390	2535	$4\times1\times15(15^2\sin^2 56°+1^2\cos^2 56°)/12=774.78$
⑤	4×0.59=2.36	0.09	—	—	—
⑥	3.78	11.15	42.15	469.94	$1\times3.78(3.78^2\sin^2 56°+1^2\cos^2 56°)/12=3.19$
⑦	6×0.59=3.54	12.9	45.7	589.09	—
Σ	93.2	—	663.4	6007.35	777.97

板的重心矩

$$y_c=\frac{\sum b_i y_i}{\sum b_i}=\frac{663.4}{93.2}\text{cm}=7.12\text{cm}$$

$$y_1=(13-7.12)\text{cm}=5.88\text{cm}$$

$$I_e=\left(\sum_2^7 I_i+\sum_2^7 b_i y_i^2-y_c^2\sum_1^7 b_i\right)t=(777.97+6007.35-7.12^2\times93.2)\times0.1\text{cm}^4=206.1\text{cm}^4$$

$$W_{e\min}=\frac{I_e}{y_c+t/2}=\frac{206.1}{7.12+0.05}\text{cm}^3=28.74\text{cm}^3$$

3. 压型钢板整体强度及刚度计算的允许板面荷载

板型连续支承跨距为 4.5m，按正、负弯矩与变形等条件计算得出的允许板面荷载列于例表 6-6。

例表 6-6　　整体抗弯强度及刚度的承载力

<table>
<tr><th></th><th>按抗弯强度最大承载力 q_u(设计值)</th><th>按允许挠度最大承载力 q_k(标准值)</th></tr>
<tr><td>正弯矩时</td><td>最大正弯矩(边跨跨中弯矩)
$M_u=0.08q_{1u}l^2=W_e f_0$
$q_{1u}=\frac{W_e f_0}{0.08l^2}=\frac{33.84\times10^3\times182.9}{0.08\times4.5^2\times10^6}\times10^3\text{N/m}$
$=3819.4\text{N/m}$
转化为每平方米值(板覆盖宽度 0.6m)
$q_u=3819.4/0.6\text{N/m}^2=6365\text{N/m}^2$</td><td rowspan="2">跨中相对挠度限值为按正弯曲时取值
$v/l=\frac{3q_{1k}l^4}{384EI_e}\leqslant\frac{l}{200}$
$q_{1k}=\frac{1}{200}\frac{384EI_e}{3l^3}$
$=\frac{1}{200}\times\frac{384\times206000\times206.1\times10^4}{3\times4.5^3\times10^9}\times10^3\text{N/m}$
$=2982\text{N/m}$
转化为每平方米值(板覆盖宽度 0.6m)
$\frac{2982}{0.6}\text{N/m}^2=4970\text{N/m}^2$</td></tr>
<tr><td>负弯矩时</td><td>最大负弯矩(中支座弯矩)
$M_u=0.11q_{1u}l^2=W_e f$
$q_{1u}=\frac{W_e f}{0.11l^2}=\frac{28.74\times10^3\times295}{0.11\times4.5^2\times10^3}\text{N/m}$
$=3806\text{N/m}$
转化为每平方米值(板覆盖宽度 0.6m)
$q_u=3806/0.6\text{N/m}^2=6343\text{N/m}^2$</td></tr>
</table>

4. 其他验算

(1)压型钢板腹板的抗剪承载力验算。

腹板宽厚比为 $h_w/t=150/1=150>100$,抗剪强度验算,容许剪应力为:

$$[\tau]=\frac{V_{max}}{h_w t\sin\theta}\leqslant\frac{855000}{(h_w/t)^2}=\frac{855000}{(150/1)^2}\text{N/mm}^2=38\text{N/mm}^2$$

板上荷载仍取整体控制荷载 $q_{1u}=2646\text{N/m}$,按多跨连续支撑,则支座处板截面最大剪力为:

$$V_{max}=0.60q_{1u}l=0.60\times3806\times4.5\text{N}=10276.2\text{N}$$

其由 4 块腹板承受,$\tau=\frac{10276.2}{150\times1\times\sin56°\times4}\text{N/mm}^2=20.66\text{N/mm}^2<[\tau]=38\text{N/mm}^2$

压型钢板满足腹板抗剪承载力要求。

(2)压型钢板支座处腹板的局部抗压承载力验算。

按板为多跨连续支撑时,中间支座反力:$R=1.1q_{1u}l=1.1\times3806\times4.5\text{N}=18839.7\text{N}$,此反力由 4 块腹板承受,按板在支座处的支撑长度 $l_c=100t$ 即 100mm,验算如下:

$$\begin{aligned}R_w&=\alpha t^2\sqrt{fE}(0.5+\sqrt{0.02l_c/t})[2.4+(\theta/90)^2]\\&=0.12\times1^2\times\sqrt{295\times206000}(0.5+\sqrt{0.02\times100/1})\times[2.4+(56/90)^2]\text{N}\\&=4990\text{N}>R/4=18839.7/4\text{N}=4709.9\text{N}\end{aligned}$$

压型钢板支座处腹板满足局部抗压承载力要求。

(3)压型钢板在支座处同时承受弯矩 M 和支座反力的截面承载力验算。

先确定板上荷载,现荷载即取上一项验算容许值 q_{1u},验算截面取中间支座截面,该处板的计算内力为:

$$M=0.11q_{1u}l^2=0.11\times3806\times4.5^2\text{N}\cdot\text{m}=8478\text{N}\cdot\text{m}$$

$$R=1.1q_{1u}l=1.1\times3806\times4.5\text{N}=18839.7\text{N}$$

板的截面承载力为(取负弯矩相关值):

$$M_u=fW_{ef}=295\times28.74\text{N}\cdot\text{m}=8478.3\text{N}\cdot\text{m}$$

$$R_w=4990\text{N}$$

验算式为:

$$M/M_u+R/R_w\leqslant1.25$$

$$\frac{8478}{8478.3}+\frac{\frac{18839.7}{4}}{4990}=1.94>1.25$$

验算表明,折算强度容许的承载力不满足要求,故尚应降低,降低为:

$$q_{1c}=q_{1u}\times\frac{1.25}{1.94}=3806\times0.644\text{N/m}=2451\text{N/m}$$

转化为平方米计量,压型钢板的允许均布荷载 $q_c=\frac{2451}{0.6}\text{N/m}^2=4085\text{N/m}^2$

5. 结论

综上各项计算,当板按 4.5m 跨度连续支承(三跨或三跨以上)时,在各种计算条件下其允许板面荷载 q_u、q_c(设计值)与 q_k(标准值)如下:

按整体正弯曲计算时, $q_u=\frac{3819.4}{0.6}\text{N/m}^2=6365\text{N/m}^2$

按整体负弯曲计算时, $q_u=\frac{3806}{0.6}\text{N/m}^2=6343\text{N/m}^2$

按整体刚度计算　　$q_k=\frac{2982}{0.6}N/m^2=4970N/m^2$

按支座处折算强度计算　　$q_c=\frac{2451}{0.6}N/m^2=4085N/m^2$

即最小的板面允许荷载最终由折算强度控制，其值为 4085N/m²（设计值）。

第三节　墙　　梁

近年来工业建筑的围护结构普遍采用压型钢板，与其配套的墙梁多采用冷弯薄壁型钢，冷弯薄壁型钢墙梁和冷弯薄壁型钢檩条的工作条件和截面特性基本相同，其设计计算与构造可参照冷弯薄壁型钢檩条的要求进行。

【例 6-5】　墙梁设计

1. 设计资料及说明

(1)天窗挡风架上墙梁跨度 $l=6$m，间距 $S=1.3$m（例图 6-12）。

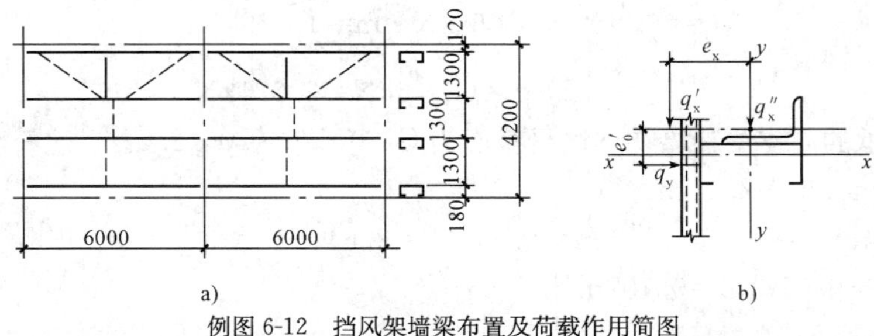

例图 6-12　挡风架墙梁布置及荷载作用简图

(2)墙梁采用冷弯薄壁 C 形钢，墙梁外挂压型钢板（单侧挂墙板），檩条采用 Q235 制作，焊条采用 E43 型。

2. 荷载及内力计算

(1)作用于挡风架墙梁上的均布荷载。

压型钢板　　$0.1kN/m^2\times1.2=0.12kN/m^2$

檩条及支撑自重　　$0.1kN/m^2\times1.2=0.12kN/m^2$

永久荷载合计　　$0.2kN/m^2\times1.2=0.24kN/m^2$

活荷载（水平风压力）　$w_0=0.4kN/m^2$　（10m 标高处基本风压值）

标高 8m 处，风压高度变化系数 $\mu_z=1$，挡风架迎风面风压体型系数 $\mu_s=+1.4$，挡风架墙梁墙角边局部风压体型系数 $\mu_s=-1.8$，房屋局部部位的作用宽度按 0.4×15m（高度）=6m，0.1×90m（宽度）=9m，取其小者，则作用宽度按 6m 取用。

$$w_1=\mu_s\mu_z w_0=1\times1.4\times0.4kN/m^2=0.56kN/m^2$$

$$w_2=\mu_s\mu_z w_0=1\times1.8\times0.4kN/m^2=0.72kN/m^2$$

(2)作用在挡风架墙梁的线荷载。

单侧压型钢板重　　$q'_x=0.12\times1.30kN/m=0.156kN/m$

檩条重　　$q''_x=0.12\times1.30kN/m=0.156kN/m$

支撑重　　$q_x=q'_x+q''_x=(0.156+0.156)kN/m=0.312kN/m$

水平风荷载　　$q_{y1}=1.4\times0.56\times1.3kN/m=1.019kN/m$

(3)内力计算。

竖向荷载 q_x 产生最大弯矩(跨中设一道拉条无拉条时,跨中最大弯矩)

$$M_x=\frac{1}{32}q_xl^2=\frac{1}{32}\times0.312\times6^2\text{kN}\cdot\text{m}=0.351\text{kN}\cdot\text{m}$$

$$M'_x=\frac{1}{8}q_xl^2=\frac{1}{8}\times0.312\times6^2\text{kN}\cdot\text{m}=1.404\text{kN}\cdot\text{m}$$

由水平风荷载 q_y 所产生弯矩

$$M_{y1}=\frac{1}{8}q_{y1}l^2=\frac{1}{8}\times1.019\times6^2\text{kN}\cdot\text{m}=4.586\text{kN}\cdot\text{m}$$

支座处最大剪力

$$V_{x\max}=0.375\times0.312\times6\text{kN}=0.702\text{kN}$$

$$V_{y1}=0.5\times1.019\times6\text{kN}=3.057\text{kN}$$

当设计端部墙角边墙梁时,由于风吸力产生弯矩值较大,需加密墙梁间距,若选用间距 $s=1.0$ 时,$q_{y2}=1.4\times0.72\times1\text{kN/m}=1.008\text{kN/m}<1.019\text{kN/m}$

$$M_y=\frac{1}{8}\times1.008\times6^2\text{kN}\cdot\text{m}=4.536\text{kN}\cdot\text{m}$$

$$V_{y2}=0.5\times1.008\times6\text{kN}=3.024\text{kN}$$

跨中无支承的简支梁计算初选墙梁截面为 C180×70×20×2.5。

$e_0=5.10\text{cm}\quad x_0=2.11\text{cm}$

$k=0.0044\text{cm}^{-1}=0.44\text{m}^{-1}\quad kl=0.44\times6=2.64$

$e_x=(0.09+0.017)\text{m}=0.107\text{m}$

$e'_0=e_0-x_0+\frac{b}{2}=(5.1-2.11+3.5)\text{m}=6.49\text{cm}$

$qe=q'_xe_x+q_ye'_0=(0.156\times0.107+1.019\times0.0649)\text{kN}\cdot\text{m/m}=0.083\text{kN}\cdot\text{m/m}$

查得 $\delta=7.4$

墙梁跨中最大双力矩

$$B_{\max}=0.01\delta qel^2=0.01\times7.4\times0.083\times6^2\text{kN}\cdot\text{m/m}=0.221\text{kN}\cdot\text{m}^2/\text{m}$$

$$B=0.179\text{kN}\cdot\text{m}^2/\text{m}$$

由双力矩 B 引起正应力符号压应力为正,拉应力为负,如例图 6-13 所示。

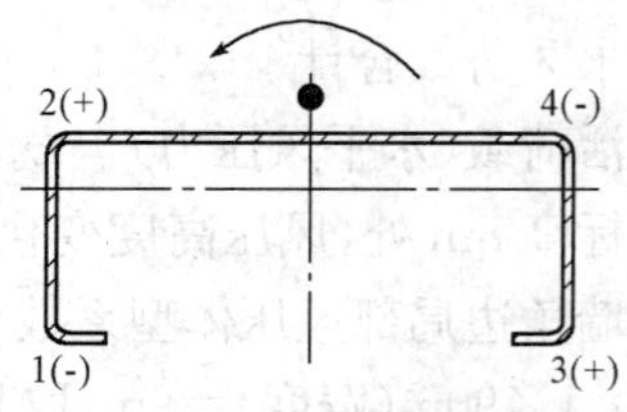

例图 6-13 双力矩 B 引起的正应力符号图

3. 截面选择

(1)挡风架墙梁截面:C180×70×20×2.5。

$A=8.48\text{cm}^2\quad I_y=420.20\text{cm}^4$

$W_y=46.69\text{cm}^3\quad i_y=7.04\text{cm}$

$I_x=54.42\text{cm}^4\quad W_{x1}=W_{x3}=11.12\text{cm}^3$

$W_{x2}=W_{x4}=25.82\text{cm}^3\quad i_x=2.53\text{cm}$

$I_\omega=3492.15\text{cm}^6\quad W_{\omega1}=133.99\text{cm}^4$

$W_{\omega2}=115.73\text{cm}^4$

(2)有效截面计算。

按毛截面计算截面角点处正应力

$\sigma=\frac{M_x}{W_x}+\frac{M_y}{W_y}$

$\sigma_1=\left(+\frac{0.351\times10^6}{11.12\times10^3}+\frac{4.586\times10^6}{46.69\times10^3}\right)\text{N/mm}^2=(31.56+98.22)\text{N/mm}^2=129.78\text{N/mm}^2$(压)

$\sigma_2=\left(-\frac{0.351\times10^6}{25.82\times10^3}+\frac{4.586\times10^6}{46.69\times10^3}\right)\text{N/mm}^2=(-13.59+98.22)\text{N/mm}^2=84.63\text{N/mm}^2$(压)

$\sigma_3=(31.56-98.22)\text{N/mm}^2=-66.66\text{N/mm}^2$(拉)

$\sigma_4=(-13.59-98.22)\text{N/mm}^2=-111.81\text{N/mm}^2$(拉)

1)板件 1—2 为部分加劲板件，最大压应力在部分加劲边。

$$\sigma_{max}=129.78\text{N/mm}^2\quad\sigma_{min}=84.63\text{N/mm}^2$$

(不考虑双力矩影响)

$$\psi=\frac{\sigma_{min}}{\sigma_{max}}=\frac{84.63}{129.78}=0.652>-1$$

板件 1—2 稳定系数

$$k=1.15-0.22\psi+0.045\psi^2=1.15-0.22\times0.652+0.045\times0.652^2=1.026$$

邻边 2—4(加劲板)稳定系数

$$\sigma_{min}=-111.81\text{N/mm}^2\quad\sigma_{max}=84.63\text{N/mm}^2$$

$\psi=\frac{-111.81}{84.63}=-1.321<-1$，按 $\psi=-1$ 计算 k_c：

$$k_c=7.8-6.29\psi+9.78\psi^2=23.87$$

受压板件板组约束系数

$$b=70\text{mm}\qquad c=180\text{mm}$$

$$\xi=\frac{c}{b}\sqrt{\frac{k}{k_c}}=\frac{180}{70}\times\sqrt{\frac{1.026}{23.87}}=0.533<1.1$$

$k_1=1/\sqrt{\xi}=1.370<k'_1=2.4$，取 $k_1=1.370$

板件 1—2 有效宽厚比计算：

取 $\sigma_1=129.78\text{N/mm}^2$

由 $\psi=0.652$

$$\alpha=1.15-0.15\psi=1.15-0.15\times0.652=1.052$$

$$\rho=\sqrt{\frac{205k_1k}{\sigma_1}}=\sqrt{\frac{205\times1.370\times1.052}{129.78}}=1.509$$

由 $\psi>0$ 时，取 $b_c=b=70\text{mm}$

$18\alpha\rho=18\times1.052\times1.509=28.6>b/t=70/2.5=28$，不需要计算有效截面

$$b_e/t=\frac{b_c}{t}=28$$

$b_e=70\text{mm}$，即腹杆没有失效区域宽度，计算可不考虑。

2)板件 2—4 为加劲板件。

受压板件稳定系数 $k=23.8$，邻接板件 $k_c=1.026$

受压板件板组约束系数 k_1 计算：

$$b=180\text{mm}\qquad c=70\text{mm}$$

$$\xi=\frac{c}{b}\sqrt{\frac{k}{k_c}}=\frac{70}{180}\times\sqrt{\frac{23.87}{1.026}}=1.876>1.1$$

$k_1=0.11+\dfrac{0.93}{(\xi-0.05)^2}=0.389<k'_1=1.7$，取 $k_1=0.389$

板件 2—4 有效宽厚比：取 $\sigma_1=84.63\text{N/mm}^2$

由 $\psi=-1.321<0$　$\alpha=1.15$

$$\rho=\sqrt{\frac{205k_1k}{\sigma_1}}=\sqrt{\frac{205\times0.389\times23.87}{84.63}}=4.743$$

由 $\psi=-1.321<0$ 时

取
$$b_c=\frac{b}{1-\psi}=\frac{180}{1-(-1.321)}\text{mm}=77.55\text{mm}$$

$$18\alpha\rho=18\times1.15\times4.743=98.18>180/2.5=72$$

取 $b_e=b_c=77.55\text{mm}$，板件 2—4 全部有效，板件 3—4 也全部有效(有效宽度计算从略)。

(3)强度计算。

挡风架墙梁全截面有效，腹板 2—4 墙板侧拉条开孔 $\phi13$，取 $W_{eny}=46.67\text{cm}^3$，$W_{enx1}=25.75\text{cm}^3$，$W_{enx2}=11.11\text{cm}^3$

$$\sigma=\frac{M_x}{W_{enx}}+\frac{M_y}{W_{eny}}+\frac{B}{W_\omega}\leqslant f$$

$$\sigma_1=\left(+\frac{0.351\times10^6}{11.11\times10^3}+\frac{4.586\times10^6}{46.67\times10^3}-\frac{0.221\times10^9}{133.99\times10^4}\right)\text{N/mm}^2$$

$$=(+31.59+98.26-164.94)\text{N/mm}^2=-35.09\text{N/mm}^2$$

$$\sigma_2=\left(\frac{+0.351\times10^6}{25.75\times10^3}+\frac{4.586\times10^6}{46.67\times10^3}+\frac{0.179\times10^9}{133.99\times10^4}\right)\text{N/mm}^2$$

$$=(13.63+98.26+133.59)\text{N/mm}^2=245.48\text{N/mm}^2>f=205\text{N/mm}^2$$

$$\sigma_3=\left(\frac{0.351\times10^6}{11.11\times10^3}-\frac{4.586\times10^6}{46.67\times10^3}+\frac{0.179\times10^9}{133.99\times10^4}\right)\text{N/mm}^2$$

$$=(31.59-98.26+133.59)\text{N/mm}^2=66.92\text{N/mm}^2$$

$$\sigma_4=\left(\frac{0.351\times10^6}{25.75\times10^3}-\frac{4.586\times10^6}{46.67\times10^3}-\frac{0.179\times10^9}{133.99\times10^4}\right)\text{N/mm}^2$$

$$=(-13.63-98.26-133.59)\text{N/mm}^2$$

$$=-245.48\text{N/mm}^2>f=205\text{N/mm}^2$$，强度不满足。

剪应力计算如下：

$$b_0=(70-5)\text{mm}=65\text{mm},h_0=(180-2\times5)\text{mm}=170\text{mm}$$

$$t=2.5\text{mm}$$

$\tau_x=\dfrac{3V_{xmax}}{4h_0t}=\dfrac{3\times0.702\times10^3}{4\times65\times2.5}\text{N/mm}^2=3.24\text{N/mm}^2$，满足要求。

$\tau_y=\dfrac{3V_{ymax}}{2h_0t}=\dfrac{3\times3.057\times10^3}{2\times170\times2.5}\text{N/mm}^2=10.79\text{N/mm}^2$，满足要求。

(4)调整截面计算。

正应力强度不足的主要原因是因考虑扭转产生的双曲力矩应力过大，故应采取在跨中支撑构造，防止受压翼缘侧向失稳与扭转，此时可不计入双曲力矩 B，调整计算如下：

强度计算　$\sigma=\dfrac{M_x}{W_{enx}}+\dfrac{M_y}{W_{eny}}\leqslant f$

$$\sigma_1=\left(\frac{0.351\times10^6}{11.11\times10^3}+\frac{4.586\times10^6}{46.67\times10^3}\right)\text{N/mm}^2=(31.59+98.26)\text{N/mm}^2=129.85\text{N/mm}^2$$

$$\sigma_2=\left(\frac{0.351\times10^6}{25.75\times10^3}+\frac{4.586\times10^6}{46.67\times10^3}\right)\text{N/mm}^2=84.63\text{N/mm}^2$$

$$\sigma_3=\left(\frac{0.351\times10^6}{11.11\times10^3}+\frac{4.586\times10^6}{46.67\times10^3}\right)\text{N/mm}^2=-66.67\text{N/mm}^2$$

$$\sigma_4=\left(-\frac{0.351\times10^6}{25.75\times10^3}-\frac{4.586\times10^6}{46.67\times10^3}\right)\text{N/mm}^2=-111.89\text{N/mm}^2$$

稳定验算(不考虑孔径对腹板截面削弱,均按毛截面计算):

永久荷载与风吸力组合下使下翼缘受压,且下翼缘跨中采取拉撑构造

$\mu_b=0.5$,$\xi_1=1.35$,$\xi_2=0.14$,$e_a=h/2=18/2=9\text{cm}$,取正值。

$$\eta=2\xi_2 e_a/h=2\times0.14\times9/18=0.14$$

$$\zeta=\frac{4I_\omega}{h^2I_x}+\frac{0.156I_t}{I_x}\left(\frac{l_0}{h}\right)^2\quad(l_0=\mu_b l)$$

$$=\frac{4\times3492.15}{18^2\times54.42}+\frac{0.156\times0.1767}{54.42}\left(\frac{0.5\times600}{18}\right)^2$$

$$=0.792+0.1405=0.9325$$

$$\lambda_x=0.5\times600/2.53=118.6$$

$$\varphi_{bx}=\frac{4320Ah}{\lambda_x^2W_y}\xi_1(\sqrt{\eta^2+\zeta}+\eta)\left(\frac{235}{f_y}\right)=\frac{4320\times8.48\times18}{118.6^2\times46.69}\times1.35\times(\sqrt{0.14^2+0.9325}+0.14)$$

$$=1.266>0.7$$

$$\varphi'_{by}=1.091-\frac{0.274}{1.266}=0.87$$

风吸力作用下使墙梁内侧翼缘受压时进行稳定计算:

$$\sigma_4=\frac{M_x}{W_{ex}}+\frac{M_y}{\varphi'_{by}W_{ey}}$$

$$=\frac{1.404\times10^6}{25.82\times10^3}+\frac{4.586\times10^6}{0.87\times46.67\times10^3}$$

$=(54.38+112.95)\text{N/mm}^2=167.33\text{N/mm}^2<f=205\text{N/mm}^2$,满足要求。

第七章　屋架结构

第一节　屋　　架

一、角钢和T形钢屋架

1. 内力计算

一般按铰接屋架计算杆件的轴心内力。但当有节间荷载作用于上弦杆时，则应考虑节间局部弯矩的影响。

(1)上弦杆无节间荷载时的内力计算。当屋架只承受节间荷载时，所有杆件为轴心受压或轴心受拉，不产生弯矩，可采用结构力学方法计算。

(2)上弦杆有节间荷载时的内力计算。按简支梁计算得到的弯矩乘以调整系数。对上弦杆的端节点按铰接 $M=0$，当其悬挑时，取最大悬臂端弯矩 M_e；对端节间取正弯矩 $M_1=0.8M_0$；对其他节间正弯矩和节点负弯矩(包括屋脊节点)均取 $M_1=\pm0.6M_0$。其中 M_0 为以节间长度为跨度的简支梁的最大弯矩。

2. 最不利荷载组合

(1)全跨永久荷载＋全跨可变荷载。可变荷载中屋面活荷载与雪荷载不同时考虑，设计时取两者中的较大值与积灰荷载、悬挂吊车荷载组合。

(2)全跨永久荷载＋半跨屋面活荷载或半跨雪荷载中较大值＋半跨积灰荷载＋悬挂吊车荷载。这种组合可能导致某些腹杆的内力增大或变号。

若在截面选择时，对内力可能变号的腹杆，不论在全跨荷载作用下是拉杆还是压杆均按压杆控制其长细比，不必再考虑半跨荷载组合。压杆容许长细比见表13-40。

当屋面为发泡水泥复合轻质大型屋面板的屋架，应考虑安装时的半跨荷载组合，即：屋架及天窗架(包括支撑)自重＋半跨(屋面板重＋屋面活荷载)。

(3)永久荷载＋风荷载。当屋面永久荷载较小，且风荷载较大时，风吸力(荷载分项系数取1.4)可能大于屋面永久荷载(荷载分项系数取1.0)；此时，屋架弦、腹杆中的内力均可能变号，故必须计算此项荷载组合。计算有天窗架的屋架，需考虑天窗架上的风荷载对屋架的影响。

除此之外，可忽略屋架、天窗架上的风荷载对屋架杆件内力的影响。

(4)当房屋较高，吊车起重量或风荷载较大时，尚应考虑排架柱顶剪力对屋架下弦杆内力的影响。

(5)永久荷载与地震作用。屋架本身可不考虑地震组合作用。屋架的纵向地震作用可由屋架端部垂直支撑承受。

3. 截面选择

选择屋架杆件截面形式时，应考虑构造简单、施工方便，且取材容易、易于连接，尽可能增大屋架的侧向刚度。对轴心受力构件宜使杆件在屋架平面内和平面外的长细比接近。

(1)杆件截面尺寸应根据受力情况计算确定。

(2)优先选用刚度较大的薄板件或薄肢件组成的截面，但应满足局部稳定的要求。受压的钢管杆件优先选用回转半径较大，厚度较薄的截面，但应符合最小厚度的要求；方钢管的宽厚比不宜过大。

一般情况下，板件或肢件的最小厚度为 5mm，对小跨度屋架可为 4mm。冷弯薄壁型钢屋架杆件厚度不宜小于 2mm，一般不大于 4.5mm。圆管截面的受压杆件，其外径与壁厚之比不应超过 $100(235/f_y)$。方管或矩形管的最大外缘尺寸与壁厚之比不应超过 $40\sqrt{235/f_y}$。

(3)普通钢屋架的角钢不得小于∟45×4 或∟56×36×4(对焊接结构)，或截面小于∟50×5(对螺栓连接或铆钉连接结构)。直接与支撑或系杆相连的角钢最小肢宽，应根据连接螺栓的直径 d 而定：d=16mm、18mm、20mm 时，角钢最小肢宽分别为 63mm、70mm、75mm。

(4)同一榀屋架中，杆件的截面规格不宜过多。在用钢量增加不多的情况下，宜将杆件截面规格相近的加以统一。一般来说，同一榀屋架中杆件的截面规格不宜超过 6～7 种。

(5)当连接支撑等的螺栓孔在节点范围内，且距节点板边缘距离不小于 100mm 时(图 7-1)，计算杆件强度可不考虑截面的削弱。

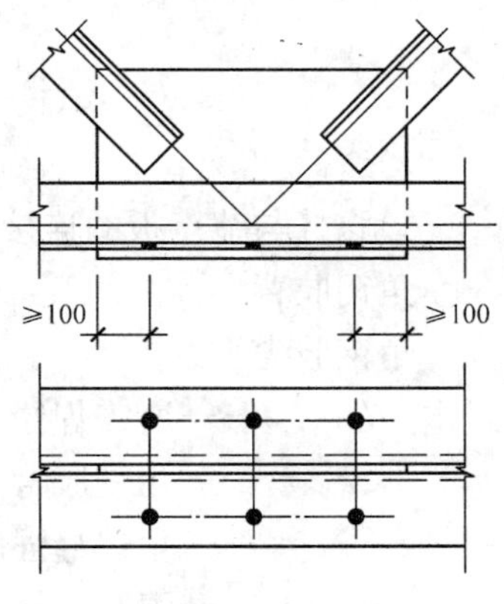

图 7-1 节点板范围内的螺栓孔

(6)用填板连接而成的双角钢或双槽钢截面，应按组合截面计算，但填板间的距离 l_1 不应超过 $40i$(压杆)和 $80i$(拉杆)。填板宽度一般为 60～100mm，厚度与节点板相同；其长度对双角钢 T 形截面可伸出角钢肢背和角钢肢尖各 10～20mm，对十字形截面则从角钢肢尖缩进 10～20mm；角钢与填板通常用焊脚尺寸为 5mm 或 6mm 侧焊或围焊的角焊缝连接。

当组成如图 7-2a)、b)所示的双角钢或双槽钢截面时，i 为一个角钢或槽钢平行于填板形心轴的回转半径；当组成如图 7-2c)所示的十字形截面时，i 为一个角钢的最小回转半径。受压杆件两个侧向支承点之间的填板数一般不少于两个。

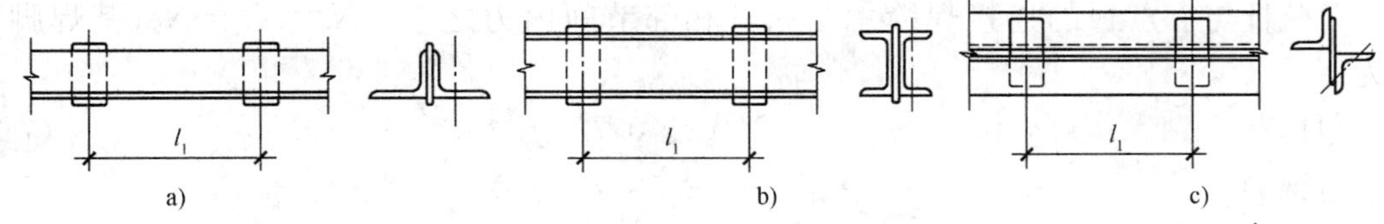

图 7-2 双角钢截面杆件的填板

(7)在设计轻型钢屋架时，杆件和连接的强度设计值应乘以下列折减系数：

连接节点板一侧的单圆钢，按轴心受力计算强度和连接时	0.85
拱的双圆钢拉杆及其连接	0.85
平面桁架式檩条和三铰拱斜梁，其端部主要受压腹杆	0.85
其他杆件和连接	0.95

4. 节点计算

屋架节点计算是根据杆件的内力计算各杆件与节点板间所需的连接焊缝长度以及拼接

杆件之间所需的连接焊缝长度，为确定节点板形状、大小及定位尺寸提供依据。通常由各腹杆内力和所需焊缝长度确定节点板尺寸。

(1)一般节点(图 7-3)。

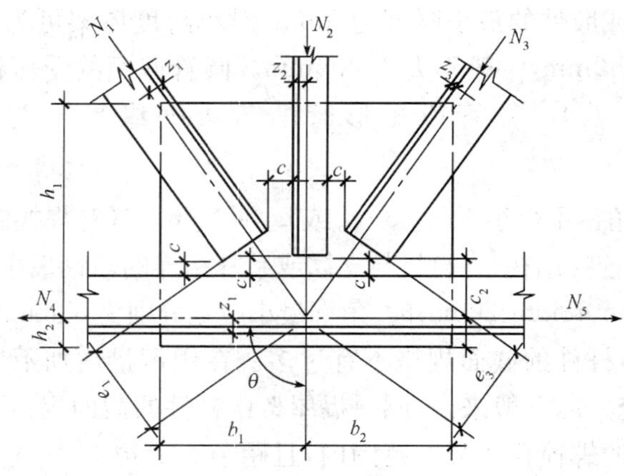

图 7-3　一般节点构造

1)腹杆与节点板的连接焊缝为：

角钢肢背　$l_{w1}=k_1 N/(2\times0.7h_{f1}f_f^w)$　(7-1)

角钢肢尖　$l_{w2}=k_2 N/(2\times0.7h_{f2}f_f^w)$　(7-2)

式中　l_{w1}、l_{w2}——所需焊缝计算长度，实际长度 $l'_w=l_w+2h_f$；

k_1、k_2——角钢肢背、肢尖内力分配系数；

f_f^w——角焊缝强度设计值；

h_f——焊脚尺寸；

N——节点处切断杆件的内力，见图 7-3 的腹杆内力 N_1、N_2、N_3。

若有个别杆件为单角钢单面焊接于节点板，则式(7-1)和式(7-2)中的分母 2 改为 0.85，即角焊缝强度设计值按 0.85 系数折减。

2)弦杆与节点板的连接焊缝承受弦杆相邻节间内力之差 $\Delta N=N_4-N_5$，其焊脚尺寸为：

角钢背　$h_{f1}\geqslant k_1\Delta N/(2\times0.7l_{w1}f_f^w)$　(7-3)

角钢尖　$h_{f2}\geqslant k_2\Delta N/(2\times0.7l_{w1}f_f^w)$　(7-4)

(2)承受集中荷载的节点。

1)当节点板缩进角钢肢背时，角钢肢背的槽焊缝假定只承受屋面集中荷载，槽焊缝强度计算公式为：

$$\sigma_f=\frac{Q}{2\times0.7h_{f1}l_w}\leqslant0.8f_f^w \tag{7-5}$$

式中　Q——节点集中荷载(可取垂直于屋面的分力)；

h_{f1}——焊脚尺寸(即缩进尺寸)，槽焊缝可视为两条 $h_{f1}=0.5t_1$ 的角焊缝(t_1 为节点板厚度)；

0.8——考虑槽焊缝质量变异性大的强度折减系数。

弦杆相邻节间的内力之差由角钢肢尖焊缝承受，计算时应考虑偏心引起的弯矩 $M=$

$\Delta N\cdot e$(e为角钢肢尖至弦杆轴线距离)，按下列公式计算：

$$\sigma_f=\frac{6M}{2\times0.7h_{f2}l_w^2} \tag{7-6}$$

$$\tau_f=\frac{\Delta N}{2\times0.7h_{f2}l_w} \tag{7-7}$$

$$\sqrt{(\sigma_f/\beta_f)^2+\tau_f^2}\leqslant f_f^w \tag{7-8}$$

式中　β_f——正面角焊缝的强度设计值增大系数。承受静力荷载或间接承受动力荷载$\beta_f=1.22$，直接承受动力荷载$\beta_f=1.0$。

2)当节点板部分向上伸出时，弦杆与节点板的连接焊缝按下列公式计算：

肢背焊缝
$$\sqrt{\frac{(k_1\cdot\Delta N)^2+(0.5Q)^2}{2\times0.7h_{f1}l_{w1}}}\leqslant f_f^w \tag{7-9}$$

肢尖焊缝
$$\sqrt{\frac{(k_2\cdot\Delta N)^2+(0.5Q)^2}{2\times0.7h_{f2}l_{w2}}}\leqslant f_f^w \tag{7-10}$$

式中　h_{f1}、l_{w1}——伸出肢背的角焊缝的焊脚尺寸和计算长度；

h_{f2}、l_{w2}——肢尖角焊缝的焊脚尺寸和计算长度。

(3)拼接节点。

1)角钢长度不够或弦杆截面有改变时，弦杆采用与杆件相同截面或与较小杆件截面相同的拼接角钢拼接。接头一侧的连接焊缝实际长度为：

$$l'_w=N/(4\times0.7h_f f_f^w)+2h_f \tag{7-11}$$

拼接角钢的长度一般为$l=2l'_w+(10\sim20)$mm。

2)屋架的工地拼装节点以拼接角钢传递弦杆内力，不利用节点板作为拼接材料。弦杆与拼接角钢焊缝用式(7-11)计算，公式中N段节点两侧弦杆内力的较大值，所需拼接角钢长度$l=2l'_w+b$，b为间隙，下弦节点一般取$b=10\sim20$mm，屋脊节点中当角钢端部垂直于其截面切断时所需间隙稍大，故常用垂直于地面直切。弦杆与节点板的连接焊缝按ΔN或$0.15N$中较大值计算。当节点处有集中荷载时按式(7-9)和式(7-10)计算。

(4)支座节点。T形屋架铰接支座(图7-4)中力的传递路线是屋架支座杆件合力(其值与反力R相等)作用在节点板上，节点板通过与肋板的焊缝将合力的一部分传给肋板，节点板与肋板通过与底板的水平焊缝将合力传给底板。支座节点的计算，包括底板面积及厚度、节点板与肋板的竖焊缝以及节点板、肋板与底板的水平焊缝三个部分。

1)底板面积及厚度。底板面积按下式计算：

$$A=a\times b\geqslant\frac{R}{\beta_c f_c}+A_0 \tag{7-12}$$

式中　R——支座反力；

β_c——混凝土局部承压时的提高系数，通常取1；

f_c——支座混凝土轴心抗压强度设计值；

A_0——锚栓孔的面积。

通常计算需要的底板面积较小，底板的平面尺寸按构造要求确定，见表13-42。

底板的厚度按均布荷载下板的抗弯强度计算。底板的计算原则及底板厚度的计算公式，与柱脚底板相同。

支座底板被加劲肋分隔为两相邻边支承两边悬臂的四块板，其单位宽度的最大弯矩为：

$$M=\beta q a_1^2 \tag{7-13}$$

式中 q——底板下反力的平均值，$q=R/(A-A_0)$；

β——系数，由 b_1/a_1 值按表 13-43 查出；

a_1、b_1——对两相邻边支承两边悬臂的板分别为对角线长度和底板中点至对角线的距离［图 7-4a)］。

支座底板的厚度为：

$$t \geqslant \sqrt{\frac{6M}{f}} \tag{7-14}$$

为使混凝土均匀受压，底板不宜太薄，一般 $t \geqslant 16\text{mm}$。

2)加劲肋与节点板的连接焊缝按下式计算：

$$\sqrt{\left(\frac{V}{2\times 0.7h_f l_w}\right)^2+\left(\frac{6M}{2\times 0.7\beta_f h_f l_w^2}\right)^2} \leqslant f_f^w \tag{7-15}$$

式中 V——焊缝所受的剪力，通常假定一个加劲肋传递支座反力的 1/4，即 $V=R/4$；

M——偏心弯矩，$M=\dfrac{R\cdot b}{16}$。

3)节点板、加劲肋与支座底板连接的水平焊缝按下式计算：

$$\sigma_f=\frac{R}{0.7h_f\sum l_w} \leqslant \beta_f f_f^w \tag{7-16}$$

式中 $\sum l_w$——节点板、加劲肋与支座底板连接焊缝计算长度之和。

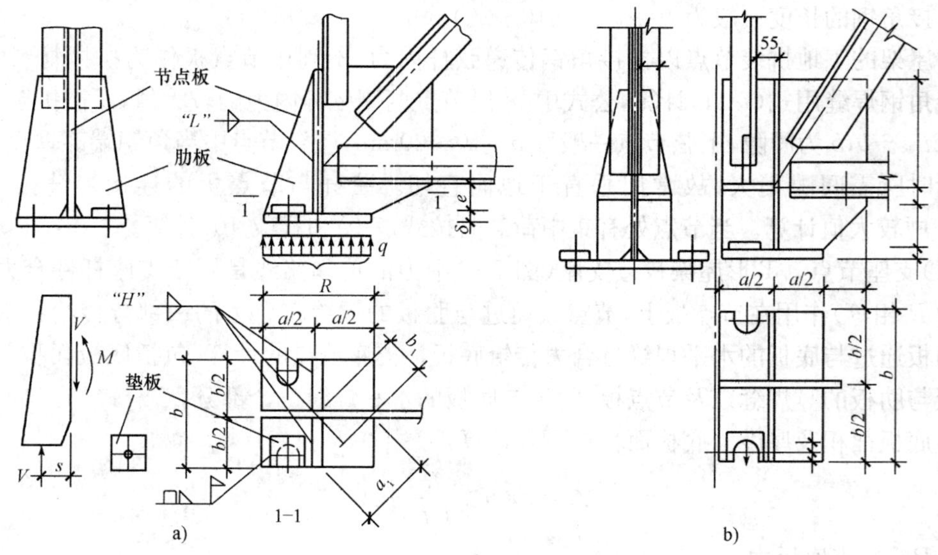

图 7-4 梯形屋架铰接支座节点

a)杆件交于一点；b)杆件不交于一点

二、钢管屋架

1. 截面选择

热加工管材和冷成型管材不应采用屈服强度超过 Q235 钢以及屈服比 $f_y/f_u > 0.8$ 的钢材，且钢管壁厚不宜大于 25mm。

(1)杆件计算长度。杆件在屋架平面内,弦杆和腹杆为 l。在屋架平面外,弦杆为 l_1,腹杆为 l。其中,l 为构件的几何长度(节点中心间距离),l_1 为屋架弦杆侧向支承点之间的距离。

当屋架杆弦杆侧向支承点之间的距离为节间长度的两倍且两节间的弦杆轴心压力有变化时,则该弦杆在屋架平面外的计算长度,应按下式确定:

$$l_{0y}=l_1(0.75+0.25N_2/N_1) \tag{7-17}$$

且

$$l_{0y}\geqslant 0.5l_1$$

式中　N_1——较大的压力,计算时取正值;

N_2——较小的压力或拉力,计算时压力取正值,拉力取负值。

(2)杆件截面形式。钢管屋架指杆件截面为方钢管或圆钢管的钢屋架。方钢管多为闭口或两个槽钢的焊接截面;圆钢管为高频焊接截面或轧制无缝截面。方钢管截面主要采用正方形,必要时可用长方形。长方形方钢管用于弦杆平放时可更好地适应需要有较大侧向宽度和刚度的情况。圆钢管的外径与壁厚之比不应超过 $100\left(\frac{235}{f_y}\right)$,方钢管的最大外缘尺寸与壁厚之比不应超过 $40\sqrt{\frac{235}{f_y}}$。屋架弦杆全长宜采用同一截面规格的型材。

(3)各杆件截面重心轴线应汇交于节点中心,尽可能避免偏心。若支管与主管连接节点偏心不超过式(7-18)限制时,则在计算节点和受拉主管承载力可忽略因偏心引起的弯矩影响,但受压主管必须考虑此偏心弯矩 $M=\Delta N\times e$(ΔN 为节点两侧主管轴力之差值)。

$$-0.55\leqslant\frac{e}{h}\text{或}\frac{e}{d}\leqslant 0.25 \tag{7-18}$$

式中　e——偏心距;

d——圆主管外径;

h——连接平面内的矩形主管高度。

2. 节点计算

(1)方钢管屋架。

1)节点强度计算。

为保证节点处矩形主管的强度,要求支管的轴心力 N_i 和主管的轴心力 N 不得大于下列规定的节点承载力设计值,应使:

$$\left.\begin{array}{l}N_i\leqslant N_i^{Pj}\\ N\leqslant N^{Pj}\end{array}\right\} \tag{7-19}$$

①支管为矩形管的 T、Y 和 X 形节点[图 7-5a)、b)]。

a. 当 $\beta\leqslant 0.85$ 时,支管在节点处的承载力设计值 N_i^{Pj} 应按下式计算:

$$N_i^{Pj}=1.8\left(\frac{h_i}{bc\sin\theta_i}+2\right)\frac{t^2f}{c\sin\theta_i}\psi_n \tag{7-20}$$

$$c=(1-\beta)^{0.5}$$

式中　ψ_n——参数,当主管受压时,$\psi_n=1.0-\frac{0.25}{\beta}-\frac{\sigma}{f}$;当主管受拉时,$\psi_n=1$。

σ 为节点两侧主管最大轴向压应力(绝对值),当节点有一侧主管受拉时,则取另一侧主管的轴向压应力(绝对值)。

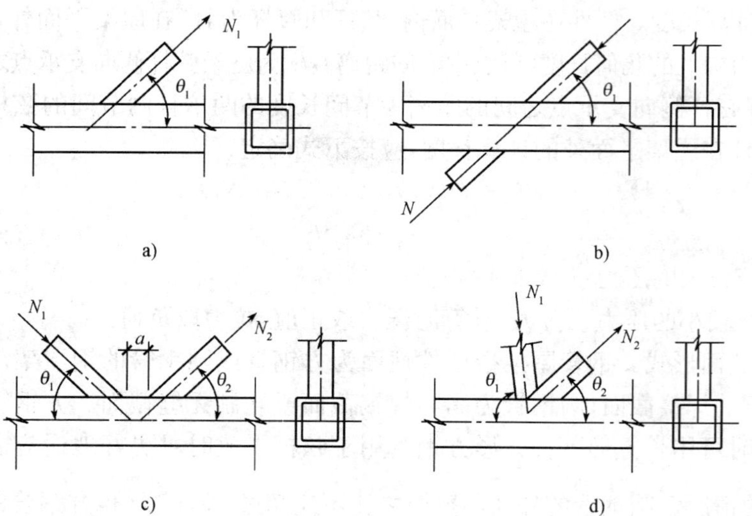

图 7-5　方钢管直接焊接节点

a)T、Y 形节点；b)X 形节点；c)K、N 形节点，有间隙；d)K、N 形节点，搭接

b. 当 $\beta=1.0$ 时，支管在节点处的承载力设计值 N_i^{Pj} 应按下式计算：

$$N_i^{Pj}=2.0\left(\frac{h_i}{\sin\theta_i}+5t\right)\frac{tf_k}{\sin\theta_i}\psi_n \tag{7-21}$$

当为 X 形节点，$\theta<90°$ 且 $h\geqslant h_i/\sin\theta_i$ 时，尚需按下式验算：

$$N_i^{Pj}=\frac{2htf_v}{\sin\theta_i} \tag{7-22}$$

式中　f_k——主管强度：当支管受拉时，$f_k=f$；当支管受压时，对 T、Y 形节点，$f_k=0.8\varphi f$；对 X 形节点，$f_k=0.65\sin\theta_i\varphi f$；

φ——按长细比 $\lambda=1.73\left(\frac{h}{t}-2\right)\left(\frac{1}{\sin\theta_i}\right)^{0.5}$ 确定的轴压构件的稳定系数；

f_v——主管钢材的抗剪强度设计值；

ψ_n——参数，当主管受压时，$\psi_n=1.0-\frac{0.25}{\beta}\frac{\sigma}{f}$；当主管受拉时，$\psi_n=1.0$；

σ——节点两侧主管最大轴向压应力(绝对值)。

c. 当 $0.85<\beta<1.0$ 时，支管在节点处承载力的设计值应按式(7-20)～式(7-22)计算所得的值，根据 β 进行线性插值。此外应不超过下列公式的计算值：

$$N_i^{Pj}=2.0(h_i-2t_1+b_e)t_i f_i \tag{7-23}$$

当 $0.85\leqslant\beta\leqslant 1-\frac{2t}{b}$ 时

$$N_i^{Pj}=2.0\left(\frac{h_i}{\sin\theta_i}+b_{ep}\right)\frac{tf_v}{\sin\theta_i} \tag{7-24}$$

式中　h_i、t_i、f_i——分别为支管的截面高度、壁厚以及抗拉(抗压和抗弯)强度设计值。

$$b_e=\frac{10}{b/t}\frac{f_y t}{f_{yi}t_i}b_i\leqslant b_i \tag{7-25}$$

$$b_{ep}=\frac{10}{b/t}\cdot b_i\leqslant b_i \tag{7-26}$$

②支管为矩形管的有间隙的 K 形和 N 形节点[图 7-5c)]。

a. 节点处任一支管的承载力设计值应取下列公式计算所得的较小值：

$$N_i^{Pj}=1.42\frac{b_1+b_2+h_1+h_2}{b\cdot\sin\theta_i}\left(\frac{b}{t}\right)^{0.5}t^2f\psi_n \tag{7-27}$$

$$N_i^{Pj}=0.83\frac{A_vf_v}{\sin\theta_i} \tag{7-28}$$

$$N_i^{Pj}=2.0\left(h_i-2t_i+\frac{b_i+b_e}{2}\right)t_if_i \tag{7-29}$$

当 $\beta\leqslant1-\frac{2t}{b}$ 时，

$$N_i^{Pj}=2.0\left(\frac{h_i}{\sin\theta_i}+\frac{b_i+b_{ep}}{2}\right)\frac{tf_v}{\sin\theta_i} \tag{7-30}$$

式中 A_v——弦杆的受剪面积，按下式计算：

$$A_v=(2h+\alpha b)t \tag{7-31}$$

$$\alpha=\left[\frac{1}{1+\frac{4a^2}{3t^2}}\right]^{0.5}$$

b. 节点间隙处的弦杆轴心受力承载力设计值为：

$$N^{Pj}=(A-\alpha_vA_v)f \tag{7-32}$$

式中 α_v——考虑剪力对弦杆轴向承载力的影响系数，按下式计算：

$$\alpha_v=1-\left[1-\left(\frac{V}{V_p}\right)^2\right]^{0.5} \tag{7-33}$$

$$V_p=A_vf_v$$

V——节点间隙处弦杆所受的剪力，可按任一支管的竖向分力计算。

③支管为矩形管的搭接 K 形和 N 形节点[图 7-5d)]。

为保证节点的强度，搭接支管的承载力设计值应根据不同的搭接率 Q_v 按下列公式计算（下标 j 表示被搭接的支管）：

当 $25\%\leqslant Q_v\leqslant50\%$ 时

$$N_i^{Pj}=2.0\left[(h_i-2t_i)\frac{O_v}{0.5}+\frac{b_e+b_{ej}}{2}\right]t_if_i \tag{7-34}$$

$$b_{ej}=\frac{10}{b_j/t_j}\cdot\frac{t_jf_{yj}}{t_if_{yi}}\leqslant b_i$$

当 $50\%\leqslant Q_v\leqslant80\%$ 时

$$N_i^{Pj}=2.0\left(h_i-2t_i+\frac{b_e+b_{ej}}{2}\right)t_if_i \tag{7-35}$$

当 $80\%\leqslant Q_v\leqslant100\%$ 时

$$N_i^{Pj}=2.0\left(h_i-2t_i+\frac{b_e+b_{ej}}{2}\right)t_if_i \tag{7-36}$$

被搭接支管的承载力应满足下式要求：

$$\frac{N_j^{Pj}}{A_j f_{yj}} \leqslant \frac{N_i^{Pj}}{A_i f_{yi}} \tag{7-37}$$

④支管为圆管的各种形式节点。

当支管为圆管时，上述各公式仍可使用，但需用 d_i 取代 b_i 和 h_i，并将各式右侧乘以系数 $\pi/4$，同时将式(7-31)中的 α 取为零，即 $A_v=2ht$。

2)节点焊缝强度。

①当屋架节点处各汇交杆件均采用顶接连接(图 7-6)时，杆件间的连接焊缝可按下式计算：

$$\frac{N}{0.7h_f l_w} \leqslant f_f^w \tag{7-38}$$

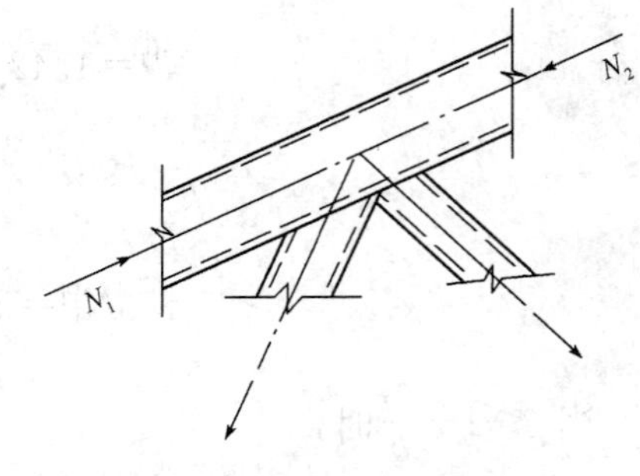

图 7-6　顶接连接焊缝计算简图

式中　N——连接杆件的轴心力设计值；

f_f^w——角焊缝的强度设计值；

l_w、h_f——沿截面周边连接焊缝的计算长度及焊脚尺寸。

在矩形管结构中，支管与主管交线的计算长度，对于有间隙的 K、N 形节点

当 $\theta_i \geqslant 60°$ 时

$$l_w=\frac{2h_i}{\sin\theta_i}+b_i \tag{7-39}$$

当 $\theta_i \leqslant 50°$ 时

$$l_w=\frac{2h_i}{\sin\theta_i}+2b_i \tag{7-40}$$

当 $50°<\theta_i<60°$ 时，l_w 按插值法确定。

对于 T、Y 和 X 形节点：

$$l_w=\frac{2h_i}{\sin\theta_i} \tag{7-41}$$

式中　h_i、b_i——分别为支管的截面高度和宽度。

②当屋架腹杆与弦杆间采用加垫板的顶板连接(图 7-7)时，垫板与弦杆的连接焊缝应按下式计算：

$$\sqrt{\left(\frac{\Delta N}{2\times 0.7h_f l_w}\right)^2+\left(\frac{\Delta Ne}{W_f}\right)^2} \leqslant f_f^w \tag{7-42}$$

式中　ΔN——屋架节点处相邻两弦杆节间的内力之差，$\Delta N=N_1-N_2(N_2>N_1)$；

l_w、h_f——连接焊缝的计算长度及焊脚尺寸；

W_f——沿截面周边连接焊缝的截面模量，$W_f=\frac{0.7h_f l_f^2 l_w^2}{6}$；

e——弦杆重心线与连接焊缝间的距离。

③当屋架节点处作用有外荷载 Q(图 7-8)时，垫板与弦杆间的连接焊缝可按下式计算：

$$\sqrt{\left(\frac{\Delta N}{2\times 0.7h_f \cdot l_w}\right)^2+\left(\frac{\Delta N\cdot e}{W_f}+\frac{Q}{2\times 0.7h_f \cdot l_w}\right)^2} \leqslant f_f^w \tag{7-43}$$

式中符号含义同前。

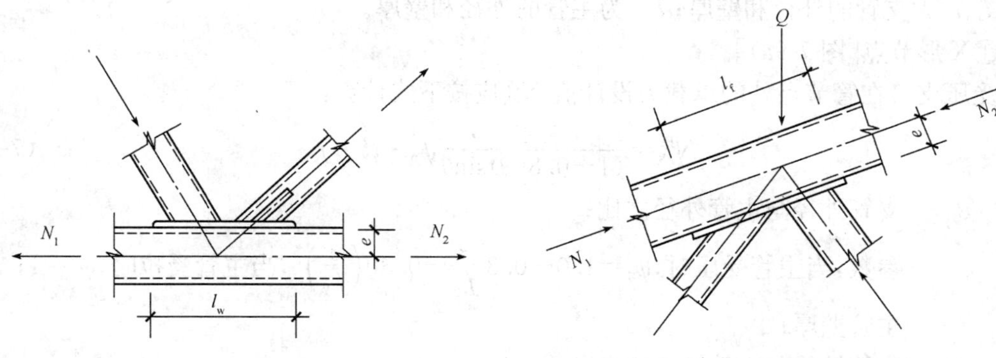

图 7-7　垫板连接焊缝计算简图　　　图 7-8　有外荷载时垫板连接焊缝计算简图

计算垫板焊缝的强度时，垫板的端焊缝通常可不计入，但须焊接封闭。

屋架杆件连接焊缝的焊脚尺寸，不宜大于所连接杆件最小厚度的 1.5 倍。

(2)圆钢管屋架。

1)节点强度计算(图 7-9)。当支管直接接于主管时，为保证节点处主管的强度，支管的轴心力不得大于下列规定中的承载力设计值：

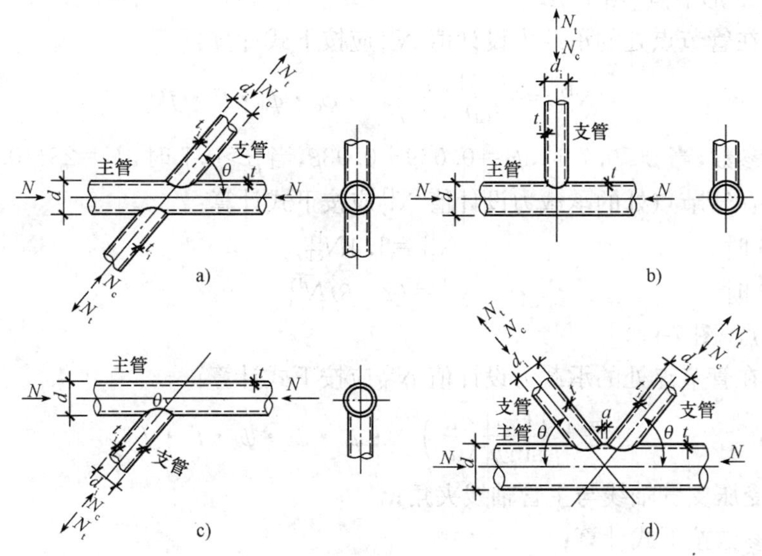

图 7-9　圆钢管节点主、支管连接构造形式

a)X 形节点；b)T 形节点；c)Y 形节点；d)K 形节点

受压支管　　$N_c \leqslant N_c^{Pj}$　　(7-44)

受拉支管　　$N_t \leqslant N_t^{Pj}$　　(7-45)

式中　N_c、N_t——支管的轴心压力和拉力；

N_c^{Pj}、N_t^{Pj}——受压或受拉支管的承载力设计值。

节点形式不同，受压或受拉支管的承载力设计值不同。圆钢管节点通常有 X 形、T 形、Y 形、K 形等形式。

节点的适用范围为：$0.2 \leqslant \beta \leqslant 1.0$；$d_i/t_i \leqslant 60$；$d/t \leqslant 100$，$\theta \geqslant 30°$，$\beta \leqslant d_i/d$。

d_i、t_i 为支管的外径和壁厚；d、t 为主管的外径和壁厚。

①X 形节点[图 7-9a)]。

受压支管在管节点处的承载力设计值 N_{cX}^{Pj} 应按下式计算：

$$N_{cX}^{Pj}=\frac{5.45}{(1-0.81\beta)\sin\theta}\psi_n\cdot t^2\cdot f \tag{7-46}$$

式中 β——支管外径与主管外径之比；

ψ_n——参数，当主管受压时，$\psi_n=1.0-0.3\frac{\sigma}{f_y}-0.30\left(\frac{\sigma}{f_y}\right)^2$，当主管受拉时，$\psi_n=1$；

t——主管壁厚；

θ——支管轴线与主管轴线之夹角；

σ——节点两侧主管较小轴心压应力(绝对值)；

f_y——主管钢材屈服强度；

f——主管钢材的抗拉、抗压和抗弯强度设计值。

受拉支管在管节点处的承载力设计值 N_{tX}^{Pj} 应按下式计算：

$$N_{tX}^{Pj}=0.78\left(\frac{d}{t}\right)^{0.2}N_{cX}^{Pj} \tag{7-47}$$

②T 形和 Y 形节点[图 7-9b)]。

受压支管在管节点处的承载力设计值 N_{cT}^{Pj} 应按下式计算：

$$N_{cT}^{Pj}=\frac{11.51}{\sin\theta}\left(\frac{d}{t}\right)^{0.2}\cdot\psi_n\cdot\psi_d\cdot t^2\cdot f \tag{7-48}$$

式中 ψ_d——参数，当 $\beta\leqslant0.7$ 时，$\psi_d=0.069+0.93\beta$，当 $\beta>0.7$ 时，$\psi_d=2\beta-0.68$。

受拉支管在管节点处的承载力设计值 N_{tT}^{Pj} 应按下式计算：

当 $\beta\leqslant0.6$ 时

$$N_{tT}^{Pj}=1.4N_{cT}^{Pj} \tag{7-49}$$

当 $\beta>0.6$ 时

$$N_{tT}^{Pj}=(2-\beta)N_{cT}^{Pj} \tag{7-50}$$

③K 形节点[图 7-9c)]。

受压支管在管节点处的承载力设计值 N_{cK}^{Pj} 应按下式计算：

$$N_{cK}^{Pj}=\frac{11.51}{\sin\theta_c}\left(\frac{d}{t}\right)^{0.2}\cdot\psi_n\cdot\psi_d\cdot\psi_a\cdot t^2\cdot f \tag{7-51}$$

式中 θ_c——受压支管轴线与主管轴线夹角；

ψ_a——参数按下式计算：

$$\psi_a=1+\left(\frac{2.19}{1+7.5\frac{a}{d}}\right)\left(1-\frac{20.1}{6.6\frac{d}{t}}\right)(1-0.77\beta) \tag{7-52}$$

a——两支管间的间隙，当 $a<0$，取 $a=0$。

受拉支管在管节点处的承载力设计值 N_{tK}^{Pj} 应按下式计算：

$$N_{tK}^{Pj}=\frac{\sin\theta}{\sin\theta_t}N_{cK}^{Pj} \tag{7-53}$$

式中 θ_t——受拉支管轴线与主管轴线之夹角。

2)节点焊缝计算。圆钢管连接焊缝计算公式与方钢管连接焊缝计算公式相同，式中 l_w 为支管与主管相交线长度；角焊缝的焊脚尺寸一般取 $h_f\leqslant2t_i$(t_i 支管壁厚)。相交线长度可由下列公式得到：

当 $d_i/d \leqslant 0.65$ 时

$$l_w=(3.25d_i-0.025d)\left(\frac{0.534}{\sin\theta_i}+0.466\right) \tag{7-54}$$

当 $d_i/d>0.65$ 时

$$l_w=(3.81d_i-0.389d)\left(\frac{0.534}{\sin\theta_i}+0.466\right) \tag{7-55}$$

式中 θ_i——支管轴线与主管轴线之夹角；

d、d_i——主管、支管外径。

【例 7-1】 24m 角钢(含上下弦 T 形钢)屋架

1. 设计资料

屋架跨度 24m，屋架间距 6m，房屋长度 66m，抗震设防烈度 8 度，屋面坡度 1/10，屋面材料采用 1.5m×6.0m 压型钢板(钢边框)，内天沟。钢材 Q235－B，焊条 E43 型。

2. 屋架形式及几何尺寸

屋架形式及几何尺寸如例图 7-1 所示，上弦节间长度为 1507mm，端节间因设内天沟，有节间荷载，其余均为节点荷载。

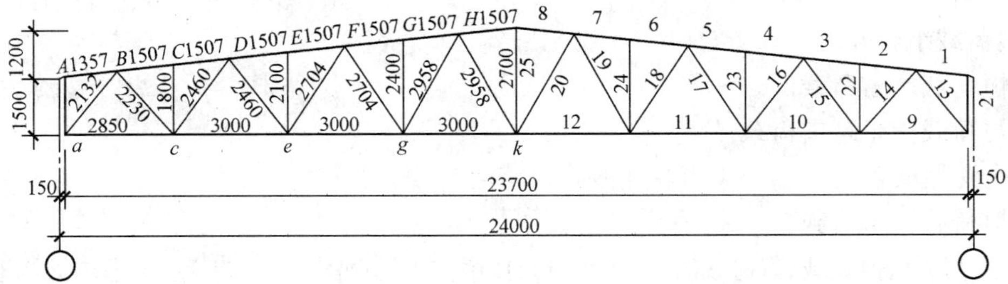

例图 7-1 屋架几何尺寸

3. 支撑布置(例图 7-2)

在房屋两端 5.4m 开间内布置上、下弦横向水平支撑，在端部及跨中设垂直支撑；其余各屋架用系杆联系，其中上弦端部、屋脊处与下弦支座处为刚性系杆，见例图 7-2。

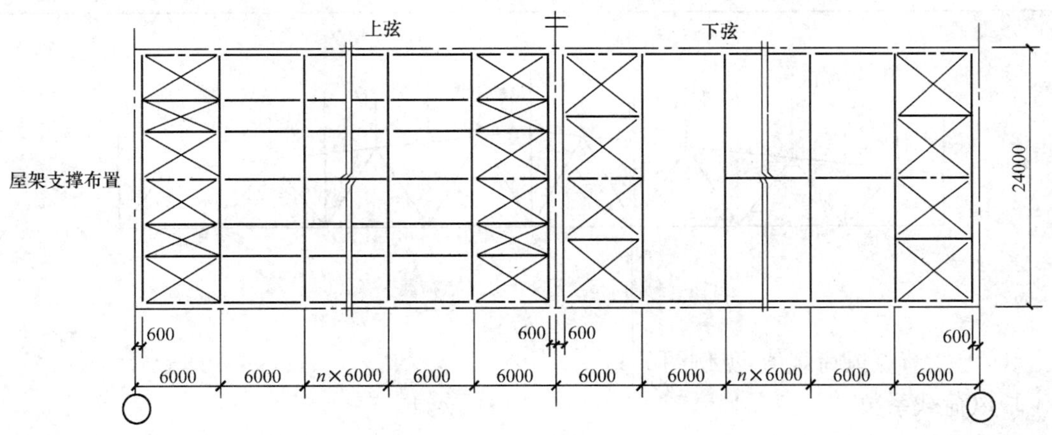

例图 7-2 屋架平面布置

上弦杆在屋架平面外的计算长度为与支撑节点相连的系杆间距，即端部和跨中为4.521m，其余为3.014m；下弦杆在屋架平面外的计算长度为屋架跨度的一半。

4. 荷载

(1)永久荷载(恒荷载)。

永久荷载	标准值(kN/m^2)
压型钢板	0.60
防水层	0.10
屋架及支撑	0.10
悬挂管道	0.05
合计	0.85

(2)可变荷载(活荷载)。

可变荷载标准值(kN/m^2)：屋面活荷载 0.5，雪荷载 0.70

取两者中较大值　　0.70

(3)风荷载。

基本风压　$W_0=0.5kN/m^2$

(4)荷载组合。

1)恒荷载＋雪荷载。

2)恒荷载＋半跨雪荷载。

3)全跨屋架及支撑重＋半跨屋面板＋半跨活荷载。

4)恒荷载＋风荷载。

(5)上弦节点恒荷载、雪荷载值，见例表 7-1；作用位置见例图 7-3。端节点考虑内天沟取 Q。

例表 7-1　　上弦节点(恒、活)荷载

节点荷载	标准值 Q_k(kN)	设计值 Q(kN)
恒荷载 Q_{Gk}	0.85×1.5×6=7.65	1.2×7.65=9.18
雪荷载 Q_{Qk}	0.7×1.5×6=6.3	1.4×6.3=8.82
总荷载		$Q_G+Q_Q=18$

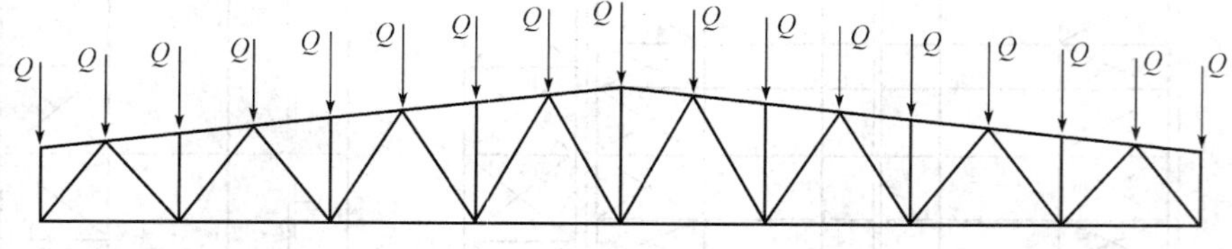

例图 7-3　屋架上弦节点荷载

(6)上弦节点风荷载值，见例图 7-4。

1)风荷载系数。

风荷载体型系数：迎面风　$\mu_s=-1.0$，背风面　$\mu_s=-0.65$

风荷载高度变化系数：$\mu_z=1.0$

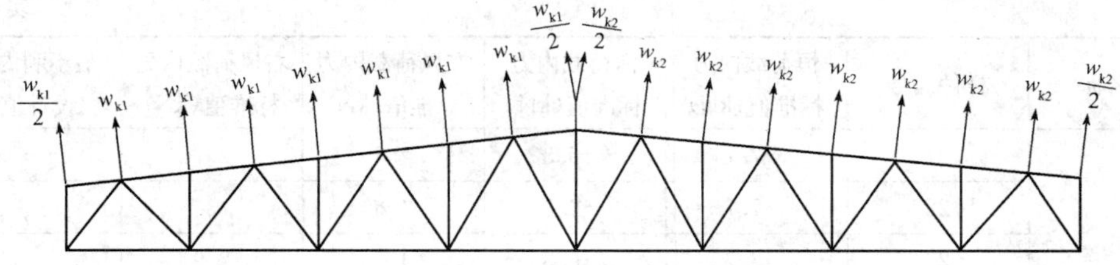

例图 7-4 屋架上弦节点风荷载

2)上弦节点风荷载。

标准值 $w_{k1}=w_kA=\mu_z\mu_s w_0 A$

$=1.0\times(-1.0)\times0.5\text{kN/m}^2\times1.507\text{m}\times6\text{m}=-4.521\text{kN}$

$w_{k2}=1.0\times(-0.65)\times0.5\text{kN/m}^2\times1.507\text{m}\times6\text{m}=-2.939\text{kN}$

设计值 $w_1=1.4\times(-4.521)\text{kN}=-6.329\text{kN}$

$w_2=1.4\times(-2.939)\text{kN}=-4.115\text{kN}$

5. 内力计算

屋架杆件最不利内力组合见例表 7-2。

例表 7-2 屋架杆件内力组合

杆件名称	杆件编号	恒荷载内力标准值(kN)	活荷载内力标准值(kN)	左风荷载内力标准值(kN)	右风荷载内力标准值(kN)	最不利内力组合设计值(kN)
上弦杆	1	0	0	0	0	0
	2、3	−84.9	−69.7	45.0	37.3	−199.5
	4、5	−127.6	−105.0	67.0	58.0	−300.1
	6、7	−141.2	−115.6	72.3	66.4	−331.3
	8	−133.4	−109.8	66.1	66.2	−313.8
下弦杆	9	46.9	38.0	−17	−11.3	109.5
	10	110.4	90.0	−49.6	−39.4	258.5
	11	136.4	112.0	−61.3	−53.1	320.5
	12	138.3	113.6	−59.6	−56.3	325.0
斜腹杆	13	−73.9	−60.8	39.2	32.2	−188.6
	14	55.8	46 −1.1	−28.9	−24.7	142.5
	15	−42.5	−38.2 3.0	21.4	19.6	−104.8
	16	27.6	28.0 −5.3	−13	−13.4	72.3
	17	−17.1	−22.5 8.0	7	9.2	−52.0
	18	6.4	16 −11.2	−1	−4.8	30.1 −8.0
	19	2.7	−12.9 15.0	−4.3	1.2	−14.8 24.2
	20	−10.7	−18.1 9.0	8.8	2.1	−38.2

续上表

杆件名称	杆件编号	恒荷载内力标准值(kN)	活荷载内力标准值(kN)	左风荷载内力标准值(kN)	右风荷载内力标准值(kN)	最不利内力组合设计值(kN)
竖　杆	21	−7.7	−6.3	4.3	2.7	−18.1
	22	−7.7	−6.3	4.6	3	−18.1
	23	−7.7	−6.3	4.5	2.9	−18.1
	24	−7.7	−6.3	4.5	2.9	−18.1
	25	18.8	18.0 −3.6	−9.4	−9.4	47.8

注:1. 内力组合设计值为 1.2 恒荷载内力标准值+1.4 活荷载内力标准值。

2. 对于腹杆活荷载内力标准值的分母项为半跨活荷载时的内力值。当恒荷载与风荷载组合其内力由拉变压时,其最不利内力组合取 1.0×恒荷载内力标准值+1.4×风荷载内力标准值。

6. 截面选择

杆件截面选择见例表 7-3。屋架施工详图见例图 7-8,例表 7-5 为屋架及其支撑的材料表。

例表 7-3　　屋架杆件截面选择表

杆件名称	杆件编号	内力 N (kN)	截面规格 (mm)	截面面积 (cm²)	计算长度 l_{0x} (cm)	计算长度 l_{0y} (cm)	回转半径 i_x (cm)	回转半径 i_y (cm)	长细比 λ_x	长细比 λ_y	稳定系数 φ_{min}	强度 N/A (N/mm²)	稳定性 $\frac{N}{\varphi_{min}A}$ (N/mm²)	容许长细比 λ	强度设计值 f (N/mm²)
上弦杆	1～8	−331.3	┐┌ 125×80×7	28.19	150.7	452.1	2.30	5.97	65.5	75.7	0.716		−164.1	150	215
			┐┌ 122×175×7×11	28.12		301.4	3.20	4.18	47.1	72.1	0.738		−159.6		
下弦杆	9～12	325.0	┘└ 90×56×7	19.76	300.0	1185.0	1.57	4.44	191	268.1		164.5		350	215
			┐┌ 75×150×7×10	20.3			1.81	3.73	165.7	318.0		160.1			
斜腹杆	13	−188.6	2∟80×5	15.80	213.2	213.2	2.48	3.56	86.0	59.9	0.648		−184.2	150	215
	14	142.5	2∟50×5	9.60	178.4	223.0	1.53	2.37	116.6	94.1		148.4		350	215
	15	−104.8	2∟63×5	12.29	196.8	246.0	1.94	2.89	101.4	85.1	0.546		−156.2	150	215
	16	72.3	2∟50×5	9.60	196.8	246.0	1.53	2.37	128.6	103.8		75.3		350	215
	17	−52	2∟50×5	9.60	216.3	270.4	1.53	2.37	141.4	114.1	0.339		−159.8	150	215
	18	30.1	2∟50×5	9.60	216.3	270.4	1.53	2.37	141.4	114.1		31.4		350	215
	19	24.2	2∟56×5	10.83	236.6	295.8	1.72	2.61	137.6	113.3		22.3		350	215
	20	−38.2	2∟56×5	10.83	236.6	295.8	1.72	2.61	137.6	113.3	0.353		−99.9	150	215
竖杆	21	−18.1	2∟50×5	9.60	151.5	151.0	1.53	2.37	99.0	63.7	0.425		−44.4	150	215
	22	−18.1	2∟50×5	9.60	144.0	180.0	1.53	2.36	94.1	76.3	0.447		−42.2	150	215
	23	−18.1	2∟50×5	9.60	168.0	210.0	1.53	2.36	137.3	89.0	0.358		−52.7	150	215
	24	−18.1	2∟50×5	9.60	192.0	240.0	1.53	2.59	156.9	92.7	0.350		−53.9	150	215
	25	47.8	┼ 56×5	10.83	243.0	243.0	2.17		120.0			44.1		350	215

注:1. 连接板厚 8mm,支座处 10mm。

2. 上弦用 T 形钢时支撑系杆间距加密至 3014mm。

3. 表中 λ_y 为验算容许长细比用,当由平面外稳定性控制时,应按规范考虑扭转效应。

7. 节点连接计算

(1)腹杆与节点板连接焊缝。

肢背、肢尖焊缝长度由式(7-9)和式(7-10)计算,也可参照杆件内力由例表 7-4 查得,结果见例表 7-4。

例表 7-4　　腹件与节点板连接焊缝

杆件名称	杆件编号	截面规格(mm)	杆件内力(kN)	肢背焊脚尺寸 h_{f1}(mm)	肢背焊缝长度 l'_w(mm)	肢尖焊脚尺寸 h_{f2}(mm)	肢尖焊缝长度 l'_w(mm)
斜腹杆	13	2∟80×5	－188.6	6	110	5	55
	14	2∟50×5	142.5	5	100	5	55
	15	2∟70×6	－104.8	5	80	5	55
	16	2∟50×5	72.3	5	60	5	55
	17	2∟50×5	－52	5	50	5	55
	18	2∟50×5	30.1 －8.0	5	50	5	55
	19	2∟56×5	24.2 －14.8	5	50	5	55
	20	2∟56×5	－38.2	5	50	5	55
竖　杆	21	2∟50×5	－18.1	5	50	5	55
	22	2∟50×5	－18.1	5	50	5	55
	23	2∟50×5	－18.1	5	50	5	55
	24	2∟50×5	－18.1	5	50	5	55
	25	┼ 56×5	47.8	5	50	5	55

注：计算焊缝长度时，焊缝强度设计值 f_f^w 取为 160N/mm²，l'_w 已计入 $2h_f$ 起落弧影响；焊缝最小构造尺寸为5～60mm。

例表 7-5　　材　料　表

构件编号	零件编号	规　格	长　度(mm)	数　量		质　量(kg)		
				正	反	单　重	总　重	合　计
GWJ－1	1	∟125×80×7	12050	2	2	133.3	533.2	1581
	2	∟90×56×7	11810	2	2	91.6	366.4	
	3	∟50×5	1360	4		5.1	20.4	
	4	∟80×5	1870	4		11.6	46.4	
	5	∟50×5	2000	4		7.5	30.0	
	6	∟50×5	1650	4		6.2	24.8	
	7	∟63×5	2210	4		10.7	42.8	
	8	∟50×5	2250	8		8.5	68.0	
	9	∟50×5	1950	4		7.3	29.2	
	10	∟50×5	2470	4		9.3	37.2	
	11	∟50×5	2500	4		9.4	37.6	
	12	∟56×5	2720	4		11.6	46.4	
	13	∟56×5	2680	2	2	11.4	45.6	
	14	∟56×5	2550	2		10.8	21.6	
	15	－345×10	365	2		9.9	19.8	
	16	－240×8	360	2		5.4	10.8	
	17	－210×8	385	2		5.0	10.0	

续上表

构件编号	零件编号	规格	长度(mm)	数量		质量(kg)		
				正	反	单重	总重	合计
GWJ−1	18	−225×8	270	2		3.8	7.6	1581
	19	−255×8	320	1		5.1	5.1	
	20	−150×8	180	2		1.7	3.4	
	21	−240×8	355	2		5.3	10.6	
	22	−185×8	200	6		2.3	13.8	
	23	−240×8	300	2		4.5	9.0	
	24	−190×8	240	2		2.8	5.6	
	25	−190×8	215	2		2.5	5.0	
	26	−180×8	320	1		3.6	3.6	
	27	−60×8	80	8		0.3	2.4	
	28	−60×8	70	50		0.3	15.0	
	29	−60×8	100	20		0.4	8.0	
	30	−60×8	90	9		0.3	2.7	
	31	−155×8	365	4		3.5	14.0	
	32	−136×8	155	4		1.3	5.2	
	33	−280×20	320	2		14.0	28.0	
GWJ−1A	34	−120×8	186	4		1.4	5.6	1581
	35	−136×8	200	12		1.7	20.4	
	36	−122×8	180	2		1.4	2.8	
	37	−122×8	185	2		1.4	2.8	
	38	L90×46×7	400	2		3.1	6.2	
	39	L125×70×7	510	2		5.6	11.2	
	1～39 同GWJ−1							
	40	−136×8	200	2		1.7	3.4	
	注：L90×46×7由L90×56×7切成；L125×70×7由L125×80×7切成。							
SC1	1	L63×5	6460	1		31.2	31.2	73
	2	L63×5	3205	1		15.5	15.5	
	3	L63×5	3140	1		15.1	15.1	
	4	−185×6	220	2		1.9	3.8	
	5	−180×6	185	2		1.6	3.2	
	6	−220×6	415	1		4.3	4.3	
SC2	1	L63×5	5745	1		27.7	27.7	65
	2	L63×5	2825	1		13.6	13.6	
	3	L63×5	2745	1		13.2	13.2	
	4	−180×6	195	2		1.6	3.2	
	5	−160×6	175	2		1.3	2.6	
	6	−205×6	460	1		4.4	4.4	

续上表

构件编号	零件编号	规　格	长　度(mm)	数　量		质　量(kg)		
				正	反	单　重	总　重	合　计
SC3	1	∟70×5	7380	2		39.8	79.6	
	2	−190×6	260	2		2.3	4.6	
	3	89 −190×6	210	2		1.9	3.8	
	4	−100×6	100	1		0.5	0.5	
SC4	1	∟70×5	7585	2		40.9	81.8	
	2	−185×6	265	2		2.3	4.6	
	3	91 −195×6	210	2		1.9	3.8	
	4	−100×6	100	1		0.5	0.5	
CC1	1	∟63×5	5070	4		24.5	98.0	
	2	∟56×5	1720	2		7.3	14.6	
	3	∟56×5	1620	2		6.9	13.8	
	4	−170×6	275	2		2.2	4.4	
	5	141 −170×6	240	1		1.9	1.9	
	6	−140×6	170	2		1.1	2.2	
	7	−170×6	200	2		1.6	3.2	
	8	−60×6	90	11		0.3	3.3	
CC2	1	∟63×5	5070	4		24.5	98.0	
	2	∟56×5	3430	4		14.6	58.4	
	3	∟56×5	2440	2		10.4	20.8	
	4	−170×6	250	1		2.0	2.0	
	5	−170×6	300	1		2.4	2.4	
	6	192 −170×6	180	2		1.4	2.8	
	7	−165×6	170	2		1.3	2.6	
	8	−80×6	80	2		0.3	0.6	
	9	−60×6	90	12		0.3	3.6	
	10	−60×6	80	3		0.2	0.6	
LG1	1	∟70×5	5670	2		30.6	61.2	67
	2	−170×6	180	2		1.4	2.8	
	3	−60×6	110	9		0.3	2.7	
LG2	1	∟70×5	5070	2		27.4	54.8	60
	2	−170×6	180	2		1.4	2.8	
	3	−60×6	110	9		0.3	2.7	
LG3	1	∟70×5	5670	1		30.6	30.6	33
	2	−140×6	170	2		1.1	2.2	

(2)节点设计。

1)一般节点。根据所汇交腹杆端部焊缝长度在大样图中放样确定节点板的尺寸，然后验算弦杆焊缝。上弦节点角钢肢背的槽焊缝 $l_w=(355-8)\text{mm}=347\text{mm}$，$h_{f1}=0.5t_1=4\text{mm}$；$t_1$ 为节点板厚度。

$$\sigma_f=\frac{Q}{2\times0.7h_{f1}l_w}=\frac{18.1\times10^3}{2\times0.7\times4\times347}\text{N/mm}^2=9.31\text{N/mm}^2<0.8\times160\text{N/mm}^2=128\text{N/mm}^2$$

可见槽焊缝一般不控制，仅需验算肢尖焊缝。

弦杆相邻节间内力差 $\Delta N=199.5\text{kN}$，偏心弯矩 $M=\Delta N\cdot e$，$e=60\text{mm}$，得

$$\tau_f=\frac{\Delta N}{2\times0.7h_{f2}l_{w2}}=\frac{199.5\times10^3}{2\times0.7\times6\times347}\text{N/mm}^2=68.44\text{N/mm}^2$$

$$\sigma_f=\frac{6M}{2\times0.7h_{f2}l_{w2}^2}=\frac{6\times199.5\times10^3\times60}{2\times0.7\times6\times347^2}\text{N/mm}^2=71.01\text{N/mm}^2$$

$$\sqrt{\left(\frac{\sigma_f}{\beta_f}\right)^2+\tau_f^2}=\sqrt{\left(\frac{71.01}{1.22}\right)^2+68.44^2}=89.84\text{N/mm}^2<160\text{N/mm}^2\text{，满足要求。}$$

2)拼接节点

①下弦拼接节点 k(例图 7-5)

跨度为 24m 的屋架可分为两个运送单元，在跨中节点采用工地拼接。下弦杆为⅃⅂ 90×56×7，拼接角钢与下弦杆用相同规格，竖肢切去 20mm。杆件与拼接角钢之间焊脚尺寸采用 $h_f=6\text{mm}$，得拼接角钢在接头一侧的焊缝长度为：

$$l'_w=\frac{N}{4\times0.7h_f f_f^w}+2h_f=\frac{A}{4\times0.7h_f f_f^w}+12$$

$$=\left(\frac{19.76\times10^2\times215}{4\times0.7\times6\times160}+12\right)\text{mm}$$

$$=170\text{mm}$$

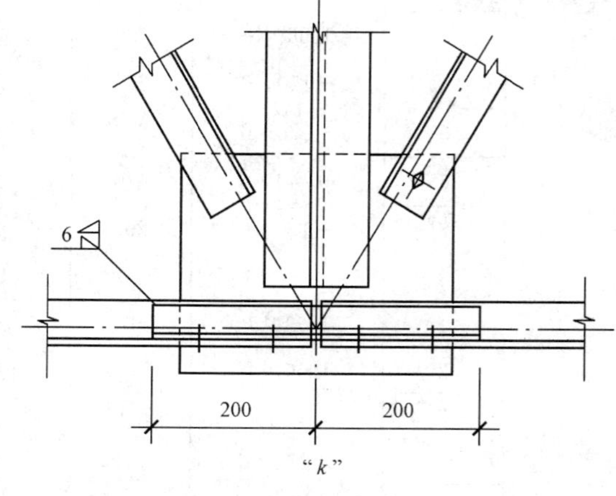

例图 7-5　下弦拼接节点 k

取拼接角钢长为 400mm>2×170mm=340mm。

下弦杆与节点板的连接焊缝按杆内力的 15%计算。设肢背焊缝的 $h_{f1}=6\text{mm}$，其长度为：

$$l'_{w1}=\left(\frac{0.15\times0.75\times325\times10^3}{2\times0.7\times6\times160}+12\right)\text{mm}=39.2\text{mm}$$

设肢尖焊缝的 $h_{f2}=6\text{mm}$，由式(7-2)则其长度为：

$$l'_{w2}=\left(\frac{0.15\times0.25\times325\times10^3}{2\times0.7\times6\times160}+12\right)\text{mm}=21.1\text{mm}$$

为便于拼接节点定位，拼接角钢两侧和在视图方向右方腹杆上布置安装螺栓(例图 7-5)，竖肢切割后尺寸较小，不设安装螺栓。

②上弦拼接节点 k(例图 7-6)上弦杆起拱后，坡度为 1/9.6，拼接角钢采用与上弦相同规格的角钢，热弯成型，角焊缝用 $h_f=6\text{mm}$，按轴心受压等强度设计(也可按最大的力设计值设计)。

拼接角钢全截面承载力为：

$$[N]=\varphi Af=0.716\times2819\times215\text{kN}=434.0\text{kN}$$

$$l_w=\frac{[N]}{4\times0.7h_f f_f^w}=\frac{434.3\times10^3}{4\times0.7\times6\times160}\text{mm}=161.4\text{mm}$$

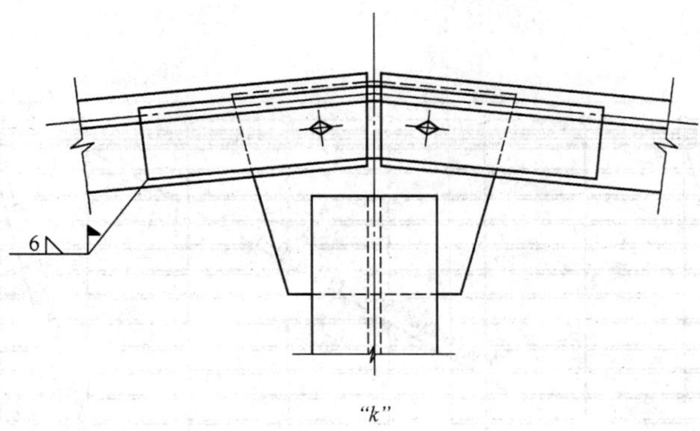

例图 7-6 上弦拼接节点 k

采用拼接角钢半长为(165+12+5)mm=182mm,总长 $l=2\times182\text{mm}\approx360\text{mm}$。

拼接角钢竖肢需切肢,实切 $\Delta=20\text{mm}$,切肢后剩余高度 $h-\Delta=60\text{mm}<(80-7)\text{mm}=73\text{mm}$,竖肢上不安装螺栓。

上弦杆与节点板的焊缝连接,按肢尖焊缝承受弦杆内力的 15%计算。$\Delta N=15\%\times331.3=49.7\text{kN}$,偏心弯矩 $M=\Delta N\cdot e$,$e=60\text{mm}$,得

$$\tau_{\mathrm{f}}=\frac{\Delta N}{2\times0.7h_{\mathrm{f2}}l_{\mathrm{w2}}}=\frac{49.7\times10^{3}}{2\times0.7\times6\times160}\text{N/mm}^{2}=37.0\text{N/mm}^{2}$$

$$\sigma_{\mathrm{f}}=\frac{6M}{2\times0.7h_{\mathrm{f2}}l_{\mathrm{w2}}^{2}}=\frac{6\times49.7\times10^{3}\times60}{2\times0.7\times6\times160^{2}}\text{N/mm}^{2}=83.20\text{N/mm}^{2}$$

$$\sqrt{\left(\frac{\sigma_{\mathrm{f}}}{\beta_{\mathrm{f}}}\right)^{2}+\tau_{\mathrm{f}}^{2}}=\sqrt{\left(\frac{83.2}{1.22}\right)^{2}+37^{2}}\text{N/mm}^{2}=77.6\text{N/mm}^{2}\leqslant160\text{N/mm}^{2}$$

肢尖焊缝安全。

3)支座节点(例图 7-7)

下弦杆与支座底板的距离取 135cm,锚栓用 2M20,位置栓孔尺寸见例图 7-8。在节点中心线上设置加劲肋,加劲肋高度与节点板高度相等。

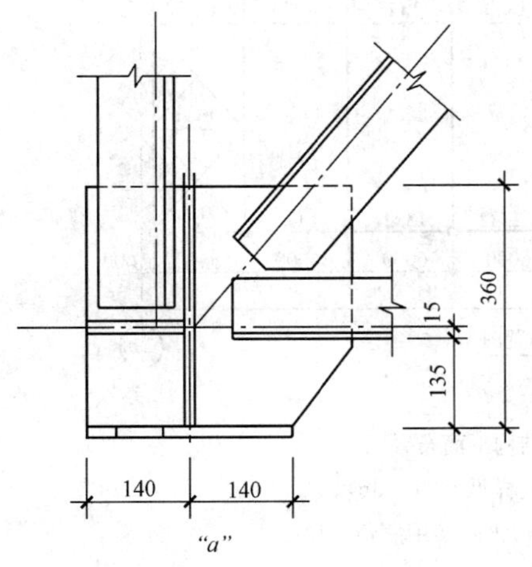

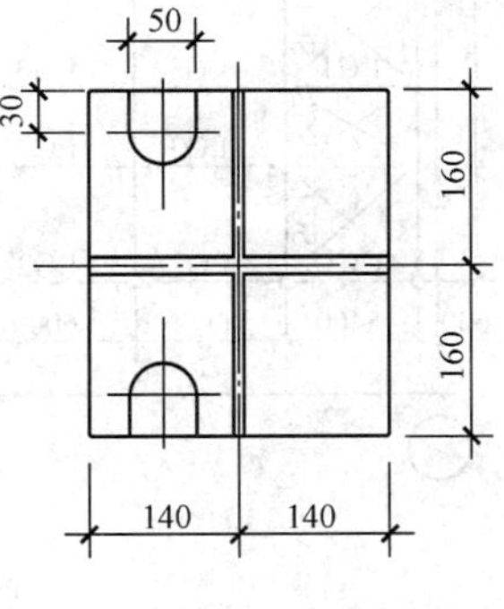

例图 7-7 支座节点

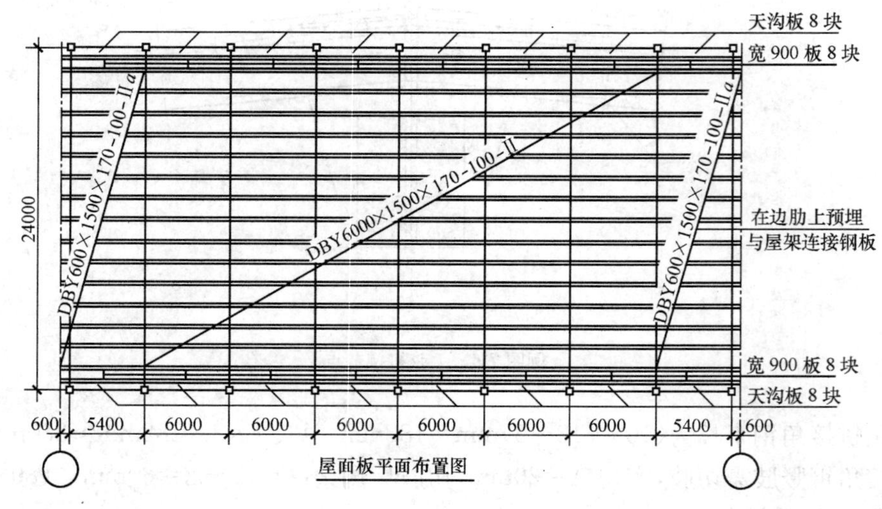

屋面板平面布置图

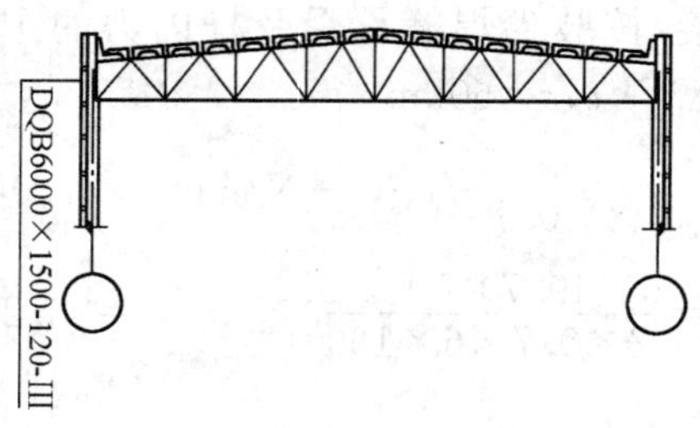

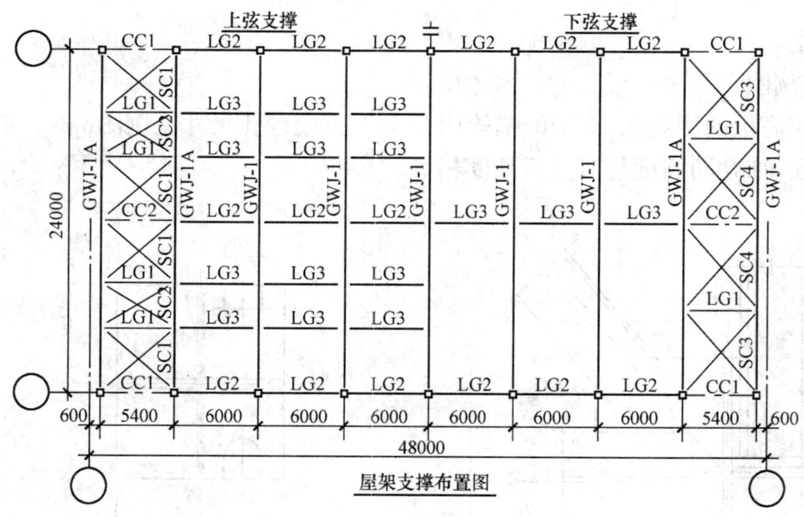

屋架支撑布置图

例图 7-8a) 结构平面布置图

注：1. 安装节点大样见例图 6-8b)。

2. 顶上墙板与钢屋架用短角钢拉接。

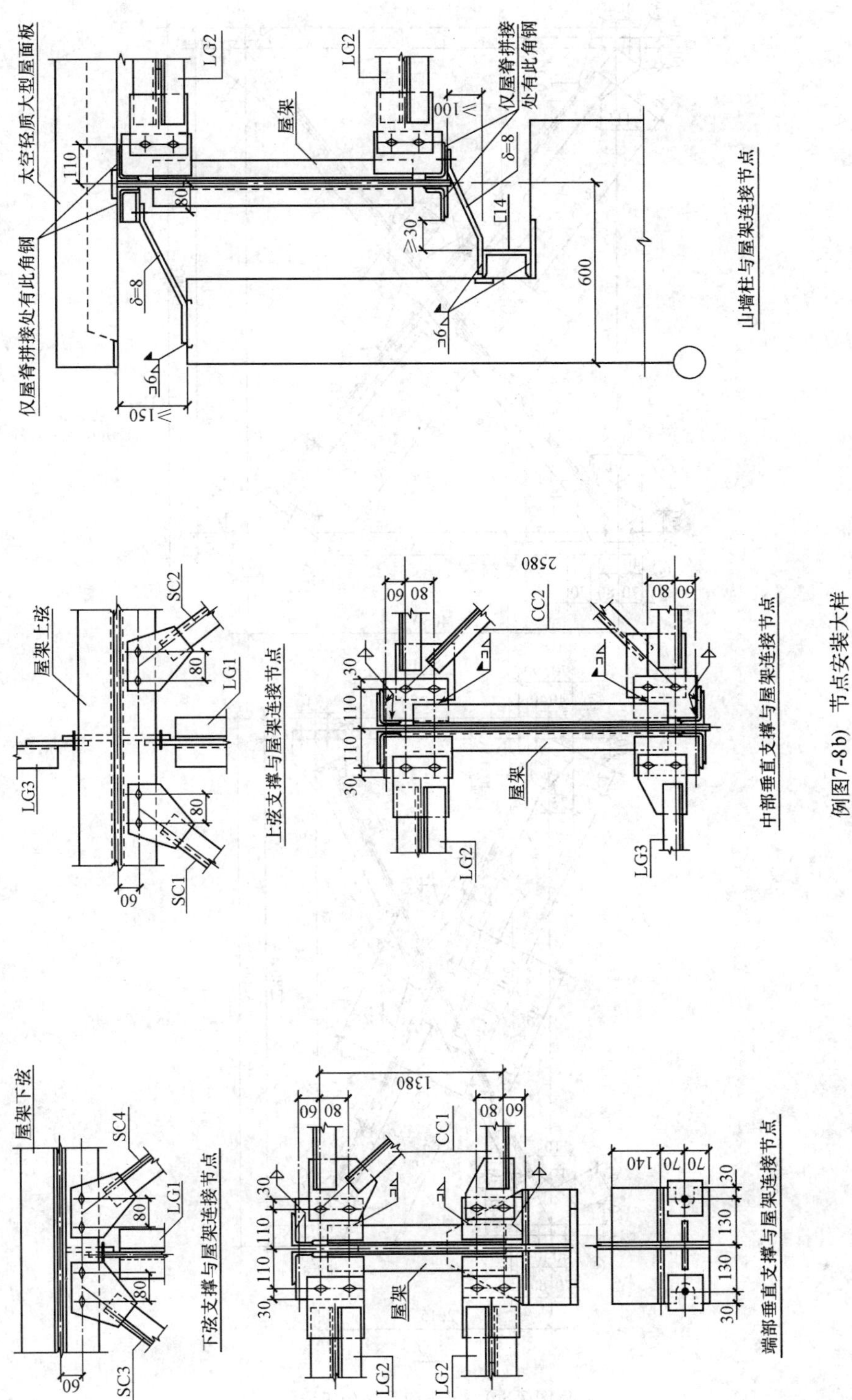

例图7-8b) 节点安装大样

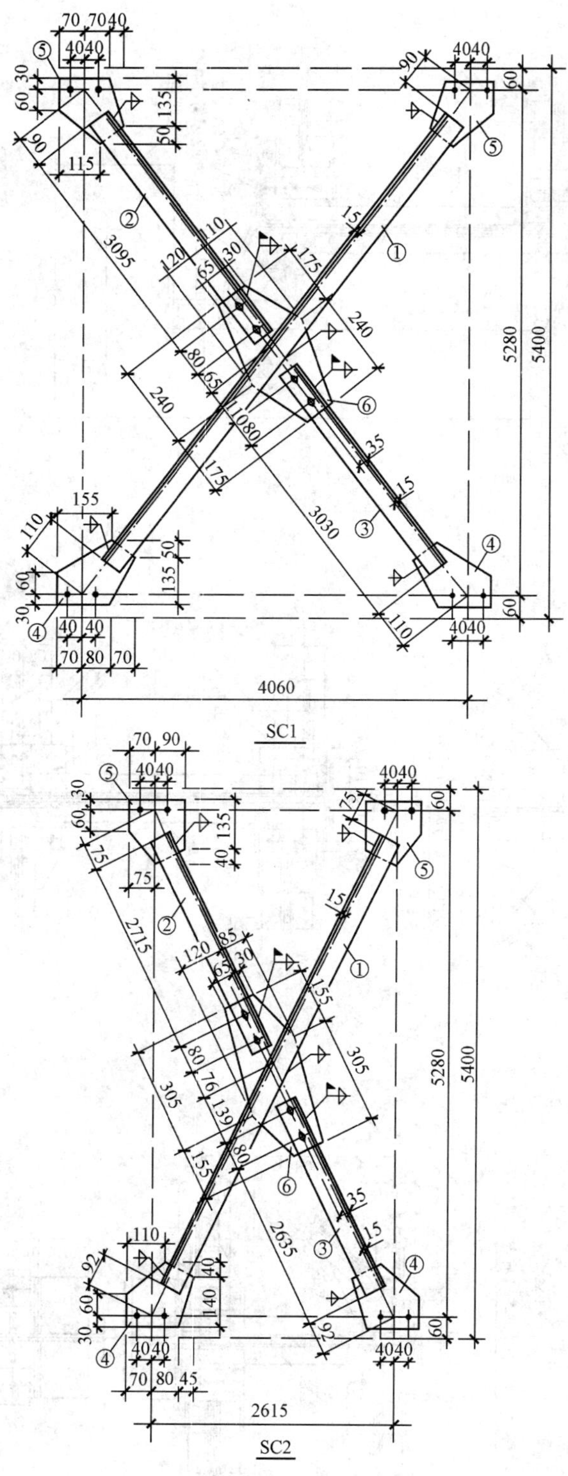

例图 7-8c)　SC1 和 SC2 施工详图

注：1. 未注明的角焊焊脚尺寸为 5mm。

2. 未注明长度的焊缝一律满焊。

3. 未注明的螺栓为 $\phi16$，孔为 $\phi17$。

4. 材料表见例表 6-5。

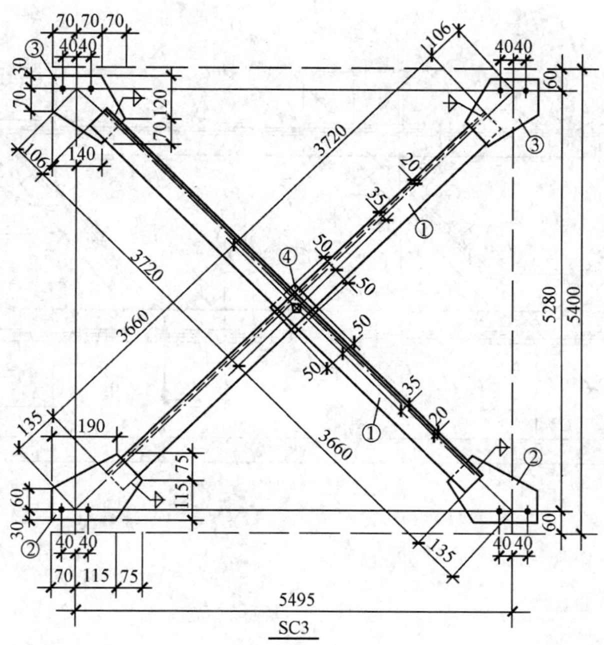

SC3

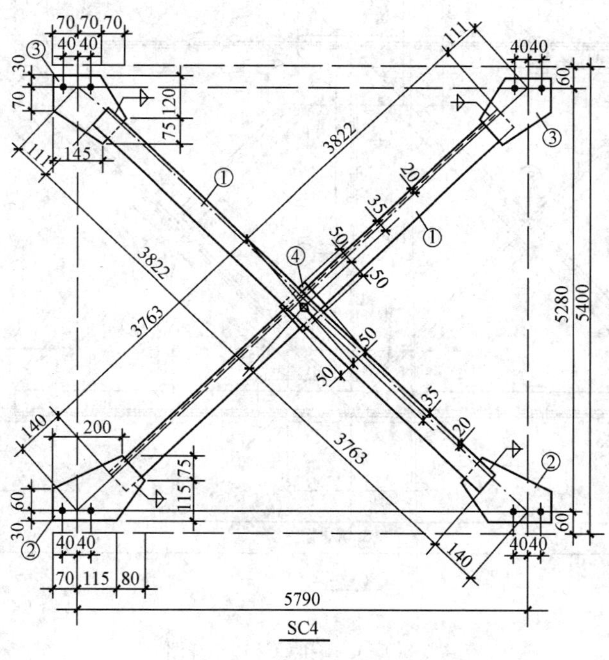

SC4

例图 7-8d) SC3 和 SC4 施工详图

注：1. 未注明的角焊焊脚尺寸为 5mm。

2. 未注明长度的焊缝一律满焊。

3. 未注明的螺栓为 $\phi16$，孔为 $\phi17$。

4. 材料见例表 7-5。

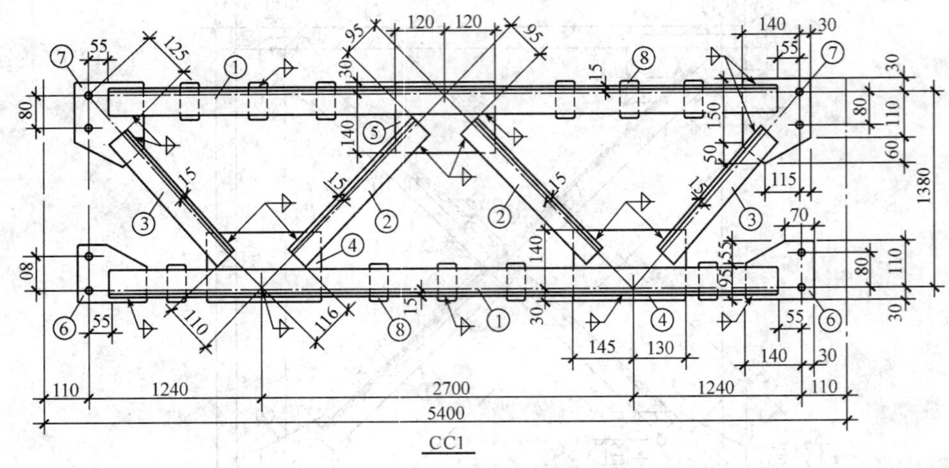

CC1

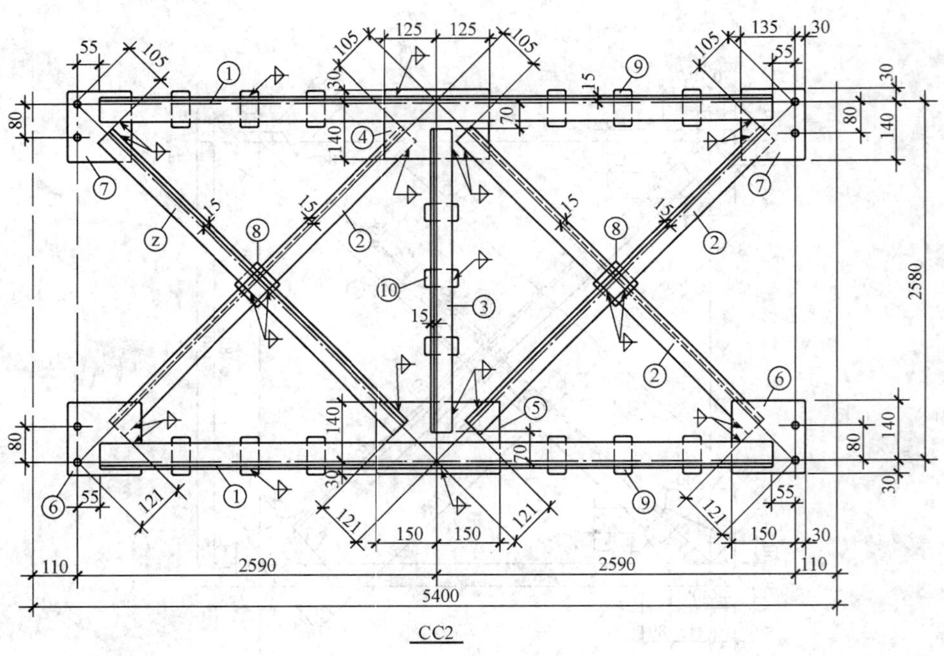

CC2

例图 7-8e） CC1 和 CC2 施工详图

注：1. 未注明的角焊焊脚尺寸为 5mm。

2. 未注明长度的焊缝一律满焊。

3. 未注明的螺栓为 $\phi16$，孔为 $\phi17$。

4. 材料见例表 7-5。

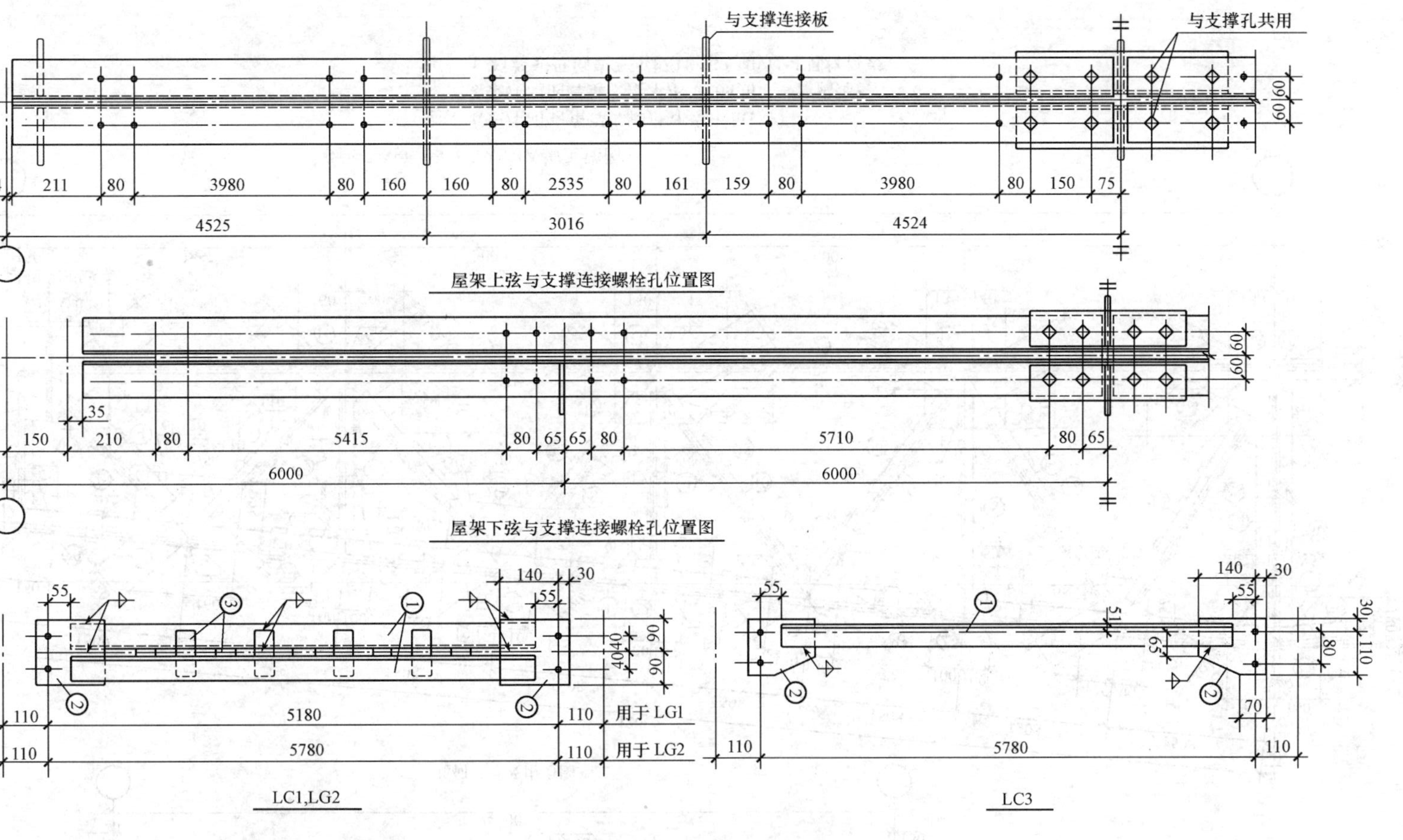

例图7-8 f) 屋架GWJ-1A螺栓孔位置及LG1，LG2，LE3施工详图

注：1.未注明的角焊焊脚尺寸为5mm。
2.未注明长度的焊缝一律满焊。
3.未注明的螺栓孔为ϕ16，孔为ϕ17。
4.材料表见例表7-5。

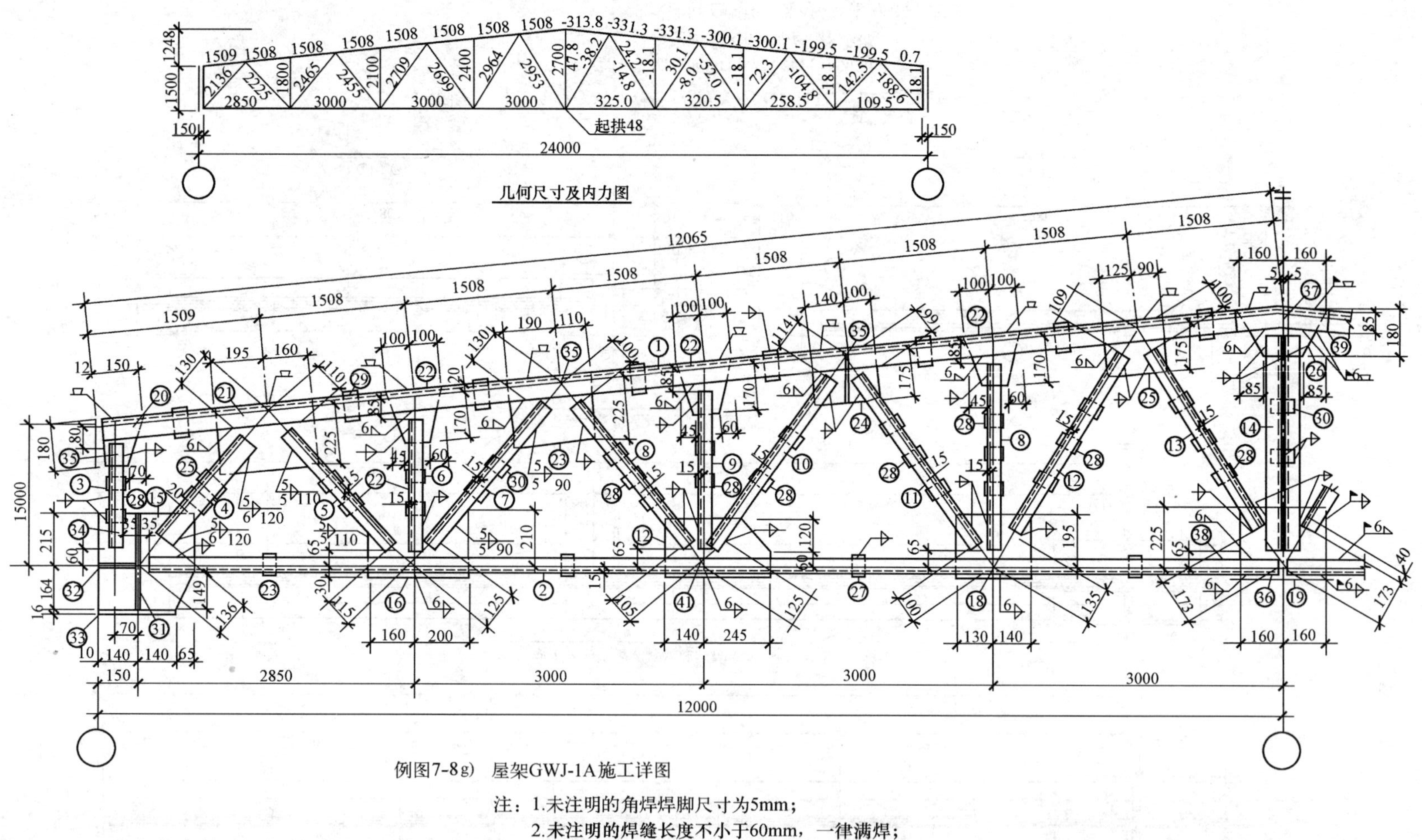

例图7-8g) 屋架GWJ-1A施工详图

注：1.未注明的角焊焊脚尺寸为5mm；
2.未注明的焊缝长度不小于60mm，一律满焊；
3. 材料表见例表7-5;板㉛~㊲、㊵尺寸见材料表。

①支座底板。

支座反力　　$R=8.5P=8.5\times18\text{kN}=153\text{kN}$

支座底板的平面尺寸取　　$320\text{mm}\times280\text{mm}=89600\text{mm}^2$

验算柱顶混凝土的抗压强度为：

$$\frac{R}{A_n}=\frac{153\times10^3}{89600-(50\times30\times2+25^2\pi)}\text{N/mm}^2=1.81\text{N/mm}^2<f_c=9.6\text{N/mm}^2(\text{C20})$$

底板最大弯矩得

$$M=\beta qa_1^2$$

式中

$$q=\frac{R}{A_n}=1.81\text{N/mm}^2$$

$$a_1=\sqrt{(160-5)^2+(140-5)^2}\text{mm}=206\text{mm},b_1=135\times\frac{155}{206}\text{mm}=102\text{mm}$$

$$b_1/a_1=\frac{102}{206}=0.495$$

查表得

$$\beta=0.057$$

$$M=\beta qa_1^2=0.057\times1.81\times206^2\text{N}\cdot\text{mm}=4378\text{N}\cdot\text{mm}$$

底板厚度

$$t=\sqrt{6M/f}=\sqrt{6\times4378/205}\text{mm}=11.32\text{mm}\ 取\ 20\text{mm}$$

②加劲肋与节点板的连接焊缝。

设一块加劲肋承受屋架支座反力的 1/4，即$\frac{1}{4}\times153\text{kN}=38.25\text{kN}$

焊缝受剪力 $V=38.25\text{kN}$，弯矩 $M=38.25\times\frac{155}{2}\text{kN}\cdot\text{mm}=2964\text{kN}\cdot\text{mm}$

设焊缝 $h_f=5\text{mm}$，焊缝长度为$(360-20-10)\text{mm}=330\text{mm}$

焊缝应力为：

$$\sqrt{\left(\frac{V}{2\times0.7h_fl_w}\right)^2+\left(\frac{6M}{2\times0.7\beta_fh_fl_w^2}\right)^2}=\sqrt{\left(\frac{38250}{2\times0.7\times5\times330}\right)^2+\left(\frac{6\times2964\times10^3}{2\times0.7\times1.22\times5\times330^2}\right)^2}\text{N/mm}^2$$

$$=25.30\text{N/mm}^2<160\text{N/mm}^2$$

③节点板、加劲肋与底板的连接焊缝。

节点板与底板的连接焊缝$\sum l_w=2\times(280-16)\text{mm}=528\text{mm}$ 所需焊脚尺寸为：

$$h_f=\frac{R/2}{0.7\beta_f\cdot\sum l_w\cdot f_f^w}=\frac{76.5\times10^3}{0.7\times1.22\times528\times160}\text{mm}=1.06\text{mm}，采用\ h_f=8\text{mm}$$

每块加劲肋与底板的连接焊缝$\sum l_w=2\times(155-20-16)\text{mm}=238\text{mm}$，得所需焊脚尺寸为：

$$h_f=\frac{R/4}{0.7\beta_f\cdot\sum l_w\cdot f_f^w}=\frac{38.25\times10^3}{0.7\times1.22\times238\times160}\text{mm}=1.18\text{mm}，采用\ h_f=8\text{mm}$$

8. 屋架端部内天沟验算

因端节间设内天沟，有节间荷载，故按受弯杆件验算上弦杆 1 的承载力。

设端节间集中荷载为 Q_1，作用位置距左端 0.6m，按简支梁跨中弯矩 $M_0=0.36Q=6.48\text{kN}\cdot\text{m}$；杆 1 跨中弯矩 $M=0.8M_0=5.184\text{kN}\cdot\text{m}$。

对于角钢和T形钢截面　　$\gamma_{x1}=1.05, \gamma_{x2}=1.2$

上弦角钢：2∟125×80×7　$A=28.19\text{cm}^2$　$W_{x1}=82.68\text{cm}^3$　$W_{x2}=24.0\text{cm}^3$　$i_y=58.9\text{mm}$

强度及稳定性验算：　　$\lambda_y=4520/58.9=76.7$

$$\sigma=\frac{M}{\gamma_{x2}W_{x2}}=\frac{5.184\times10^6}{1.2\times24.0\times10^3}\text{N/mm}^2=180\text{N/mm}^2\leqslant f=215\text{N/mm}^2$$

$$\varphi_b=1-0.0017\lambda_y\sqrt{f_y/235}=0.869$$

$$\frac{M_x}{\varphi_b W_{x1}}=\frac{5.184\times10^6}{0.869\times82.68\times10^3}\text{N/mm}^2=72.15\text{N/mm}^2<f=215\text{N/mm}^2$$

上弦T形钢：TM122×175×7×11　　$A=28.12\text{cm}^2$　　$W_{x1}=29.1\text{cm}^3$

$$W_x=\frac{289}{2.27}\text{cm}^3=127.3\text{cm}^3$$

强度验算：$\sigma=\frac{M}{\gamma_{x2}W_{x1}}=\frac{5.184\times10^6}{1.2\times29.1\times10^3}\text{N/mm}^2=148.49\text{N/mm}^2\leqslant f=215\text{N/mm}^2$

稳定性验算：

$i_y=41.8$　$\lambda_y=4520/41.8=108$（支撑节距也可取3014mm）

$$\varphi_b=1-0.0022\lambda_y\sqrt{f_y/235}=0.76$$

$$\frac{M_x}{\varphi_b W_{x1}}=\frac{5.184\times10^6}{0.76\times127.3\times10^3}\text{N/mm}^2=53.58\text{N/mm}^2\leqslant f=215\text{N/mm}^2$$

经验算承受节间荷载的上弦杆满足受力要求，故端节间不需特殊处理。若上弦角钢不能满足要求，可在端节间两角钢间增设一通长的钢板。

【例7-2】 15m三角形薄壁圆管屋架

1. 设计资料

屋架跨度为15m，屋架间距6m，屋面坡度1/3，屋面材料为波形石棉瓦。檩条选用薄壁型钢平面桁架式，檩条斜距为1.55m，钢材Q235F，焊条为E43型。

2. 屋架形式及几何尺寸

屋架形式及几何尺寸如例图7-9所示，上弦节间长度为一个檩距，均为节间荷载。

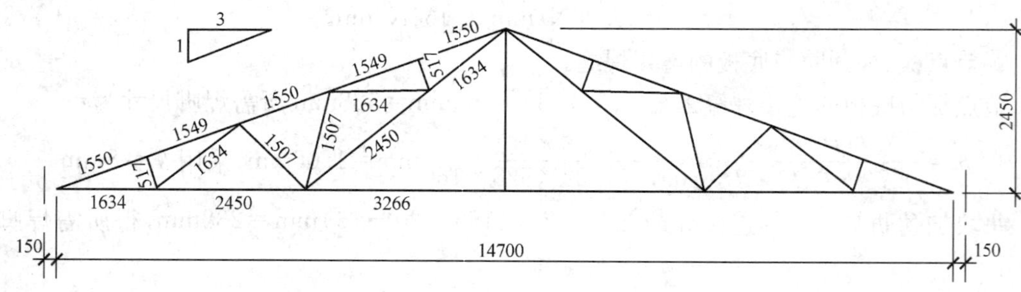

例图7-9　屋架形式及几何尺寸

3. 支撑布置

上弦横向水平支撑设置在房屋两端及伸缩缝的第一开间内，并在相应开间屋架跨中设置垂直支撑，在其余开间屋架下弦跨中设置一道通长的水平系杆。上弦横向水平支撑在交叉点处与檩条相连。如例图 7-10 所示。

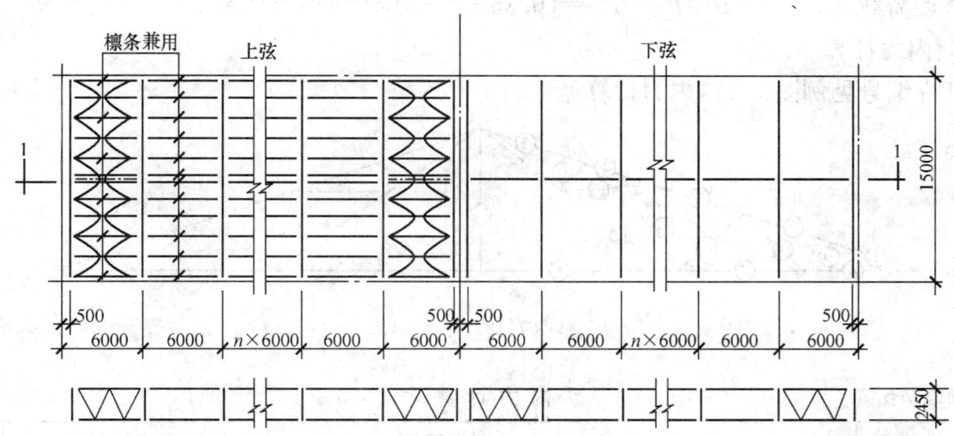

例图 7-10 屋架支撑布置图

4. 荷载

(1)永久荷载(恒载)。 标准值

	标准值
波形石棉瓦、油毡、木望板带椽条	$0.4kN/m^2$
檩条、屋架及支撑	$0.2kN/m^2$
合计	$0.6kN/m^2$

(2)可变荷载值(活载)。 标准值

活荷载或雪荷载 $0.35kN/m^2$

(3)风荷载标准值(不考虑风压高度变化系数)。

基本风压 $0.5kN/m^2$

(4)荷载设计值。

节点荷载见例图 7-11。

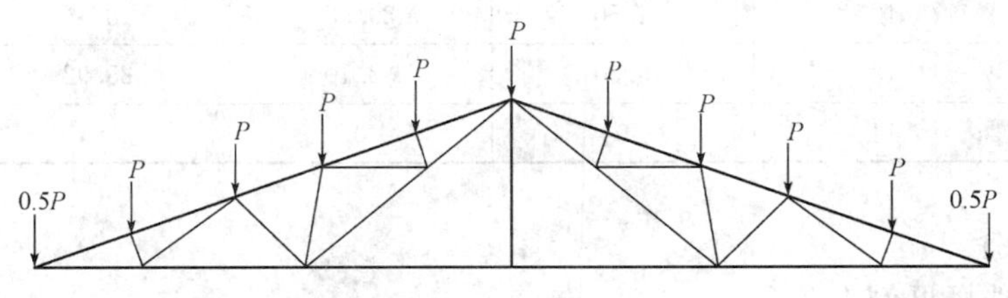

例图 7-11 上弦节点荷载

恒载 $P_G = 0.6 \times 1.2 \times 6 \times 1.55 \times \frac{3}{\sqrt{10}} kN = 6.35kN$

活载或雪荷载 $P_Q = 0.35 \times 1.4 \times 6 \times 1.55 \times \frac{3}{\sqrt{10}} kN = 4.32kN$

(5)荷载组合。

1)恒载+活荷载或雪荷载。

2)恒载+风荷载。

3)恒载+半跨活荷载。

因 2)、3)种组合不起控制作用,故仅按 1)计算。

节点荷载　　　　$P=P_G+P_Q=(6.35+4.32)\text{kN}=10.67\text{kN}$

5. 内力计算

杆件编号见例图 7-12,内力计算见例表 7-6。

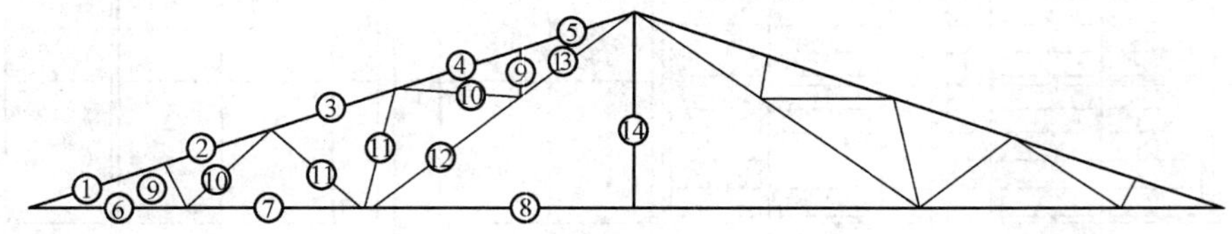

例图 7-12　杆件编号

例表 7-6　　**内力计算表**

杆件名称	杆件编号	内力系数	恒载内力(kN)	活载内力(kN)	内力组合(kN)
		1	2	3	2+3
上弦杆	1	−14.23	−90.36	−61.47	−151.83
	2	−13.91	−88.33	−60.09	−148.42
	3	−11.32	−71.88	−48.90	−120.78
	4	−13.28	−84.33	−57.37	−141.70
	5	−12.97	−82.36	−56.03	−138.39
下弦杆	6	13.50	85.73	58.32	144.05
	7	12.00	76.20	51.84	128.04
	8	7.50	47.63	32.40	80.03
腹　杆	9	−0.95	−6.03	−4.10	−10.13
	10	1.50	9.53	6.48	16.01
	11	−1.66	−10.54	−7.17	−17.71
	12	4.50	29.58	18.44	48.02
	13	6.00	38.10	25.92	64.02
	14	0	0	0	0

6. 截面选择

杆件截面选择见例表 7-7。

例表 7-7　　**屋架杆件截面选用表**

杆件名称	杆件编号	内力(kN)	截面规格	计算长度(cm)		回转半径(cm)	长细比		稳定系数	毛截面积	有效宽厚比	有效面积	应力(N/mm²)		长细比限值	设计强度 f (N/mm²)
				l_{0x}	l_{0y}	$i_x=i_y$	λ_x	λ_y	φ	A (cm²)	b_1/t	A_{ef} (cm²)	$\frac{N}{A_e}$	$\frac{N}{\varphi A_e}$	λ	
上弦杆	1~5	−151.83	ϕ108×3	155.0	155.0	3.72	41.7	41.7	0.88	9.90	<100	9.90		−174.27	150	0.95×205 =194.75
下弦杆	6~7	144.05	ϕ95×2.5	163.4	735.0	3.27	50.0	224.8		7.26	<100	7.26	198.42		350	205
	8	80.03	ϕ95×2.5	326.6	735.0					7.26	<100	7.26			350	

续上表

杆件名称	杆件编号	内力(kN)	截面规格	计算长度(cm)		回转半径(cm)	长细比		稳定系数	毛截面积	有效宽厚比	有效面积	应力(N/mm^2)		长细比限值	设计强度 f
				l_{0x}	l_{0y}	$i_x=i_y$	λ_x	λ_y	φ	A (cm^2)	b_1/t	A_{ef} (cm^2)	$\frac{N}{A_e}$	$\frac{N}{\varphi A_e}$	λ	(N/mm^2)
腹	9	−10.13	ϕ30×2	51.7	51.7	0.99	52.2	52.2	0.846	1.76	<100	1.76		−68.04	200	205
	10	16.01	ϕ30×2	163.4	163.4	0.99	165.1	165.1		1.76	<100	1.76	90.97		350	205
	11	−17.71	ϕ40×2	150.7	150.7	1.35	111.6	111.6	0.505	2.39	<100	2.39		−146.73	200	205
	12	48.02	ϕ60×2	245.0	408.4	2.05		199.2		3.64	<100	3.64	131.92		350	205
杆	13	64.02	ϕ60×2	163.4	408.4	2.05		199.2		3.64	<100	3.64	175.88		350	205
	14	0	ϕ40×2	245.0	245.0	1.35	181.5	181.5		2.39	<100	2.39			200	205

7. 节点连接计算

(1)支管与主管相交节点处的强度验算(例图 7-13)。

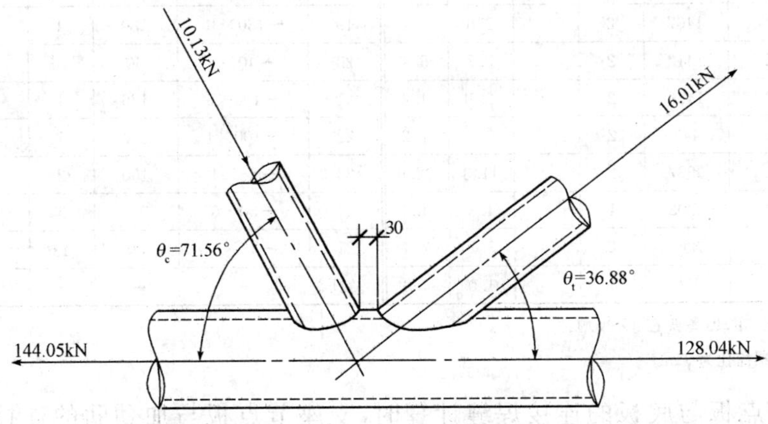

例图 7-13 支管与主管相交节点

1)受压支管在主管节点处的承载力设计值 N_{ic}^*(距支座第一个下弦 K 形节点)。

$$N_{ic}^* = \frac{11.51}{\sin\theta_c}\left(\frac{d_0}{t_0}\right)^{0.2}\psi_n\psi_d\psi_g t_0^2 f_0$$

取 $\theta_c=71.56°$ $d_0=95mm$ $t_0=2.5mm$ $\psi_n=1$(主管最大轴向应力 σ 为拉时)

$$\psi_d=0.069+0.93\beta=0.069+0.93\times\frac{30}{95}=0.36$$

$$\psi_g=1+\left[\frac{2.19}{1+7.5\dfrac{g}{\alpha_0}}\right]\left[1-\frac{20.1}{6.6+\dfrac{d_0}{t_0}}\right]\left(1-0.77\frac{d_1+d_2+d_3}{3d_0}\right)$$

$$=1+\left[\frac{2.19}{1+7.5\times\dfrac{30}{95}}\right]\left[1-\frac{20.1}{6.6+\dfrac{95}{2.5}}\right]\left(1-0.77\times\frac{3\times30}{3\times95}\right)=1.27$$

$$f_0=0.205kN/mm^2$$

$$N_{ic}^*=\frac{11.51}{\sin71.56°}\times\left(\frac{95}{2.5}\right)^{0.2}\times1\times0.36\times1.27\times2.5^2\times0.0205kN$$

$=14.71\text{kN}>10.13\text{kN}$

2)受拉支管在节点处的承载力设计值验算。

$$N_{it}=\frac{\sin\theta_1}{\sin\theta_2}N_{ic}^{*}=\frac{\sin 71.56^{\circ}}{\sin 36.88^{\circ}}\times 14.71\text{kN}=23.25\text{kN}>16.01\text{kN}$$

其余节点参照上述方法。

(2)节点连接焊缝计算,所用材料见例表 7-8。

例表 7-8　　YW 15－1、15－2 材料表

零件号	截面(mm)	长度(mm)	数量 正	数量 反	质量(kg) 每个	质量(kg) 共计	零件号	截面(mm)	长度(mm)	数量 正	数量 反	质量(kg) 每个	质量(kg) 共计
1	ϕ108×3	7908	2		61.4	122.9	14	－240×12	240	2		5.4	10.8
2	ϕ95×2.5	4340	2		24.7	49.4	15	－80×14	80	4		0.7	2.8
3	ϕ95×2.5	5912	1		33.7	33.7	16	－102×4	102	2		0.3	0.6
4	ϕ30×2	423	2		0.6	1.2	17	－130×6	260	1		1.6	1.6
5	ϕ30×2	1446	2		2.0	4.0	18	－240×6	270	1		3.3	3.3
6	ϕ40×2	1407	2		2.6	5.2	19	－180×10	180	4		2.5	10.0
7	ϕ40×2	1412	2		2.7	5.4	20	－40×4	60	16		0.1	1.6
8	ϕ30×2	1486	2		2.1	4.2	21	－100×6	126	1		0.5	0.5
9	ϕ30×2	443	2		0.6	1.2	22	－100×4	220	1		0.7	0.7
10	ϕ60×2	3937	2		11.3	22.6	23	－45×4	100	2		0.1	0.2
11	ϕ40×2	2302	1		4.3	4.3	24	－50×6	220	24		0.5	12.0
12	－150×8	390	2		3.7	7.4	25	－45×4	50	48		0.1	4.80
13	－116×6	190	4		1.0	4.0	总计	—	—	—	—	—	314.4

注:1. 钢材为 Q235F,焊条为 E43××型。

2. 未注明的螺栓孔为 ϕ15。

1)支座节点板与底板的连接焊缝计算时,支座节点板与加劲肋的连接焊缝厚度取 6mm,其计算过程从略。

①上弦杆与垫板的连接焊缝:

设　$h_f=3\text{mm},l_w'=560\text{mm}$,则 $l_w=(560-2\times3)\text{mm}=554\text{mm}$

$$\tau_f=\frac{N_1}{2\times0.7h_fl_w}=\frac{151.83\times10^3}{2\times0.7\times3\times554}\text{N/mm}^2=65.25\text{N/mm}^2$$

$$\sigma_f=\frac{6M}{0.7\times2h_fl_w^2}=\frac{151.83\times10^3\times60\times6}{2\times0.7\times3\times554^2}\text{N/mm}^2=42.40\text{N/mm}^2$$

$$\tau=\sqrt{\tau_f^2+\sigma_f^2}=\sqrt{65.25^2+42.40^2}\text{N/mm}^2=77.82\text{N/mm}^2<f_f^w=140\text{N/mm}^2$$

②下弦杆与垫板的连接焊缝:

设　$h_f=3\text{mm},l_w=[2\times(100\sqrt{10}+100)-8-2\times3]\text{mm}=818\text{mm}$

$$\tau=\frac{N_2}{0.7h_fl_w}=\frac{148.42\times10^3}{0.7\times3\times818}\text{N/mm}^2=86.40\text{N/mm}^2<f_f{}^w=140\text{N/mm}^2$$

2)屋脊节点连接焊缝计算(例图 7-14)。

①上弦屋脊连接焊缝:

设　$h_f=4\text{mm},l_w=\left(2\times120+2\times120\times\frac{\sqrt{10}}{3}-2\times4\right)\text{mm}=485\text{mm}$

$$\tau=\frac{\Delta N}{0.7h_f l_w}=\frac{(131.29-51.22)\times10^3}{0.7\times4\times485}\text{N/mm}^2=58.96\text{N/mm}^2<f_f^w=140\text{N/mm}^2$$

②腹杆与上弦垫板焊缝：

设 $h_f=3\text{mm}, l_w=2\times60+2\times60\times\left[\frac{1}{\sin(71.57°-53.10°)}\right]\text{mm}=499\text{mm}$

$$\tau=\frac{N_{13}}{0.7h_f l_w}=\frac{64.02\times10^3}{0.7\times3\times499}\text{N/mm}^2=61.09\text{N/mm}^2<f_f^w=140\text{N/mm}^2$$

(3)其余节点连接计算。

其余节点连接受力较小，可采用 $h_f=3\text{mm}$ 围焊。

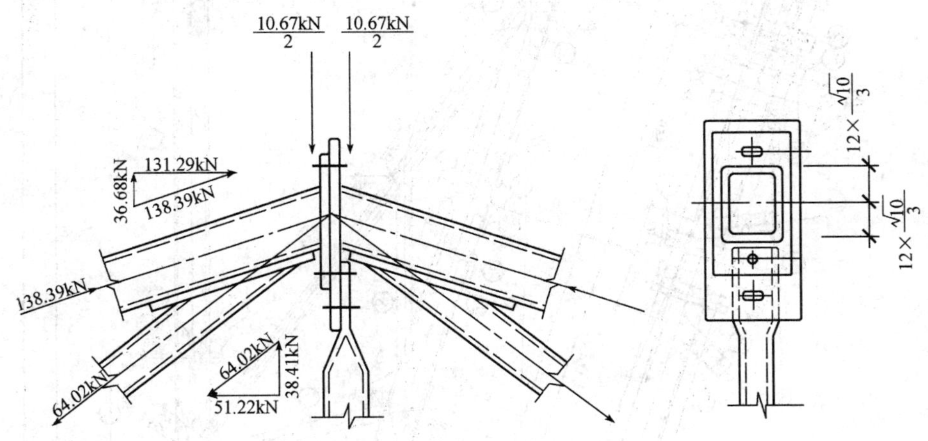

例图 7-14 屋脊节点

8. 施工图(例图 7-15 和例图 7-16)

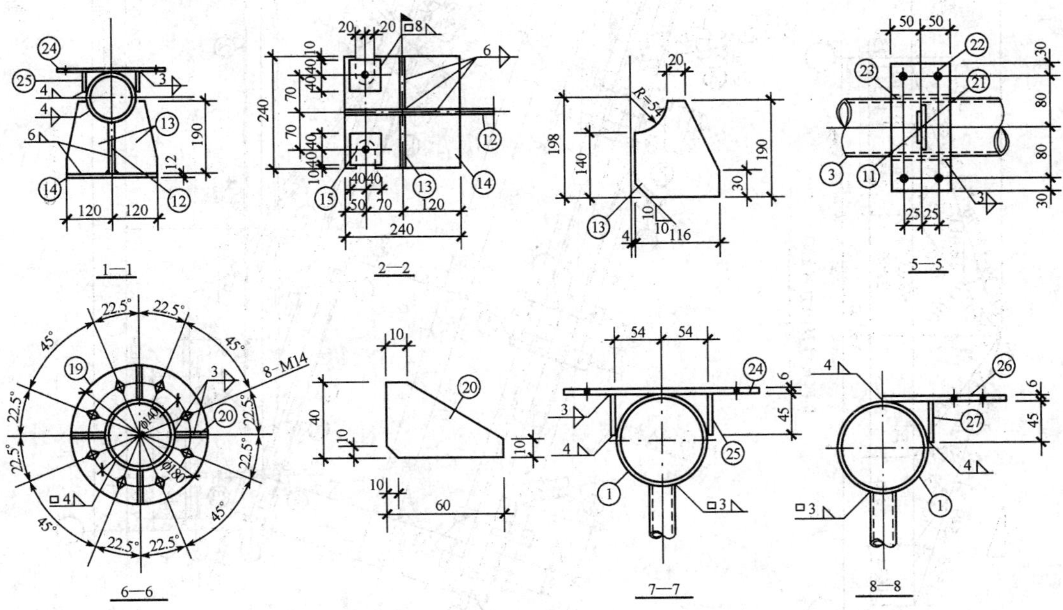

例图 7-15 15m 三角形圆管屋架施工图

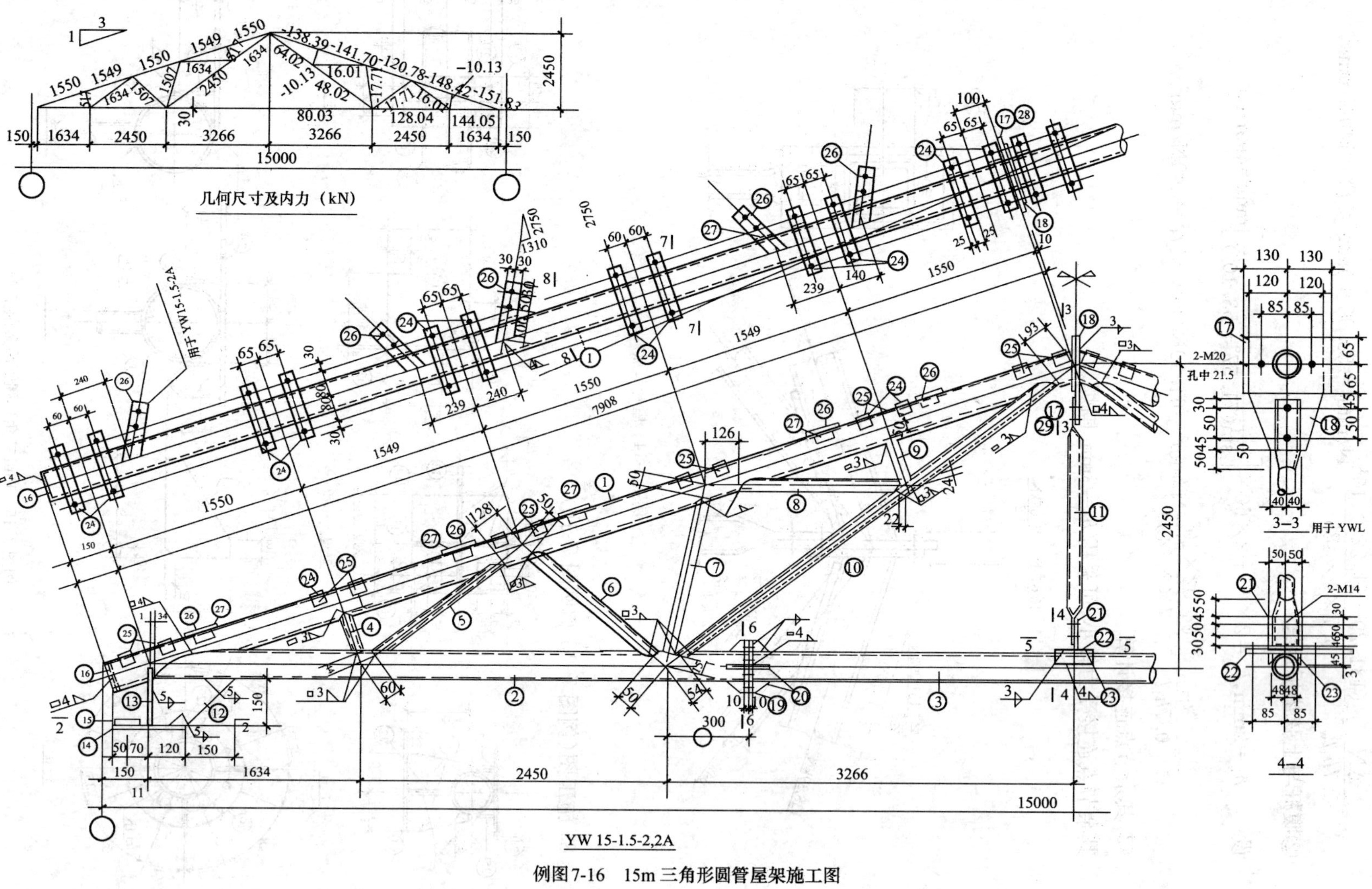

YW 15-1.5-2,2A

例图7-16 15m三角形圆管屋架施工图

【例 7-3】 18m 三铰拱屋架

1. 设计资料

屋架跨度为 18m，屋架间距为 6m，屋面坡度 1/2.5，屋面材料为水泥平瓦、油毡、木望板。檩条为平面桁架式，檩条斜距为 0.81m，钢材为 Q235F，焊条为 E43 型。

2. 屋架形式及几何尺寸

屋架形式及几何尺寸，如例图 7-17 所示。

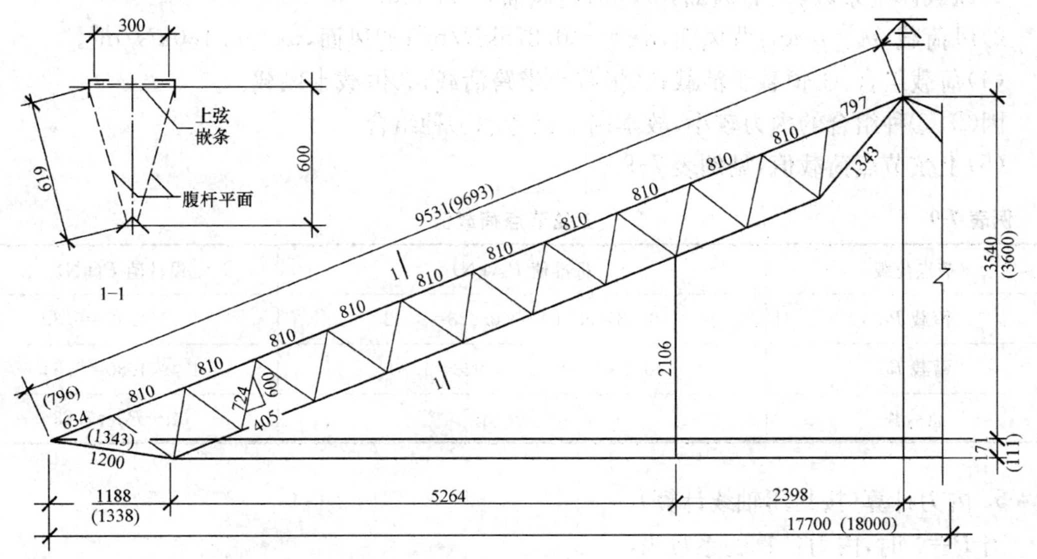

例图 7-17 屋架形式及几何尺寸

（括号内的数字用于 18m 跨封闭轴线）

3. 支撑布置

在房屋两端开间及伸缝处第一开间内设置上弦横向水平支撑，水平支撑在交叉点不与檩条相连，如例图 7-18 所示。

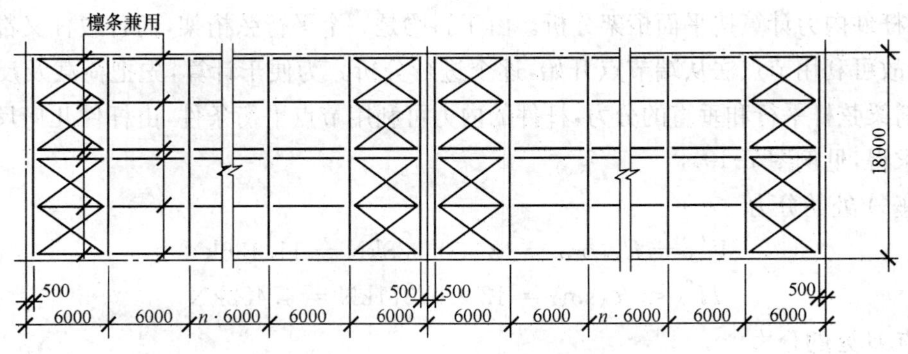

例图 7-18 屋架支撑平面布置图

4. 荷载

(1)永久荷载(恒载)。 标准值(kN/m^2)

水泥平瓦 0.55/0.928≈0.60

油毡、木望板	0.19
檩条、屋架及支撑	0.19
合计	0.98

(2)可变荷载(活载)。屋面活载 0.3kN/m²,雪荷载 0.4kN/m²,取较大值 0.4 kN/m²。

(3)风荷载。基本风压 $w_0 \leqslant 0.55\text{kN/m}^2$,计算中未考虑风压高度变化系数。

1)风载体型系数 μ_s:背风面,−0.5;迎风面,−0.328。

2)风荷载 $w_k=\mu_s w_0$:背风面,$w_k=-0.275\text{kN/m}^2$;迎风面,$w_k=0.180\text{kN/m}^2$。

(4)荷载组合:①恒载+活载;②恒载+半跨活载;③恒载+风载。

因②、③种组合的内力较小,故本例中只考虑①种组合。

(5)上弦节点荷载值,见例表 7-9。

例表 7-9　上弦节点荷载值

节点荷载	标准值 P_k(kN)	设计值 P(kN)
恒载 P_G	0.98×0.81×6×0.928=4.42	1.2×4.42=5.30
雪载 P_Q	0.4×0.81×6×0.928=1.80	1.4×1.80=2.53
总荷载		P_G+P_Q=7.83

5. 内力计算(按封闭轴线计算)

当 $P=1$ 时,内力计算的系数为:

(1)支座反力 $R_A=12\text{kN}$。

(2)取斜梁作为隔离体,由 $\sum M_c=0$ 得拱拉杆轴心力 H_B:

$$H_B=\frac{12\times9-12\times4.5}{3.711}\text{kN}=\frac{12\times4.5}{3.711}\text{kN}=14.55\text{kN}$$

(3)由 $\sum X=0$ 得,$H_C=H_B=14.55\text{kN}$。

(4)由 $\sum Y=0$ 得,$V_C=0$。

(5)杆件内力计算按平面桁架分析。由于斜梁是一个平行弦桁架,而各腹杆又都具有相同倾角,故可利用节点法从端节点开始,逐个进行分析。为便于计算,先把荷载及反力分解成各与斜梁弦杆平行和垂直的分力,杆件的内力可利用节点平衡条件,由杆件几何尺寸的比例关系求得,见例图 7-19。

支座 A 处的分力

$$V'_A = R_A\cos\alpha = 12\times0.928\text{kN} = 11.136\text{kN}$$
$$H'_A = R_A\sin\alpha = 12\times0.371\text{kN} = 4.452\text{kN}$$

节点 B 处的分力

$$V'_B = H_B\sin\alpha = 14.55\times0.371\text{kN} = 5.40\text{kN}$$
$$H'_B = H_B\cos\alpha = 14.55\times0.928\text{kN} = 13.51\text{kN}$$

节点 C 处的分力

$$V'_C = 5.40\text{kN}$$
$$H'_C = 13.51\text{kN}$$

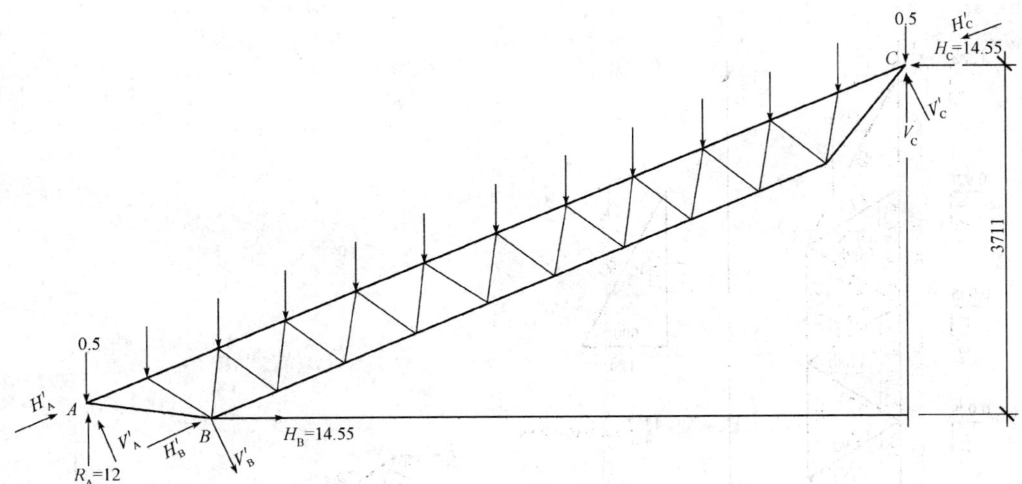

例图 7-19　全跨单位荷载作用下的反力及拱拉杆计算

单位节点荷载 $P=1$ 的分力

$$P\cos\alpha = 1\times0.928\text{kN} = 0.928\text{kN}$$

$$P\sin\alpha = 1\times0.371\text{kN} = 0.371\text{kN}$$

上述各个分力应满足 $\sum X=0$ 和 $\sum Y=0$ 作为校核计算，如例图 7-20 所示。

当 $P=7.83$kN 时，屋架杆件的内力，如例图 7-21 所示。

6. 截面选择

杆件截面选择结果见例表 7-10。

7. 节点连接计算

(1)支座节点(例图 7-22)。

1)支座底板厚度。按构造取 $t=12$mm，计算过程从略。

2)斜梁下弦杆角钢与支座节点板连接焊缝。斜梁下弦杆共有四条焊缝与支座节点板相连，取每条焊缝长度为 90mm，则焊缝厚度为：

$$h_f=\frac{N}{0.7\sum l_w\cdot f_f^w}=\frac{187.0\times10^3}{0.7\times4\times(90-10)\times0.95\times160}\text{mm}=5.5\text{mm}$$

取 $h_f=6$mm，节点板厚度取 8mm。

3)斜梁上弦杆角钢与节点板连接焊缝。斜梁上弦杆角钢与顶板通过四条焊缝相连，顶板再与节点板通过两条 T 形焊缝相连，取顶板尺寸为∟250×6×360，每条焊缝计算长度为(250－12)mm＝238mm，则上弦杆角钢与顶板焊缝厚度为：

$$h_f=\frac{N}{0.7\sum l_w\cdot f_f^w}=\frac{200.5\times10^3}{0.7\times4\times238\times0.85\times0.95\times160}\text{mm}=2.3\text{mm}，取\ h_f=6\text{mm}$$

顶板与节点板的焊缝厚度为：

$$h_f=\frac{N}{0.7\sum l_w\cdot f_f^w}=\frac{200.5\times10^3}{0.7\times2\times238\times0.85\times0.95\times160}\text{mm}=4.6\text{mm}$$

取 $h_f=6$mm。式中 0.85 是考虑杆件中心与焊缝中心不重合的焊缝强度值折减系数。

其余焊缝受力较小，一律取 $h_f=6$mm。

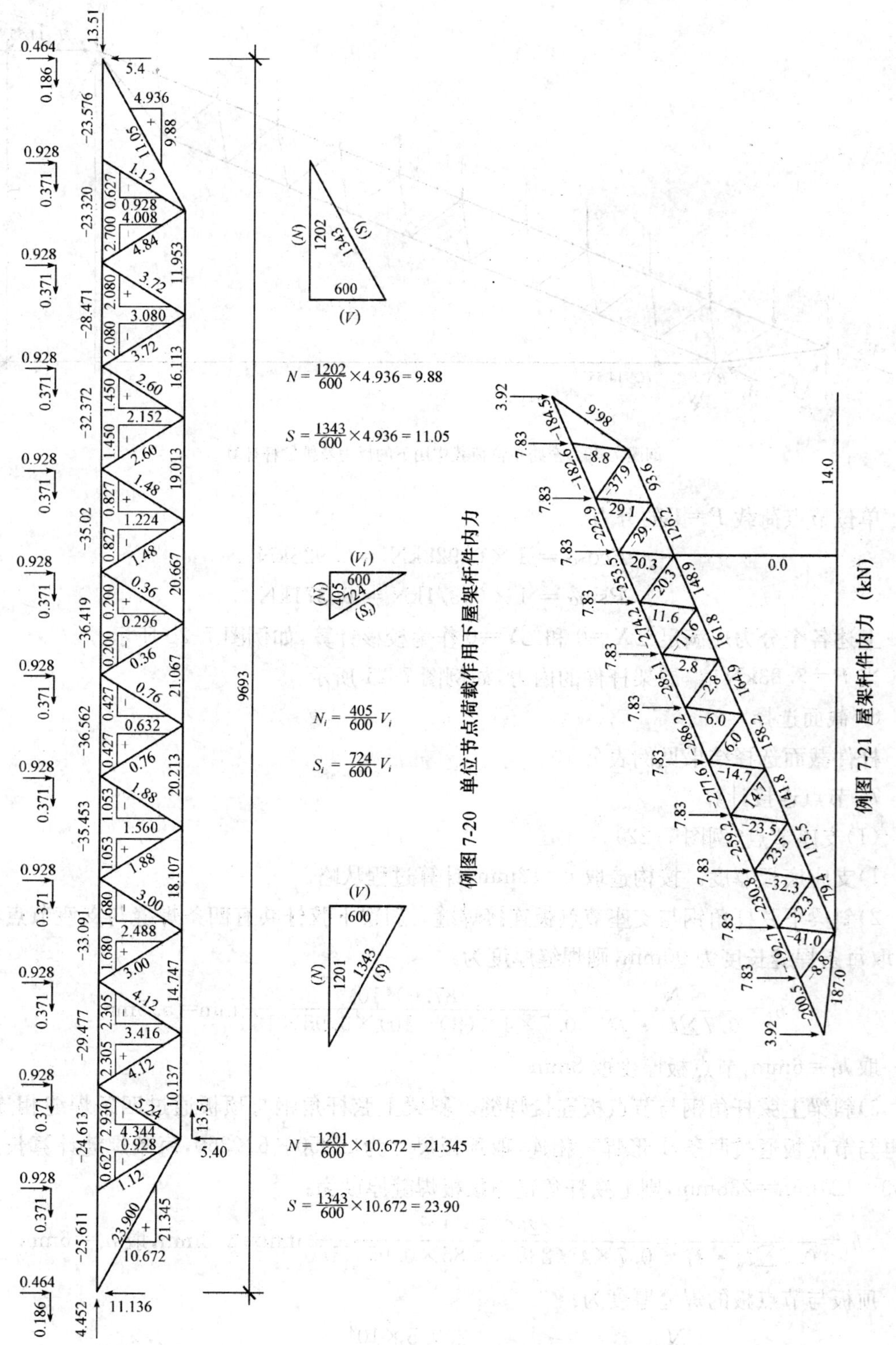

例图 7-20　单位节点荷载作用下屋架杆件内力

例图 7-21　屋架杆件内力（kN）

例表 7-10 **屋架杆件截面选用表**

杆件名称	杆件编号	内力 N(kN)	截面规格(mm)	截面面积 A(mm^2)	计算长度(cm)		回转半径(cm)		长细比		稳定系数	应力(N/mm^2)		容许长细比	强度设计值	备注
					l_x	l_y	l_x	l_y	l_x	l_y	φ	$\sigma=\frac{N}{\varphi A}$	$\sigma=\frac{N}{A_n}$ ($A_n=A$)	λ	f(N/mm^2)	
斜梁上弦杆	a	−286.2	2∟70×7	1885	81		i_{y0}=1.38		58.7		0.814	186.5		150	215×0.95 =204.25	按单肢的最小轴 i_y 计算，按 b 类截面查 φ
斜梁下弦杆	c～b	187.0	∟63×8	952	134.3		1.23		109				196.4	350	204.25	双腹杆对侧向起支承点的作用，故不验算下弦杆平面外的长细比
腹杆	1～2 19～20	～41.0	2ϕ22	760	74	74		0.55		135	0.407	132.5		200	215×0.85 =182.8	
	3～4 17～18	±32.3	2ϕ20	628	74	74	0.50	0.50	148	148	0.347	148.2		200	204.25	
	5～6 15～16	±23.5	2ϕ18	509	74	74	0.45	0.45	164	164	0.289	159.8		200	204.25	
	7～14	±14.7	2ϕ16	402	74	74	0.4	0.40	185	185	0.231	158.3		200	204.25	
拱拉杆	d	144.0	ϕ28	616									185.1		204.25	张紧的圆钢拉杆的长细比不受限制
	花篮螺栓栓杆		ϕ32	A_a=638									178.7		204.5	
上弦缀条			ϕ14			82.3		0.35		235				200		属次要构件超出一些也可
吊 杆			ϕ12					0.30								

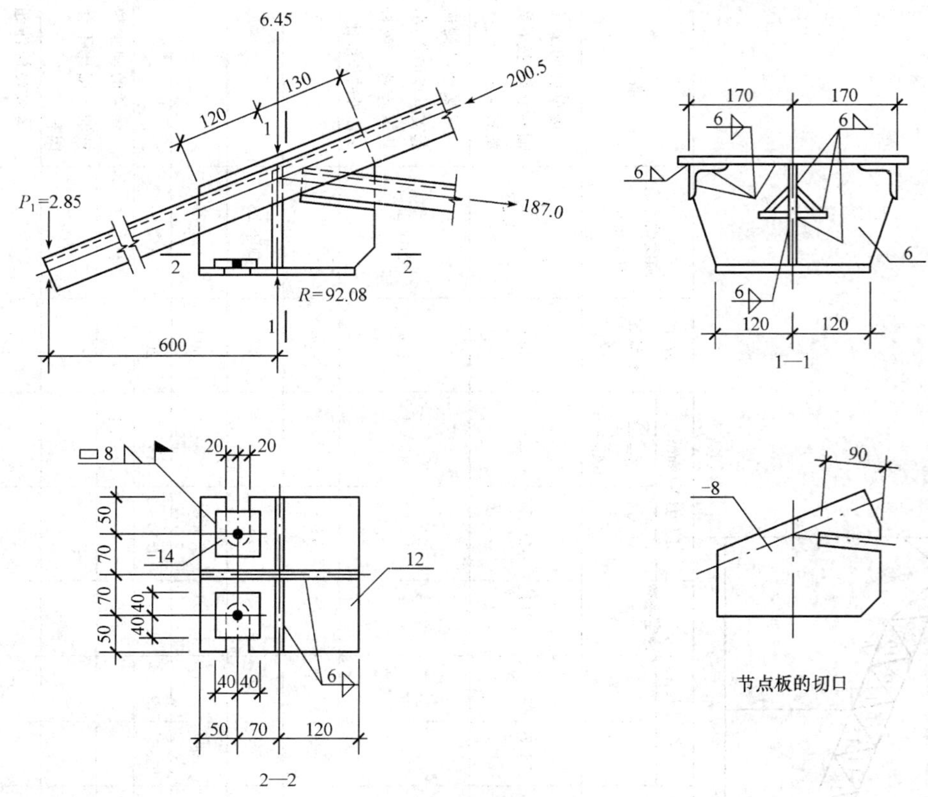

例图 7-22 屋架支座节点

(2)拱拉杆与斜梁的连接节点(例图 7-23)。

1)拱拉杆与其夹板的连接焊缝。拱拉杆与两块夹板以四条焊缝相连,取每条焊缝长度为 80mm,焊缝厚度为:

$$h_e=\frac{N}{\sum l_w \cdot f_f^w}=\frac{114.0\times10^3}{4\times(80-10)\times0.95\times160}\text{mm}=2.7\text{mm}$$

$$h_f=\frac{h_e}{0.7}=\frac{2.7}{0.7}\text{mm}=3.9\text{mm}$$

此外,按规定,圆钢与圆钢、圆钢与钢板之间的贴角焊缝有效厚度不应小于 0.2 倍圆钢直径或 3mm,因此构造上要求焊缝厚度为:

$$h_e\geqslant0.2\times28\text{mm}=5.6\text{mm}$$

$$h_f\geqslant\frac{5.6}{0.7}\text{mm}=8\text{mm},\text{采用 } h_f=10\text{mm}$$

夹板厚度 $t\geqslant\frac{h_f}{1.2}=\frac{10}{1.2}\text{mm}=8.3\text{mm}$,采用 10mm

2)拱拉杆与节点板的连接螺栓,拱拉杆端头的夹板与节点板用一个螺栓连接,节点板厚度为 8mm,两侧各拼焊一块圆形填板,以免螺栓受弯,并增加螺栓连接的承压承载力,其填板厚度为$\frac{26-8}{2}$mm=9mm,取用 8mm,选用螺栓 M27。

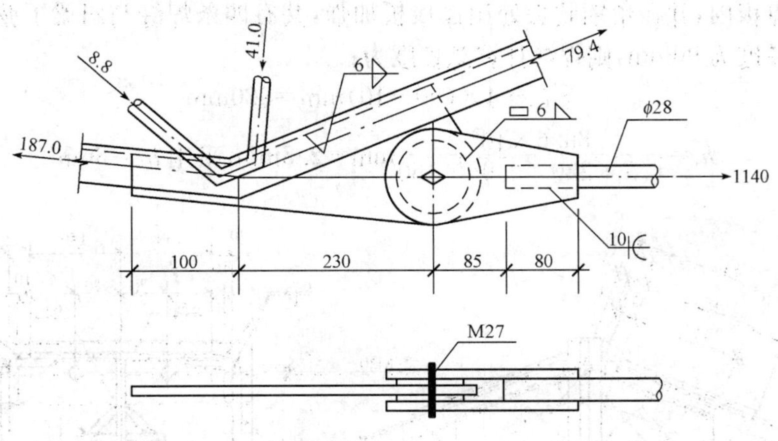

例图 7-23 拱拉杆与斜梁的连接节点(内力单位:kN)

一个螺栓的抗剪承载力计算:

$$N_v^b = n_v \frac{\pi d^2}{4} f_v^b = 2 \times \frac{\pi \times 27^2}{4} \times 0.95 \times 130\text{N}$$

$$=141.4 \times 10^3\text{N} = 141.4\text{kN} > 114.0\text{kN}$$

一个螺栓的承压承载力计算:

$$N_c^b = d\sum t f_c^b = 27 \times 2 \times 8 \times 0.95 \times 305\text{N}$$

$$=125.2 \times 10^3\text{N} = 125.2\text{kN} > 114.0\text{kN}$$

3)节点板的连接尺寸。节点板在螺栓孔处截面高度按构造采用 $4d = 4 \times 28.5\text{mm} = 114\text{mm}$,取 130mm,该处截面应力为:

$$\sigma = \frac{114.0 \times 10^3}{(130-28.5) \times 8}\text{N/mm}^2 = 140.4\text{N/mm}^2 < 0.95 \times 235\text{N/mm}^2 = 223\text{N/mm}^2$$

4)节点板与斜梁下弦杆角钢的连接焊缝。节点板与斜梁下弦杆角钢用两条焊缝相连,由于焊缝为折线段,计算时取 $h_f = 6\text{mm}$。

$$l_w = (330-12)\text{mm} = 318\text{mm} < 60h_f = 60 \times 6\text{mm} = 360\text{mm}$$

取偏心距 $e = 40\text{mm}$,则

$$\tau = \frac{1}{1.4h_f}\sqrt{\left(\frac{N}{l_w}\right)^2 + \left(\frac{6Ne}{\beta_f l_w^2}\right)^2}$$

$$= \frac{1}{1.4 \times 6}\sqrt{\left(\frac{114000}{318}\right)^2 + \left(\frac{6 \times 114000 \times 40}{1.22 \times 318^2}\right)^2}\text{N/mm}^2$$

$$= 49.8\text{N/mm}^2 < 0.95 f_f^w = 152\text{N/mm}^2$$

(3)屋脊节点(例图 7-24)。

1)斜梁上弦杆角钢与顶板、侧板的连接焊缝。上弦杆内力通过上弦杆角钢与节点顶板、侧板间的连接焊缝传递,其焊缝计算总长度为:

$$\sum l_w = [4 \times (208-10) + 4 \times (117-10)]\text{mm} = (792+428)\text{mm} = 1220\text{mm}$$

$$h_f = \frac{184.5 \times 10^3}{0.7 \times 1220 \times 0.95 \times 160}\text{mm} = 1.4\text{mm},采用\ h_f = 6\text{mm}$$

2)斜梁下弦杆角钢与节点板的连接焊缝。节点板厚度为 6mm,板上开以槽口,下弦杆

角钢插入节点板内，并在角钢肢尖处用连接板加强，共有四条焊缝与斜梁下弦杆角钢相连，取每条焊缝长度为 90mm，则焊缝计算总长度为：

$$\sum l_w = 4\times(90-10)\text{mm} = 320\text{mm}$$

$$h_f = \frac{86.6\times10^3}{0.7\times320\times0.95\times160}\text{mm} = 2.5\text{mm}，采用\ h_f = 6\text{mm}$$

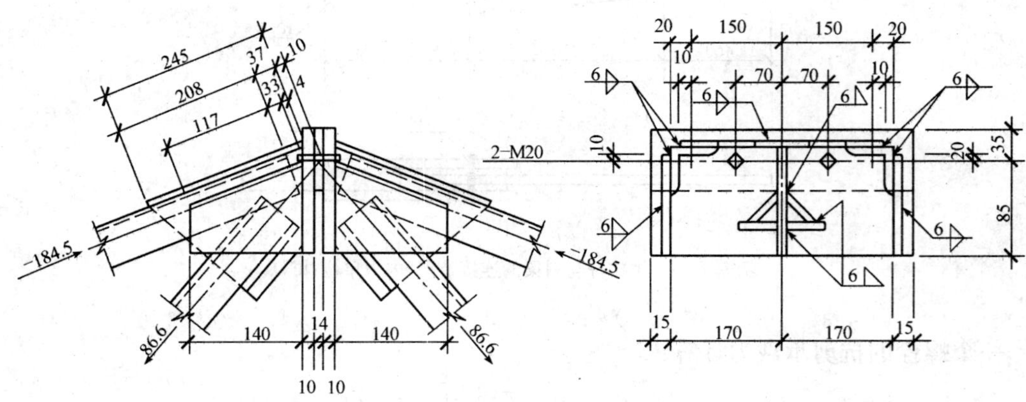

例图 7-24　屋脊节点(内力单位:kN)

3)节点端头竖板的连接尺寸。节点端头竖板按构造取厚度为 10mm，宽度为 370mm，高度由节点构造要求确定。其余连接焊缝受力较小，焊缝厚度一律取 $h_f=6$mm，按构造确定焊缝长度。

(4)其余节点。

1)斜梁下弦杆中间节点如例图 7-25 所示。

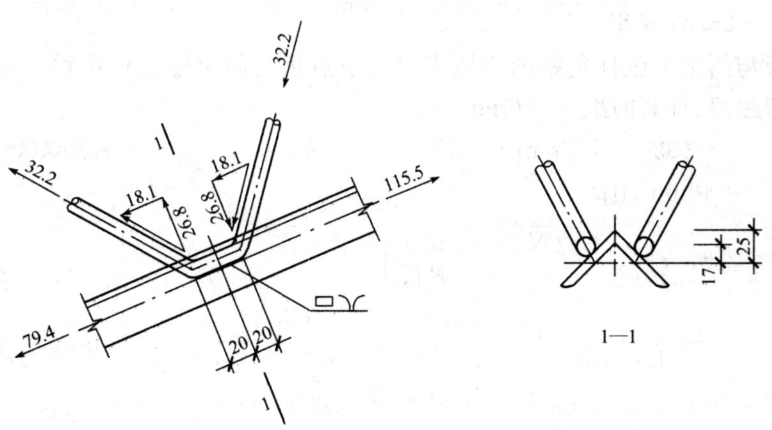

例图 7-25　斜梁下弦杆中间节点(内力单位:kN)

该处腹杆为连续，偏心距 $e=20$mm

$$N_x = N_2 - N_1 = (115.5-79.4)\text{kN} = 36.1\text{kN}$$

$$N_y = 0$$

$$M = 26.8 \times 20 \times 2\text{kN} \cdot \text{mm} = 1072\text{kN} \cdot \text{mm}$$

最小焊缝有效厚度　　$h_e \geqslant 0.2d = 0.2 \times 20\text{mm} = 4\text{mm}$

$$h_f \geqslant \frac{h_e}{0.7} = \frac{4}{0.7}\text{mm} = 5.72\text{mm}，采用 6\text{mm}。$$

考虑围焊，焊缝长度近似取　$l_f = 40 + d = (40 + 20)\text{mm} = 60\text{mm}$

焊缝应力

$$\tau_f = \frac{0.5 \times 36.1 \times 10^3}{2 \times 0.7 \times 6 \times 60}\text{N/mm}^2 = 35.8\text{N/mm}^2$$

$$\sigma_f = \frac{6 \times 0.5 \times 1072 \times 10^3}{2 \times 0.7 \times 6 \times 60^2}\text{N/mm}^2 = 106.3\text{N/mm}^2$$

$$\tau = \sqrt{\tau_f^2 + \left(\frac{\sigma_f}{\beta_f}\right)^2} = \sqrt{35.8^2 + \left(\frac{106.3}{1.22}\right)^2}\text{N/mm}^2 = 94.2\text{N/mm}^2 < 0.95 f_f^w$$

$$= 0.95 \times 160\text{N/mm}^2 = 152\text{N/mm}^2$$

2）斜梁上弦杆中间节点"2"（例图 7-26），此处腹杆改变截面，故非连续，取圆钢端头间隙为 4mm，焊缝长度为：

$$l_w = 25 + 0.5d = (25 + 0.5 \times 22)\text{mm} = 36\text{mm}$$

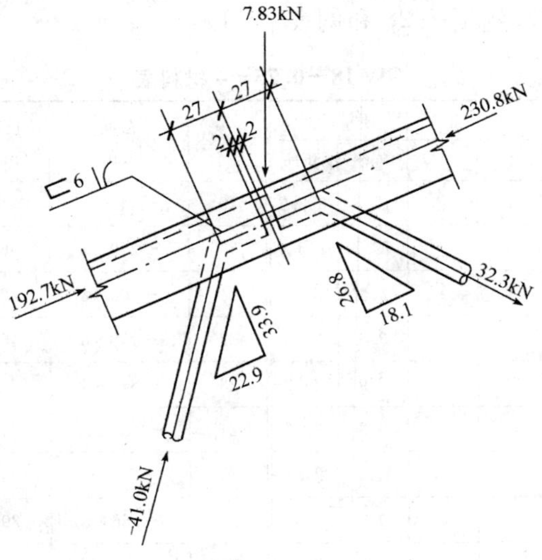

例图 7-26　斜梁上弦杆中间节点（内力单位 kN）

焊缝厚度　$h_f = 6\text{mm}$

验算受力较大的圆钢焊缝应力为：

偏心距　　$e_1 = 25 - \frac{l_w}{2} = (25 - 18)\text{mm} = 7\text{mm}$

$$N = D_1 \cos\alpha_1 = 41.0 \times \frac{405}{724}\text{kN} = 22.9\text{kN}$$

$$V = D_1 \sin\alpha_1 = 41.0 \times \frac{600}{724}\text{kN}$$

$$= 33.9\text{kN}$$

$$M=Ve_1=D_1\sin\alpha_1 e_1$$
$$=33.9\times7\text{kN}\cdot\text{mm}$$
$$=237.3\text{kN}\cdot\text{mm}$$

焊缝应力：

$$\tau_f=\frac{0.5\times22.9\times10^3}{2\times0.7\times6\times36}\text{N/mm}^2$$
$$=37.9\text{N/mm}^2$$

$$\sigma'_f=\frac{0.5\times33.9\times10^3}{2\times0.7\times6\times36}\text{N/mm}^2$$
$$=56.1\text{N/mm}^2$$

$$\sigma_f=\frac{6\times0.5\times237.3\times10^3}{2\times0.7\times6\times36^2}\text{N/mm}^2$$
$$=65.4\text{N/mm}^2$$

$$\tau=\sqrt{\tau_f^2+\left(\frac{\sigma'_f+\sigma_f}{\beta_f}\right)^2}=\sqrt{37.9^2+\left(\frac{56.1+65.4}{1.22}\right)^2}\text{N/mm}^2=106.6\text{N/mm}^2<0.95f_f^w$$
$$=152\text{N/mm}^2$$

8. 施工图(例图 7-27、例图 7-28 和例表 7-11)

例表 7-11　　GW 18－0.75－4 材料表

零件号	截面(mm)	长度(mm)	数量		质量(kg)		零件号	截面(mm)	长度(mm)	数量		质量(kg)	
			正	反	每个	共计				正	反	每个	共计
1	L70×7	10130	4		75.8	303.2	19	－140×6	300	24		2.0	48.0
2	L63×8	9725	2		72.7	145.4	20	－250×6	360	2		4.2	8.4
3	ϕ22	1485	8		4.4	35.2	21	－205×8	260	2		3.3	6.6
4	ϕ20	1466	8		3.6	28.8	22	－158×6	160	4		1.2	4.8
5	ϕ18	1466	8		2.9	23.2	23	－80×14	80	4		0.7	2.8
6	ϕ16	5858	4		9.3	37.2	24	－240×12	240	2		5.4	10.8
7	ϕ14	9990	2		12.3	24.6	25	－50×6	90	8		0.2	1.6
8	ϕ18	240	2		0.5	1.0	26	－155×8	395	2		3.8	7.6
9	ϕ12	280	2		0.2	0.4	27	－90×8	90	4		0.5	2.0
10	ϕ12	2100	2		1.9	3.8	28	－110×8	220	4		1.5	6.0
11	ϕ12	370	2		0.3	0.6	29	－245×6	300	2		3.5	7.0
12	ϕ28	6915	2		33.4	66.8	30	－90×6	140	4		0.6	2.4
13	ϕ20	170	4		0.4	1.6	31	－160×6	160	2		1.2	2.4
14	ϕ32	363	1		2.3	2.3	32	－60×14	370	1		2.4	2.4
15	ϕ32	363	1		2.3	2.3	33	－120×10	370	2		3.5	7.0
16	－70×50	70	1		1.9	1.9	34	－40×6	110	2		0.2	0.4
17	－70×50	70	1		1.9	1.9	35	M27×80　丝扣长 40		2		0.5	1.0
18	－50×8	370	2		1.2	2.4	36	M20×70　丝扣长 40		2		0.2	0.4
总计							—						804

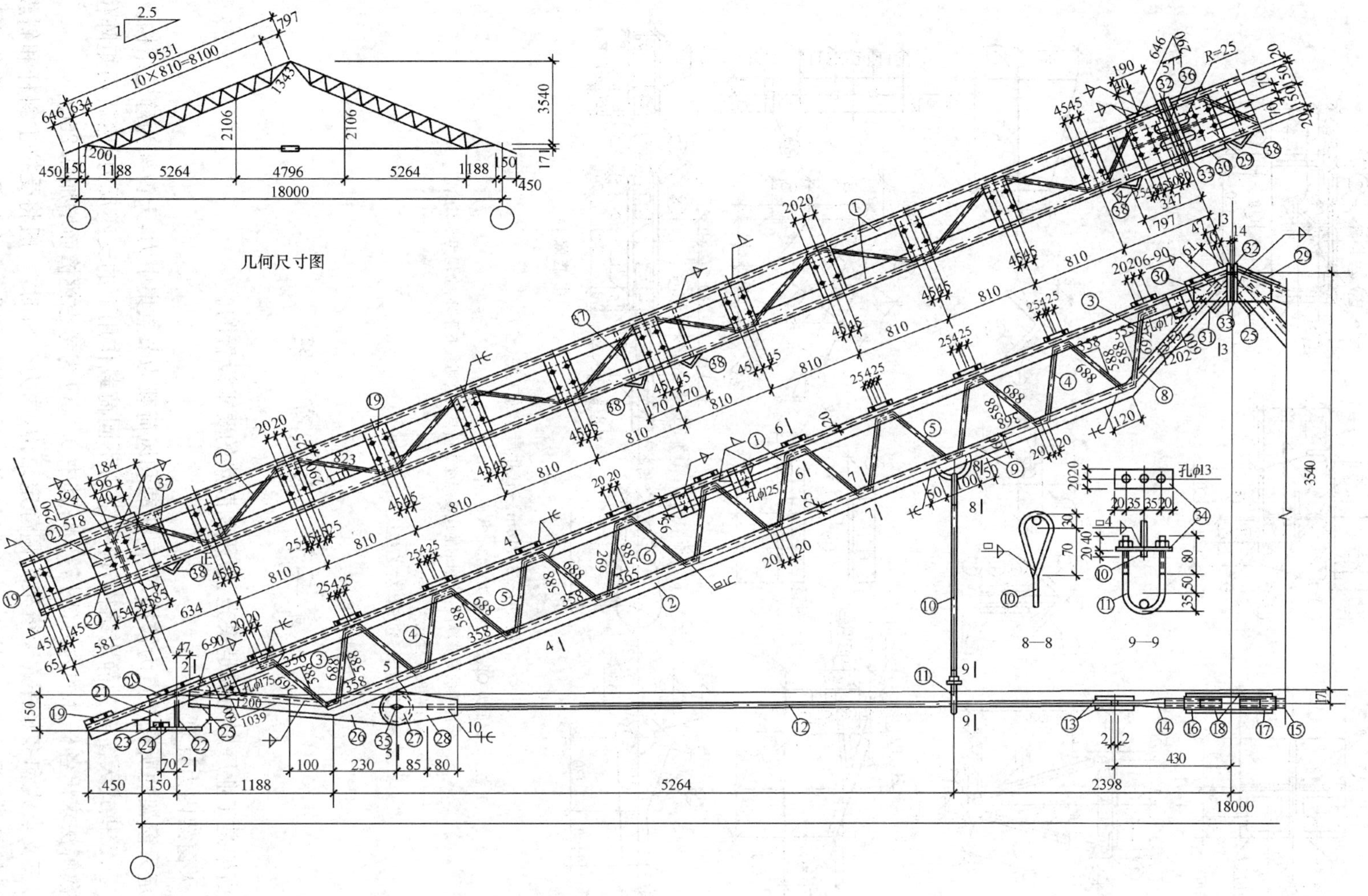

例图 7-27　18m 三铰拱屋架施工图（一）

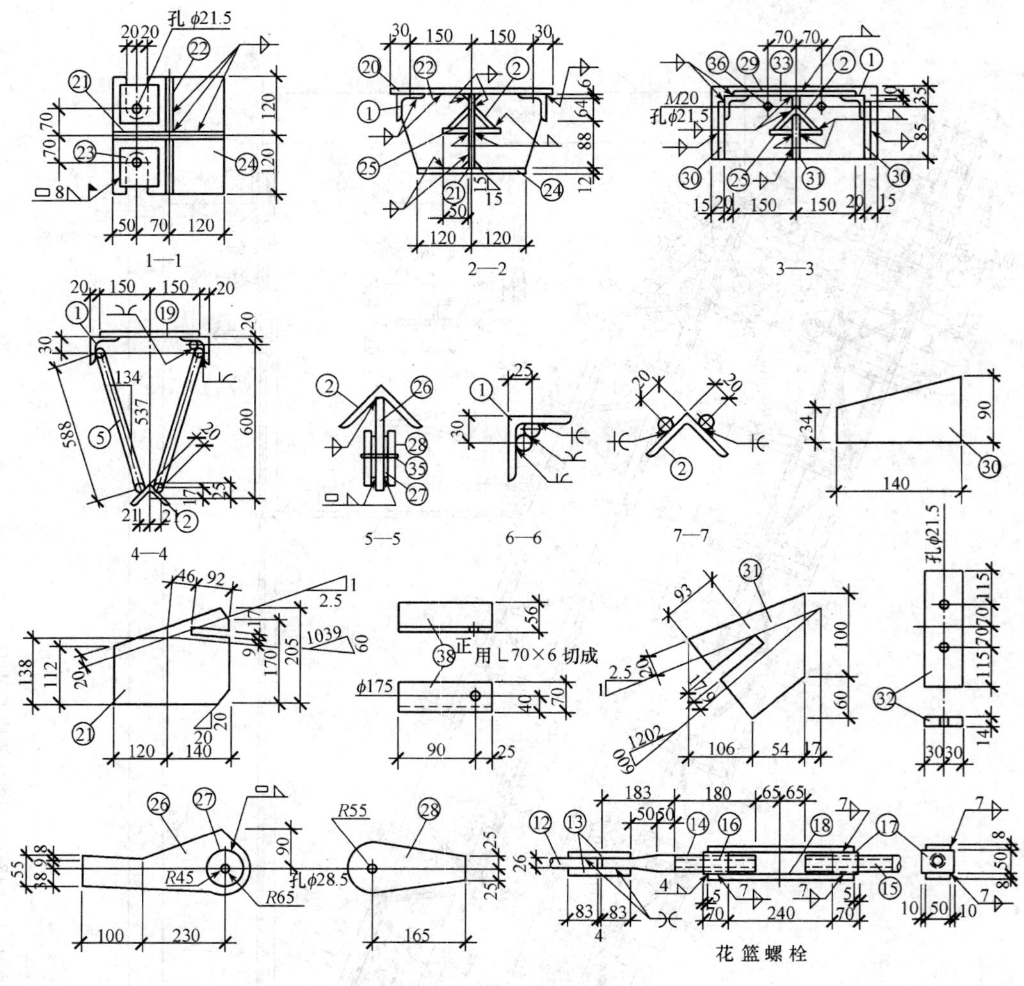

例图 7-28　18m 三铰拱屋架施工图(二)

注:1. 钢材为 Q235F,焊条为 E43××型。

2. 未注明的焊缝厚度,除圆钢的连接焊缝表面与其公切线齐平外,余均为 6,满焊。

3. 未注明的螺栓孔为 φ15。

4. 零件⑭⑯与⑮⑰配套左、右螺纹。

第二节　天　窗　架

天窗架是工业厂房为满足采光、通风和散热的要求设置的。

1. 天窗架内力计算

假定天窗架的所有节点为铰接,竖向荷载和风荷载为节点集中力,天窗架为静定结构。

(1)三铰拱式天窗架为静定结构,应先求出不同荷载作用下的支座反力,然后用矩阵位移法或数解法求出各杆件的内力(图 7-10);其中 0.75Q 为考虑挑檐而增加 0.25Q。

(2)三支点式和多竖杆式天窗架为超静定结构,内力分析时,一般将受拉主斜杆和斜腹杆视为柔性杆件(即只能承受拉力,当有可能变压时即退出工作,内力为零),从而简化为静定结构。图 7-11 中的虚线即为在图示荷载作用下内力为零的杆件。

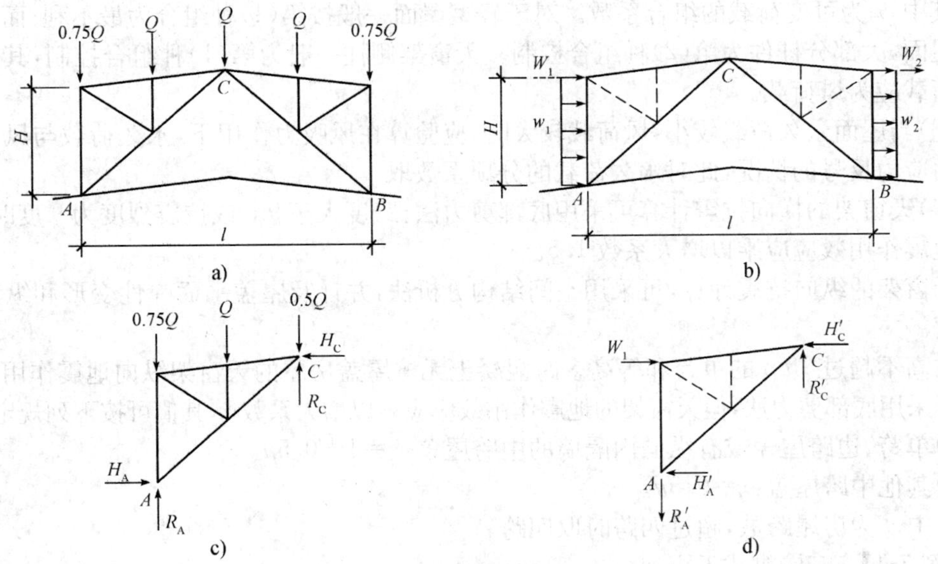

图 7-10　三铰拱式天窗架内力计算简图

a)、c)为垂直荷载；b)、d)为水平荷载

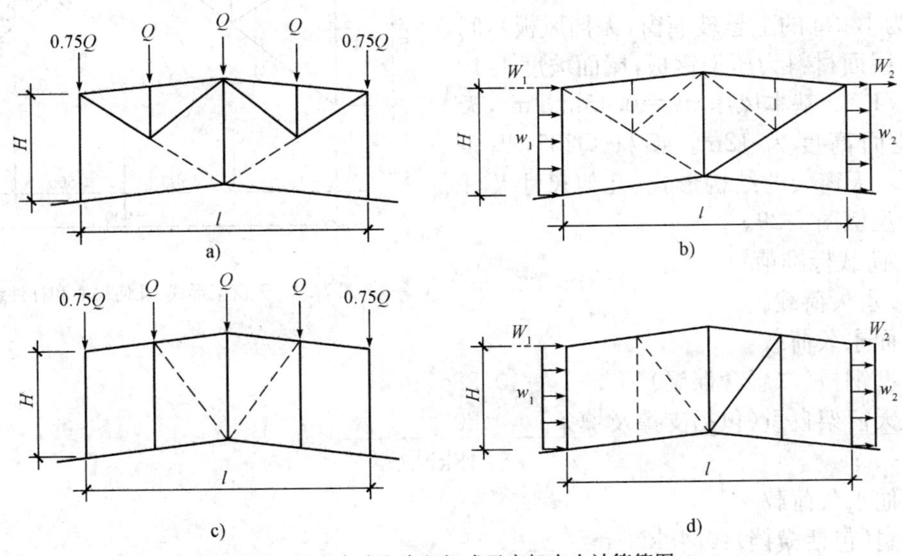

图 7-11　三支点式和多竖杆式天窗架内力计算简图

a)、b)为垂直荷载；c)、d)为水平荷载

对于侧柱、有节间荷载的天窗架上弦杆，应计算弯矩。侧柱一般按两端简支构件计算，应包括：均布风荷载产生的弯矩，窗扇、侧窗横档等结构自重产生的弯矩。上弦杆承受节间荷载时，局部弯矩可近似取 $0.8M_0$（M_0 是按跨度等于相应节间长度的简支梁所计算的最大弯矩）。

2. 内力组合

(1)可变荷载效应控制的组合。

$$1.2\text{ 永久荷载标准值} + 1.4(\text{第一可变荷载标准}) + \sum_{i=2}^{n} 1.4\psi_{ci}(\text{其他可变荷载标准值})$$

(2)永久荷载效应控制的组合。

$$1.35\text{ 永久荷载标准值} + \sum_{i=2}^{n} 1.4\psi_{ci}(\text{可变荷载标准值})$$

其中 ψ_{ci} 为可变荷载的组合系数。对于轻型屋面一般按第(1)种组合为最不利；而对于混凝土屋面，大部分杆件为第(2)种组合控制。天窗架侧柱一般为第(1)种组合控制，其中第一可变荷载应为风荷载。

(3)当屋面永久荷载较小，风荷载较大时，应验算在风吸力作用下，永久荷载与风荷载组合截面应力反号的情况，此时永久荷载的分项系数取 1.0。

(4)天窗架的横向抗震计算可采用底部剪力法；跨度大于 9m 或抗震烈度为 9 度时，天窗架的地震作用效应应乘以增大系数 1.5。

天窗架的纵向抗震计算，可采用空间结构分析法，并计及屋盖平面弹性变形和纵墙的有效刚度。

柱高不超过 15m 的单跨和等高多跨混凝土无檩屋盖房屋的天窗架纵向地震作用计算。

可采用底部剪力法，但天窗架的地震作用效应应乘以增大系数 η，其值可按下列规定采用：

1)单跨、边跨屋盖或有纵向内隔墙的中跨屋盖：$\eta=1+0.5n$。

2)其他中跨屋盖：$\eta=0.5n$。

其中 n 为房屋跨数，超过四跨时取四跨。

【例 7-4】 三铰拱式天窗架

1. 设计资料

天窗架跨度 $L=6$m，高度 $H=2.05$m(窗扇为 1.2m 的上悬玻璃窗，无挡风板)，间距 6m，屋面材料为压型钢板，屋面坡度 1/10($\alpha=5.71°$)。基本风压 $w_0=0.45\text{kN/m}^2$，天窗距地面高度为 12m。钢材 Q235，焊条 E43 型。天窗架的结构形式、几何尺寸及杆件编号见例图 7-29。

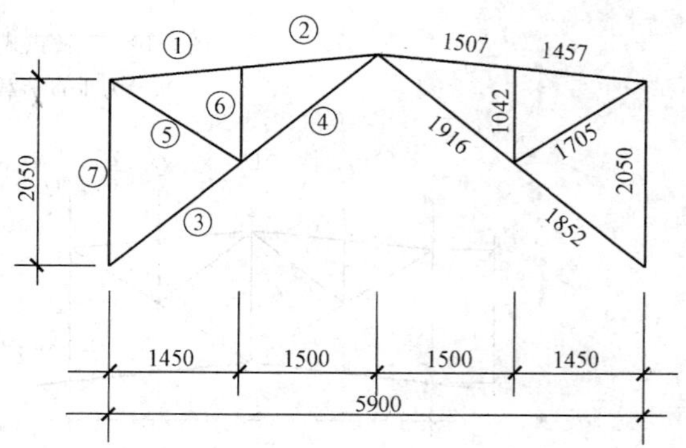

例图 7-29 天窗架形式、几何尺寸和杆件编号

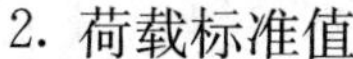

2. 荷载标准值

(1)永久荷载。

屋面永久荷载

压型钢板(二层含保温)	0.28
天窗架自重(包括支撑及檩条)	0.20
	0.48kN/m²

其他永久荷载

窗扇(包括横挡)：0.45kN/m^2

(2)可变荷载。

屋面均布活荷载 0.50kN/m^2，雪荷载 0.35kN/m^2，计算时取两者的较大值 0.50kN/m^2。

由《建筑结构荷载规范》(GBJ 50009—2001)可知，风荷载高度变化系数为 1.056(地面粗糙度取 B 类)，风振系数取 1.0，体型系数见例图 7-30，则作用于侧柱的风荷载标准值 $w_{k1}=\beta_z\mu_s\mu_z w_0=1.0\times0.6\times1.056\times0.45\text{kN/m}^2=0.285\text{kN/m}^2$，垂直于屋面的风荷载标准值(吸力)$w_{k2}=0.7\times1.056\times0.45\text{kN/m}^2=0.333\text{kN/m}^2$。

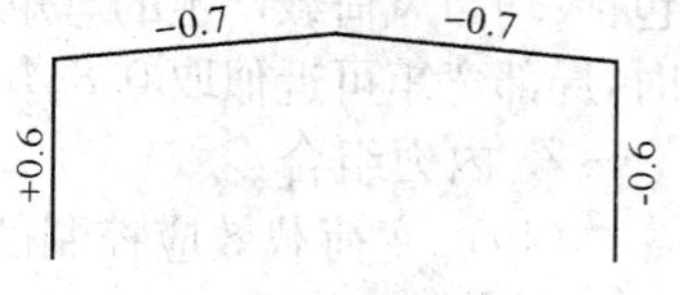

例图 7-30 风荷载体型系数

3. 荷载设计值和杆件内力

天窗架的计算简图如例图 7-31 所示，其中 0.75Q 为考虑挑檐而增加 0.25Q。

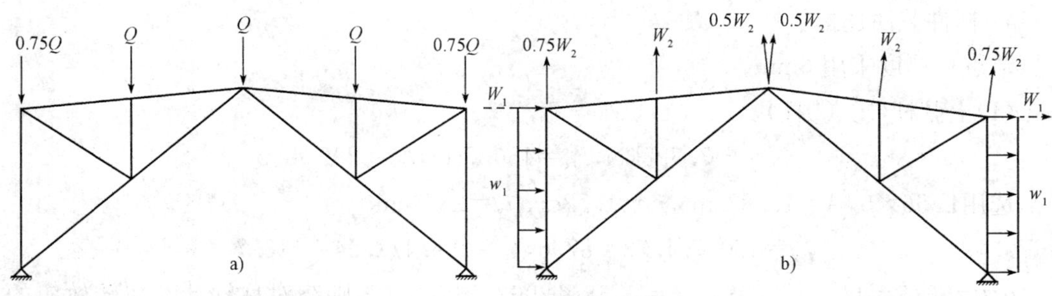

例图 7-31 天窗架计算简图

(1)永久荷载。

上弦节点荷载 $Q_G=1.2\times0.48\times6\times1.5\text{kN}=5.184\text{kN}$

此外,侧窗对天窗架侧柱产生的轴心力为:

$$N'=1.2\times0.45\times1.2\times6\text{kN}=3.89\text{kN}$$

(2)屋面活荷载。

上弦节点荷载 $Q_Q=1.4\times0.50\times6\times1.5\text{kN}=6.30\text{kN}$

(3)风荷载。

作用于侧柱的均布荷载 $w_1=1.4\times0.285\times6\text{kN/m}=2.394\text{kN/m}$

作用于侧柱顶的水平集中荷载 $W_1=\dfrac{1}{2}\times2.394\times2.05\text{kN}=2.454\text{kN}$

风荷载对侧柱产生的弯矩 $M=\pm\dfrac{1}{8}\times2.394\times2.05^2\text{kN}\cdot\text{m}=\pm1.258\text{kN}\cdot\text{m}$

上弦节点荷载(吸力) $W_2=1.4\times0.333\times(6/\cos5.71^\circ)\times1.5\text{kN}=4.217\text{kN}$

天窗架杆件内力采用数解法计算,其组合见例表 7-12。

例表 7-12 **杆件内力组合表**(单位:kN)

杆件名称	杆件编号	屋面永久荷载		屋面活荷载设计值	风荷载设计值		组合内力
		标准值	设计值		左风	右风	
上弦杆	①	−3.072	−3.686	−3.912	0.876	5.784	−7.598
	②	−3.072	−3.686	−3.912	1.30	6.209	−7.598
主斜杆	③	−6.88	−8.256	−9.361	9.734	3.470	−17.617
	④	−2.976	−3.571	−4.143	5.902	−0.362	−7.714
腹 杆	⑤	3.595	4.314	4.804	−3.530	−3.530	7.844 0.065*
	⑥	−4.32	−5.184	−6.302	4.238	4.238	−11.486
侧 柱	⑦	−8.896	−10.675	−7.932	5.096	5.584	−11.131**
					±1.258kN·m		±1.258kN·m

注:1. 标*者为风吸力设计值与屋面永久荷载标准值组合。

2. 标**者为屋面永久荷载设计值+风荷载设计值+0.7 屋面活荷载设计值。

3. 其余为屋面永久荷载设计值+屋面活荷载设计值(+0.6 风荷载设计值)。

4. 杆件截面选择

节点板厚度采用 6mm。

(1)上弦杆(①、②杆)。

$$N=-7.598\text{kN}, l_{0x}=150.7\text{cm}, l_{0y}=296.4\text{cm}$$

选用∟56×5,$A=10.83\text{cm}^2$,$i_x=1.72\text{cm}$,$i_y=2.54\text{cm}$

$$\lambda_x=150.7/1.72=87.6, \lambda_y=296.4/2.54=116.7$$

$b/t=56/5=11.2<0.58l_{0y}/b=0.58\times2964/56=30.7$,则绕对称轴计及扭转效应的换算长细比为:

$$\lambda_{yz}=\lambda_y\left(1+\frac{0.475b^4}{l_{0y}^2t^2}\right)=116.7\times\left(1+\frac{0.475\times56^4}{2964^2\times5^2}\right)=119.2<150$$

属 b 类截面,查表得 $\varphi_{min}=0.441$,计算的稳定性为:

$$\frac{N}{\varphi_{min}A}=\frac{7.598\times10^3}{0.441\times10.83\times10^2}\text{N/mm}^2=15.909\text{N/mm}^2<215\text{N/mm}^2$$

如用查表法　　$l_{0y}=0.296\text{m}, N=102.7\text{kN}>7.598\text{kN}$

(2)主斜杆(③、④杆)。

$$N_1=-17.617\text{kN}, N_2=-7.714\text{kN}, l_{0x}=191.6\text{cm}$$

$$l_{0y}=l_1\left(0.75+0.25\frac{N_2}{N_1}\right)=(191.6+185.2)\times\left(0.75+0.25\times\frac{7.714}{17.617}\right)\text{cm}=323.8\text{cm}$$

选用∟56×5,$A=10.83\text{cm}^2$,$i_x=1.72\text{cm}$,$i_y=2.54\text{cm}$。

$$\lambda_x=191.6/1.72=111.4, i_y=325.2/2.54=128.0<150$$

$b/t=56/5=11.2<0.58l_{0y}/b=0.58\times3252/56=33.7$,则绕对称轴计及扭转效应的换算长细比为:

$$\lambda_{yz}=\lambda_y\left(1+\frac{0.475b^4}{l_{0y}^2t^2}\right)=128\times\left(1+\frac{0.475\times56^4}{3252^2\times5^2}\right)=130.3<150$$

属 b 类截面,查表得 $\varphi_{min}=0.385$,计算的稳定性为:

$$\frac{N}{\varphi_{min}A}=\frac{17.617\times10^3}{0.385\times10.83\times10^2}\text{N/mm}^2=42.25\text{N/mm}^2<215\text{N/mm}^2$$

(3)腹杆(⑤、⑥杆)。

1)

$$N=\frac{-0.065\text{kN}}{+7.844\text{kN}}, l_{0x}=l_{0y}=0.9\times170.5\text{cm}=153.5\text{cm}$$

选用∟56×5,$A=5.42\text{cm}^2$,$i_{min}=1.10\text{cm}$。

$$\lambda_{max}=153.5/1.10=139.5<[\lambda]=250$$

按受拉设计的构件在永久荷载与风荷载组合下受压时,其长细比不宜超过 250。

属 b 类截面,查表得 $\varphi_{min}=0.347$,单角钢钢材强度设计值的折减系数为 $0.6+0.0015\times139.5=0.809$,计算的稳定性为:

$$\frac{N}{\varphi_{min}A}=\frac{0.065\times10^3}{0.347\times5.42\times10^2}\text{N/mm}^2$$

$$=0.35\text{N/mm}^2<0.809\times215\text{N/mm}^2=173.9\text{N/mm}^2$$

因为属于单角钢，已考虑强度设计值的折减，故可不再考虑扭转效应。

计算的强度为：

$$\sigma=\frac{N}{A_n}=\frac{7.844\times10^3}{5.42\times10^2}\text{N/mm}^2=14.47\text{N/mm}^2<0.85\times215\text{N/mm}^2=182.8\text{N/mm}^2$$

2) $N=-11.486\text{kN}, l_{0x}=l_{0y}=0.9\times104.2\text{cm}=93.8\text{cm}$

选用∟45×5，$A=4.29\text{cm}^2$，$i_{min}=0.88\text{cm}$。

$$\lambda_{max}=93.8/0.88=106.6<150$$

属b类截面，查表得 $\varphi_{min}=0.513$，单角钢钢材强度设计值的折减系数为 $0.6+0.0015\times106.6=0.76$，计算的稳定性为：

$$\frac{N}{\varphi_{min}A}=\frac{11.486\times10^3}{0.513\times4.29\times10^2}\text{N/mm}^2=52.19\text{N/mm}^2<0.76\times215\text{N/mm}^2=163.4\text{N/mm}^2$$

因属单角钢，已考虑强度设计值的折减，故可不再考虑扭转效应。

(4)侧柱(⑦杆)。

$$N=-11.131\text{kN}, M=\pm1.258\text{kN}\cdot\text{m}, l_{0x}=l_{0y}=205\text{cm}$$

当采用双角钢截面时，背风面的侧柱最不利，此时肢尖受压最大。

选用∟63×5，$A=12.29\text{cm}^2$，$i_x=1.94\text{cm}$，$i_y=2.82\text{cm}$，$W_{xmax}=26.67\text{cm}^3$，$W_{xmin}=10.16\text{cm}^3$

$$\lambda_x=205/1.94=105.7<150, \lambda_y=205/2.82=72.7$$

$b/t=63.5=12.6<0.58l_{0y}/b=0.58\times2050/63=18.9$，则绕对称轴计及扭转效应的换算长细比为：

$$\lambda_{yz}=\lambda_y\left(1+\frac{0.475b^4}{l_{0y}^2t^2}\right)=72.7\times\left(1+\frac{0.475\times63^4}{2050^2\times5^2}\right)=77.9$$

属b类截面，查表得 $\varphi_x=0.519$，$\varphi_y=0.701$，计算的弯矩平面内稳定性为：

$$N'_{Ex}=\frac{\pi^2EA}{1.1\lambda_x^2}=\frac{3.14^2\times2.06\times10^5\times12.29\times10^2}{1.1\times105.7^2}\text{N}=203.32\times10^3\text{N}$$

$$\frac{N}{\varphi_xA}+\frac{\beta_{mx}M_x}{\gamma_xW_{1x}\left(1-0.8\frac{N}{N'_{Ex}}\right)}=\left[\frac{11.131\times10^3}{0.519\times12.29\times10^2}+\frac{1.0\times1.258\times10^6}{1.2\times10.16\times10^3\times\left(1-0.8\times\frac{11.131}{203.32}\right)}\right]\text{N/mm}^2$$

$$=125.359\text{N/mm}^2<215\text{N/mm}^2$$

$$h/t=(63-5)/5=11.6<18, \varphi_b=1-0.0005\lambda_y\sqrt{f_y/235}=0.964$$

计算的弯矩平面外稳定性为：

$$\frac{N}{\varphi_yA}+\eta\frac{\beta_{tx}M_x}{\varphi_bW_{1x}}=\left(\frac{11.131\times10^3}{0.701\times12.29\times10^2}+1.0\times\frac{1.0\times1.258\times10^6}{0.964\times10.16\times10^3}\right)\text{N/mm}^2$$

$$=141.36\text{N/mm}^2<215\text{N/mm}^2$$

杆件截面尺寸见例表7-13。

例表 7-13　　杆件截面选用表

杆件名称	杆件编号	内力 N(kN)	计算长度(m)		选用截面	截面面积(cm²)	容许长细比	承载力设计值(kN)
			l_{0x}	l_{0y}				
上弦杆	①	−7.598	1.457	2.964	∟56×5	10.83	150	−102.7
	②	−7.598	1.507	2.964				
主斜杆	③	−17.617	1.852	3.768	∟56×5	10.83	150	−89.6
	④	−7.714	1.916	3.768				
腹　杆	⑤	−0.065 (7.844)	1.535		∟56×5	5.42	250	−32.7 (99.1)
	⑥	−11.486	0.938		∟45×5	4.29	150	−36.0
侧　柱	⑦	−11.131 $M=\pm1.258$kN·m	2.05	2.05	∟63×5	12.29	150	—

5. 节点设计

天窗架屋脊节点及天窗架与屋架的连接节点构造见例图 7-32。节点的计算方法与钢屋架相同,在此从略。材料表见例表 7-14。

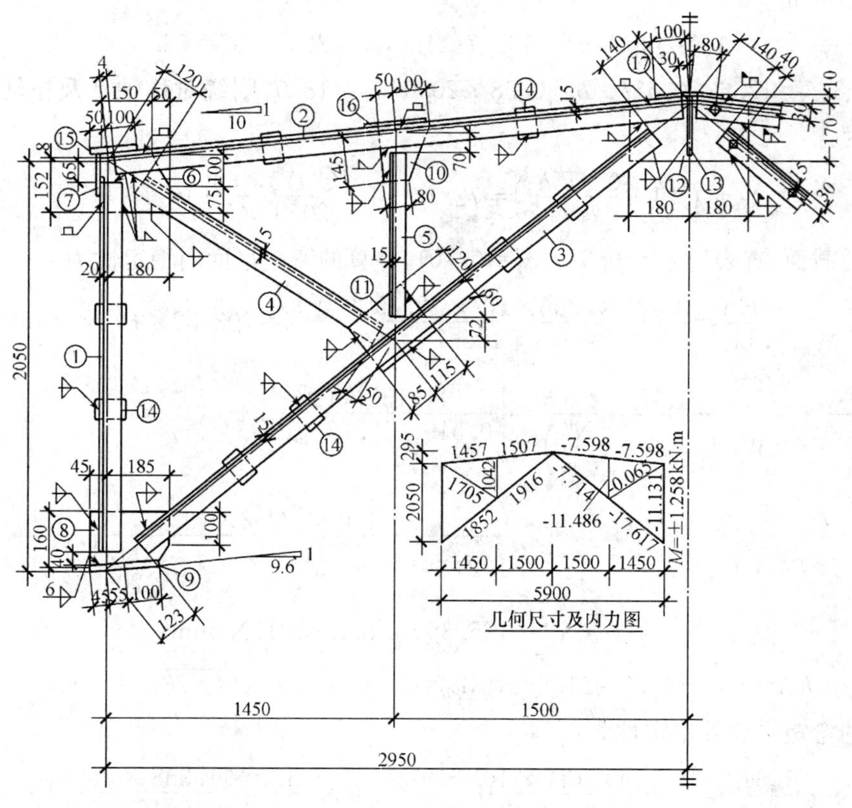

例图 7-32　天窗架(CJ－1)施工详图

例表 7-14　　　　　　　　　　　　　　　　**CJ—1 材料表**

零件号	截面(mm)	长度(mm)	数量	质量(kg)			零件号	截面(mm)	长度(mm)	数量	质量(kg)		
				每个	合计	共计					每个	合计	共计
1	∟63×5	1945	4	9.4	38		10	—150×6	155	2	1.1	2	
2	∟56×5	2930	4	12.5	50		11	—180×6	200	2	1.7	3	
3	∟56×5	3505	4	14.9	60		12	—180×6	360	1	3.0	3	
4	∟56×5	1535	2	6.5	13		13	—80×6	160	2	0.6	1	
5	∟45×5	900	2	3.0	6	180	14	—60×6	90	16	0.3	5	20
6	—175×6	200	2	1.6	3		15	—150×6	160	2	1.1	2	
7	—150×6	180	2	1.3	3		16	—160×6	160	2	1.2	2	
8	—160×6	210	2	1.6	3		17	—160×6	200	1	1.5	2	
9	—180×8	200	2	2.2	4		总计	—					200

注:1. ②、③零件中一半有孔,且有正反之分,可另编号。

2. 焊缝焊脚尺寸除注明外均为 5mm,长度不小于 70mm。

3. 螺栓 M16,孔 $\phi17$。

4. 图中未示出与窗档、檩条、支撑连接的零件与孔位置。

5. ⑨零件另一方向两个孔中距由屋架上弦尺寸确定,孔边距相等,不小于 30mm。

【例 7-5】 三支点式天窗架

1. 设计资料

天窗架跨度 $L=9\text{m}$,高度 $H=3.25\text{m}$(窗扇为 2m×1.2m 的上悬玻璃窗,无挡风板),间距 6m,屋面材料为 1.5m×6.0m 发泡水泥复合大型屋面板,屋面坡度 1/10($\alpha=5.71°$)。基本风压 $w_0=0.45\text{kN/m}^2$,天窗距地面高度为 15m。钢材 Q235,焊条 E43 型。天窗架的结构形式、几何尺寸及杆件编号见例图 7-33。

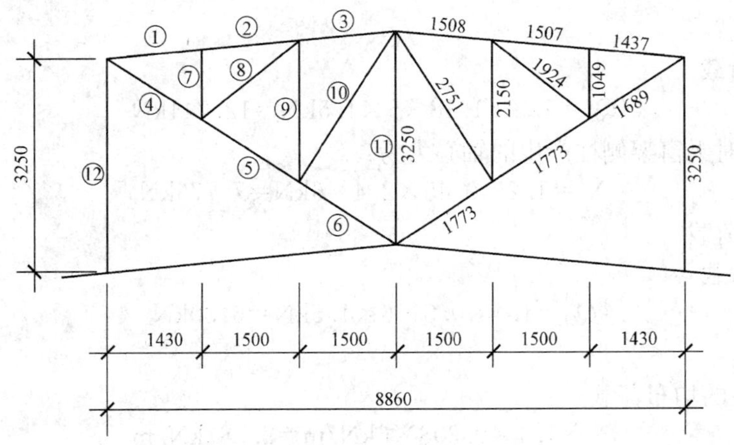

例图 7-33　天窗架形式、几何尺寸和杆件编号

2. 荷载标准值

(1)永久荷载(恒荷载)。

屋面永久荷载

发泡水泥复合大型屋面板	0.65
防水层	0.35
天窗架(包括支撑)	0.18
	1.18kN/m^2

其他永久荷载

窗扇(包括横挡)　　0.45kN/m^2

(2)可变荷载。

屋面均布活荷载与雪荷载较大值为 0.50kN/m^2。

根据《建筑结构荷载规范》(GBJ 50009—2001),风荷载高度变化系数为 1.14(地面粗糙度取 B 类),风振系数取 1.0,体型系数见例图 7-30,则作用于侧柱的风荷载标准值 $w_k = \beta_z \mu_s \mu_z w_0 = 1.0 \times 0.6 \times 1.14 \times 0.45\text{kN/m}^2 = 0.308\text{kN/m}^2$,屋面恒载较大,不考虑垂直屋面的风荷载。

3. 荷载设计值和杆件内力

天窗架计算简图,如例图 7-34 所示。

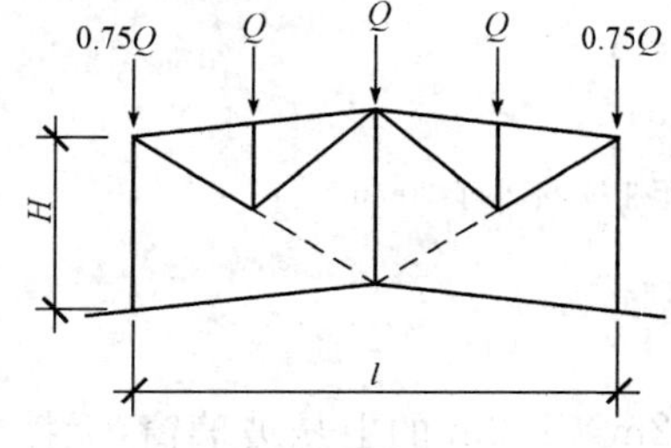

a)

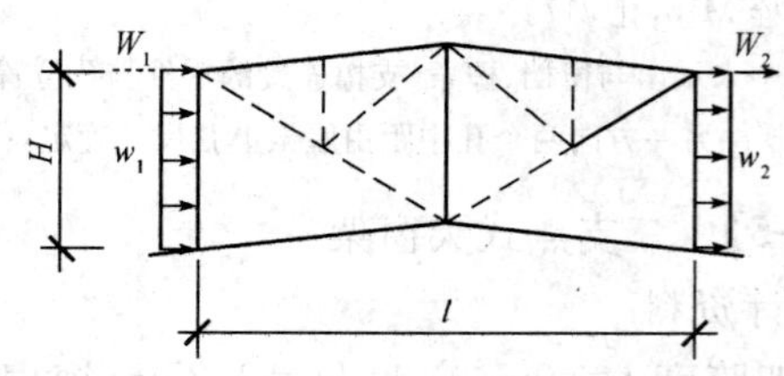

b)

例图 7-34　三支点式天窗架内力计算简图

a)垂直荷载;b)水平荷载

(1)永久荷载。

上弦节点荷载

$$Q_G = 1.2 \times 1.18 \times 6 \times 1.5\text{kN} = 12.744\text{kN}$$

此外,侧窗对天窗架侧柱产生的轴心力为:

$$N' = 1.2 \times 0.45 \times 2.4 \times 6\text{kN} = 7.776\text{kN}$$

(2)屋面活荷载。

上弦节点荷载

$$Q_Q = 1.4 \times 0.5 \times 6 \times 1.5\text{kN} = 6.30\text{kN}$$

(3)风荷载。

作用于侧柱的均布荷载

$$w_1 = 1.4 \times 0.308 \times 6\text{kN/m} = 2.587\text{kN/m}$$

作用于侧柱顶的水平集中荷载

$$W_1 = \frac{1}{2} \times 2.30 \times 3.25\text{kN} = 4.204\text{kN}$$

风荷载对侧柱产生的弯矩

$$M = \pm \frac{1}{8} \times 2.30 \times 3.25^2\text{kN} \cdot \text{m} = \pm 3.416\text{kN} \cdot \text{m}$$

天窗架杆件内力采用数解法计算，其内力组合见例表7-15。

例表 7-15 杆件内力组合表(单位:kN)

杆件名称	杆件编号	屋面永久荷载设计值	屋面活荷载设计值	风荷载设计值		组合内力
				迎 风	背 风	
上弦杆	①	17.725	−8.770	−4.221	−4.221	−29.028
	②	−17.725	−8.770	−4.221	−4.221	−29.028
	③	−8.793	−4.350	−4.221	−4.221	−16.059*
主斜杆	④	20.885	10.330	0.0	9.956	38.072*
	⑤	10.366	5.120	0.0	9.956	23.906*
	⑥	0.0	0.00	0.0	9.956	9.956*
腹 杆	⑦	−12.739	−6.300	0.0	0.0	−19.039
	⑧	11.381	5.630	0.0	0.0	17.011
	⑨	18.956	9.000	0.0	0.0	−27.956
	⑩	16.025	7.920	0.0	0.0	23.945
	⑪	−37.811	−18.730	0.844	0.844	−57.047
侧 柱	⑫	−32.964	−11.110	−0.422	−5.749	−46.49*
				±3.416kN·m		±3.416kN·m

注:1. * 屋面永久荷载设计值＋风荷载设计值＋0.7屋面活荷载设计值。

2. 其余为:屋面永久荷载设计值＋屋面活荷载设计值＋0.6风荷载设计值。

4. 杆件截面选择

节点板厚度采用6mm。

侧柱(⑫杆)

$$N=-46.49\text{kN}, M=\pm3.416\text{kN}\cdot\text{m}, l_{0x}=l_{0y}=325\text{cm}$$

当采用双角钢截面时，背风面的侧柱最不利，此时肢尖受压最大。

选用┓┏ 80×7，$A=21.72\text{cm}^2$，$i_x=2.46\text{cm}$，$i_y=3.53\text{cm}$

$W_{xmax}=58.75\text{cm}^3$，$W_{xmin}=22.74\text{cm}^3$，$\lambda_x=325/2.46=132.1<150$，$\lambda_y=325/3.53=92.1$

$b/t=80/6=13.3<0.58l_{0y}/b=0.58\times3250/80=23.6$，则绕对称轴计及扭转效应的换算长细比为：

$$\lambda_{yz}=\lambda_y\left(1+\frac{0.475b^4}{l_{0y}^2t^2}\right)=92.1\times\left(1+\frac{0.475\times80^4}{3250^2\times6^2}\right)=96.8$$

属b类截面，查表得，$\varphi_x=0.378$，$\varphi_y=0.577$，按式(2-23)计算的弯矩平面内稳定性为：

$$N'_{Ex}=\frac{\pi^2EA}{1.1\lambda_x^2}=\frac{\pi^2\times2.06\times10^5\times21.72\times10^2}{1.1\times132.1}\text{N}=230.05\times10^3\text{N}$$

$$\frac{N}{\varphi_xA}+\frac{\beta_{mx}M_x}{\gamma_xW_{1x}\left(1-0.8\dfrac{N}{N'_{Ex}}\right)}=\left[\frac{46.49\times10^3}{0.378\times21.72\times10^2}+\frac{1.0\times3.416\times10^6}{1.2\times22.74\times10^3\times\left(1-0.8\dfrac{46.49}{230.05}\right)}\right]\text{N/mm}^2$$

$$=197.94\text{N/mm}^2<215\text{N/mm}^2$$

$h/t=(80-6)/6=12.3<18$ 按式(2-30)，$\varphi_b=1-0.005\lambda_y\sqrt{f_y/235}=0.954$

按式(2-25)计算的弯矩平面外稳定性为：

$$\frac{N}{\varphi_y A}+\eta\frac{\beta_{tx}M_x}{\varphi_b W_{1x}}=\left(\frac{46.49\times10^3}{0.577\times21.72\times10^2}+1.0\times\frac{1.0\times3.416\times10^6}{0.954\times22.74\times10^3}\right)\text{N/mm}^2$$
$$=194.56\text{N/mm}^2<215\text{N/mm}^2$$

其他杆件计算从略，杆件截面尺寸见例表 7-16。

例表 7-16 **杆件截面选用表**

杆件名称	杆件编号	内力 N (kN)	计算长度(m)		选用截面	截面面积 (cm²)	容许长细比	承载力设计值 (kN)
			l_{0x}	l_{0y}				
上弦杆	①	−29.028	1.437	2.944	┐┌56×5	10.83	150	−100.36
	②	−29.028	1.507	3.015				
	③	−16.059	1.508	3.015				
主斜杆	④	38.072	1.689	5.235	┐┌50×5	9.61	350	206.62
	⑤	23.906	1.773	5.235				
	⑥	9.956	1.773	5.235				
腹　杆	⑦	−19.039	0.944		L45×5	4.29	150	−35.75
	⑧	17.011	1.732		L45×5	4.29	350	78.40
	⑨	−27.956	1.720	2.150	┐┌50×5	9.61	150	−98.97
	⑩	23.945	2.476		L50×5	4.80	350	87.72
	⑪	−57.047	2.925		┘┌56×5	10.83	150	−85.22
侧　柱	⑫	−46.49 ±3.416kN·m	3.250	3.250	┐┌80×7	21.72	150	—

注：表中杆件⑦、⑧和⑩已考虑单面连接的强度设计值折减系数。

5. 节点设计

天窗架屋脊节点及天窗架与屋架的连接节点构造见例图 7-35。节点的计算方法与钢屋架相同，在此从略。

天窗架材料表见例表 7-17。

例表 7-17 **TCJ—2 材料表**

零件号	截面 (mm)	长度 (mm)	数量	质量(kg) 每个	合计	共计	零件号	截面 (mm)	长度 (mm)	数量	质量(kg) 每个	合计	共计
1	L80×7	3150	4	27.1	108		14	—145×6	160	2	1.1	2	
2	L56×5	4435	4	18.9	76		15	—155×6	245	2	1.8	4	
3	L50×5	4995	4	18.8	75		16	—170×6	230	2	1.8	4	
4	L45×5	925	2	3.1	6		17	—190×6	240	1	2.1	2	
5	L45×5	1730	2	5.8	12		18	—140×6	340	1	2.2	2	
6	L50×5	2020	4	7.6	30		19	—170×8	200	2	2.1	4	36
7	L50×5	2530	2	9.5	19	369	20	—150×6	180	2	1.3	3	
8	L56×5	3150	2	13.4	27		21	—180×6	180	4	1.5	6	
9	—175×6	205	2	1.7	3		22	—180×6	200	1	1.7	2	
10	—150×6	230	2	1.6	3		23	—60×6	100	6	0.3	2	
11	—180×6	200	2	1.7	3		24	—60×6	90	11	0.3	3	
12	—200×8	200	2	2.5	5		25	—60×6	70	10	0.2	2	
13	—130×6	145	2	0.9	2		总计	—					405

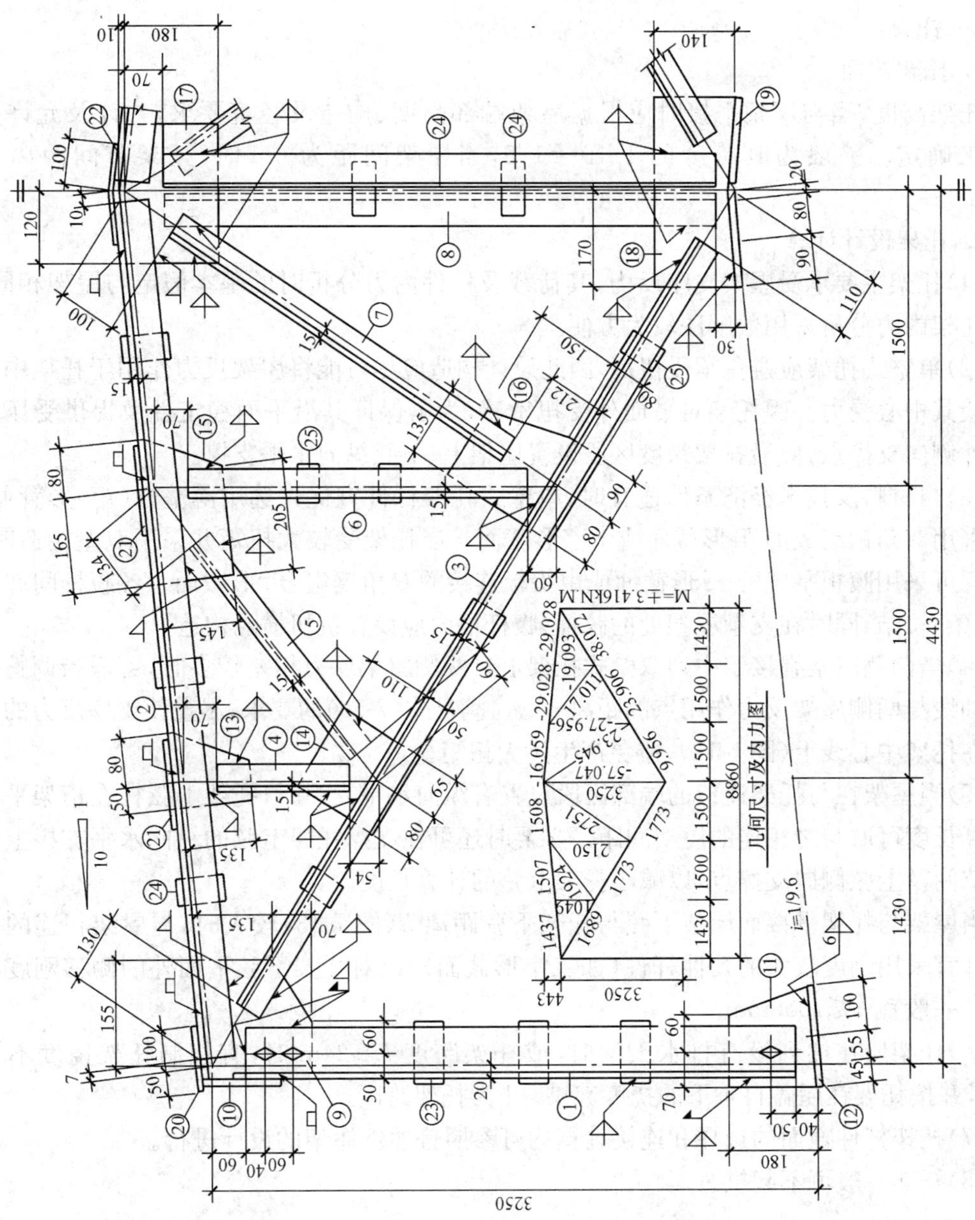

例图 7-35 天窗架(TCJ—2)详图

注:1. 焊缝焊脚尺寸除注明外均为 5mm,长度不小于 70mm。

2. 螺栓 M16,孔 ϕ17。

3. 图中未示出与窗挡、支撑连接的零件与孔位置。

4. ⑫、⑲零件另一方向两个孔中距由屋架上弦尺寸确定,孔边距相等,不小于 35mm。

第三节 托架和托梁

当柱距大于屋架间距时,沿纵向柱列布置并支撑中间屋架的受弯构件,当为桁架式时称为托架,当为实腹式时称为托梁。

一、托架

1. 托架截面

托架高度，当与屋架平接时应根据屋架端部高度、构造及经济要求，并计及允许变形刚度来确定。一般为其跨度的 1/10～1/5，当屋架间距为 6m 时，托架节间距离一般取 3m。

2. 托架设计计算

(1)托架主要承受屋架支座反力，其荷载及杆件内力分析时的基本假定与屋架相同；平行弦托架内力分析采用数解法较为方便。

(2)单壁式托架应避免承受扭矩，因此设计构造应尽可能将屋架反力作用于托架中心轴线上使其中心受力。因托架对平面外受扭敏感，为了保证其沿平面稳定性及提供受压上弦平面外侧向支撑点，应沿托架跨度区段设置屋架上、下弦纵向水平支撑。

(3)当材料及技术经济条件适宜时，单壁式托架杆件宜优先选用薄壁方(矩)形管截面，也可采用双角钢组成的 T 形截面或十字形截面。当托架受较大扭矩并采用双壁构造时，托架弦杆可采用腹板平置的 H 形截面或由缀板连接的双角钢组合⌐形截面。各腹杆间亦应以缀板(条)拉结，同时在支承屋架处的弦杆、腹杆框内应设置抗扭横隔构造。

(4)当两侧屋架叠接于中列双壁式托架上且两侧屋架反力相差较多时，可适当调整托架中心轴线与两侧屋架反力作用点的距离 e_1、e_2，满足式(7-56)的要求，尽量使支座反力的合力作用在托架中心线上(图 7-12)，避免产生过大扭矩。

(5)当屋架在与托架连接的端部区段设置有纵向水平支撑时，托架上弦杆在桁架平面外的计算长度可取与之相连的屋架间距。必要时还可在支撑托架上弦的纵向水平支撑上增设两分节间及上弦侧向支撑点，以减小托架上弦的计算长度。

当屋架与托架平接而屋架下弦与托架下弦距离 h(图 7-13)较大时，与屋架相连的托架竖腹杆宜采用刚度较大的劲性杆件(如工字形截面)，以对托架下弦平面外的侧移刚度有所增强。一般宜 $h \leqslant 1000$mm。

(6)托架所在柱列设有排水天沟时，或托架跨度 $l \geqslant 24$m 时，宜控制托架挠度不大于 $l/400$，并按托架在屋盖自重下的挠度起拱。I 为托架跨度。

(7)托架杆件截面的选择和连接计算均可参照普通钢屋架的设计进行。

(8)托架一般可不起拱。

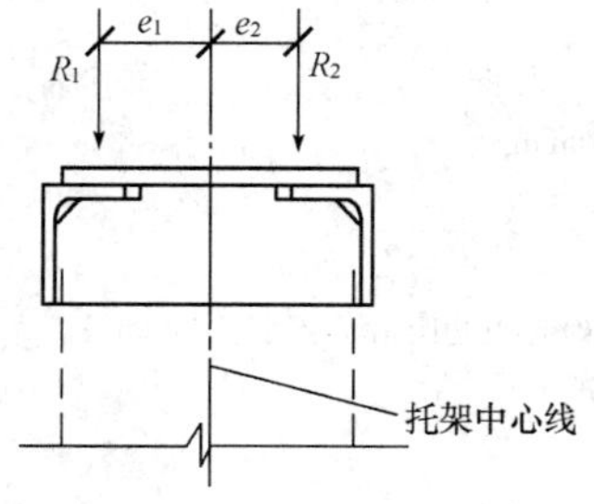

图 7-12　支座反力作用点示意图

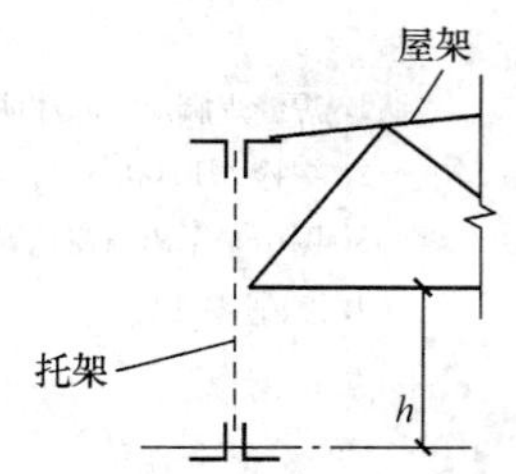

图 7-13　屋架与托架不等高连接

二、托梁

(1)托梁采用焊接工字形截面时(图 7-14)，可按以下方法进行截面尺寸初选预定。

截面高度应根据建筑净空、刚度和经济要求确定，一般情况下腹板高度 h_w(cm)可按下式计算：

$$h_w = 3W^{0.4} \quad (7\text{-}56)$$

$$W = M_{max}/1.05f \quad (7\text{-}57)$$

式中 W——托梁所需的毛截面模量(cm^3)；

M_{max}——托梁在荷载作用下最大弯矩设计值；

f——托梁钢材强度设计值。

腹板厚度 t_w 可用下列经验公式进行估算：

$$t_w = \sqrt{h_w}/11 \quad (7\text{-}58)$$

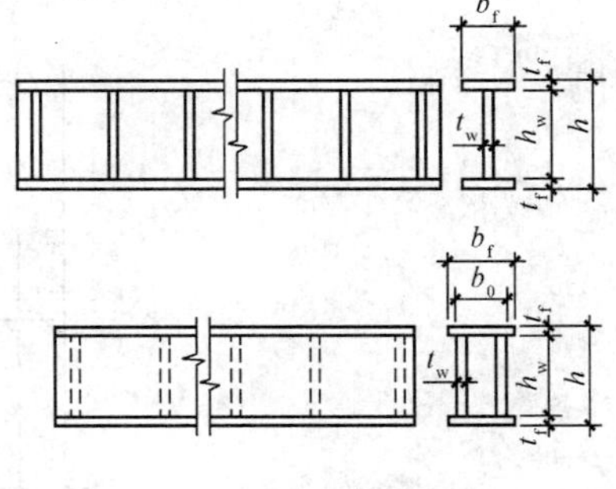

图 7-14 托梁的形式和尺寸

一个翼缘的截面面积可按下式计算：

$$A_f = \frac{W}{h_w} - \frac{1}{6}t_w h_w \quad (7\text{-}59)$$

翼缘宽度及厚度分别可取为：

$$b_f = (1/2.5 \sim 1/5)h, t_f = A_f/b_f \quad (7\text{-}60)$$

受压翼缘板自由外伸宽度 b 与厚度 t 之比应满足下式要求：

$$b/t \leqslant 13\sqrt{235/f_y} \quad (7\text{-}61)$$

当计算梁抗弯强度取截面塑性发展系数 $\gamma_x = 1.0$ 时，可满足 $b/t \leqslant 15\sqrt{235/f_y}$ 的要求。

(2)托梁按上述要求初步确定截面后，应计算其强度和整体稳定性，大跨度托梁腹板应考虑屈曲后强度的计算抗弯、抗剪承载能力。不考虑屈曲后强度托梁的腹板局部稳定尚应按无移动荷载梁设计与构造，具体计算可参照吊车梁有关要求进行。托梁在荷载(标准值)作用下产生的挠度限值宜遵守上述规定要求。

(3)当托梁跨度及荷载均较大而高度受到限制，或要求较高的抗扭能力，宜选用箱形截面梁。其腹板水平距离 b_0 应满足 $b_0 > 0.1h$，一般取 $b_0 = (1/4 \sim 1/2)h$。受压翼缘的内宽厚比尚应满足下式要求：

$$b_0/t \leqslant 40\sqrt{235/f_y} \quad (7\text{-}62)$$

【例 7-6】 双壁式托架计算

1. 设计资料及说明

(1)中列双壁式托架上承受Ⓐ—Ⓑ跨 21m 钢筋混凝土屋架(带 12m 天窗)、Ⓑ—Ⓒ跨 30m 钢屋架(带 12m 天窗)传来屋面荷载，屋架间距 $s = 6m$。

(2)托架平面布置及剖面图详见例图 7-36。

(3)屋架与托架的连接采用叠接，托架需考虑两侧屋面荷重不对称引起的受扭计算。

(4)托架采用 Q235B 钢，焊条采用 E4303 型。

2. 荷载计算

(1)由 30m 钢屋架侧传来集中荷载：

$$(P_1' + P_1'')/2 = (811 + 126)/2kN = 468.5kN$$

(2)由 21m 混凝土屋架侧传来集中荷载：

屋面永久荷载(防水、保温、找平层及大型板重)

$$2.25 \times 1.35kN/m^2 = 3.04kN/m^2$$

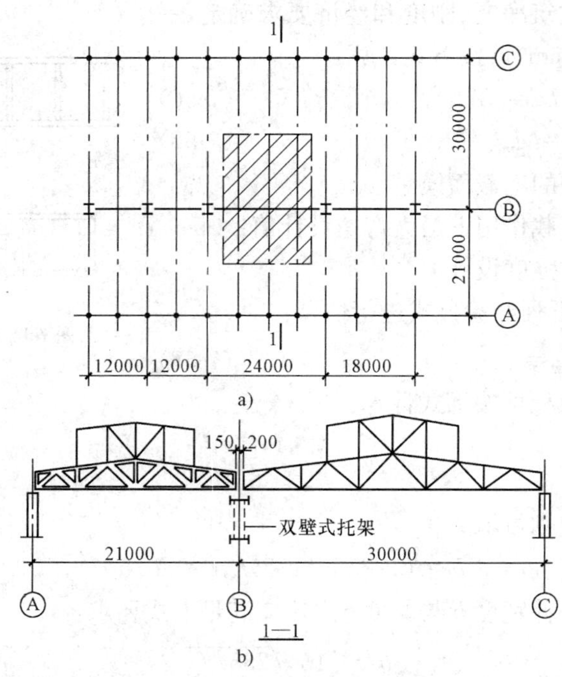

例图 7-36 托架平面布置及剖面图
a)托架平面布置图;b)剖面图

21m 屋架自重　92kN

$$\left(\frac{92}{21\times6}=0.73\text{kN/m}^2\right)0.73\times1.35\text{kN/m}^2=0.99\text{kN/m}^2$$

屋盖支撑重　　　　　$0.07\times1.35\text{kN/m}^2=0.09\text{kN/m}^2$

屋面永久荷载小计　　$3.05\times1.35\text{kN/m}^2=4.12\text{kN/m}^2$

天窗窗扇及挡风架荷重　　$(21.6+13.2)\text{kN}=34.8\text{kN}$

恒荷载　$P'_2=(4.12\times21\times6/2+34.8)\text{kN}=(259.6+34.8)\text{kN}=294.4\text{kN}$

活荷载　　　　　　$P''_2=0.7\times21\times6/2\text{kN}=44.1\text{kN}$

$$P'_2+P''_2=(294.4+44.1)\text{kN}=338.5\text{kN}$$

(3)托架自重:　　　$94.2\times1.35/4\text{kN}=31.8\text{kN}$

托架承受集中荷载设计值　　$P=(468.5+338.5+33.8)\text{kN}=840.8\text{kN}$

3. 内力计算

托架为平行弦桁架,如例图 7-37 所示,左半部标注杆件内力,右半部标注杆件几何尺寸(内力计算从略)。

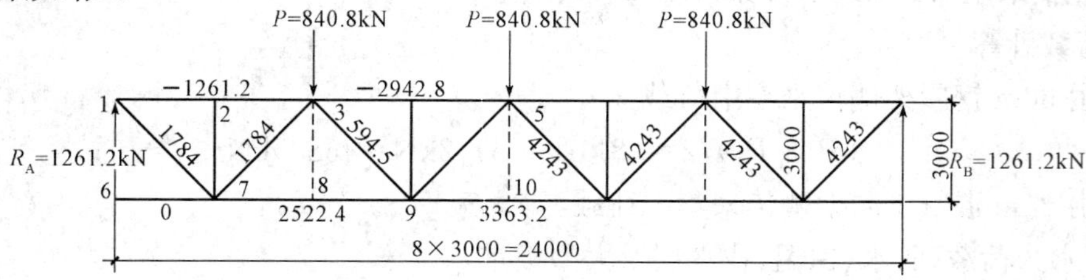

例图 7-37 托架几何尺寸及杆件内力

(1)托架承受集中荷载。

$$P=840.8\text{kN}$$

$$R_A=R_B=1.5\times840.8\text{kN}=1261.2\text{kN}$$

(2)托架受扭时腹杆内力计算简图见例图 7-38。当相邻跨屋架支座反力不等时，托架将受扭，双壁式托架抗扭刚度较好，托架腹杆的设计应考虑扭力的作用。

如例图 7-38 所示，近似取

$P_1=468.5\text{kN}, e_1=200\text{mm}, P_2=363.7\text{kN}, e_2=150\text{mm}$

托架承受偏心力矩为：

$$\overline{M}=(468.5\times0.2-338.5\times0.15)\text{kN}\cdot\text{m}$$

$$=(93.7-50.8)\text{kN}\cdot\text{m}=42.9\text{kN}\cdot\text{m}$$

作用于托架竖腹杆(杆 3-8、5-10)上的内力

$$h=(582-34)\text{mm}=548\text{mm}=0.548\text{m}$$

$$V=\frac{\overline{M}}{h}=\frac{42.9}{0.548}\text{kN}=78.3\text{kN}$$

腹杆框内应设置抗扭横隔(例图 7-38)。

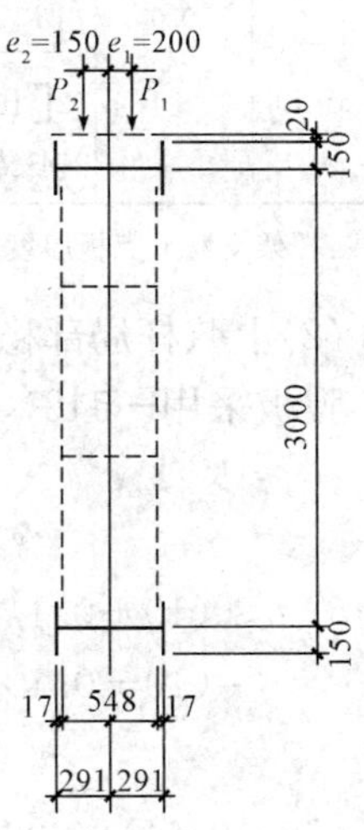

例图 7-38　托架受扭计算简图

调整屋架支座反力与托架中心轴的距离，若设 $e_1=145\text{mm}$，$e_2=200\text{m}$，满足要求，使托架中心受力。

$$\overline{M}=(468.5\times0.145-338.5\times0.2)\text{kN}\cdot\text{m}$$

$$=(67.8-67.7)\text{kN}\cdot\text{m}\approx0$$

4. 托架杆件截面选择

(1)例表 7-18 为双壁式托架内力及杆件截面选择，托架上、下弦轧制 H 型钢，腹杆采用双槽钢组合截面。

例表 7-18　　**双壁式托架内力及杆件截面选择**

构件	杆件号	内力(kN)	规格	面积(cm²)	长细比		稳定系数 φ	应力 σ/(N/mm²) [f=215N/mm²]
					$\frac{l_{0x}}{i_x}=\lambda_x$	$\frac{l_{0y}}{i_y}=\lambda_y$		
上弦	1—3 3—5	−1261.2 −2942.8	HM600×300×12×17 582	174.5	$\frac{300}{6.63}=45$ 属 b 类截面	$\frac{600}{24.3}=25$ 属 a 类截面	0.878	$\frac{2942800}{0.878\times17450}=192$ $<f=205$ 翼缘厚度−17 取第二组强度设计值
下弦	7—9 9—9′	2522.4 3363.2	同上弦 HM600×300×12×17	174.5	$\frac{600}{6.63}=90$	$\frac{2400}{24.3}=98.8$	—	$\frac{3363200}{17450}=192.7<f=205$
斜腹杆	1—7 3—7 3—9 5—9	1784 −1784 594.5 −594.5	548 2[28b 2[16a 2[16a	91.24 43.9	$\frac{424}{10.59}=40$ $\frac{339}{10.59}=32$ $\frac{339}{6.28}=54$	— — — —	— 0.929 — 0.838	$\frac{1784000}{9124}=195.5<f=215$ $\frac{1784000}{0.929\times9124}=210.4<f=215$ $\frac{594500}{4390}=135.4<f=215$ $\frac{594500}{0.838\times4390}=161.6<f=215$

续上表

构件	杆件号	内力(kN)	规格	面积(cm²)	长细比		稳定系数 φ	应力 σ/(N/mm²) [f=215N/mm²]
					$\frac{l_{0x}}{i_x}=\lambda_x$	$\frac{l_{0y}}{i_y}=\lambda_y$		
	2—7 3—8 5—10	0.0 −78.3	548 2[16a(按单侧槽钢受压计算)	42.9 (21.95)	$\frac{240}{6.28}=38$	—	0.906	$\frac{78300}{0.906\times2195}=39.4<f=215$

注:托架支座节点板厚度采用−16,中间节点板厚度采用−14。

(2)上弦杆局部稳定验算(例图 7-39)翼缘板− 300×17,$f_y=235\text{N/mm}^2$

腹板采用− 548×12,γ=28mm

$$\frac{b'}{t}=\frac{(150-6-28)}{17}=6.8$$

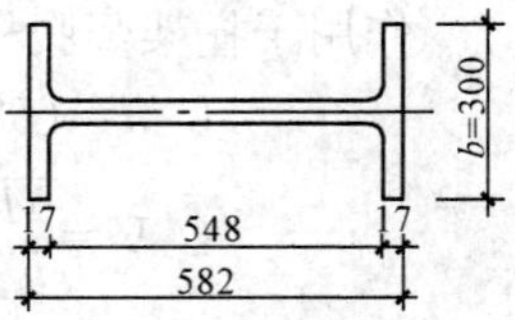

$b'/t\leqslant(10+0.1\lambda)\sqrt{235/f}$

$=(10+0.1\times45)=14.5>6.8$,满足要求。

$$h_0/t_w=(548-2\times28)/12=41$$

例图 7-39 上弦截面

$(25+0.5\lambda)\sqrt{235/f_y}=(25+0.5\times45)=47.5>41$,满足要求。

(3)腹杆缀板计算,取杆 3-7 为例,见例图 7-40。

1)缀板采用钢板制作,其截面高度 h_b 及厚度 t_b 为

$h_b>\frac{2}{3}a=\frac{2}{3}\times506\text{mm}=337\text{mm}$,取 340mm

$t_b>\frac{a}{40}=\frac{506}{40}\text{mm}=12.56\text{mm}$,取 12mm

缀板选用− 520×340×12。

腹杆按轴心受压缀板柱进行设计,同一截面处缀板的线刚度之和不得小于柱较大分肢线刚度的 6 倍要求。

$$\frac{t_b h_b^3}{12}\times\frac{1}{a}>b\left(\frac{I_1}{l}\right),取\ l=424\text{cm}$$

$$\frac{1.2\times34^3}{12}\times\frac{1}{50.6}\text{cm}^3=77.7\text{cm}^3$$

$$6\times\left(\frac{5118.4}{424}\right)\text{cm}^3=72.4\text{cm}^3<77.7\times2\text{cm}^3=155.4\text{cm}^3$$

$$l_0<40i_1=40\times2.3\text{cm}=92\text{cm},取\ l_0=90\text{cm}$$

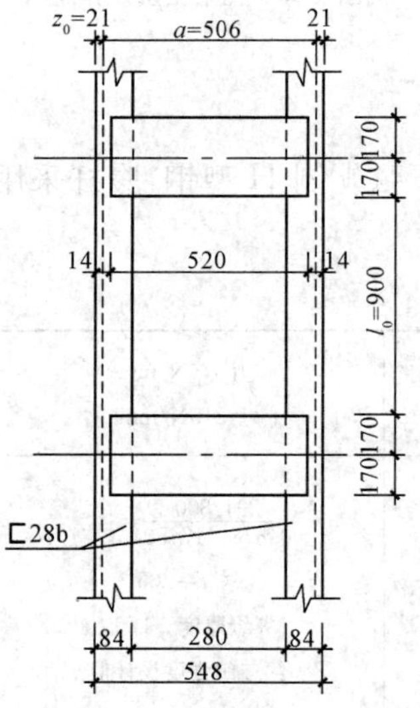

例图 7-40 腹杆缀板尺寸

2)缀板与腹杆的连接焊缝的计算轴心受压杆件的计算剪力为:

$$f_y=235\text{N/mm}^2\quad A=45.62\text{cm}^2$$

$$V=\frac{Af}{85}\sqrt{\frac{f_y}{235}}=\frac{9124\times215}{85}\text{kN}=23.08\text{kN}$$

缀板与腹杆(单肢)连接处的内力为: $l_1=(90+34)\text{cm}=124\text{cm}$

剪力 $$T_1=\frac{Vl_1}{2a}=\frac{23.08\times124}{2\times50.6}\text{kN}=28.28\text{kN}$$

弯矩 $M_1=V\frac{l_1}{2}=28.28\times\frac{124}{2}\text{kN}\cdot\text{cm}=1754\text{kN}\cdot\text{cm}=17.54\text{kN}\cdot\text{m}$

焊缝按构造要求：$h_f\geqslant1.5\sqrt{t}=1.5\times\sqrt{13}\text{mm}=5.4\text{mm}$，取 $h_f=6\text{mm}$

缀板与腹杆采用三面围焊连接，为简化计算仅考虑正面横焊缝，取 $l_w=h_b-2h_f=(340-2\times6)\text{mm}=328\text{mm}$，共二条焊缝，$\beta=1.22$

$$\sigma_{fs}=\sqrt{\left(\frac{\sigma_f}{\beta_f}\right)^2+\tau_f^2}=\sqrt{\left(\frac{6M_1}{2\times0.7h_f l_w^2\beta_f}\right)^2+\left(\frac{T_1}{0.7h_f l_w}\right)^2}$$

$$=\sqrt{\left(\frac{6\times17.54\times10^6}{2\times0.7\times6\times324^2\times1.22}\right)^2+\left(\frac{28.28\times10^3}{2\times0.7\times6\times324}\right)}\text{N/mm}^2$$

$$=\sqrt{97.8^2+10.4^2}\text{N/mm}^2=98.4\text{N/mm}^2<f_f^w=160\text{N/mm}^2$$，满足要求。

其他腹杆的缀板及其连接焊缝计算从略。

5. 托架跨中最大挠度计算

单位力（$P=1$）作用于托架跨中时杆件内力 N_i 见例图 7-41。

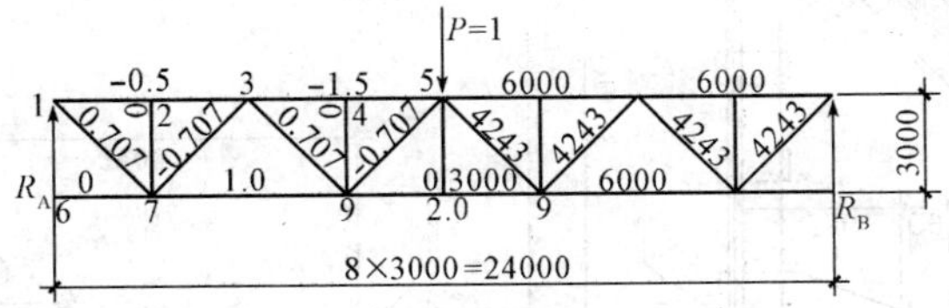

例图 7-41 单位力作用下托架杆件内力

在计算托架挠度值时，杆件内力应取荷载标准值。托架集中荷载 $P=840.8\text{kN}$，其中由 30m 屋架传来集中活荷载为 63kN，由 21m 屋架传来集中活荷载为 44kN。托架集中荷载标准值 $\overline{P}$ 为：

$$\overline{P}=[(840.8-63-44)/1.35+(63+44)/1.4]\text{kN}$$
$$=(543.56+76.43)\text{kN}=619.99\text{kN}$$
$$P/\overline{P}=840.8/619.99=1.356\text{(平均分项系数)}$$

例表 7-19 挠度计算中 N_{ki} 为例图 7-37 中杆件轴心力 $N/1.356$ 所得。

18m 单壁式托架构件见例图 7-42；24m 双壁式托架构件见例图 7-43。

例表 7-19 **托架跨中最大挠度（托架一半构件）**

杆 件	N_i	N_{ki}(kN)	A_i(cm²)	l_i(cm)	$v_i=\frac{N_iN_{ki}l_i}{EA_i}$(cm)
1—3	0.5	930	174.5	600	0.0776
3—5	1.5	2170	174.5	600	0.5433
7—9	1.0	1860	174.5	600	0.3104
9—9¹	2.0	2480	174.5	300	0.4140
1—7	0.707	1316	91.2	424.3	0.2100
3—7	0.707	1316	91.2	424.3	0.2100
3—9	0.707	438.4	43.9	424.3	0.1454
5—9	0.707	438.4	43.9	424.3	0.1454

注：截面计算托架挠度 $\frac{1}{2}v=\sum\frac{N_iN_{ki}l_i}{EA_i}=2.0561\text{cm}$；托架跨中挠度值 $v=2\times2.0561\text{cm}=4.1122\text{cm}<[v]=6\text{cm}$（可以），托架允许挠度值 $[v]=[\frac{l}{400}]=\frac{2400}{400}\text{cm}=6\text{cm}$。

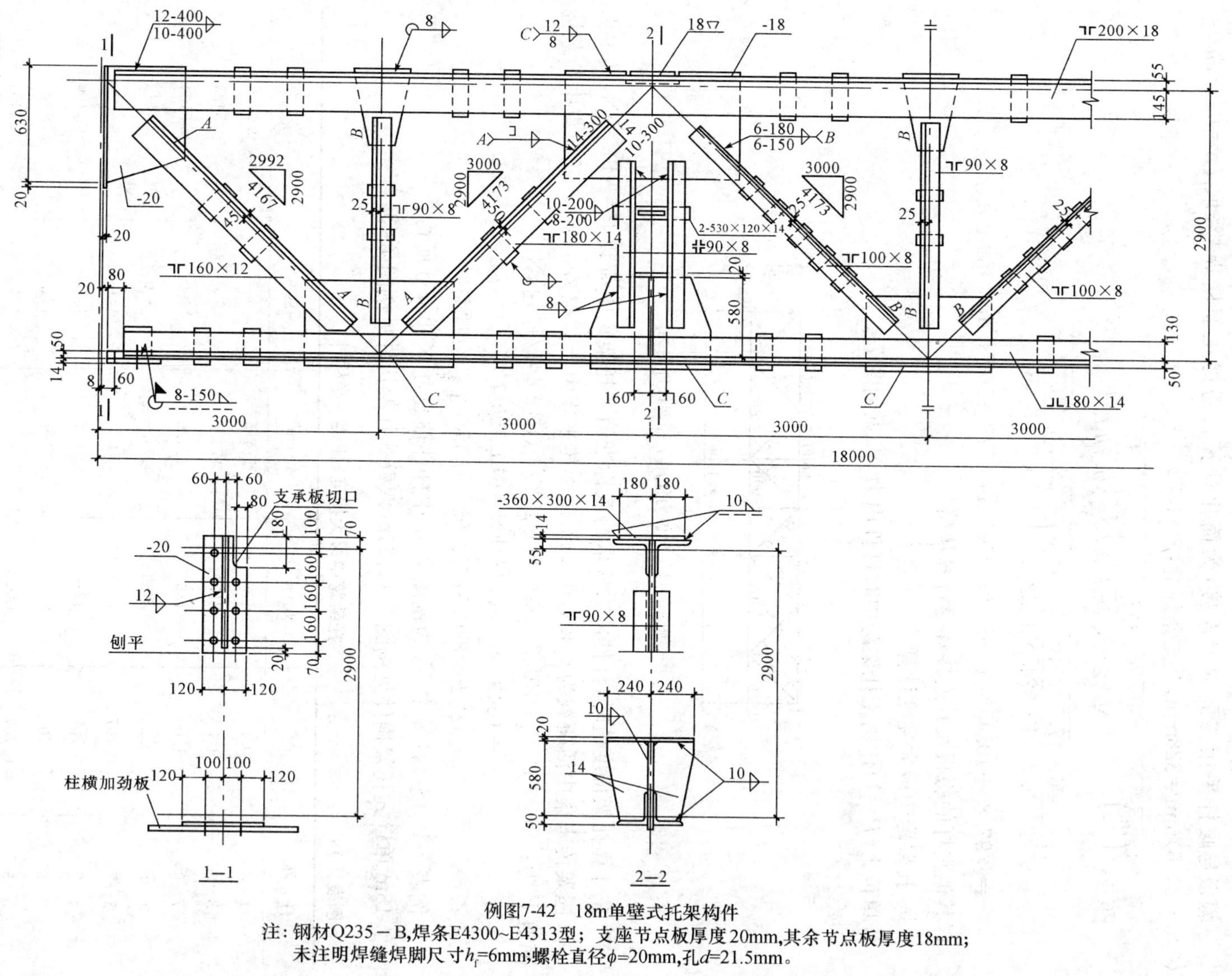

例图7-42　18m单壁式托架构件

注：钢材Q235－B,焊条E4300~E4313型；支座节点板厚度20mm,其余节点板厚度18mm;
未注明焊缝焊脚尺寸h_f=6mm;螺栓直径ϕ=20mm,孔d=21.5mm。

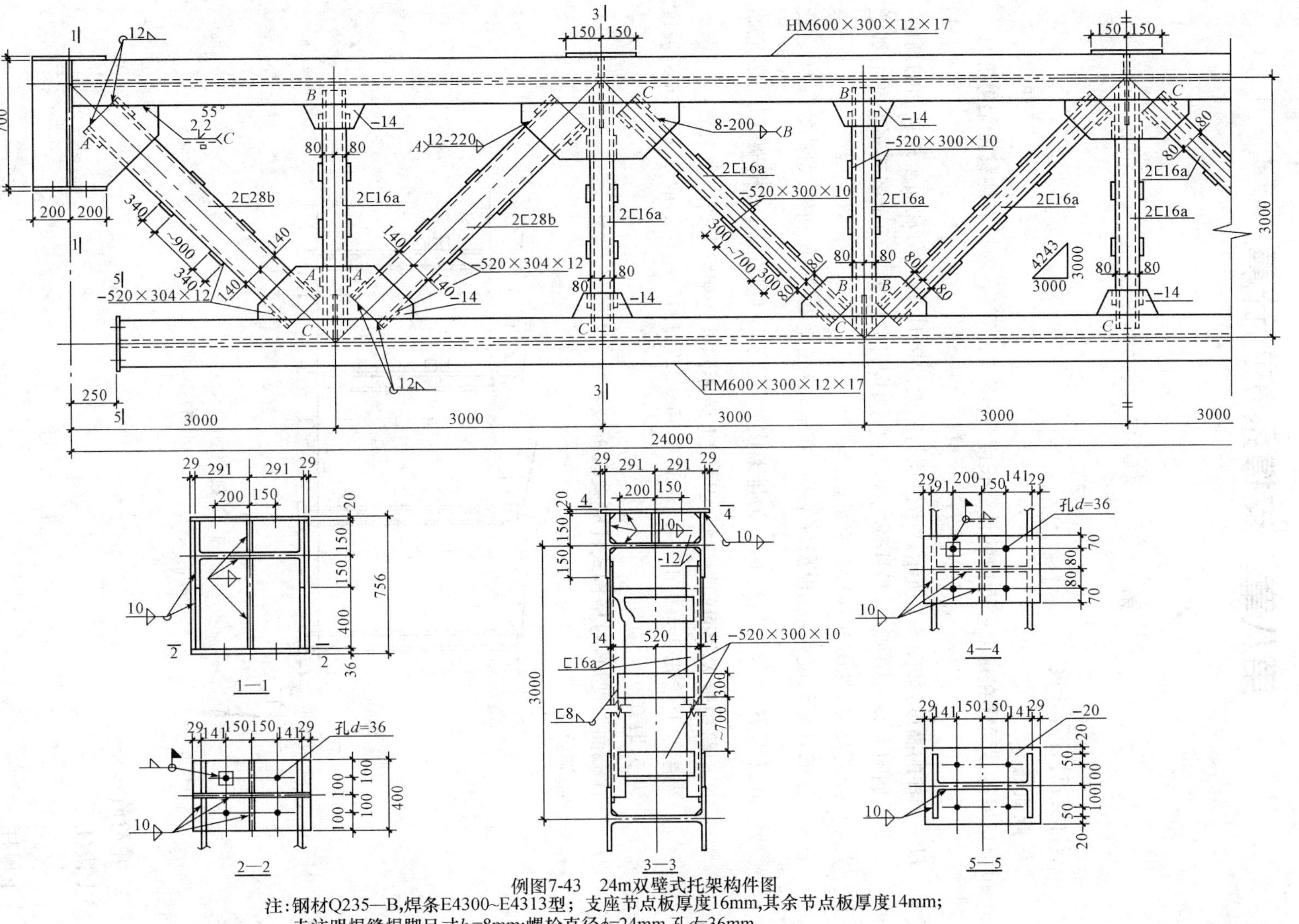

例图7-43　24m双壁式托架构件图

注：钢材Q235—B,焊条E4300~E4313型；支座节点板厚度16mm,其余节点板厚度14mm；未注明焊缝焊脚尺寸h_f=8mm;螺栓直径ϕ=24mm,孔d=36mm。

第八章　支撑系统的计算

第一节　柱的设计

一、柱的设计计算长度

1. 等截面柱

单层房屋等截面柱在排架平面内的计算长度，按下式计算（一般按有侧移排架考虑）：

$$H_0 = \mu H \tag{8-1}$$

式中　H——柱的高度，如图 8-1 所示。当柱顶与屋架铰接时，取柱脚底面至柱顶面的高度，如图 8-1a）、b）所示；当柱顶与屋架刚接时，可取柱脚底面至屋架下弦重心线之间的高度，如图 8-1c）、d）所示；

μ——柱的计算长度系数，根据排架横梁（屋架）线刚度 I_0/L 和柱线刚度 I/H 之比 $K_0\left(即 K_0=\frac{I_0 H}{IL}\right)$；其中 I_0 为排架横梁（屋架）的惯性矩，对桁架式屋架，应将屋架跨中最大截面的惯性矩按屋架上弦不同坡度乘以下列折减系数：

当屋架上弦坡度为 1/10～1/8，取 0.65～0.7；1/15～1/12，取 0.75～0.8；坡度为 0，取 0.9；

I——柱截面惯性矩，对格构式柱应乘以折减系数 0.9；

L——屋架跨度。

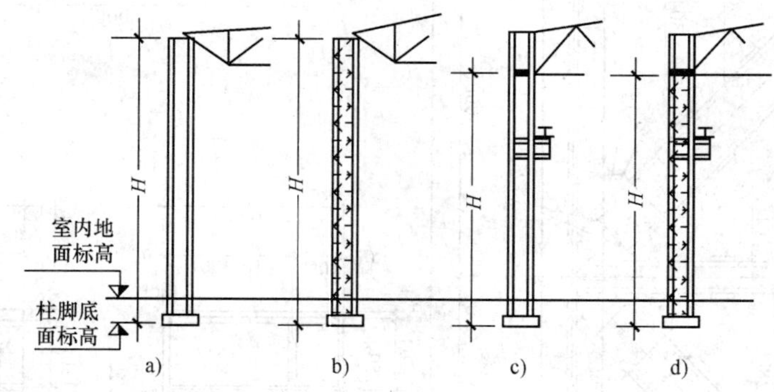

图 8-1　等截面柱计算长度

a）、c）实腹式柱；b）、d）格构式柱

2. 单阶阶形柱

上段柱

$$H_{01}=\mu_1 H_1 \tag{8-2}$$

下段柱

$$H_{02}=\mu_2 H_2 \tag{8-3}$$

式中　H_1——上段柱高度。当柱与屋架（横梁）铰接时，取肩梁顶面至柱顶面高度，如图

8-2a)所示。当柱与屋架刚接时，取肩梁顶面至屋架下弦杆件重心线之间的柱高度，如图 8-2b)、c)所示；

H_2——下段柱高度。取柱脚底面至肩梁顶面之间的柱高度，如图 8-2 所示；

μ_1——上段柱的计算长度系数，应按下式计算：

$$\mu_1 = \frac{\mu_2}{\eta_1} \tag{8-4}$$

μ_2——下段柱的计算长度系数：当柱上端与屋架铰接时，根据上段柱与下段柱的线刚度比 $K_1 = \frac{I_1}{I_2} \cdot \frac{H_2}{H_1}$ 和参数 $\eta_1 = \frac{H_1}{H_2}\sqrt{\frac{N_1}{N_2} \cdot \frac{I_2}{I_1}}$，按表 13-33 查得的数值乘以表 13-37 的折减系数；当柱上端与屋架刚接时，根据上段柱与下段柱的线刚度比和系数 η_1 按表 13-34 查得的数值乘以表 13-37 的折减系数。其中 I_1 和 I_2 分别为上段柱和下段柱的截面惯性矩，H_1 和 H_2 分别为上段柱和下段柱的高度，N_1 和 N_2 分别为上段柱和下段柱的最大轴心力，按最大轴心力的荷载组合取用。

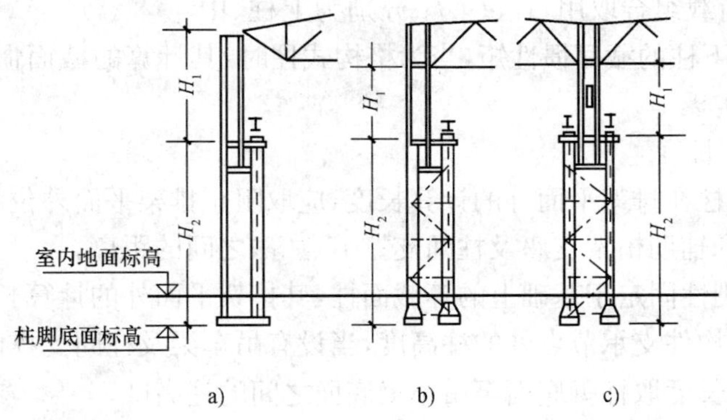

图 8-2　单阶阶形柱

a)柱与屋架铰接；b)、c)柱与屋架刚接

3. 双阶阶形柱

上段柱：

$$H_{01} = \mu_1 H_1 \tag{8-5}$$

中段柱：

$$H_{02} = \mu_2 H_2 \tag{8-6}$$

下段柱：

$$H_{03} = \mu_3 H_3 \tag{8-7}$$

式中　H_1——上段柱的高度；

H_2——中段柱的高度，取下段柱肩梁顶面至中段柱肩梁顶面的柱高度，如图 8-3 所示；

H_3——下段柱的高度，取柱脚底面至下段柱肩梁顶面的柱高度，如图 8-3 所示；

μ_1——上段柱计算长度系数，应按下式确定：

$$\mu_1 = \frac{\mu_3}{\eta_1} \tag{8-8}$$

μ_2——中段柱计算长度系数，应按下式确定：

$$\mu_2=\frac{\mu_3}{\eta_2} \tag{8-9}$$

μ_3——下段柱的计算长度系数：当柱上端与屋架铰接时，根据上段柱与下段柱的线刚度比$K_1=\frac{I_1}{I_3}\cdot\frac{H_3}{H_1}$、中段柱与下段柱的线刚度比$K_2=\frac{I_2}{I_3}\cdot\frac{H_3}{H_2}$和参数$\eta_1=\frac{H_1}{H_3}\sqrt{\frac{N_1}{N_3}\cdot\frac{I_3}{I_1}}$、$\eta_2=\frac{H_2}{H_3}\sqrt{\frac{N_2}{N_3}\cdot\frac{I_3}{I_2}}$按表 13-35 确定；当柱上端子屋架刚接时，根据K_1、K_2及η_1、η_2按表 13-36 确定，其中N_1、N_2、N_3分别为上柱、中柱、下柱的轴心力，可按最大轴心力的荷载组合取用，I_1、I_2、I_3分别为上柱、中柱、下柱的截面惯性矩，当为格构式柱时，其计算的截面惯性矩应乘以折减系数 0.9。

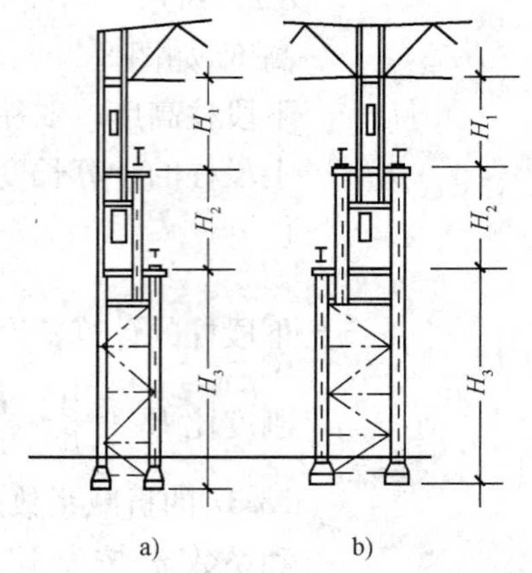

图 8-3　双阶阶形柱

a)边柱；b)中柱

4. 柱平面计算长度

单层厂房排架柱在排架平面外的计算长度，应取阻止排架平面外位移的侧向支承点(如托架支座、吊车梁和辅助桁架支座及柱间支撑节点等)之间的距离。

(1)对于下端刚性固定于基础上的等截面柱，其排架平面外的计算长度取柱脚底面至屋盖纵向支撑或纵向构件支承节点处的柱高度，当设有吊车梁及柱间支撑的等截面排架柱，其排架平面外的计算长度取柱脚底面至吊车梁底面之间的柱高度。

(2)阶形柱在排架平面外的计算长度：当设有吊车梁和柱间支撑而无其他纵向支承构件时，上段柱的计算长度可取吊车梁制动结构与柱连接节点(也即吊车梁的顶面，对于双阶柱为上层吊车顶面处)至屋盖纵向水平支撑节点处或托架支座处的柱高度，双阶柱的中段柱在排架平面外的计算长度，可取下层吊车梁顶面至上部肩梁顶面之间的柱高度。

(3)在等截面柱及阶形柱的各段柱中间，如设有其他纵向水平构件，并能承受按下式计算的轴向压力F_{bL}时，则该段柱在排架平面外的计算长度，取各纵向构件与柱连接节点之间的距离：

$$F_{bL}=\frac{N}{60} \tag{8-10}$$

(4)格构式柱的柱肢，在排架平面内的计算长度取水平缀条之间的距离。

5. 分离式柱的计算长度

分离式柱的计算长度，如图 8-4a)所示，屋盖肢与吊车肢各为独立柱肢，中间用水平钢板连接在一起，此时屋盖肢在排架平面内的计算长度可按关于等截面柱计算长度的规定确定，排架平面外取侧向支承点之间的距离。吊车肢的计算长度，在排架平面内取水平(连接)钢板之间的距离，平面外取 $0.7H_2$(H_2 为吊车肢底板底面至吊车梁支座顶面之间柱的高度)。图 8-4b)中的分离式柱，排架柱的计算长度，可按关于阶形柱的规定确定，分离的吊车肢的计算长度可按吊车肢的规定确定。

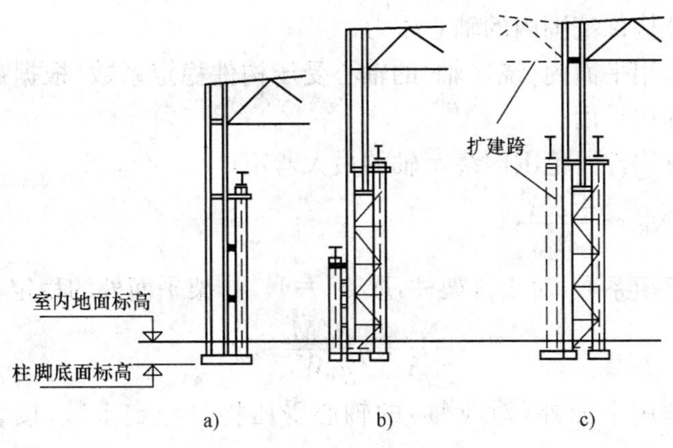

图 8-4　分离式柱

二、柱的截面设计

1. 轴心受压柱截面设计

实腹柱或格构柱截面设计

强度验算公式：

$$\sigma=\frac{N}{A_n}<f \tag{8-11}$$

稳定验算公式：

$$\frac{N}{\varphi A}\leqslant f \tag{8-12}$$

式中　σ——钢材应力；

N——柱轴力；

A_n——柱净截面积；

f——钢材强度设计值；

A——柱截面面积；

φ——轴压系数，取平面内及平面外两个方向 φ 值的较小者。

2. 偏心受压柱截面设计

(1)实腹式等截面柱。

实腹式等截面柱强度验算：

$$\frac{N}{A_n}\pm\frac{M_x}{\gamma_x W_{nx}}\leqslant f \tag{8-13}$$

式中　N——与弯矩 M_x 同一截面处的轴心压力；

M_x——所计算截面处，作用在排架平面内(绕 $x—x$ 轴)的弯矩；

W_{nx}——对 x 轴的净截面模量；

γ_x——与截面模量相应的截面塑性发展系数，按表 13-9 采用；

A_n——柱净截面面积；

f——钢材的抗拉、抗压和抗弯强度设计值。

排架平面内的稳定应按下式计算：

$$\frac{N}{\varphi_x A}+\frac{\beta_{mx}M_x}{\gamma_x W_{1x}\left(1-0.8\frac{N}{N'_{EX}}\right)}\leqslant f \tag{8-14}$$

式中 N——所计算构件范围内的轴心压力；

φ_x——弯矩作用平面内(绕 x 轴)的轴心受压构件稳定系数，根据截面分类(表13-16)和长细比采用；

M_x——所计算构件段范围内绕 x 轴的最大弯矩；

N'_{Ex}——参数，$N_{Ex}=\frac{\pi^2 EA}{1.1\lambda_x^2}$；

β_{mx}——等效弯矩系数，对于排架柱，取 $\beta_{mx}=1$。排架平面外的稳定，应按下式计算：

$$\frac{N}{\varphi_y A}+\eta\frac{\beta_{tx}M_x}{\varphi_b W_{1x}}\leqslant f \tag{8-15}$$

φ_y——弯矩作用平面外(对 y 轴)的轴心受压构件稳定系数，按表 13-26～表 13-29 采用；

φ_b——均匀弯曲的受弯构件整体稳定系数，按表 13-12～表 13-14 采用，对闭口截面：$\varphi_b=1.0$；

η——截面影响系数，闭口截面 $\eta=0.7$，其他截面 $\eta=1.0$；

β_{tx}——等效弯矩系数。

(2)格构式等截面柱。

格构式柱在框架平面内的整体稳定应按下式计算：

$$\frac{N}{\varphi_x A}+\frac{\beta_{mx}M_x}{W_{1x}\left(1-\varphi_x\frac{N}{N'_{Ex}}\right)}\leqslant f \tag{8-16}$$

$$W_{1x}=\frac{I_x}{y_0} \tag{8-17}$$

式中 φ_x——在排架平面内对(虚轴)x 轴的轴心受压构件稳定系数，以换算长细比 λ_{ax} 进行计算；

I_x——对(虚轴)x 轴的毛截面惯性矩；

y_0——由(虚轴)x 轴至压力较大分肢重心线的距离或至压力较大分肢腹板边缘的距离，取二者的较大值；

N'_{Ex}——欧拉临界力，$N'_{Ex}=\pi^2 EA/1.1\lambda_{ax}^2$。

在排架平面外的整体稳定可不必计算，但应计算分肢的稳定。

(3)格构式柱分肢。

分肢的轴心力，可按如图 8-5 所示中的计算简图计算。

对于分肢 1

$$N_1=\frac{Ny_2}{h}+\frac{M'_x}{h} \tag{8-18}$$

对于分肢 2

$$N_2=\frac{Ny_1}{h}+\frac{M_x}{h} \tag{8-19}$$

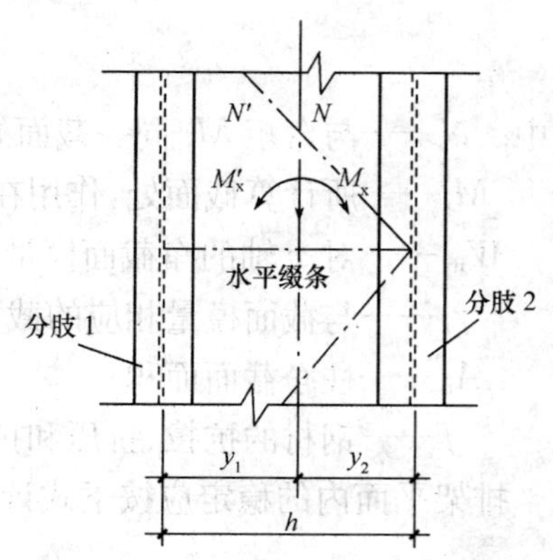

图 8-5 格构式柱分肢的内力计算简图

式中 N_1、N_2——分肢 1、分肢 2 的轴心力；

M_x——使分肢 2 受压的弯矩；

M'_x——使分肢 1 受压的弯矩；

y_1、y_2——由虚轴 x 至分肢 1 重心线和分肢 2 重心线的距离(图 8-5)。

分肢一般为轴心受压构件,可不必进行强度计算。

稳定验算:

$$\frac{N_i}{\varphi A_i} \leqslant f \tag{8-20}$$

式中 N_i——分肢 1 或 2 的轴心力;

φ——分肢的轴心受压稳定系数;

A_i——相应于分肢 1 或分肢 2 的截面面积。

(4)阶形柱实腹式吊车肢强度验算。

$$\frac{N}{A_n} + \frac{M_x}{\gamma_x W_{n1x}} + \frac{M_y}{\gamma_y W_{n1y}} \leqslant f \tag{8-21}$$

式中 N、M_x——所计算截面的轴心力和绕 x 轴(排架平面内)的弯矩,见图 8-6;

M_y——作用于吊车肢绕 y 轴(排架平面外)的弯矩;

W_{n1x}——吊车肢一侧对 x 轴的净截面模量;

W_{n1y}——吊车肢一侧对 y 轴的净截面模量;

γ_x——吊车肢对 x 轴的截面塑性发展系数;

γ_y——吊车肢对 y 轴的截面塑性发展系数。

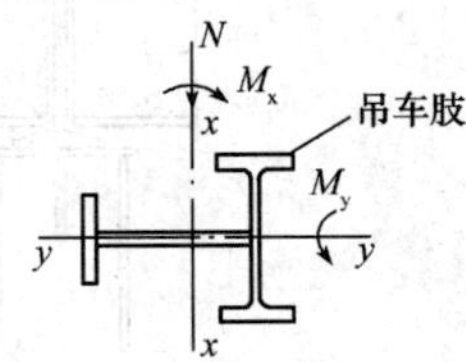

图 8-6 阶形柱的实腹式下段柱截面计算简图

稳定计算:

$$\frac{N}{\varphi_x A} + \frac{\beta_{mx} M_x}{\gamma_x W_{1x}\left(1 - 0.8\frac{N}{N'_{Ex}}\right)} + \eta\frac{\beta_{ty} M_y}{\varphi_{by} W_{1y}} \tag{8-22}$$

$$\frac{N}{\varphi_y A} + \eta\frac{\beta_{tx} M_x}{\varphi_{bx} W_{1x}} + \frac{\beta_{my} M_y}{\gamma_y W_{1y}\left(1 - 0.8\frac{N}{N'_{Ex}}\right)} \tag{8-23}$$

式中 φ_x、φ_y——对 x 轴和 y 轴的轴心受压构件稳定系数;

φ_{bx}、φ_{by}——均匀弯曲的受弯构件整体稳定性系数:对工字形(含 H 型钢)截面,φ_{bx} 可按相关规定确定,φ_{by} 可取 1.0;对闭口(箱形)截面取 $\varphi_{bx}=\varphi_{by}=1$;

W_{1x}——吊车肢对 x 轴的毛截面模量;

W_{1y}——吊车肢对 y 轴的毛截面模量;

β_{mx}——等效弯矩系数,对排架柱取 $\beta_{mx}=1$;

β_{my}——等效弯矩系数,对吊车肢取 $\beta_{my}=0.65+0.35\frac{M_{2y}}{M_{1y}}$,$M_{1y}$ 和 M_{2y} 是在排架平面外吊车肢两端的端弯矩,如图 8-7d)所示,$M_1=2M_2$,此时,$\beta_{my}=0.825$;

β_{tx}——等效弯矩系数,对排架柱取 $\beta_{tx}=0.65+0.35\frac{M_{2x}}{M_{1x}}$,但不得小于 0.4,$M_{1x}$ 和 M_{2x} 为端弯矩,使构件产生同向曲率时,取正号,产生反向曲率(即有反弯点)时取负号,$|M_{1x}| \geqslant |M_{2x}|$;

β_{ty}——等效弯矩系数,对吊车肢 $\beta_{ty} \geqslant 1.0$。

(5)阶形柱格构式吊车肢。

整体稳定

$$\frac{N}{\varphi_x A}+\frac{\beta_{mx}M_x}{W'_{1x}\left(1-\varphi_x\frac{N}{N'_{Ex}}\right)}+\frac{\beta_{ty}M_y}{W_{1y}}\leqslant f \tag{8-24}$$

吊车肢的稳定计算，可按式(8-16)计算吊车肢的轴心力，再按式(8-18)规定计算 M_y，然后按式(8-22)进行其稳定计算。

阶形柱的实腹式或格构式下段柱的吊车肢，当其顶部吊车梁为突缘式支座时，可不考虑吊车梁支座反力的偏心影响，可按中心受压构件计算单肢的稳定。当吊车肢顶部吊车梁为平板式支座时，则应考虑由于相邻两吊车梁支座反力之差(R_1-R_2)所产生的排架平面外的弯矩 M_y 如图 8-7b)、c)、d)所示。此时，吊车肢为压弯构件，应按压弯构件进行计算。

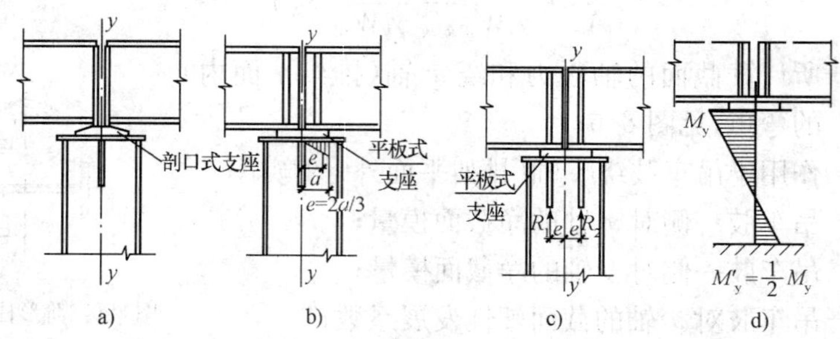

图 8-7 吊车肢的弯矩 M_y 计算示意图

吊车肢的弯矩 M_y 可按下式计算，并假设全部由吊车肢承受：

$$M_y=(R_1-R_2)e \tag{8-25}$$

式中 e——吊车梁支座反力作用线至吊车肢中心线(y 轴线)的距离；如图 8-7c)、d)所示；

R_1、R_2——相邻两吊车梁的支座反力。

弯矩 M_y 沿吊车肢高的分布如图 8-7d)所示，此时，可近似地假设吊车梁支承处为铰接，下端为刚性固定，因此下端弯矩为 $M'_y=-\frac{1}{2}M_y$。

柱的容许长细比见第二章；柱身板件的宽厚比限值见表 13-46。

三、缀条(板)设计

格构式柱的缀条，一般采用单角钢，并沿柱高按三角形布置在柱身两侧平面内，如图 8-8 所示。缀条承受的内力可按下列公式计算：

$$N_h=\frac{V}{2} \tag{8-26}$$

$$N=\frac{V}{2\cos\alpha} \tag{8-27}$$

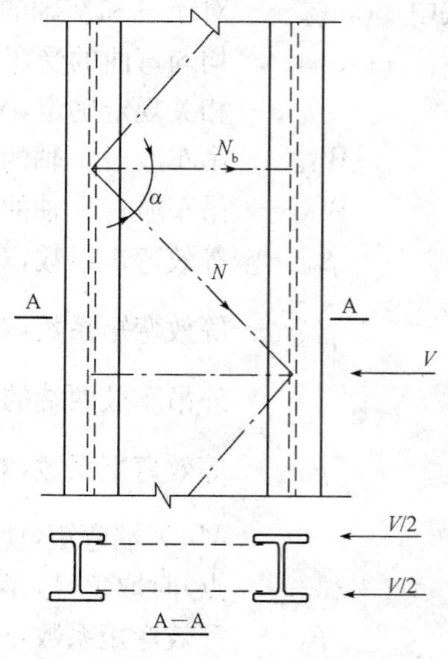

图 8-8 缀条内力计算简图

式中 V——计算剪力，由排架分析所得到的柱的最大水平剪力或由式(8-28)算得的剪力，取两者中的较大值：

$$V=\frac{Af}{85}\sqrt{\frac{f_{\mathrm{y}}}{235}} \tag{8-28}$$

α——斜缀条与水平缀条的夹角；

N_{h}——水平缀条的内力；

N——斜缀条的内力。

缀条按两端为铰接的轴心受压构件计算，缀条通常并不由强度计算控制，而仅需按下列公式进行稳定计算：

$$\frac{N_{\mathrm{h}}}{\varphi A_{\mathrm{h}}}\leqslant f' \tag{8-29}$$

$$\frac{N}{\varphi A}\leqslant f' \tag{8-30}$$

式中　φ——根据缀条最大长细比确定的受压构件稳定系数，可按下列规定采用：①当缀条采用等肢角钢且不设附加缀条时，应采用角钢最小回转半径来计算长细比，并按 b 类截面由表 13-26～表 13-29 确定 φ 值。②当缀条采用不等肢角钢且长肢与柱肢相连，短肢设附加缀条时，应采用缀条在缀材平面内和平面外的较大长细比（计算长度取附加缀条之间的距离），并按 c 类截面按表13-28 确定 φ 值；

A_{h}——水平缀条的毛截面面积；

A——斜缀条的毛截面面积；

f'——单面连接的单角钢缀条，按轴心力计算时的强度设计值：在计算稳定性时，其值等于钢材的强度设计值乘以折减系数 $\psi=0.6+0.0015\lambda$，但不大于 1.0；对于长边与柱肢相连的不等边角钢，$\psi=0.7$。

【例 8-1】 实腹式阶形柱的计算

1. 设计资料及说明

(1)实腹边柱特征。

1)计算假定：为多跨单层厂房的边柱，上柱与屋架铰接，下柱与基础刚接，其计算简图如例图 8-1 所示。

2)吊车梁为突缘支座，边柱采用整体式柱脚，基础混凝土强度等级采用 C20。

3)钢柱材料采用 Q235B，钢柱主焊缝采用自动埋弧焊，焊丝采用 H08A；手工焊焊条采用 E4303 型。

(2)计算内力。

由框架分析结果选择各种不利内力组合列入例表 8-1。

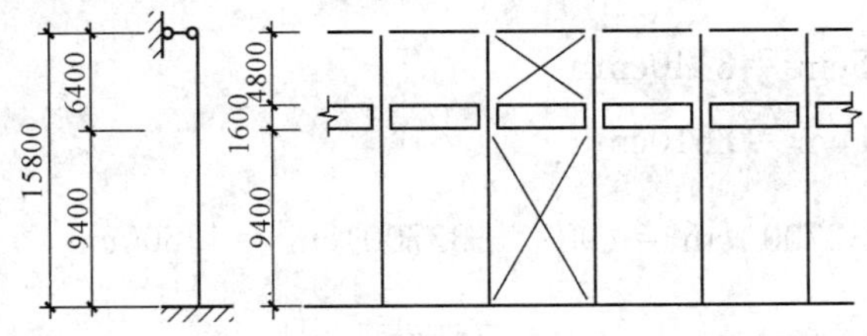

例图 8-1　柱计算简图

例表 8-1　　实腹式阶形柱各截面内力

简图	截面	组别	N(kN)	M(kN·m)	V(kN)	附注
	$B_{上}$	1	469.0	−378.9	−62.7	计算上柱
	$B_{下}$	1	1698.0	−417.8	−9.9	计算下柱
		2	1327.0	603.7	63.2	
	A	1	1748.2	−206.8	+15.7	计算柱脚
		2	1485.0	437.6	−7.1	
		3	488.3	−502.5	45.2	计算锚栓

2. 截面特征

(1)上柱及下柱的假定截面如例图 8-2 所示。

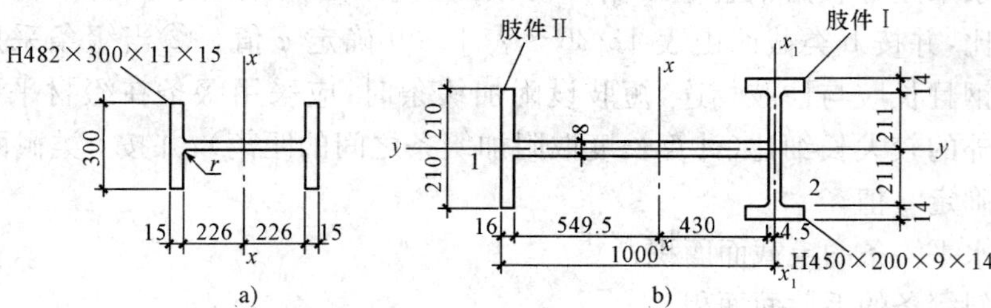

例图 8-2　实腹柱截面

a)上柱截面；b)下柱截面

(2)上柱截面特征：采用 H482×300×11×15。

$A=146.4\text{cm}^2, I_x=60800\text{cm}^4, W_x=2520\text{cm}^3, i_x=20.4\text{cm}, I_y=6770\text{cm}^4, i_y=6.8\text{cm}$

(3)下柱截面特征：吊车肢采用 H450×200×9×14。

$A_2=97.41\text{cm}^2, I_y=33700\text{cm}^4, I_x=1870\text{cm}^4$

$$A=(42\times1.6+97.95\times0.8+97.41)\text{cm}^2=(67.2+78.36+97.41)\text{cm}^2=243\text{cm}^2$$

$$\overline{y_0}=\frac{67.2\times99.2+78.36\times49.425}{243}\text{cm}=43.4\text{cm}$$

$$\begin{aligned}I_x&=[67.2\times55.75^2+97.95^3\times0.8/12+78.36\times(54.95-97.95/2)^2+1870+97.41\times43.45^2]\text{cm}^4\\&=(208860+62650+2800+1870+183900)\text{cm}^4\\&\approx460080\text{cm}^4\end{aligned}$$

$$W_{1x}=460080/56.55\text{cm}^3=8140\text{cm}^3$$

$$W_{2x}=460080/53.45\text{cm}^3=8610\text{cm}^3$$

$$I_y=\left(\frac{1.6\times42^3}{12}+33700\right)\text{cm}^4=(9880+33700)\text{cm}^4=43600\text{cm}^4$$

$$i_x=\sqrt{\frac{460080}{243}}\text{cm}=43.5\text{cm}\qquad i_y=\sqrt{\frac{43600}{243}}\text{cm}=13.4\text{cm}$$

上、下柱截面特征见例表 8-2。

例表 8-2　　上、下柱截面特征汇总表

名称	$A(cm^2)$	$I_x(cm^4)$	$I_y(cm^4)$	$W_{1x}(cm^3)$	$W_{2x}(cm^3)$	$i_x(cm)$	$i_y(cm)$
上柱	146.4	60800	6770	2520	—	20.4	6.8
下柱	243.0	460080	43600	8140	8610	43.5	13.4

3. 柱子计算长度的确定

(1)框架平面内计算长度 H_{1x}、H_{2x}。

上柱：　$N_1=469.0\text{kN}, H_1=6.4\text{m}, I_1=60800\text{cm}^4$

下柱：　$N_2=1748.0\text{kN}, H_2=9.4\text{m}, I_2=460080\text{cm}^4$

(N_1、N_2 分别为上、下柱最大轴心压力)

$$K_1=\frac{I_1}{I_2}\times\frac{H_2}{H_1}=\frac{60800}{460080}\times\frac{9.4}{6.4}=0.194$$

$$\eta=\frac{H_1}{H_2}\sqrt{\frac{N_1 I_2}{N_2 I_1}}=\frac{6.4}{9.4}\times\sqrt{\frac{469\times460080}{1748\times60800}}=0.97$$

查表 13-33 得计算长度系数 $\mu=2.67$；本例采用大型钢筋混凝土屋面板，为多跨厂房，查表得 $\psi_s=0.7$，则下柱计算长度系数：

$$\mu_2=\psi_s\mu=0.7\times2.67=1.87$$

上柱计算长度系数：　$\mu_1=\frac{\mu_2}{\eta_1}=\frac{1.87}{0.97}=1.93$

上柱　$H_{1x}=\mu_1 H_1=1.93\times6.4\text{m}=12.35\text{m}$

下柱　$H_{2x}=\mu_2 H_2=1.87\times9.4\text{m}=17.58\text{m}$

(2)框架平面外的计算长度 H_{1y}、H_{2y}。

按平面外支撑点的距离确定(例图 8-1)，上柱 $H_{1y}=4.8\text{m}$，下柱 $H_{2y}=9.4\text{m}$。

4. 上柱截面验算

(1)上柱强度验算。

由表 13-9 查得 $\gamma_x=1.05$(上柱截面无孔洞削弱)

$$\sigma=\frac{N}{A_n}+\frac{M_x}{\gamma_x W_{nx}}=\left(\frac{469\times10^3}{146.4\times10^2}+\frac{378.9\times10^6}{1.05\times2520\times10^3}\right)\text{N/mm}^2$$
$$=(32.0+143.2)\text{N/mm}^2=175.2\text{N/mm}^2<f$$
$$=215\text{N/mm}^2$$

(2)弯矩作用平面内稳定计算。

$$H_{1x}=12.35\text{m}, \lambda_x=\frac{1235}{20.4}=60.7$$

$N'_{Ex}=\pi^2 EA/(1.1\lambda_x^2)=3.14^2\times206\times10^3\times146.4\times10^2/(1.1\times60.5^2)\text{kN}=7393\text{kN}$

上柱属 a 类截面，由表 13-26 查得 $\varphi_x=0.88$，一般框架柱取 $\beta_{mx}=1.0$。

$$\frac{N}{\varphi_x A}+\frac{\beta_{mx}M_x}{\gamma_x W_x\left(1-\frac{0.8N}{N'_{Ex}}\right)}=\left[\frac{469\times10^3}{0.88\times146.4\times10^2}+\frac{1.0\times378.9\times10^6}{1.05\times2520\times10^3\times\left(1-0.8\frac{469}{7393}\right)}\right]\text{N/mm}^2$$
$$=(36.4+150.9)\text{N/mm}^2=187.3\text{N/mm}^2<f=215\text{N/mm}^2$$

(3)框架平面外稳定性计算。

$$H_{1y}=4.8\text{m},\lambda_y=\frac{480}{6.8}=70.6$$

按 b 类截面查表 13-27 得 $\varphi_y=0.747$。

整体稳定系数 φ_b 近似公式计算:

$$\varphi_b=1.70-\frac{\lambda_y^2}{44000}\times\frac{f_y}{235}=1.07-\frac{70.6^2}{44000}=0.957>0.6$$

无端弯矩,但有横向荷载作用

取 $\beta_{tx}=1.0,\eta=1.0$

$$\frac{N}{\varphi_y A}+\eta\frac{\beta_{tx}M_x}{\varphi_{bx}W_x}=\left(\frac{469\times10^3}{0.747\times146.4\times10^2}+1.0\times\frac{1.0\times378.9\times10^6}{0.957\times2520\times10^3}\right)\text{N/mm}^2$$

$$=(42.9+157.1)\text{N/mm}^2=200\text{N/mm}^2<f=215\text{N/mm}^2$$

(4)腹板及翼缘局部稳定验算。

腹板

$$\sigma_{max}=\frac{N}{A}+\frac{M_x y_1}{I_x}=\left(\frac{469\times10^3}{146.4\times10^2}+\frac{378.9\times10^6\times226}{60800\times10^4}\right)\text{N/mm}^2$$

$$=(32.0+140.8)\text{N/mm}^2=172.8\text{N/mm}^2$$

$$\sigma_{min}=(32.0-140.8)\text{N/mm}^2=-108.8\text{N/mm}^2$$

$$\alpha_0=\frac{\sigma_{max}-\sigma_{min}}{\sigma_{max}}=\frac{172.8+108.8}{172.8}=1.630>1.6$$

宽厚比计算:

H 型钢 $\gamma=28\text{mm}$　　$h_0=2\times(226-28)\text{mm}=396\text{mm}$

$\frac{h_0}{t_w}\leqslant(48\alpha_0+0.5\lambda-26.2)\sqrt{235/f_y}$,取 $\lambda=60.5$

$\frac{396}{11}=36<(48\times1.630+0.5\times60.5-26.2)=82.29$,满足要求。

翼缘板　　$b=(150-28)\text{mm}=122\text{mm}$

$b/t=122/15=8.1<13$,满足要求。

5. 下柱截面验算

(1)下柱强度验算。

两组内力 $\begin{cases}M=-417.8\text{kN}\cdot\text{m}\\N=1698.0\text{kN}\end{cases}$　　$\begin{cases}M=603.7\text{kN}\cdot\text{m}\\N=1327.0\text{kN}\end{cases}$

$$\sigma_1=\frac{N}{A_n}+\frac{M_x}{\gamma_x W_{2x}}=\left(\frac{1698\times10^3}{243.0\times10^2}+\frac{417.8\times10^6}{1.05\times8610\times10^3}\right)\text{N/mm}^2\quad(\gamma_x=1.05)$$

$$=(69.9+46.2)\text{N/mm}^2=116.1\text{N/mm}^2<f=215\text{N/mm}^2$$

$$\sigma_2=\frac{N}{A_n}+\frac{M_x}{\gamma_x W_{1x}}=\left(\frac{1327\times10^3}{243.0\times10^2}+\frac{603.7\times10^6}{1.05\times8140\times10^3}\right)\text{N/mm}^2$$

$$=(54.6+70.6)\text{N/mm}^2=125.2\text{N/mm}^2<f$$

(2)框架平面内稳定计算。

$$H_{2x}=17.58\text{m},\lambda=\frac{1758}{43.5}=40.4$$

下柱属 b 类截面由表 13-27 查得 $\varphi_x=0.897$

$N'_{Ex}=\pi^2 EA/(1.1\lambda^2)=3.14^2\times 206\times 10^3\times 243\times 10^2/(1.1\times 40.4^2)\text{kN}=27520\text{kN}$

$$\frac{N}{\varphi_x A}+\frac{\beta_{mx}M_x}{\gamma_x W_x\left(1-\frac{0.8N}{N'_{Ex}}\right)}=\left[\frac{1327\times 10^3}{0.897\times 243\times 10^2}+\frac{1.0\times 603.7\times 10^6}{1.05\times 8140\times 10^3\times\left(1-0.8\times\frac{1327}{27520}\right)}\right]\text{N/mm}^2$$

$$=(60.9+73.5)\text{N/mm}^2=134.4\text{N/mm}^2<f$$

(3)框架平面外稳定验算。

$$H_{2y}=9.4\text{m},\lambda_y=\frac{940}{13.4}=70.1$$

由于下柱为单轴对称截面(例图 8-3),需要计算剪心位置及确定扭转惯性矩和扇形惯性矩。肢件Ⅰ和肢件Ⅱ绕 y 轴的惯性矩分别为:

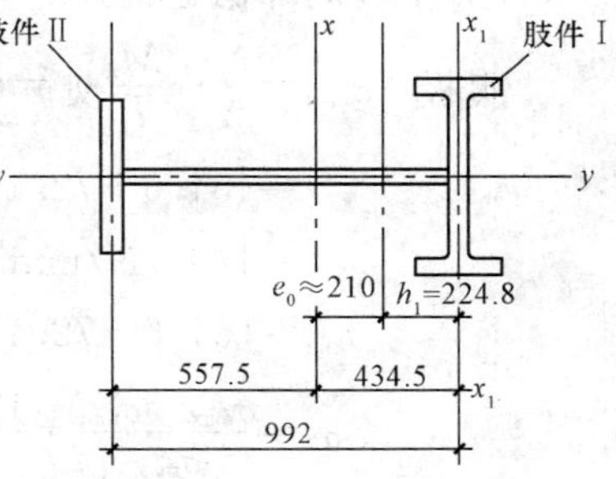

例图 8-3 下柱单轴对称截面

$$I_{y\text{Ⅱ}}=\frac{1.6\times 42^3}{12}\text{cm}^4=9880\text{cm}^4\quad I_{y\text{Ⅰ}}=33700\text{cm}^4$$

$$I_y=I_{y\text{Ⅱ}}+I_{y\text{Ⅰ}}=(9880+33700)\text{cm}^4\approx 43600\text{cm}^4$$

构件截面剪心至肢件Ⅰ剪心的距离为:

$$h_1=h\left(\frac{I_{y\text{Ⅱ}}}{I_y}\right)=99.2\times\frac{9880}{43600}\text{cm}=22.48\text{cm}$$

$$e_0=(43.45-22.48)\text{cm}\approx 21\text{cm}$$

$$i_0^2=e_0^2+i_x^2+i_y^2=(21^2+43.5^2+13.4^2)\text{cm}^2=2153\text{cm}^2$$

$$4\left(1-\frac{e_0^2}{i_0^2}\right)=4\times\left(1-\frac{21^2}{2513^2}\right)=3.3$$

扭转惯性矩为:

$$I_t=\frac{\sum b_i t_i^3}{3}=\frac{42\times 1.6^3+42.2\times 0.9^3+2\times 20\times 1.4^3}{3}\text{cm}^4=104.2\text{cm}^4$$

扇形惯性矩为:

$$I_\omega=\frac{I_{y\text{Ⅰ}}I_{y\text{Ⅱ}}}{I_y}h^2+I_{\omega\text{Ⅰ}}+I_{\omega\text{Ⅱ}}=\left(\frac{33700\times 9880}{43600}\times 99.2^2+\frac{1870\times 43.6^2}{4}\right)\text{cm}^6=7604\times 10^4\text{cm}^6$$

$$\lambda_z^2=i_0^2 A/(I_t/25.7+I_w/l_w^2)=2513\times 243.0/(104.2/25.7+7604\times 10^4/940^2)=6777$$

$$\lambda_{yz}^2=\frac{1}{2}(\lambda_y^2+\lambda_z^2)+\frac{1}{2}\sqrt{(\lambda_y^2+\lambda_z^2)-4\left(1-\frac{e_0}{i_0^2}\right)\lambda_y^2\lambda_z^2}$$

$$=\frac{1}{2}(70.1^2+6777)+\frac{1}{2}\sqrt{(70.1^2+6777)-3.3\times 70.1^2\times 6777}$$

$$=5846+5175/2=8434$$

$\lambda_{yz}=\sqrt{8434}=91.8$ 查表 13-38 得属 b 类截面,由表 13-27 查得相应稳定系数 $\varphi=0.61$,截面单轴对称,受弯整体稳定系数 φ_b 为:

$$\alpha_b=I_{y\text{Ⅰ}}/I_y=33700/43600=0.773$$

$$\varphi_b=1.07-\frac{W_x}{(2\alpha_b+0.1)Ah}\cdot\frac{\lambda_y^2}{14000}\cdot\frac{f_y}{235}$$

$$=1.07-\frac{8610}{(2\times 0.773+0.1)\times 243\times 99.2}\times\frac{70.1^2}{14000}$$

$=1.07-0.076$

$=0.994$

由于边柱有均布风荷载作用，在稳定计算中偏安全，取用$\beta_{tx}=1.0$。

若腹板全截面有效：

$$\frac{N}{\varphi_y A}+\eta\frac{\beta_{tx}M_x}{\varphi_{bx}W_{1x}}=\left(\frac{1327\times10^3}{0.61\times243\times10^2}+\frac{1.0\times603.7\times10^6}{0.994\times8140\times10^3}\right)\text{N/mm}^2$$

$$=(89.5+74.6)\text{N/mm}^2=164.1\text{N/mm}^2$$

$$<f=215\text{N/mm}^2$$

(4)下柱局部稳定验算。

腹板 $\sigma_{max}=\dfrac{N}{A}+\dfrac{M_x}{I_x}y_1=\left(\dfrac{1327\times10^3}{243.0\times10^2}+\dfrac{603.7\times10^6}{460080\times10^4}\times549.5\right)\text{N/mm}^2$

$=(54.6+72.1)\text{N/mm}^2$

$=126.7\text{N/mm}^2$

$\sigma_{min}=(54.6-72.1)\text{N/mm}^2=-17.5\text{N/mm}^2$

$\alpha_0=\dfrac{\sigma_{max}-\sigma_{min}}{\sigma_{max}}=\dfrac{126.7+17.5}{126.7}=1.14<1.6$

宽厚比计算：

$h_0/t_w\leqslant(16\alpha_0+0.5\lambda+25)\sqrt{235/f_y}$，取$\lambda=40.4$

$97.95/0.8=122.4>(16\times1.17+0.5+40.4+25)=63.9$，不满足要求。

腹板宽厚比不能满足局部稳定要求，在下柱强度计算中截面仅考虑计算高度边缘范围内两侧宽度$20t_w\sqrt{235/f_y}$，即160mm部分。

肢件Ⅱ $b/t=\dfrac{(21-0.4)}{1.6}=12.9<13$，满足要求。

肢件Ⅰ 为H型钢截面，按轴压考虑

$b_1/t_1=\dfrac{38.2}{0.9}=42.4<(25+0.5\times70.1)=60.1$，满足要求。

$b_2/t_2=\dfrac{9.55}{1.4}=6.82<(10+0.1\times70.1)=17.0$，满足要求。

(5)下柱应按例图8-4进行强度补充验算。

$A=(42\times1.6+2\times16\times0.8+97.41)\text{cm}^2=(67.2+25.6+97.47)\text{cm}^2=190.2\text{cm}^2$

$y_0=\dfrac{67.2\times99.2+16\times0.8\times90.4+16\times0.8\times8.45}{190.2}\text{cm}=41.7\text{cm}$

$$I_x=\left(67.2\times57.5^2+\frac{2\times0.8\times16^3}{12}+16\times0.8\times48.7^2+16\times0.8\times33.25^2+1870+97.41\times41.7^2\right)\text{cm}^4$$

$=(222200+550+30360+14150+1870+169400)\text{cm}^4$

$=438500\text{cm}^4$

$W_{x1}=\dfrac{438500}{58.3}\text{cm}^3=7520\text{cm}^3$

强度校核：

$$\sigma=\frac{N}{A_n}+\frac{M_x}{\gamma_x W_{nx}}（取\ \gamma_x=1.0）$$

$$=\left(\frac{1327\times10^3}{190.2\times10^2}+\frac{603.7\times10^6}{1.0\times7520\times10^3}\right)\text{N/mm}^2$$

$$=(69.8+80.3)\text{N/mm}^2$$

$$=150.1\text{N/mm}^2<f=215\text{N/lmm}^2$$

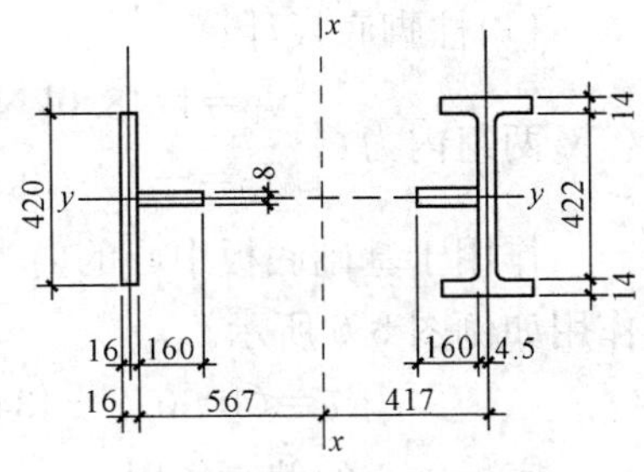

例图 8-4　下柱计算截面

平面外稳定校核：

$$\frac{N}{\varphi_y A}+\eta\frac{\beta_{tx}M_x}{\varphi_{bx}W_x}(\eta=1.0)$$

$$=\left(\frac{1327\times10^3}{0.61\times190.2\times10^2}+1.0\times\frac{1.0\times603.7\times10^6}{0.994\times7520\times10^3}\right)\text{N/mm}^2$$

$$=(114.4+80.8)\text{N/mm}^2=195.2\text{N/mm}^2<f=215\text{N/mm}^2$$

(6)柱肩梁计算。

肩梁形式及计算简图如例图 8-5 所示，肩梁高度按构造取 $h=400$mm。

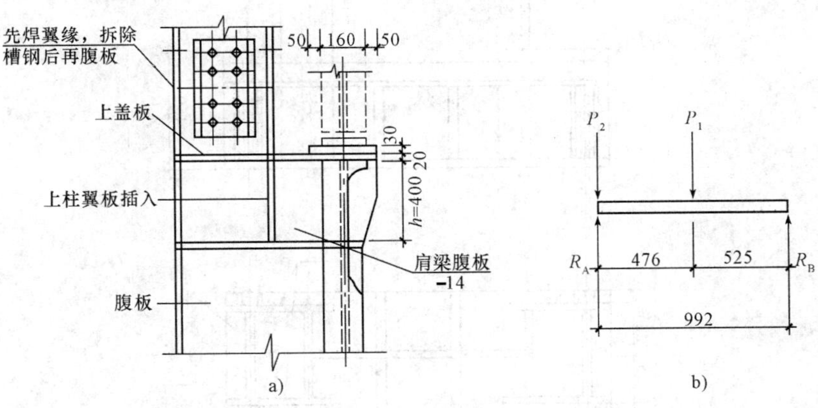

例图 8-5　肩梁形式及肩梁受力简图

作用于肩梁上的力如例图 8-5 所示，并按下列计算：

上段柱作用内力为 $N=469.0$kN，$M=378.9$kN · m

$$P_1=\frac{N}{2}+\frac{M_x}{h_1}=\left(\frac{469.0}{2}+\frac{378.9}{0.467}\right)\text{kN}=(234.5+811.3)\text{kN}$$

$$=1045.8\text{kN}$$

$$P_2=\frac{N}{2}-\frac{M_x}{h_1}=(234.5-811.3)\text{kN}=576.8\text{kN}$$

1)肩梁高度 h 应满足上柱传力的要求取 $N=P_1=1045.8$kN

四条连接焊缝取：$h_f=10$mm(肩梁高度 $h=400$mm)

$$h\geqslant\frac{P_1}{4\times0.7h_f f_f^w}=\frac{1045.8\times10^3}{4\times0.7\times10\times160}\text{mm}=233\text{mm}<400\text{mm}，满足要求。$$

2)吊车梁支座下肩梁腹板厚度确定，取 $t_w=14$mm。

6. 整体式柱脚计算

(1)柱脚底板计算。

两组内力：$\begin{cases}N_1=1748.0\text{kN}\\M_1=-206.8\text{kN}\cdot\text{m}\end{cases}$　$\begin{cases}N_2=1485.0\text{kN}\\M_2=437.6\text{kN}\cdot\text{m}\end{cases}$

作用于基础底板中心的内力：下柱截面形心对底板中心偏心作用如例图 8-6 所示。

$$e=(1000/2-434.5)\text{mm}=65.5\text{mm}$$

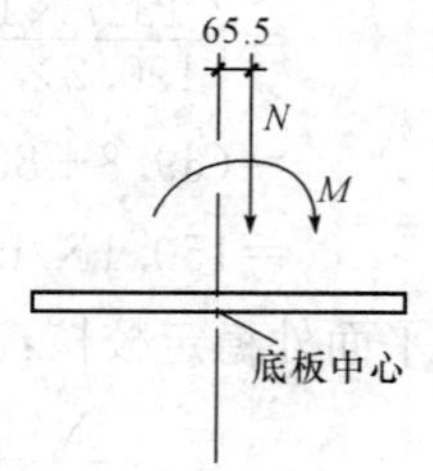

例图 8-6　下柱截面形心对

底板中心的偏心作用：

作用于底板中心的内力

$$\begin{cases}N_1=1748.0\text{kN}\\M_1=(206.8+1748\times0.0655)\text{kN}\cdot\text{m}=321.3\text{kN}\cdot\text{m}\end{cases}$$

$$\begin{cases}N_2=1485.0\text{kN}\\M_2=(437.6-1485\times0.0655)\text{kN}\cdot\text{m}=340.3\text{kN}\cdot\text{m}\end{cases}$$

底板截面特性如例图 8-7 所示。

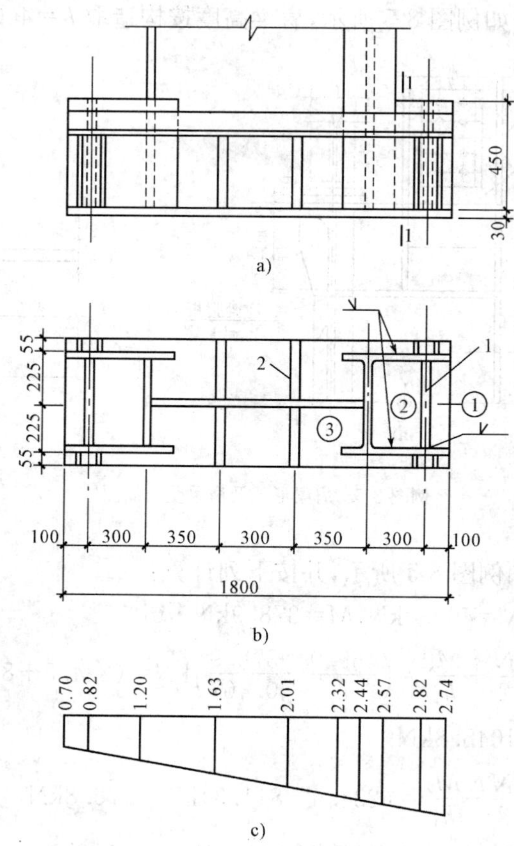

例图 8-7　整体式柱脚

a)、b)整体式柱脚构造；c)底板对基础顶面压力

$$A=56\times180\text{cm}^2=10080\text{cm}^2$$

$$W=\frac{56\times180^2}{6}\text{cm}^3=302400\text{cm}^3$$

钢筋混凝土基础强度等级为 C20，抗压强度 $f_c=9.6\text{N/mm}^2$（未计局部受压混凝土强度提高）。

底板对基础顶面的压应力：

$$\begin{cases}\sigma_{max1}=\frac{N}{A}+\frac{M}{W}=\left(\frac{1748\times10^3}{10080\times10^2}+\frac{321.3\times10^6}{302400\times10^3}\right)\text{N/mm}^2\\ \quad=(1.73+1.06)\text{N/mm}^2=2.79\text{N/mm}^2\text{（取第一组内力）}\\ \sigma_{min1}=(1.73-1.06)\text{N/mm}^2=0.67\text{N/mm}^2\end{cases}$$

$$\begin{cases}\sigma_{max2}=\left(\frac{1485\times10^3}{10080\times10^2}+\frac{340.3\times10^6}{302400\times10^3}\right)\text{N/mm}^2\\ \quad=(1.47+1.13)\text{N/mm}^2=2.6\text{N/mm}^2\\ \sigma_{min2}=(1.47-1.13)\text{N/mm}^2=0.34\text{N/mm}^2\end{cases}$$

底板计算弯矩按不同区格的最大者采用。

板①为悬臂板：

$$M_1=\frac{1}{2}\times2.79\times100^2\text{N}\cdot\text{mm}=13950\text{N}\cdot\text{mm}$$

板②为四边支承板：

$$b_1/a_1=\frac{450-28}{300}=1.41$$

查表得 $\beta_1=0.0759$

$$M_2=\beta_1\sigma a_1=0.0759\times2.82\times300^2\text{N}\cdot\text{mm}=19263\text{N}\cdot\text{mm}$$

板③为三边支承板：

$$a_2/b_2=350/280=1.25<2$$

$$b_2/a_2=280/350=0.8$$

查表得 $\beta_2=0.0972$

$$M_3=\beta_2\sigma a=0.0972\times2.01\times350^2\text{N}\cdot\text{mm}=23933\text{N}\cdot\text{mm}$$

底板厚度计算（$t>16, f=205\text{N/mm}^2$）

$$t=\sqrt{\frac{6M}{f}}=\sqrt{\frac{6\times23933}{205}}\text{mm}=26.5\text{mm}$$

底板厚度采用 $t=30\text{mm}$。

(2)靴梁计算。

1)靴梁截面（截面 1—1）承受底板区域内基础反力。

剪力 $$V=\left(\frac{2.79+2.6}{2}\right)\times280\times300\text{N}=226380\text{N}$$

弯矩 $$M=\left(2.79\times\frac{300^2}{3}+2.6\times\frac{300^2}{6}\right)\times280\text{N}\cdot\text{mm}=34356000\text{N}\cdot\text{mm}$$

靴梁采用— 450×14（仅考虑靴梁自身截面，不考虑底板及加强角钢作用。）

$$\sigma=\frac{6MP}{th^2}=\frac{6\times34356000}{14\times450^2}\text{N/mm}^2=72.7\text{N/mm}^2<f=215\text{N/mm}^2$$

$$\tau=\frac{1.5V}{th}=\frac{1.5\times226380}{14\times450}\text{N/mm}^2=53.9\text{N/mm}^2<f_v=125\text{N/mm}^2$$

靴梁与柱肢连接采用剖口对接焊缝，应予焊透，质量等级为二级。

2)靴梁与底板的连接焊缝计算。

整体柱脚一般不采用铣平紧底板，以下是采用贴角焊缝连接计算。

取用 $h_f=8mm$

$l_w=300-2h_f=(300-2\times8)mm=284mm$(共二条焊缝)

$$\tau=\frac{N}{0.7\times2h_fl_w}=\frac{226380}{0.7\times2\times8\times286}N/mm^2=70.7N/mm^2<f_f^w=160N/mm^2$$

(3)底板加劲肋 1 的计算(例图 8-8)。

1)加劲肋 1 采用━ 450×12(取肋线上应力为平均应力)。

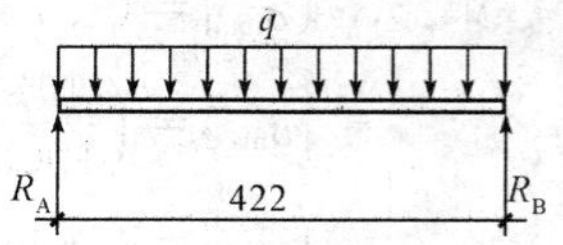

$$q=2.82\times\left(100+\frac{300}{2}\right)N/mm=705N/mm$$

$R_A=705\times422/2N=148755N$

$M=705\times422^2/8N\cdot mm=15693600N\cdot mm$

$$\sigma=\frac{\sigma M}{th^2}=\frac{6\times15693600}{12\times450^2}N/mm^2=38.7N/mm^2<f=215N/mm^2$$

$$\tau=\frac{1.5V}{th}=\frac{1.5\times153600}{12\times450}N/mm^2=42.7N/mm^2<f=215N/mm^2$$

例图 8-8 底板加劲肋的计算简图

加劲肋与靴梁的连接焊缝计算：

加劲肋 1 与靴梁连接的内侧焊缝不易施焊，采用外侧剖口不补焊根，按一条角焊缝计算。

采用 $h_f=8mm$　　$l_w=(422-2\times8)mm=406mm$

$$\tau=\frac{153600}{0.7\times8\times406}N/mm^2=67.6N/mm^2<f_f^w=160N/mm^2$$

2)底板加劲肋 2 的计算。

剪力　　$V=2.03\times280\times(300+350)/2N=184730N$

弯矩　　$M=184730\times280/2N\cdot mm=25862200N\cdot mm$

加劲肋采用━ 450×280×14 强度计算

$$\sigma=\frac{6\times25862200}{14\times450^2}N/mm^2=54.7N/mm^2<f=215N/mm^2$$

$$\tau=\frac{1.5\times184730}{14\times450}N/mm^2=44.0N/mm^2<f=215N/mm^2$$

加劲肋与底板连接焊缝

采用 $h_f=8mm$　$l_w=(280-16)mm=264mm$(共两条焊缝)

$$\tau=\frac{184730}{0.7\times2\times8\times264}N/mm^2=62.5N/mm^2<f_t^w=160N/mm^2$$

加劲肋与柱腹板的连接焊缝，共两条焊缝

$$l_w=(450-16)mm=434mm$$

焊缝采用 $h_f=8mm$

$$\tau=\frac{184730}{0.7\times2\times8\times434}N/mm^2=38N/mm^2<f_t^w=160N/mm^2$$

(4)锚栓计算。

计算锚栓内力 $\begin{cases} N=588.3\text{kN} \\ M=502.5\text{kN}\cdot\text{m} \end{cases}$

作用于基础底板中心内力如例图 8-9 所示。

$$\begin{cases} N=488.3\text{kN} \\ M=(502.5+488.3\times0.0655)\text{kN}\cdot\text{m}=534.5\text{kN}\cdot\text{m} \end{cases}$$

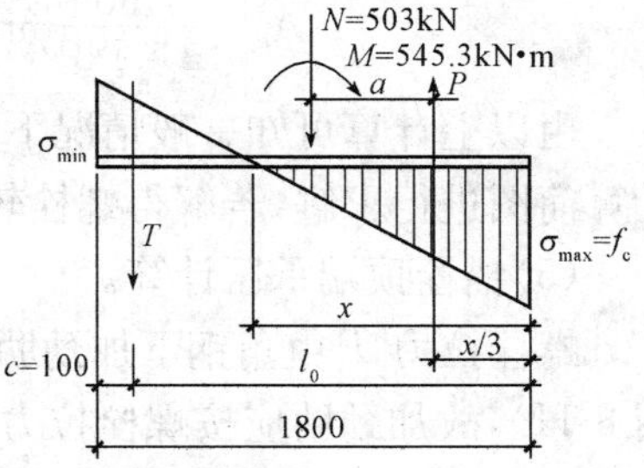

锚栓计算在《钢结构设计规范》(GB 50017—2003)中无具体规定,现按例图 8-9 计算如下:

例图 8-9　锚栓计算简图

1)假定底板的最大压应力 σ_{max} 为:

$$\sigma_{max}=f_c=9.6\text{N/mm}$$

$$\sum M_T=0, \frac{1}{2}f_c b x_1(l_0-x_1/3)=M+N(l/2-c)$$

$$\frac{1}{2}\times9.6\times560x_1(1700-x_1/3)$$

$$=534.5\times10^6+488.3\times10^3\times(900-100)$$

$$\sum Y=0 \quad P=\frac{1}{2}f_c b x_1=N+T$$

$$\frac{1}{2}\times9.6\times560x_1=488.3\times10^3+T$$

由以上两式求解得　　　$x_1=211.2\text{mm}, T=79.4\text{kN}$

所需锚栓有效面积:

(锚栓 Q235 钢 $f_t^a=140\text{N/mm}^2$)

$$A_e=\frac{T}{2f_t^a}=\frac{79400}{2\times140}\text{mm}^2=283.6\text{mm}^2$$

选用 $2\phi24, A_e=352.5\text{mm}^2>283.6\text{mm}^2$(满足)

但考虑安装及构造要求,宜选用 $2\phi30, A_e=560.5\text{mm}^2$

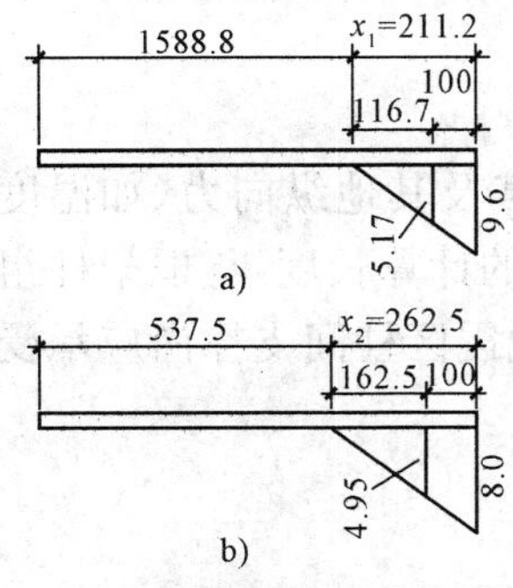

例图 8-10　假定底板最大压应力计算简图

2)采用假定承压应力计算锚栓时,底板厚度及锚栓截面复核:

①当 $\sigma_{max}=9.6\text{N/mm}^2$ 时[例图 8-10a)],底板厚度复核:

板Ⅰ　　$M_1=\frac{1}{2}\left(\frac{9.6+5.17}{2}\right)\times100^2\text{N}\cdot\text{mm}$

$$=36925\text{N}\cdot\text{mm}$$

$$t=\sqrt{\frac{6\times36925}{205}}\text{mm}=32.87\text{mm}>30\text{mm}$$

当 $\sigma_{max}=9.6$ 时底板强度不足,应采取降低压应力后,使底板满足强度要求,并以此压应力验算螺栓截面是否满足要求。

②当采用 $\sigma=8\text{N/mm}^2$ 时,则求得 $x_2=262.5\text{mm}$[例图 8-10b)],计算从略。

板Ⅰ　　$M_1=\frac{1}{2}\times\left(\frac{8+4.95}{2}\right)\times100^2\text{N}\cdot\text{mm}=32375\text{N}\cdot\text{mm}$

复核底板厚度

$$t=\sqrt{\frac{6\times32375}{205}}\text{mm}=30\text{mm}\qquad（可以）$$

螺栓拉力 T

$$T=\left(\frac{1}{2}\times8\times560\times262.5-503.4\times10^3\right)\text{N}=(588\times10^3-503.4\times10^3)\text{N}=84.6\text{kN}$$

所需锚栓有效面积

$$A_e=\frac{84600}{2\times140}\text{mm}^2=302.14\text{mm}^2<2\phi30(A_e=560.5\text{mm}^2)$$

由以上计算可知一般情况下宜先不假定 $\sigma_{max}=f_c$，由组合 N、M 得 σ_{max} 和 σ_{min} 按柱脚锚栓计算简图进行求解，若解得螺栓较大时，再按上法计算。

(5)锚栓顶端承压计算。

螺栓拉力 T 由角钢下加劲肋支承并传到底板上(例图 8-11)，故加劲肋应按螺栓拉力来校核，每个螺栓由两个加劲肋支承。

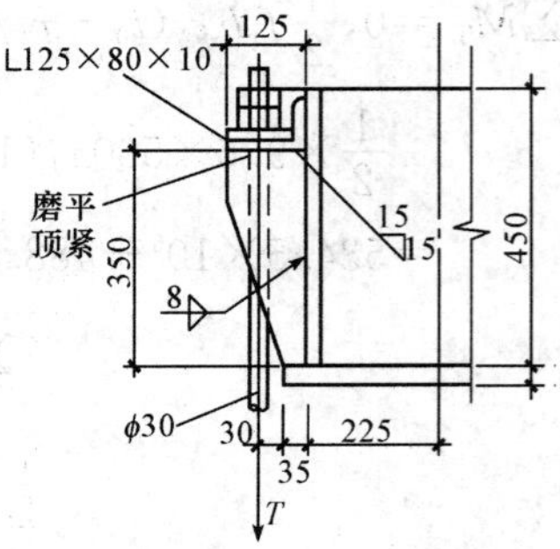

$$T=A_e f_t^a=560.5\times140\text{N}=78.47\text{kN}$$

支承加劲肋计算宽度

$$b=(125-15)\text{mm}=110\text{mm}$$

支承加劲肋厚度确定　$f_{ce}=325\text{N/mm}^2$

$$t=\frac{T}{2bf_{ce}}=\frac{78470}{2\times110\times325}\text{mm}=1.1\text{mm}$$

例图 8-11　柱脚锚栓支承加劲肋构造

采用　　$t=12\text{mm}$

焊缝厚度

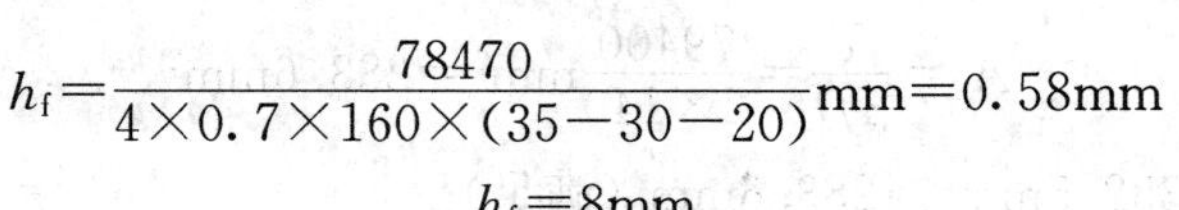

$$h_f=\frac{78470}{4\times0.7\times160\times(35-30-20)}\text{mm}=0.58\text{mm}$$

采用　　$h_f=8\text{mm}$

第二节　柱间支撑

柱间支撑承受厂房端部山墙的风荷载、吊车纵向水平荷载及其他纵向力(如温度应力等)；为框架柱平面外提供可靠的支撑或减少柱在框架平面外的计算长度，与框架柱组成刚强的纵向构架，以保证厂房骨架的整体稳定和纵向刚度。在地震区柱间支撑尚应承受厂房纵向水平地震作用。

一、柱间支撑内力计算

1. 十字交叉撑(图 8-9)

单阶柱的柱间支撑内力：

柱顶系杆　$$N_1=H+W_1 \tag{8-31}$$

上段柱支撑斜杆　$$N_2=\frac{H+W_1}{\cos\theta_1} \tag{8-32}$$

下段柱支撑斜杆　$$N_3=\frac{N+T+W_1+W_2}{\cos\theta_2} \tag{8-33}$$

双阶柱的柱间支撑内力：

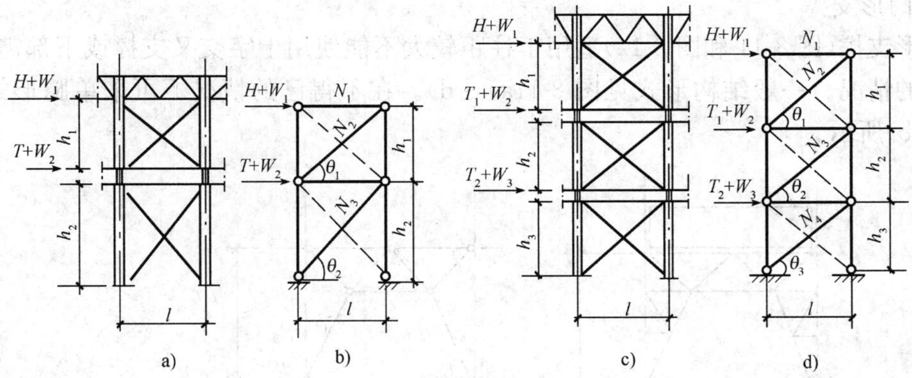

图 8-9　十字交叉支撑

a)、b)单阶柱的柱间支撑；c)、d)双阶柱的柱间支撑

柱顶系杆 $$N_1 = H + W_1$$

上段柱支撑斜杆 $$N_2 = \frac{H + W_1}{\cos\theta_1}$$

中段柱支撑斜杆 $$N_3 = \frac{H + T_1 + W_1 + W_2}{\cos\theta_2} \tag{8-34}$$

下段柱支撑斜杆 $$N_4 = \frac{H + T_1 + T_2 + W_1 + W_2 + W_3}{\cos\theta_3} \tag{8-35}$$

2. 八字撑及人字撑(图 8-10)

对八字形支撑在计算纵向水平力时一般假定其仅承受拉力，故其杆件内力为：

$$N = \frac{H + W}{\cos\theta} \tag{8-36}$$

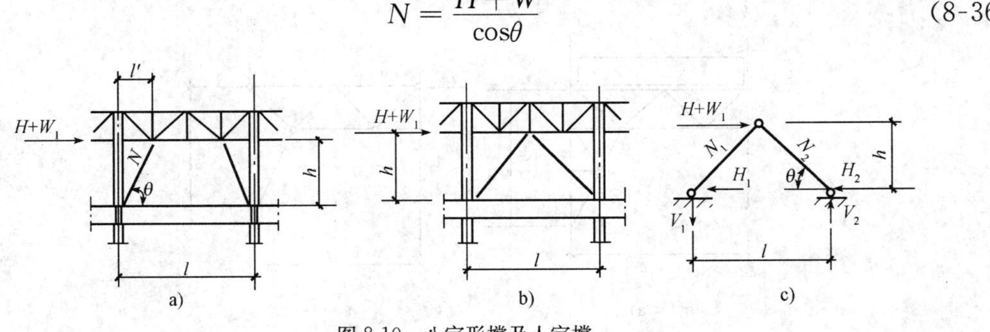

图 8-10　八字形撑及人字撑

a)人字形支撑；b)人字形支撑；c)人字形支撑受力简图

对人字形支撑，其计算简图见图 8-10。人字形支撑内力可按下列公式计算：

支座的反力：

$$V_1 = -V_2 = \frac{(H + W_1)h}{l} \tag{8-37}$$

$$H_1 = -H_2 = \frac{H + W_1}{2} \tag{8-38}$$

支撑斜杆的内力：

$$N_1 = -N_2 = \frac{H + W_1}{2\cos\theta} \tag{8-39}$$

3. 门形支撑

门形支撑(图 8-11 和图 8-12)适用于柱距较大不能使用十字交叉支撑或下部需预留人行通道的情况。一般结构形式见图 8-11a)～d)。在不得已的情况下可采单腿形式，如图 8-12a)、b)所示。

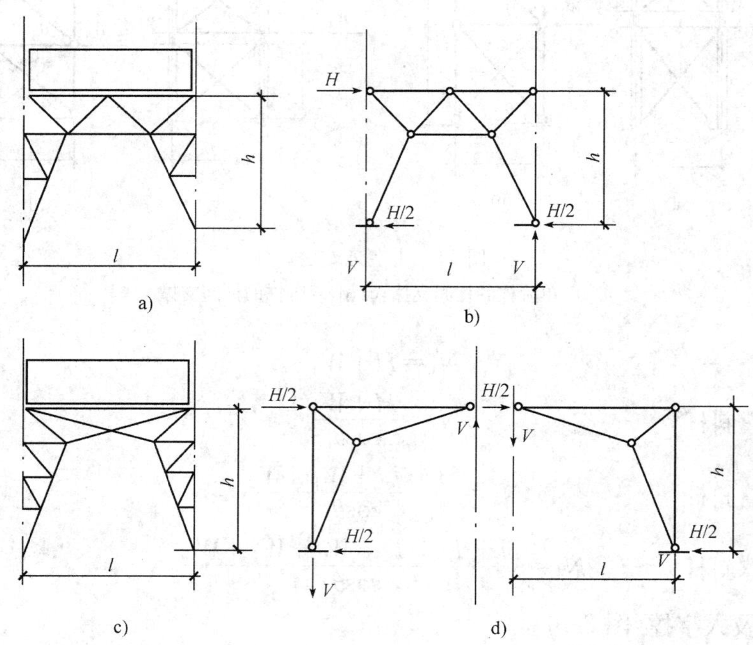

图 8-11 门形支撑

a)、c)门形支撑结构形式；b)、d)门形支撑计算简图

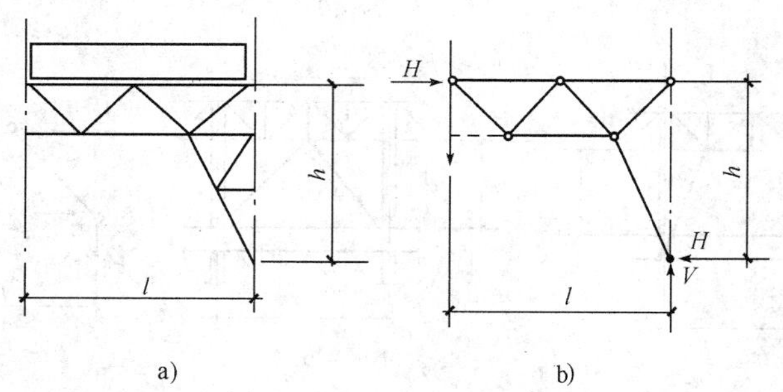

图 8-12 单腿式门形支撑

a)单腿门形支撑结构形式；b)单腿门撑计算简图

二、柱间支撑杆件的截面计算

1. 支撑杆件的计算长度

(1)中间无支撑点的杆件其在支撑平面内和平面外均取节点中心的距离，即取构件几何长度 $l_0=l$，当做斜平面计算时 $l_0=0.9l$。

(2)十字交叉支撑的斜杆仅做受拉杆验算时，其平面外取节点中心间的距离 $l_0=l$(交叉点不作为节点考虑)，其平面内取节点中心至交叉点之间的距离。

(3)双片支撑的单肢杆件在平面外的计算长度，可取横向连系杆之间的距离。

(4)单角杆件在余平面的计算长度可取节点中心至交叉点之间距离的 0.9。

2. 柱间支撑容许长细比

(1)十字形交叉支撑斜杆最大长细比可按表 13-47 的规定采用。

(2)人字形支撑和门式支撑的下部斜腹杆应按受压腹杆考虑,其最大长细比不宜大于 150。

(3)人字形支撑的水平杆,主要为受压杆,其长细比宜控制在 150 以内。

3. 强度和计算稳定性

柱间支撑杆件应按轴心受拉或受压构件进行强度和稳定性计算,并按有关公式计算。

4. 纵向水平地震作用

支撑杆件在纵向水平地震作用下的截面验算,应遵照下列规定:

(1)对十字形交叉支撑,当杆件长细比 $\lambda>200$ 时,仅考虑十字交叉支撑拉杆的受力,其截面应力应按下式验算:

$$\sigma_1=\frac{N_t}{A_n}\leqslant\frac{f}{\gamma_{RE}} \tag{8-40}$$

式中　N_t——杆件按纵向水平地震作用计算所得内力,计算时应计入分项系数 $\gamma_{Eh}=1.3$;

A_n——杆件的净截面面积;

f——钢材的抗拉强度设计值,对单面连接角钢尚应乘以折减系数 0.85;

γ_{RE}——抗震设计承载力调整系数,对钢结构厂房的钢支撑取 0.8。

当杆件长细比 $\lambda\leqslant200$ 时,按十字交叉支撑的拉杆受力设计考虑其另一根受压杆件的卸荷作用,其验算公式为:

$$\sigma_t=\frac{N_t}{(1+\varphi_i\eta_i)A_n} \tag{8-41}$$

式中　φ_i——另一根受压杆件的稳定系数;

η_i——压杆在反复循环荷载作用下的降低系数,可按表 13-48 采用。

(2)对人字形支撑,当人字形支撑斜杆按压杆设计时,其截面应力采用下式验算:

$$\sigma_c=\frac{N_c}{\eta\varphi A}\leqslant\frac{f}{\gamma_{RE}} \tag{8-42}$$

式中　N_c——杆件按纵向水平地震作用所得内力,计算时应计入分项系数 $\gamma_{Eh}=1.3$;

A——杆件毛截面面积;

φ——杆件的稳定系数;

η——在循环荷载下降低系数按表 13-48 采用;

f——钢材的抗压强度设计值,对单面连接的单角钢尚应乘以折减系数 0.85。

(3)对八字形支撑和门形支撑,当为拉杆时应按式(8-40)计算;当为压杆时应按式(8-41)计算。

三、厂房纵向刚度计算

下段柱的柱间支撑为十字形交叉支撑时,其纵向位移可分为单阶柱的纵向位移和双阶柱的纵向位移。

对于单阶柱的纵向位移,如图 8-13 所示,可按下式计算:

$$\Delta=T_d\delta_{11}\frac{1}{n}=\frac{T_d l_1^3}{nEl^2A_1} \tag{8-43}$$

式中　δ_{11}——单位纵向水平力作用于吊车梁上翼缘顶面处时,柱的纵向位移值(一道支撑的水平位移）；

n——温度区段内同一柱列中，下段柱的柱间支撑道数；

E——钢的弹性模量；

l——柱距；

A_1、l_1——下段柱柱间支撑斜杆的截面面积和长度。

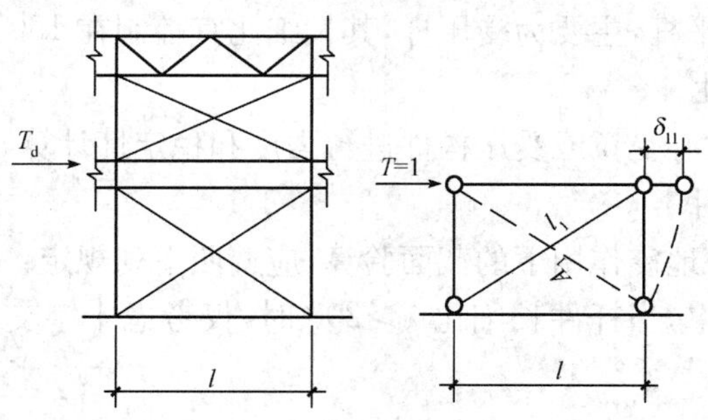

图 8-13 单阶柱纵向位移计算简图

对于双阶柱，考虑起重量最大的吊车一般设在上层，此时柱在上层吊车梁上翼缘顶面处的纵向位移（图 8-14）可按下式计算：

$$\Delta = T_d \delta_{11} \frac{1}{n} = \frac{T_d}{nEl^2}\left(\frac{l_1^3}{A_1} + \frac{l_2^3}{A_2}\right) \tag{8-44}$$

式中 δ_{11}——单位纵向水平力作用于上层吊车梁上翼缘顶面处时，柱的纵向位移值；

A_1、l_1——中段柱柱间支撑斜杆的截面面积和长度；

A_2、l_2——下段柱柱间支撑斜杆的截面面积和长度。

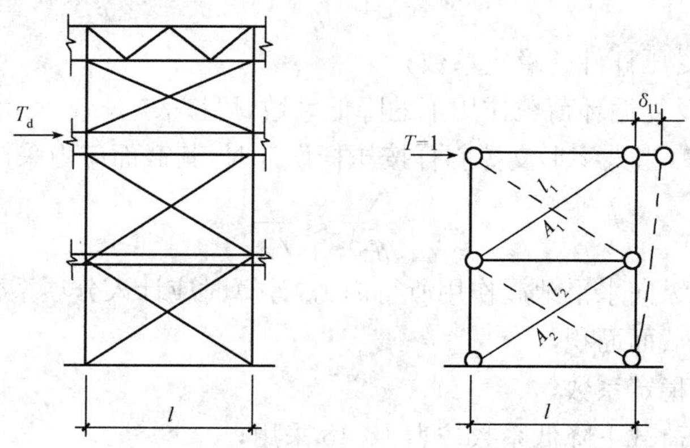

图 8-14 双阶柱纵向位移计算简图

四、柱纵向温度应力计算

1. 不动点位置计算

$$y=\frac{k_2 l_1 + k_3 (l_1 + l_2) + \cdots + k_n (l_1 + l_2 + \cdots + l_{n-1})}{k_1 + k_2 + \cdots + k_n} \tag{8-45}$$

式中 k_1、$k_2 \cdots k_n$——各柱及各柱间支撑的纵向抗剪刚度，即使柱顶在纵向产生单位位移时所需作用于柱顶的集中水平力。

在未设柱间支撑的温度区段内，当柱的截面和柱距均相同时，纵向温度变形的不动点位置即为柱列的中点。在温度区段内设有柱间支撑的柱列，由于柱间支撑的刚度远大于独立柱的刚度，因此，纵向温度变形的不动点位置，主要取决于柱间支撑的布置。当柱列仅设一道下段柱间支撑时，支撑一般位于温度区段的中央，故纵向温度变形的不动点位置可近似地取柱间支撑的中间；当温度区段内柱列设有两道下段柱的柱间支撑时，一般可假定纵向温度变形不动点位于两柱间支撑的中点，见图 8-15。

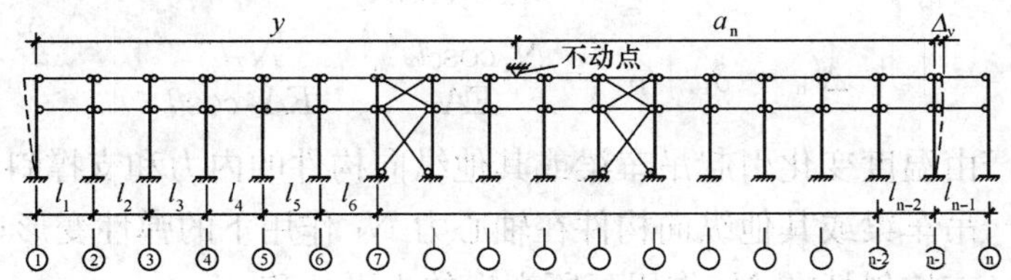

图 8-15　纵向温度变形的不动点计算草图

2. 柱纵向温度应力

(1)由于温度变化使柱顶产生的位移为 Δ_n，而在吊车梁上翼缘顶面标高处的位移为 Δ'_n，则

$$\Delta_n = \alpha \cdot \Delta t \cdot a_n / s \tag{8-46}$$

$$\Delta'_n = \alpha \cdot \Delta t \cdot a_n / s' \tag{8-47}$$

式中　α——钢材的线膨胀系数，取 12×10^{-6}（以每℃计）；

a_n——不动点至所计算柱之间的距离，一般所计算柱靠近温度区段的端部，但不取至最端部一根柱的距离，而是取至端部第二根柱的距离，因为端部那根柱荷载较小；

Δt——计算温度差值；

s、s'——位移损失系数，为理论计算位移与实测位移之比值，可取 $s=1$，$s'=1.6$。

(2)柱顶及吊车梁上翼缘顶面标高处反力 R_A 和 R_B，如图 8-16 所示，可按下列公式求得：

$$R_A\delta_{AA} + R_B\delta_{AB} = \Delta_n \tag{8-48}$$

$$R_A\delta_{BA} + R_B\delta_{BB} = \Delta'_n \tag{8-49}$$

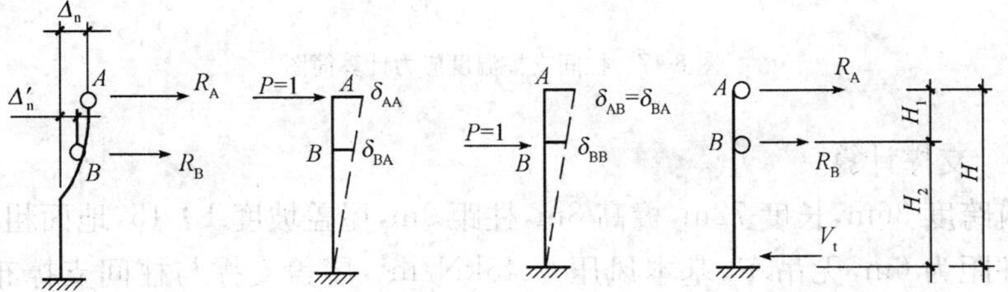

图 8-16　柱顶反力计算简图

(3)由温度变形产生的柱底最大弯矩 M_t 和最大剪力 V_t 为：

$$M_t = R_A H_1 + R_B H_2 \tag{8-50}$$

$$V_t = R_A + R_B \tag{8-51}$$

3. 十字形交叉柱间支撑温度应力计算

(1)水平位移可按下列公式计算：

$$\delta_1=\frac{N_1L'_{\mathrm{n}}}{EA_1}=\frac{N_2\cos\theta L'_{\mathrm{n}}}{EA_1} \tag{8-52}$$

$$\delta_2=\frac{N_2l_2}{EA_2\cos\theta} \tag{8-53}$$

$$\Delta'_{\mathrm{n}}=\delta_1+\delta_2=\frac{N_2\cos\theta L'_{\mathrm{n}}}{EA_1}+\frac{N_2l_2}{EA_2\cos\theta} \tag{8-54}$$

式中 N_1、N_2——由温度变化引起吊车梁或其他纵向构件的内力和支撑斜杆的内力；

δ_1——吊车梁或其他纵向构件在轴心力 N_1 作用下的弹性变形；

δ_2——支撑斜杆在 N_2 作用下所产生的水平位移；

A_1——吊车梁或其他纵向构件的截面面积；

A_2、l_2——下段柱柱间支撑斜杆的截面面积和长度；

θ——支撑斜杆的倾角；

L'_{n}——不动点至所计算柱间距离。

(2)将式(8-49)与式(8-47)两者相等，可求得 N_2 为：

$$N_2=\frac{\alpha}{S'}\cdot\frac{E\Delta t\cdot A_2\cos\theta}{\frac{A_2}{A_1}\cos^2\theta+\frac{L_2}{L'_{\mathrm{n}}}} \tag{8-55}$$

(3)根据内力 N_2，可求得支撑斜杆的温度应力 $\sigma_{2\mathrm{t}}$ 为：

$$\sigma_{2\mathrm{t}}=\frac{N_2}{A_2}=\frac{\alpha}{S'}\cdot\frac{E\Delta t\cos\theta}{\frac{A_2}{A_1}\cos^2\theta+\frac{l_2}{L'_{\mathrm{n}}}} \tag{8-56}$$

计算得到的柱或支撑杆件的温度应力应与其他各种荷载所产生的应力进行组合，见图 8-17。

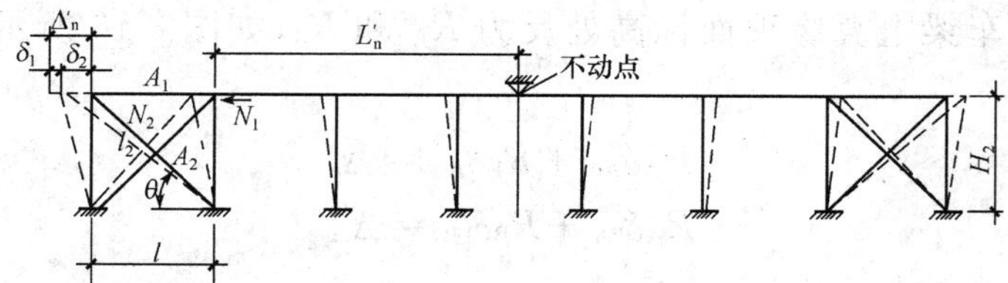

图 8-17 柱间支撑温度应力计算简图

【例 8-2】 支撑计算

单跨建筑跨度 36m，长度 72m，檐高 8m，柱距 9m，屋盖坡度 1∶15，地面粗糙度为 B 类，山墙抗风柱柱距为 6m，无吊车，基本风压 0.45kN/m²，屋盖支撑与柱间支撑布置在同一柱间，建筑平面图及屋盖支撑布置如例图 8-12 所示。

取计算模式，按对称性取一半，见例图 8-13。

1. 荷载计算

(1)基本风荷载计算。

1)设计风压。$w=0.45\times1.05\times1.4\mathrm{kN/m^2}=0.6615\mathrm{kN/m^2}$(设计值)

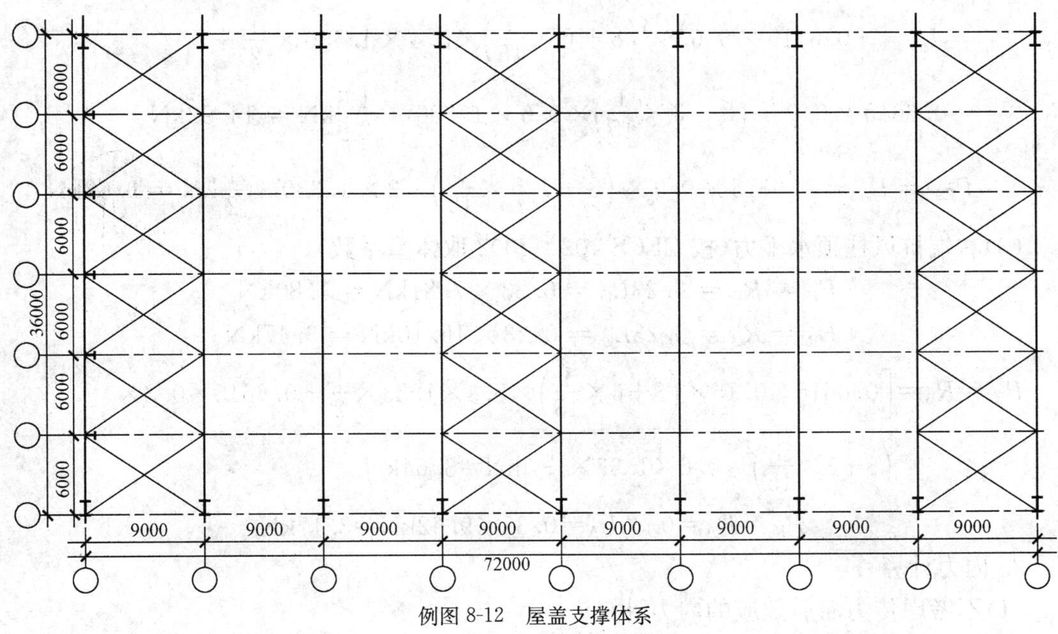

例图 8-12　屋盖支撑体系

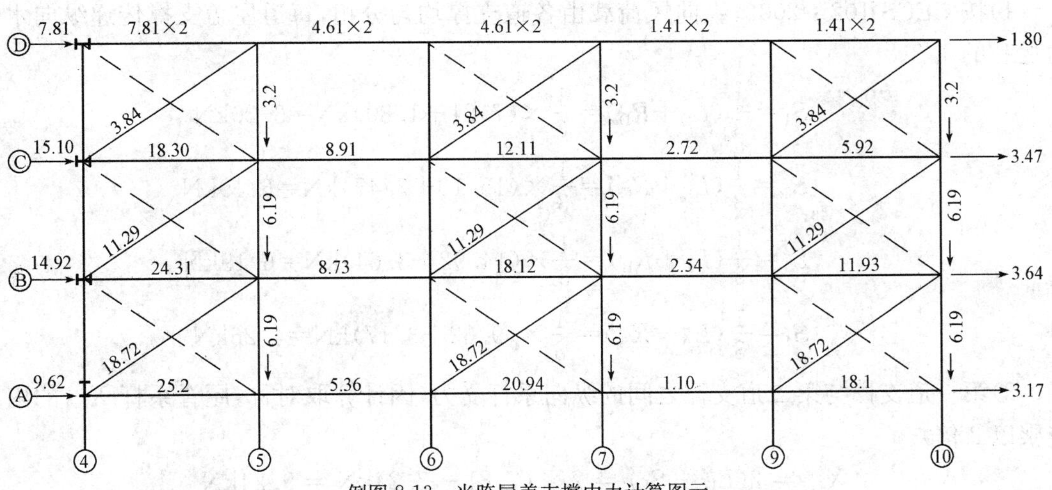

例图 8-13　半跨屋盖支撑内力计算图示

2)屋盖平均标高。　　$H=\left[8+\left(18\times\frac{1}{15}\right)/2\right]\text{m}=8.6\text{m}$

3)风压高度变化系数 A 类。　　$\mu_z=1.379\times(8.9/10)^{0.24}=1.330$

4)风压边缘带宽度。　　$Z=\min\left(\frac{1}{15}\times36,0.4\times8.6\right)\text{m}=2.4\text{m}$

(2)左端抗风柱顶水平力(按 CECS 102：2002 取体型系数)。

$$P_{L1}=L_D=W\cdot\mu\cdot\overline{H}_D\cdot b_1\cdot\mu_z\cdot\frac{1}{2}\cdot\frac{1}{2}$$

$$=0.6615\times0.65\times\left(8+16.5\times\frac{1}{15}\right)\times6\times1.330\times\frac{1}{2}\times\frac{1}{2}\text{kN}=7.81\text{kN}$$

$$P_{L2}=L_C=0.6615\times0.65\times\left(8+12\times\frac{1}{15}\right)\times6\times1.330\times\frac{1}{12}\text{kN}=15.10\text{kN}$$

$$P_{L3}=L_B=\left[0.6615\times0.65\times\left(8+6\times\frac{1}{15}\right)\times5.4\times1.330\times\frac{1}{2}+\right.$$

$$\left.0.6615\times0.9\times\left(8+3\times\frac{1}{15}\right)\times0.6\times1.330\times\frac{1}{2}\right]\text{kN}=14.92\text{kN}$$

$$P_{LA}=L_A=0.6615\times0.9\times\left(8+1.5\times\frac{1}{15}\right)\times3\times1.330\times\frac{1}{2}\text{kN}=9.62\text{kN}$$

(3)右端抗风柱顶水平力(按 CECS 102：2002 取体型系数)。

$$P_{R1}=R_D=0.23L_D=0.23\times7.81\text{kN}=1.80\text{kN}$$

$$P_{R2}=R_C=0.23L_C=0.23\times15.10\text{kN}=3.47\text{kN}$$

$$P_{R3}=R_B=\left[0.6615\times0.15\times\left(8+6\times\frac{1}{15}\right)\times5.4\times1.33\times\frac{1}{2}+0.6615\times0.3\times\right.$$

$$\left.\left(8+3\times\frac{1}{15}\right)\times0.6\times1.33\times\frac{1}{2}\right]\text{kN}=3.64\text{kN}$$

$$P_{R4}=R_A=0.33L_A=0.33\times9.62\text{kN}=3.17\text{kN}$$

2. 内力计算

(1)不考虑传力滞后效应的内力计算。

1)按 CECS 102：2002，纵向风荷载由各道支撑均匀分担，每道屋盖支撑传递纵向水平力之和的 1/3。

$$S_1=\frac{1}{3}(L_D+R_D)=\frac{1}{3}\times(7.81+1.80)\text{kN}=3.20\text{kN}$$

$$S_2=\frac{1}{3}(L_C+R_C)=\frac{1}{3}\times(15.10+3.47)\text{kN}=6.19\text{kN}$$

$$S_3=\frac{1}{3}(L_B+R_B)=\frac{1}{3}\times(14.92+3.64)\text{kN}=6.19\text{kN}$$

$$S_4=\frac{1}{3}(L_A+R_A)=\frac{1}{3}\times(9.62+3.17)\text{kN}=4.26\text{kN}$$

2)第一道支撑与第二道支撑之间的纵向系杆受力(因计算取对称，屋脊系杆 $X_{1,1}$ 的内力应乘以 2 倍)。

$$X_{1,1}=2(L_D-S_1)=2\times(7.81-3.2)\text{kN}=9.24\text{kN}$$

$$X_{1,2}=L_C-S_2=(15.10-6.19)\text{kN}=8.91\text{kN}$$

$$X_{1,3}=L_B-S_3=(14.92-6.19)\text{kN}=8.73\text{kN}$$

$$X_{1,4}=L_A-S_4=(9.62-4.26)\text{kN}=5.36\text{kN}$$

3)第一道支撑直腹杆受力(因计算取对称，屋脊处直腹杆 $P_{1,1}$ 内力应乘以 2 倍)。

$$P_{1,1}=2L_D=2\times7.81\text{kN}=15.62\text{kN}$$

$$P_{1,2}=L_C+S_1=(15.10+3.20)\text{kN}=18.30\text{kN}$$

$$P_{1,3}=L_B+S_1+S_2=(14.92+3.2+6.19)\text{kN}=24.31\text{kN}$$

$$P_{1,4}=L_A+S_1+S_2+S_3=(9.62+3.2+6.19+6.19)\text{kN}=25.2\text{kN}$$

4)每道斜拉杆受力。

$$T_1=S_1/\cos\theta=3.2/\cos33.69\text{kN}=3.84\text{kN}$$

$$T_2=(S_1+S_2)/\cos\theta=(3.2+6.19)/\cos33.69\text{kN}=11.29\text{kN}$$

$$T_3=(S_1+S_2+S_3)/\cos\theta=(3.2+6.19+6.19)/\cos33.69\text{kN}=18.72\text{kN}$$

5)第二道支撑直腹杆受力(因计算取对称,屋脊处直腹杆 $P_{2,1}$ 内力应乘以 2 倍)。

$P_{2,1} = 2X_{1,1} = 2 \times 4.61\text{kN} = 9.24\text{kN}$

$P_{2,2} = X_{1,2} + S_1 = (8.91 + 3.2)\text{kN} = 12.11\text{kN}$

$P_{2,3} = X_{1,3} + S_1 + S_2 = (8.73 + 3.2 + 6.19)\text{kN} = 18.12\text{kN}$

$P_{2,4} = X_{1,4} + S_1 + S_2 + S_3 = (5.36 + 3.2 + 6.19 + 6.19)\text{kN} = 20.94\text{kN}$

6)第二道支撑与第三道支撑之间的纵向系杆受力(因计算取对称,屋脊处系杆 $X_{2,1}$ 内力应乘以 2 倍)。

$$X_{2,1} = 2(X_{1,1} - S_1) = 2 \times (4.61 - 3.2)\text{kN} = 2.82\text{kN}$$

$$X_{2,2} = X_{1,2} - S_2 = (8.91 - 6.19)\text{kN} = 2.72\text{kN}$$

$$X_{2,3} = X_{1,3} - S_3 = (8.73 - 6.19)\text{kN} = 2.54\text{kN}$$

$$X_{2,4} = X_{1,4} - S_4 = (5.36 - 4.26)\text{kN} = 1.10\text{kN}$$

7)三道支撑直腹杆受力(因计算取对称,屋脊处直腹杆 $P_{3,1}$ 内力应乘以 2 倍)。

$P_{3,1} = 2X_{2,1} = 2 \times 1.41\text{kN} = 2.82\text{kN}$

$P_{3,2} = X_{2,2} + S_1 = (2.72 + 3.2)\text{kN} = 5.92\text{kN}$

$P_{3,3} = X_{2,3} + S_1 + S_2 = (2.54 + 3.2 + 6.19)\text{kN} = 11.93\text{kN}$

$P_{3,4} = X_{2,4} + S_1 + S_2 + S_3 = (1.1 + 3.2 + 6.19 + 6.19)\text{kN} = 18.1\text{kN}$

8)柱间支撑受力。

$F = S_1 + S_2 + S_3 + S_4 = (3.2 + 6.19 + 6.19 + 4.26)\text{kN} = 19.84\text{kN}$

也可用下式计算:

$$F = P_{1,4} - X_{1,4} = (25.2 - 5.36)\text{kN} = 19.84\text{kN}$$

或

$$F = P_{3,4} + R_A = (18.1 + 3.17)\text{kN} = 21.27\text{kN}$$

三种计算方法得同一结果,说明计算内力是平衡的。

9)柱间支撑斜拉杆受力。

$$N_1 = F/\cos\varphi = 21.27/\cos 41.633\text{kN} = 28.36\text{kN}$$

10)基础反力。

$$H_1 = F = 21.27\text{kN}$$

$$V_1 = F \cdot H/d_1 = 21.27 \times 8/9\text{kN} = 18.91\text{kN}$$

(2)考虑传力滞后效应的内力计算。

迎风面首道支撑应乘上 1.1 内力调整系数:

1)斜拉杆受力。

$$T_1 = 3.84 \times 1.1\text{kN} = 4.22\text{kN}$$

$$T_2 = 11.29 \times 1.1\text{kN} = 12.42\text{kN}$$

$$T_3 = 18.72 \times 1.1\text{kN} = 20.59\text{kN}$$

2) 直腹杆。

$P_{1,1} = 15.62\text{kN}$

$P_{1,2} = (15.10 + 3.2 \times 1.1)\text{kN} = 18.62\text{kN}$

$P_{1,3} = [14.92 + (3.2 + 6.19) \times 1.1]\text{kN} = 25.25\text{kN}$

$P_{1,4} = [9.62 + (3.2 + 6.19 + 6.19) \times 1.1]\text{kN} = 26.76\text{kN}$

3) 纵向系杆内力不变。

4）柱间支撑受力。

$$F = 21.27 \times 1.1\text{kN} = 23.40\text{kN}$$

$$N_1 = 28.36 \times 1.1\text{kN} = 31.20\text{kN}$$

5）基础反力。

$$H_1 = 21.21 \times 1.1\text{kN} = 23.40\text{kN}$$

$$V_1 = 18.91 \times 1.1\text{kN} = 20.80\text{kN}$$

6)对于中间一道支撑内力不变。

3. 截面设计

(1)屋盖支撑斜拉杆设计。

取 T_3 控制设计，钢材选用 Q235，$f=170\text{N/mm}^2$

$$T_3=20.59\text{kN}，选用\ \phi16，A_e=156.7\text{mm}^2$$

$\sigma=\dfrac{T_3}{A_e}=\dfrac{20.59\times10^3}{156.7}\text{N/mm}^2=131.4\text{N/mm}^2<f=170\text{N/mm}^2$，满足要求。

(2)直腹杆和纵向系杆，由檩条兼做，结合檩条的受力一起计算，此处计算从略。

(3)柱间支撑设计。

已知 $N_1=31.2\text{kN}$，钢材同前，选用 $\phi20$，$A_e=244.8\text{mm}^2$

$\sigma=\dfrac{N_1}{A_e}=\dfrac{31.2\times10^3}{244.8}\text{N/mm}^2=127.5\text{N/mm}^2<f=170\text{N/mm}^2$，满足要求。

【例 8-3】 屋架端部竖向支撑

1. 设计资料

梯形钢屋架跨度 27m，屋架端部高度 1.5m，厂房单元长度 60m，柱距 6.0m，于端开间和中部开间设竖向支撑，支撑布置见例图 8-14。屋面材料为 1.5m×6.0m 的发泡水泥复合大型屋面板，屋面坡度 1/12，抗震设防烈度 8 度，设计基本地震加速度为 0.20g。钢材 Q235，焊条 E43 型。

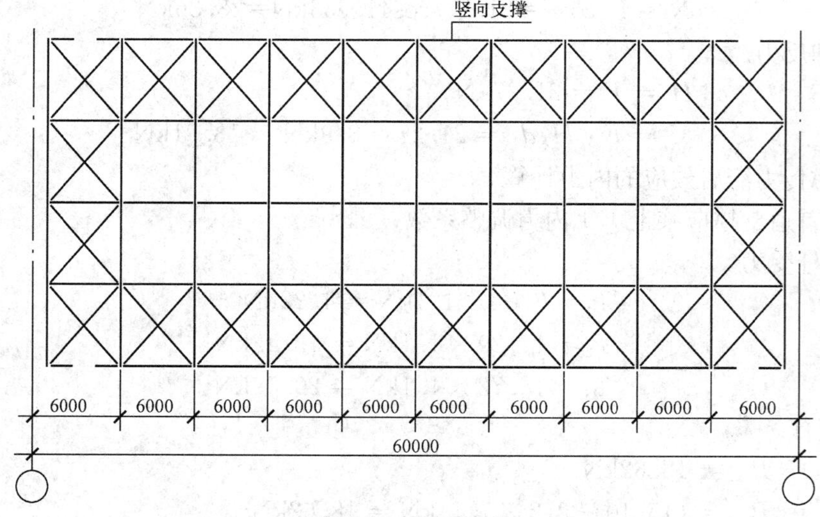

例图 8-14 支撑布置

2. 荷载设计值和杆件内力

假设纵向地震作用按各竖向支撑所辖面积分配，现仅对中部开间竖向支撑计算。

屋面板和屋架自重(包括檩条、支撑)为 0.78kN/m²;屋面均布活荷载为 0.50kN/m²。

重力荷载代表值

$$G_{eg}=(0.78+0.5\times0.50)\times27\times60\text{kN}=1668.6\text{kN},\alpha_1=\alpha_{max}=0.16$$

地震作用标准值

$$E_{hk}=\alpha_1 G_{eg}=0.16\times1668.6\text{kN}=266.98\text{kN}$$

作用于端部竖向支撑的地震作用设计值按五榀间均匀考虑

$$E_h=\gamma_{Eh}E_{hk}/(6\times2)=1.3\times266.98/10=34.71\text{kN}$$

计算简图及杆件内力见例图 8-15。

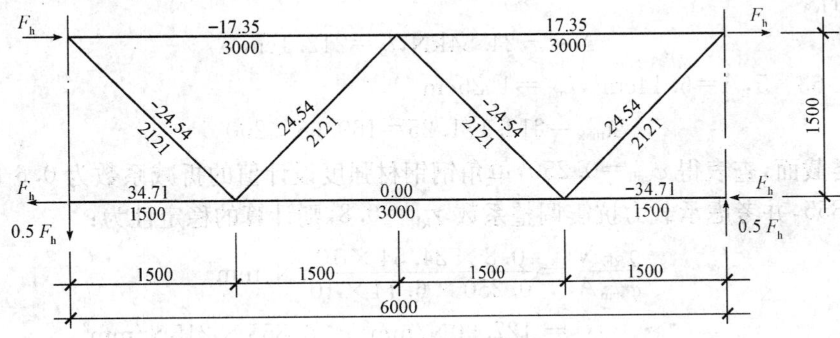

例图 8-15 计算简图和杆件内力

3. 杆件截面选择

节点板厚度采用 6mm。

(1)上弦杆。

$$N_1=-17.35\text{kN},N_2=17.35\text{kN},l_{0x}=300\text{cm}$$

$$l_{0y}=l_1\left(0.75+0.25\frac{N_2}{N_1}\right)=600\times\left(0.75+0.25\times\frac{-17.35}{17.35}\right)\text{cm}=300\text{cm}$$

选用 ˥┌ 70×5,$A=13.75\text{cm}^2,i_x=2.16\text{cm},i_y=3.09\text{cm}$

$$\lambda_x=300/2.16=138.89<200,\lambda_y=300/3.09=97.09$$

$b/t=70/5=14.0<0.58l_{0y}/b=0.58\times3000/70=24.86$,则绕对称轴计及扭转效应的换算长细比为:

$$\lambda_{yz}=\lambda_y\left(1+\frac{0.475b^4}{l_{0y}^2t^2}\right)=97.09\times\left(1+\frac{0.475\times70^4}{3000^2\times5^2}\right)=102.01$$

属 b 类截面,查表得 $\varphi_{min}=0.349$,并考虑承载力抗震调整系数 $\gamma_{RE}=0.8$,则计算的稳定性为:

$$\frac{\gamma_{RE}N}{\varphi_{min}A}=\frac{0.8\times17.35\times10^3}{0.349\times13.75\times10^2}\text{N/mm}^2=28.92\text{N/mm}^2<215\text{N/mm}^2$$

(2)下弦杆。

$N=-34.71\text{kN},l_{0x}=150\text{cm},l_{0y}$ 取 600cm[如按《冷弯薄壁型钢设计规范》(GB 50018—2002)式(10.1.5—1),$l_{0y}=300\text{cm}$]

选用 ˥┌ 70×5,$A=13.75\text{cm}^2,i_x=2.16\text{cm},i_y=3.09\text{cm}$

$$\lambda_x=150.0/2.16=69.44,\lambda_y=600.0/3.09=194.17$$

$b/t=70/5=14.0<0.58l_{0y}/b=0.58\times6000/70=49.71$,则绕对称轴计及扭转效应的换

算长细比为：

$$\lambda_{yz}=\lambda_y\left(1+\frac{0.475b^4}{l_{0y}^2t^2}\right)=194.17\times\left(1+\frac{0.475\times70^4}{6000^2\times5^2}\right)=196.63<200$$

属b类截面，查表得 $\varphi_{min}=0.191$，并考虑承载力抗震调整系数 $\gamma_{RE}=0.8$，则计算的稳定性为：

$$\frac{\gamma_{RE}N}{\varphi_{min}A}=\frac{0.8\times34.71\times10^3}{0.191\times13.75\times10^2}\text{N/mm}^2=105.73\text{N/mm}^2<215\text{N/mm}^2$$

如用查表法　　$l_y=6\text{m}$　$N=56.7\text{kN}>0.8\times34.71\text{kN}=27.77\text{kN}$

(3)腹杆。

$$N=-24.54\text{kN},l_0=212.1\text{cm}$$

选用∟63×5，$A=6.14\text{cm}^2$，$i_{min}=1.25\text{cm}$

$$\lambda_{max}=212.1/1.25=169.68<200$$

属b类截面，查表得 $\varphi_{min}=0.250$，单角钢钢材强度设计值的折减系数为 $0.6+0.0015\times169.7=0.855$，并考虑承载力抗震调整系数 $\gamma_{RE}=0.8$，则计算的稳定性为：

$$\begin{aligned}\frac{\gamma_{RE}N}{\varphi_{min}A}&=\frac{0.8\times24.54\times10^3}{0.250\times6.14\times10^2}\text{N/mm}^2\\&=127.90\text{N/mm}^2<0.855\times215\text{N/mm}^2\\&=183.83\text{N/mm}^2\end{aligned}$$

4. 节点设计(略)

第九章　吊车梁设计

在工业厂房中，用于支承吊车（起重机）的结构构件称为吊车梁（简支梁式）或吊车桁架（桁架式）。

第一节　焊接工字形吊车梁设计

一、吊车梁设计的基本要求

1. 荷载

（1）吊车梁或吊车桁架主要承受吊车的竖向和横向荷载，由工艺设计人员提供吊车起重量及其吊车级别。对于一般吊车的技术规格可按产品标准选用。对于特殊吊车或无产品标准时，可按表 13-50 的要求，由所订购的起重机械制造厂提供数据。

（2）吊车梁或吊车桁架承受的荷载。

1）吊车的竖向荷载标准值为吊车的最大轮压。

2）吊车的横向水平荷载标准值，应取横向小车重量与额定起重量之和的下列数值，并乘以重力加速度：

①对于软钩吊车（下列公式对于重级工作制吊车梁只用于计算挠度）。

当额定起重量 $Q\leqslant 10\mathrm{t}$ 时

$$H = 0.06\frac{Q+g}{n} \tag{9-1}$$

当额定起重量 $Q\leqslant 16\sim 50\mathrm{t}$ 时

$$H = 0.05\frac{Q+g}{n} \tag{9-2}$$

当额定起重量 $Q\geqslant 75\mathrm{t}$ 时

$$H = 0.04\frac{Q+g}{n} \tag{9-3}$$

②对于硬钩吊车（只用于计算挠度）。

$$H = 0.10\frac{Q+g}{n} \tag{9-4}$$

若同一台吊车在一侧的轮压值不等时，则各轮上的横向水平荷载与竖向荷载成正比，横向水平荷载的作用位置与竖向荷载的作用位置相同，则各轮子上的横向水平荷载 H 值为：

对软钩吊车（对于重级工作制吊车梁只用于计算挠度）

$$H=\eta_c(Q+g)\frac{P_{\max}}{\sum P_{\max}} \tag{9-5}$$

对硬钩吊车（只用于计算挠度）

$$H=0.10(Q+g)\frac{P_{\max}}{\sum P_{\max}} \tag{9-6}$$

式中 H——吊车各轮的横向水平荷载标准值；

Q——吊车起重量；

g——小车重量，当无资料时，软钩吊车可近似地按下述情况确定：

当 $Q \leqslant 50\text{t}$ 时，$g=0.4Q$；当 $Q>50\text{t}$ 时，$g=0.3Q$；

n——吊车一侧的轮数；

P_{max}——作用于某一个吊车轮上的最大轮压标准值；

$\sum P_{max}$——作用于吊车一侧上的全部最大轮压标准值；

η_c——按式(9-1)～式(9-4)根据不同额定起重量 Q 分别取 0.06、0.05 和 0.04。

③计算重级工作制吊车梁(或吊车桁架)及制动结构的强度、稳定以及连接(吊车梁或吊车桁架、制动结构、柱相互的连接)的强度时应考虑由吊车摆动引起的横向水平荷载[此水平荷载不与本条 1)、2)的计算值同时考虑]，作用于每个轮压处的此水平荷载标准值可由下式进行计算：

$$H_k = \alpha_{max} \tag{9-7}$$

式中 α_{max}——系数，对一般软钩吊车 $\alpha=0.1$，抓斗或磁盘吊车宜采用 $\alpha=0.15$，硬钩吊车宜采用 $\alpha=0.2$。

(3)吊车纵向水平荷载标准值，应按作用在一边轨道上所有刹车轮的最大轮压之和的 10%采用；该荷载的作用点位于刹车轮与轨道的接触点，其方向与轨道方向一致，即：

$$H_z=0.1\sum P_{max} \tag{9-8}$$

式中 $\sum P_{max}$——作用在一侧轨道上，两台超重量最大的吊车所有刹车轮(一般为每台吊车刹车轮的一半)最大轮压之和。

(4)作用在吊车梁或吊车桁架走道板上的活荷载，一般可取 2.0kN/m^2；当有积灰荷载时，按实际积灰厚度考虑，一般为 $0.3 \sim 1.0\text{kN/m}^2$。

(5)计算吊车梁(或吊车桁架)由于竖向荷载产生的弯矩和剪力时，应考虑轨道和它的固定件、吊车制动结构、支撑系统，以及吊车梁(或吊车桁架)的自重等，并近似地简化为将求得的弯矩和剪力值乘以表 13-51 中的 β_w 系数。

(6)若吊车梁或辅助桁架承受屋盖和墙架传来的荷载，以及在吊车梁上悬挂有其他设备时，其荷载应予叠加。

(7)当吊车梁系统的结构表面长期受辐射热达 150℃以上或在短时间内可能受到高温作用时，一般采用设置金属隔板等措施进行隔热，荷载计算时应予考虑在内。

(8)吊车梁或吊车桁架在受有振动荷载影响时，例如在水爆清砂、脱锭吊车等厂房中，应考虑受振动影响所增加的竖向荷载。

(9)对于露天栈桥的吊车梁，尚应考虑风、雪荷载的影响。

2. 荷载组合

计算吊车梁或者吊车桁架的强度、稳定以及连接的强度时，应采用荷载设计值(荷载标准值乘以荷载分项系数 $\gamma_Q=1.4$)，计算疲劳和正常使用状态的变形时，应采用荷载标准值。

3. 吊车动力系数

当计算吊车梁或吊车桁架及其连接的强度和稳定性时，吊车竖向荷载应乘以动力系数：对悬挂吊车(包括电动葫芦)及工作级别为轻、中级(A1～A5)的软钩吊车，动力系数可取 1.05，对于工作级别为重级(A6～A8)的软钩吊车，动力系数可取为 1.1。计算疲劳和变形时，动力荷载不乘动力系数。

4. 吊车台数的计算

(1)计算吊车梁或吊车桁架及其制动结构的疲劳及挠度时，吊车荷载应按作用在跨间内起重量最大的一台吊车确定。吊车轮压按标准值计算。

(2)计算制动结构的强度时：对位于边列柱的吊车梁或吊车桁架，其制动结构应按同跨两台最大吊车所产生的最大横向水平荷载进行计算；对位于中列柱的吊车梁或吊车桁架，其制动结构应按同跨两台最大吊车或相邻跨间各一台最大吊车所产生的最大横向水平荷载，取其两者中的较大者进行计算。对于重级工作制或硬钩吊车时，其横向水平荷载按式(9-7)计算。

5. 强度设计值折减系数

计算下列情况的吊车梁系统时，强度设计值应乘以相应的折减系数，几种情况同时存在时，折减系数应连乘。

(1)单面连接的单角钢。

1)按轴心受力计算强度和连接：　0.85

2)按轴心受压计算稳定性：

等边角钢　$0.6+0.0015\lambda$，但不大于 1.0

短边相连的不等边角钢　$0.5+0.0025\lambda$，但不大于 1.0

长边相连的不等边角钢　0.7

λ 为长细比，对中间无连系的单角钢压杆，按最小回转半径计算，当 $\lambda<20$ 时，取 $\lambda=20$。

等边角钢和短边相连不等边角钢的折减系数亦可按表 13-52 采用。

(2)无垫板的单面施焊对接焊缝。　0.85

(3)施工条件较差的高空安装焊缝和铆钉连接。　0.90

(4)沉头和半沉头铆钉连接。　0.80

6. 疲劳计算

重级工作制吊车梁和重、中级工作制吊车桁架应按下式计算：

$$\alpha_f \Delta\sigma \leqslant [\Delta\sigma]_{2\times10^6} \tag{9-9}$$

式中　α_f——欠载效应的等效系数，按表 13-19 采用；

$\Delta\sigma$——对焊接部位为应力幅，$\Delta\sigma=\sigma_{max}-\sigma_{min}$；对非焊接部位为折算应力幅，$\Delta\sigma=\sigma_{max}-0.7\sigma_{min}$；

σ_{max}——计算部位每次应力循环中的最大拉应力(取正值)；

σ_{min}——计算部位每次应力循环中的最小拉应力或压应力(拉应力取正值，压应力取负值)；

$[\Delta\sigma]_{2\times10^6}$——循环次数 n 为 2×10^6 次的容许应力幅，按表 13-20 采用。

7. 挠度容许值

(1)吊车梁的挠度应按最大一台吊车的荷载标准值(不考虑动力系数)进行计算，其值不应超过以下数值：

手动或电动葫芦的轨道梁　$l/400$

手动吊车和单梁吊车(包括悬挂吊车)　$l/500$

轻级工作制桥式吊车　$l/800$

中级工作制桥式吊车 $l/1000$

重级工作制桥式吊车 $l/1200$

(2)冶金工厂或类似车间中设有工作级别为重级、特重级(A7、A8)吊车的厂房中,其跨间每侧吊车梁或吊车桁架的制动结构,由一台最大吊车横向水平荷载按式(9-1)～式(9-4)取值所产生的挠度不宜超过制动结构跨度的 1/2200。

二、实腹式焊接吊车梁设计

1. 内力计算

(1)计算吊车梁的内力时,由于吊车荷载为动力荷载,首先应确定各内力所需吊车荷载的最不利位置,再按此求梁的最大弯矩及其相应剪力、支座最大剪力,以及横向水平荷载作用下在水平方向所产生的最大弯矩(当为制动梁时)或吊车梁上翼缘所产生的局部弯矩。

(2)常用简支吊车梁,当吊车荷载作用时的内力计算见表 13-53～表 13-56。

(3)最大剪力应在梁端支座处。因此,吊车竖向荷载应尽可能靠近该支座布置并按下式计算支座最大剪力:

$$V_{\max}^{c}=\sum_{i=1}^{n-1}b_{i}\frac{P}{l}+P \tag{9-10}$$

式中 n——作用于梁上的吊车竖向荷载数。

选择吊车梁截面时所用的最大弯矩和支座最大剪力,可由吊车竖向荷载作用下所产生的最大弯矩 $M_{\max}^{c}$ 和支座最大剪力 $V_{\max}^{c}$ 乘以表 13-51 的 β_{w}(β_{w} 为考虑吊车梁等自重的影响系数)值,即:

$$M_{\max}=\beta_{w}M_{\max}^{c} \tag{9-11}$$

$$V_{\max}=\beta_{w}V_{\max}^{c} \tag{9-12}$$

(4)吊车横向水平荷载作用下,在水平方向所产生的最大弯矩 M_{H},可分别按下列情况确定:

1)吊车横向水平荷载作用下对制动梁在水平方向产生的最大弯矩 M_{H},可根据下列公式计算:

当为轻、中级工作制(A1～A5)吊车梁的制动梁时

$$M_{H}=\frac{H}{P}M_{\max}^{c} \tag{9-13}$$

当为重、特重级工作制(A6～A8)吊车梁的制动梁时

$$M_{H}=\frac{H_{K}}{P}M_{\max}^{c} \tag{9-14}$$

2)吊车横向水平荷载作用下制动桁架在吊车梁上翼缘所产生的局部弯矩 M'_{H},可近似地按下列公式计算(图 9-1):

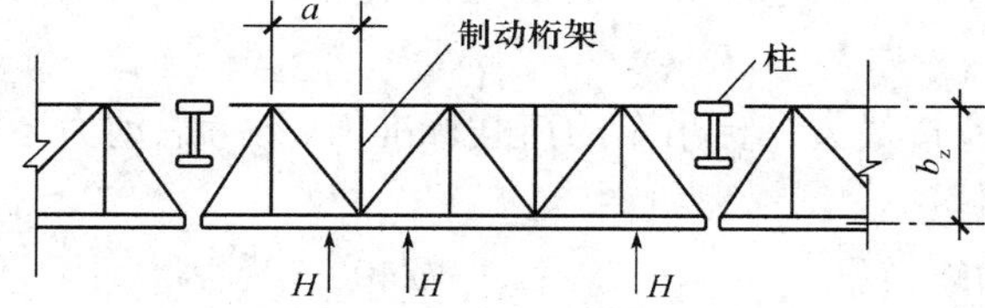

图 9-1 吊车横向水平荷载作用于吊车梁上翼缘和制动桁架示意图

2. 截面尺寸

(1)焊接工字形吊车梁一般由上下翼缘板及腹板焊成，通常设计成沿梁全长截面不变的一层翼缘板梁。必须采用两层钢板时，外层钢板宜沿梁通长设置，并应要求施工时采取措施使上翼缘两层钢板紧密接触。当相邻两跨吊车梁的跨度不等且相差较大时，为使柱阶处两分肢顶面的标高相同，可将跨度较大的梁做成高度不等的梁(即在支座处将梁高度取与相邻较小跨度梁的高度相等)，见图 9-2。

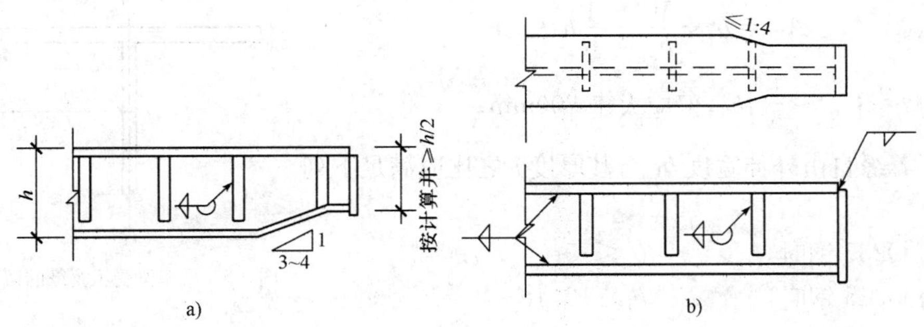

图 9-2　焊接实腹式吊车梁的截面变化示意图

a)改变梁的高度；b)改变梁的翼缘宽度

(2)简支等截面焊接工字形吊车梁的腹板高度可根据经济高度、容许挠度值及建筑净空条件来确定。

1)经济高度 h_{ec}(mm)要求：

$$h_{ec} \approx 7\sqrt[3]{W} - 300\text{mm} \tag{9-15}$$

式中　W——梁的毛截面模量(mm^3)，$W=\dfrac{1.2M_{max}}{f}$，其中 f 为钢材的抗拉、抗压和抗弯强度设计值(N/mm^2)。

2)按容许挠度值要求：

$$h_{min} = \frac{0.6fl}{\frac{[v]}{l} \times 10^6} \tag{9-16}$$

式中　$\dfrac{[v]}{l}$——相对容许挠度值，以 mm 计。

3)建筑净空条件许可时的最大高度为 h_{max}，选用梁的高度 h 应满足以下要求：

$$h_{max} \geqslant h \geqslant h_{min}$$

梁高 h 值应接近于经济高度 $h \approx h_{ec}$。

(3)吊车梁腹板厚度 t_w(mm)按下列公式确定：

1)按经验公式计算：

$$t_w = \frac{1}{3.5}\sqrt{h_0} \tag{9-17}$$

式中　h_0——腹板高度，$h_0 = h - 2t$。

2)按剪力确定：

$$t_w = \frac{1.2V_{max}}{h_0 f_v} \tag{9-18}$$

式中 f_v——钢板抗剪强度设计值。

腹板厚度 t_w 宜按上述公式计算所得的最大者取值，且不宜小于 8mm。

腹板按局部稳定要求，其高厚比 h_0/t_w 应符合相关的规定。

(4)吊车梁翼缘尺寸(图 9-3)可近似地按下式计算：

$$A_1 = bt - \frac{W}{h_0} - \frac{1}{6}h_0 t_w \tag{9-19}$$

其中 $b \approx \left(\frac{1}{3} \sim \frac{1}{5}\right)h_0$，但应大于 200mm。

受压翼缘自由外伸宽度 b_1 与其厚度 t 之比应满足下列要求：

当为 Q235 钢时，　　$b_1 \leqslant 15t$

当为 Q345 钢时，　　$b_1 \leqslant 12.4t$

当为 Q390 钢时，　　$b_1 \leqslant 11.6t$

当为 Q420 钢时，　　$b_1 \leqslant 11.2t$

当为其他钢时，$b_1 \leqslant 15t\sqrt{\frac{235}{f_y}}$，$f_y$ 为钢材屈服点。

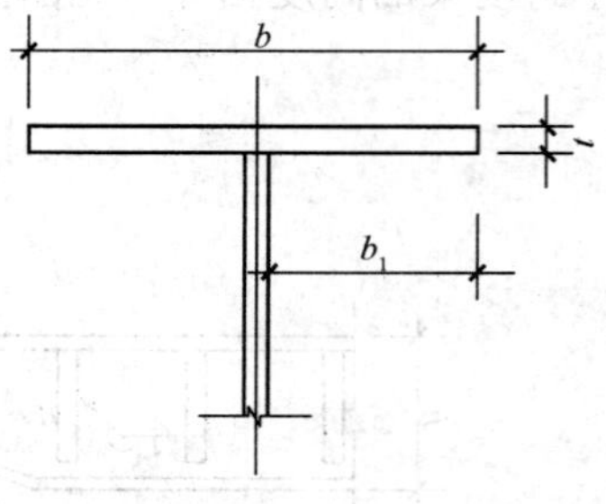

图 9-3 吊车梁受压翼缘的截面示意图

如果上翼缘板必须采用两层时，外层板与内层板厚度之比宜为 0.5～1.0，并沿梁通长设置。受压翼缘的宽度尚应考虑固定轨道所需的构造尺寸要求，同时要满足连接制动结构所需的尺寸。

3. 强度计算

(1)吊车梁应按下列规定计算最大弯矩处或变截面处截面的正应力：

1)上翼缘的正应力计算：

当无制动结构时

$$\sigma = \frac{M_{max}}{W_{nx}^{上}} + \frac{M_H}{W_{ny}} \leqslant f \tag{9-20}$$

当制动结构为制动梁时

$$\sigma = \frac{M_{max}}{W_{nx}^{上}} + \frac{M_H}{W_{ny_1}} \leqslant f \tag{9-21}$$

当制动结构为制动桁架时

$$\sigma = \frac{M_{max}}{W_{nx}^{上}} + \frac{M'_H}{W_{ny}} + \frac{N_H}{A_n} \leqslant f \tag{9-22}$$

2)下翼缘的正应力计算：

$$\sigma = \frac{M_{max}}{W_{nx}^{下}} \leqslant f \tag{9-23}$$

式中 $W_{nx}^{上}$、$W_{nx}^{下}$——梁截面对 x 轴的上部和下部纤维的净截面模量；

W_{ny}——上翼缘截面对 y 轴的净截面模量；

W_{ny_1}——制动梁截面(包括吊车梁上翼缘截面)对 y_1 轴的净截面模量；

N_H——吊车梁上翼缘作为制动桁架的弦杆，在吊车横向水平荷载作用下所产生的内力$\left(N_H=\dfrac{M_H}{b_z}\right)$；

A_n——吊车梁上翼缘的净截面面积；

f——钢材的抗压强度设计值。

(2)吊车梁支座处截面的剪应力(吊车梁系统结构的截面见图 9-4)，应按下列公式计算：

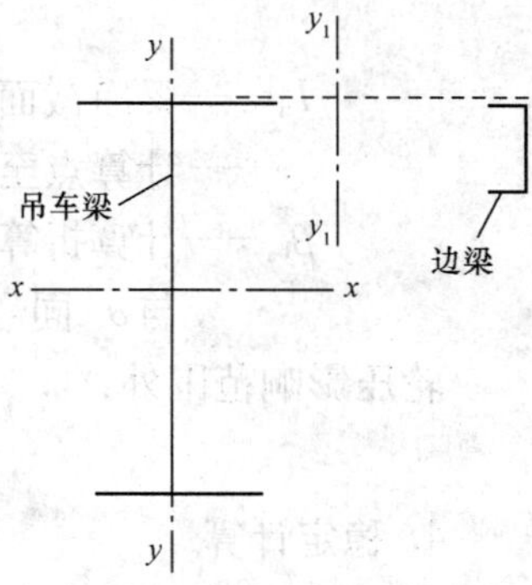

图 9-4 吊车梁系统结构的截面

当为平板式支座时

$$\tau=\frac{V_{\max}S}{It_w}\leqslant f_v \tag{9-24a}$$

当为突缘支座时

$$\tau=\frac{1.2V_{\max}}{h_0t_w}\leqslant f_v \tag{9-24b}$$

式中 S——计算剪应力处以上毛截面对中和轴的面积矩；

I——毛截面惯性矩；

t_w——腹板厚度；

f_v——钢材的抗剪强度设计值。

(3)腹板局部压应力：

$$\sigma_c=\frac{\psi F}{t_wl_z}\leqslant f \tag{9-25}$$

式中 F——集中荷载即吊车轮压 P 值，应考虑动力系数；

ψ——集中荷载增大系数：对重级工作制吊车梁，$\psi=1.35$；对其他梁，$\psi=1.0$；

l_z——集中荷载在腹板计算高度上边缘的假定分布长度(图 9-5)，可按下式计算：

$$l_z=a+5h_y+2h_R$$

a——集中荷载沿梁跨度方向的支承长度，对钢轨上的轮压可取为 50mm；

h_y——自吊车梁顶面至腹板计算高度上边缘的距离；

h_R——轨道的高度。

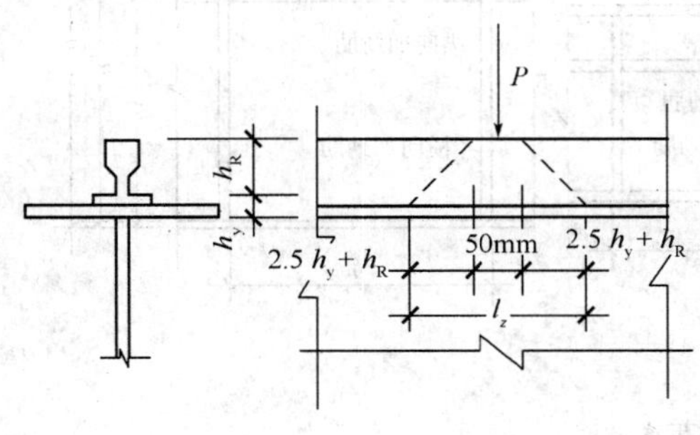

图 9-5 吊车轮压分布长度

在梁的支座处，当不设置支撑加劲肋时，也应按式(9-25)计算腹板计算高度下边缘的局部压应力，但 ψ 取 1.0。支座集中反力的假定分布长度，应根据支座具体尺寸按 l_z 的计算公式计算，并取 $h_R=0$。

腹板的计算高度 h_0：对轧制型钢梁，为腹板与上、下翼缘相接处两内弧起点间的距离；对焊接组合梁，为腹板高度；对铆接(或高强度螺栓连接)组合梁，为上、下翼缘与腹板连接的铆钉(或高强度螺栓)线间最近距离(图 9-5)。

(4)轮压影响范围内折算应力：

$$\sqrt{\sigma^2+\sigma_c^2-\sigma\sigma_c+3\tau^2}\leqslant\beta_1 f \tag{9-26}$$

式中 σ、τ、σ_c——吊车梁腹板计算高度边缘同一点上同时产生的正应力、剪应力和局部压应力。σ 和 σ_c 以拉应力为正值，压应力为负值；σ 应按下式计算：

$$\sigma=\frac{M}{I_n}y \tag{9-27}$$

I_n——梁净截面惯性矩；

y——计算点至梁中和轴的距离；

β_1——计算折算应力的强度设计值增大系数：当 σ 与 σ_c 异号时，取 $\beta_1=1.2$；当 σ 与 σ_c 同号或 $\sigma_c=0$ 时，取 $\beta_1=1.1$。

轮压影响范围外：

$$\sqrt{\delta^2+3\tau^2}\leqslant\beta_1 f \tag{9-28}$$

4. 稳定计算

(1)吊车梁的整体稳定应按下式计算：

$$\frac{M_x}{\varphi_b W_x}+\frac{M_y}{W_y}\leqslant f \tag{9-29}$$

式中 M_x、M_y——绕强轴和弱轴作用的最大弯矩；

W_x、W_y——按受压纤维确定的对强轴和对弱轴毛截面模量；

φ_b——梁的整体稳定系数。

(2)当符合下列情况之一时，可不计算梁的整体稳定：

1)设有制动结构时。

2)对无制动的 H 形钢或工字形截面简支吊车梁，当受压翼缘的自由长度 l_1 与其宽度之比不超过限值时。

(3)为保证焊接工字形吊车梁腹板的局部稳定，当在比值范围之内时，在腹板上配置加劲肋应计算腹板稳定。对轻、中级工作制吊车梁在计算腹板的局部稳定时，吊车轮压设计值应乘以折减系数 0.9。加劲肋布置见图 9-6。

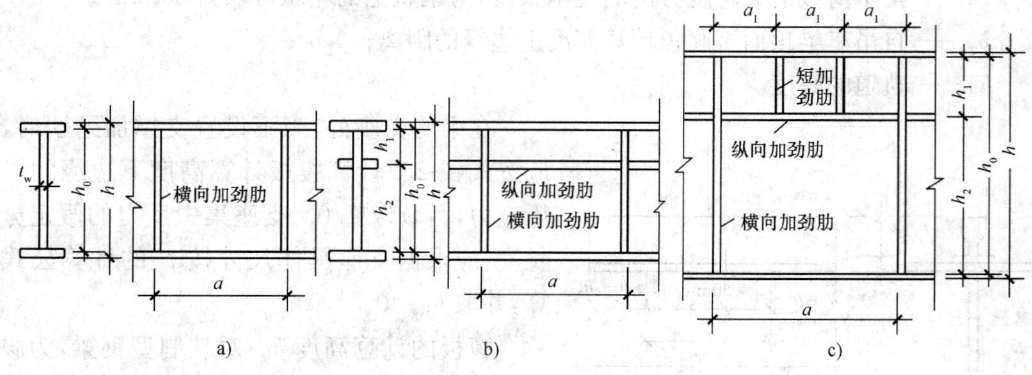

图 9-6 加劲肋布置

5. 挠度计算

(1)等截面简支梁：

$$v=\frac{M_x l^2}{10EI_x}\leqslant[v] \tag{9-30}$$

(2)翼缘截面变化的简支梁：

$$v=\frac{M_x l^2}{10EI_x}\left(1+\frac{3}{25}\cdot\frac{I_x-I'_x}{I_x}\right)\leqslant[v] \tag{9-31}$$

(3)等截面连续梁：

$$v=\left(\frac{M_x}{10}-\frac{M_1+M_2}{16}\right)\frac{l^2}{EI_x}\leqslant[v] \tag{9-32}$$

式中　M_x——由全部竖向荷载(标准值,不考虑动力系数)产生的最大弯矩；

M_1、M_2——与 M_x 同时产生的两端支座负弯矩(代入公式时取绝对值)；

I_x——跨中毛截面惯性矩；

I'_x——支座处毛截面惯性矩；

$[v]$——容许挠度值。

【例 9-1】　6m 工字形吊车梁

1. 设计资料

吊车梁跨度 6m,无制动结构,支承于钢柱,采用平板支座,设有两台起重量 Q=16t/3.2t 中级工作制(A5)软钩吊车,吊车跨度 L_k=31.5m,钢材采用 Q235,焊条为 E43 型。

吊车采用大连大起集团有限责任公司的 DQQD 型桥式吊车。吊车规格:吊车宽度 B=6434mm,轮距BQ=5000mm,小车重 g=6.227t,吊车总重 G=39.428t,最大轮压 P_{max}=205kN,吊车轮压及轮距见例图 9-1。

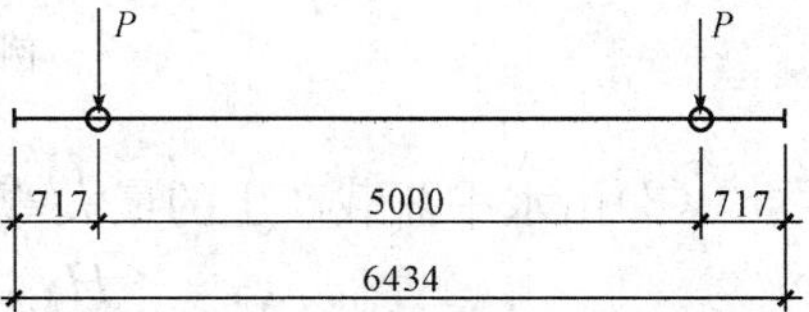

例图 9-1　吊车轮距及宽度

2. 吊车荷载计算

吊车荷载的动力系数 μ 为 1.05,吊车荷载的分项系数 γ_Q 为 1.40。

吊车荷载设计值为：

$$P=\mu\gamma_Q\cdot P_{max}=1.05\times1.4\times205\text{kN}=301.35\text{kN}$$

$$H=\gamma_Q\frac{0.05(Q+g)}{n}=1.4\times\frac{0.05\times(16+6.227)\times9.8}{2}\text{kN}=7.62\text{kN}$$

3. 内力计算

(1)吊车梁的最大弯矩及相应剪力。

产生最大弯矩的荷载位置见例图 9-2,梁上所有吊车荷载的合力ΣP 位置为：

$$a_1=B-B_Q=(6434-5000)\text{mm}=1434\text{mm}$$

$$a_2=\frac{a_1}{4}=\frac{1434}{4}\text{mm}=358.5\text{mm}$$

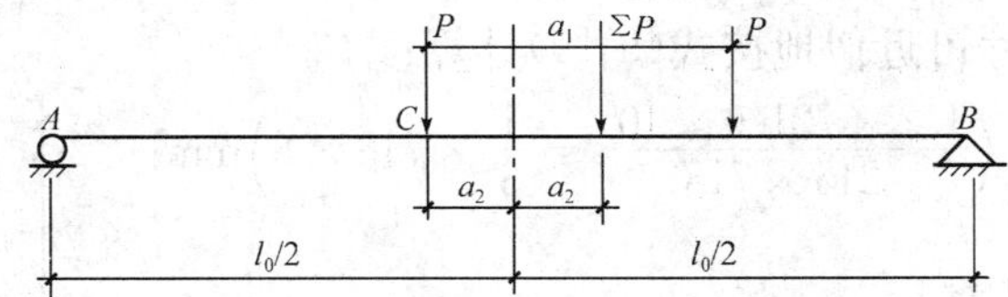

例图 9-2　吊车梁最大弯矩计算简图

自重影响系数 β_w 取 1.03,C 点的最大弯矩为：

$$M_{max}=\beta_w\frac{\sum P\left(\frac{l}{2}-a_2\right)^2}{l}=\frac{2\times301.35\times\left(\frac{6}{2}-0.359\right)^2}{6}\times1.03\text{kN}\cdot\text{m}=721.6\text{kN}\cdot\text{m}$$

在 M_{max}处相应的剪力为：

$$V=\beta_w\frac{\sum P\left(\frac{l}{2}-a_2\right)}{l}=1.03\times\frac{2\times301.35\times\left(\frac{6}{2}-0.359\right)}{6}\text{kN}=273.2\text{kN}$$

(2)最大剪力。

荷载位置见例图 9-3。

$$V_{max}=R_A=1.03\times\left(\frac{301.35\times4.566}{6}+301.35\right)\text{kN}=542.7\text{kN}$$

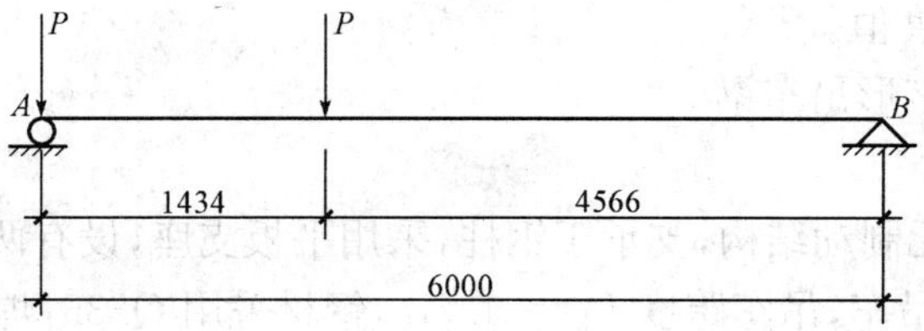

例图 9-3　吊车梁最大剪力计算简图

(3)由水平荷载产生的最大弯矩。

$$M_H=\frac{H}{P}M_{max}=\frac{7.62}{301.35}\times\frac{721.6}{1.03}\text{kN}=17.7\text{kN}$$

4. 截面选择

(1)经济高度按式(9-15)计算：

$$h_{ec}=7\sqrt[3]{W}-300\text{mm}=\left(7\times\sqrt[3]{\frac{1.2\times721.6\times10^6}{215}}-300\right)\text{mm}=814\text{mm}$$

(2)按容许挠度值按式(9-16)计算：

$$h_{min}=0.6fl\left(\frac{l}{[v]}\right)10^{-6}=0.6\times215\times6000\times1000\times10^{-6}\text{mm}=774\text{mm},\text{取 }750\text{mm}$$

(3)吊车梁腹板厚度 t_w 按式(9-17)计算：

$$t_w=\frac{1}{3.5}\times\sqrt{h_0}=\frac{1}{3.5}\times\sqrt{750-2\times16}\text{mm}=7.7\text{mm}$$

按剪力确定腹板厚度按式(9-18)计算：

$$t_w=\frac{1.2V_{max}}{h_0f_v}=\frac{1.2\times542.7\times10^3}{718\times125}\text{mm}=7.26\text{mm}$$

(4)吊车梁翼缘尺寸可近似地按式(9-19)计算：

$$A_1=\frac{W}{h_0}-\frac{1}{6}h_0t_w=\left(\frac{1.2\times721.6\times10^6}{215\times718}-\frac{1}{6}\times718\times8\right)\text{mm}^2$$

$$=4652\text{mm}^2$$

采用 420×16。

5. 截面特性

吊车梁截面见例图 9-4。

(1)毛截面特性。

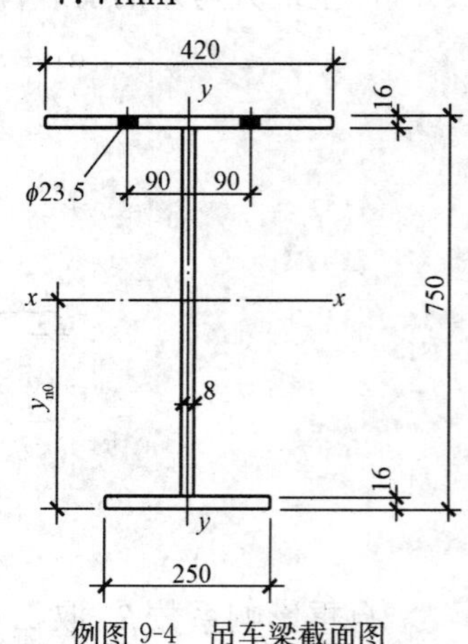

例图 9-4　吊车梁截面图

$$A=(42\times1.6+25\times1.6+71.8\times0.8)\text{cm}^2=164.64\text{cm}^2$$

$$y_0=\frac{42\times1.6\times74.2+25\times1.6\times0.8+71.8\times0.8\times37.5}{164.64}\text{cm}=43.6\text{cm}$$

$$I_x=\Big[\frac{1}{12}\times42\times1.6^3+42\times1.6\times(75-43.6-0.8)^2+\frac{1}{12}\times25\times1.6^3+$$
$$25\times1.6\times(43.6-0.8)^2+\frac{1}{12}\times0.8\times71.8^3+71.8\times0.8\times\left(43.6-\frac{75}{2}\right)^2\Big]\text{cm}^4$$
$$=163\times10^3\text{cm}^4$$

$$S=\left[42\times1.6\times(75-43.6-0.8)+(75-43.6-1.6)^2\times\frac{0.8}{2}\right]\text{cm}^3=2.41\times10^3\text{cm}^3$$

$$W_x=\frac{163\times10^3}{75-43.6}\text{cm}^3=5.19\times10^3\text{cm}^3$$

(2)净截面特性。

$$A_n=[(42-2\times2.35)\times1.6+25\times1.6+(75-3.2)\times0.8]\text{cm}^2=157.12\text{cm}^2$$

$$y_{n0}=\frac{37.3\times1.6\times74.2+25\times1.6\times0.8+71.8\times0.8\times37.5}{157.12}\text{cm}=42.1\text{cm}$$

$$I_{nx}=\Big[\frac{1}{12}\times37.3\times1.6^3+37.3\times1.6\times(75-42.1-0.8)^2+\frac{1}{12}\times25\times1.6^3+25\times$$
$$1.6\times(42.1-0.8)^2+\frac{1}{12}\times0.8\times71.8^3+71.8\times0.8\times(42.1-37.5)^2\Big]\text{cm}^4$$
$$=155.7\times10^3\text{cm}^4$$

$$W_{nx}^{上}=\frac{155.7\times10^3}{32.9}\text{cm}^3=4734\text{cm}^3$$

$$W_{nx}^{下}=\frac{155.7\times10^3}{42.1}\text{cm}^3=3698\text{cm}^3$$

上翼缘对 y 轴的特性：

$$A_{上}=42\times1.6\text{cm}^2=67.2\text{cm}^2$$

$$A_n^{上}=(42-2\times2.35)\times1.6\text{cm}^2=59.7\text{cm}^2$$

$$I_y=\frac{1}{12}\times1.6\times42^3\text{cm}^4=9878\text{cm}^4$$

$$I_{ny}=(9878-2\times2.35\times1.6\times9)\text{cm}^4=9268\text{cm}^4$$

$$W_{ny}=\frac{9268}{21}\text{cm}^3=441\text{cm}^3$$

$$W_y=\frac{9878}{21}\text{cm}^3=470\text{cm}^3$$

6. 强度计算

(1)正应力。

上翼缘： $\sigma=\frac{M_{max}}{W_{nx}^{上}}+\frac{M_H}{W_{ny}}=\left(\frac{721.6\times10^6}{4734\times10^3}+\frac{17.7\times10^6}{441\times10^3}\right)\text{N/mm}^2$

$=193\text{N/mm}^2<215\text{N/mm}^2$

下翼缘： $\sigma=\frac{M_{max}}{W_{nx}^{下}}=\frac{721.6\times10^6}{3698\times10^3}\text{N/mm}^2=195\text{N/mm}^2<215\text{N/mm}^2$

(2)剪应力。

$$\tau=\frac{V_{\max}S}{I_x t_w}=\frac{542.7\times10^3\times2.41\times10^3\times10^3}{163\times10^3\times10^4\times8}\text{N/mm}^2=100\text{N/mm}^2<125\text{N/mm}^2$$

(3)腹板的局部压应力。

采用 43kg/m 钢轨，轨高为 140mm，$l_z=a+5h_y+2h_R=(50+5\times16+2\times140)\text{mm}=410\text{mm}$；集中荷载增大系数 $\psi=1.0$，$F=P=301.35\text{kN}$

按式(9-25)计算腹板局部压应力为：

$$\sigma_c=\frac{\psi F}{t_w l_z}=\frac{1\times301.35\times10^3}{8\times410}\text{N/mm}^2=92\text{N/mm}^2<215\text{N/mm}^2$$

(4)腹板计算高度边缘处的折算应力。

$$\delta=\frac{M}{I_n}y=\frac{721.6\times10^6\times359}{155.7\times10^3\times10^4}\text{N/mm}^2=166\text{N/mm}^2$$

$\sqrt{\delta^2+\delta_c^2-\delta\delta_c+3\tau^2}=\sqrt{166^2+92^2-166\times92+3\times100^2}\text{N/mm}^2=225\text{N/mm}^2<1.1\times215\text{N/mm}^2=236.5\text{N/mm}^2$，满足要求。

7. 稳定计算

(1)梁的整体稳定性：$l_1/b=\frac{6000}{420}=14.2>13$，应计算梁的整体稳定性。

$$\xi_1=\frac{l_1\cdot t}{b_1 h}=\frac{6000\times16}{420\times750}=0.305<2.0,\beta_b=0.73+0.18\times0.305=0.785$$

$$I_1=\frac{1}{12}\times1.6\times42^3\text{cm}^4=9878\text{cm}^4$$

$$I_2=\frac{1}{12}\times1.6\times25^3\text{cm}^4=2083\text{cm}^4$$

$$\alpha_b=\frac{I_1}{I_1+I_2}=\frac{9878}{9878+2083}=0.826>0.80$$

$$\xi=0.305<0.5\quad\beta_b=0.785\times0.9=0.707$$

$$n_b=0.8(2\alpha_b-1)=0.8\times(2\times0.826-1)=0.522$$

$$i_y=\sqrt{\frac{I_1+I_2}{A}}=\sqrt{\frac{9878+2083}{164.64}}\text{cm}=8.52\text{cm}$$

$$\lambda_y=l/i_y=\frac{600}{8.52}=70.4$$

整体稳定系数 φ_b 为：

$$\varphi_b=\beta_b\frac{4320}{\lambda_y^2}\cdot\frac{Ah}{W_x}\left[\sqrt{1+\left(\frac{\lambda_y t_1}{4.4h}\right)^2}+\eta_b\right]$$

$$=0.707\times\frac{4320}{(70.4)^2}\times\frac{164.64\times75}{5.19\times10^3}\times\left[\sqrt{1+\left(\frac{70.4\times1.6}{4.4\times75}\right)^2}+0.522\right]$$

$$=2.40>0.6$$

$$\varphi'_b=1.07-\frac{0.282}{2.4}=0.95$$

按式(9-28)计算整体稳定性：

$$\sigma=\left(\frac{721.6\times10^6}{0.95\times5.19\times10^3\times10^3}+\frac{17.7\times10^6}{470\times10^3}\right)\text{N/mm}^2=184.01\text{N/mm}^2<215\text{N/mm}^2$$

(2)腹板的局部稳定性。

$$h_0/t_w = 71.8/0.8 = 89.75 \begin{matrix} >80 \\ <170 \end{matrix}$$,应配置横向加劲肋。

取加劲肋间距 a=1000mm,加劲肋宽 b_s=90mm, $t_s = \frac{b_s}{15} = 6\text{mm}$

计算跨中处,吊车梁腹板计算高度边缘的弯曲压应力为:

$$\sigma = \frac{Mh_c}{I_x} = \frac{721.6 \times 10^6 \times (75 - 43.6 - 1.6) \times 10}{163 \times 10^3 \times 10^4}\text{N/mm}^2 = 132\text{N/mm}^2$$

腹板的平均剪应力为: $\tau = \frac{273.2 \times 10^3}{71.8 \times 0.8 \times 10^2}\text{N/mm}^2 = 48\text{N/mm}^2$

腹板边缘的局部压应力为: $\sigma_c = \frac{0.9 \times 301.35 \times 10^3}{8 \times 410}\text{N/mm}^2 = 83\text{N/mm}^2$

1)计算 σ_{cr}。

$$\lambda_b = \frac{C_f 2h_c/t_w}{153} = \frac{1 \times 2 \times (75 - 43.6 - 1.6)/0.8}{153} = 0.487 < 0.85$$

其中 $C_f = \sqrt{\frac{235}{f_y}} = 1$ 则 $\sigma_{cr} = f = 215\text{N/mm}^2$

2)计算 τ_{cr}。

$$a/h_0 = 1000/718 = 1.393 > 1.0$$

$$\lambda_s = \frac{C_f h_0/t_w}{41\sqrt{5.34 + 4(h_0/a)^2}} = \frac{1 \times 71.8/0.8}{41\sqrt{5.34 + 4 \times (71.8/100)^2}} = 0.805 > 0.8$$

$$\tau_{cr} = [1 - 0.59(\lambda_s - 0.8)]f_r = [1 - 0.59 \times (0.805 - 0.8)] \times 125 = 124.63\text{N/mm}^2$$

3)计算 σ_{ccr}。

$$a/h_0 = 1.393 > 0.5$$

$$\lambda_c = \frac{C_f h_0/t_w}{28\sqrt{10.9 + 13.4 \times (1.83 - a/h_0)^3}} = \frac{1 \times 71.8/0.8}{28\sqrt{10.9 + 13.4 \times (1.83 - 100/71.8)^3}}$$

$$= 0.925 > 0.9$$

则 $\sigma_{ccr} = [1 - 0.79(\lambda_c - 0.9)]f = [1 - 0.79 \times (0.925 - 0.9)] \times 215 = 211\text{N/mm}^2$

按式(9-32)计算跨中区格的局部稳定性为:

$$\left(\frac{\sigma}{\sigma_{cr}}\right)^2 + \left(\frac{\tau}{\tau_{cr}}\right)^2 + \frac{\sigma_c}{\sigma_{ccr}} \leqslant 1$$

$$\left(\frac{132}{215}\right)^2 + \left(\frac{48}{124.63}\right) + \frac{83}{211} = 0.918 < 1$$ 可。

8. 挠度计算

按一台吊车计算挠度,因一台轮距为5m,所以求一台吊车的最大弯矩只能一个吊车轮压作用在梁上。

$$M_0 = \frac{1}{4}P_{max}l\beta_w = \frac{1}{4} \times 205 \times 6 \times 1.03\text{kN} \cdot \text{m} = 316.7\text{kN} \cdot \text{m}$$

按式(9-30)计算:

$$v = \frac{Ml}{10EI_x} = \frac{316.7 \times 10^6 \times 6000^2}{10 \times 2.06 \times 10^5 \times 163 \times 10^3 \times 10^4}\text{mm} = 3.38\text{mm}$$

$$\frac{v}{l} = \frac{3.38}{6000} = \frac{l}{1775} < [v] = \frac{l}{1000}$$

9. 支座加劲肋计算（例图 9-5）

取支座加劲肋为 2－110×10mm。计算支座加劲肋的端面承压应力为：

$$\sigma_{ce}=\frac{R_{max}}{A_{ce}}=\frac{5427\times10^3}{2\times(110-15)\times10}\text{N/mm}^2=286\text{N/mm}^2<f_{ce}=325\text{N/mm}^2$$

稳定计算：

$$A=[(40+10+120)\times8+2\times100\times10]\text{mm}^2=3560\text{mm}^2$$

$$I_z=\left[\frac{1}{12}\times10\times(2\times110+8)^3+\frac{1}{12}\times(40+120)\times8^3\right]\text{mm}^4=9.88\times10^6\text{mm}^4$$

$$i_z=\sqrt{\frac{I_z}{A}}=\sqrt{\frac{9.88\times10^6}{3560}}\text{mm}=52.6\text{mm}$$

$$\lambda_z=\frac{h_0}{i_z}=\frac{718}{52.6}=13.6$$

属 b 类截面，查表得 φ=0.985，计算支座加劲肋在腹板平面外的稳定性：

$$\sigma=\frac{R_{max}}{\varphi A}=\frac{542.7\times10^3}{0.985\times3560}\text{N/mm}^2=155\text{N/mm}^2<215\text{N/mm}^2$$

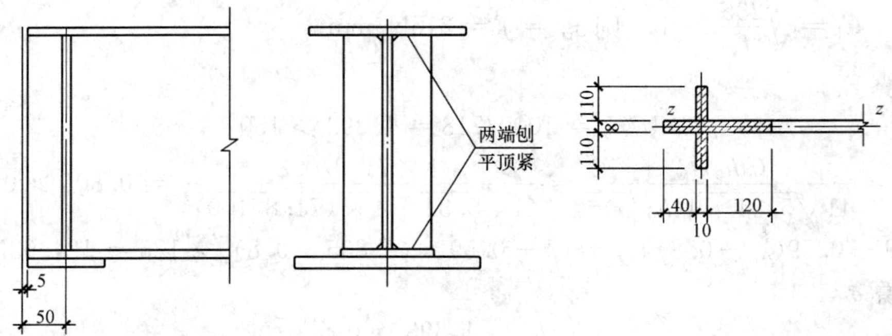

例图 9-5　吊车梁支座构造

10. 焊缝计算

(1)上翼缘与腹板的连接焊缝。

$$h_f=\frac{1}{2\times0.7f_t^w}\sqrt{\left(\frac{VS_1}{I}\right)^2+\left(\frac{\psi P}{l_z}\right)^2}$$

$$=\frac{1}{2\times0.7\times160}\times\sqrt{\left[\frac{542.7\times10^3\times42\times1.6\times(75-43.6-0.8)\times10^3}{163\times10^3\times10^4}\right]^2+\left(\frac{1\times301.35\times10^3}{410}\right)^2}\text{mm}$$

$=4.5\text{mm}$，取 8mm

(2)下翼缘板与腹板的连接焊缝。

$$h_f=\frac{VS_1}{2\times0.7f_t^wI_x}=\frac{542.7\times10^3\times25\times1.6\times(43.6-0.8)\times10^3}{2\times0.7\times160\times163\times10^7}\text{mm}=2.5\text{mm}\text{，取 6mm}$$

(3)支座加劲肋与腹板的连接焊缝。

设 $h_f=8$　$h_f=\dfrac{R_{max}}{0.7n\cdot l_wf_t^w}=\dfrac{542.7\times10^3}{0.7\times4\times(71.8-2\times1.5-2\times0.8)\times160\times10}\text{mm}=1.80\text{mm}$

采用 8mm

吊车梁详图见例图 9-6。

吊车梁布置图及安装节点图见例图 9-7～例图 9-9。

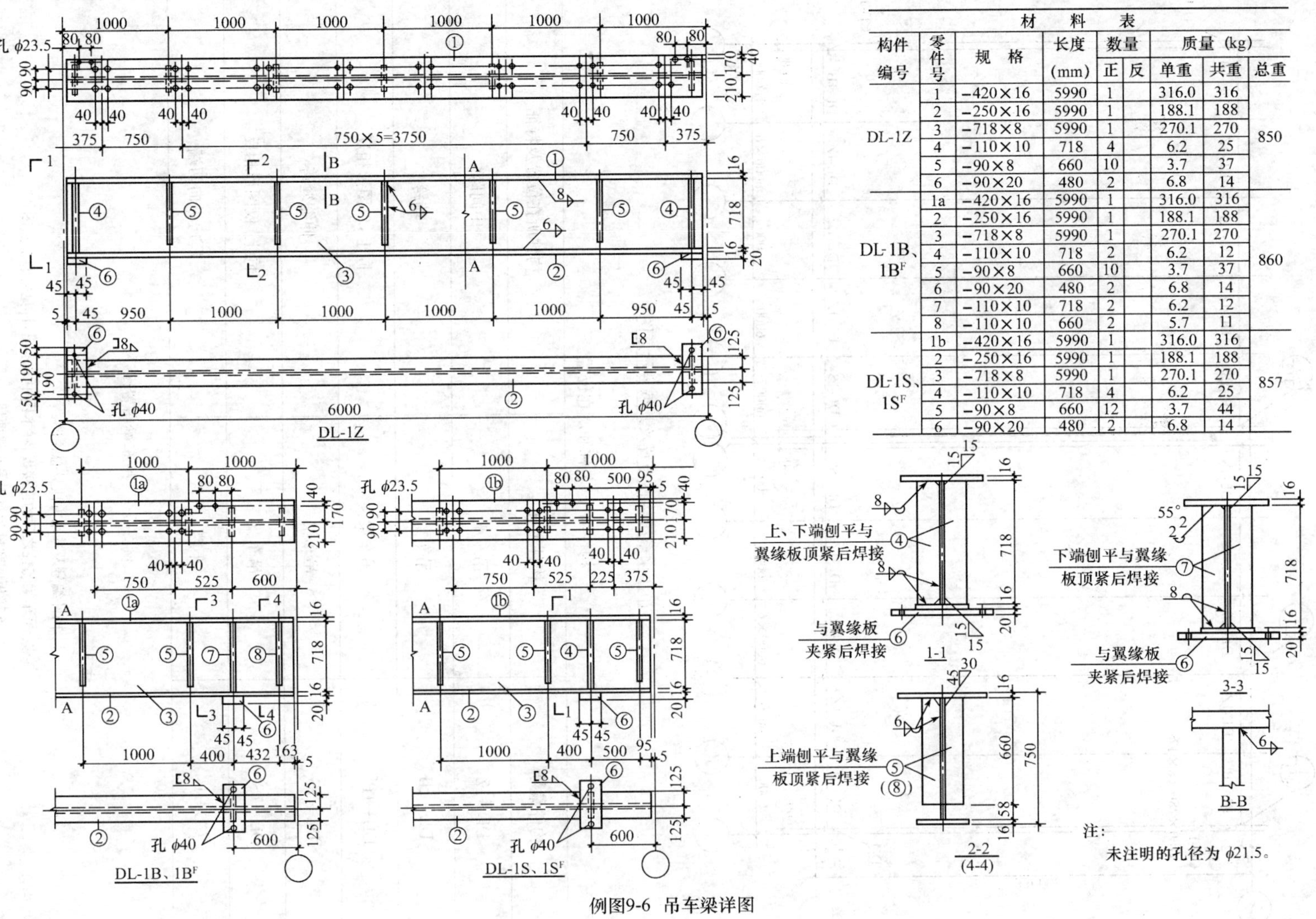

材 料 表

构件编号	零件号	规 格	长度 (mm)	数量 正	数量 反	质量(kg) 单重	质量(kg) 共重	质量(kg) 总重
DL-1Z	1	–420×16	5990	1		316.0	316	850
	2	–250×16	5990	1		188.1	188	
	3	–718×8	5990	1		270.1	270	
	4	–110×10	718	4		6.2	25	
	5	–90×8	660	10		3.7	37	
	6	–90×20	480	2		6.8	14	
DL-1B、1B^F	1a	–420×16	5990	1		316.0	316	860
	2	–250×16	5990	1		188.1	188	
	3	–718×8	5990	1		270.1	270	
	4	–110×10	718	2		6.2	12	
	5	–90×8	660	10		3.7	37	
	6	–90×20	480	2		6.8	14	
	7	–110×10	718	2		6.2	12	
	8	–110×10	660	2		5.7	11	
DL-1S、1S^F	1b	–420×16	5990	1		316.0	316	857
	2	–250×16	5990	1		188.1	188	
	3	–718×8	5990	1		270.1	270	
	4	–110×10	718	4		6.2	25	
	5	–90×8	660	12		3.7	44	
	6	–90×20	480	2		6.8	14	

注：

未注明的孔径为 $\phi21.5$。

例图9-6 吊车梁详图

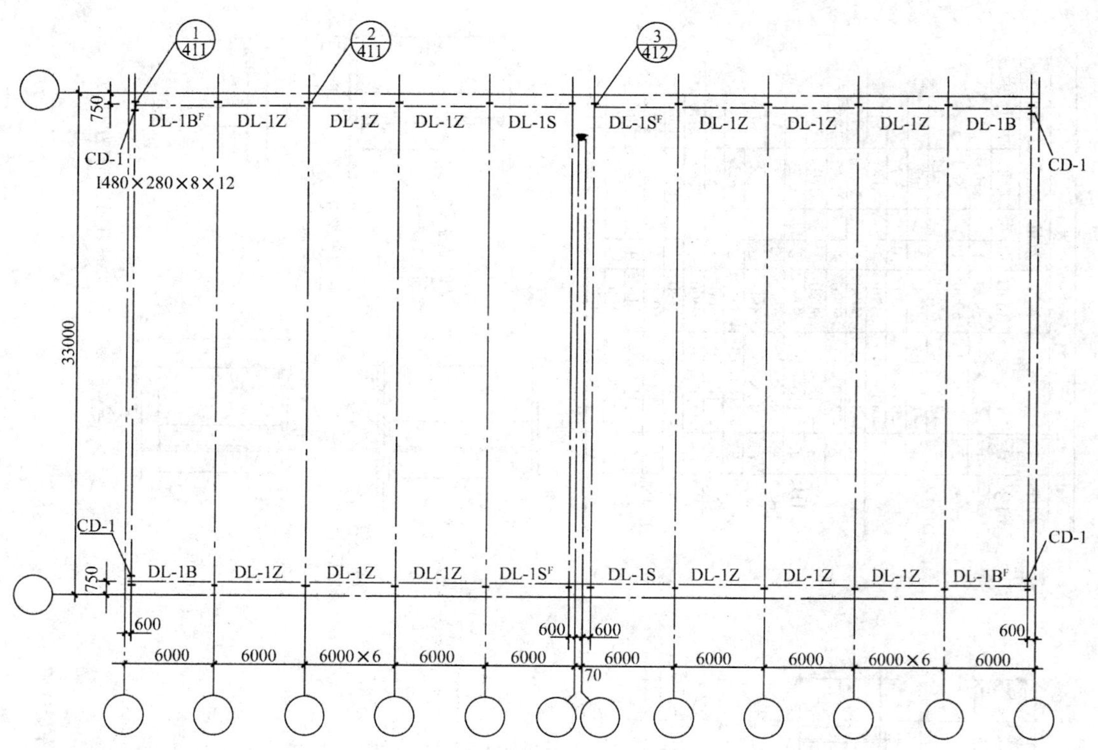

吊车梁系统构件布置及其编号示意图

构件编号、名称和所在位置

构件编号	构件名称	构件所在位置及特征
DL—1Z	吊车梁	中间跨
DL—1B	吊车梁	端跨
DL—1B^F	吊车梁	同上，仅图形相反
DL—1S	吊车梁	伸缩缝跨
DL—1S^F	吊车梁	同上，仅图形相反
CD—1	车挡	厂房纵向两端

例图 9-7　吊车梁布置图

注：

1. 构件编号及选用方法见总说明。
2. 吊车梁与柱之间的连接板，在本图中未示出，详见安装节点图。
   连接板的数量为每根吊车梁两块。

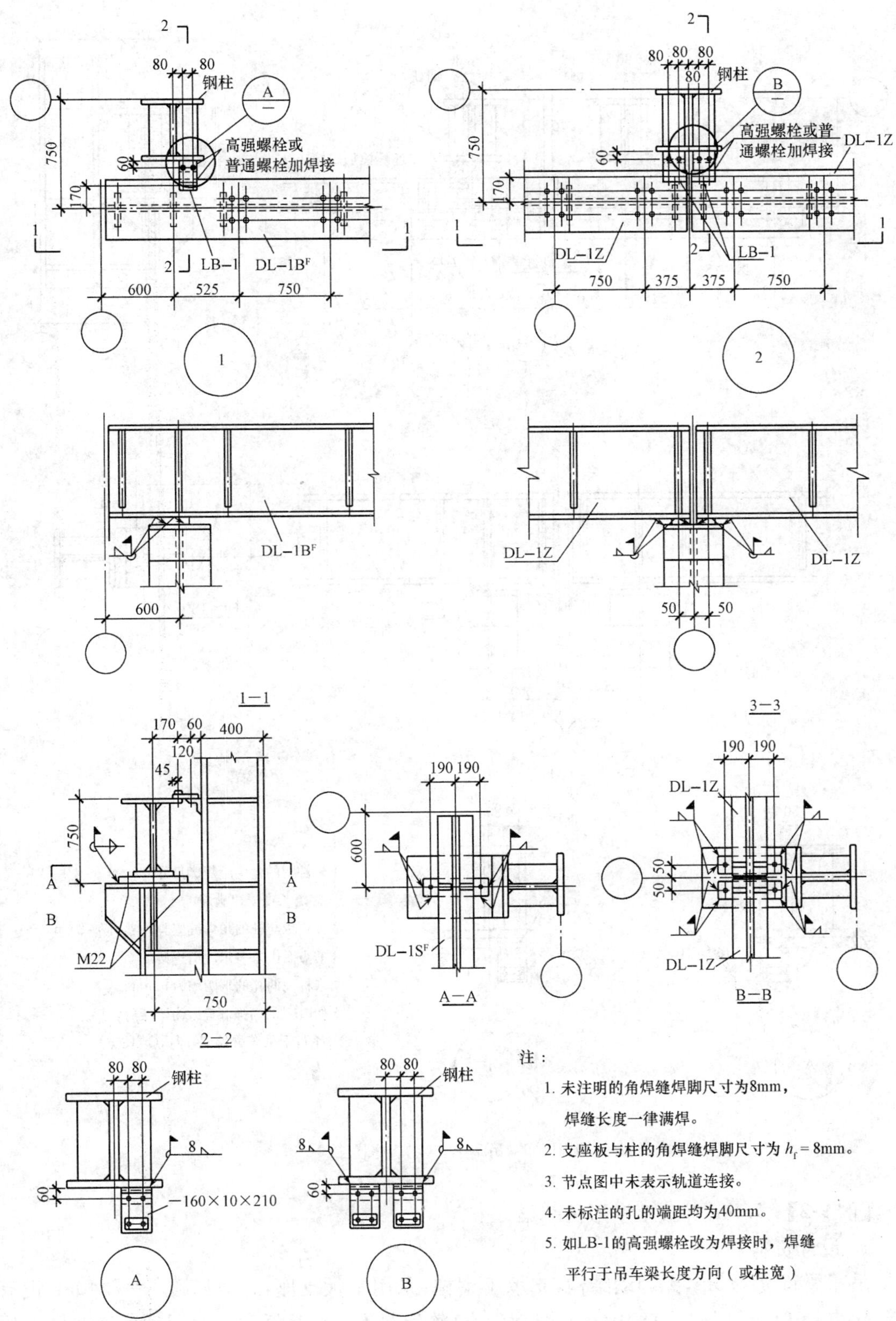

例图 9-8　吊车梁安装节点图(一)

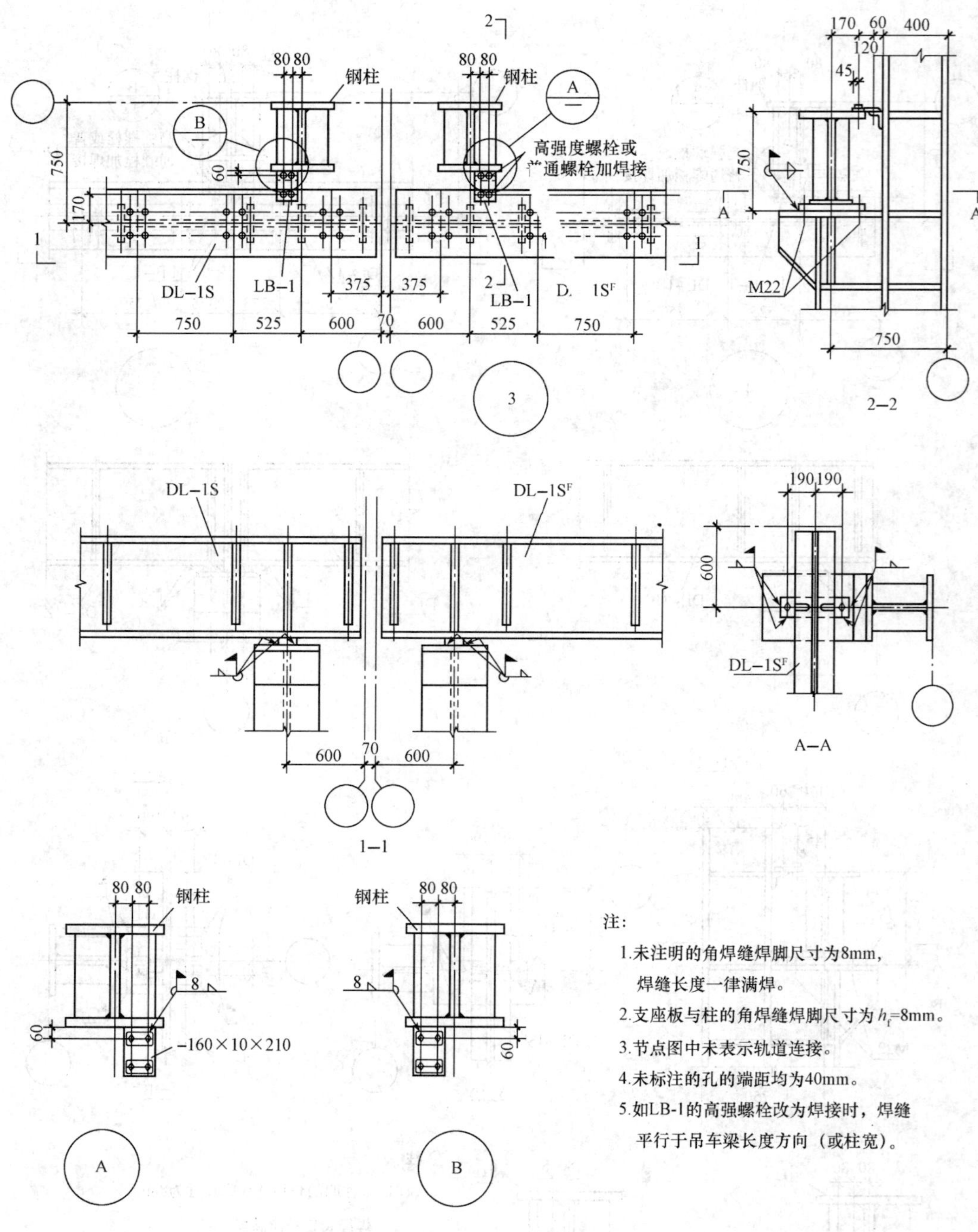

例图 9-9　吊车梁安装节点图(二)

【例 9-2】 7.5m 焊接工字形吊车梁

1. 设计资料

吊车梁跨度 7.5m,无制动结构,支承于钢柱,采用平板支座,计算跨度 l=7.40m,设有两台起重量 Q=(16/3.2)t 中级工作制(A5)软钩吊车,吊车跨度 S=31.5m。钢材采用 Q235,焊条为 E43 型。采用大连重工大起集团有限公司的 85 系列 95 确认产品,轮距

W＝5000mm，桥架宽度 B＝6390mm；最大轮压 P_{max}＝22.3t，小车质量 g＝6.326t，吊车总质量G＝41t。吊车轮压及轮距见例图 9-10。

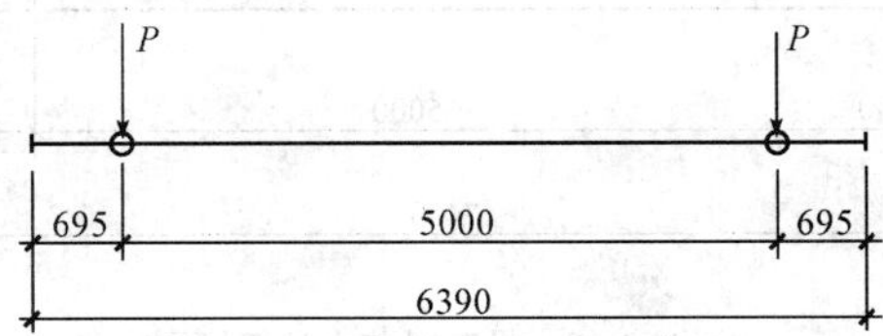

例图 9-10　吊车轮压及轮距图

2. 吊车荷载计算

吊车荷载动力系数 α＝1.05，吊车荷载分项系数 γ_Q＝1.40。

吊车荷载设计值为：

$$P = \alpha\gamma_Q P_{max} = 1.05 \times 1.4 \times 22.3 \times 9.8\text{kN} = 321.25\text{kN}$$

$$H = \gamma_Q \frac{0.05(Q+g)}{2} = 1.4 \times \frac{0.05 \times (16+6.326) \times 9.8}{2}\text{kN} = 7.66\text{kN}$$

3. 内力计算

(1)吊车梁中最大弯矩及相应的剪力。

产生最大弯矩的荷载位置见例图 9-11，由式(9-8)得梁上所有吊车轮压$\sum P$ 的位置为：

$a_1 = B - W = (6390 - 5000)\text{mm} = 1390\text{mm}, a_2 = a_1/4 = 1390/4\text{mm} = 347.5\text{mm}$

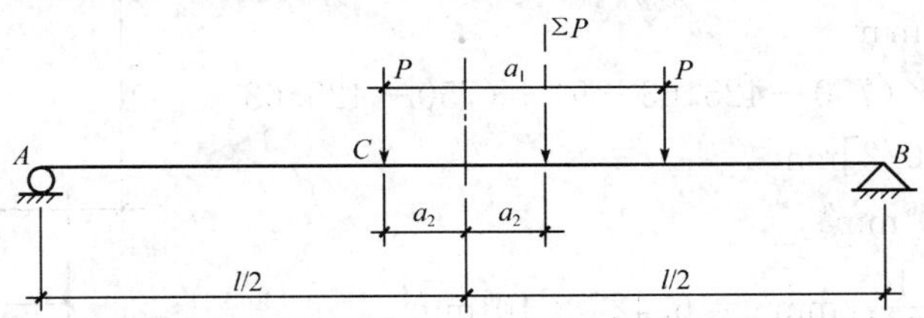

例图 9-11　吊车梁弯矩计算简图

自重影响系数 β_w 取 1.04，由式(9-9)得，C 点的最大弯矩为：

$$M_{max}^c = \beta_w \frac{\sum P\left(\frac{l}{2} - a_2\right)^2}{l} = 1.04 \times \frac{2 \times 321.25 \times \left(\frac{7.4}{2} - 0.348\right)^2}{7.4}\text{kN}\cdot\text{m} = 1014.57\text{kN}\cdot\text{m}$$

在 M_{max}处相应的剪力为：

$$V^c = \beta_w \frac{\sum P\left(\frac{l}{2} - a_2\right)}{l} = 1.04 \frac{2 \times 321.25 \times \left(\frac{7.4}{2} - 0.348\right)}{7.4}\text{kN} = 302.68\text{kN}$$

(2)吊车梁的最大剪力。

荷载位置见例图 9-12，由式(9-10)得，

$$R_A = 1.04 \times 321.25 \times \left(\frac{1.01}{7.4} + \frac{6.01}{7.4} + 1\right)\text{kN} = 651.04\text{kN}, V_{max} = 651.04\text{kN}$$

(3)按式(9-13)计算的水平方向最大弯矩为：

$$M_H = \frac{H}{P} M_{max}^c = \frac{7.66}{321.25} \times \frac{1014.57}{1.04}\text{kN}\cdot\text{m} = 23.26\text{kN}\cdot\text{m}$$

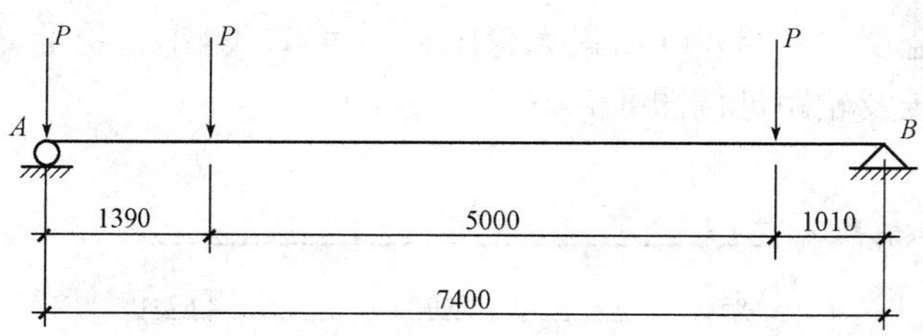

例图 9-12　吊车梁剪力计算简图

4. 截面特性

初选截面如例图 9-13 所示。

(1)毛截面特性(例图 9-13)。

$\sum A=(460\times18+300\times18+714\times10)\text{mm}^2=20820\text{mm}^2$

$$y_0=\frac{460\times18\times741+300\times18\times9+714\times10\times375}{20820}\text{mm}=425.63\text{mm}$$

$$I_x=\Big[\frac{1}{12}\times460\times18^3+460\times18\times(750-425.63-9)^2+\frac{1}{12}\times300\times18^3+300\times18\times(425.63-9)^2+\frac{1}{12}\times10\times714^3+714\times10\times\left(425.63-\frac{750}{2}\right)^2\Big]\text{mm}^4$$

$$=2.083\times10^9\text{mm}^4$$

$$S=[460\times18\times(750-425.63-9)+(750-425.63-18)^2\times10/2]\text{mm}^3=3.081\times10^6\text{mm}^3$$

$$W_x=\frac{2.083\times10^9}{750-425.63}\text{mm}^3=6.422\times10^6\text{mm}^3$$

例图 9-13　吊车梁截面图

上翼缘对 y 轴的截面特性：

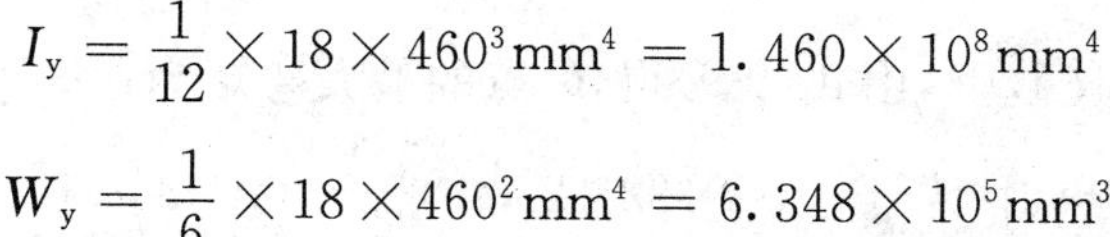

$$I_y=\frac{1}{12}\times18\times460^3\text{mm}^4=1.460\times10^8\text{mm}^4$$

$$W_y=\frac{1}{6}\times18\times460^2\text{mm}^4=6.348\times10^5\text{mm}^3$$

(2)净截面特性。

$\sum A_n=[(460-2\times23.5)\times18+300\times18+(750-36)\times10]\text{mm}^2=19974\text{mm}^2$

$$y_{n0}=\frac{(460-47)\times18\times741+300\times18\times9+714\times10\times375}{19974}\text{mm}=412.27\text{mm}$$

$$I_{nx}=\Big[\frac{1}{12}\times(460-47)\times18^3+(460-47)\times18\times(750-412.27-9)^2+\frac{1}{12}\times300\times18^3+300\times18\times(412.27-9)^2+\frac{1}{12}\times10\times714^3+714\times10\times\left(412.27-\frac{750}{2}\right)^2\Big]\text{mm}^4$$

$$=1.995\times10^9\text{mm}^4$$

$$W_{nx}^{上}=\frac{1.995\times10^{9}}{750-412.27}mm^{3}=5.907\times10^{6}mm^{3},$$

$$W_{nx}^{下}=\frac{1.995\times10^{9}}{412.27}mm^{3}=4.839\times10^{6}mm^{3}$$

上翼缘对 y 轴的截面特性：

$$A_{n}=(460-2\times23.5)\times18mm^{2}=7434mm^{2}$$

$$I_{ny}=\left[\frac{1}{12}\times18\times460^{3}-2\times23.5\times18\times90^{2}\right]mm^{4}=1.392\times10^{8}mm^{4}$$

$$W_{ny}=\frac{1.392\times10^{8}}{230}mm^{3}=6.052\times10^{5}mm^{3}$$

5. 强度计算

(1)正应力。

按式(9-11)计算的上翼缘正应力为：

$$\sigma=\frac{M_{max}}{W_{nx}^{上}}+\frac{M_{H}}{W_{ny}}=\left(\frac{1014.57\times10^{6}}{5.907\times10^{6}}+\frac{23.26\times10^{6}}{6.052\times10^{5}}\right)N/mm^{2}$$
$$=210.19N/mm^{2}<215N/mm^{2}$$

按式(9-14)计算的下翼缘正应力为：

$$\sigma=\frac{M_{max}}{W_{nx}^{下}}=\frac{1014.57\times10^{6}}{4.839\times10^{6}}N/mm^{2}=209.67N/mm^{2}<215N/mm^{2}$$

(2)剪应力。

计算的平板支座处剪应力为：

$$\tau=\frac{V_{max}S}{I_{x}t_{w}}=\frac{651.04\times10^{3}\times3.081\times10^{6}}{2.083\times10^{9}\times10}N/mm^{2}=96.30N/mm^{2}<125N/mm^{2}$$

(3)腹板的局部压应力。

采用 43kg 钢轨，轨高为 140mm。$l_{z}=a+5h_{y}+2h_{R}=(50+5\times18+2\times140)mm=420mm$；集中荷载增大系数$\psi=1.0$，计算的腹板局部压应力为：

$$\sigma_{c}=\frac{\psi\cdot P}{t_{w}l_{z}}=\frac{1.0\times321.25\times10^{3}}{10\times420}N/mm^{2}=76.49N/mm^{2}<215N/mm^{2}$$

(4)腹板计算高度边缘处折算应力。

取 1/4 跨度处，荷载位置见例图 9-14。

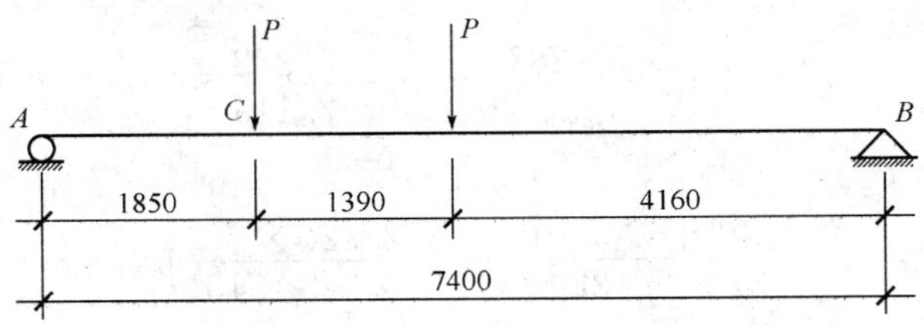

例图 9-14　计算吊车梁折算应力时荷载位置

$$R_{A}=1.04\times\frac{321.25\times4.16+321.25\times5.550}{7.4}kN=438.39kN$$

$$V_{c}=438.39kN,M_{c}=438.39\times1.850kN\cdot m=811.03kN\cdot m$$

$$\sigma = \frac{M}{I_{nx}} y_1 = \frac{811.03 \times 10^6}{1.995 \times 10^9} \times (750 - 412.27 - 18) \text{N/mm}^2 = 129.98 \text{N/mm}^2$$

$$\tau = \frac{V \cdot S_1}{I_x \cdot t_w} = \frac{438.39 \times 10^3 \times 460 \times 18 \times (750 - 412.27 - 9)}{2.083 \times 10^9 \times 10} \text{N/mm}^2$$

$$= 57.29 \text{N/mm}^2$$

计算的折算应力为：

$$\sqrt{\sigma^2 + \sigma_c^2 - \sigma \cdot \sigma_c + 3\tau^2} = \sqrt{129.98^2 + (0.9 \times 76.49)^2 - 129.98 \times (0.9 \times 76.49) + 3 \times 57.29^2}$$

$$= 150.12 \text{N/mm}^2 \leqslant \beta_1 f = 1.1 \times 215 \text{N/mm}^2 = 236.5 \text{N/mm}^2$$

6. 稳定性计算

(1)梁的整体稳定性。

$l_1/b = 7400/460 = 16 > 13$，应计算梁的整体稳定性，因集中荷载在跨中附近

$$\xi_1 = \frac{l_1 \cdot t}{b_1 \cdot h} = \frac{7400 \times 18}{460 \times 750} = 0.386 < 2.0$$

$$\beta_b = 0.73 + 0.18\xi = 0.73 + 0.18 \times 0.386 = 0.799$$

$$I_1 = \frac{1}{12} \times 18 \times 460^3 \text{mm}^4 = 14.60 \times 10^7 \text{mm}^4$$

$$I_2 = \frac{1}{12} \times 18 \times 300^3 \text{mm}^4 = 4.05 \times 10^7 \text{mm}^4$$

$$\alpha_b = \frac{I_1}{I_1 + I_2} = \frac{14.60 \times 10^7}{14.60 \times 10^7 + 4.05 \times 10^7} = 0.783$$

$$\eta_b = 0.8 \times (2\alpha_b - 1) = 0.8 \times (2 \times 0.783 - 1) = 0.453$$

$$i_y = \sqrt{\frac{I_1 + I_2}{A}} = \sqrt{\frac{14.60 \times 10^7 + 4.05 \times 10^7}{20820}} \text{mm} = 94.65 \text{mm}$$

$$\lambda_y = l_1/i_y = 7400/94.65 = 78.18$$

梁的整体稳定性系数 φ_b 为：

$$\varphi_b = \beta_b \frac{4320}{\lambda_y^2} \cdot \frac{A \cdot h}{W_x} \left[\sqrt{1 + \left(\frac{\lambda_y \cdot t_1}{4.4h} \right)^2} + \eta_b \right]$$

$$= 0.799 \times \frac{4320}{78.18^2} \times \frac{20820 \times 750}{6.422 \times 10^6} \times \left[\sqrt{1 + \left(\frac{78.18 \times 18}{4.4 \times 750} \right)^2} + 0.453 \right]$$

$$= 2.115 > 0.6$$

$$\varphi'_b = 1.07 - \frac{0.282}{\varphi_b} = 1.07 - \frac{0.282}{2.115} = 0.937$$

整体稳定性为：

$$\frac{M_{max}}{\varphi'_b \cdot W_x} + \frac{M_H}{W_y} = \left(\frac{1014.57 \times 10^6}{0.937 \times 6.422 \times 10^6} + \frac{23.26 \times 10^6}{6.348 \times 10^5} \right) \text{N/mm}^2 = 205.25 \text{N/mm}^2 <$$

215N/mm^2，满足要求。

(2)腹板的局部稳定性。

$h_0/t_w = 714/10 = 71.4 < 80$，应按构造配置横向加劲肋（有局部压应力）。

加劲肋间距 $a_{min} = 0.5h_0 = 0.5 \times 714\text{mm} = 357\text{mm}$，$a_{max} = 2h_0 = 2 \times 714\text{mm} = 1428\text{mm}$，取 $a = 1000\text{mm}$。

外伸宽度：$b_s \geqslant h_0/30 + 40 = (714/30 + 40)\text{mm} = 64\text{mm}$，取 $b_s = 90\text{mm}$

厚度：$t_s \geqslant b_s/15 = 90/15\text{mm} = 6\text{mm}$，取 $t_s = 8\text{mm}$

7. 挠度计算

按一台吊车计算，因吊车轮距为 5m，所以求一台吊车的最大弯矩只能有一个轮压作用在梁上。

$$M_{kx} = \frac{1}{4}\beta_w P_k l = \frac{1}{4} \times 1.04 \times 22.3 \times 9.8 \times 7.4\text{kN} \cdot \text{m} = 420.47\text{kN} \cdot \text{m}$$

按公式计算的挠度为：

$$v = \frac{M_{kx}l^2}{10EI_x} = \frac{420.47 \times 10^6 \times 7400^2}{10 \times 2.06 \times 10^5 \times 2.083 \times 10^9}\text{mm} = 5.37\text{mm} < l_0/1000 = 7.4\text{mm}$$

8. 支座加劲肋计算

取支座加劲肋的外伸宽度 $b_s = 120\text{mm}$，厚度 $t_s = 10\text{mm}$。计算的支座加劲肋端面承压应力为：

$$\sigma_{ce} = \frac{R_{max}}{A_{ce}} = \frac{651.04 \times 10^3}{2 \times (120 - 15) \times 10}\text{N/mm}^2 = 310\text{N/mm}^2 < f_{ce} = 325\text{N/mm}^2$$

由例图 9-15 可知，

$$A = [(40 + 10 + 150) \times 10 + 2 \times 120 \times 10]\text{mm}^2 = 4400\text{mm}^2$$

$$I_z = \left[\frac{1}{12} \times 10 \times (2 \times 120 + 10)^3 + \frac{1}{12} \times (40 + 150) \times 10^3\right]\text{mm}^4 = 13.04 \times 10^6\text{mm}^4$$

$$i_z = \sqrt{\frac{I_z}{A}} = \sqrt{\frac{13.04 \times 10^6}{4400}} = 54.43$$

$$\lambda_z = \frac{h_0}{i_z} = \frac{714}{54.43} = 13.1$$

属 b 类截面，查表得 $\varphi = 0.987$，计算的支座加劲肋在腹板平面外的稳定性为：

$$\frac{R_{max}}{\varphi A} = \frac{651.04 \times 10^3}{0.987 \times 4400}\text{N/mm}^2 = 149.9\text{N/mm}^2 < 215\text{N/mm}^2,$$

满足要求。

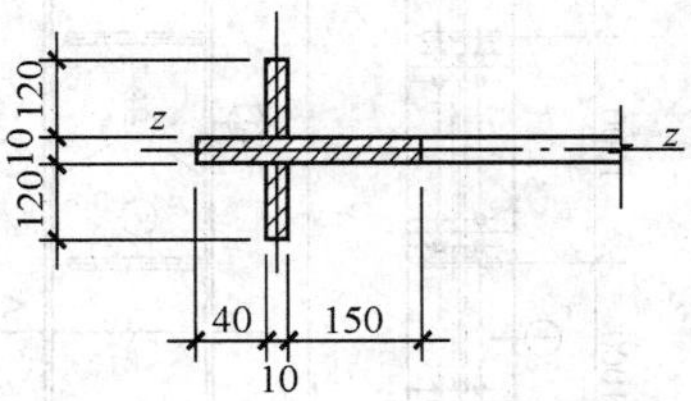

例图 9-15 支座加劲肋计算简图

9. 焊缝计算

(1)计算上翼缘与腹板的连接焊缝为：

$$h_f = \frac{1}{2 \times 0.7 f_f^w}\sqrt{\left(\frac{VS_1}{I_x}\right)^2 + \left(\frac{\psi P}{l_z}\right)^2}$$

$$= \frac{1}{2 \times 0.7 \times 160} \times \sqrt{\left[\frac{651.04 \times 10^3 \times 460 \times 18 \times (750 - 425.63 - 9)}{2.083 \times 10^9}\right]^2 + \left(\frac{1.0 \times 321.25 \times 10^3}{420}\right)^2}\text{mm}$$

$= 5.0\text{mm}$，取 $h_f = 8\text{mm}$

(2)计算下翼缘板与腹板的连接焊缝为：

$$h_f = \frac{VS_1}{2 \times 0.7 f_f^w I_x} = \frac{651.04 \times 10^3 \times 300 \times 18 \times (425.63 - 9)}{2 \times 0.7 \times 160 \times 2.083 \times 10^9}\text{mm} = 3.1\text{mm}，取 h_f = 8\text{mm}$$

(3)计算的支座加劲肋与腹板的连接焊缝为：

设 $h_f = 8\text{mm}$，$h_f = \dfrac{R_{max}}{0.7n \cdot l_w f_f^w} = \dfrac{651.04 \times 10^3}{0.7 \times 4 \times (714 - 2 \times 15 - 2 \times 8) \times 160}\text{mm} = 2.18\text{mm}$，采用 $h_f = 8\text{mm}$。

吊车梁施工详图见例图 9-16。

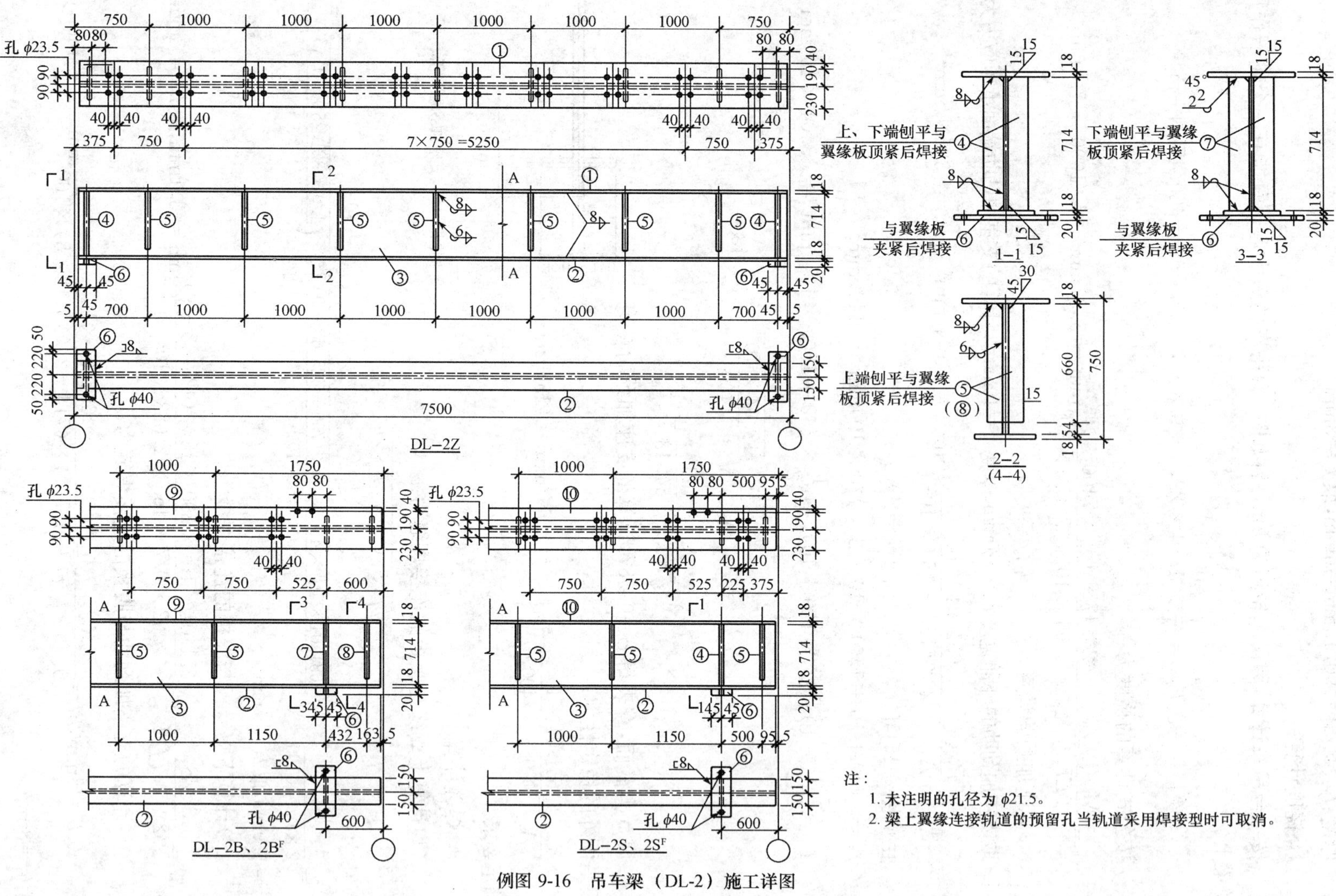

注：

1. 未注明的孔径为 φ21.5。
2. 梁上翼缘连接轨道的预留孔当轨道采用焊接型时可取消。

例图 9-16 吊车梁（DL-2）施工详图

第二节　焊接箱形吊车梁

箱形吊车梁由上下翼缘板与两侧各一块腹板组成，因其整个截面均参加工作，具有较大的整体抗弯及抗扭刚度，故设计所需的梁高相对较小；对相邻两跨吊车同时使用的中列柱箱形吊车梁，因其最大组合荷载的概率较低，实际上梁整体结构多处于较低应力状态，因而具有较高的安全度。

(1)当梁受压上翼缘的局部稳定得以保证(设一道或多道纵向加劲肋)时，箱形梁可按全截面有效计算强度和稳定性。

(2)梁的正应力和剪应力计算，除考虑整体截面竖向弯矩和水平弯矩最大组合外，尚应考虑最大扭矩组合情况，同时梁两侧腹板还应按各自单侧独自承受自身轮压的最大剪力验算腹板抗剪强度。

1)正应力。

梁跨中最大竖向及水平弯矩组合：

$$\eta_1\left(\frac{M_x}{W_{nx}}+\frac{M_y}{W_{ny}}\right)\leqslant f \tag{9-33}$$

梁最大扭矩(一侧荷载最大)组合：

$$1.1\left(\frac{M_x}{W_{nx}}+\frac{M_y}{W_{ny}}\right)\leqslant f \tag{9-34}$$

2)剪应力。

梁跨中最大弯矩组合时整体计算梁端腹板：

$$\tau=1.3\frac{VS_x}{I_x\sum t_w}\leqslant f_v \tag{9-35}$$

梁跨中最大弯矩组合时，单独计算剪力较大侧腹板：

$$\tau=\frac{V_1S_x}{I_xt_{w1}}\leqslant f_v \tag{9-36}$$

扭矩最大组合时，计算荷载一侧腹板：

$$\tau=1.3\frac{V_1S_x}{I_xt_{w1}}\leqslant f_v \tag{9-37}$$

3)腹板局部压应力。

重级工作制吊车梁：

$$\sigma_c=\frac{1.35P}{l_zt_w}\leqslant f \tag{9-38}$$

其他吊车梁：

$$\sigma_c=\frac{P}{l_zt_w}\leqslant f \tag{9-39}$$

式中　M_x、M_y——梁计算截面处的竖向最大弯矩与相应的水平弯矩设计值；

W_{nx}、W_{ny}——梁计算截面对 x、y 轴的净截面模量；

V——不同内力组合时计算截面处的最大剪力设计值；

V_1——荷载较大一侧计算截面的最大剪力设计值；

η_1——附加正应力的增大系数，一般可取 1.05，当两腹板上荷载很接近时取 1.0；

t_{w1}——剪力较大侧腹板厚度；

$\sum t_w$——两块腹板的总厚度；

I_x——计算截面的毛截面惯性矩；

S_x——计算剪应力处以上毛截面对 x 轴的面积矩；

l_z——腹板承压长度。

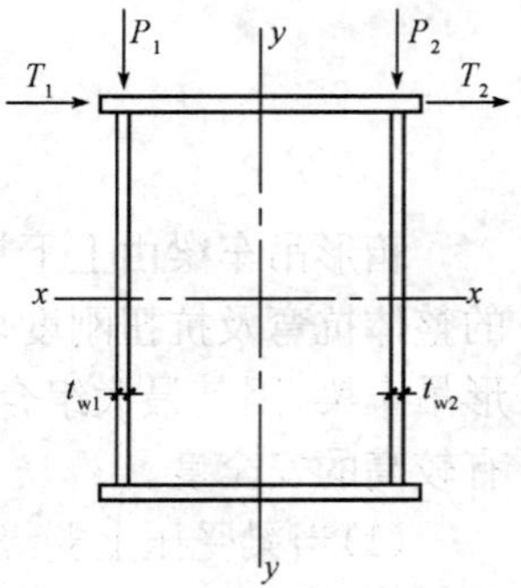

图 9-7 宽箱形梁计算简图

(3)按局部稳定要求，箱形梁的受压上翼缘下表面应沿盖板全长设置一道或多道纵向加劲肋，以使其按等分划出的盖板区格宽度 b_{01} 不大于 $40t_1\sqrt{\frac{235}{f_y}}$，此时 b_{01} 取为腹板与纵向加劲肋或两行纵向加劲肋间的距离。宽箱形梁计算简图见图 9-7。每一道纵向加劲肋对自身与上翼缘板相连边线为轴的惯性矩 I_z 应满足下列要求：

$$I_z \geqslant 0.12\gamma b_0 t_1^3$$

式中 b_0——梁两膜板间上翼缘板的宽度；

t_1——上翼缘板厚度；

γ——系数，按表 9-1 采用，当设一道加劲肋时按 γ_1 选用，设二道时按 γ_2 选用，设三道时按 γ_3 选用。

计算 γ_1、γ_2、γ_3 时需先假定一道纵向加劲肋的截面积 A_z，一般可初选 $A_z=0.1b_0t_1$ 进行试算后，最终选定纵向加劲肋截面面积 A_z。

表 9-1　系数 γ_1、γ_2、γ_3

$\beta=\frac{A_z}{b_0t_1}$	γ	a/b_0									
		0.6	0.8	1.0	1.2	1.4	1.6	1.8	2.0	2.2	2.4
0.05	γ_1	2.72	5.14	8.13	11.61	15.48	19.60	23.83	28.02	30.20	30.20
	γ_2	5.10	9.27	14.55	20.89	28.22	36.45	45.48	55.21	64.86	—
	γ_3	7.49	13.48	21.10	30.34	41.13	53.42	67.12	82.17	—	—
0.05	γ_1	3.05	5.73	9.05	12.94	17.28	21.96	26.82	31.71	36.44	36.69
	γ_2	5.85	10.60	16.62	23.88	32.88	41.75	52.20	63.50	74.89	—
	γ_3	8.82	15.83	24.79	35.65	48.35	62.85	79.06	96.90	—	—
0.15	γ_1	3.38	6.32	9.97	14.26	19.09	24.32	29.80	35.39	40.89	43.83
	γ_2	6.60	11.92	18.70	26.86	36.34	47.06	58.91	71.79	84.92	—
	γ_3	10.15	18.19	28.47	40.95	55.57	72.28	90.99	111.64	—	—
0.20	γ_1	3.72	6.91	10.89	15.59	20.89	26.67	32.79	39.08	45.35	51.42
	γ_2	7.34	13.25	20.77	29.85	40.41	52.36	65.63	80.08	94.95	—
	γ_3	11.47	20.55	32.16	46.26	62.79	81.71	102.93	126.37	—	

注：a 为箱形梁内刚性横隔间距；$\beta \leqslant 0.2$。

(4)箱形梁的竖向及水平挠度计算可参照工字形吊车梁的规定进行。此时，所有荷载均采用标准值。竖向挠度的容许值可按两侧吊车中对挠度要求较严的限值采用。I_x、I_y 均按箱形梁全截面计算。

因宽箱形梁全截面参加工作，水平刚度很大，其水平挠度一般均远小于容许值。

【例 9-3】　箱形吊车梁计算

1. 设计资料及说明

Ⓐ—Ⓑ跨及Ⓑ—Ⓒ跨的（中柱）Ⓑ列 30m 焊接箱形吊车梁，吊车轨道中心距为 2m，吊车资料见例表 9-1。吊车梁上、下翼缘板、腹板采用 Q235-C 制作；刚性横隔、腹板及上翼缘板加劲肋等采用 Q235-B 制作。焊条采用 E4315、E4316 型。吊车梁自重及作用在其上的走道活荷载、积灰荷载，摩电架、轨道、制动结构和支撑重量等可近似简化为将轮压乘以荷载增大系数来考虑。本例题为箱形结构，取 $\beta=1.15$。重级工作制吊车（A6）取动力系数 $\alpha=1.1$；中级工作制吊车（A5）取动力系数 $\alpha=1.05$. 吊车竖向荷载分项系数 $\gamma_Q=1.4$ 进行计算。

2. 内力计算

荷载及内力计算见例表 9-2。

例表 9-1　　　　**吊 车 主 要 参 数**

跨别	台数 起重量(t)	级别钩别	吊车 跨度(m)	吊车质量 (t)	小车质量 (t)	最大 轮压(kN)	轨道型号	简　图
Ⓐ—Ⓑ	四台 20+20	A6 软钩	28	99.655	32.616	411	QU120	765 7750 765
Ⓑ—Ⓒ	二台 10+10	A6 软钩	19	47.53	9.614	219	QU100	600 7500 600
	一台 32/5	A5 软钩	19	32.121	10.877	275	QU100	675 4800 675

例表 9-2　　　　**荷载及内力计算**

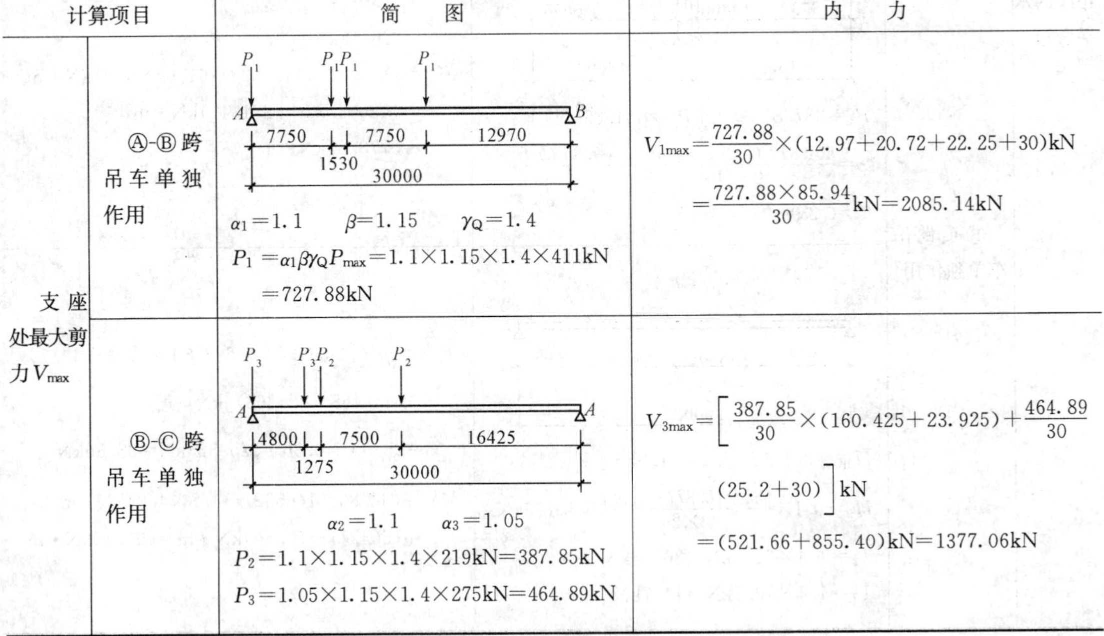

计算项目		简　图	内　力
支座处最大剪力 V_{max}	Ⓐ-Ⓑ跨吊车单独作用	P_1 P_1 P_1 P_1；A B；7750 1530 7750 12970；30000 $\alpha_1=1.1$　$\beta=1.15$　$\gamma_Q=1.4$ $P_1=\alpha_1\beta\gamma_Q P_{max}=1.1\times1.15\times1.4\times411\text{kN}$ $=727.88\text{kN}$	$V_{1max}=\frac{727.88}{30}\times(12.97+20.72+22.25+30)\text{kN}$ $=\frac{727.88\times85.94}{30}\text{kN}=2085.14\text{kN}$
	Ⓑ-Ⓒ跨吊车单独作用	P_3 P_3 P_2 P_2；A A；4800 1275 7500 16425；30000 $\alpha_2=1.1$　$\alpha_3=1.05$ $P_2=1.1\times1.15\times1.4\times219\text{kN}=387.85\text{kN}$ $P_3=1.05\times1.15\times1.4\times275\text{kN}=464.89\text{kN}$	$V_{3max}=\left[\frac{387.85}{30}\times(160.425+23.925)+\frac{464.89}{30}(25.2+30)\right]\text{kN}$ $=(521.66+855.40)\text{kN}=1377.06\text{kN}$

续上表

计算项目		简　图	内　力
支座处最大剪力V_{max}	Ⓐ-Ⓑ Ⓑ-Ⓒ跨吊车共同作用	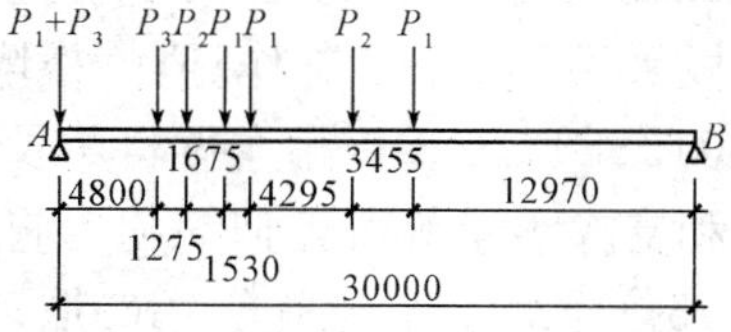 P_1+P_3　P_3 P_2 P_1 P_1　P_2　P_1；A　B；1675　3455；4800　4295　12970；1275　1530；30000	$V_{max}=0.8\times(2085.14+1377.06)\text{kN}$ $=2769.76\text{kN}$ 吊车轮压竖向荷载组合系数为 0.8
强度计算时，跨中最大竖向弯矩及相应的水平弯矩	Ⓐ-Ⓑ跨吊车单独作用	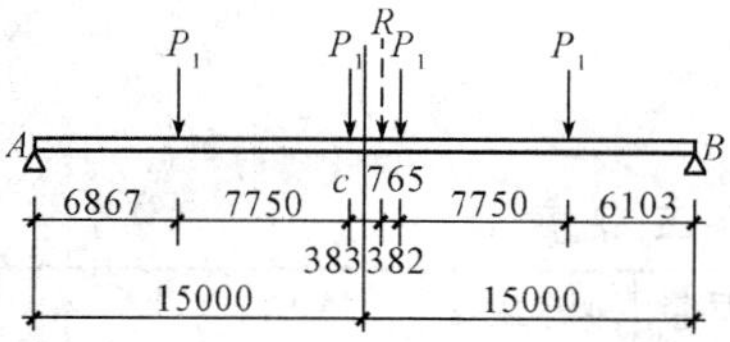 P_1　P_1 R P_1　P_1；A　B；c 765；6867　7750　7750　6103；383 382；15000　15000 $\bar{x}=\dfrac{P}{4P_1}\cdot 1.53=\dfrac{1.53}{2}=0.765$	$R_A=\dfrac{727.88}{30}\times(6.103+13.853+15.383+23.133)\text{kN}$ $=\dfrac{727.88}{30}\times 58.472\text{kN}=1418.69\text{kN}$ $M_C=[1418.69\times(15-0.383)-727.88\times 7.75]\text{kN}\cdot\text{m}$ $=15095.92\text{kN}\cdot\text{m}$
		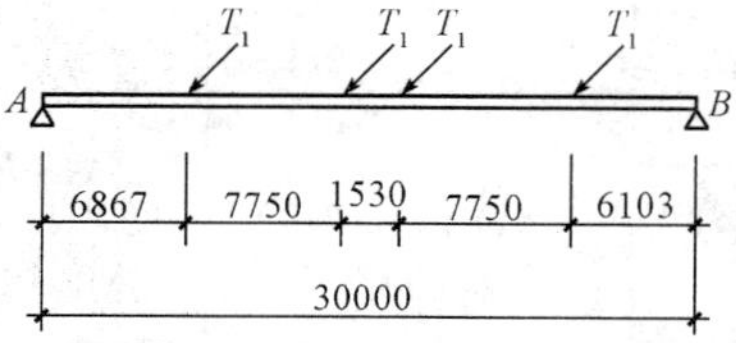 T_1　T_1 T_1　T_1；A　B；6867　7750　1530　7750　6103；30000 $H_k=0.1\times 411\text{kN}=41.1\text{kN}$ $T_1=\gamma_Q H_k=1.4\times 41.1\text{kN}=57.54\text{kN}$	$M_T=\dfrac{57.54}{727.88}\times 15095.92\text{kN}\cdot\text{m}$ $=1193.35\text{kN}\cdot\text{m}$
	Ⓑ-Ⓒ跨吊车单独作用	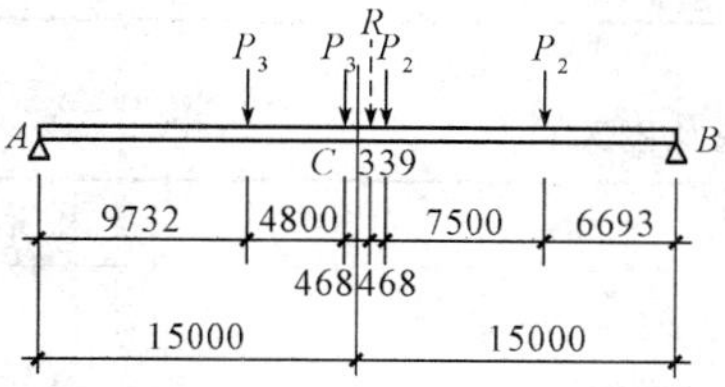 P_3　P_3 R P_2　P_2；A　B；C 339；9732　4800　7500　6693；468 468；15000　15000 $P_2=387.85\text{kN}$　$P_3=464.89\text{kN}$ $\bar{x}=\dfrac{464.89\times(1.275+6.075)-387.85\times 7.5}{2\times(464.89+387.85)}\text{m}$ $=0.339\text{m}$	$R_A=\dfrac{14.532}{30}\times[2\times(387.85+464.89)]\text{kN}$ $=826.13\text{kN}$ $M_C=(826.13\times 14.532-464.89\times 4.8)\text{kN}\cdot\text{m}$ $=(12005.32-2231.47)\text{kN}\cdot\text{m}$ $=9773.85\text{kN}\cdot\text{m}$
		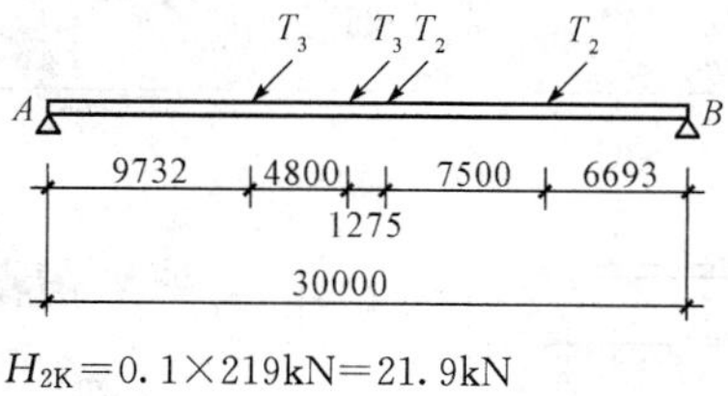 T_3　T_3 T_2　T_2；A　B；9732　4800　7500　6693；1275；30000 $H_{2K}=0.1\times 219\text{kN}=21.9\text{kN}$ $H_{3l}=0.1\times\dfrac{(32+10.877)\times 9.8}{2\times 2}\text{kN}=10.5\text{kN}$ $T_2=1.4\times 21.9\text{kN}=30.66\text{kN}$ $T_3=1.4\times 10.5\text{kN}=14.7\text{kN}$	$T_A=\dfrac{1}{30}\times[30.66\times(6.693+14.193)+14.7\times(15.468+20.268)]\text{kN}$ $=\dfrac{1}{30}\times(640.36+525.32)\text{kN}=38.86\text{kN}$ $M_C^T=(38.86\times 14.532-14.7\times 4.8)\text{kN}\cdot\text{m}$ $=(564.71-70.56)\text{kN}\cdot\text{m}=494.15\text{kN}\cdot\text{m}$

续上表

计算项目		简　　图	内　　力
强度计算时，跨中最大竖向弯矩及相应的水平弯矩	Ⓐ-Ⓑ、Ⓑ-Ⓒ跨吊车共同作用	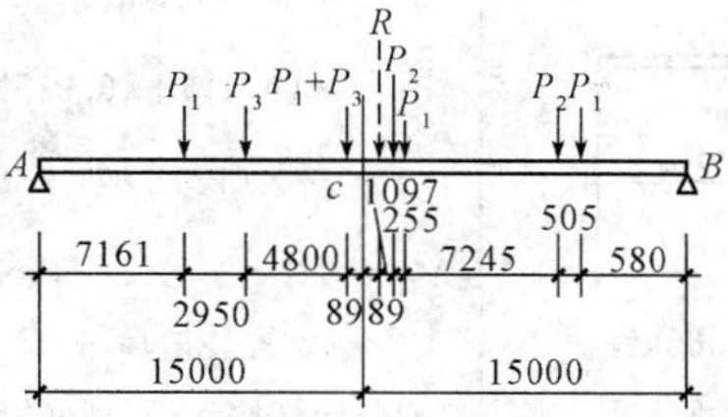 $\bar{x}=\frac{4P_1\times0.382-2(P_2+P_3)\times0.169}{2(P_2+P_3)+4P_1}$ m $=0.178$m	$R_A=\frac{1}{30}\times[727.88\times(5.809+13.559+15.089+22.839)+387.85\times(6.314+13.814)+464.89\times(15.089+19.889)]$kN $=\left[\frac{1}{30}\times41704.61+\frac{1}{30}\times(7806.64+16260.92)\right]$kN $=(1390.15+802.25)$kN$=2192.4$kN $M'_C=(2192.4\times14.911-464.89\times4.8-727.88\times7.75)$kN·m $=(32690.88-2231.47-5641.07)$kN·m $=24818.34$kN·m $M_C=0.8\times24818.34$kN·m$=19854.67$kN·m （组合系数0.8）
		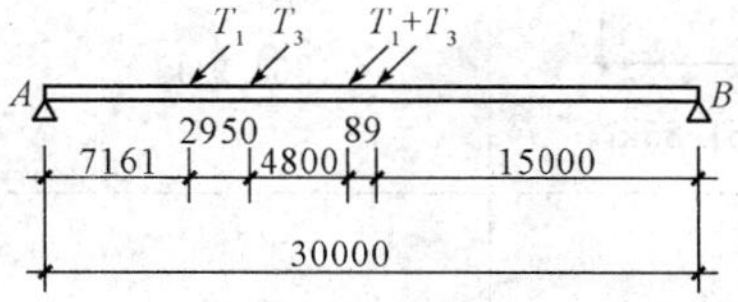 $T_1=57.54$kN $T_3=14.7$kN	$R_A=\frac{1}{30}\times[57.54\times(15.089+22.839)+14.7\times(15.089+19.889)]$kN $=\frac{1}{30}\times(2182.38+514.18)kN=89.89$kN $M_C^T=(89.89\times14.911-14.7\times4.8-57.54\times7.75)$kN·m $=(1340.35-70.56-445.94)$kN·m $=823.85$kN·m
挠度计算时，跨中最大弯矩	最大竖向弯矩	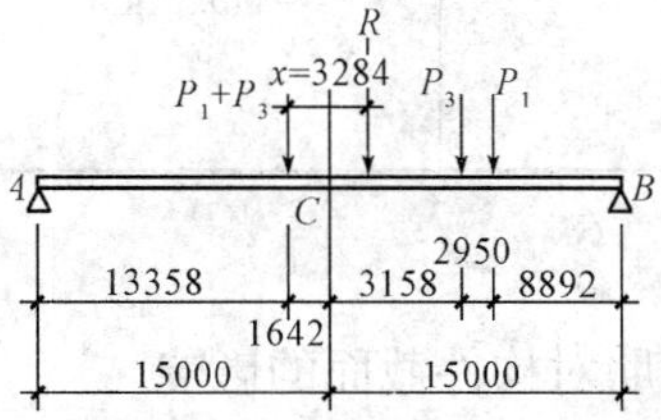 $P_1=1.15\times411$kN$=472.65$kN（标准值） $P_3=1.15\times275$kN$=316.25$kN（标准值）	$\bar{x}=\frac{472.65\times7.75+316.25\times4.8}{2\times(472.65+316.25)}$m $=3.284$m （挠度计算按Ⓐ-Ⓑ、Ⓑ-Ⓒ跨各一台吊车） $R_A=\frac{1}{30}\times[472.65\times(8.892+16.642)+316.25\times(11.842+16.642)]$kN $=\frac{1}{30}\times(12068.65+9008.07)$kN $=702.56$kN $M_C=702.56\times13.358$kN·m$=9384.80$kN·m
	最大水平弯矩	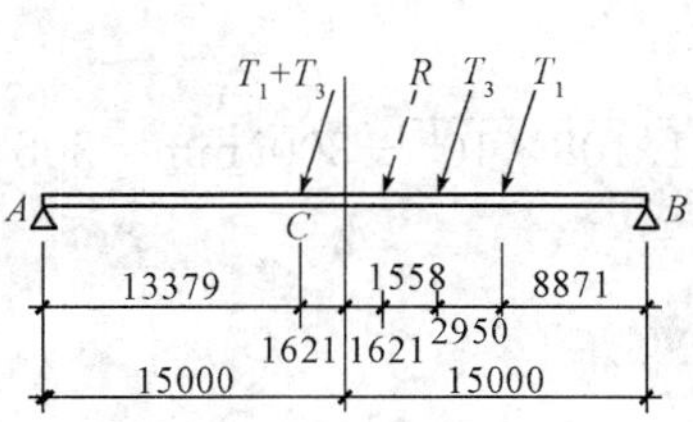 $T_1=14.0$kN（横向制动力标准值） $T_3=10.5$kN（横向制动力标准值）	$\bar{x}=\frac{14.0\times7.75+10.5\times4.8}{2\times(14.0+10.5)}m=3.242$m $R_A=\frac{1}{30}\times[14\times(8.871+16.621)+10.5\times(11.821+16.621)]$kN $=\frac{1}{30}\times(356.89+298.64)$kN $=21.85$kN $M_C=21.85\times13.379$kN·m$=292.34$kN·m

续上表

<table>
<tr><th colspan="2">计算项目</th><th>简　图</th><th>内　力</th></tr>
<tr><td rowspan="3">疲劳计算时，跨中最大弯矩及支座处最大剪力</td><td>最大竖向弯矩</td><td>P1+P2　R　P2 P1
A　B
13084　3669　9165
1916 1916 250
15000　15000
$P_1=1.15\times411\text{kN}=472.65\text{kN}$
$P_2=1.15\times219\text{kN}=251.85\text{kN}$</td><td>$\bar{x}=\frac{472.65\times7.75+251.85\times7.5}{2\times(472.65+251.85)}\text{m}=3.832\text{m}$
$R_A=\frac{1}{30}\times[472.65\times(9.165+16.915)+251.85\times(9.415+16.915)]\text{kN}$
$=\frac{1}{30}\times(1232.671+6631.21)\text{kN}=631.93\text{kN}$
$M_C=631.93\times13.084\text{kN}\cdot\text{m}$
$=8268.18\text{kN}\cdot\text{m}$
(疲劳计算按Ⓐ-Ⓑ、Ⓑ-Ⓒ跨各一台重级工作制吊车)</td></tr>
<tr><td>Ⓐ-Ⓑ、Ⓑ-Ⓒ跨吊车共同作用下支座处的最大剪力</td><td>P1+P1　P2 P1
A　B
250
7500　22250
30000
$P_1=472.65\text{kN}$　$P_2=251.85\text{kN}$</td><td>$V_{\max}=\frac{1}{30}\times[472.65\times(22.25+30)+251.85\times(22.5+30)]\text{kN}$
$=\frac{1}{30}\times(24695.96+13222.13)\text{kN}$
$=1263.94\text{kN}$</td></tr>
<tr><td>Ⓐ-Ⓑ、Ⓑ-Ⓒ跨吊车单独作用下支座处的最大剪力</td><td>P2　P2
P1　P1
7500　250　22250
30000
$P_1=472.65\text{kN}$
$P_2=215.85\text{kN}$</td><td>$V_{1\max}=\frac{1}{30}\times472.65\times(22.25+30)\text{kN}$
$=823.20\text{kN}$
$V_{2\max}=\frac{1}{30}\times251.85\times(22.5+30)\text{kN}$
$=440.74\text{kN}$</td></tr>
</table>

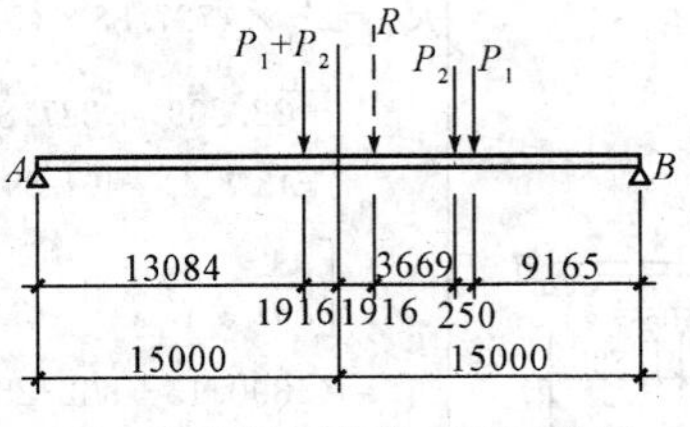

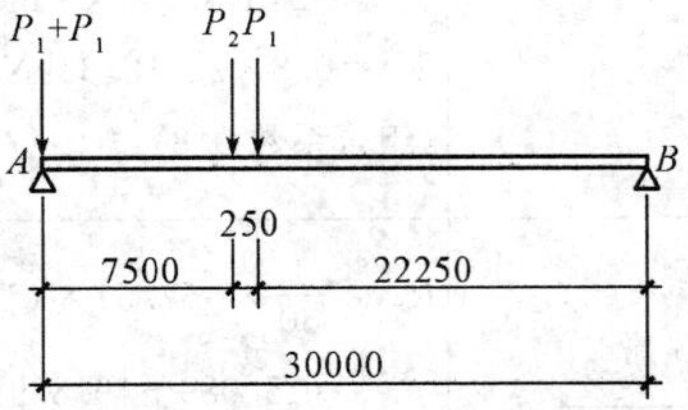

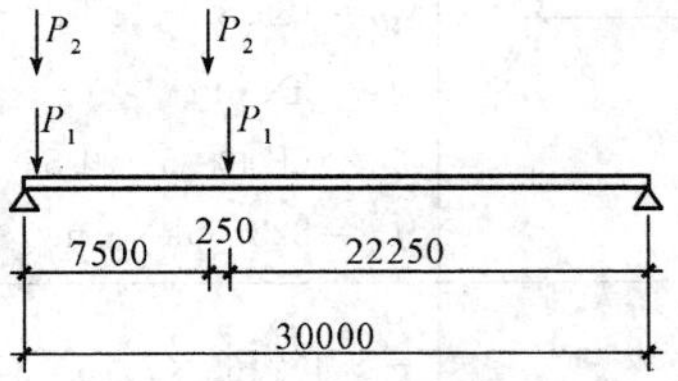

3. 截面尺寸确定

为简化计算，忽略受压翼缘板纵向加劲肋对构件截面的影响。

(1)腹板高度确定。

按强度要求截面模量

$$W=\frac{1.2M_{\max}}{f}=\frac{1.2\times19854.67\times10^6}{215}\text{mm}^3=1.108\times10^8\text{mm}^3$$

按经济要求确定腹板高度

$$h_0=7\sqrt[3]{W}-300=(7\times\sqrt[3]{1.108\times10^8}-300)\text{mm}=3062\text{mm}$$

按刚度要求确定腹板高度

$$\left[\frac{l}{v}\right]=1200$$

$$h_{\min}=0.75fl\left[\frac{M_v}{M_{\max}}\right]\left[\frac{l}{v}\right]\times10^{-6}=0.75\times215\times30000\times\frac{9384.8}{19854.67}\times1200\times10^{-6}\text{mm}$$
$$=2744\text{mm}$$

初选腹板高度 $h_0=2700\text{mm}$。

(2)腹板厚度确定。

按经验公式计算所需腹板厚度 $\sum t_w=\frac{1}{3.5}\sqrt{h_0}=\frac{1}{3.5}\times\sqrt{2700}\text{mm}=14.8\text{mm}$

按抗剪要求确定的腹板厚度

$$t_{w1}=\frac{1.2V_{max}}{h_0 f_v}=\frac{1.2\times2085.14\times10^3}{2700\times125}\text{mm}=7.41\text{mm}$$

$$t_{w2}=\frac{1.2\times1377.06\times10^3}{2700\times125}\text{mm}=4.90\text{mm}$$

考虑腹板局部承压要求初步确定 $t_{w1}=14\text{mm}$，$t_{w2}=12\text{mm}$。

(3)翼级尺寸确定。

一个翼缘所需截面面积

$$A_1=\frac{W}{h_0}-\frac{1}{6}h_0\sum t_w$$

$$=\left[\frac{1.108\times10^8}{2700}-\frac{2700}{6}\times(14+12)\right]\text{mm}^2$$

$$=(41037-11700)\text{mm}^2=29337\text{mm}^2$$

由于构造等因素，上、下翼缘截面分别取－2400×18及－2150×16。

$$2400\times18\text{mm}^2=43200\text{mm}^2>29337\text{mm}^2$$

$$2150\times16\text{mm}^2=34400\text{mm}^2>29337\text{mm}^2$$

(翼缘尺寸基本满足)

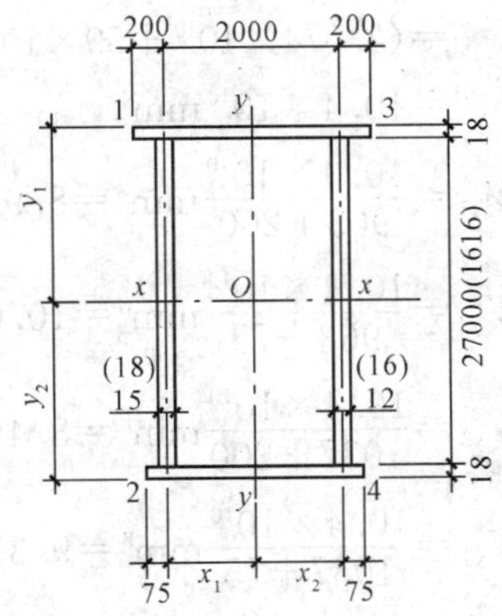

例图 9-17 计算截面简图(括号内尺寸为支座截面)

(4)跨中截面特性计算(例图 9-17)。

$$A=[2400\times18+2150\times16+2700\times(14+12)]\text{mm}^2$$

$$=(43200+34400+70200)\text{mm}^2$$

$$=147800\text{mm}^2$$

$$y_1=\frac{1}{147800}\times[2400\times18\times18/2+2150\times16\times(16/2+18+2700)+2700\times(14+12)\times(2700/2+18)]\text{mm}$$

$$=\frac{1}{147800}\times(388800+93774400+96033600)\text{mm}$$

$$=1287\text{mm}$$

$$y_2=[(2700+16+18)-1287]\text{mm}=1447\text{mm}$$

$$I_x=\left[\frac{2400\times18^3}{12}+2400\times18\times(1287-9)^2+\frac{2150\times16^3}{12}+2150\times16\times(1447-8)^2+\frac{2700^3\times(14+12)}{12}+2700\times26\times(1447-16-2700/2)^2\right]\text{mm}^4$$

$$=(1.166\times10^6+7.056\times10^{10}+0.734\times10^6+7.123\times10^{10}+4.265\times10^{10}+5.69\times10^6)\text{mm}^4$$

$$=18.45\times10^{10}\text{mm}^4$$

$$W_{x1}=\frac{18.45\times10^{10}}{1287}\text{mm}^3=1.43\times10^8\text{mm}^3$$

$$W_{x2}=\frac{18.45\times10^{10}}{1447}\text{mm}^3=1.28\times10^8\text{mm}^3$$

$$\begin{aligned}x_1&=\frac{1}{147800}\times[(2400\times18+2150\times16)\times2000/2+2700\times12\times2000]\text{mm}\\&=\frac{1}{147800}\times(776000\times10^2+648000\times10^2)\text{mm}\\&=963\text{mm}\end{aligned}$$

$$x_2=(2000-963)\text{mm}=1037\text{mm}$$

$$\begin{aligned}I_y&=\Big[\frac{2400^3\times18}{12}+2400\times18\times(2000/2-963)^2+\frac{2150^3\times16}{12}+2150\times16\times(2000/2-963)^2+\\&\quad 2700\times14\times963^2+2700\times12\times1037^2\Big]\text{mm}^4\\&=(2.074\times10^{10}+59\times10^6+1.325\times10^{10}+47\times10^6+3.505\times10^{10}+3.484\times10^{10})\text{mm}^4\\&=10.4\times10^{10}\text{mm}^4\end{aligned}$$

$$W_{y1}=\frac{10.4\times10^{10}}{963+200}\text{mm}^3=8.94\times10^7\text{mm}^3$$

$$W_{y2}=\frac{10.4\times10^{10}}{963+75}\text{mm}^3=10.02\times10^7\text{mm}^3$$

$$W_{y3}=\frac{10.4\times10^{10}}{1037+200}\text{mm}^3=8.41\times10^7\text{mm}^3$$

$$W_{y4}=\frac{10.4\times10^{10}}{1037+75}\text{mm}^3=9.35\times10^7\text{mm}^3$$

(5)支座处截面特性计算。

吊车梁端部为渐变式，其变化应在跨度$l/6$范围内，考虑构造要求取4500mm，见例图9-18，支座处截面高度取1650mm，截面计算简图见例图9-17，腹板变厚度为18mm、16mm。

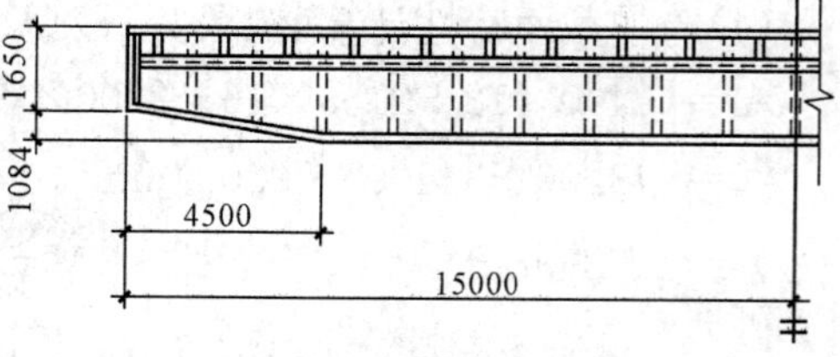

例图 9-18 箱形吊车梁立面图

$$\begin{aligned}A&=[2400\times18\times2150+16+1616\times(18+16)]\text{mm}^2\\&=(43200+34400+54940)\text{mm}^2\\&=132540\text{mm}^2\end{aligned}$$

$$\begin{aligned}y_1&=\frac{1}{132540}\times[2400\times18^2/2+2150\times16\times(16/2+18+1616)+1616\times(18+16)\times\\&\quad(1616/2+18)]\text{mm}\\&=\frac{1}{132540}\times(388800+56484800+45383740)\text{mm}=772\text{mm}\end{aligned}$$

$$y_2=(1650-772)\text{mm}=878\text{mm}$$

$$\begin{aligned}I_x&=\Big[\frac{1616^3\times(18+16)}{12}+1616\times34\times(878-16-1615/2)^2+2400\times18\times(772-9)^2+\\&\quad 2150\times16\times(878-8)^2\Big]\text{mm}^4\end{aligned}$$

$=(1.19\times10^{10}+1.6\times10^{8}+2.515\times10^{10}+2.604\times10^{10})\text{mm}^4$

$=6.33\times10^{10}\text{mm}^4$

中和轴以上截面面积矩

$S_x=[2400\times18\times(772-9)+(772-18)\times34\times(772-18)/2]\text{mm}^3$

$=(3.296\times10^{7}+0.966\times10^{7})\text{mm}^3=4.262\times10^{7}\text{mm}^3$

4. 梁截面承载力计算

(1)强度计算(例表 9-3)。

例表 9-3 强 度 计 算

计算项目	计 算 内 容
正应力 σ	(1)最大竖向弯矩及相应小于弯矩作用时,取 $\eta_1=1.05$ $\sigma_3=\eta_1\left(\frac{M_x}{W_{x1}}+\frac{M_y}{W_{y3}}\right)=1.05\times\left(\frac{19854.67\times10^6}{143\times10^6}+\frac{823.85\times10^6}{84.1\times10^6}\right)$ $=1.05\times(138.84+9.80)\text{N/mm}^2=156.07\text{N/mm}^2<f=205\text{N/mm}^2$,厚度>16,满足要求 $\sigma_4=\eta_1\left(\frac{M_x}{W_{x1}}+\frac{M_y}{W_{y4}}\right)=1.05\times\left(\frac{19854.67\times10^6}{128\times10^6}+\frac{823.85\times10^6}{93.5\times10^6}\right)$ $=1.05\times(155.11+8.81)\text{N/mm}^2=172.12\text{N/mm}^2<f=215\text{N/mm}^2$,满足要求 (2)最大扭矩作用(按一侧最大荷载并乘 1.1 系数考虑) $\sigma_3=1.1\left(\frac{M_x}{W_{x1}}+\frac{M_y}{W_{y3}}\right)=1.1\times\left(\frac{15095.92\times10^6}{143.6\times10^6}+\frac{1193.35\times10^6}{84.1\times10^6}\right)$ $=1.1\times(105.12+14.19)\text{N/mm}^2=131.24\text{N/mm}^2<f=205\text{N/mm}^2$,满足要求 $\sigma_4=1.1\left(\frac{M_x}{W_{y2}}+\frac{M_y}{W_{y4}}\right)=1.1\times\left(\frac{15095.92\times10^6}{128\times10^6}+\frac{1193.35\times10^6}{93.5\times10^6}\right)$ $=1.1\times(117.94+12.76)\text{N/mm}^2=143.77\text{N/mm}^2<f=215\text{N/mm}^2$,满足要求
剪应力 τ	(1)按整体计算时 $\tau=1.3\frac{V_{max}S_x}{I_x\sum t_w}=1.3\times\frac{2769.76\times10^3\times4.26\times10^7}{6.33\times10^{10}\times(18+16)}\text{N/mm}^2=1.3\times54.82\text{N/mm}^2=71.27\text{N/mm}^2<f_v$ $=120\text{N/mm}^2$,满足要求 (2)按单侧腹板计算时 Ⓐ—Ⓑ跨侧 $\tau=\frac{V_1S_x}{I_xt_w}=\frac{2085.14\times10^3\times4.26\times10^7}{6.33\times10^{10}\times18}\text{N/mm}^2=77.96\text{N/mm}^2<f_v=120\text{N/mm}^2$,满足要求 Ⓑ—Ⓒ跨侧 $\tau=\frac{V_3S_x}{I_xt_w}=\frac{1377.06\times10^3\times4.26\times10^7}{6.33\times10^{10}\times16}\text{N/mm}^2=57.92\text{N/mm}^2<f=125\text{N/mm}^2$,满足要求 (3)按受扭较大侧腹板计算 $\tau=1.3\times77.96\text{N/mm}^2=101.35\text{N/mm}^2<f_v=120\text{N/mm}^2$,满足要求
腹板局部压应力 σ_c	Ⓐ—Ⓑ跨吊车最大轮压作用计算 $l_z=a+5h_y+2h_e=(50+5\times18+2\times170)\text{mm}=480\text{mm}$ $\sigma_{c1}=\frac{1.35P}{l_zt_{w1}}=\frac{1.35\times1.1\times1.4\times411\times10^3}{480\times14}\text{N/mm}^2=127.15\text{N/mm}^2<f=215\text{N/mm}^2$,满足要求 Ⓑ—Ⓒ跨侧腹板 σ_c $l_z=(50+5\times18+2\times150)\text{mm}=440\text{mm}$ $\sigma_{c2}=1.35\times1.1\times1.4\times219\times10^3/(440\times12)\text{N/mm}^2=86.23\text{N/mm}^2<f=215\text{N/mm}^2$,满足要求 $\sigma_{c3}=1.05\times1.4\times275\times10^3/(440\times12)\text{N/mm}^2=76.56\text{N/mm}^2<f=215\text{N/mm}^2$,满足要求

(2)挠度计算(例表 9-4)。

例表 9-4　　箱形吊车梁挠度计算

计算项目	计　算　内　容
竖向挠度	$\frac{v_x}{l}=k\frac{M_x l}{10EI_x}\left(1+\frac{3}{25}\frac{I_x-I'_x}{I_x}\right)$ $=1.0\times\frac{9384.8\times10^6\times30000}{10\times206\times10^3\times18.45\times10^{10}}\times\left(1+\frac{3}{25}\times\frac{18.45\times10^{10}-6.33\times10^{10}}{18.45\times10^{10}}\right)$ $=\frac{1}{1350}\times1.0788=\frac{1}{1251}<\frac{1}{1200}$,满足要求
水平挠度	$\frac{v_y}{l}=k\frac{M_y l}{10EI_y}=1.0\times\frac{292.34\times10^6\times30000}{10\times206\times10^3\times10.4\times10^{10}}=\frac{1}{24428}<\frac{1}{2000}$,满足要求 箱形吊车梁具有较强水平刚度

(3)整体稳定验算。

由于$\frac{h}{b_0}=\frac{2700+18+16}{200}=1.37<6$,且$\frac{l}{b_0}=\frac{30000}{2000}=15<95$。

箱形吊车梁均能满足截面高宽比及自由长度与宽度之比的要求,可不计算梁整体稳定性。

(4)吊车梁局部稳定计算。

1)吊车梁腹板局部稳定计算。

经预算腹板稳定及挠度不够,故以下计算按修改后截面进行验算。

主腹板 $h_0/t_w=2700/16=169=170$,且小于 250。

副腹板 $h_0/t_w=2700/14=193>170$,且小于 250。

本例题梁腹板应配置横向加劲肋,受压区纵向加劲肋,且宜配置受压区短加劲肋,见例图 9-23。

腹板局部稳定验算见例表 9-5。

例表 9-5　　吊车梁腹板局部稳定验算

计算项目		计　算　内　容
用横向加劲肋、纵向加劲肋及短加劲肋加强的腹板(吊车梁跨中腹板)	横向、纵向加劲肋及短加劲肋设置	如例图 9-23 所示梁跨中腹板　设 $a=1500$mm　$a_1=750$mm　$h_1=600$mm $a_1/h_1=750/600=1.25$　$h_1/a_1=600/750=0.8$
	梁中部腹板区格内腹板计算高度边缘的弯曲压应力	$\sigma=\frac{M_x(x_1-18)}{I_x}=\frac{19854.67\times10^6\times(1287-18)}{18.45\times10^{10}}$N/mm^2=136.56N/mm^2 平均弯矩近似取 $M_{max}=19854.67$kN·m(组合系数 0.8)
	梁中部腹板最大平均剪应力	$h_w=2700$mm,主腹板 $t_{w1}=16$mm,副腹板 $t_{w2}=14$mm 梁中部主腹板平均剪力 $V_1=(1263.94-727.88)$kN=536.06kN 梁中部副腹板平均剪力 $V_3=(823.20-464.89)$kN=358.31kN 主腹板　$\tau=\frac{V_{1max}}{h_w t_{w1}}=\frac{536.06\times10^3}{2700\times16}$N/mm^2=12.41N/mm^2 副腹板　$\tau=\frac{V_{3max}}{h_w t_{w3}}=\frac{358.31\times10^3}{2700\times14}$N/mm^2=9.48N/mm^2

续上表

<table>
<tr><th colspan="2">计算项目</th><th>计　算　内　容</th></tr>
<tr><td></td><td>腹板局部压应力</td><td>主腹板　$\sigma_{c1}=\frac{\psi P_1}{l_z t_{w1}}=\frac{1.0\times1.1\times1.4\times411\times10^3}{480\times16}\text{N/mm}^2=82.41\text{N/mm}^2$
副腹板　$\sigma_{c3}=\frac{1.0\times1.05\times1.4\times275\times10^3}{440\times14}\text{N/mm}^2=65.63\text{N/mm}^2$</td></tr>
<tr><td rowspan="2">用横向加劲肋、纵向加劲肋及短加劲肋加强的腹板(吊车梁跨中腹板)</td><td>受压翼缘与纵向加劲肋之间的区格</td><td>$\frac{\sigma}{\sigma_{cr1}}+\left(\frac{\tau}{\tau_{cr1}}\right)^2+\left(\frac{\sigma_c}{\sigma_{c,cr1}}\right)^2\leqslant1.0$　$f_y=235\text{N/mm}^2$
(1)σ_{cr1}的计算(因有轨道梁受压翼缘扭转受约束)
主腹板　$\lambda_{b1}=\frac{h_1/t_w}{75}\sqrt{\frac{f_y}{235}}=\frac{600/16}{75}=0.5<0.85$
副腹板　$\lambda_{b1}=\frac{600/14}{75}=0.571<0.85$ 均取 $\sigma_{cr1}=f=215\text{N/mm}^2$
(2)τ_{cr1}的计算 $a_1/h_1=1.25>1.0$
主腹板　$\lambda_s=\frac{h_1/t_w}{41\times\sqrt{5.34+4(h_1/a_1)^2}}\sqrt{\frac{f_y}{235}}=\frac{600/16}{41\times\sqrt{5.34+4\times0.8^2}}=0.325<0.8$
副腹板　$\lambda_s=\frac{600/14}{41\times\sqrt{5.34+4\times0.8^2}}=0.372<0.8$ 取 $\tau_{cr1}=f_v=125\text{N/mm}^2, a_1h_1=1.25>1.2$
(3)$\sigma_{c,cr1}$的计算
主腹板　$\lambda_{c1}=\frac{a_1/t_w}{87}\sqrt{\frac{f_y}{235}}\times\frac{1}{\sqrt{0.4+0.5(a_1/h_1)}}=\frac{750/16}{87}\times\frac{1}{\sqrt{0.4+0.5\times1.25}}$
$=0.539\times0.988=0.532<0.85$
副腹板　$\lambda_{c1}=0.616\times0.988=0.608<0.85$ 取 $\sigma_{c,cr1}=f=215\text{N/mm}^2$
(4)腹板考虑弹塑性修正的局部稳定验算
主腹板　$\frac{136.56}{215}+\left(\frac{12.41}{125}\right)^2+\left(\frac{82.41}{215}\right)^2=0.635+0.010+0.147=0.782<1.0$
副腹板　$\frac{136.56}{215}+\left(\frac{9.48}{125}\right)^2+\left(\frac{65.63}{215}\right)^2=0.635+0.006+0.093=0.734<1.0$</td></tr>
<tr><td>受拉翼缘与纵向劲肋之间的区格</td><td>$\left(\frac{\sigma_2}{\sigma_{cr2}}\right)^2+\left(\frac{\tau}{\tau_{cr2}}\right)^2+\frac{\sigma_{c2}}{\sigma_{c,cr2}}\leqslant1.0$
腹板在纵向加劲肋处的弯曲压应力　$\sigma_2=\frac{19854.67\times10^6\times(1287-18-600)}{18.45\times10^{10}}\text{N/mm}^2=71.99\text{N/mm}^2$
腹板在纵向加劲肋处的横向压应力
主腹板　$\sigma_{c2}=0.3\sigma_{c1}=0.3\times82.41\text{N/mm}^2=24.72\text{N/mm}^2$
副腹板　$\sigma_{c2}=0.3\sigma_{c3}=0.3\times65.63\text{N/mm}^2=19.69\text{N/mm}^2$
(1)σ_{cr2}　$h_2=(2700-600)\text{mm}=2100\text{mm}$
主腹板　$\lambda_{b2}=\frac{h_2/t_w}{194}\sqrt{\frac{f_y}{235}}=\frac{2100/16}{194}=0.677<0.85$
副腹板　$\lambda_{b2}=\frac{2100/14}{194}=0.773<0.85$ 取 $\sigma_{cr2}=215\text{N/mm}^2$
(2)τ_{cr2}　$a/h_2=1500/2100=0.714<1.0$
主腹板　$\lambda_s=\frac{2100/16}{41\times\sqrt{4+5.34\times(2100/1500)^2}}=0.842>0.8$
$\tau_{ct2}=[1-0.59\times(\lambda_s-0.8)]f_v=[1-0.59\times(0.842-0.8)]\times125\text{N/mm}^2=121.90\text{N/mm}^2$
副腹板　$\lambda_s=0.842\times16/14=0.962>0.8$
$\tau_{cr2}=[1-0.59\times(0.962-0.8)]\times125\text{N/mm}^2=113.05\text{N/mm}^2$
(3)$\sigma_{c,cr2}$　$a/h_2=0.682>0.5$
主腹板　$\lambda_c=\frac{h_2/t_w}{28\times\sqrt{10.9+13.4(1.83-a/h_2)^3}}\sqrt{\frac{f_y}{235}}$
$=\frac{2100/16}{28\times\sqrt{10.9+13.4\times(1.83-0.714)^3}}\times\frac{131.25}{152.14}=0.863<0.9$
$\sigma_{c,cr2}=215\text{N/mm}^2$
副腹板　$\lambda_c=0.863\times16/14=0.986>0.9$
$\sigma_{c,cr2}=[1-0.79\times(\lambda_c-0.9)]f=[1-0.79\times(0.986-0.9)]\times215\text{N/mm}^2=200.39\text{N/mm}^2$
(4)腹板考虑弹塑性修正的局部稳定验算
主腹板　$\left(\frac{71.99}{215}\right)^2+\left(\frac{12.41}{113.05}\right)^2+\frac{24.72}{215}=0.112+0.012+0.115=0.239<1.0$,满足要求
副腹板　$\left(\frac{71.99}{215}\right)^2+\left(\frac{9.48}{113.05}\right)^2+\frac{19.69}{200.39}=0.112+0.007+0.098=0.217<1.0$,满足要求</td></tr>
</table>

续上表

<table>
<tr><th colspan="2">计算项目</th><th>计　算　内　容</th></tr>
<tr><td rowspan="5">（梁端部腹板）用横向加劲肋、纵向加劲肋及短加劲肋加强的腹板</td><td>横向、纵向加劲肋及短加劲肋设置</td><td>如例图 9-23 所示梁端部腹板　设 $a=1350\text{mm}$　$a_1=675\text{mm}$　$h_1=600\text{mm}$
$a_1/h_1=675/600=1.25$　$h_1/a_1=600/675=0.889$</td></tr>
<tr><td>腹板计算高度边缘的弯曲压应力</td><td>梁端部平均弯矩　$M=2769.76\times0.75\times0.8\text{kN}\cdot\text{m}=1661.86\text{kN}\cdot\text{m}$
$\sigma=\frac{1661.86\times10^6\times(772-18)}{6.33\times10^{10}}\text{N/mm}^2=19.80\text{N/mm}^2$</td></tr>
<tr><td>梁端部腹板最大平均剪应力</td><td>$h_w=1616\text{mm}$，主腹板 $t_{w1}=18\text{mm}$，副腹板 $t_{w2}=16\text{mm}$
梁支座处腹板剪力 $V_{1max}=2085.14\text{kN}$　$V_2=1377.06\text{kN}$
主腹板 $\tau=\frac{2085.14\times10^3}{1616\times18}\text{N/mm}^2=71.68\text{N/mm}^2$
副腹板 $\tau=\frac{1377.06\times10^3}{1616\times16}\text{N/mm}^2=53.26\text{N/mm}^2$</td></tr>
<tr><td>腹板局部压应力</td><td>主腹板 $\sigma_{c1}=82.41\text{N/mm}^2$　副腹板 $\sigma_{c3}=65.63\text{N/mm}^2$</td></tr>
<tr><td>受压翼缘与纵向加劲肋之间的区格</td><td>(1)σ_{cr1}的计算
主腹板　$\lambda_{b1}=\frac{600/18}{75}=0.44<0.85$　取 $\sigma_{cr1}=205\text{N/mm}^2$
副腹板　$\lambda_{b1}=\frac{600/16}{75}=0.5<0.85$　取 $\sigma_{cr1}=215\text{N/mm}^2$
(2)τ_{cr1}的计算 $a_1/h_1=1.125>1.0$
主腹板　$\lambda_s=\frac{600/18}{41\times\sqrt{5.34+4\times0.889^2}}=\frac{33.33}{119.54}=0.279<0.8$
副腹板　$\lambda_s=0.279\times18/16=0.314<0.8$
取主腹板　$\tau_{cr1}=120\text{N/mm}^2$，副腹板 $\tau_{cr1}=125\text{N/mm}^2$
(3)$\sigma_{c,cr1}$的计算 $a_1 h=1.125<1.2$
主腹板　$\lambda_{c1}\frac{675/18}{87}=0.43<0.85$，取 $\sigma_{c,cr1}=205\text{N/mm}^2$
副腹板　$\lambda_{c1}=0.43\times18/16=0.48<0.85$ 取 $\sigma_{c,cr1}=215\text{N/mm}^2$
腹板考虑弹塑性修正的局部稳定计算
主腹板　$\frac{19.8}{205}+\left(\frac{71.68}{120}\right)^2+\left(\frac{82.41}{205}\right)^2=0.097+0.357+0.162=0.616<1.0$，满足要求
副腹板　$\frac{19.8}{215}+\left(\frac{53.26}{125}\right)^2+\left(\frac{65.36}{215}\right)^2=0.092+0.182+0.093=0.367<1.0$，满足要求</td></tr>
<tr><td>用横向加劲肋、纵向加劲肋加强的腹板（梁端部腹板）</td><td>受拉翼缘与纵向加劲肋之间区格</td><td>腹板在纵向加劲肋处弯曲压应力
$\sigma_2=\frac{1661.86\times10^6\times(772-18-600)}{6.33\times10^{10}}\text{N/mm}^2=4.04\text{N/mm}^2$
腹板最大平均剪应力
主腹板　$\tau=71.68\text{N/mm}^2$　副腹板　$\tau=53.26\text{N/mm}^2$
腹板在纵向加劲肋处的横向压应力
主腹板　$\sigma_{c2}=24.72\text{N/mm}^2$　副腹板　$\sigma_{c2}=19.69\text{N/mm}^2$
(1)σ_{cr2}的计算　$h_2=(1616-600)\text{mm}=1016\text{mm}$
主腹板　$\lambda_{b2}=\frac{1016/18}{194}=0.291<0.85$　取 $\sigma_{cr2}=205\text{N/mm}^2$
副腹板　$\lambda_{b2}=0.291\times18/16=0.327<0.85$　取 $\sigma_{cr2}=215\text{N/mm}^2$
(2)τ_{cr2}计算 $a/h_2=1350/1016=1.329>1.0$
主腹板　$\lambda_s=\frac{1016/18}{41\sqrt{5.34+4(1016/1350)^2}}=\frac{56.44}{113.07}=0.499<0.8$
$\tau_{cr}=f_v=120$
副腹板　$\lambda_s=0.499\times18/16=0.562<0.8$，$\tau_{cr}=125\text{N/mm}^2$
(3)$\sigma_{c,cr2}$的计算　$a/h_2=1350/1016=1.329>1.0$
主腹板　$\lambda_c=\frac{1016/18}{28\sqrt{10.9+13.4(1.83-1.329)^3}}=\frac{56.44}{99.33}=0.568<0.9$
副腹板　$\lambda_c=0.568\times18/16=0.639<0.9$
取主腹板 $\sigma_{c,cr2}=205\text{N/mm}^2$　副腹板 $\sigma_c=215\text{N/mm}^2$
(4)腹板考虑弹塑性修正的局部稳定计算
主腹板　$\left(\frac{4.04}{205}\right)^2+\left(\frac{71.68}{120}\right)^2+\frac{24.72}{205}=0.001+0.357+0.12=0.479<1.0$，满足要求
副腹板　$\left(\frac{4.04}{215}\right)^2+\left(\frac{53.26}{125}\right)^2+\frac{19.69}{215}=0.001+0.182+0.008=0.191<1.0$，满足要求</td></tr>
</table>

2)吊车梁腹板加劲肋截面确定。

①横向加劲肋(仅在腹板一侧设置):

$$b_s \geqslant 1.2\left(\frac{h}{30}+40\right)=1.2\times\left(\frac{2700}{30}+40\right)\text{mm}=156\text{mm}$$

$$t_x=\frac{b_s}{15}=\frac{156}{15}\text{mm}=10.4\text{mm}$$

主腹板横向加劲肋采用 -200×14(单面加劲设于内侧)

$$I_{z1}=\left[\frac{1}{12}\times14\times200^3+14\times200\times\left(\frac{200}{2}\right)^2\right]\text{mm}^4=(933\times10^4+2800\times10^4)\text{mm}^4=3733\times10^4\text{mm}^4$$

$3h_0t_{w1}^3=3\times2700\times16^3\text{mm}^2=3318\times10^4\text{mm}^4$(可以)

副腹板横向加劲采用 -180×14(单面加劲,设于内侧)

$$I_{z2}=\left[\frac{1}{12}\times14\times180^3+14\times180\times\left(\frac{180}{2}\right)^2\right]\text{mm}^2$$
$$=(680\times10^4+2041\times10^4)\text{mm}^2=2721\times10^4\text{mm}^4$$
$$3h_0t_{w2}^2=3\times2700\times14^3\text{mm}^4=2223\times10^4\text{mm}^4$$

短横向加劲肋 $a_1=750\text{mm}>0.75h_1=450\text{mm}$ 时

$$b_{ss}=(0.7\sim1.0)b_s=0.7\times200\text{mm}=140\text{mm}$$

$$t_{ss}=\frac{b_{ss}}{15}=\frac{140}{15}\text{mm}=9.3\text{mm}$$

主腹板短横向劲肋采用-140×12,副腹板短横向加劲肋采用-120×10,间距采用 750mm。

②纵向加劲肋(单侧加劲设于外侧):

横向加劲肋间距 $a=1500\text{mm}$

$a/h_0=1500/2700=0.556<0.85$ 时

要求(主) $I_y=1.5h_0t_w^3=1.5\times2700\times16^3\text{mm}^4=1659\times10^4\text{mm}^4$

(副) $I_y=1.5\times2700\times14^3\text{mm}^4=1111\times10^4\text{mm}^4$

主腹板纵向加劲肋采用普通槽钢[16a

$$A=21.95\text{cm}^2 \quad I_y=866.2\text{cm}^4$$

$I_y=\left[866.2\times10^4+2195\times\left(\frac{160}{2}\right)^2\right]\text{mm}^4=2271\times10^4\text{mm}^4>1659\times10^4\text{mm}^4$,满足要求。

副腹板纵向加劲肋采用普通槽钢[14a

$$A=18.51\text{cm}^2,I_y=563.7\text{cm}^4$$

$I_y=\left[563.7\times10^4+1851\times\left(\frac{140}{2}\right)^2\right]\text{mm}^4=1471\times10^4\text{mm}^4>1111\times10^4\text{mm}^4$,满足要求。

3)刚性横隔计算。

刚性横隔计算截面见例图 9-19。

横隔间距取 $a=\frac{l}{10}=300\text{mm}$

$$A=(350\times14+400\times10+560\times14)\text{mm}^2$$
$$=(4900+4000+7840)\text{mm}^2=16740\text{mm}^2$$

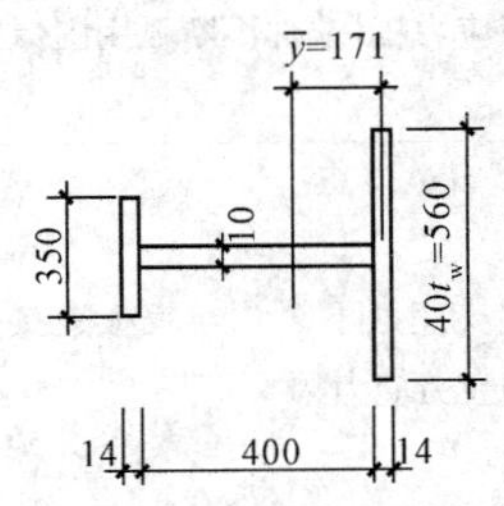

例图 9-19 钢性横隔计算截面

$$\overline{y}_0 = \frac{1}{16740} \times (350 \times 14 \times 414 + 400 \times 10 \times 207)\text{mm}$$

$$= (2028600 + 828000)/16740\text{mm} = 171\text{mm}$$

$$I_d = [560 \times 14 \times 171^2 + 350 \times 14 \times (414-171)^2 + 400^3 \times 10/12 + 400 \times 10 \times (207-171)^2]\text{mm}^4$$

$$= (2.29 \times 10^8 + 2.89 \times 10^8 + 0.53 \times 10^8 + 0.052 \times 10^8)\text{mm}^4 = 5.762 \times 10^8 \text{mm}^4$$

按刚度要求验算时

$\frac{I_x}{500} = \frac{18.45 \times 10^{10}}{500}\text{mm}^4 = 3.69 \times 10^8 \text{mm}^4 < I_d = 5.762 \times 10^8 \text{mm}^4$，满足要求。

按变形条件验算时

$\frac{1000Pb_0^2}{96E}\left(1+\frac{h}{b_0}\right) = \frac{1000 \times 411 \times 10^3 \times 2000^2}{96 \times 206 \times 10^3} \times \left(1+\frac{2734}{2000}\right)\text{mm}^4 = 1.97 \times 10^8 \text{mm}^4 < I_d = 5.762 \times 10^8$，满足要求。

4)吊车梁上翼缘局部稳定验算。

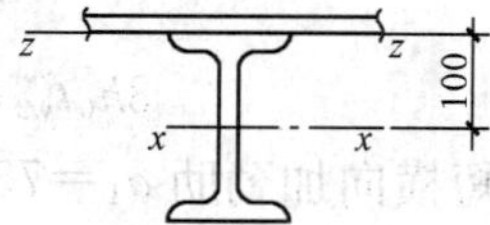

例图 9-20　上翼缘纵向加劲肋截面

上翼缘设两道通长纵向加劲肋，其间距分别为 670mm、660mm 和 670mm，则其$\frac{670}{18} = 37.2 < 40\sqrt{\frac{235}{f_y}}$，纵向加劲肋采用工20a(例图 9-20)。

$A = 35.55\text{cm}^2 \quad I_x = 2369\text{cm}^4$

$I_z = (2369 \times 10^4 + 3555 \times 100^2)\text{mm}^4 = 5924 \times 10^4 \text{mm}^4$

$\beta = \frac{A_z}{b_0 t_1} = \frac{3555}{2000 \times 18} = 0.099$

$a/b_0 = 3000/2000 = 1.5$，查表 9-1 得 $\gamma_2 = 37.02$

$I_z = 0.12\gamma_2 b_0 t_1^3 = 0.12 \times 37.02 \times 2000 \times 18^3 = 5182 \times 10^4 \text{mm}^4 < 5924 \times 10^4 \text{mm}^4$，满足要求。

5)吊车梁疲劳验算(例表 9-6)。

例表 9-6　吊车梁疲劳验算

计算项目	计　算　内　容
下翼缘与腹板连接处焊缝附近主体金属疲劳应力幅(连接采用自动焊)角焊缝	吊车梁自重取 $q_k = 12\text{kN/m}$　$M_q = 12 \times 30^2/8\text{kN}\cdot\text{m} = 1350\text{kN}\cdot\text{m}$ $\Delta\sigma = \frac{M_C^p - M_q}{I_x}(x_2 - 16) = \frac{(8268.18-1350) \times 10^6}{18.45 \times 10^{10}} \times (1447-16)\text{N/mm}^2$ $= 42.93\text{N/mm}^2$　查表 13-52 得 $\alpha_f = 0.8$ $\alpha_f\Delta\sigma = 0.8 \times 53.66\text{N/mm}^2 = 47.5\text{N/mm}^2 < [\Delta\sigma]_{2\times10^6} = 118\text{N/mm}^2$ (查表 13-38 构件连接和类别为 3)
横向加劲肋端部附近主体金属的疲劳应力幅(端部不断弧用围焊)	加劲肋端距下翼缘 80mm $\Delta\sigma = \frac{M_C^p - M_q}{I_x}(x_2 - 16 - 80) = \frac{(8268.18-1350) \times 10^6}{18.45 \times 10^{10}} \times 1351\text{N/mm}^2 = 50.66\text{N/mm}^2$ $\alpha_f\Delta\sigma = 0.8 \times 50.66\text{N/mm}^2 = 40.53\text{N/mm}^2 < [\Delta\sigma]_{2\times10^6} = 103\text{N/mm}^2$(第 6 项属 4 类)
端支座处下翼缘与腹板连接角焊缝的疲劳应力幅	端支座处下翼缘对吊车梁中和轴的面积矩 $S_1 = 2150 \times 16 \times (878 - 16/2)\text{mm}^2 = 2.99 \times 10^7 \text{mm}^2$ $\Delta\tau = \frac{VS_1}{nh_e I_x} = \frac{1263.94 \times 10^3 \times 2.99 \times 10^7}{4 \times 0.7 \times 8 \times 6.33 \times 10^{10}}\text{N/mm}^2 = 26.65\text{N/mm}^2$ (四条焊缝取 $h_f = 8\text{mm}$) $\alpha_f\Delta\tau = 0.8 \times 26.65\text{N/mm}^2 = 21.32\text{N/mm}^2 < [\Delta\sigma]_{2\times10^6} = 59.0\text{N/mm}^2$

续上表

计算项目	计　算　内　容
支承加劲肋与腹板连接焊缝的疲劳应力幅	主腹板　取 $l_w=1616\text{mm}$　四条焊缝取 $h_f=12\text{mm}$ $\Delta\tau=\frac{R_1^P}{4\times0.7hcl_w}=\frac{823.20\times10^3}{4\times0.7\times12\times1616}\text{N/mm}^2=15.16\text{N/mm}^2$ $\alpha_f\Delta\tau=0.8\times15.16\text{N/mm}^2=12.13\text{N/mm}^2<59.0\text{N/mm}^2$(8类) 副腹板 $\Delta\tau=\frac{440.74\times10^3}{4\times0.7\times12\times1616}\text{N/mm}^2=8.12\text{N/mm}^2$ $\alpha_f\Delta\tau=0.8\times8.12\text{N/mm}^2=6.49\text{N/mm}^2<59.0\text{N/mm}^2$(8类)

(6)端支座加劲肋计算。

1)支座加劲肋强度计算(例图 9-21 和例图 9-22)

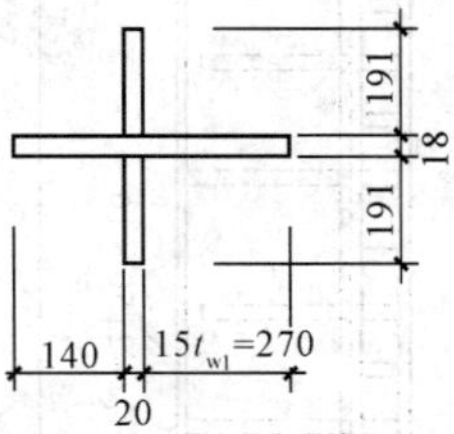

主腹板 $A=[(140+20+270)\times18+2\times191\times20]\text{mm}^2$

$$=(7740+7640)\text{mm}^2=15380\text{mm}^2$$

$$I_x=\frac{400^3\times20}{12}\text{mm}^4=1.067\times10^8\text{mm}^4$$

$$i_x=\sqrt{\frac{1.067\times10^8}{15380}}\text{mm}=83\text{mm}\quad l_0=1616\text{mm}$$

例图 9-21　端支座主腹板计算截面

$\lambda_x=\frac{l_0}{i_x}=\frac{1616}{83}=19.5$　查表 13-27 得 $\varphi=0.971$

$$\frac{R_{1\max}}{\varphi A}=\frac{2085.14\times10^3}{0.971\times15380}=139.62\text{N/mm}^2<f=205\text{N/mm}^2$$

副腹板 $A=(140+20+240)\times16+2\times192\times20=6400+7680=14080\text{mm}^2$

$$i_x=\sqrt{\frac{1.067\times10^8}{14080}}=87\text{mm}\quad l_0=1616\text{mm}$$

$\lambda_x=\frac{1616}{87}=18.6$　查表 13-27 得 $\varphi=0.975$

$$\frac{R_{2\max}}{\varphi A}=\frac{1377.06\times10^3}{0.975\times14080}\text{N/mm}^2=113.1\text{N/mm}^2<f=205\text{N/mm}^2$$

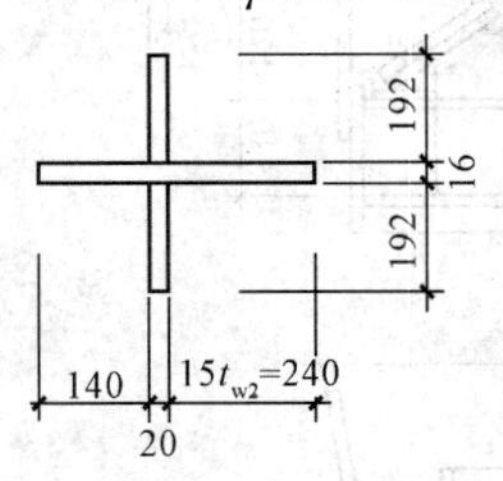

例图 9-22　端支座副腹板计算截面

2)端支座加劲肋的承压计算。

主腹板　$A=400\times20\text{mm}^2=8000\text{mm}^2$

$\sigma_{ce}=\frac{R_1}{A}=\frac{2085.14\times10^3}{8000}\text{N/mm}^2=260.64\text{N/mm}^2<f_{ce}=325\text{N/mm}^2$,满足要求。

副腹板 $\sigma_{ce}=1377.06\times10^3/8000\text{N/mm}^2=172.13\text{N/mm}^2<f_{ce}=325\text{N/mm}^2$,满足要求。

3)支座加劲肋与腹板连接焊缝计算(副腹板计算从略)。

主腹板　$h_f=\frac{R_1}{4\times0.7l_wf_f^w}=\frac{2085.14\times10^3}{4\times0.7\times1616\times160}\text{mm}=2.9\text{mm}$

取 $h_f=12\text{mm}>1.5\times\sqrt{20}\text{mm}=6.7\text{mm}$,满足要求。

30m 箱形吊车梁构件图见例图 9-23。

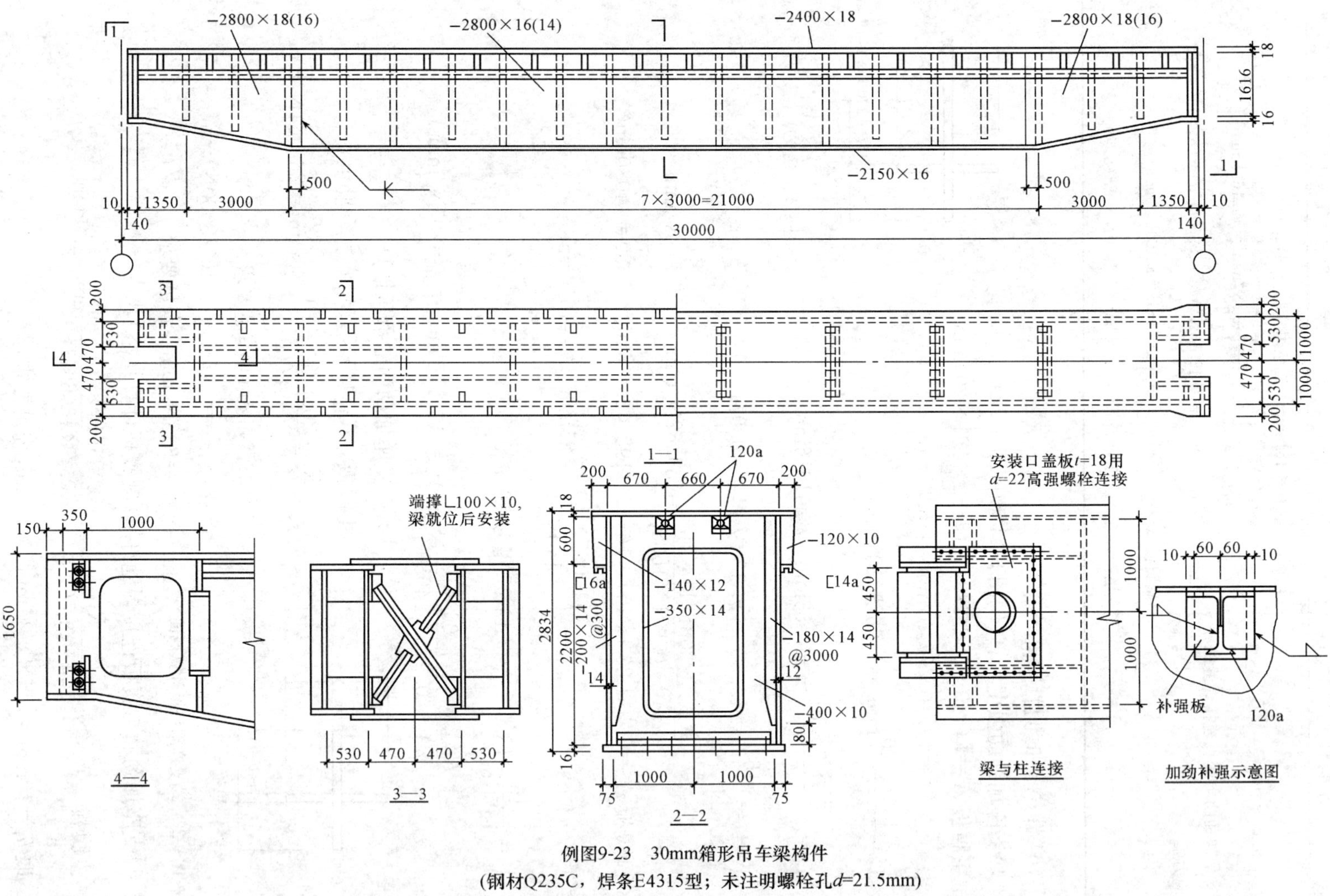

例图9-23　30mm箱形吊车梁构件

(钢材Q235C，焊条E4315型；未注明螺栓孔d=21.5mm)

第十章 门式刚架

第一节 门式刚架设计一般规定

刚架结构是梁、柱单元构件的组合体，其形式种类多样，在单层工业与民用房屋的钢结构中，应用较多的为单跨、双跨或多跨的单、双坡门式刚架。门式刚架通常用于跨度 9～36m、柱距 6m、柱高 4.5～12m，设有吊车起重量较小的单层工业房屋或公共建筑(超市、娱乐体育设施、车站候车室、码头建筑)。设置桥式吊车时，宜为起重机不大于 20t 的中、轻级工作制(A1～A5)的吊车，设置悬挂吊车时，其起重量不宜大于 3t。

(1)门式刚架的设计应合理布置柱网，优化结构与构件的选型，切实做到安全适用、经济合理，不宜过分单一追求最低用钢量指标作为方案比选依据。

(2)进行门式刚架设计时，应严格遵守适用范围的规定，即吊车不大于起重量为 20t 的中级吊车、或起重量为 3t 的悬挂起重机，当超过此范围时，应按《钢结构设计规范》(GB 50017—2003)等有关规定设计。

(3)门式刚架的钢材一般可选用 Q235B 级钢；当跨度、柱距较大或有吊车时，刚架与吊车梁宜选用 Q345A 或 B 级钢；檩条等次结构一般选用 Q235B 级钢。当采用厚度小于 6mm 的钢材或冷弯薄壁型钢时，其强度设计值应取《冷弯薄壁型钢结构技术规范》规定的设计值。

(4)刚架连接采用的焊条、焊丝应与连接母材相匹配，梁柱刚性连接处应选用高强度螺栓连接，螺栓强度等级宜为 10.9 级。所用的普通螺栓可选用 4.6 级(C 级)螺栓。

(5)门式刚架梁、柱腹板厚度不应小于 4mm，梁翼缘截面不宜小于— 200mm×6mm，梁变截面段的变化率不应大于 60mm/m，变截面柱柱脚端截面高度不应小于 200mm，一般随柱的高度变化可取 250mm 或 300mm，刚接节点处梁柱的截面尺寸宜相同或接近。

(6)门式刚架构件的长细比应符合：主要构件不得大于 180，其他构件，支撑和隅撑不得大于 220。

截面板件的宽厚比应符合：工字形截面构件受压翼缘板自由外伸宽度 b 与其厚度 t 之比，不得大于 $15\sqrt{235/f_y}$；工字形截面梁、柱构件腹板的计算高度 h_w 与其厚度 t_w 之比，利用屈曲后强度不应大于 $250\sqrt{235/f_y}$(f_y 为钢材屈服强度)。

(7)刚接梁柱刚性连接节点的构造应符合使用过程中梁柱交角不变的原则。在有吊车门式刚架中，梁柱节点宜选用栓—焊刚接连接节点，柱脚宜采用插入式或带柱靴刚性连接柱脚；无吊车门式刚架中，梁柱连接可采用端板接头的连接节点，必要时宜考虑此类节点半刚性与刚性计算假定不一致对变形与内力的不利影响。

(8)当风吸力较大或跨度较大时，应进行风吸力组合作用下刚架稳定性的验算，并采取加设隅撑、撑杆等构造措施。对开设门窗洞口较多的建筑物宜按半开敞或局部开敞条件对体型系数 μ_s 取值。

(9)应注意计算、选取柱脚、锚栓与抗剪键的不利作用组合，正确计算所需锚栓或抗剪键及其连接。计算柱脚抗剪时不考虑锚栓参与工作。

(10)在同一工程中所选用的材料规格不宜过多,各类节点、连接构造宜尽量统一或通用化,以便于材料选购与施工。

(11)有条件时,对有吊车的门式刚架设计,宜建议工艺在比选后采用新型轻量化桥式吊车,虽吊车价格有所增加,但因轮压减小,净空降低,使用条件改善,其综合技术经济效果可能更为合理。

第二节　门式刚架设计

1. 荷载计算

(1)永久荷载。

结构自重(包括屋面板、檩条、支撑、刚架、墙架等);初步计算时,此折算荷重可按 0.45～0.55kN/m^2(标准值)近似取用。

悬挂或建筑设施荷重(包括吊顶、管线、天窗、风帽、门窗等)。

(2)可变荷载。

屋面活荷载,对不上人屋面一般可按 0.3kN/m^2(标准值)取用。

雪荷载。

灰荷载。

风荷载。

悬挂或桥式吊车荷载(包括竖向轮压及水平制动力)。

(3)偶然荷载。

地震作用。计算刚架地震作用时,一般可采用基底剪力法,对无吊车并高度不大的刚架可采用单质点简图(图 10-1),此时,可假定柱上半部及以上的各种竖向荷载质量均集中于质点 m_1;当有吊车荷载时,可采用三质点简图(图 10-2),此时 m_1 质点集中屋盖质量及上阶柱上半区段内竖向荷载,m_2 质点集中吊车桥架、吊车梁及上阶柱下区段与下阶柱上半段(包括墙体)的相应竖向荷载。

纵向地震作用宜采用单(或二)质点柱列法进行计算。

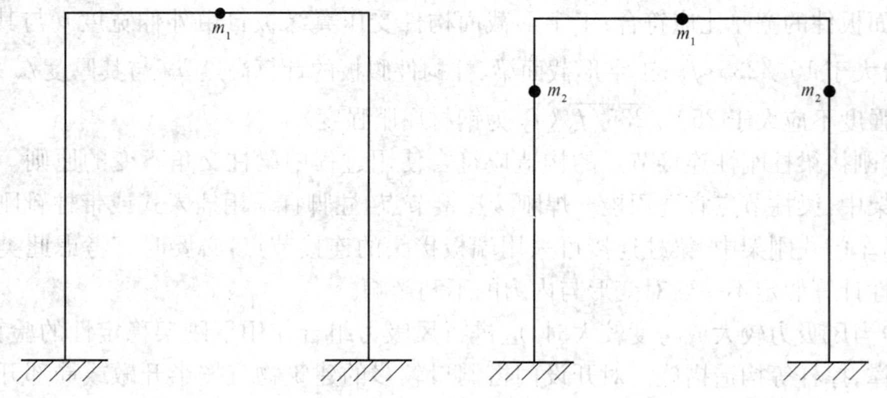

图 10-1　刚架单质点简图　　　图 10-2　刚架三质点简图

(4)荷载组合。

1)刚架承受的荷载一般应考虑以下几种组合(含荷载分项系数1.2~1.4及组合系数0.85):

①永久荷载×1.2+0.85(竖向可变荷载×1.4+风荷载×1.4+吊车竖向可变荷载×1.4+吊车水平可变荷载×1.4)。

②永久荷载×1.0+0.85(风荷载×1.4+邻跨吊车水平可变荷载×1.4);本组合仅用于多跨有吊车刚架。

③永久荷载×1.0+风荷载×1.4。

④永久荷载×1.2+竖向可变荷载×1.4。

上述①、④项组合主要用于计算最大弯矩及最大轴力的内力组合以进行刚架截面强度的计算;②、③项组合主要用于计算轴力最小而相应弯矩最大内力组合以进行柱脚及锚栓的计算。

2)当考虑地震作用时,其荷载组合可按如下考虑:

①计算刚架地震作用及自振特性时,永久荷载+竖向可变荷载×0.5+悬挂吊车或桥式吊车自重。

②计算刚架考虑地震作用组合的内力时,永久荷载×1.2+(竖向可变荷载×0.5+悬挂吊车或桥式吊车竖向轮压)×1.4+地震作用×1.3。

实际经验表明,对轻型屋面的刚架,当地震设防烈度为7度而相应风荷载大于0.35kN/m²(标准值)或为8度(Ⅰ、Ⅱ类场地上)而风荷载大于0.45kN/m²时,地震作用组合一般不起控制作用,可只进行基本的内力计算。

2. 内力和变形计算

(1)对变截面门式刚架,应采用弹性分析方法确定各种内力。进行内力分析时宜按平面结构考虑,一般不考虑应力蒙皮效应。当有必要且有条件时,可考虑屋面板的蒙皮效应。蒙皮效应是将屋面板视为沿房屋全长伸展的深梁,可用来承受平面内荷载。面板作承受平面内横向剪力的腹板,其边缘构件可视为承受轴向力的翼缘。考虑屋面板的蒙皮效应可提高结构的刚度和承载力,但目前还难以利用,只能当作潜力。

变截面门式刚架的内力分析可按一般结构力学方法或利用静力计算公式、图表进行,也可采用有限元法(直接刚度法)计算。计算时宜将构件分为若干段,每段的几何特征可视为常量,也可采用楔形单元。

(2)单跨刚架变截面侧移。当单跨变截面刚架横梁上缘坡度不大于1∶5时,在柱顶水平力作用下的侧移u,可按下列公式估算:

柱脚铰接刚架

$$u=\frac{Hh^3}{12EI_c}(2+\xi_t) \tag{10-1}$$

柱脚刚接刚架

$$u=\frac{Hh^3}{12EI_c}\cdot\frac{3+2\xi_t}{6+2\xi_t} \tag{10-2}$$

其中

$$\xi_t=I_cL/hI_b \tag{10-3}$$

式中 h、L——刚架柱高度和刚架跨度,当坡度大于1∶10时,L应取横梁沿坡折线的总长度$L=2s$(图10-3);

I_c、I_b——柱和横梁的平均惯性矩，见式(10-4)和式(10-5)；

H——刚架柱顶等效水平力，按式(10-6)～式(10-10)计算。

按式(10-1)、式(10-2)计算所得的侧移 u 应满足相关要求。

1)变截面柱和横梁的平均惯性矩，可按下列公式计算：

对于楔形构件

$$I_c=(I_{c0}+I_{c1})/2 \tag{10-4}$$

对于双楔形横梁

$$I_b=[I_{b0}+\beta I_{b1}+(1-\beta)I_{b2}]/2 \tag{10-5}$$

式中 I_{b0}、I_{b1}、I_{c1}——分别为楔形横梁最小截面、檐口和跨中截面的惯性矩；

β——楔形横梁长度比值；

I_{c0}、I_{c1}——柱小头和大头的惯性矩。

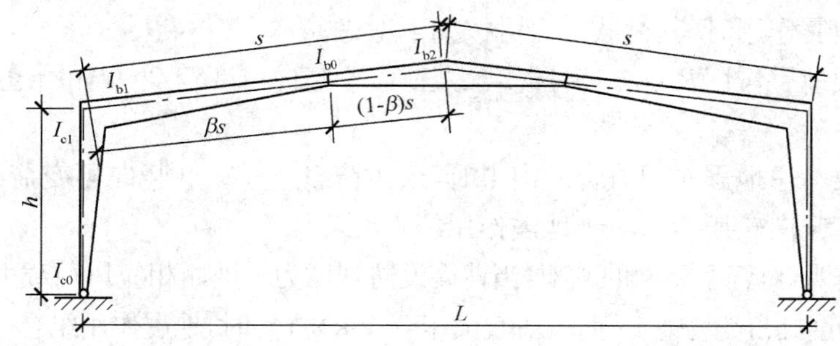

图 10-3 变截面刚架的几何尺寸

2)刚架柱顶等效水平力可按下列公式计算：

当估算刚架在沿柱高度均布的水平风荷载作用下的侧移时(图 10-4)

柱脚铰接刚架 $$H=0.67W \tag{10-6}$$

柱脚刚接刚架 $$H=0.45W \tag{10-7}$$

其中 $$W=(w_1+w_4)\cdot h \tag{10-8}$$

当估算刚架在吊车水平荷载 P_c 作用下的侧移时(图 10-5)

柱脚铰接刚架 $$H=1.15\eta P_c \tag{10-9}$$

柱脚刚接刚架 $$H=\eta P_c \tag{10-10}$$

式中 W——均布风荷载的总值；

η——吊车水平荷载 P_c 作用高度与柱高度之比；

P_c——吊车水平荷载；

w_1、w_4——风荷载的均布值。

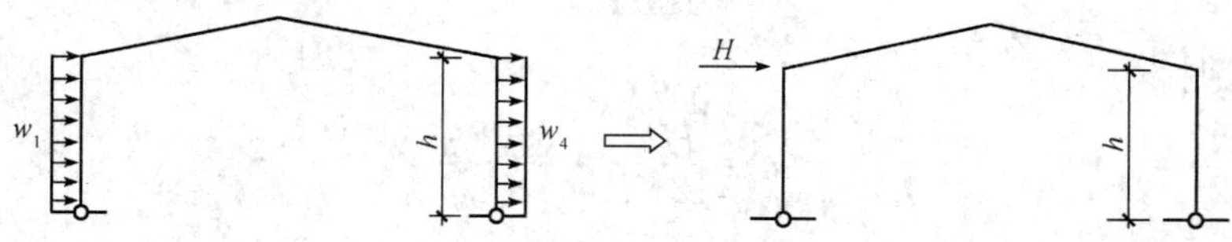

图 10-4 刚架在均布风荷载作用下柱顶的等效水平力

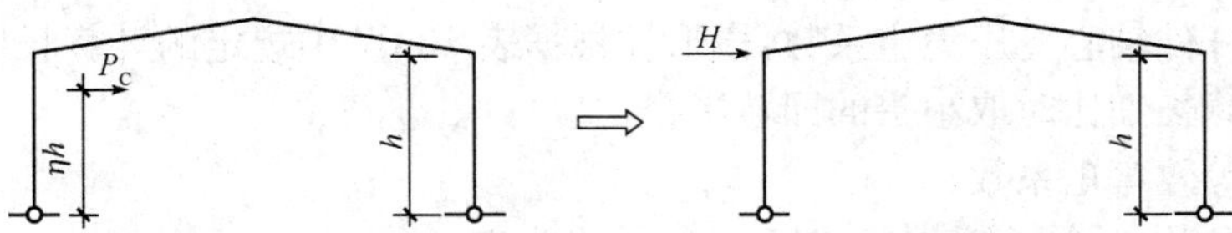

图 10-5 刚架在吊车水平荷载作用下柱顶的等效水平力

(3)两跨刚架。中间柱为摇摆柱的两跨刚架，柱顶侧移可采用式(10-1)和式(10-2)计算，但式(10-3)中的 L 应以 $2s$ 代替，s 为单坡面长度(图 10-6)。

(4)当中间柱与横梁刚性连接时，可将多跨刚架视为多个单跨刚架的组合体(每个中柱分为两半，惯性矩各为 $I/2$)，按下列公式计算整个刚架在柱顶水平荷载作用下的侧移：

$$\mu=\frac{H}{\sum K_i} \tag{10-11}$$

$$K_i=\frac{12EI_{ei}}{h_i^3(2+\xi_{ti})} \tag{10-12}$$

$$\xi_{ti}=\frac{I_{ei}l_i}{h_iI_{bi}} \tag{10-13}$$

$$I_{ei}=\frac{I_l+I_r}{4}+\frac{I_l\cdot I_r}{I_l+I_r} \tag{10-14}$$

式中 $\sum K_i$——柱脚铰接时各单跨刚架的侧向刚度之和；

h_i——所计算跨两柱的平均高度；

l_i——与所计算柱相连接的单跨刚架梁的长度；

I_{ei}——两柱惯性矩不同时的等效惯性矩；

I_l、I_r——左、右两柱的惯性矩(图 10-7)。

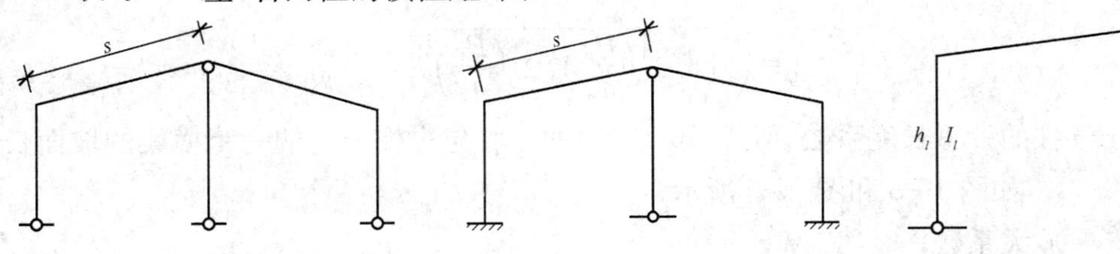

图 10-6 有摇摆柱的两跨刚架

图 10-7 左右两柱的惯性矩

(5)对等截面门式刚架，采用弹性分析方法确定内力时，可参考上述公式进行；对于不直接承受动力荷载的等截面门式刚架允许采用塑性设计中考虑构件沿长度方向的截面间的内力重分配。

3. 变截面构件设计

(1)变截面柱在平面内的稳定应按式(10-15)计算。

$$\frac{N_0}{\varphi_{xr}A_{e0}}+\frac{\beta_{mx}M_1}{\left(1-\frac{N_0}{N'_{EX0}}\varphi_{x\gamma}\right)W_{e1}}\leqslant f \tag{10-15}$$

$$N'_{EX0}=\pi^2EA_{e0}/(1.1\lambda^2) \tag{10-16}$$

式中 N_0——小头的轴向压力设计值；

M_1——大头的弯矩设计值；

A_{e0}——小头的有效截面面积；

W_{e1}——大头的有效面积最大受压纤维截面模量；

$\varphi_{x\gamma}$——杆件轴心受压稳定系数，楔形柱根据表 13-57 中规定的计算长度系数查得，计算长细比时取小头的回转半径；

β_{mx}——等效弯矩系数；

N'_{Ex0}——参数，计算 λ 时回转半径 i_0 以小头为准。

当柱的最大弯矩不出现在大头时，M_1 和 W_{e1} 分别取最大弯矩和该弯矩所在截面的有效截面模量。

(2)截面高度呈线性变化的柱，在刚架平面内的计算长度应为 $h_0=\mu_\gamma h$，式中 h 为柱高，μ_γ 为计算长度系数，可按以下三种方式之一确定：

1)查表法。用于柱脚铰接的刚架。

①柱脚铰接单跨刚架楔形柱的 μ_γ，可由表 13-57 查得。

柱的线刚度 K_1 和梁的线刚度 K_2，应分别按下列公式计算：

$$K_1=I_{c1}/h \tag{10-17}$$

$$K_2=I_{b0}/(2\psi s) \tag{10-18}$$

式中 I_{c1}——柱大头的截面惯性矩；

I_{b0}——梁最小截面惯性矩；

s——半跨横梁长度；

ψ——横梁换算长度系数，当梁为等截面时该系数为 1。

②多跨刚架的中间柱为摇摆柱时(图 10-8 和图 10-9)，摇摆柱的计算长度系数 μ_γ 取 1.0，边柱的计算长度见式(10-19)。

$$h_0=\eta\mu_\gamma h \tag{10-19}$$

$$\eta=\sqrt{1+\sum\left(\frac{P_{li}}{h_{li}}\right)/\sum\left(\frac{P_{fi}}{h_{fi}}\right)} \tag{10-20}$$

式中 μ_r——柱的计算长度系数，但式(10-18)中的 s 取与边柱相连的一跨横梁的坡面长度 l_b，如图 10-8 和图 10-9 所示；

η——放大系数；

P_{li}——中间柱(即摇摆柱)承受的荷载；

P_{fi}——边柱承受的荷载。

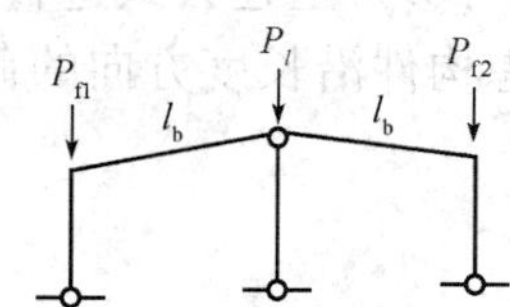

图 10-8 计算边柱时的横梁长度(双跨)

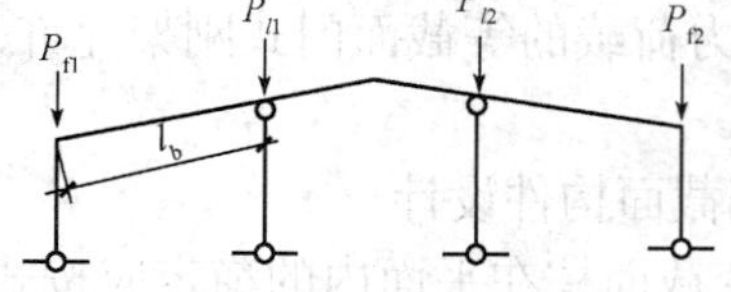

图 10-9 计算边柱时的横梁长度(三跨)

本条中计算长度系数 μ_γ 适用于屋面坡度不大于 1∶5 的情况，超过此值时应考虑横梁轴向力对柱刚度的不利影响。

③对于带有毗屋的刚架，可近似地将毗屋柱视为摇摆柱，主刚架柱的系数 μ_γ 可按表 13-57查得，并应乘以按式(10-20)计算的系数 η。计算 η 时，P_{li}为毗屋柱承受的竖向荷载，P_{fi} 为主刚架柱承受的竖向荷载。

2）一阶分析法。

对于单跨对称刚架（图 10-10），当利用一阶分析计算程序得出柱顶水平荷载作用下的侧移刚度 $K=H/\mu$ 后，柱的计算长度系数可由下列公式计算：

①对柱脚为铰接和刚接的单跨对称刚架，可分别按下列公式计算：

当柱脚为铰接时　$$\mu_\gamma=4.14\sqrt{EI_{c0}/Kh^3} \tag{10-21}$$

当柱脚为刚接时　$$\mu_\gamma=5.85\sqrt{EI_{c0}/Kh^3} \tag{10-22}$$

式（10-21）和式（10-22）也可用于如图 10-8、图 10-9 所示屋面坡度不大于 1∶5 有摇摆柱的多跨对称刚架的边柱，但算得的系数 μ_γ 还应乘以放大系数 η'：

$$\eta'=\sqrt{1+\sum\left(\frac{P_{li}}{h_{li}}\right)/1.2\sum\left(\frac{P_{fi}}{h_{fi}}\right)}$$

摇摆柱的计算长度系数 μ_γ 取 1.0。

②对中间为非摇摆柱的多跨刚架（图 10-11），可分别按下列公式计算：

当柱脚为铰接时　$$\mu_\gamma=0.85\sqrt{\frac{1.2}{K}\frac{P_{E0i}}{P_i}\sum\frac{P_i}{h_i}} \tag{10-23}$$

当柱脚为刚接时　$$\mu_\gamma=1.2\sqrt{\frac{1.2}{K}\frac{P_{E0i}}{P_i}\sum\frac{P_i}{h_i}} \tag{10-24}$$

$$P_{E0i}=\frac{\pi^2 EI_{0i}}{h_i^2} \tag{10-25}$$

式中　h_i、P_i、P_{E0i}——第 i 根柱的高度、轴压力和以小头为准的欧拉临界力。

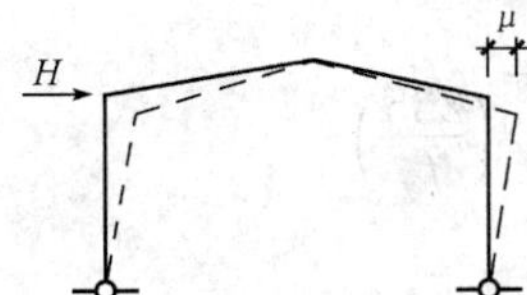

图 10-10　一阶分析时的柱顶位移（单跨）

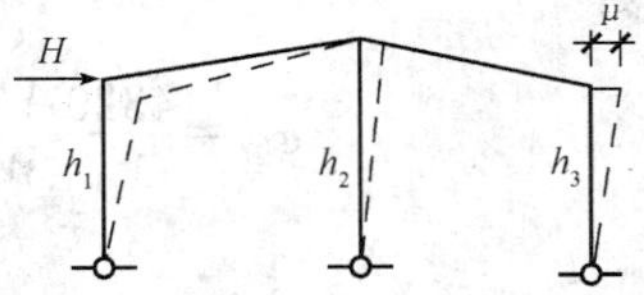

图 10-11　一阶分析时的柱顶位移（多跨）

③式（10-23）和式（10-24）也可用于单跨非对称刚架。

3）二阶分析法。

当采用计入竖向荷载一侧移效应（即 $P-\mu$ 效应）的二阶分析程序计算内力时，计算长度系数 μ_γ 可由下列公式计算：

$$\mu_\gamma=1-0.375\gamma+0.08\gamma^2(1-0.0775\gamma) \tag{10-26}$$

$$\gamma=(d_1/d_0)-1 \tag{10-27}$$

式中　γ——构件的楔率，不大于 $0.268l/d_0$ 及 6.0；

d_0，d_1——柱的小头和大头的截面高度（图 10-12）。

（3）有侧移框架柱，变矩作用平面内的等效弯矩系数 β_{mx}：

$$\beta_{mx}=1.0 \tag{10-28}$$

（4）变截面柱在刚架平面外的稳定计算见式（10-29）～式（10-31）。

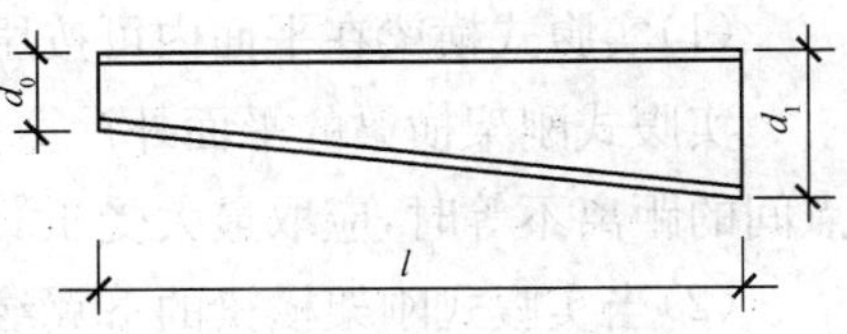

图 10-12　变截面构件的楔率

$$\frac{N_0}{\varphi_y A_{e0}}+\frac{\beta_t M_1}{\varphi_{b\gamma} W_{e1}}\leqslant f \tag{10-29}$$

对一端弯矩为零的区段

$$\beta_t=1-N/N'_{Ex0}+0.75(N/N'_{Ex0})^2 \tag{10-30}$$

对两端弯曲应力基本相等的区段

$$\beta_t=1.0 \tag{10-31}$$

式中 N_0——所计算构件小头的轴向压力设计值；

N'_{Ex0}——在刚架平面内以小头为准柱的欧拉临界力；

M_1——所计算构件大头截面的弯矩值；

A_{e0}——小头的有效截面面积；

W_{e1}——大头有效面积最大受压纤维截面模量；

φ_y——轴心受压杆件弯矩作用平面外稳定系数(以小头为准)，计算长度取纵向支撑点间的距离，若各段线刚度差别较大，确定计算长度时可考虑各段间的相互约束；

β_t——等效弯矩系数；

$\varphi_{b\gamma}$——均匀弯曲楔形受弯构件的整体稳定系数，双轴对称的工字形截面杆件按式(10-32)计算。

(5)均匀弯曲楔形受弯构件的整体稳定系数 $\varphi_{b\gamma}$，对双轴对称的工字形截面杆件，应按下述公式计算：

$$\varphi_{b\gamma}=\frac{4320}{\lambda_{y0}^2}\frac{A_0 h_0}{W_{x0}}\sqrt{\left(\frac{\mu_s}{\mu_w}\right)^4+\left(\frac{\lambda_{y0} t_0}{4.4h_0}\right)^2}\left(\frac{235}{f_y}\right) \tag{10-32}$$

$$\lambda_{y0}=\mu_s l/i_{y0} \tag{10-33}$$

$$\mu_s=1+0.023\gamma\sqrt{lh_0/A_f} \tag{10-34}$$

$$\mu_w=1+0.00385\gamma\sqrt{l/i_{y0}} \tag{10-35}$$

式中 A_0、h_0、W_{x0}、t_0——构件小头的截面面积、截面高度、截面模量、受压翼缘高度；

A_f——受压翼缘截面面积；

i_{y0}——受压翼缘与受压区腹板 1/3 高度组成的截面绕 y 轴的回转半径。

当两翼缘截面不相等时，在式(10-32)中应考虑截面不对称影响系数 η_b 项。当按式(10-32)算得的 $\varphi_{b\gamma}$ 值大于 0.6 时，应按相关内容查出相应的 φ'_b 代替 $\varphi_{b\gamma}$ 值。

4. 横梁与隅撑设计

(1)实腹式横梁在平面内可按压弯构件计算强度；在平面外应按压弯构件计算稳定。

实腹式刚架横梁的平面外计算长度，应取侧向支承点间的距离；当横梁两翼缘侧向支承点间的距离不等时，应取最大受压翼缘侧向支承点间的距离。

(2)当实腹式刚架横梁的下翼缘受压时，必须在受压翼缘的两侧布置隅撑(端部仅布置在一侧)作为横梁的侧向支承；隅撑的另一端连接在檩条上或焊接于轻质大型屋面板的边框，如图 10-13 所示。

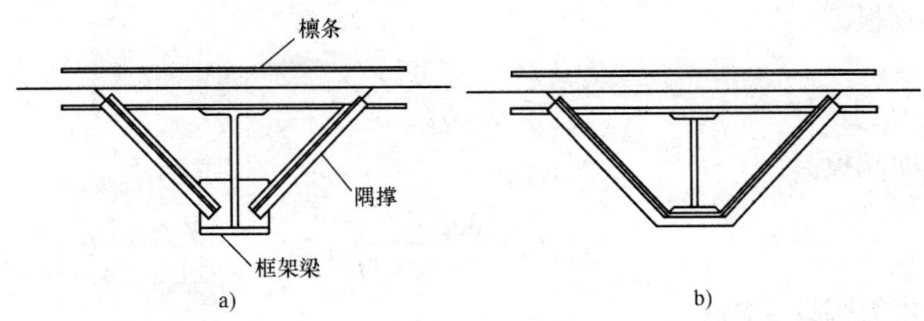

图 10-13 隅撑的连接

(3)当横梁上翼缘承受集中荷载处不设横向加劲肋时，除应按《钢结构设计规范》(GB 50017—2003)的规定验算腹板上边缘正应力、剪应力和局部压应力共同作用时的折算应力外，尚应满足下列要求：

$$F \leqslant 15\sqrt{\frac{t_f}{t_w}\frac{235}{f_y}}\alpha_m t_w^2 d_m f \tag{10-36}$$

$$\alpha_m = 1.5 - M/(W_e f) \tag{10-37}$$

式中 F——上翼缘所受的集中荷载；

t_f、t_w——横梁翼缘和腹板的厚度；

α_m——参数，$\alpha_m \leqslant 1.0$，在横梁负弯矩区取零；

M——集中荷载作用处的弯矩；

W_e——有效截面最大受压纤维的截面模量。

(4)横梁不需计算整体稳定性的侧向支承点间最大长度，可取横梁下翼缘宽度的 $16\sqrt{235/f_y}$ 倍。

当隅撑成对布置时，每根隅撑的计算轴压力取计算值的一半。

隅撑宜采用单角钢制作。隅撑可连接在刚架构件下(内)翼缘附近的腹板上，也可连接在下(内)翼缘上(图 10-13)。通常采用单个螺栓连接，计算时应考虑强度设计值折减系数。

隅撑与刚架构件腹板的夹角不宜小于 45°。

(5)端板的厚度可根据支承条件(图 10-14)按下列公式计算，但不宜小于 16mm。

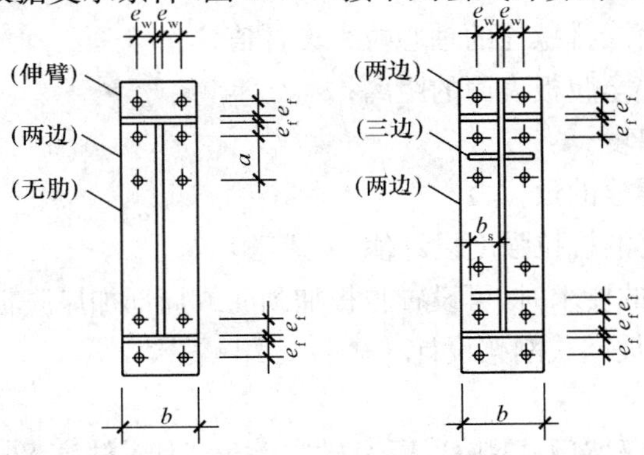

图 10-14 端板支承构造

1)伸臂类端板。

$$t \geqslant \sqrt{\frac{6e_f N_t}{bf}} \tag{10-38}$$

2)无加劲肋端板。

$$t \geqslant \sqrt{\frac{3e_w N_t}{(0.5a+e_w)f}} \tag{10-39}$$

3)两边支承类端板。

当端板外伸时

$$t \geqslant \sqrt{\frac{6e_f e_w N_t}{[e_w b+2e_f(e_f+e_w)]f}} \tag{10-40}$$

当端板平齐时

$$t \geqslant \sqrt{\frac{12e_f e_w N_t}{[e_w b+4e_f(e_f+e_w)]f}} \tag{10-41}$$

4)三边支承类端板。

$$t \geqslant \sqrt{\frac{6e_f e_w N_t}{[e_w(b+2b_s)+4e_f^2]f}} \tag{10-42}$$

式中 N_t——一个高强度螺栓的拉力设计值；

e_w、e_f——螺栓中心至腹板和翼缘板表面的距离；

b、b_s——端板和加劲肋板的宽度；

a——螺栓的间距；

f——端板钢材的抗拉强度设计值。

(6)刚架构件的翼缘与端板的连接应采用全熔透对接焊缝，腹板与端板的连接应采用角焊缝，坡口形式应符合现行国家标准《气焊、焊条电弧焊、气体保护焊和高能束焊的推荐坡口》(GB/T 985.1—2008)的规定。在端板设置螺栓处，应按下列公式验算构件腹板的强度：

当 $N_{t2} \leqslant 0.4P$ 时

$$\frac{0.4P}{e_w t_w} \leqslant f \tag{10-43}$$

当 $N_{t2} > 0.4P$ 时

$$\frac{N_{t2}}{e_w t_w} \leqslant f \tag{10-44}$$

式中 N_{t2}——翼缘内第二排螺栓的轴心拉力设计值；

e_w——螺栓中心至腹板表面的距离；

t_w——腹板的厚度；

P——高强度螺栓的预拉力；

f——腹板钢材的抗拉强度设计值。

当不满足上述公式的要求时，可设置腹板加劲肋或局部加厚腹板。

【例 10-1】 单跨双坡门式刚架设计

1. 设计资料

单层厂房采用单跨双坡门式刚架，厂房横向跨度 21m，柱高 8m，共有 12 榀刚架，柱距 6m，屋面坡度 1/10，柱底铰接，柱网及平面布置见例图 10-1。刚架截面形式及几何尺寸初步计算见例图 10-2。屋面为单层压型钢板＋保温棉，墙面为双层压型钢板＋保温棉；檩条为薄壁卷边乙型钢,墙梁为薄壁卷边C型钢,刚架采用Q235钢,焊条E43型。

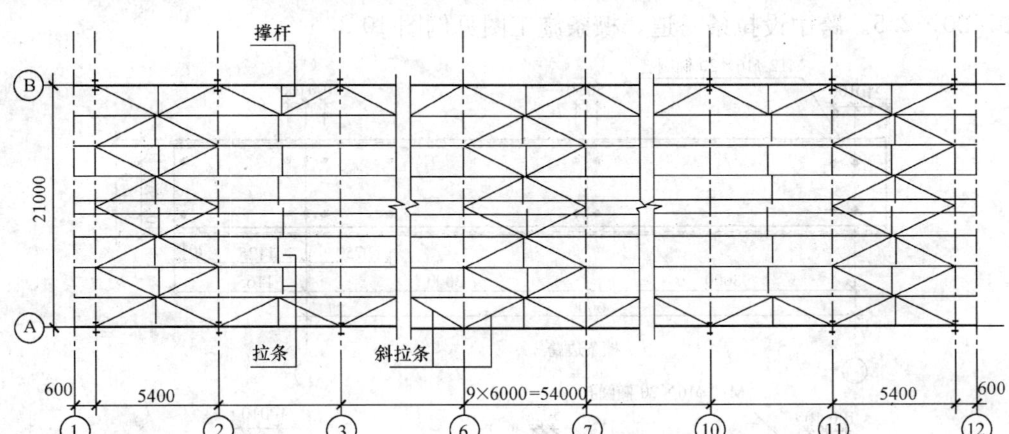

例图10-1 柱网及平面位置图

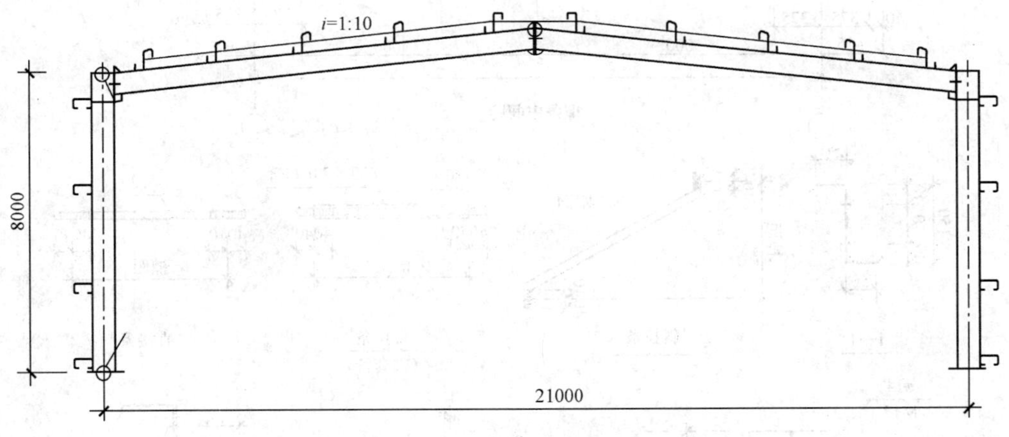

例图10-2 刚架形式及几何尺寸图

2. 荷载

(1)永久荷载标准值(按水平投影面)。

压型钢板及保温层	0.25kN/m²
檩条	0.05kN/m²
	0.3kN/m²

(2)可变荷载标准值:屋面活荷载0.5kN/m²,但刚架的受荷面积大于60m²,可按0.3kN/m²考虑。活荷载与雪荷载中取较大值0.3kN/m²。

(3)风荷载标准值:基本风压值0.5kN/m²,地面粗糙度系数按B类取值:风荷载高度变化系数按现行国家标准《建筑结构荷载规范》(GB 50009—2001)的规定,当高度小于10m时,按10m高度处的数值采用$\mu_E=1.0$。

3. 屋面构件设计

(1)压型钢板。压型钢板型号采用W600,板厚0.8mm。

(2)檩条。檩条截面采用冷弯薄壁卷边乙型钢，中间跨 Z150×50×20×2.0；边跨 Z150×50×20×2.5。跨中设拉条一道。檩条施工图见例图 10-3。

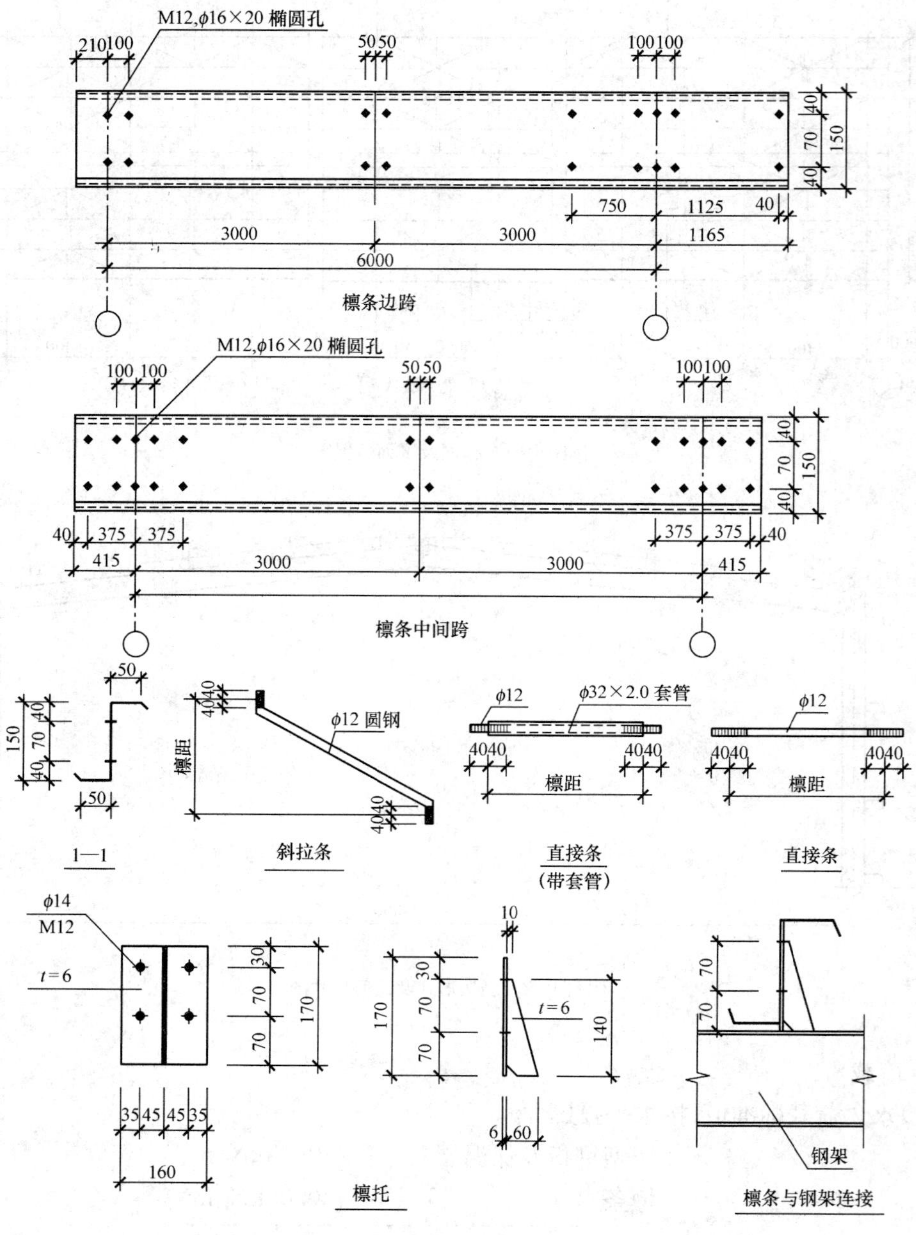

例图 10-3　檩条施工详图

4. 屋面支撑荷载及内力

屋面水平支撑为柔性杆件，采用张紧的圆钢。支撑计算简图见例图 10-4。按整个体系受风荷载考虑，计算内力时按各道支撑均匀受力模式，交叉支撑只考虑拉杆，认为压杆退出工作，但适当考虑全部支撑共同传力时的传力最后效应，以保证安全。边列柱设柱间支撑。

节点荷载标准值：

$$F_{wk1}=0.50\times1.05\times1.0\times7\times9.05\times(0.65+0.15)/2\text{kN}=13.3\text{kN}$$

$F_{wk2}=0.50\times1.05\times1.0\times8.7\times[1.4\times(0.65+0.15)+2.1\times(0.9+0.3)]/2\text{kN}$
$=8.3\text{kN}$

节点荷载设计值：

$$F_{w1}=1.4\times13.3\text{kN}=18.62\text{kN}$$

$$F_{w2}=1.4\times8.3\text{kN}=11.62\text{kN}$$

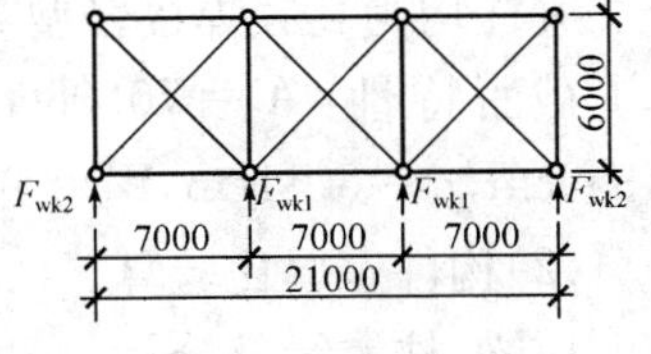

例图 10-4　支撑计算简图

则斜撑反力设计值：

$$N=1.5\times18.62/\cos40.6°=18.17\text{kN}$$

选用 ϕ16 的圆钢，有效截面 $A_e=156.7\text{mm}$

强度校核：　$N/A_e=\dfrac{18.17\times10^3}{156.7}\text{N/mm}^2=115.9\text{N/mm}^2<f$

刚度校核：圆钢支撑设置花篮螺栓张紧，不需要考虑长细比的要求。

5. 柱间支撑荷载及内力

(1)柱间支撑布置见例图 10-5。

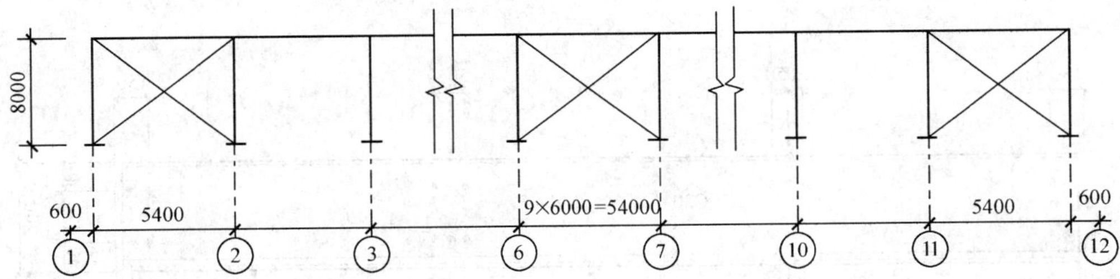

例图 10-5　柱间支撑布置简图

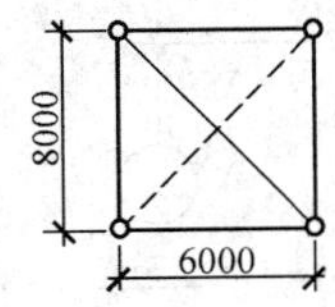

例图 10-6　柱间支撑计算简图

(2)柱间支撑荷载及内力。

柱间支撑为柔性杆件，采用张紧的圆钢，计算简图如例图 10-6所示。

按两侧半跨山墙面风荷载的 1/3 考虑。

节点荷载的设计值 $F_w=\dfrac{1}{3}\times(18.62\times2+11.62)\text{kN}=16.29\text{kN}$

支撑轴力设计值　$N=F_N/\cos53.1°\text{kN}=27.1\text{kN}$

柱间支撑选用 ϕ16 的圆钢有效截面 $A_e=156.7\text{mm}^2$。

强度校核：　$N/A_e=27.1\times10^3/156.7\text{N/mm}^2=172.9\text{N/mm}^2<f$

刚度校核：圆钢支撑设置花篮螺栓张紧，不需考虑长细比的要求。

6. 墙梁设计

墙梁可以选用 C200×70×20×1.6。

在山墙上设置三根抗风柱，高度分别为 9.525m 和 10.05m。

墙梁的连接点见例图 10-7。

7. 刚架杆件内力

杆件内力设计值见例图 10-8。

8. 构件验算

以下是对 PKPM 系列 STS 软件计算结果再按照《门式刚架轻型房屋钢结构技术规程》

(CECS 102：2002)进行手工验算(截面和连接)。

(1)构件截面几何参数。

梁柱均为高频焊接轻型 H 形钢，截面均为 450×150×8×12×12。

截面特性：$A=70.08\text{cm}^2$，$I_x=2.24\times10^4\text{cm}^4$，$I_y=677\text{cm}^4$，$W_x=996.6\text{cm}^3$，$i_x=17.89\text{cm}$，$i_y=3.11\text{cm}$，$W_y=90.24\text{cm}^3$

(2)构件宽厚比验算。

1)梁、柱翼缘部分：　$b/t=71/12=5.92<15$

2)梁、柱腹板部分：　$h_w/t_w=426/8=53.25<250(300)$

(3)刚架梁的验算。

1)抗剪验算。

梁截面的最大剪力　$V_{max}=56.9\text{kN}$

考虑$\dfrac{h_w}{t_w}<80\sqrt{\dfrac{235}{f_y}}$，仅设支座加劲肋，按考虑腹板屈曲后强度计算

$$k_t=5.34$$

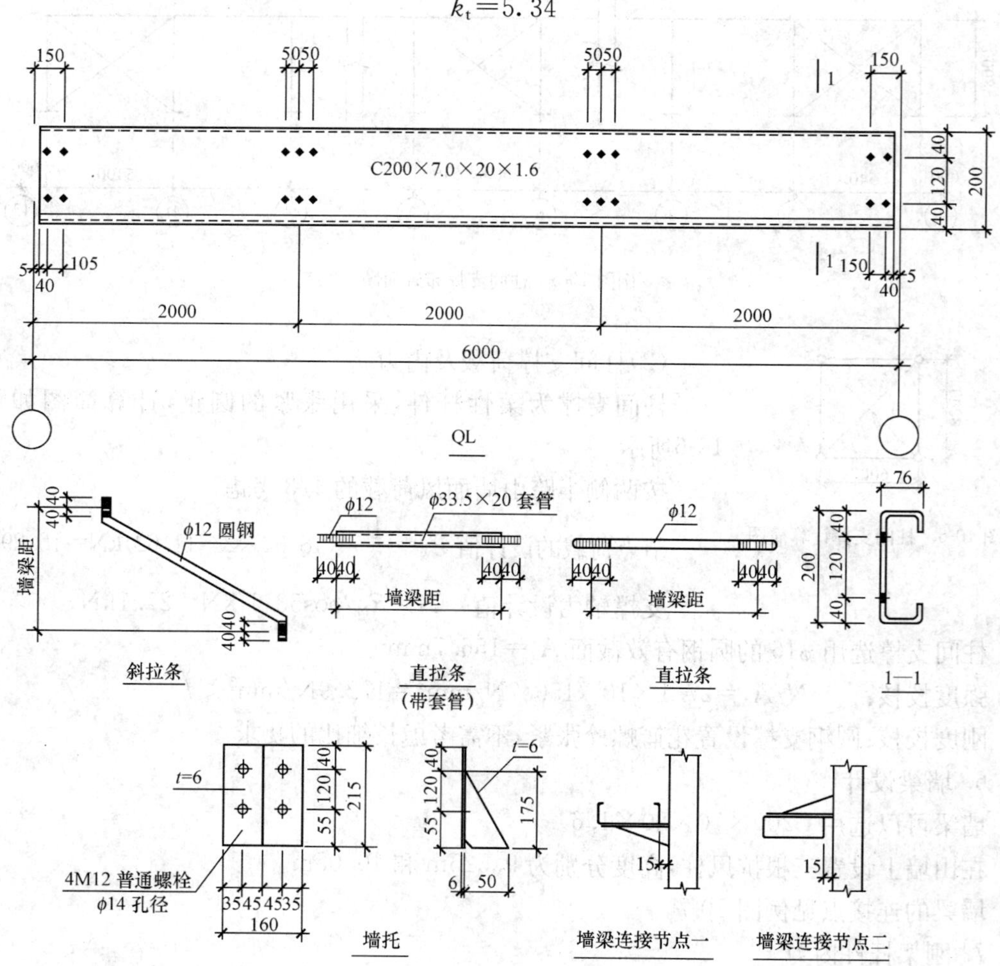

例图 10-7　墙梁施工详图

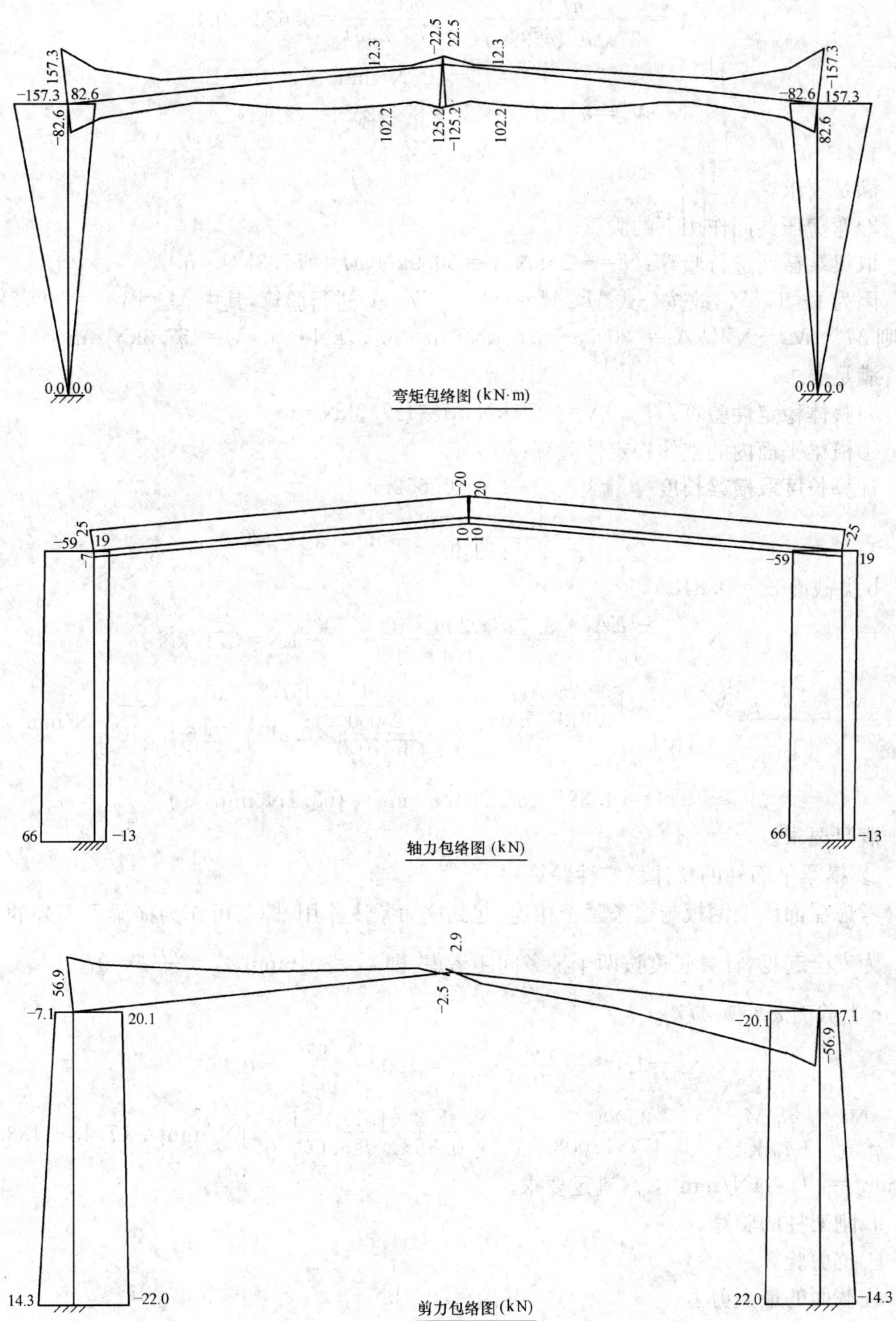

例图 10-8　杆件内力设计值

$$\lambda_w=\frac{h_w/t_w}{37\sqrt{k_c}\sqrt{235/f_y}}=\frac{53.25}{37\times2.31}=0.623<0.8$$

$$f'_v=f_v=125\text{N/mm}^2$$

$$V_d=h_wt_wf'_v=426\times8\times125\text{N}=426\text{kN}$$

$$V_{max}<V_d$$

满足要求。

2)弯剪压共同作用下的验算。

取梁端截面进行验算：$N=-25\text{kN}$，$V=56.9\text{kN}$，$M=157.3\text{kN}\cdot\text{m}$

因为 $V<0.5V_d$，故按公式 $M\leqslant M_e^N=M_e-NW_e/A_c$ 进行验算，其中 $M_e=W_ef=209.3\text{kN}\cdot\text{m}$，则 $M_e^N=M_e-NW_e/A_e=(209.3-3.6)\text{kN}\cdot\text{m}=205.7\text{kN}\cdot\text{m}>M=157.3\text{kN}\cdot\text{m}$

满足要求。

3)整体稳定性验算：　　$N=-25\text{kN}$，$M=157.3\text{kN}\cdot\text{m}$

①横梁平面内的整体稳定性验算：

计算长度取横梁长度　　$l_x=10.552\text{m}$

$$\lambda_x=\frac{l_x}{i_x}=\frac{10.552\times10^3}{178.9}=59<[\lambda]=220$$

b 类截面 $\varphi_x=0.813$

$$N'_{E1}=\frac{\pi^2EA_1}{r_R\lambda_x^2}=\frac{3.14^2\times206\times10^3\times7008}{1.1\times59^2}\text{kN}=3717\text{kN}$$

$$\frac{N}{\varphi_xA}+\frac{\beta_{mx}M}{\left(1-\frac{N}{N'_{E1}}\varphi_x\right)W_x}=\left[\frac{25000}{0.813\times7008}+\frac{1.0\times157.3\times10^6}{\left(1-\frac{25000}{3717000}\times0.813\right)\times996.6\times10^3}\right]\text{N/mm}^2$$

$$=(4.39+158.70)\text{N/mm}^2=163.1\text{N/mm}^2<f$$

满足要求。

② 横梁平面外的整体稳定性验算：

考虑屋面压型钢板与檩条紧密相连，起到应力蒙皮作用，檩条可作为横梁平面外的支撑点。为安全起见，计算长度按两个檩条间距考虑，即 $l_y=3016\text{mm}$，$\lambda_y=\frac{3016}{31.1}=97$。

c 类截面 $\varphi_y=0.477$

$$\varphi_b=1.07-\frac{xy^2}{44000}\cdot\frac{f_v}{235}=1.07-\frac{97^2}{44000}=0.856$$

$$\frac{N}{\varphi_yA}+\eta\frac{\beta_{tx}M_x}{\varphi_bW_{1x}}=\left(\frac{25000}{0.477\times7008}+1.0\times\frac{1.0\times157.3\times10^3}{0.858\times996.6\times10^3}\right)\text{N/mm}^2=(7.48+183.96)$$

$\text{N/mm}^2=191.44\text{N/mm}^2<f$，满足要求。

4)刚架柱的验算。

①抗剪验算：

柱截面的最大剪力　　$V_{max}=20.1\text{kN}$

考虑仅有支座加劲肋，

$$k_\tau=5.34$$

$$\lambda_w=\frac{h_w/t_w}{37\sqrt{k_\tau}\sqrt{235/f_y}}=0.623<0.8$$

$$f'_v = f_v = 125\text{N/mm}^2$$

$$V_d = h_w t_w f'_v = 426 \times 8 \times 125\text{N} = 4.26\text{kN}$$

$V_{max} < V_d$，满足要求。

②弯剪压共同作用下的验算：

取柱上端截面进行验算

$$N = -59\text{kN} \quad V = 20\text{kN} \quad M = 157.3\text{kN} \cdot \text{m}$$

因为 $V < 0.5V_d$，故按 $M \leqslant M_e^N = M_e - NW_e/A_e$ 进行验算。

$M_e = W_e f = 209.3\text{kN} \cdot \text{m}$，则

$M_e^N = M_e - NW_e/A_e = (209.3 - 8.14)\text{kN} \cdot \text{m} = 201.2\text{kN} \cdot \text{m} > M = 157.3\text{kN} \cdot \text{m}$

故满足要求。

③整体稳定性验算： $N = -59\text{kN}, M = 157.3\text{kN} \cdot \text{m}$

刚架柱平面内的整体稳定性验算：

刚架柱高 $H = 8000\text{mm}$，梁长 21.104m，按《钢结构设计规范》(GB 50017—2003)，梁柱线刚度比＝0.379，查表得柱的计算长度系数 $\mu = 2.826$，则刚架柱的计算长度为 22608mm。

$$\lambda_x = \frac{l_x}{i_x} = \frac{22608}{178.9} = 126 < [\lambda] = 180$$

b 类截面，查得 $\varphi_x = 0.457$

$$N'_{E1} = \frac{\pi^2 EA_1}{r_4 \lambda_x^2} = \frac{3.14^2 \times 2.06 \times 10^5 \times 7008}{1.1 \times 126^2}\text{kN} = 815\text{kN}$$

$$\frac{N}{\varphi_x A} + \frac{\beta_{mx} M}{\left(1 - \frac{N}{N'_{E1}}\varphi_x\right)W_1} = \left[\frac{59000}{0.457 \times 7008} + \frac{1.0 \times 157.3 \times 10^6}{\left(1 - \frac{59}{815} \times 0.457\right) \times 996.6 \times 10^3}\right]\text{N/mm}^2$$

$$= (18.4 + 163.2)\text{N/mm}^2 = 181.6\text{N/mm}^2 < f$$

满足要求。

④刚架柱平面外的整体稳定性验算：

考虑压型钢板墙面与墙梁紧密相连，起到应力蒙皮作用，与柱连接的墙梁可作为柱平面外的支承点，但为了安全起见计算长度按两个墙梁间距考虑，即 $l_y = 3000\text{mm}, x_y = \frac{3000}{31.1} = 96.5$

c 类截面，查表得 $\varphi_y = 0.480$

$$\varphi_b = 1.07 - \frac{\lambda_y^2}{44000} \cdot \frac{f_v}{235} = 1.07 - \frac{96.5^2}{44000} = 0.858$$

$$\frac{N}{\varphi_y A} + \eta \frac{\beta_{tx} M_x}{\varphi_b W_x} = \left(\frac{59000}{0.48 \times 7008} + \frac{157.3 \times 10^6}{0.858 \times 996.6 \times 10^3}\right)\text{N/mm}^2$$

$$= (17.54 + 183.96)\text{N/mm}^2 = 201.5\text{N/mm}^2 < f$$

满足要求。

5)节点验算(略)。

6)位移。

根据计算结果，风荷载作用下刚架最大相对位移为 1/202＜1/60。

满足要求。

第十一章　钢-混凝土组合结构

第一节　钢-混凝土组合楼盖

钢-混凝土组合楼盖梁简称组合梁，是在钢梁上翼缘表面焊接抗剪连接件后再浇注混凝土板而形成的一种钢筋混凝土上翼缘板与钢梁结合的整体组合梁，组合梁已广泛应用于多高层钢结构及重型操作平台。

一、组合梁设计要求

1. 组合梁荷载

(1)作用于组合梁上的主要荷载及作用。

1)永久荷载：楼板及梁的自重、面层自重、固定设备重量等，永久荷载的分项系数采用1.2。

2)可变荷载：雪荷载、积灰荷载、楼板均布活荷载、施工荷载、风荷载及运输设备活荷载等，各项活荷载的分项系数可采用1.4，但对标准值大于或等于4kN/m^{2}的楼面活荷载，可按1.3采用。

3)竖向地震作用：对8、9度抗震设防地区跨度较大的托柱组合梁及悬臂组合梁，应按《建筑抗震设计规范》(GB 50011—2010)考虑地震作用组合的验算。

4)温度作用：对直接受热源影响或工作在露天条件下，且温差变化大于15℃的组合梁，应考虑由于温差及混凝土收缩引起的温度作用。

(2)荷载组合系数。

当梁上有两个或两个以上的活荷载作用且其中包括风荷载时，在计算承载力的荷载组合中，除最大效应的一项活荷载外，其他活荷载应乘以0.6的组合系数。

(3)短期效应与长期效应。

因混凝土在长期荷载作用下将产生徐变，故在组合梁正常使用极限状态(挠度及裂缝)计算中，应分别按标准值的短期及长期效应组合进行计算。

1)短期效应组合，包括各项自重、雪、积灰荷载、楼板活荷载、运输设备活荷载及风荷载等效应的组合，并当有活荷载组合情况时，应对相应活荷载乘以0.6的组合系数。

2)长期效应组合，各项荷载内容同上，但不考虑荷载组合系数，而对组合内的各竖向活荷载效应应乘以准永久值系数ψ_q，其值可按《建筑结构荷载规范》(GB 50009—2001)采用。对一般工业平台，活荷载可取$\psi_q=0.7$；对吊车及经常作用的运输设备，活荷载可取$\psi_q=0.6$。

(4)荷载折减系数。

当设计组合梁所用的楼面均布活荷载取值时，尚应按该规范将相关的活荷载乘以折减系数。当重型工业平台的均布检修活荷载大于或等于20kN/m^{2}时，计算组合楼盖主梁时，可乘以0.85的折减系数。

2. 组合梁设计的一般规定

(1)组合梁的设计均按照极限状态设计准则进行，其承载力(强度及连接)极限状态设计一般采用塑性设计方法，但对承受直接动力荷载的组合梁及其钢梁截面受压板件不符合塑性设计要求的组合梁，仍应采用弹性设计方法，此时，其荷载作用可简化为仅按短期效应组合计算，并对钢梁的抗力 f 乘以 0.9 的折减系数；必要时，亦可按长期效应（考虑徐变影响）进行计算。

对组合梁的正常使用极状态（挠度、裂缝）计算，均按弹性设计方法进行，并分别按荷载（标准值）短期效应及长期效应验算。

（2）组合梁抗剪连接件的极限状态设计方法，应与梁截面受弯设计方法相对应，分别采用塑性方法或弹性方法进行。

（3）无论采用弹性设计或塑性设计方法，组合梁的设计一般均应按施工阶段及使用阶段两种工况进行，但当施工阶段钢梁下设临时支撑（支撑后梁跨度小于 3.5m）时，可只按使用阶段设计。

1）施工阶段，为混凝土翼板强度达到 75%强度设计值之前，在此阶段梁自重与施工荷载均由钢梁承受，其强度及挠度均应按《钢结构设计规范》（GB 50017—2003）进行设计与计算，并符合有关要求。

2）使用阶段，为混凝土翼板强度达到 75%强度设计值之后的使用阶段。当采用弹性设计方法时，施工阶段的荷载由钢梁承受（但扣除施工活荷载），其余使用阶段后加的荷载由组合梁整体截面承受，此时钢梁的应力计算应考虑两阶段的应力叠加，组合梁混凝土翼板的应力则只考虑使用阶段所加荷载的应力。当采用塑性设计方法时，其两个阶段的全部荷载（扣除施工活荷载）均考虑由组合梁整体截面承受来验算各部分应力。

此阶段组合梁的最终挠度计算则应考虑施工阶段钢梁的挠度（扣除施工活荷载的挠度影响）及使用阶段组合梁的整体挠度相叠加。

（4）多跨连续组合梁仅适用于承受静荷载（或间接动荷载）的构件，其设计构造除与简支组合梁相同外，尚应符合下述要求：

1）连续组合梁的内力分析一般采用弹性计算方法，而截面计算仍可采用塑性设计方法（可不考虑温差与收缩影响），其钢梁截面应符合塑性设计的宽（高）厚比要求。

2）梁支座负弯矩处，受拉混凝土翼板不参加工作，但其有效宽度内的纵向受拉钢筋仍可参加截面工作。

3）应验算支座附近或跨中（当此跨全跨为负弯矩时）的钢梁下翼缘侧向稳定以及受拉混凝土板的裂缝宽度。

（5）组合梁的挠度应分别按荷载（标准值）的短期效应组合（相应采用短期截面刚度 B）及长期效应组合（相应采用长期截面刚度 B_L）进行验算，并分别满足挠度限值的要求。

（6）受拉混凝土翼板最大裂缝宽度的验算，可只考虑短期效应组合（标准值），其最大裂缝宽度限值应符合以下要求：

1）露天（或室内高温度）条件的一般构件，0.2mm。

2）室内正常环境一般构件，0.3mm。

3）年平均湿度小于 60%地区且活荷载与恒载（标准值）之比大于 0.5 的构件，0.4mm。

（7）组合梁截面高度 h 与其跨度 l 的比值（h/l）不应大于 1/16～1/15，同时梁截面高度 h 尚不宜超过其钢梁高度的 2.5 倍。

（8）组合梁混凝土上翼缘板的计算宽度 b_e（图 11-1）可按下式计算：

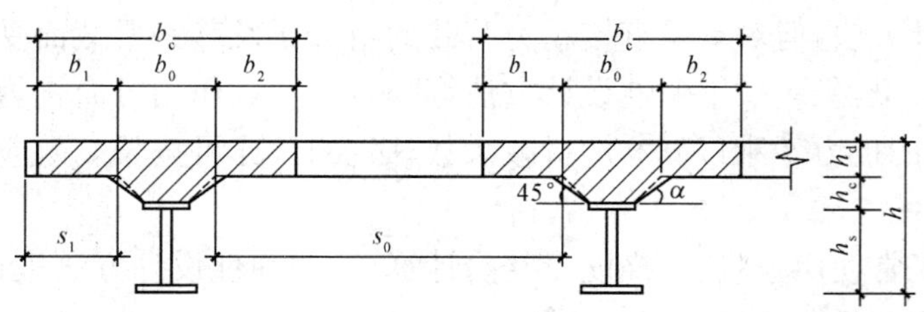

图 11-1 混凝土上翼缘板的计算宽度

$$b_e = b_0 + b_1 + b_2 \tag{11-1}$$

式中 b_0——板托顶部宽度，当板托倾角 α 小于 45°时板托顶部宽度应按 $\alpha=45°$ 计算，当无板托时取梁上翼缘宽度；

b_1、b_2——梁外侧和内侧的翼缘计算宽度，按下述规定中的最小值取用：梁跨度 l 的 1/6、相邻梁板托间净距 S_0 的 1/2 或钢筋混凝土翼板厚度 h_f 的 6 倍，此外 b_1 尚应不大于钢筋混凝土板的实际外伸长度 S_1，当梁外侧无翼板时 b_1 取为 0。

(9)对有防火、耐火要求的组合梁，其外露钢梁部分及兼作楼板受力钢筋用的压型钢板部分均应按耐火时限要求采取喷涂防火涂料等防火措施。同时，其混凝土翼板的厚度及钢筋保护层厚度应符合防火要求。

二、组合梁设计计算

1. 弹性理论计算组合梁

(1)截面换算(图 11-2)。

按弹性分析时，应将受压混凝土翼板的有效宽度 b_e，折算成与钢材等效的换算宽度 b_{eq}，构成单质的换算截面。

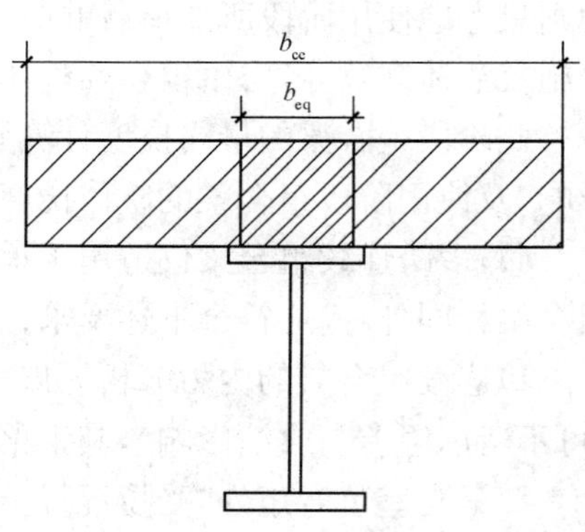

图 11-2 组合梁的换算截面

荷载的标准组合：

$$b_{eq} = b_e / \alpha_E \tag{11-2}$$

荷载的准永久组合：

$$b_{eq} = b_e / 2\alpha_E \tag{11-3}$$

式中 b_{eq}——混凝土翼板的换算宽度；

b_e——混凝土翼板的有效宽度；

α_E——钢材弹性模量对混凝土模量的比值，见表 13-62。

(2)各阶段组合梁荷载的采用。

1)施工阶段，对钢梁进行强度和变形验算时，应考虑以下荷载：

①永久荷载，已浇注尚未硬化的混凝土自重及钢梁自重，如果利用钢梁支撑混凝土板的模板，尚应包括模板及其支撑的自重。

②可变荷载，包括施工荷载和附加荷载。当有过量冲击、混凝土堆放、管线和设备的荷载时，应增加附加荷载。组合梁施工中，当其钢梁下边设有多个临时支撑时，可不对钢梁进行施工阶段的应力、变形的稳定性计算等。

2)使用阶段，应对组合梁在全部荷载作用下的强度和变形进行验算。

全部荷载 Q 应按其作用阶段和性质划分为 q_0、q_1、q_2 三部分，分别计算后将结果叠加。

①q_0 为施工完毕后混凝土硬结前作用于钢梁的荷载，由钢梁承受，对施工时梁下不设临时支撑的情况，q_0 包括组合梁自重和吊挂模板重量；施工中梁下设临时支撑时，$q_0=0$。

②$q_{1,2}=(q_1+q_2)$ 为混凝土硬结即组合梁形成后再施加的全部恒、活荷载（有几种活荷载时取其组合值），由组合梁承受，对施工时梁下不设临时支撑的情况，$q_{1,2}$ 包括后施工的建筑面层做法等恒荷载和使用活荷载等，并扣除此阶段拆除的吊挂模板重量，对施工时梁下设临时支撑的情况，$q_{1,2}$ 包括全部恒、活荷载。

③在 $q_{1,2}$ 中，产生长期效应部分（即永久荷载和活荷载的准永久值部分）为 q_1，由组合梁徐变换算截面承受；产生短期效应部分（即活荷载的非准永久值部分）为 q_2，由组合梁弹性换算截面承受。

(3)强度计算。

1)施工阶段荷载均由钢梁承受，按钢梁强度计算公式进行强度计算。

2)使用阶段强度计算。

①组合梁的正应力及其钢梁的剪应力。正应力的计算简图如图 11-3a)（竖向荷载作用）和图 11-3b)（温差和收缩作用）所示。

温差作用：

$$T_t=\frac{\alpha_t\Delta t}{\left(\frac{1}{E_cA_c}+\frac{1}{EA_s}\right)+\left(\frac{y_2}{E_cW_2}+\frac{y_3}{EW_3}\right)} \tag{11-4}$$

式中 α_t——线膨胀系数，为 1.0×10^{-5}；

Δt——钢梁与混凝土板的温差。

混凝土收缩作用：

$$T_s=\frac{\varepsilon_{sh}}{\left(\frac{2}{E_cA_c}+\frac{2}{EA_s}\right)+\left(\frac{2y_2}{E_cW_2}+\frac{y_3}{EW_3}\right)} \tag{11-5}$$

式中 ε_{sh}——混凝土收缩应变，取 0.00012～0.0002。

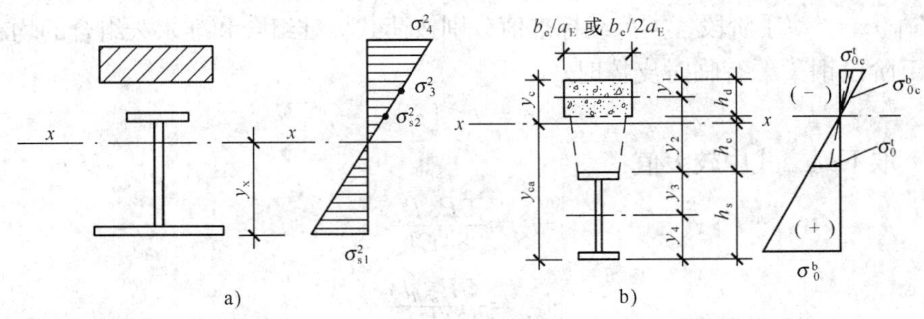

图 11-3 组合梁正应力计算简图

②正应力的组合。按相关公式计算所得截面各部位各类正应力时，应按以下工况或组合选定混凝土板顶或板底最大正应力 σ_{cmax} 以及钢梁上翼缘和下翼缘最大正应力 σ_{0max}，并控制其满足下式要求：

$$|\sigma_{cmax}|\leqslant f_c \tag{11-6}$$

$$|\sigma_{0max}|\leqslant f \tag{11-7}$$

式中　f_c、f——混凝土轴心抗压及钢材抗弯强度设计值。

③对一般组合梁，最大正应力应选第 1 列（不考虑徐变）正应力或第 2 列（考虑徐变）正应力二者中的较大值。

④受有温度作用的组合梁，可按各项压力考虑以下三种组合：

第 3 列正应力（温差）＋第 4 列正应力（收缩）。

第 1 列正应力＋第 3 列正应力＋第 4 列正应力。

第 2 列正应力＋第 3 列正应力＋第 4 列正应力。

最后正应力应选以上三种组合值中的较大值。

(4)挠度计算。

1)施工阶段钢梁下无临时支撑时：

$$v_c = v_{c\mathrm{I}} + v_{c\mathrm{II}} \leqslant [v] \tag{11-8}$$

$$v_c = \frac{5g_{lk}l^4}{384EI_s} + v_{c\mathrm{II}} \leqslant [v] \tag{11-9}$$

$v_{c\mathrm{II}}$ 取下列二式中的较大值：

$$v_{sc\mathrm{II}} = \frac{5P_{sc\mathrm{II}}l^4}{384EI_{sc}} \tag{11-10}$$

$$v_{sc\mathrm{II},l} = \frac{5P_{sc\mathrm{II},l}l^4}{384EI_{sc,l}} \tag{11-11}$$

式中　v_c——组合梁的挠度；

$v_{c\mathrm{I}}$——钢梁在施工阶段时组合梁自重标准值作用下的挠度；

$v_{c\mathrm{II}}$——使用阶段各项荷载标准值作用下分别按荷载标准组合和荷载准永久组合计算的挠度 $v_{sc\mathrm{II}}$ 和 $v_{sc\mathrm{II},l}$ 二者之较大值，即 $v_{c\mathrm{II}} = \max(v_{sc\mathrm{II}}, v_{sc\mathrm{II},l})$；

$[v]$——受弯构件挠度限值，对一般楼盖主梁及次梁，可分别按 $l/400$ 及 $l/250$ 采用。l 为梁跨度；

g_{lk}——施工阶段组合梁自重标准值；

$P_{sc\mathrm{II}}$、$P_{sc\mathrm{II},l}$——使用阶段各类荷载标准值分别按荷载标准组合和准永久组合的均布荷载。

2)施工阶段钢梁下有临时支撑时：

$$v_c = v \leqslant [v] \tag{11-12}$$

其中 v 取下列二式中较大值：

$$v_{sc} = \frac{5P_{sc}l^4}{384EI_{sc}} \tag{11-13}$$

$$v_{sc,l} = \frac{5P_{sc,l}l^4}{384EI_{sc,l}} \tag{11-14}$$

式中　v——组合梁各项荷载标准值作用下分别按荷载标准组合和荷载准永久组合计算的挠度 v_{sc} 和 $v_{sc,l}$ 二者之较大值，即 $v = \max(v_{sc}, v_{sc,l})$；

P_{sc}、$P_{sc,l}$——组合梁所有荷载标准值分别按荷载标准和准永久组合时的均布荷载。

2. 塑性理论计算组合梁

(1)简支组合梁设计。

1)完全抗剪连接组合梁的抗弯承载力计算：

①塑性中和轴在混凝土翼板内（图 11-4），即 $Af \leqslant b_e h_{c1} f_c$ 时：

$$M \leqslant b_e x f_c y \tag{11-15}$$

$$x = Af/(b_c f_c) \tag{11-16}$$

式中　M——正弯矩设计值；

A——钢梁的截面面积；

y——钢梁截面应力的合力至混凝土受压区截面应力的合力间之距离；

f_c——混凝土抗压强度设计值。

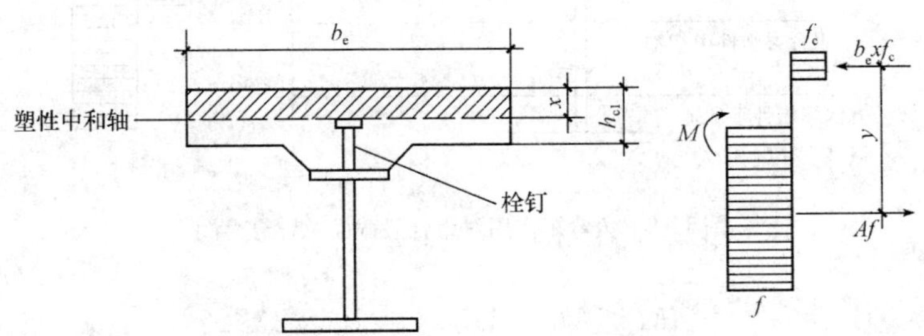

图 11-4　塑性中和轴在混凝土翼板内时的组合梁截面及应力图形

②塑性中和轴在钢梁截面内(图 11-5)，即 $Af > b_c h_{c1} f_c$ 时：

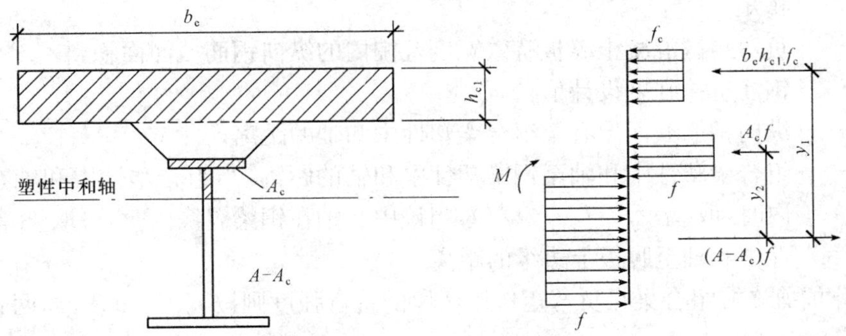

图 11-5　塑性中和轴在钢梁内的组合梁截面及应力图形

$$M \leqslant b_e h_{c1} f_c y_1 + A_c f y_2 \tag{11-17}$$

$$A_c = 0.5(A - b_e h_{c1} f_c / f) \tag{11-18}$$

式中　A_c——钢梁受压区截面面积；

y_1——钢梁受拉区截面形心至混凝土翼板受压区截面形心的距离；

y_2——钢梁受拉区截面形心至钢梁受压区截面形心的距离。

2)部分抗剪连接组合梁的抗弯强度计算公式：

$$x = n_r N_v^c / (b_e f_c) \tag{11-19}$$

$$A_c = (Af - n_r N_v^c)/(2f) \tag{11-20}$$

$$M_{u,r} = n_r N_v^c y_1 + 0.5(Af - n_r N_v^c) y_2 \tag{11-21}$$

式中　x——混凝土翼板受压区高度；

$M_{u,r}$——部分抗剪连接时组合梁截面抗弯承载力；

n_r——部分抗剪连接时一个剪跨区的抗剪连接件数目；

N_v^c——每个抗剪连接件的纵向抗剪承载力。

(2)连续组合梁的抗弯承载力。

1)部分抗剪连接组合梁在负弯矩作用区段的抗弯强度(图 11-6):

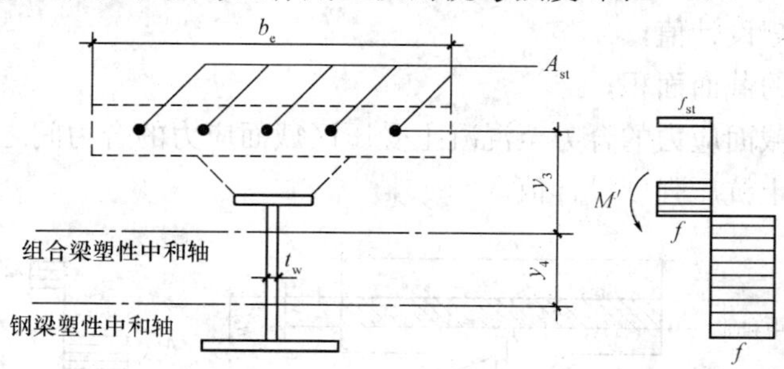

图 11-6 负弯矩作用对组合梁截面及计算简图

$$M' \leqslant M_s + A_{st} f_{st}(y_3 + y_4/2) \tag{11-22}$$

$$M_s = (S_1 + S_2) f \tag{11-23}$$

式中 M'——负弯矩设计值;

S_1、S_2——钢梁塑性中和轴(平分钢梁截面积的轴线)以上和以下截面对该轴的面积矩;

A_{st}——负弯矩区混凝土翼板有效宽度范围内的纵向钢筋截面面积;

f_{st}——钢筋抗拉强度设计值;

y_3——纵向钢筋截面形心至组合梁塑性中和轴的距离;

y_4——组合梁塑性中和轴至钢梁塑性中和轴的距离,当组合塑性中和轴在钢梁腹板内时,取 $y_4 = A_{st} f_{st}/(2t_w f)$,当该中和轴在钢梁翼缘内时,可取 y_4 等于钢梁塑性中和轴至腹板上边缘的距离。

2)部分抗剪连接组合梁在负弯矩作用区段的抗弯强度则按 $n_r N_r^c$ 和 $A_{st} f_{st}$ 两者中的较小值计算。

(3)组合梁的抗剪承载力计算。

组合梁截面的全部竖向剪力,假定由钢梁的腹板承受,其抗剪承载力应按下式计算:

$$V \leqslant h_w t_w f_v \tag{11-24}$$

式中 V——由梁上荷载产生的竖向剪力设计值;

h_w、t_w——钢梁腹板的高度和厚度;

f_v——塑性设计时钢梁钢材的抗剪强度设计值。

(4)组合梁挠度计算。

1)施工阶段钢梁下无临时支撑时:

$$v_c = v_{s\mathrm{I}} + v_{c\mathrm{II}} \leqslant [v] \tag{11-25}$$

$$v_c = \frac{5 g_{\mathrm{I}k} l^4}{384 E I_s} + v'_{c\mathrm{II}} \leqslant [v] \tag{11-26}$$

式中 v_c——组合梁的挠度;

$v_{s\mathrm{I}}$——钢梁在施工阶段时组合梁自重标准值作用下的挠度;

$v_{c\mathrm{II}}$——使用阶段各项荷载的标准组合和准永久组合进行计算,$v_{sc\mathrm{II}}$ 和 $v_{sc\mathrm{II},l}$ 二者之较大值,即 $v_{c\mathrm{II}} = \max(v_{sc\mathrm{II}}, v_{sc\mathrm{II},l})$;

$[v]$——受弯构件挠度限值，对一般楼盖主梁及次梁，可分别按 $l/400$ 及 $l/250$ 采用，l 为梁跨度；

$g_{\mathrm{I}k}$——施工阶段组合梁自重标准值。

在上述两种组合中，组合梁应各取其相应的折减刚度。

$v_{c\mathrm{II}}$ 取下列二式中的较大值：

$$v_{sc\mathrm{II}}=\frac{5p_{sc\mathrm{II}}l^4}{384EB_s} \tag{11-27}$$

$$v_{sc\mathrm{II},l}=\frac{5p_{sc\mathrm{II},l}l^4}{384EB_l} \tag{11-28}$$

式中 $p_{sc\mathrm{II}}$、$p_{sc\mathrm{II},l}$——使用阶段各类荷载标准值分别按荷载标准组合和准永久组合的均布荷载；

B_s、B_l——在荷载标准组合作用下及考虑长期作用影响的等效刚度。

2)施工阶段钢梁下有临时支撑时：

$$v_c=v\leqslant[v] \tag{11-29}$$

$$v_c=v\leqslant[v] \tag{11-30}$$

式中 v——组合梁各项荷载的标准组合和准永久组合进行计算的挠度 v_{sc} 和 $v_{sc,l}$ 二者之较大值，即 $v=\max(v_{sc},v_{sc,l})$。在上述两种荷载组合中，组合梁应各取其相应的折减刚度。

其中 v 取下列二式中的较大值：

$$v_{sc}=\frac{5p_{sc}l^4}{384EB_s} \tag{11-31}$$

$$v_{sc,l}=\frac{5p_{sc,l}l^4}{384EB_l} \tag{11-32}$$

式中 E——钢梁的弹性模量。

组合梁考虑滑移效应的折减刚度 B 可按下式确定：

$$B=\frac{EI_{eq}}{I+\zeta} \tag{11-33}$$

式中 I_{eq}——组合梁的换算截面惯性矩，对荷载的标准组合，可将截面中的混凝土翼板有效宽度除以钢材与混凝土弹性模量的比值 α_E 换算为钢截面宽度后，计算整个截面的惯性矩，对荷载的准永久组合，则除以 $2\alpha_E$ 进行换算；对于钢梁与压型钢板组合板构成的组合梁，取薄弱截面的换算截面进行计算，且不计压型钢板的作用；

ζ——刚度折减系数。

ζ 按下式计算（$\zeta\leqslant0$ 时，取 $\zeta=0$）：

$$\zeta=\eta\left[0.4-\frac{3}{(jl)^2}\right] \tag{11-34}$$

$$\eta=\frac{36Ed_cPA_0}{n_skhl^2} \tag{11-35}$$

$$j=0.81\sqrt{\frac{n_s k A_1}{EI_0 P}}\ (\mathrm{mm}^{-1}) \tag{11-36}$$

$$A_0=\frac{A_{cf}A}{\alpha_E A+A_{cf}} \tag{11-37}$$

$$A_1=\frac{I_0+A_0 d_c^2}{A_0} \tag{11-38}$$

$$I_0=I+\frac{I_{cf}}{\alpha_E} \tag{11-39}$$

式中 A_{cf}——混凝土翼缘截面面积，对压型钢板组合板翼缘，取其较弱截面的面积，且不考虑压型钢板；

A——钢梁截面面积；

I——钢梁截面惯性矩；

I_{cf}——混凝土翼缘的截面惯性矩，对压型钢板组合翼板，取其较弱截面的惯性矩，且不考虑压型钢板；

d_c——钢梁截面形心到混凝土翼缘截面(对压型钢板混凝土组合板为其较弱截面形心)的距离；

h——组合梁截面高度；

l——组合梁的跨度，mm；

k——抗剪连接件刚度系数，$k=N_v^c$(N/mm)；

P——抗剪连接件的平均间距；

n_s——抗剪连接件在一根梁上的列数；

α_E——钢材与混凝土弹性模量的比值。

当按荷载效应的准永久组合进行计算时，式(11-37)和式(11-39)的 α_E 应乘以 2。

(5)裂缝宽度验算。

$$w_{max}=2.1\psi\frac{\sigma_{sk}}{E_s}\left(1.9c+\frac{0.08d_{eq}}{\rho_{te}}\right) \tag{11-40}$$

式中 w_{max}——最大裂缝宽度，mm；

σ_{sk}——按荷载效应的标准组合计算的受拉钢筋应力：

$$\sigma_{sk}=(M_k/I_{st})y_3 \tag{11-41}$$

ψ——裂缝间纵向受拉钢筋应变不均匀系数，按下式计算，当 $\psi<0.2$ 时，取 $\psi=0.2$；当 $\psi>1.0$ 时，取 $\psi=1.0$；

$$\psi=1.1-\frac{0.65f_{tk}}{\rho_{te}\sigma_{sk}} \tag{11-42}$$

d_{eq}——受拉区纵向钢筋直径，mm；当用不同钢筋直径时，$d_{eq}=\frac{\sum n_i d_i}{\sum n_i v_i d_i}$；

c——纵向钢筋保护层厚度，mm；当 $c<20$mm 时，取 $c=20$；当 $c>65$ 时，取 $c=65$；

ρ_{te}——按有效受拉混凝土面积计算的纵向受拉钢筋配筋率，$\rho_{te}=\frac{A_{st}}{b_e h_{cl}}$；当$\rho_{te}\leqslant0.01$ 时，取 $\rho_{te}=0.01$；

A_{st}——混凝土翼板有效宽度范围内纵向钢筋的截面面积；

M_k——荷载标准组合下最大负弯矩标准值；

I_{st}——翼板内钢筋与钢梁组合钢截面的惯性矩；

f_{tk}——混凝土抗拉强度标准值；

y_3——钢筋截面重心至组合钢梁截面重心(钢筋与钢梁相组合的截面重心)的距离；

E_s——钢筋弹性模量；

d_i——受拉区第 i 种纵向钢筋的公称直径；

n_i——受拉区第 i 种纵向钢筋的根数；

v_i——受拉区第 i 种纵向钢筋的相对粘结特征系数，光面钢筋为 0.7，带肋钢筋为 1.0。

3. 连接计算

(1)抗剪连接件计算。

1)圆柱头焊钉连接计算：

$$N_v^c=\beta_v\eta(0.43A_s\sqrt{E_cf_c})\leqslant(0.7A_s\gamma f)\beta_v\cdot\eta \tag{11-43}$$

式中　E_c——混凝土的弹性模量；

A_s——圆柱头焊钉(栓钉)钉杆截面面积；

f——圆柱头焊钉(栓钉)抗拉强度设计值；

f_c——混凝土受压强度设计值；

γ——栓钉材料抗拉强度最小值与屈服强度之比；

当栓钉材料性能等级为 4.6 级时，取 $f=215\text{N/mm}^2$，$\gamma=1.67$；

β_v——压型钢板影响栓钉承载力的折减系数，可根据压型钢板肋是与钢梁平行或垂直情况，按式(11-44)及式(11-45)计算；

η——负弯矩区段栓钉的承载力折减系数，分别按下列两种情况确定 η 值，连续组合梁中间支座上负弯矩段 $\eta=0.90$，悬臂梁负弯矩区段 $\eta=0.8$。

当压型钢板肋平行于钢梁布置[图 11-7a)]，$b_w/h_e<1.5$ 时，β_v 值按下式计算：

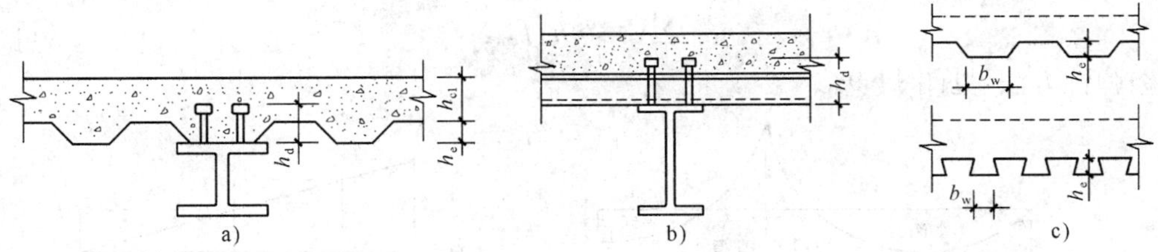

图 11-7　用压型钢板混凝土组合板作翼板的组合梁

a)肋与钢梁平行的组合梁截面；b)肋与钢梁垂直的组合梁截面；c)压型钢板组合板剖面

$$\beta_v=0.6\frac{b_w}{h_e}\left(\frac{h_d-h_e}{h_e}\right)\leqslant1 \tag{11-44}$$

当压型钢板肋垂直于钢梁布置时[图 11-7b)]：

$$\beta_v=\frac{0.85}{\sqrt{n_0}}\frac{b_w}{h_e}\left(\frac{h_d-h_e}{h_e}\right)\leqslant1 \tag{11-45}$$

式中　b_w——混凝土凸肋的平均宽度，当肋的上部宽度小于下部宽度时[图 11-7c)]，改取上部宽度；

h_e——混凝土凸肋高度；

h_d——栓钉高度；

n_0——组合梁截面上一个肋板中配置的栓钉总数当栓钉总数大于 3 个时，应仍取 3 个。

当 $\beta_v=1$、$\eta=1$，以及栓钉材料性能为 4.6 级时，按式算得的一个圆柱头焊钉的抗剪承载力设计值见表 13-66。

2)槽钢连接件计算：

$$N_v^c=0.26(t+0.5t_w)l_c\sqrt{E_c f_c} \tag{11-46}$$

式中 t——槽钢翼缘的平均厚度；

t_w——槽钢腹板的厚度；

l_c——槽钢的长度。

3)弯筋连接件计算：

$$N_v^c=A_{st}f_{st} \tag{11-47}$$

式中 A_{st}——弯筋的截面面积；

f_{st}——弯筋的抗拉强度设计值。

(2)连接件数量及配置。

1)塑性方法，见图 11-8。

每区段内所需连接件总数：

$$n_i=\frac{\sum V}{[N_v^c]} \tag{11-48}$$

式中 $\sum V$——剪跨区段内叠合面上的总剪力。

当塑性中和轴位于叠合面之上时

$$\sum V=A_s f_p \tag{11-49}$$

位于叠合面以下(钢梁内)时

$$\sum V=b_e h_d f_{cm} \tag{11-50}$$

2)弹性方法，见图 11-9。

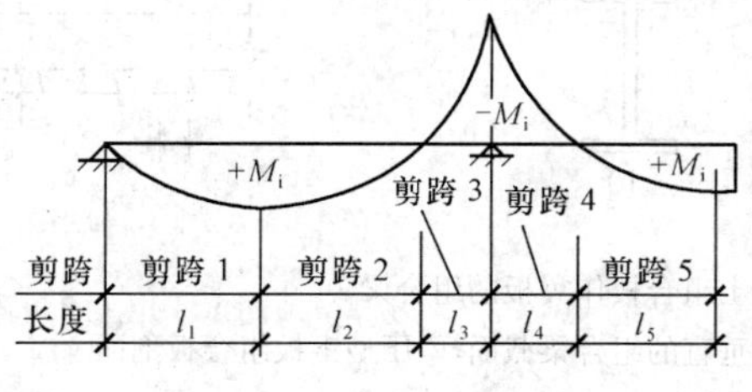

图 11-8 塑性方法计算简图

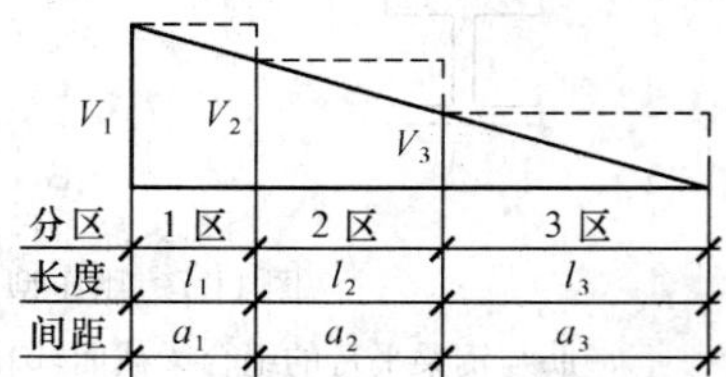

图 11-9 弹性方法计算简图

每分区内所需配置连接件的总数 n_i；由下式计算，并按间距 a_i 均匀布置：

$$n_i \geqslant \tau_{max} l_i/[N_v^c] \tag{11-51}$$

$$\tau_{max}=\frac{V_{gi}S_l}{I_{sc,l}}+\frac{V_{qi}S}{I_{sc}} \tag{11-52}$$

式中 n_i——在 i 分区内所需连接件总数；

τ_{max}——组合梁换算截面混凝土板处的单位剪应力设计值；

l_i——所计算 i 分区的长度；

V_{gi}、V_{qi}——分区内由永久荷载长期效应及短期效应作用的最大剪力；

S、S_l——不考虑徐变及考虑徐变影响的混凝土翼板换算截面绕梁整体换算截面重心轴的面积矩；

I_{sc}、$I_{sc,l}$——不考虑徐变及考虑徐变的梁整体换算截面的惯性矩；

$[N_v^c]$——每个连接件的抗剪承载力设计值。

(3)板托及混凝土翼板内横向钢筋的验算。

1)薄弱截面纵向剪力设计值(图 11-10)。

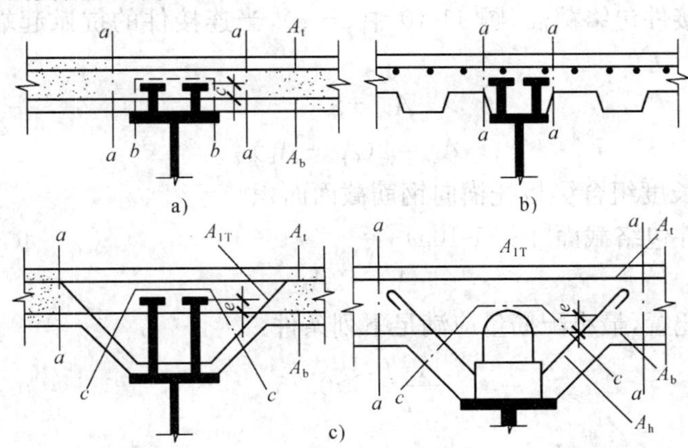

图 11-10　验算抗剪截面位置示意图

a)无板托时；b)压型板肋与梁平行时；c)有板托时

$$V_{lb}=n_i[N_v^c]/a_i \tag{11-53}$$

$$V_{la}=n_i[N_v^c]b_1/a_ib_e \tag{11-54}$$

$$V_{la}=n_i[N_v^c]b_2/a_ib_e \tag{11-55}$$

式中　V_{lb}——包络连接件截面($b-b$、$c-c$)单位梁长纵向剪力设计值(N/mm)；

V_{la}——翼板纵向截面($a-a$)单位梁长纵向剪力设计值(N/mm)；

n_i——一个横截面上连接件的个数(图 11-11)；

$[N_v^c]$——一个连接件的抗剪承载力设计值；

a_i——连接件纵向间距；

b_e——组合梁混凝土板的计算宽度；

b_1、b_2——梁外侧和内侧的计算宽度。

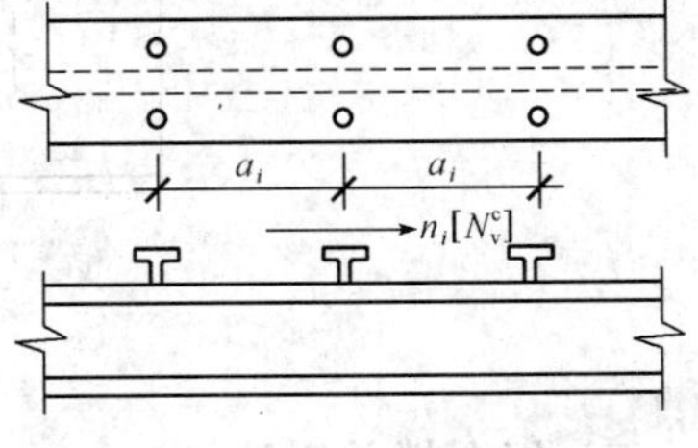

图 11-11　计算 V_l 时连接件布置

2)翼缘和托板的纵向截面抗剪承载力。

$$V_B\leqslant K_1sl_s+0.7A_{sv}Bf_{st} \tag{11-56}$$

$$V_B\leqslant K_2l_af_c \tag{11-57}$$

式中　l_s——纵向受剪截面的周边长度；

f_{st}——钢筋抗拉强度设计值；

s——应力单位，为 $1N/mm^2$；

K_1——折减系数，采用普通混凝土时为 0.9，采用轻质混凝土时为 0.7；

K_1——折减系数，采用普通混凝土时为 0.9，采用轻质混凝土时为 0.7；

K_2——折减系数，采用普通混凝土时为 0.19，采用轻质混凝土时为 0.15。

单位上纵向受剪截面上与截面相交的横向钢筋截面面积 A_{sv}（mm^2/mm），按图 11-10a)～c)及下列规定采用。

对混凝土翼板纵向截面（图 11-10 中 $a-a$）：

$$A_{sv}=A_b+A_t \tag{11-58}$$

式中 A_b——单位长度组合梁翼板底部钢筋截面面积；

A_t——单位长度组合梁翼板上部钢筋截面面积。

对有板托的连接件包络截面（图 11-10 中 $c-c$），当连接件的抗掀起端底部高出翼板底部钢筋距离：

$e<30$mm 时 $$A_{sv}=2A_h \tag{11-59}$$

$e\geqslant30$mm 时 $$A_{sv}=2(A_b+A_h) \tag{11-60}$$

式中 A_h——单位长度组合梁板托横向钢筋截面面积。

对无板托连接件包络截面[图 11-10a)]：

$$A_{sv}=2A_b$$

①横向钢筋的配置，最小配筋量应满足下列条件：

$$\frac{A_{sv}f_{st}}{l_s}\geqslant0.75 \tag{11-61}$$

不应小于 $10d$。

②弯起钢筋与钢梁连接的双侧焊缝长度为 $4d$（当采用 HPB235 级钢筋）或 $5d$（当采用 HRB335 级钢筋）。两个弯起钢筋的距离不应小于混凝土翼板（包括板托）厚度的 0.7 倍，且不大于 2 倍翼板的厚度 h_{c1}，见图 11-12。

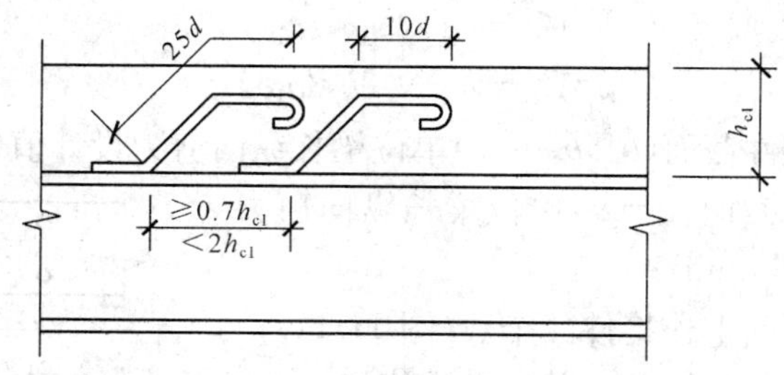

图 11-12 弯起钢筋的满足要求

三、组合楼盖设计

1. 组合或非组合楼板的承载力验算

(1)组合板或非组合板在施工阶段应对作为浇筑混凝土底模的压型钢板按弹性方法进行强度和变形验算。验算时，可只验算强边（顺肋）方向，并应计入临时支撑的影响。其计算简图应按实际支撑跨数及跨度尺寸确定，但考虑到下料的不利情况，也可取两跨连续板或单跨简支板进行计算。

压型钢板上所作用的荷载为：

永久荷载——压型钢板、钢筋及湿混凝土等自重。确定湿混凝土自重时应考虑挠曲效应。当压型钢板挠度 $w>20$mm 时在全跨应增加 $0.7w$ 厚度的混凝土匀布荷载，或增设临时支撑。

线和泵的荷载时应增加相应的附加荷载。

不加临时支撑时，压型钢板的抗弯承载力应符合下式要求：

$$M \leqslant fW_s \tag{11-62}$$

式中　M——压型钢板沿顺肋方向一个波宽的弯矩设计值，N·mm；

f——压型钢板的钢材强度设计值，N/mm²；

W_s——压型钢板的截面模量，mm³；取受压边的 W_{sc} 与受拉边的 W_{st} 中的较小值：

$$W_{sc}=\frac{I_s}{x_c}\quad W_{st}=\frac{I_s}{h_s-x_c} \tag{11-63}$$

I_s——一个波宽内对压型钢板截面形心轴的惯性矩，mm⁴；其中受压翼缘的有效计算宽度 b_{ef}（图 11-13），可取为 $b_{ef}\leqslant 50t$，t 为压型钢板的厚度，mm；

x_c——压型钢板由受压翼缘边缘至形心轴的距离，mm；

h_s——压型钢板截面的总高度，mm。

(2)组合板上作用有集中荷载或线荷载时，应考虑荷载分布的有效宽度，如图 11-14 所示。

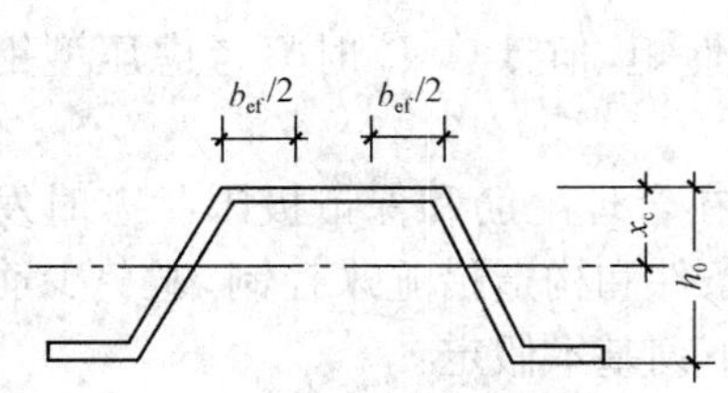

图 11-13　压型钢板受压翼缘的计算宽度 b_{ef}

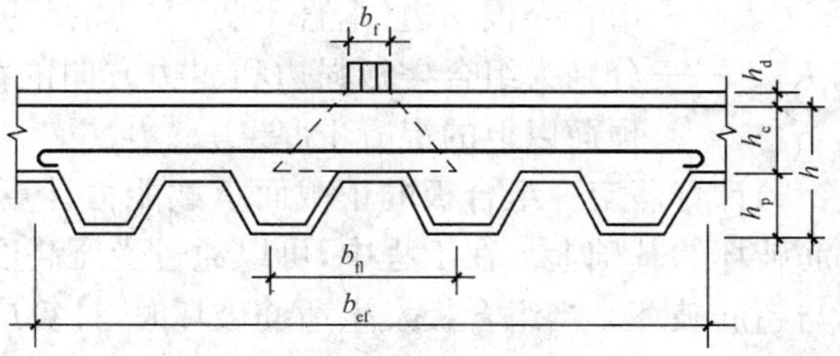

图 11-14　集中荷载分布有效宽度

荷载的有效分布宽度可按下列公式计算：

$$b_{fl}=b_f+2(h_c+h_d) \tag{11-64}$$

式中　b_{fl}——荷载分布有效宽度；

b_f——组合板上集中荷载或线荷载的实际作用宽度；

h_c——压型钢板顶面以上混凝土的厚度；

h_d——楼面面层厚度。

此时组合板的有效宽度应按下列公式计算：

抗弯承载力计算时：

简支板
$$b_{ef}=b_{fl}+2l_p\left(1-\frac{l_p}{l}\right) \tag{11-65}$$

连续板
$$b_{ef}=b_{fl}+\left[4l_p\left(1-\frac{l_p}{l}\right)\right]/3 \tag{11-66}$$

抗剪承载力计算时：

$$b_{ef}=b_{fl}+\left(1-\frac{l_p}{l}\right) \tag{11-67}$$

式中　l——组合楼板的跨度；

l_p——荷载作用点到组合楼板较近支座的距离；

b_{fl}——集中荷载在组合楼板中的分布宽度。

(3)组合板内力计算规定。

1)在使用阶段，当压型钢板上的混凝土厚度为 50～100mm 时，按下列规定计算内力（包

1)在使用阶段,当压型钢板上的混凝土厚度为50～100mm时,按下列规定计算内力(包括挠度):

①按简支单向板计算组合楼板强边(顺肋)方向的正弯矩(包括挠度)。

②强边方向的负弯矩按固端板取值。

③不考虑弱边(垂直于肋方向)方向的正负弯矩。

2)当压型钢板上的混凝土厚度大于100mm时,板的承载力应按下列规定确定按双向板或按单向板进行计算,但板的挠度仍应按强边方向的简支单向板计算:

①$0.5<\lambda_e<2.0$时,应按双向板计算。

②$\lambda_e \leqslant 0.5$或$\lambda_e \geqslant 2.0$时,应按单向板计算:

$$\lambda_e = \mu l_x / l_y \quad \mu = \left(\frac{I_x}{I_y}\right)^{1/4} \tag{11-68}$$

式中 μ——板的受力导向性系数;

l_x——组合楼板强边(顺肋)方向的跨度;

l_y——组合楼板弱边(垂直于肋)方向的跨度;

I_x、I_y——分别为组合楼板强边和弱边方向的截面惯性矩,但计算I_y时只考虑压型钢板顶面以上的混凝土厚度h_c。

3)计算假定。组合板的正截面承载能力计算,建立在合理配筋和保证极限状态时发生适筋破坏的基础上。在工程中,可以通过受压高度限制条件和构造措施来控制,避免少筋破坏与超筋破坏。当组合板发生适筋破坏时,计算应符合下列基本假定:

①采用塑性设计法计算,假定截面受拉区和受压区的材料均达到强度设计值。

②压型钢板钢材强度设计值f及混凝土的抗压强度设计值f_c,均应乘以折减系数0.8。这是考虑到作为受拉钢筋的压型钢板没有混凝土保护层,以及中和轴附近的材料强度未充分发挥的缘故。

③由于混凝土抗拉强度很低,因此忽略受拉混凝土的作用。

④假设组合板在纵向有足够的剪切粘结力,混凝土与压型钢板的界面上滑移很小,混凝土与压型钢板始终保持共同作用,因此直至达到极限状态,组合板都符合平截面假定。

4)组合板的抗弯承载力计算。

①当$A_p f \leqslant \alpha_1 f_c b h_c$时,塑性中和轴在压型钢板顶面以上的混凝土截面内($x \leqslant h_c$)[图11-15a)]。

此时,组合板在一个波宽内的弯矩应符合下式要求

$$M \leqslant 0.8\alpha_1 f_c x b y_p \tag{11-69}$$

$$y_p = h_0 - \frac{x}{2} \tag{11-70}$$

式中 M——组合楼板在压型钢板一个波宽内的弯矩设计值,N·mm;

x——组合楼板的受压区高度,mm;$x = A_p f/(\alpha_1 f_c b)$,当$x > 0.55h_0$时,取$0.55h_0$,$h_0$为组合楼板的有效高度;

y_p——压型钢板截面应力合力至混凝土受压区截面应力合力的距离,mm;

b——压型钢板的波距,mm;

f——压型钢板钢材的抗拉强度设计值,N/mm^2;

α_1——受压区混凝土矩形应力图的应力值与混凝土轴心抗压强度设计值的比值,按《混凝土结构设计规范》(GB 50010—2010)规定取值;

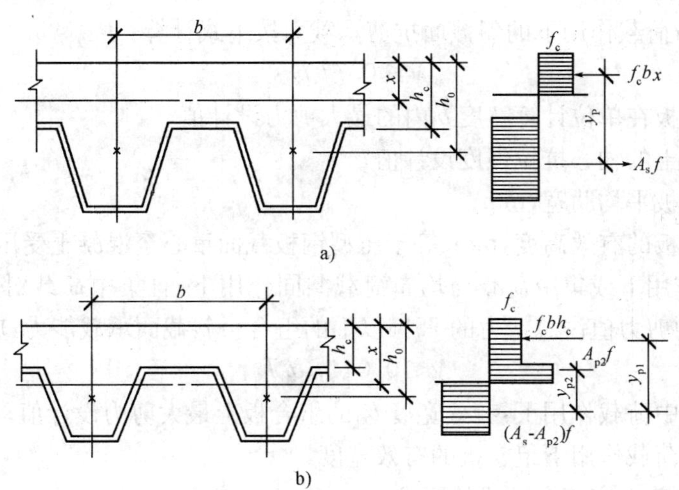

图 11-15 组合板正截面抗弯承载力计算图

a)塑性中和轴在压型钢板顶面以上的混凝土截面内;b)塑性中和轴在压型钢板截面内

②当 $A_pf>\alpha_1f_ch_cb$ 时,塑性中和轴在压型钢板内($x>h_c$),如图 11-15b)所示,此时组合板一个波宽内的受弯矩应符合下式要求:

$$M\leqslant 0.8(\alpha_1f_ch_cby_{p1}+A_{p2}fy_{p2}) \tag{11-71}$$

$$A_{p2}=0.5(A_p-\alpha_1f_ch_cb/f) \tag{11-72}$$

式中 A_p——压型钢板波距内的截面面积,mm^2;

h_c——压型钢板顶面以上的混凝土计算厚度,mm;

A_{p2}——塑性中和轴以上的压型钢板波距内的截面面积,mm^2;

y_{p1}、y_{p2}——压型钢板受拉区截面拉力合力分别至受压区混凝土板截面和压型钢板截面压力合力的距离,mm。

(4)组合板在集中荷载下的受冲切能力 F_L 按下式计算:

$$F_L\leqslant 0.7f_t\eta u_mh_0 \tag{11-73}$$

η 取 η_1、η_2 的较小值

$$\left.\begin{aligned}\eta_1&=0.4+\frac{1.2}{\beta_s}\\ \eta_2&=0.5+\frac{\alpha_sh_0}{4u_m}\end{aligned}\right\} \tag{11-74}$$

式中 u_m——临界周界长度(图 11-16);

h_0——混凝土最小浇筑厚度;

f_t——混凝土轴心抗拉强度设计值;

β_s——局部荷载或集中荷载作用面积为矩形时的长边与短边尺寸的比值,β_s 不宜大于 4;当 $\beta_s<2$ 时,取 $\beta_s=2$;当面积为圆形时,取 $\beta_s=2$;

α_s——板柱结构中柱类型的影响系数:中柱,取 $\alpha_s=40$;对边柱,取 $\alpha_s=30$,对角柱,取 $\alpha_s=20$。

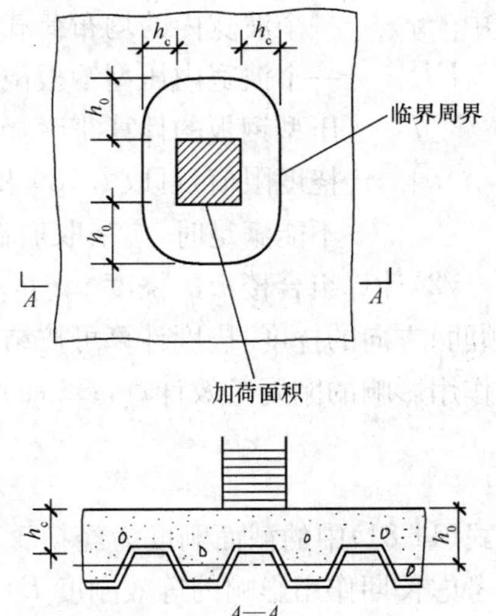

图 11-16 剪力临界周界

组合板在均布荷载作用下的斜截面抗剪承载力按下式计算：

$$V \leqslant 0.7 f_t b h_0 \tag{11-75}$$

式中 V——组合板在单位计算宽度 b 内的最大剪力设计值；

f_t——混凝土的轴心抗拉强度设计值；

b——组合板平均肋宽，mm；

h_0——组合板的有效高度，mm；等于压型钢板截面重心至混凝土受压边缘的距离。

在集中荷载作用下或集中荷载与均布荷载共同作用下，且集中荷载对支座截面或节点边缘截面所产生的剪力值占总剪力的 75%以上的组合板斜截面承载能力，应按下式计算：

$$V \leqslant 0.044 f_t b_{fl} h_0 \tag{11-76}$$

式中 V——在集中荷载作用下，有效宽度 b_{ef} 的组合板上最大剪力设计值；

b_{fl}——集中荷载作用下组合板的有效宽度。

组合板的纵向剪力应符合下式的要求：

$$V \leqslant V_u \tag{11-77}$$

式中 V_u——组合板抗剪能力，kN/m：

$$V_u = a_0 - a_1 l_v + a_2 b h_0 + a_3 t \tag{11-78}$$

l_v——组合板的剪跨(mm)；

t——压型钢板厚度(mm)；

a_0、a_1、a_2、a_3——剪力粘结系数，由试验确定，或采用下列数值：

$$a_0 = 78.142, a_1 = 0.098, a_2 = 0.0036; a_3 = 38.625$$

2. 组合楼板的变形计算

(1)考虑到下料的不利情况，压型钢板可取两跨连续板或单跨简支板进行挠度验算：

两跨连续板
$$w = \frac{ql^4}{185EI_s} \leqslant [w] \tag{11-79}$$

单跨简支板
$$w = \frac{5ql^4}{384EI_s} \leqslant [w] \tag{11-80}$$

式中 q——一个波宽内的均布荷载标准值，N/mm；

EI_s——一个波宽内压型钢板截面的弯曲刚度，N · mm²；

l——压型钢板的计算跨度，mm；

$[w]$——挠度限值，可取 $l/180$ 及 20mm 的较小值。其中 l 为板的计算跨度。当此要求不能满足时，应采取加临时支撑等措施减小施工阶段压型钢板的变形。

(2)计算组合楼板的挠度 w 时，不论其实际支撑情况如何，均按简支单向板计算沿强边(顺肋)方向的挠度，挠度计算可按结构力学的公式计算，并应分别按荷载标准组合并考虑长期作用影响的刚度等效计算，算得的挠度 w 应小于允许值，即

$$w = \frac{5ql^4}{384B} \leqslant \frac{l}{360} \tag{11-81}$$

式(11-81)中的截面刚度为经换算成单质的钢截面等效刚度 B。对于荷载效应标准组合并考虑长期作用影响的等效刚度 B_s 及 B_L 可按下式计算：

$$B_s = B \quad B = E_s I \tag{11-82}$$

$$B_L = \frac{1}{2} B \tag{11-83}$$

$$I=\frac{1}{\alpha_E}[I_c+A_c(x'_n-h'_c)^2]+I_s+A_s(h_0-x'_n)^2 \tag{11-84}$$

$$x'_n=\frac{A_c h'_c+\alpha_E A_s h_0}{A_c+\alpha_E A_s} \tag{11-85}$$

式中　B、B_s、B_L——组合楼板的等效刚度、荷载标准组合作用下及考虑长期作用影响的等效刚度，N · mm²；

E_s——压型钢板弹性模量，N · mm²；

I——组合楼板全截面发挥作用时的等效截面惯性矩，mm⁴；见图 11-17；

α_E——钢材弹性模量 E_s 与混凝土弹性模量 E_s 的比值系数，即 $\alpha_E=\frac{E_s}{E_c}$；

x'_n——全截面有效时，组合楼板中和轴至受压边缘的距离，mm；

A_s——压型钢板截面面积，mm²；

A_c——混凝土截面面积，mm²；

h_0——组合楼板的有效高度，即组合楼板受压边缘至压型钢板截面重心的距离，mm；

h'_c——组合楼板受压边缘至混凝土部分重心之间的距离，mm；

I_s、I_c——压型钢板及混凝土部分各自对自身形心的惯性矩。

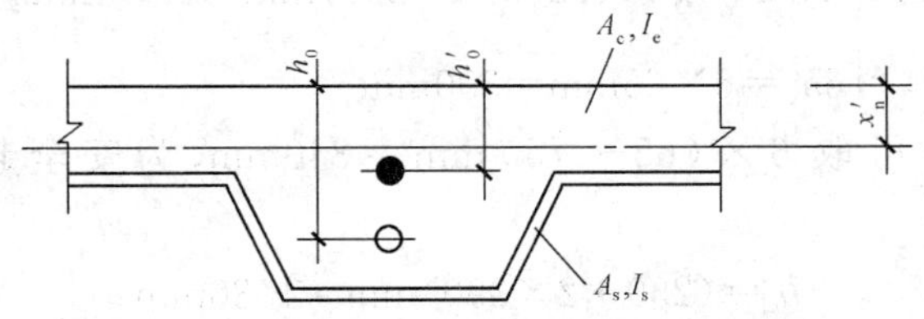

图 11-17　组合楼板惯性矩的计算简图

以荷载标准组合或考虑长期作用影响的等效刚度 B_s 或 B_L，替换式(11-81)中的 $\overline{B}$，即可算得相应荷载作用下的挠度 w。

【例 11-1】　钢-混凝土组合楼盖设计

1. 设计资料

某建筑楼层拟采用钢-混凝土组合楼盖。混凝土板(包括压型钢板)自重为 3.0kN/m²。楼层活荷载为 1.8kN/m²，楼面建筑面层重 3.63kN/m²，压型钢板波高 75mm，波距 200mm，其上现浇 60mm 厚混凝土。施工荷载为 1.6kN/m²。梁格布置见例图 11-1，次梁与主梁铰接连接。钢材采用 Q235，混凝土强度等级 C20，圆柱头焊钉连接。主梁与柱为简支连接。设计次梁时考虑钢梁混凝土温度较混凝土板高 20℃的温差影响。

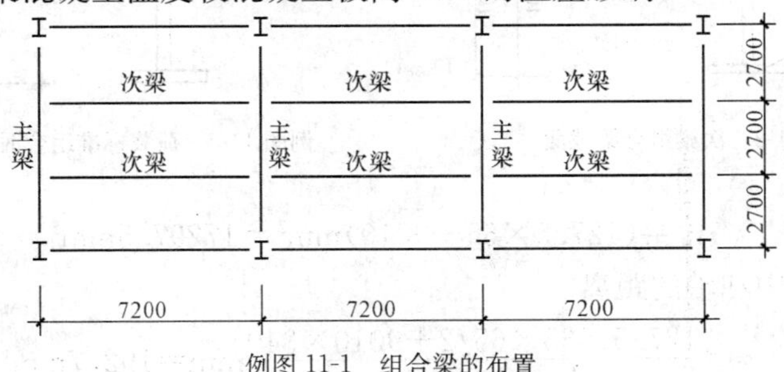

例图 11-1　组合梁的布置

2. 次梁设计

次梁试选用如例图 11-2 所示的截面。

(1)截面特性计算。

1)钢梁。

钢梁截面面积 $A_s=(250\times12\times2+376\times8)\text{mm}^2=9008\text{mm}^2$

钢梁截面惯性矩 $I_s=\frac{1}{12}\times(250\times400^3-242\times376^3)\text{mm}^4=2.613\times10^8\text{mm}^4$

钢梁截面抵抗矩 $W_1^t=W_1^b=1.307\times10^6\text{mm}^3$

钢梁半截面的面积矩 $S_1=\left(250\times12\times194+\frac{8\times188^2}{2}\right)\text{mm}^3=7.234\times10^5\text{mm}^3$

2)混凝土板有效宽度的确定。

由于压型钢板的肋与次梁垂直,故不考虑压型钢板顶面以下的混凝土。

$$b_e=b_0+b_1+b_2$$

由于无板托,则 b_0 取钢梁上翼缘宽度,$b_0=250\text{mm}$

由于混凝土板是连续板,则:

$$b_1=b_2=\min\begin{Bmatrix}L/b=7200/6\text{mm}=1200\text{mm}\\ S_0/2=\frac{1}{2}\times(7200/3-250)\text{mm}=1075\text{mm}\\ 6h_c=6\times65\text{mm}=390\text{mm}\end{Bmatrix}=390\text{mm}$$

在确定有效 b_e 时可取 $6\times(65+75)\text{mm}=840\text{mm}$,为安全起见,仍取 $6\times65\text{mm}=390\text{mm}$。

取 $b_e=(250+2\times390)\text{mm}=1030\text{mm}$

3)荷载标准组合时的换算截面。

$$\alpha_E=E/E_c=\frac{2.06\times10^5}{2.55\times10^4}=8.08$$

混凝土板换算截面的换算宽度

$$b_{e,eq}=1030/8.08\text{mm}=127.5\text{mm}$$

换算截面(例图 11-3)的截面面积

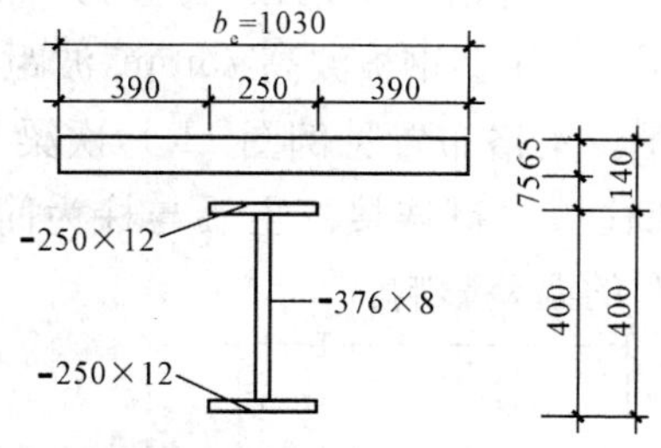

例图 11-2 次梁组合梁截面

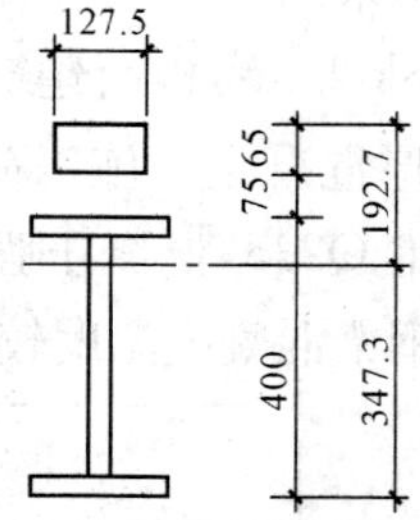

例图 11-3 荷载标准组合时的换算截面

$$A_{sc}=(127.5\times65+9010)\text{mm}^2=17297.5\text{mm}^2$$

混凝土顶板到中和轴的距离

$$x=\frac{127.5\times65\times65/2+9010\times340}{17297.5}\text{mm}=192.7\text{mm}$$

换算截面的惯性矩

$$I_{sc}=\left[\frac{1}{12}\times127.5\times65^3+127.5\times65\times(192.7-32.5)^2+2.613\times10^8+9008\times(340-192.7)^2\right]\text{mm}^4$$

$$=6.724\times10^8\text{mm}^4$$

混凝土板顶面处的截面模量

$$W_{0c}^{t}=\frac{I_{sc}}{x}=\frac{6.724\times10^8}{192.7}\text{mm}^3=3.489\times10^6\text{mm}^3$$

混凝土板底面处的截面模量

$$W_{0c}^{b}=\frac{I_{sc}}{X-h_c}=\frac{6.724\times10^8}{192.7-65}\text{mm}^3=5.265\times10^6\text{mm}^3$$

钢梁底面处的截面模量

$$W_{0}^{b}=\frac{I_{sc}}{h-x}=\frac{6.724\times10^8}{540-192.7}\text{mm}^3=1.936\times10^6\text{mm}^3$$

4)考虑徐变影响的换算截面。

混凝土板换算截面的有效宽度

$$b_{e,eq}=1030/(2\times8.08)\text{mm}=63.7\text{mm}$$

换算截面(例图 11-4)的截面面积

$$A_{sc,l}=(63.7\times65+9008)\text{mm}=13148.5\text{mm}^2$$

换算截面中轴到混凝土板板顶的距离

$$x=\frac{63.7\times65\times65/2+9008\times340}{13148.5}\text{mm}=243.2\text{mm}$$

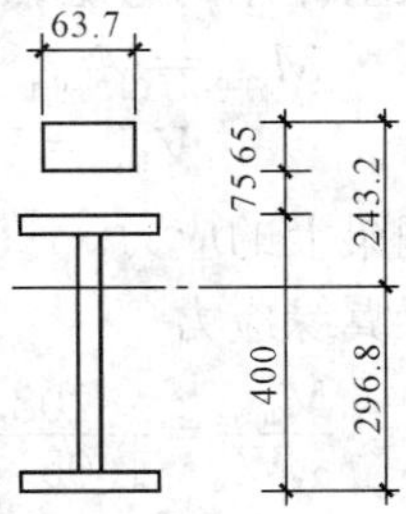

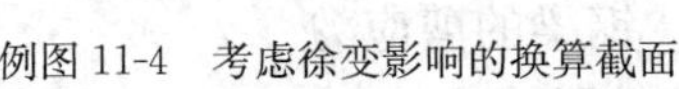

例图 11-4 考虑徐变影响的换算截面

换算截面的惯性矩

$$I_{sc,l}=\left[\frac{1}{12}\times63.7\times65^3+63.7\times65\times\left(243.2-\frac{65}{2}\right)^2+2.613\times10^8+9008\times(340-243.3)^2\right]\text{mm}^4=5.310\times10^8\text{mm}^4$$

混凝土板顶面处的截面模量

$$W_{0c}^{tc}=\frac{I_{sc,l}}{x}=\frac{5.31\times10^8}{243.2}\text{mm}^3=2.183\times10^6\text{mm}^3$$

混凝土板底面处的截面模量

$$W_{oc}^{bc}=\frac{I_{sc,l}}{x-h_c}=\frac{5.310\times10^8}{243.2-65}\text{mm}^3=2.980\times10^6\text{mm}^3$$

钢梁下翼缘的截面模量

$$W_{0}^{bc}=\frac{I_{sc,l}}{h-x}=\frac{5.310\times10^8}{540-243.2}\text{mm}^3=1.789\times10^6\text{mm}^3$$

(2)施工阶段的验算。

1)荷载计算。

钢梁自重　　　　0.8kN/m

现浇混凝土板自重　　3.0kN/m²

施工活荷载　　　1.6kN/m²

钢梁上作用的永久荷载标准值和设计值

$$g_{\mathrm{Ik}}=(0.8+3\times2.7)\mathrm{kN/m}=8.9\mathrm{kN/m}$$

$$g_{\mathrm{I}}=1.2q_{\mathrm{Ik}}=1.2\times8.9\mathrm{kN/m}=10.68\mathrm{kN/m}$$

钢梁上作用的施工活荷载标准值和设计值

$$q_{\mathrm{Ik}}=1.6\times2.7\mathrm{kN/m}=4.32\mathrm{kN/m}$$

$$q_{\mathrm{I}}=1.4q_{\mathrm{Ik}}=1.4\times4.32\mathrm{kN/m}=6.048\mathrm{kN/m}$$

2)内力计算。

恒载产生的弯矩和剪力

$$M_{\mathrm{Igmax}}=\frac{1}{8}g_{\mathrm{I}}l^2=\frac{1}{8}\times10.68\times7.2^2\mathrm{kN\cdot m}=69.206\mathrm{kN\cdot m}$$

$$V_{\mathrm{Igmax}}=\frac{1}{2}g_{\mathrm{I}}l=\frac{1}{2}\times10.68\times7.2\mathrm{kN}=38.448\mathrm{kN}$$

活荷载产生的弯矩和剪力

$$M_{\mathrm{Iqmax}}=\frac{1}{8}q_{\mathrm{I}}l^2=\frac{1}{8}\times6.048\times7.2^2\mathrm{kN\cdot m}=39.191\mathrm{kN\cdot m}$$

$$V_{\mathrm{Iqmax}}=\frac{1}{2}q_{\mathrm{I}}l=\frac{1}{2}\times6.048\times7.2\mathrm{kN}=21.773\mathrm{kN}$$

钢梁上作用的弯矩和剪力

$$M_{\mathrm{Imax}}=M_{\mathrm{Igmax}}+M_{\mathrm{Iqmax}}=(69.206+39.191)\mathrm{kN\cdot m}=108.397\mathrm{kN\cdot m}$$

$$V_{\mathrm{Imax}}=V_{\mathrm{Igmax}}+V_{\mathrm{Iqmax}}=(38.448+21.773)\mathrm{kN}=60.221\mathrm{kN}$$

3)钢梁上的应力。

钢梁翼缘应力

$$\frac{M_{\mathrm{Imax}}}{\alpha_{\mathrm{x}}W_{\mathrm{x}}}=\frac{108.397\times10^6}{1.05\times1.307\times10^6}\mathrm{N/mm^2}=78.986\mathrm{N/mm^2}<f=125\mathrm{N/mm^2}$$

钢梁的剪应力

$$\frac{V_{\mathrm{Imax}}S_1}{I_{\mathrm{s}}t_{\mathrm{w}}}=\frac{60.221\times10^3\times7.234\times10^5}{2.613\times10^8\times8}\mathrm{N/mm^2}=20.840\mathrm{N/mm^2}<f_{\mathrm{v}}=125\mathrm{N/mm^2}$$

4)挠度计算。

$\frac{v}{l}=\frac{5(g_{\mathrm{Ik}}+q_{\mathrm{Ik}})l^3}{384E_{\mathrm{s}}I_{\mathrm{s}}}=\frac{5\times(8.9+4.32)\times7.2^3\times10^9}{384\times2.06\times10^5\times2.613\times10^8}=\frac{1}{838}<\left[\frac{1}{250}\right]$,钢梁满足施工阶段的要求。

(3)使用阶段的验算。

1)荷载计算。

建筑面层自重　　3.63kN/m²

楼层活荷载　　1.8kN/m²

组合梁上作用的建筑面层永久荷载标准值和设计值

$$g_{\mathrm{IIk}}=3.63\times2.7\mathrm{kN/m}=9.801\mathrm{kN/m}$$

$$g_{\mathrm{II}}=1.2g_{\mathrm{IIk}}=1.2\times9.801\mathrm{kN/m}=11.761\mathrm{kN/m}$$

组合梁上作用的活荷载标准值和设计值

$$q_{\mathrm{IIk}}=1.8\times2.7\mathrm{kN/m}=4.86\mathrm{kN/m}$$

$$q_{\mathrm{II}}=1.4g_{\mathrm{IIk}}=1.4\times4.86\mathrm{kN/m}=6.804\mathrm{kN/m}$$

2)内力计算。

使用阶段恒载产生的弯矩和剪力

$$M_{\mathrm{II\,gmax}}=\frac{1}{8}g_{\mathrm{II}}l^2=\frac{1}{8}\times 11.761\times 7.2^2\mathrm{kN\cdot m}=76.211\mathrm{kN\cdot m}$$

$$V_{\mathrm{II\,gmax}}=\frac{1}{2}g_{\mathrm{II}}l=\frac{1}{2}\times 11.761\times 7.2\mathrm{kN}=42.340\mathrm{kN}$$

使用阶段活荷载产生的弯矩和剪力

$$M_{\mathrm{II\,qmax}}=\frac{1}{8}q_{\mathrm{II}}l^2=\frac{1}{8}\times 6.804\times 7.2^2\mathrm{kN\cdot m}=44.090\mathrm{kN\cdot m}$$

$$V_{\mathrm{II\,qmax}}=\frac{1}{2}q_{\mathrm{II}}l=\frac{1}{2}\times 6.804\times 7.2\mathrm{kN}=24.494\mathrm{kN}$$

使用阶段荷载产生的弯矩和剪力

$$M_{\mathrm{II\,max}}=M_{\mathrm{II\,gmax}}+M_{\mathrm{II\,qmax}}=(76.211+44.090)\mathrm{kN\cdot m}=120.301\mathrm{kN\cdot m}$$

$$V_{\mathrm{II\,max}}=V_{\mathrm{II\,gmax}}+V_{\mathrm{II\,qmax}}=(42.340+24.494)\mathrm{kN}=66.834\mathrm{kN}$$

3)钢梁的局部稳定翼缘　$\frac{b_1}{t}=\frac{121}{12}=10.08<13$

$$\frac{b_1}{t}=10.08>9$$

腹板　$h_0/t_w=376/8=47<80$

$$h_0/t_w=47<72-100\frac{N}{Af}=72$$

钢梁满足腹板局部稳定的要求，但不满足翼缘宽厚比塑性设计的要求，组合梁应按弹性方法设计。

4)组合梁的正应力。

①荷载标准组合效应时的正应力。

混凝土板的顶面应力

$$\sigma_{0c}^{t}=-\frac{M_{\mathrm{II\,max}}}{\alpha_E W_{0c}^{t}}=-\frac{120.301\times 10^6}{8.08\times 3.480\times 10^6}\mathrm{N/mm^2}=-4.267\mathrm{N/mm^2}$$

混凝土板的板底应力

$$\sigma_{0c}^{b}=-\frac{M_{\mathrm{II\,max}}}{\alpha_E W_{0c}^{b}}=-\frac{120.301\times 10^6}{8.08\times 5.265\times 10^6}\mathrm{N/mm^2}=-2.828\mathrm{N/mm^2}$$

钢梁下翼缘的应力

$$\sigma_0^{b}=\frac{M_{\mathrm{I\,gmax}}}{W_1^{b}}+\frac{M_{\mathrm{II\,gmax}}}{W_0^{b}}=\left(\frac{69.206\times 10^6}{1.307\times 10^6}+\frac{120.301\times 10^6}{1.936\times 10^6}\right)\mathrm{N/mm^2}=115.089\mathrm{N/mm^2}$$

②考虑徐变影响时的正应力(例图 11-4)。

混凝土板顶面应力

$$\sigma_{0c}^{tc}=-\frac{M_{\mathrm{IIqmax}}}{\alpha_E W_{0c}^{t}}-\frac{M_{\mathrm{Igmax}}+M_{\mathrm{IIgmax}}}{2\alpha_E W_{0c}^{tc}}=\left[-\frac{44.09\times 10^6}{8.08\times 3.489\times 10^6}-\frac{(69.206+76.211)\times 10^6}{2\times 8.08\times 2.183\times 10^6}\right]\mathrm{N/mm^2}$$
$$=-5.686\mathrm{N/mm^2}$$

混凝土板底面处的应力

$$\sigma_{0c}^{bc}=-\frac{M_{\mathrm{IIqmax}}}{\alpha_E W_{0c}^{b}}-\frac{M_{\mathrm{Igmax}}+M_{\mathrm{IIgmax}}}{2\alpha_E W_{0c}^{bc}}=\left[-\frac{44.09\times 10^6}{8.08\times 5.265\times 10^6}-\frac{(69.206+76.211)\times 10^6}{2\times 8.08\times 2.980\times 10^6}\right]\mathrm{N/mm^2}$$
$$=-4.056\mathrm{N/mm^2}$$

钢梁下翼缘处的正应力

$$\sigma_0^{bc}=\frac{M_{IIqmax}}{W_0^b}+\frac{M_{Igmax}+M_{IIgmax}}{W_0^{bc}}=\left(\frac{44.09\times10^6}{1.936\times10^6}+\frac{69.206+76.211\times10^6}{1.789\times10^6}\right)N/mm^2=104.058N/mm^2$$

③温差引起的温度应力。

线膨胀系数 $\alpha_t=1.0\times10^{-5}$

钢与混凝土的温差 $\Delta t=20℃$

混凝土与钢的弹性模量

$$E_c=2.55\times10^4N/mm^2$$

$$E=2.06\times10^5N/mm^2$$

混凝土板与钢梁的截面面积

$$A_c=1030\times65mm^2=6.695\times10^4mm^2$$

$$A_s=9008mm^2$$

混凝土板自身的惯性矩

$$I_c=\frac{1}{12}\times1030\times65^3mm^4=0.236\times10^8mm^4$$

钢梁自身的惯性矩

$$I_s=2.613\times10^8mm^4$$

混凝土板自身重心距板底的板顶距离　　$y_1=y_2=65/2mm=32.5mm$

钢梁自身重心距上、下翼缘的距离　　$y_3=y_4=200mm$

混凝土板板顶、板底的截面模量

$$W_1=W_2=I_c/y_1=0.236\times10^8/32.5mm^3=7.262\times10^5mm^3$$

钢梁上、下翼缘的截面模量

$$W_3=W_4=I_s/y_3=\frac{2.613\times10^8}{200}mm^3=1.307\times10^6mm^3$$

则温度作用

$$T_t=\frac{\alpha_t\Delta t}{\left[\frac{1}{E_cA_c+\frac{1}{EA_s}}\right]+\left(\frac{y_2}{E_0W_2}+\frac{y_3}{EW_3}\right)}$$

$$=1.0\times10^{-5}\times20/\left[\left(\frac{1}{2.55\times10^4\times6.695\times10^4}+\frac{1}{2.06\times10^5\times9008\times10^2}\right)+\left(\frac{32.5}{2.55\times10^4\times7.262\times10^5}+\frac{200}{2.06\times10^5\times1.307\times10^6}\right)\right]$$

$$=\frac{2.0\times10^{-4}}{1.125\times10^{-9}+2.498\times10^{-9}}=55203$$

混凝土板顶面温差引起的应力

$$\sigma_{0c}^{tt}=T_t\left(\frac{1}{A_c}-\frac{y_2}{W_1}\right)=55203\times\left(\frac{1}{6.695\times10^4}-\frac{32.5}{7.262\times10^5}\right)N/mm^2=-1.646N/mm^2$$

混凝土板底面温差引起的应力

$$\sigma_{0c}^{tt}=T_t\left(\frac{1}{Ac}+\frac{y_2}{W_2}\right)=55203\times\left(\frac{1}{6.695\times10^4}+\frac{32.5}{7.26\times10^5}\right)N/mm^2=3.295N/mm^2$$

钢梁下翼缘由温差引起的应力

$$\sigma_0^{bt}=-T_t\left(\frac{1}{A_s}-\frac{y_3}{W_4}\right)=-55203\times\left(\frac{1}{9008}-\frac{200}{1.307\times10^6}\right)N/mm^2=2.319N/mm^2$$

④由混凝土收缩引起的应力。

混凝土收缩应变

$$\varepsilon_{sh}=2\times10^{-4}$$

则混凝土收缩作用

$$T_s=\frac{\varepsilon_{sh}}{\left(\frac{2}{E_cA_c}+\frac{2}{EA_s}\right)+\left(\frac{2y_2}{E_cW_2}+\frac{y_3}{EW_3}\right)}$$

$$=\left\{2\times10^{-4}/\left[\left(\frac{2}{2.55\times10^4\times6.695\times10^4}+\frac{2}{2.06\times10^5\times9008\times10^2}\right)+\left(\frac{2\times32.5}{2.55\times10^4\times7.262\times10^5}+\frac{200}{2.06\times10^5\times1.307\times10^6}\right)\right]\right\}N$$

$$=\frac{2\times10^{-4}}{2.249\times10^{-9}+4.253\times10^{-9}}N=30760N$$

混凝土板顶收缩引起的应力

$$\sigma_{0c}^{ts}=T_s\left(\frac{1}{A_c}-\frac{y_2}{W_1}\right)=30760\times\left(\frac{1}{6.695\times10^4}-\frac{32.5}{7.262\times10^5}\right)N/mm^2=-0.917N/mm^2$$

混凝土底板面温差引起的应力

$$\sigma_{0c}^{bs}=T_s\left(\frac{1}{A_c}+\frac{y_2}{W_2}\right)=30760\times\left(\frac{1}{6.695\times10^4}+\frac{32.5}{7.262\times10^5}\right)N/mm^2=1.836N/mm^2$$

钢梁下翼缘由温差引起的应力

$$\sigma_0^{bs}=-T_s\left(\frac{1}{A_s}-\frac{y_3}{W_4}\right)=-30760\times\left(\frac{1}{9008}-\frac{200}{1.307\times10^6}\right)N/mm^2=1.292N/mm^2$$

应力组合:例表 11-1 中可得

$$|\sigma_{cmax}|=8.249N/mm^2<f_{cm}=11N/mm^2$$

$$|\sigma_{0max}|=115.089N/mm^2<f=215N/mm^2$$

例表 11-1　　正 应 力 组 合 表

项次	应力种类	混凝土板顶应力	混凝土板底应力	钢梁下翼缘应力
1	荷载标准组合效应时的正应力	−4.267	−2.828	115.089
2	准永久组合徐变效应时正应力	−5.686	−4.056	104.058
3	温差引起的应力	−1.646	3.295	2.319
4	混凝土收缩引起的正应力	−0.917	1.836	1.292
应力组合	1	−4.267	−2.828	115.089
	2+4	−6.603	−2.22	1105.35
	2+3+4	−8.249	−1.075	107.669

5)剪应力的计算:由于换算截面中和轴在钢梁腹板内,则应计算中和轴处钢梁腹板的剪应力。

荷载标准组合时,中和轴以上部分对其换算截面中和轴的面积矩(例图 11-3)

$$S_{sc}=[127.5\times65\times(192.7-32.5)+250\times12(192.7-146)+(192.7-152)^2\times8\times0.5]mm^3$$

$=1.474\times10^6\,mm^3$

考虑混凝土徐变影响时，中和轴以上部分对其换算截面中和轴的面积矩(例图 11-4)

$S_{sc,l}=[63.7\times65\times(243.2-32.5)+250\times12\times(243.2-146)+(243.2-152)^2\times8\times0.5]mm^3$

$=1.197\times10^6\,mm^3$

钢梁腹板所受的剪应力

$$\tau=\frac{V_{\text{I}gmax}S_{sc}}{I_{sc}t_w}+\frac{(V_{\text{II}qmax}+V_{\text{II}gmax})S_{sc,l}}{I_{sc,l}t_w}$$

$$=\left(\frac{38.448\times10^3\times1.474\times10^6}{6.724\times10^8\times8}+\frac{24.494+42.340\times10^3\times1.2\times10^6}{5.310\times10^8\times8}\right)N/mm^2$$

$$=29.415N/mm^2<f_v=125N/mm^2$$

6)挠度计算。

由于次梁为简支梁，施工时钢梁下不设临时支撑。

$$g_{\text{I}k}=8.9kN/m$$

$$P_{sc\text{II}}=g_{\text{II}k}+q_{\text{II}k}=(9.801+4.86)kN/m=14.661kN/m$$

$$P_{sc\text{II},l}=g_{\text{II}k}+\psi_q q_{\text{II}k}=(9.801+0.5\times4.86)kN/m=12.231kN/m$$

$$v_{s\text{I}}=\frac{5g_{\text{I}k}l^4}{384E_sI_s}=\frac{5\times8.9\times7.2\times10^{12}}{384\times2.06\times10^5\times2.613\times10^8}mm=5.79mm$$

$$v_{d\text{II}}=\max\begin{cases}v_{sd\text{II}}=\dfrac{5P_{sd\text{II}}l^4}{384EI_{sc}}=\dfrac{5\times14.661\times7.2\times10^{12}}{384\times2.06\times10^5\times6.724\times10^8}mm=3.70mm\\[2ex] v_{d\text{II},l}=\dfrac{5P_{sd\text{II},l}l^4}{384EI_{sc,l}}=\dfrac{5\times12.231\times7.2\times10^{12}}{384\times2.06\times10^5\times5.310\times10^8}mm=3.91mm\end{cases}=3.91mm$$

$$v_c=v_{s1}+v_{c\text{II}}=(5.79+3.91)mm=9.7mm<[v]=\frac{l}{250}mm=28.8mm$$

从以上计算结果看，次梁所选截面满足要求。

(4)连接件的计算。

钢梁混凝土底面以上部分对换算中和轴的面积矩：

荷载标准组合效应时(例图 11-3)

$$S_{sc}^{b}=127.5\times65\times(192.7-32.5)mm^3=1.328\times10^6\,mm^3$$

考虑徐变影响时(例图 11-4)

$$S_{sc,l}^{bc}=63.7\times65\times(243.2-32.5)mm^3=8.724\times10^5\,mm^3$$

梁端处单位长度上的剪应力

$$\tau=\frac{(V_{\text{I}gmax}+V_{\text{II}gmax})S_{sc,l}^{bc}}{I_{sc,l}}+\frac{V_{\text{II}qmax}S_{sc}^{b}}{I_{sc}}$$

$$=\left[\frac{(38.448+42.340)\times10^3\times8.724\times10^5}{5.310\times10^8}+\frac{24.494\times10^3\times1.328\times10^6}{6.724\times10^8}\right]N/mm^2$$

$$=181.106N/mm^2$$

连接件选用 $d16$ 圆柱头焊钉，其单个抗剪承载力计算值。

由于组合梁为简支梁，故 $\eta=1$。

压型钢板与次梁垂直，连接件应乘以折减系数 β_v。

n_0 取 1，$b_w=150mm$，$h_e=75mm$，h_d 取 110mm。

$$\beta_{v2}=\frac{0.85}{\sqrt{n_0}}(b_w/h_e)\left[\frac{h_d-h_e}{h_e}\right]=\frac{0.85}{\sqrt{1}}\times\frac{150}{75}\times\left[\frac{110-75}{75}-1\right]=0.79$$

焊钉的抗剪承载力

$$[N_v^c]=\beta_v\eta N_v^c=0.79\times1\times42.8\text{kN}=33.8\text{kN}$$

对于组合梁的一半长度要求的连接件个数

$$n_i=\frac{\tau_{max}l_i}{4[N_v^c]}=\frac{181.106\times7200}{4\times33.8\times10^3}=9.64$$

连接件的间距为　　　$a_1=7200\times0.5/9.64\text{mm}=373\text{mm}$

由于压型钢板波距为200mm，故焊钉实际间距取200mm，即每个波谷一个焊钉。

3. 简支主梁的设计

简支组合梁试选用例图11-5的断面。

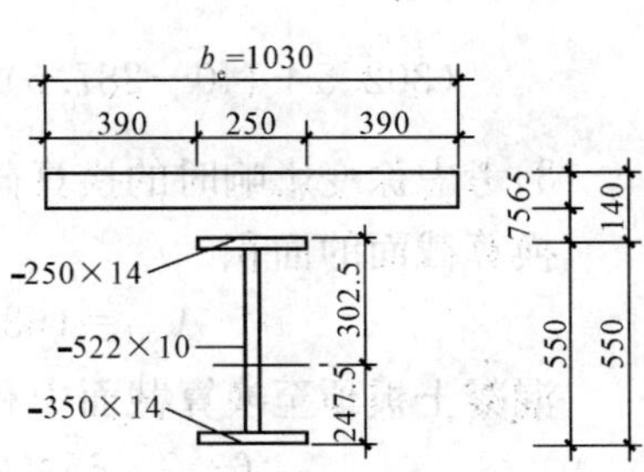

例图11-5　组合主梁截面

(1)截面特征的计算。

1)钢梁。

截面面积

$$A_s=(250\times14+522\times10+350\times14)\text{mm}^2=1.362\times10^4\text{mm}^2$$

截面重心距上翼缘的距离

$$y_3=\frac{250\times14\times7+522\times10\times275+350\times14\times543}{1.362\times10^4}\text{mm}=302.5\text{mm}$$

截面惯性矩

$$I_s=\left[\frac{1}{12}\times10\times550^3+10\times550\times(302.5-275)^2+\frac{1}{12}\times(240+340)\times14^3+240\times14\times(302.5-7)^2+340\times14\times(247.5-7)^2\right]\text{mm}^4=7.11\times10^8\text{mm}^4$$

钢梁上翼缘的截面模量

$$W_3=I_s/y_3=7.11\times10^8/302.5\text{mm}^3=2.35\times10^6\text{mm}^3$$

钢梁下翼缘的截面模量

$$W_4=I_s/(h_s-y_3)=7.11\times10^8/247.5\text{mm}^3=2.87\times10^6\text{mm}^3$$

钢梁的局部稳定

翼缘　　　　$b_1/t=120/14=8.57<9$

腹板　　　　$h_0/t=552/10=52.2<72-100\dfrac{N}{A_f}\approx72$

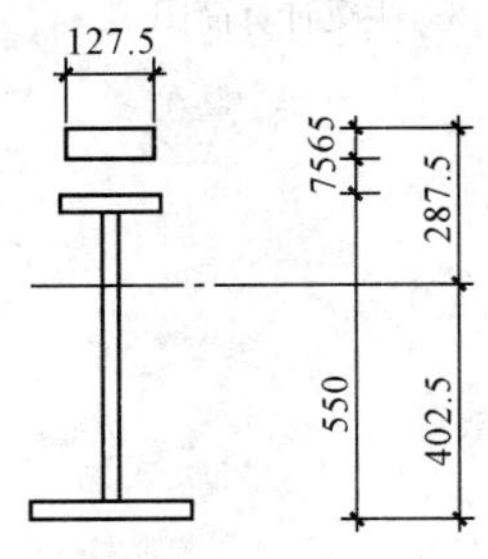

例图11-6　荷载标准效应的换算截面

钢梁满足局部稳定要求，且符合塑性设计的要求，组合梁可按塑性方法设计。

2)荷载标准组合效应时的换算截面(例图11-6)；混凝土计算宽度同次梁。

$$b_e=1030\text{mm}$$

钢筋与混凝土弹性模量之比

$$\alpha_E=8.08$$

混凝土板截面的换算宽度

$$b_{e,eq}=127.5\text{mm}$$

换算截面的截面面积

$$A_{sc}=(127.5\times65+1.362\times10^4)\text{mm}^2=2.19\times10^4\text{mm}^2$$

混凝土板顶到中和轴的距离

$$x=\frac{127.5\times65\times65/2+1.362\times10^4\times(302.5+140)}{2.19\times10^4}\text{mm}=287.5\text{mm}$$

换算截面的惯性矩

$$I_{sc}=\left[\frac{1}{12}\times127.5\times65^3+127.5\times65\times(287.5-32.5)^2+7.11\times10^8+1.362\times10^4\times(302.5+140-287.5)^2\right]\text{mm}^4=15.80\times10^8\text{mm}^4$$

3)考虑徐变影响时的换算截面(例图 11-7)。

换算截面的面积

$$A_{sc,l}=(63.7\times65+13620)\text{mm}^4=1.78\times10^4\text{mm}^4$$

混凝土板顶至换算截面中和轴距离

$$x=\frac{63.7\times65\times65/2+13620\times(302.5+140)}{1.78\times10^4}\text{mm}=346.1\text{mm}$$

换算截面的惯性矩

$$I_{sc,l}=\left[\frac{1}{12}\times63.7\times65^3+63.7\times65\times(346.1-32.5)^2+7.11\times10^8+1.362\times10^4\times(302.5+140-346.1)^2\right]\text{mm}^4=12.47\times10^8\text{mm}^4$$

(2)施工阶段的验算。

1)荷载计算。

计算简图见例图 11-8。

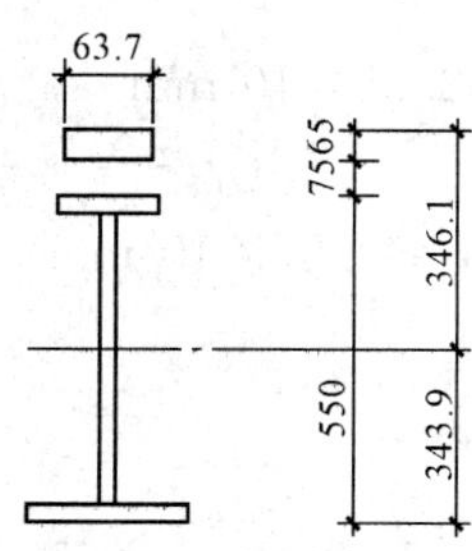

例图 11-7　考虑徐变的换算截面

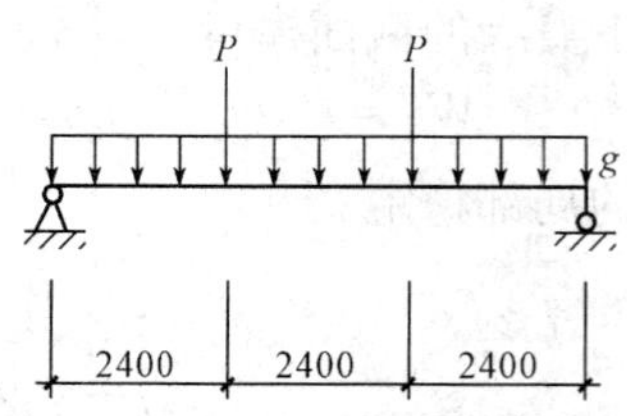

例图 11-8　主梁计算简图

次梁传来的永久荷载

$$P_g=10.68\times7.2\text{kN}=76.896\text{kN}$$

次梁传来的活荷载

$$P_q=6.048\times7.2\text{kN}=43.546\text{kN}$$

主梁自重

$$g_{Ik}=1.0\text{kN/m}$$

$$g_{\mathrm{I}}=1.0\times1.2\text{kN/m}=1.2\text{kN/m}$$

荷载产生的弯矩

$$M_{\mathrm{I}\max}=\frac{1}{3}(P_g+P_q)l+\frac{1}{8}g_{\mathrm{I}}l^2=\left[\frac{1}{3}\times(76.896+43.546)\times7.2+\frac{1}{8}\times1.2\times7.2^2\right]\text{kN}\cdot\text{m}$$

$$=296.84\text{kN}\cdot\text{m}$$

荷载产生的剪力

$$v_{\mathrm{I}\max}=P_g+P_q=\frac{1}{2}G_{\mathrm{I}1}=\left(76.896+43.546+\frac{1}{2}\times1.2\times7.2\right)\text{kN}=124.762\text{kN}$$

2)钢梁上的应力计算。

$$\sigma=\frac{M_{\mathrm{I}\max}}{\gamma_x W_3}=\frac{296.84\times10^6}{1.05\times2.35\times10^6}\text{N/mm}^2=120.3\text{N/mm}^2<f=215\text{N/mm}^2$$

3)剪应力计算。

钢梁中和轴以上对自身中和轴的面积矩

$$S_1=[250\times14\times(302.5-7)+(302.5-14)^2\times10\times0.5]\text{mm}^3=1.45\times10^6\text{mm}^3$$

腹板剪应力

$$\tau=\frac{V_{\mathrm{I}\max}S_1}{I_s t_w}=\frac{1.45\times10^6\times124.762\times10^3}{7.11\times10^8\times10}\text{mm}^3=25.44\text{N/mm}^2<f_v=125\text{N/mm}^2$$

4)挠度计算。

$$\frac{v}{l}=\frac{5g_{\mathrm{I}k}l^3}{384EI_s}+\frac{23\times(P_{gk}+P_{qk})l^2}{648EI_s}$$

$$=\frac{5\times1.0\times7.2^3\times10^9}{384\times2.06\times10^5\times7.11\times10^8}+\frac{23\times\left(\frac{76.896}{1.2}+\frac{43.546}{1.4}\right)\times10^3\times7.2^2\times10^6}{648\times2.06\times10^5\times7.11\times10^8}$$

$$=\frac{1}{810}<\frac{1}{400}$$

(3)使用阶段的计算。

1)荷载计算。

计算简图见例图 11-8。

次梁传来的荷载

$$P=P_{\mathrm{I}g}+P_{\mathrm{II}g}+P_{\mathrm{II}q}=(10.68\times7.2+11.761\times7.2+6.804\times7.2)\text{kN}=210.564\text{kN}$$

主梁自重

$$g=1.2\times1.0\text{kN/m}=1.2\text{kN/m}$$

荷载产生的弯矩

$$M_{\max}=\frac{1}{3}Pl+\frac{1}{8}gl^2=\left(\frac{1}{3}\times210.564\times7.2+\frac{1}{8}\times1.2\times7.2^2\right)\text{kN}\cdot\text{m}=513.13\text{kN}\cdot\text{m}$$

荷载产生的剪力

$$V_{\max}=P+\frac{1}{2}gl=\left(210.564+\frac{1}{2}\times1.2\times7.2\right)\text{kN}=214.884\text{kN}$$

2)组合梁的抗剪能力。

中和轴的位置确定　　$A_s f=13620\times215\text{N}=2928300\text{N}=2928.3\text{kN}$

C20　　$f_c=9.6\text{N/mm}^2$

$$b_e h_{cl} f_c = 1030 \times 65 \times 9.6\text{N} = 642720\text{N} = 642.72\text{kN}$$

即 $A_s f > b_e h_{cl} f_c$。塑性中和轴在钢梁内。

钢梁内受压区面积

$A_c = 0.5 \times (A_s - b_e h_{cl} f_c / f) = 0.5 \times (13620 - 1030 \times 65 \times 9.6/215)\text{mm}^2 = 5315\text{mm}^2$

钢梁受压区高度　　$(5315 - 240 \times 14)/10\text{mm} = 195.5\text{mm}$

钢梁受拉区应力合力中心至混凝土翼板受压区应力合力中心距离

$$y_1 = [550 + 140 - 32.5 - (13620 - 5315)/(2 \times 350)]\text{mm} = 645.6\text{mm}$$

钢梁受拉区应力合力中心至钢梁受压应区合力中心距离

$$y_2 = \left(550 - \frac{5092}{2 \times 250} - \frac{13620 - 5097}{2 \times 350}\right)\text{mm} = 527.63\text{mm}$$

组合梁的抗弯承载力

$$\begin{aligned} b_e h_{cl} f_c y_1 + A_c f y_2 &= (1030 \times 65 \times 9.6 \times 645.6 + 5097 \times 215 \times 527.63)\text{N} \cdot \text{mm} \\ &= 9931 \times 10^6 \text{N} \cdot \text{mm} \\ &= 993.1\text{kN} \cdot \text{m} > 681.68\text{kN} \cdot \text{m} \end{aligned}$$

3)钢梁剪应力。

$$h_s t_w f_v = 552 \times 10 \times 125\text{N} = 652.5 \times 10^3 \text{N} = 652.5\text{kN} > 214.884\text{kN}$$

通过以上计算可知,所选主梁截面满足要求。

4)连接件计算,采用双排 $d16$ 圆钉头焊钉。楼板的压型钢板 $B_w/h_e = 150/75 = 2.0 > 1.5$,焊钉抗剪承载力 β_v 不进行折减。

焊钉抗剪承载力查得

$$[N_v^c] = 42.8\text{kN}$$

组合梁上最大弯矩点和邻近零矩点之间混凝土板与钢梁间的纵向剪力

$$V = b_e h_{cl} f_c = 1030 \times 65 \times 9.6\text{N} = 642720\text{N} = 642.72\text{kN}$$

组合梁半跨所需抗剪件数量

$$n = V/[N_v^c] = 642.72/42.8 = 15$$

沿半跨两排布置,纵向间距

$$a_i = \frac{7200 \times 2}{2 \times 15}\text{mm} = 480\text{mm}$$

沿半跨布置双排 $d16$ 圆柱头焊钉,纵向间距取 250mm。

$$a_i > 4h_{cl} = 260\text{mm}$$

5)挠度计算。

①施工阶段钢梁挠度。

$g_{\text{I}k} = 1.0\text{kN/m}$

$P_{gk} = 8.9 \times 7.2\text{kN} = 64.08\text{kN}$

$P_{pk} = 4.32 \times 7.2\text{kN} = 31.104\text{kN}$

$$\begin{aligned} v_{sl} &= \frac{5 g_{\text{I}k} l^4}{384 E I_s} + \frac{23 P_{gk} l^3}{648 E I_s} = \left(\frac{5 \times 1 \times 7.2^4 \times 10^{12}}{384 \times 2.06 \times 10^5 \times 7.11 \times 10^8} + \frac{23 \times 64.08 \times 10^3 \times 7.2^3 \times 10^9}{648 \times 2.06 \times 10^5 \times 7.11 \times 10^8}\right)\text{mm} \\ &= (0.24 + 5.80)\text{mm} = 6.04\text{mm} \end{aligned}$$

$$v = v_{sl} + \frac{23 P_{pk} l^3}{648 E_s I_s} = \left(6.04 + \frac{23 \times 31.104 \times 10^3 \times 7.2^3 \times 10^9}{648 \times 2.06 \times 10^5 \times 7.11 \times 10^8}\right)\text{mm}$$

$=(6.04+2.82)\text{mm}=8.86\text{mm}<[v]=20\text{mm}$

②使用阶段组合梁挠度。

$$P_{sc\text{Ⅱ}}=P_{\text{Ⅱ}gk}+P_{\text{Ⅱ}qk}=(9.801\times7.2+4.86\times7.2)\text{kN}=105.56\text{kN}$$

$$P_{sc\text{Ⅱ},l}=P_{\text{Ⅱ}gk}+\psi qP_{\text{Ⅱ}gk}=(9.801\times7.2+0.5\times4.86\times7.2)\text{kN}=88.06\text{kN}$$

$$I_0=I_s+\frac{I_{cf}}{\alpha_E}=\left(7.11\times10^8+\frac{1}{12}\times127.5\times65^3\right)\text{mm}^4=7.14\times10^8\text{mm}^4$$

$$I_0^l=I_s+\frac{I_{cf}}{2a_E}=\left(7.11\times10^8+\frac{1}{12}\times63.7\times65^3\right)\text{mm}^4=7.12\times10^8\text{mm}^4$$

$$d_c=\left(302.5+75+\frac{65}{2}\right)\text{mm}=410\text{mm}$$

$$A_s=1.362\times10^4\text{mm}^2$$

$$A_{cf}=1030\times65\text{mm}^2=6.695\times10^4\text{mm}^2$$

$$A_0=\frac{A_{cf}A_s}{\alpha_EA_s+A_{cf}}=\frac{6.695\times10^4\times1.362\times10^4}{8.08\times1.362\times10^4+6.695\times10^4}\text{mm}^2=5.152\times10^3\text{mm}^2$$

$$A_c^l=\frac{A_{cf}A_s}{2\alpha_EA_s+A_{cf}}=\frac{6.695\times10^4\times1.362\times10^4}{2\times8.08\times1.362\times10^4+6.695\times10^4}\text{mm}^2=3.177\times10^3\text{mm}^2$$

$$A_1=\frac{I_0+A_0d_c^2}{A_0}=\text{SX}\,\frac{7.14\times10^8+5.152\times10^3\times410^2}{5.152\times10^3}\text{mm}^2=3.067\times10^5\text{mm}^2$$

$$A_1^l=\frac{I_0^l+A_0^ld_c^2}{A_0^l}=\frac{7.12\times10^8+3.177\times10^3\times410^2}{3.177\times10^3}\text{mm}^2=3.923\times10^5\text{mm}^2$$

$n_s=2$

$$k=n_v^c=4.28\times10^4\text{N/mm}$$

$$P=250\text{mm}$$

$$j=0.81\sqrt{\frac{n_skA_1}{EI_0P}}=0.81\times\sqrt{\frac{2\times4.28\times10^4\times3.067\times10^5}{2.06\times10^4\times7.14\times10^8\times250}}\text{mm}^{-1}=2.16\times10^{-3}\text{mm}^{-1}$$

$$j^l=0.81\times\sqrt{\frac{n_skA_1^l}{EI_0^lP}}=0.81\times\sqrt{\frac{2\times4.28\times10^5\times3.923\times10^5}{2.06\times10^5\times7.12\times10^8\times250}}\text{mm}^{-1}=2.45\times10^{-3}\text{mm}^{-1}$$

$$\eta=\frac{36Ed_cPA_0}{n_skhl^2}=\frac{36\times2.06\times10^5\times410\times250\times5.152\times10^3}{2\times4.28\times10^4\times690\times7200^2}=1.28$$

$$\eta^l=\frac{36Ed_cPA_0^l}{n_skhl^2}=\frac{36\times2.06\times10^5\times410\times250\times3.177\times10^3}{2\times4.28\times10^4\times690\times7200}=0.79$$

$$\zeta=\eta\left[0.4-\frac{3}{(jl)^2}\right]=1.28\times\left[0.4-\frac{3}{(2.16\times10^{-3}\times7200)^2}\right]=0.512$$

$$\zeta^l=\eta^l\left[0.4-\frac{3}{(jl)^2}\right]=0.79\times\left[0.4-\frac{3}{2.45\times10^{-3}\times7200)^2}\right]=0.316$$

$$v_{sc\text{Ⅱ}}=\frac{23\,Pl^3}{648B}=\frac{23\,Pl^3}{648EI_{sc}}(1+\zeta)=\frac{23\times105.56\times10^3\times7.2\times10^9}{648\times2.06\times10^5\times15.8\times10^8}\times1.512\text{mm}=6.496\text{mm}$$

$$v_{sd\text{Ⅱ}}^l=\frac{23\,Pl^3}{648B^l}=\frac{23\,Pl}{648EI_{sc,l}}(1+\zeta^l)=\frac{23\times88.06\times10^3\times7.2^3\times10^9}{648\times2.06\times10^5\times12.47\times10^8}\times1.316\text{mm}=5.977\text{mm}$$

$v=v_{s\text{Ⅰ}}+\max[v_{sc\text{Ⅱ}}\,I,v_{sc\text{Ⅱ}}^l]=(6.04+6.496)\text{mm}=12.536\text{mm}<[v]=\dfrac{l}{400}=18\text{mm}$，满足要求。

第二节　钢管混凝土柱结构

钢管混凝土柱是在钢管内填以普通混凝土组成的新型构件。由于钢管混凝土柱的混凝土与钢管共同作用，具有承载力高、塑性和韧性好、节省材料、方便施工等特点，适用于高层、大跨度、重荷载、抗震及防爆等建筑的承重结构。

钢管混凝土柱按外形可分为圆形钢管混凝土柱及矩形钢管混凝土柱两种。

一、圆形钢管混凝土柱

1. 设计基本规定

(1)钢管应采用符合《钢结构设计规范》(GB 50017—2003)材质规定的直缝焊接管、螺旋形缝焊接管或无缝钢管。焊接管必须采用对接坡口焊缝，并达到与母材等强的要求。

(2)钢管混凝土柱从减小变形和经济考虑，宜采用强度等级不低于C30的普通混凝土。

(3)钢管混凝土柱的连接计算及施工安装阶段(混凝土浇灌前和混凝土硬结前)的承载力计算，应按《钢结构设计规范》(GB 50017—2003)规定进行。

(4)钢管混凝土柱构件采用的钢管外径不宜小于100mm，壁厚不宜小于4mm，其外径与壁厚之比 d/t 宜限制在 $20\sqrt{235/f_y}\sim80\sqrt{235/f_y}$ 之间，f_y 为钢材屈服强度。对于一般承重柱，宜取 $d/t=70$ 左右。用作腹杆(缀杆)的钢管，不再填充混凝土，其直径不宜小于60mm。

(5)钢管混凝土柱的容许长细比，对于单管截面柱宜取 $\lambda(l/d)\leqslant20$；对于多管截面组合柱宜取 $\lambda\leqslant80$。

(6)钢管混凝土构件的套箍指标 θ，应按下式确定，并限制其值在0.3～3.0之间。

$$\theta=\frac{A_s f}{A_c f_c} \tag{11-86}$$

式中　A_s、f——钢管的横截面面积和抗拉或抗压强度设计值；

A_c、f_c——钢管内混凝土的横截面面积和抗压强度设计值。

2. 单管柱承载力计算

(1)承载力计算。

1) 轴向抗压承载力。

$$\left.\begin{aligned}N_u&=\varphi_l\varphi_e N_0\\ \varphi_k\varphi_e&\leqslant\varphi_0\end{aligned}\right\} \tag{11-87}$$

$$N_0=f_cA_c(1+\sqrt{\theta}+\theta) \tag{11-88}$$

式中　N_u——钢管混凝土单肢柱承载力设计值；

N_0——钢管混凝土轴心受压短柱承载力设计值；

θ——钢管混凝土的套箍指标；

φ_0——按柱等效计算长度由《钢结构设计规范》(GB 50017—2003)b类圆管截面构件所确定的稳定系数。

2)承载力折减系数。

①长细比影响折减系数：

$l_e/d>4$ 时　　$\varphi_l=1-0.115\sqrt{l_e/d-4}$　　(11-89)

$l_e/d\leqslant4$ 时　　$\varphi_l=1$　　(11-90)

式中 l_e——柱的等效计算长度，见式(11-93)；

d——钢管外径。

②偏心影响折减系数：

$e_0/r_c \leqslant 1.55$ 时
$$\varphi_e=\frac{1}{1+1.85(e_0/r_c)} \tag{11-91}$$

$e_0/r_c > 1.55$ 时
$$\varphi_e=\frac{0.4}{(e_0/r_c)} \tag{11-92}$$
$$e_0=M_2/N$$

式中 e_0——柱较大弯矩端的轴向压力对构件截面重心的偏心距；

r_c——钢管的内半径。

(2)计算长度计算。

1)两支撑点之间无横向荷载作用的框架柱和杆件。

等效计算长度
$$l_e=kl_0 \tag{11-93}$$

计算长度
$$l_0=\mu l \tag{11-94}$$

等效长度系数：

对轴心受压柱和杆件
$$k=1 \tag{11-95}$$

对无侧移框架柱
$$k=0.5+0.3\beta+0.2\beta^2 \tag{11-96}$$

对有侧移框架柱

$e_0/r_c \geqslant 0.8$ 时
$$k=0.5 \tag{11-97}$$

$e_0/r_c < 0.8$ 时
$$k=1-0.625e_0/r_c \tag{11-98}$$
$$\beta=M_1/M_2 \quad |M_1| \leqslant |M_2|$$

式中 l_0——框架柱或杆件的计算长度；

l——框架柱或杆件的长度；

μ——计算长度系数；

β——柱两端弯矩设计值之较小者与较大者的比值，单曲压弯者取正值，双曲压弯者取负值。

2)悬臂柱。

等效计算长度
$$l_e=kH \tag{11-99}$$

等效长度系数：

嵌固端的偏心率 $e_0/r_c \geqslant 0.8$ 时
$$k=1 \tag{11-100}$$

嵌固端的偏心率 $e_0/r_c < 0.8$ 时
$$k=2-1.25e_0/r_c \tag{11-101}$$

悬臂柱的自由端有弯矩 M_1 作用
$$k=H\beta \tag{11-102}$$

式中 H——悬臂柱的长度；

β——悬臂柱自由端的弯矩设计值 M_1 与嵌固端的弯矩设计值 M_2 之比值，当 β 为负值(反向曲率)时，则按反弯点所分割的高度为 H_2 的悬臂柱计算。

(3)嵌固端系指相交于柱的横梁的线刚度与柱的线刚度之比值不小于 4 倍者，或柱基础的长度和宽度均不小于柱直径的 4 倍者。

3. 多管格构组合柱承载力计算

(1)单肢计算。

1)多管组合柱单肢的轴力可按格构柱的几何图形及内力组合(弯矩、剪力、轴力),按结构力学的方法计算。

2)受压单肢(包括受局部弯矩的偏心受压单肢)的承载力可按上述单管柱承载力计算的式(11-87)进行。

3)受拉单肢的承载力计算可完全按单肢为钢管构件(不计管内混凝土)并按《钢结构设计规范》(GB 50017—2003)进行。

(2)多管组合柱整体计算。

1)计算多管格构组合柱承载力时,应先按整体截面特性及柱的等效计算长度 l_e^* 计算整体截面的换算长细比 λ^*(对虚轴)。

2)格构柱的界限偏心率 ε_b 应按下式计算:

①对称截面的双肢柱和四肢柱:

$$\varepsilon_b = 0.5 + \frac{\theta_t}{1+\sqrt{\theta_t}} \tag{11-103}$$

②三肢柱或不对称截面的多肢柱:

$$\varepsilon_b = \frac{2N_0^t}{N_0^*}\left(0.5 + \frac{\theta_t}{1+\sqrt{\theta_t}}\right) \tag{11-104}$$

$$N_0^* = \sum_1^i N_{0i} \tag{11-105}$$

式中 θ_t——柱受拉肢的套箍指标;

N_0^t——受拉区各柱肢按短柱轴压时的轴压承载力设计值之总和;

N_0^*——格构组合柱的受压短柱承载力设计值;

N_{0i}——格构组合柱各单肢柱的轴心受压短柱承载力设计值。

4. 格构柱整体承载力计算

(1)轴向抗压承载力。

$$\left.\begin{aligned} N_u^* &= \varphi_l^* \varphi_e^* N_0^* \\ \varphi_l^* \varphi_e^* &\leqslant \varphi_0^* \end{aligned}\right\} \tag{11-106}$$

式中 N_u^*——格构柱整体承载力设计值;

φ_0^*——按组合柱换算长细比 λ^*、《钢结构设计规范》(GB 50017—2003)b 类所确定的稳定系数。

(2)承载力折减系数。

1)长细比影响折减系数。

$$\varphi_l^* = 1 - 0.0575\sqrt{\lambda^* - 16} \tag{11-107}$$

$\lambda^* \leqslant 16$ 时,取 $\varphi_l^* = 1$

2)偏心率影响折减系数。

①截面对称的双肢柱和四肢柱:

$e_0/h \leqslant \varepsilon_b$ 时
$$\varphi_e^* = \frac{1}{1+2(e_0/h)} \tag{11-108}$$

$e_0/h > \varepsilon_b$ 时
$$\varphi_e^* = \frac{\theta_t}{(1+\theta_t+\sqrt{\theta_t})(2e_0/h-1)} \tag{11-109}$$

②三肢柱或截面不对称的多肢柱：

$e_0/h \leqslant \varepsilon_b$ 时
$$\varphi_e^* = \frac{1}{1+e_0/a_t} \tag{11-110}$$

$e_0/h > \varepsilon_b$ 时
$$\varphi_e^* = \frac{\theta_t}{(1+\theta_t+\sqrt{\theta_t})(e_0/a_t-1)} \tag{11-111}$$

$$e_0 = M_2/N$$

$$a_t = hN_0^c/N_0^* \quad a_c = hN_0^t/N_0^*$$

$$N_0^* = N_0^t + N_0^c$$

式中　e_0——柱较大弯矩端的轴向压力对格构柱压强重心轴的偏心距；

M_2——柱两端弯矩中之较大者；

h——在弯矩作用平面内的柱肢重心之间的距离；

a_t、a_c——弯矩单独作用下的受拉区柱肢的重心，受拉区柱肢的重心至格构柱压强重心轴的距离，见图 11-18；

N_0^c——受压区各柱肢短柱轴心抗压承载力设计值的总和。

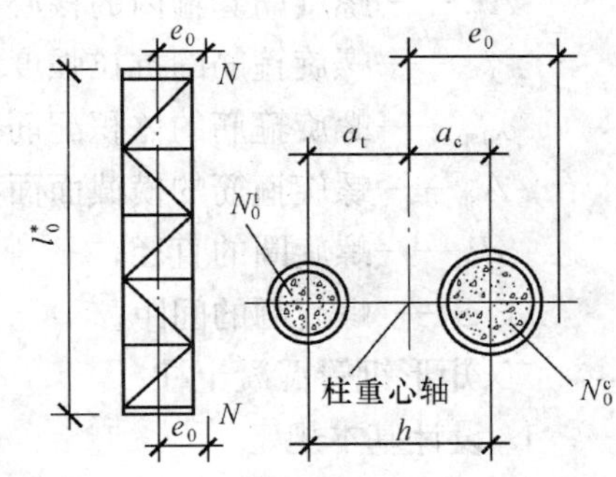

图 11-18　格构柱肢距 a_t、a_c 的计算

5. 柱顶局部承压计算

(1)无加强(图 11-19)。

柱局部承压承载力

$$N_{ul} = f_c A_l (1+\sqrt{\theta}+\theta)\beta \geqslant N \tag{11-112}$$

$$\beta = \sqrt{A_c/A_l} \tag{11-113}$$

式中　N_{ul}——钢管混凝土在局部受压下的承载力设计值；

A_l——局部受压面积；

β——钢管混凝土的局部受压强度提高系数，当 $\beta>3$ 时，取 $\beta=3$；

θ——钢管混凝土的套箍指标，按式(11-86)计算；

A_c——钢管内混凝土的横截面面积；

f_c——混凝土的抗压强度。

(2)配有螺旋箍筋加强(图 11-20)。

柱局部抗压承载力

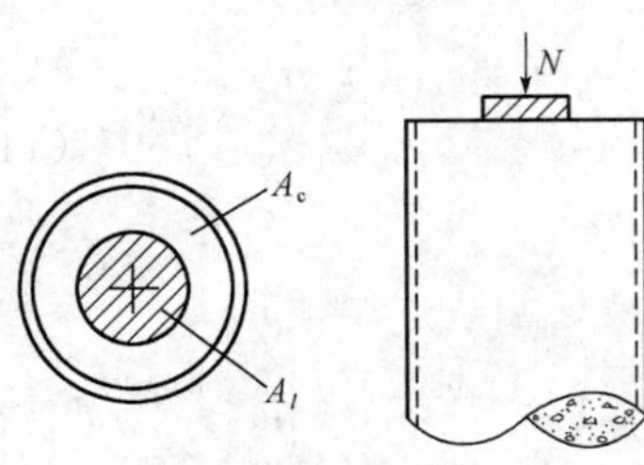

图 11-19　无加强箍筋

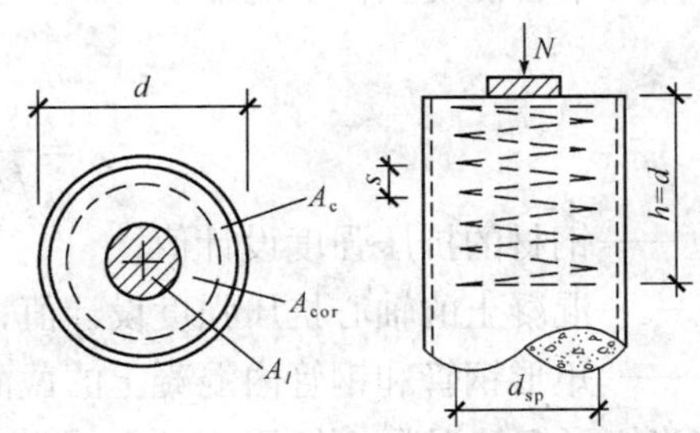

图 11-20　有螺旋箍筋加强

$$N_{ul}=f_cA_l[(1+\sqrt{\theta}+\theta)\beta+(\sqrt{\theta_{sp}}+\theta_{sp})\beta_{sp}] \tag{11-114}$$

$$\beta_{sp}=\sqrt{A_{cor}/A_l} \tag{11-115}$$

$$\theta_{sp}=\rho_{v,sp}f_{sp}/f_c \tag{11-116}$$

$$\rho_{v,sp}=\frac{4A_{sp}}{Sd_{sp}} \tag{11-117}$$

式中 β_{sp}——螺旋筋套箍混凝土的局部受压强度提高系数；

θ_{sp}——螺旋筋套箍混凝土的套箍指标；

A_{cor}——螺旋筋套箍内的核心混凝土横截面面积；

f_{sp}——螺旋箍筋的抗拉强度设计值；

$\rho_{v,sp}$——螺旋箍筋的体积配筋率；

A_{sp}——螺旋箍筋的横截面面积；

d_{sp}——螺旋圈的直径；

S——螺旋圈的间距。

二、矩形钢管混凝土柱

1. 设计基本规定

(1)矩形钢管的钢材可采用 Q235 钢、Q345 钢、Q390 钢和 Q420 钢，其质量应分别符合现行国家标准《碳素结构钢》(GB/T 700—2006)和《低合金高强度结构钢》(GB/T 1591—2008)的规定。

(2)矩形钢管可采用冷成型的直缝或热轧管，也可用冷弯型钢或热轧钢板、型钢焊接成型的矩形管。焊缝可采用高频焊、自动或半自动焊和手工对接焊缝。

(3)对焊接承重结构，当板件厚度大于 40mm 时，须采用可防止层状撕裂的 Z 向钢时，其材质应符合现行国家标准《厚度方向性能钢板》(GB/T 5313—1985)的规定。

(4)矩形钢管中混凝土的强度等级的匹配，对 Q235 钢管宜配 C30 或 C40 级混凝土，对 Q345 钢管宜配 C40、C50 或 C60 级混凝土，对 Q390 和 Q420 钢管宜配 C50 或 C60 级及以上等级的混凝土。

(5)矩形钢管混凝土柱尚应按施工阶段的荷载对空钢管进行强度、稳定性和变形验算并应控制空钢管在施工阶段的轴向压应力不应大于其钢材抗压强度设计值的 60%。

(6)矩形钢管混凝土柱的截面短边尺寸不宜小于 250mm，钢管壁厚不宜小于 8mm，截面的高宽比 h/b 不宜大于 2，当截面长边尺寸大于 800mm 时，宜在钢管内壁焊接栓钉或纵向加劲肋。

(7)矩形钢管混凝土柱中混凝土的工作承担系数 α_c 应控制在 0.1～0.7 之间，并按下式计算：

$$\alpha_c=\frac{f_cA_c}{fA_s+f_cA_c} \tag{11-118}$$

式中 f——钢材的抗压强度设计值；

f_c——混凝土的轴心抗压强度设计值；

A_s、A_c——矩形钢管和钢管内混凝土的截面面积。

(8)当矩形钢管混凝土柱用作抗震设防区的多高层框架柱时，为保证其具有一定的延性，矩形钢管混凝土柱中混凝土的工作承担系数 α_c 宜满足下式的要求：

$$\alpha_c \leqslant [\alpha_c] \tag{11-119}$$

式中　$[\alpha_c]$——混凝土工作承担系数限值。

(9)矩形钢管板件的宽厚比 b/t,h/t 不应超过相关规范规定的限值。

2. 承载力计算

(1)轴心受力承载力计算。

钢管截面无削弱时的截面承载力:

$$N \leqslant \frac{1}{\gamma} N_u \tag{11-120}$$

钢管截面有削弱时的净截面承载力:

$$N \leqslant \frac{1}{\gamma} N_{un} \tag{11-121}$$

$$N_u = fA_s + f_c A_c \tag{11-122}$$

$$N_{un} = fA_{sn} + f_c A_c \tag{11-123}$$

式中　N——轴心压力设计值;

N_u——轴心受压时截面抗压承载力设计值;

γ——系数;无地震作用组合时,$\gamma=\gamma_0$;有地震作用组合时,$\gamma=\gamma_{RE}$;$\gamma_0=1.0$,$\gamma_{RE}=0.8$;

N_{un}——轴心受压时将截面抗压承载力设计值;

A_{sn}——钢管的净截面面积。

稳定性:

$$N \leqslant \frac{1}{\gamma} \varphi N_u \tag{11-124}$$

$$\lambda = \frac{l_0}{\gamma_0} \tag{11-125}$$

$$\gamma_0 = \sqrt{\frac{I_s + I_c E_c / E_s}{A_s + A_c f_c / f}} \tag{11-126}$$

φ——轴心受压构件的稳定系数,按式(11-125)计算值选用;

λ——矩形钢管混凝土轴心受压构件的长细比;

l_0——轴心受压构件的计算长度;

γ_0——矩形钢管混凝土轴心受压构件截面的当量回转半径。

轴心受拉承载力:

$$N \leqslant \frac{1}{r} A_{sn} f \tag{11-127}$$

式中　N——轴心拉力设计值;

f——钢材的抗拉强度设计值。

(2)偏心受力承载力计算。

1)弯矩作用在一个平面内的压弯构件。

承载力:

$$\frac{N}{N_{un}} + (1-\alpha_c)\frac{M_x}{M_{un}} \leqslant \frac{1}{\gamma} \tag{11-128}$$

同时满足：

$$\frac{M_x}{M_{un}} \leqslant \frac{1}{\gamma} \tag{11-129}$$

$$M_{un} = [0.5A_{sn}(h-2t-d_n)+bt(t+d_n)]f \tag{11-130}$$

$$d_n = \frac{A_s - 2bt}{(b-2t)\frac{f_c}{f}+4t} \tag{11-131}$$

式中 N——轴心压力设计值；

M_x——绕 x 轴弯矩的设计值；

α_c——混凝土工作承担系数，按式(11-118)计算；

M_{un}——只有弯矩作用时净截面的抗弯承载力设计值；

f——钢材抗弯强度设计值；

b、h——矩形钢管截面平行、垂直于弯曲轴的边长；

t——钢管壁厚；

d_n——钢管内混凝土受压区高度。

弯矩作用平面内的稳定性：

$$\frac{N}{\varphi_x N_u} + (1-\alpha_c)\frac{\beta M_x}{\left(1-0.8\frac{N}{N'_{Ex}}\right)M_{ux}} \leqslant \frac{1}{\gamma} \tag{11-132}$$

同时满足：

$$\frac{\beta M_x}{\left(1-0.8\frac{N}{N'_{Ex}}\right)M_{ux}} \leqslant \frac{1}{\gamma} \tag{11-133}$$

$$M_{ux} = [0.5A_s(h-2t-d_n)+bt(t+d_n)]f \tag{11-134}$$

$$N'_{Ex} = \frac{N_{Ex}}{1.1} \tag{11-135}$$

$$N_{Ex} = N_u \frac{\pi^2 E_s}{\lambda_x^2 f} \tag{11-136}$$

弯矩作用平面外的稳定性：

$$\frac{N}{\varphi_y N_u} + \frac{\beta M_x}{1.4M_{ux}} \leqslant \frac{1}{\gamma} \tag{11-137}$$

式中 N_u——截面抗压强度设计值，按式(11-122)计算；

φ_x、φ_y——弯矩作用平面内、弯矩作用平面外的轴心受压稳定系数；

N_{Ex}——绕 x 轴弯曲的欧拉临界力；

M_{ux}——只有弯矩 M_x，作用时截面抗弯承载力设计值；

β——等效弯矩系数，根据稳定性的计算方向按下列规定采用：

在计算方向内有侧移的框架柱和悬臂构件，$\beta=1.0$。

在计算方向内无侧移的框架柱和两端支承的构件。

①无横向荷载作用时：$\beta=0.65+0.35\frac{M_2}{M_1}$，$M_1$ 和 M_2 为端弯矩，使构件产生相同曲率时取同号，使构件产生反向曲率时取异号，$|M_1|\geqslant|M_2|$。

②有端弯矩和横向荷载作用时：

使构件产生同向曲率时，$\beta=1.0$。

使构件产生反向曲率时，$\beta=0.85$。

③无端弯矩但有横向荷载作用时，$\beta=1.0$。

2)弯矩作用在两个主平面内的双轴压弯构件承载力同时满足：

$$\frac{N}{N_{un}}+(1-\alpha_c)\frac{M_s}{M_{unx}}+(1-\alpha_c)\frac{M_y}{M_{uny}}\leqslant\frac{1}{\gamma} \quad (11\text{-}138)$$

$$\frac{M_x}{M_{unx}}+\frac{M_y}{M_{unx}}\leqslant\frac{1}{\gamma} \quad (11\text{-}139)$$

式中　M_x、M_y——绕主轴 x、y 轴作用的弯矩设计值；

M_{unx}、M_{uny}——绕 x、y 轴的净截面抗弯承载力设计值，按式(11-130)计算。

绕主轴 x 轴的稳定性同时满足：

$$\frac{N}{\varphi_x N_u}+(1-\alpha_c)\frac{\beta_x M_x}{\left(1-0.8\frac{N}{N'_{Ex}}\right)M_{ux}}+\frac{\beta_y M_y}{1.4M_{uy}}\leqslant\frac{1}{\gamma} \quad (11\text{-}140)$$

$$\frac{\beta_x M_x}{\left(1-0.8\frac{N}{N'_{Ex}}\right)M_{ux}}+\frac{\beta_y M_x}{1.4M_{uy}}\leqslant\frac{1}{\gamma} \quad (11\text{-}141)$$

绕主轴 y 轴的稳定性同时满足：

$$\frac{N}{\varphi_y N_u}+\frac{\beta_x M_x}{1.4M_{ux}}+(1-\alpha_c)\frac{\beta_y M_y}{\left(1-0.8\frac{N}{N'_{Ey}}\right)M_{uy}}\leqslant\frac{1}{\gamma} \quad (11\text{-}142)$$

$$\frac{\beta_x M_x}{1.4M_{ux}}+\frac{\beta_y M_y}{\left(1-0.8\frac{N}{N'_{Ey}}\right)M_{uy}}\leqslant\frac{1}{\gamma} \quad (11\text{-}143)$$

式中　M_{ux}、M_{uy}——绕 x、y 轴的抗弯承载力设计值；

φ_x、φ_y——绕主轴 x、y 轴的轴心受压稳定系数；

β_x、β_y——在计算稳定的方向对 M_x、M_y 的等效弯矩系数。

3)弯矩作用在一个主平面内的拉弯构件承载力。

$$\frac{N}{fA_{sn}}+\frac{M}{M_{un}}\leqslant\frac{1}{\gamma} \quad (11\text{-}144)$$

4)弯矩作用在两个主平面内的双轴拉弯构件承载力。

$$\frac{N}{fA_{sn}}+\frac{M_x}{M_{unx}}+\frac{M_y}{M_{uny}}\leqslant\frac{1}{r} \quad (11\text{-}145)$$

3. 抗剪承载力计算

矩形钢管混凝土框架柱的剪力可假定仅由钢管管壁承受，其抗剪承载力应按下列公式计算：

$$V_x\leqslant 2t(b-2t)f_v \quad (11\text{-}146)$$

$$V_y\leqslant 2t(h-2t)f_v \quad (11\text{-}147)$$

式中　V_x、V_y——沿柱截面 x 轴和 y 轴的剪力设计值；

b、h——矩形钢管截面 x 轴和 y 轴方向的边长；

f_v——钢材的抗剪强度设计值。

4. 柱变形时的刚度计算

钢管混凝土结构的变形，可按一般结构力学的方法进行计算。矩形钢管混凝土柱的刚度，可按下列规定取值：

轴向刚度

$$EA=E_sA_s+E_cA_c \tag{11-148}$$

弯曲刚度

$$EI=E_sI_s+0.85E_cI_c \tag{11-149}$$

式中 I_s——钢管截面在所计算方向对其形心轴的惯性矩；

I_c——管内混凝土截面在所计算方向对其形心轴的惯性矩；

E_s、E_c——钢材、混凝土的弹性模量。

【例 11-2】 格构式钢管混凝土柱计算

1. 设计依据

厂房中柱采用双肢格构式钢管混凝土柱，上柱与横梁铰接，下柱与基础固接，结构简图和截面如例图 11-9 所示。

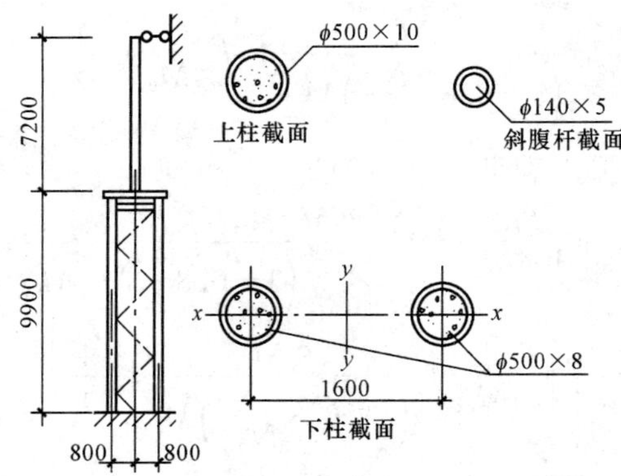

例图 11-9 格构柱截面

上柱：$H_1=720\text{cm}$ $I_1=86065\text{cm}^4$ $N_1=1400\text{kN}$

下柱：$H_2=990\text{cm}$ $I_2=5.34\times10^6\text{cm}^4$ $N_2=6750\text{kN}$

钢管材质采用 Q235B，$E=2.06\times10^5\text{N/mm}^2$

填充混凝土级别为 C35，$E_c=3.15\times10^4\text{N/mm}^2$

设计内力选取如下：

$$上柱\begin{cases}M_1=375\text{kN}\cdot\text{m}\\N_1=1400\text{kN}\\Q_1=150\text{kN}\end{cases}\qquad 下柱\begin{cases}M_2=2034\text{kN}\cdot\text{m}\\N_2=6750\text{kN}\\Q_2=180\text{kN}\end{cases}$$

2. 截面特性

上柱折算截面特性：

钢管采用 $\phi500\times10$

$$A_s=153.9\text{cm}^2 \quad I_s=46220\text{cm}^4$$

$$A_c=1809.6\text{cm}^2 \quad I_c=260576\text{cm}^4$$

$$A=A_s+\frac{E_c}{E}A_c=\left(153.9+\frac{3.15\times10^4}{2.06\times10^5}\times1809.6\right)\text{cm}^2=430.6\text{cm}^2$$

$$I=I_s+\frac{E_c}{E}I_c=\left(46220+\frac{3.15\times10^4}{2.06\times10^5}\times260576\right)\text{cm}^4=86065\text{cm}^4$$

下柱折算截面特性：

单肢柱的折算截面特性

钢管采用 $\phi500\times8$

$$A_s=123.7\text{cm}^2\qquad I_s=37425\text{cm}^4$$

$$A_c=1839.8\text{cm}^2\qquad I_c=269371\text{cm}^4$$

$$A=\left(123.7+\frac{3.15\times10^4}{2.06\times10^5}\times1839.8\right)\text{cm}^2=405.0\text{cm}^2$$

$$I=\left(37425+\frac{3.15\times10^4}{2.06\times10^5}\times269371\right)\text{cm}^4=78615\text{cm}^4$$

组合柱的折算截面特性

$$A_0=2A=2\times405\text{cm}^2=810\text{cm}^2$$

$$I_x=2I=2\times78615\text{cm}^4=157230\text{cm}^4$$

$$I_y=2(\text{I}+A_a{}^2)=2\times(78615+405.0\times80^2)\text{cm}^4=5.34\times10^6\text{cm}^4$$

3. 框架柱等效计算长度确定

$$K_1=\frac{I_1H_2}{I_2H_1}=\frac{86065\times990}{5.34\times10^6\times720}=0.022<0.06$$

$$\eta_1=\frac{H_1}{H_2}\sqrt{\frac{N_1I_2}{N_2I_1}}=\frac{720}{990}\times\sqrt{\frac{1400}{6750}\times\frac{5.34\times10^6}{86065}}=2.61$$

查表得 $\mu=5.57$

厂房阶形柱计算长度的折减系数取 0.7，相应各阶柱段的计算长度系数

$$\mu_2=0.7\mu=0.7\times5.57=3.90$$

$$\mu_1=\mu_2/\eta_1=3.90/2.61=1.5$$

各阶柱段在排架平面内的等效计算长度

$$l_{c1}^*=\mu_1H_1=1.5\times720\text{cm}=1080\text{cm}$$

$$l_{c2}^*=\mu_2H_2=3.90\times990\text{cm}=3861\text{cm}$$

4. 上柱承载力计算

上柱为单肢钢管混凝土柱，套箍指标

$$\theta=\frac{fA_s}{f_cA_c}=\frac{215\times153.9}{16.7\times1809.6}=1.09$$

管柱截面的承载力设计值

$$N_0=f_cA_c(1+\sqrt{\theta}+\theta)=16.7\times1809.6\times10^2\times(1+\sqrt{1.09}+1.09)\text{N}$$
$$=9471\times10^3\text{N}=9471\text{kN}$$

考虑长细比的承载力折减系数

$$l_{e1}^*=1080\text{cm}$$

$$\varphi_1=1-0.115\sqrt{l_{e1}^*/d-4}=1-0.115\times\sqrt{1080/50-4}=0.52$$

考虑偏心率影响的承载力折减系数

$$e_0=M_2/N=375\times10^3/1400\text{mm}=268\text{mm}$$

$$\frac{e_0}{r_c}=\frac{268}{(500-2\times10)/2}=1.12<1.55$$

$$\varphi_c=\frac{1}{1+1.85e_0/r_c}=\frac{1}{1+1.85\times1.12}=0.33$$

按轴心受压柱考虑时的承载力折减系数

$$i=\sqrt{I/A}=\sqrt{86065/430.6}\,\text{cm}=14\text{cm}$$

$$\lambda=l_{cl}^{*}/i=1080/14=76$$

查表 13-27 得 $\varphi_0=0.711$(焊接钢管属 b 类)

上柱承载力:

$$\varphi_l\varphi_c=0.52\times0.33=0.17<\varphi_0$$

$$N_u=\varphi_l\varphi_c N_0=0.52\times0.33\times9471\text{kN}=1625\text{kN}>N=1400\text{kN}$$

5. 下柱承载力计算

下柱为双肢钢管混凝土格构柱,按单肢承载力和整体承载力计算。

(1)下柱单肢承载力计算。

单肢承受的轴心力

$$N=\frac{N_2}{2}\pm\frac{M_2}{h}=\left(\frac{6750}{2}\pm\frac{2034}{1.6}\right)\text{kN}=\begin{cases}4646\text{kN}\\2104\text{kN}\end{cases}\quad\text{未出现拉力}$$

套箍指标

$$\theta=\frac{215\times123.7}{16.7\times1839.8}=0.87$$

管柱截面的承载力设计值

$$N_0=16.7\times1839.8\times10^2\times(1+\sqrt{0.87}+0.87)\text{N}=8604\times10^3\text{N}=8604\text{kN}$$

考虑长细比影响的承载力折减系数

$$l_e=990\text{cm}$$

$$l_e/d=990/50=19.8>4$$

$$\varphi_l=1-0.115\times\sqrt{19.8-4}=0.54$$

考虑偏心率影响的承载力折减系数

构件按轴心受压杆件考虑,即端弯矩 $M_2=0$

$$e_0=0,\varphi_e=1.0$$

按轴心受压柱考虑时的承载力折减系数

$$i=\sqrt{78615/450}=14\text{cm}$$

$\lambda=990/14=71$,查表得 $\varphi_0=0.745$

单肢承载力

$$\varphi_l\varphi_e=0.54\times1.0=0.54<\varphi_0$$

$$N_u=0.54\times1.0\times8604\text{kN}=4676\text{kN}>N=4646\text{kN}$$

(2)下柱整体承载力。

格构柱的换算长细比

$$\lambda_y^{*}=\sqrt{\left(l_e^{*}/\sqrt{\frac{I_y}{A_0}}\right)^2+27A_0/A_{1y}}=\sqrt{\left(3861/\sqrt{\frac{5.34\times10^6}{810}}\right)^2+\frac{27\times810}{2\times18.22}}=53.5$$

受拉区柱肢的套箍指标

$$\theta_t = \frac{215 \times 123.7}{16.7 \times 1839.8} = 0.87$$

界限偏心率

$$\varepsilon_b = 0.5 + \frac{\theta_t}{1+\sqrt{\theta_t}} = 0.5 + \frac{0.87}{1+\sqrt{0.87}} = 0.95$$

考虑长细比影响的整体承载力折减系数

$$\varphi_l^* = 1 - 0.0575 \times \sqrt{\lambda_y^* - 16} = 1 - 0.0575\sqrt{53.5-16} = 0.65$$

考虑偏心率影响的整体承载力折减率数

$$e_0 = M_2/N_2 = 2034 \times 10^2/6750\text{cm} = 30.1\text{cm}$$

$$e_0/h = 30.1/160 = 0.19 < \varepsilon_b$$

$$\varphi_e^* = \frac{1}{1+2e_0/h} = \frac{1}{1+2\times 0.19} = 0.72$$

按轴心受压构件考虑时的承载力折减系数

$$\lambda = 71, \lambda_y^* = 53.5$$

查表得 $\varphi_0^* = 0.745$

整体承载力

$$\varphi_l^* \varphi_e^* = 0.65 \times 0.72 = 0.468 < \varphi_0^*$$

$$N_u^* = \varphi_l^* \varphi_e^* \sum N_0 = 0.65 \times 0.72 \times (2 \times 8604) = 8053\text{kN} > N = 6750\text{kN}$$

6. 格构柱斜腹杆设计

斜腹杆承受的设计剪力

$$V = N_0^*/85 = (2 \times 8604)/85\text{kN} = 202\text{kN}$$

斜腹杆承受的实际剪力

$$V = 200\text{kN}$$

设计采用二者中之较大值，即 $V=202\text{kN}$。

格构柱的斜腹杆体系，按桁架计算其内力，则 $N = V/\sin\theta = 202/\sin 45^\circ\text{kN} = 286\text{kN}$

(1)斜腹杆设计。钢管选用 $\phi 121 \times 5$

$$A = 18.22\text{cm}^2 \quad i = 4.11\text{cm}$$

$$l = 160/\cos 45^\circ\text{cm} = 226\text{cm}$$

$$\lambda = 226/4.11 = 55$$

查表 13-26　a 类截面，$\varphi = 0.900$

强度验算　$\sigma = N/A = 286 \times 10^3/18.22 \times 10^2\text{N/mm}^2 = 157.14\text{N/mm}^2 < f = 215\text{N/mm}^2$

稳定验算　$N/\varphi A = 286 \times 10^3/0.900 \times 18.22 \times 10^2\text{N/mm}^2 = 174.6\text{N/mm}^2 < f = 215\text{N/mm}^2$

(2)斜腹杆与主管连接焊缝计算。

$$l_w = (3.25d_i - 0.025d)\left(\frac{0.534}{\sin\theta_i} + 0.466\right)$$

$$= (3.25 \times 121 - 0.025 \times 500) \times \left(\frac{0.543}{\sin 45^\circ} + 0.466\right)\text{mm} = 465\text{mm}$$

$$d_i/d = 121/500 = 0.24 < 0.65$$

$h_f \leqslant 1.2t = 1.2 \times 5\text{mm} = 6\text{mm}$ 取 $h_f = 6\text{mm}$

$$\sigma_f=\frac{N}{h_e l_w}=\frac{286\times10^3}{0.7\times6\times465}\mathrm{N/mm^2}=146.6\mathrm{N/mm^2}<f_f^w=160\mathrm{N/mm^2}$$

(3)受压支管节点处的承载力设计值计算。

$$\beta=d_i/d=121/500=0.242<0.7$$

$$\psi_d=0.069+0.93\beta=0.069+0.93\times0.242=0.294$$

$$\sigma=N/A=-286\times10^3/18.22\times10^2\mathrm{N/mm^2}=-157.14\mathrm{N/mm^2}$$

$$\psi_n=1-0.3\frac{\sigma}{f_y}-0.3\left(\frac{\sigma}{f_y}\right)^2=1-0.3\times\left|\frac{+157.14}{235}\right|-0.3\times\left(-\frac{157.14}{235}\right)^2=0.665$$

两支管间隙 $a=320\mathrm{mm}$

$$\psi_a=1+\frac{2.19}{1+\frac{7.5\times a}{d}}\left[1+\frac{20.1}{6.6+\frac{d}{t}}\right](1-0.77\beta)$$

$$=1+\frac{2.19}{1+\frac{7.5\times320}{500}}\left[1+\frac{20.1}{6.6+\frac{500}{8}}\right]\times(1-0.77\times0.242)=1.218$$

$$N_{ck}^{Pj}=\frac{11.51}{\sin\theta_c}\left(\frac{d}{t}\right)^{0.2}\psi_n\psi_d\psi_a t^2 f$$

$$=\frac{11.51}{\sin45^\circ}\times\left(\frac{500}{8}\right)^{0.2}\times0.665\times0.294\times1.218\times8^2\times215\mathrm{kN}=121.9\mathrm{kN}<311\mathrm{kN}$$

按节点承载力设计值不满足要求，因考虑主管内填有混凝土，实际整体工作状态，则可认为节点能满足设计要求。

7. 格构柱柱脚计算

柱脚采用分离式柱脚形式，如例图 11-10 所示。计算柱脚采用的设计内力为 $N=4964\mathrm{kN}$，基础混凝土强度等级为 C20。

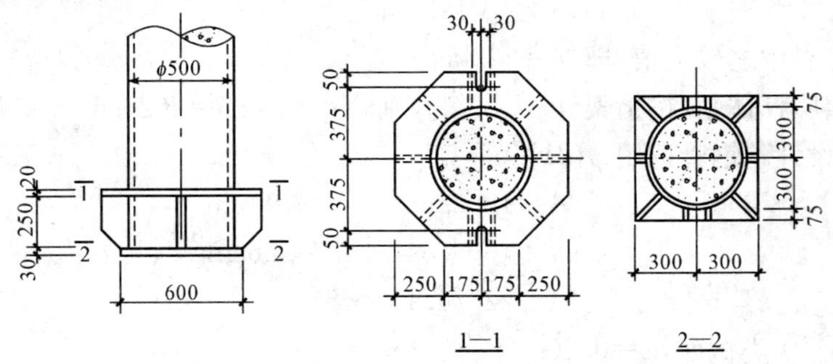

例图 11-10 格构柱柱脚

设柱脚底板采用 600mm×600mm，则 $A=600\times600\mathrm{mm^2}=3.6\times10^5\mathrm{mm^2}$

$$\sigma=N/A=4646\times10^3/3.6\times10^5\mathrm{N/mm^2}=12.91\mathrm{N/mm^2}$$

应小于基础混凝土局部抗压设计强度；当不满足要求时，则可提高混凝土的强度等级或在基础顶面配置钢筋网。

(1)柱脚底板厚度计算。

柱脚底板近似按悬臂板进行计算，其悬臂长度 $a=50\mathrm{mm}$。

$$M_{max}=\frac{1}{2}\times 12.91\times 50^2 \text{N}\cdot\text{mm}=16138\text{N}\cdot\text{mm}$$

$$t=\sqrt{6M_{max}/f}=\sqrt{6\times 16138/200}\text{mm}=22\text{mm}，取 t=30\text{mm}$$

(2)加劲肋计算。

考虑钢管内填混凝土的作用，每肢加劲肋承受的剪力

$$V=\frac{1}{10}\times 12.91\times\left(600\times 600-\frac{\pi}{4}\times 500^2\right)\text{N}=2.11\times 10^5\text{N}$$

加劲肋承受的最大弯矩值

$$M=2.11\times 10^5\times\frac{1}{2}\times(300\sqrt{2}-250)\text{N}\cdot\text{mm}=1.84\times 10^7\text{N}\cdot\text{mm}$$

设加劲肋采用为 -250×10

$$W=\frac{1}{6}\times 10\times 250^2\text{mm}^2=1.04\times 10^5\text{mm}^3$$

$$\sigma=1.84\times 10^7/1.04\times 10^5\text{N/mm}^2=176.92\text{N/mm}^2$$

$$\tau=1.5\times 2.11\times 10^5/10\times 250\text{N/mm}^2=126.6\text{N/mm}^2$$

1)底板与加劲肋的连接焊缝：考虑钢管端部刨平与底板顶紧，且钢管内混凝土与钢管共同工作。

设 $h_f=12\text{mm}$，$l_w=(50-10)\text{mm}=40\text{mm}$

$$\tau=2.11\times 10^5/2\times 0.7\times 12\times 40\text{N/mm}^2=314.0\text{N/mm}^2>f_f^w=160\text{N/mm}^2$$

焊脚尺寸太大，不合适，应将加劲肋底边刨平与底板顶紧，然后用构造焊缝相连。

2)钢管与加劲肋的连接焊缝：

设 $h_f=6\text{mm}$，$l_w=(250-10)\text{mm}=240\text{mm}$

$$\tau_f=2.11\times 10^5/2\times 0.7\times 6\times 240\text{N/mm}^2=104.7\text{N/mm}^2<f_f^w=160\text{N/mm}^2$$

(3)柱脚上盖板计算。

上盖板按构造要求设置，取 $t=20$mm。

(4)锚栓计算。

格构柱柱脚均为轴心受压，锚栓按构造要求设置，取 $\phi 30$。

8. 柱顶局部受压计算

设柱顶垫板尺寸为 300mm×300mm×20mm，承受的荷载设计值为 $N=1300$kN，由前述计算结果可知：

$$A_c=1809.6\text{cm}^2 \quad \theta=1.09$$

$$A_l=30\times 30\text{cm}^2=900\text{cm}^2$$

$$\beta=\sqrt{A_c/A_l}=\sqrt{1809.6/900}=1.42$$

$$N_{ul}=f_cA_l(1+\sqrt{\theta}+\theta)\beta=16.7\times 900\times 10^2\times(1+\sqrt{1.09}+1.09\times 1.42)\text{N}$$

$$=6689\times 10^3\text{N}=6689\text{kN}>N=1300\text{kN}$$

因此，柱顶可不设加强箍筋。

9. 柱肩梁计算

柱肩梁计算与钢柱相同，本例从略。

格构式钢管混凝土柱构件见例图 11-11。

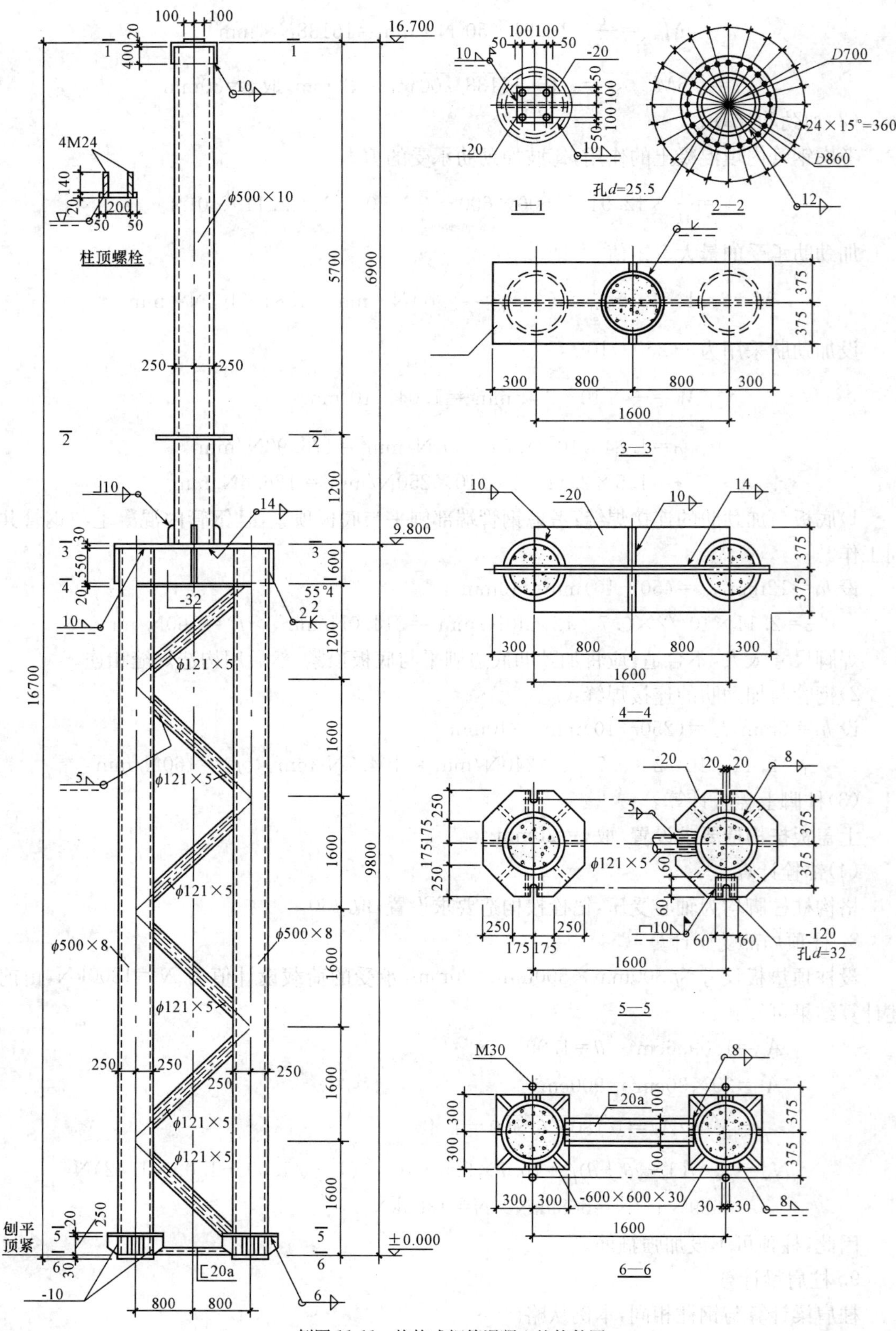

例图 11-11 格构式钢管混凝土柱构件图

（钢材 Q235B，焊条 E4300～E4313 型；混凝土 C40）

第十二章　框架钢结构厂房设计

第一节　工程概况

本算例是某工厂厂房(计算时对其结构平面作了适当简化),柱网横向尺寸 12m×8m,纵向尺寸 6m×6m,自基础顶面至屋面板顶的总高度为 9.6m,全框架钢结构,结构的平面、立面、剖面图见图 12-1～图 12-3。

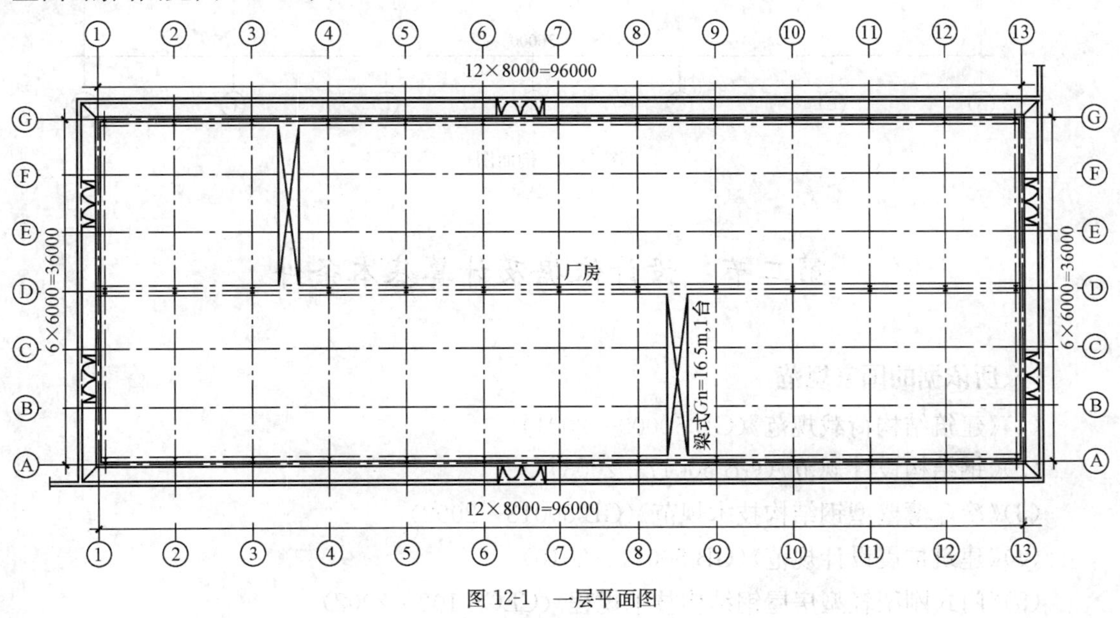

图 12-1　一层平面图

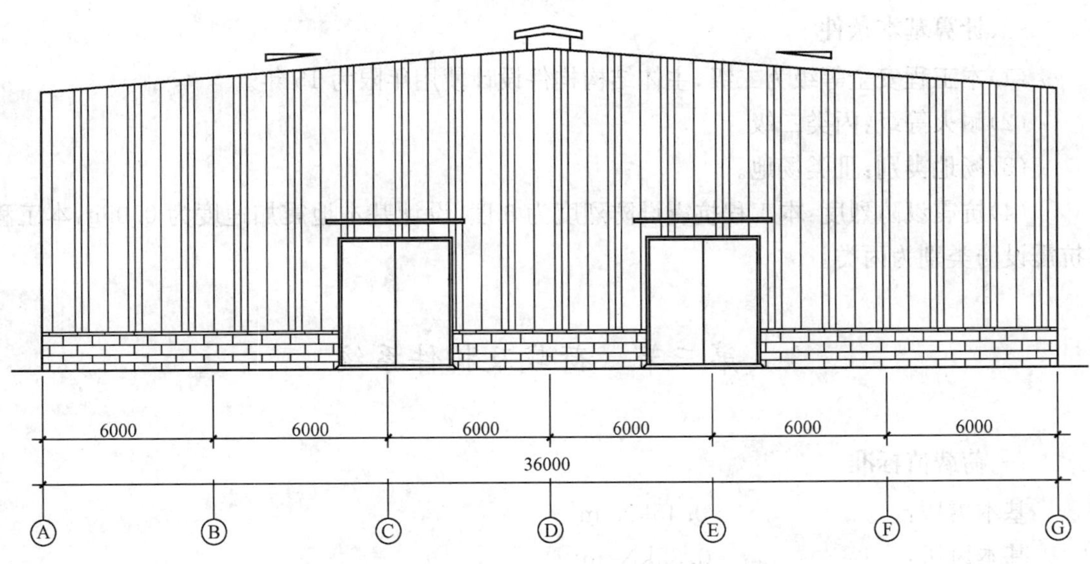

图 12-2　立面图

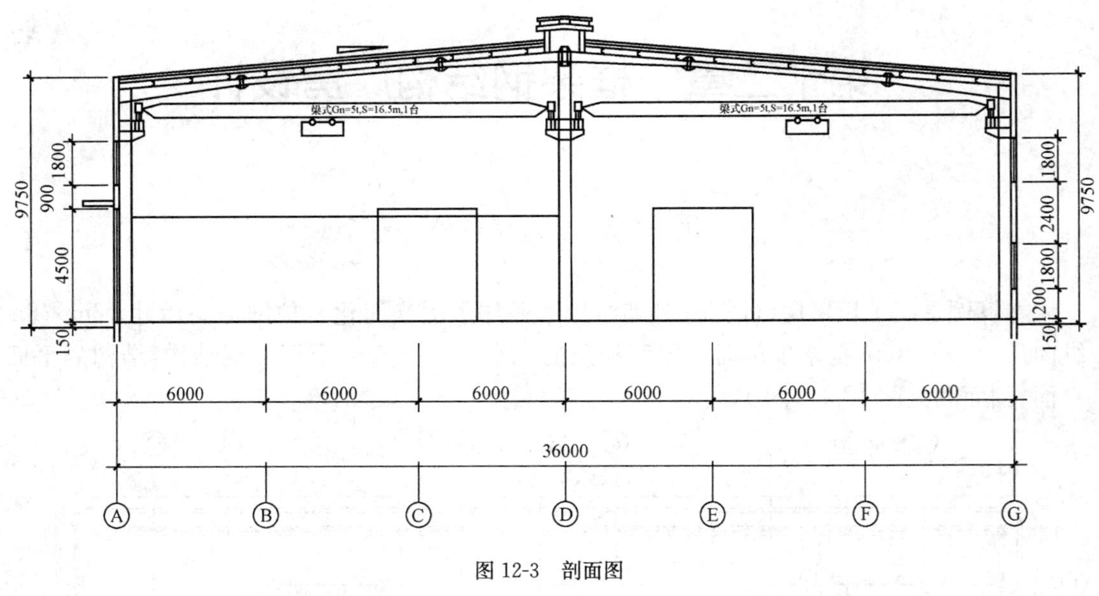

图 12-3　剖面图

第二节　设计依据及计算基本条件

一、所依据的国家规范

(1)《建筑结构荷载规范》(GB 50009—2001)

(2)《钢结构设计规范》(GB 50017—2003)

(3)《冷弯薄壁型钢结构技术规范》(GB 50018—2002)

(4)《建筑抗震设计规范》(GB 50011—2010)

(5)《门式刚架轻型房屋钢结构技术规程》(CECS 102：2002)

二、计算基本条件

(1)本工程安全等级为二级,主体结构构件设计使用年限为 15 年。

(2)耐火等级:丙类二级。

(3)场地类别:Ⅲ类场地。

(4)抗震设防烈度:本工程抗震设防烈度为 6 度,设计基本地震加速度为 0.05g,本工程抗震设防类别为丙类。

第三节　荷载及构件系统

一、荷载值标准

基本雪压：　　0.45kN/m^2

基本风压：　　0.35kN/m^2

屋面活荷载：　　0.30kN/m^2

屋面恒载(不含刚架自重)：0.3kN/m^2

二、厂房结构构件系统

(1)屋面板：0.45mm 厚 HV-820 暗扣式压型板。

(2)墙面板：0.35mm 厚 V-900 型压型钢板(淡蓝色)。

(3)檩条为 C 型冷弯薄壁型钢。

(4)收边采用 0.5mm 厚彩钢平板压制而成。

(5)梁柱结构采用 C 型钢和焊接实腹式工字形截面，刚架构件之间为螺栓或高强度螺栓连接，钢梁与钢柱、钢梁与钢梁连接为刚接，钢柱脚为铰接或者刚接。

第四节　檩条设计

1. 荷载

恒载：	0.3kN/m^2
活载：	0.45kN/m^2
檩条自重：	0.2kN/m^2
基本风压：	0.3kN/m^2
体型系数：	1.4
高度系数：	1

2. 计算模型尺寸

檩条间距：	b=1.5m
檩条长度：	l=12m
屋面坡度	i(l∶12)=0.083 弧度

3. 拉条设置

无拉条	0.125
跨中 1 根(1/32)	0.03125
1/3 跨中 2 根(1/90)	0.011

4. 檩条参数

I_x=2505.7cm^4

W_x=200.46cm^3

W_y=36.4cm^3

5. 验算

(1)强度验算。

f=205N/mm^2

1)无风载组合。

荷载标准值：	q_k=1.325kN/m
荷载设计值：	q=1.725kN/m
弯矩：	M_x=30.942kN·m

弯矩： $M_y = 0.229\text{kN} \cdot \text{m}$

最大应力： 160.655N/mm^2

2)风载作用。

荷载标准值： $q_k = -0.02\text{kN/m}$

荷载设计值： $q = 0.232\text{kN/m}$

弯矩： $M_x = 4.161\text{kN/m}$

弯矩： $M_y = 0.086\text{kN/m}$

最大应力： 23.141kN/m^2

(2)刚度验算。

控制挠度：1/150

1)无风载组合。

相对挠度：0.00575，跨挠比：173.740

2)风载作用。

相对挠度：0.000087，跨挠比：11500.408

选取 2C250×75×20×3。

第五节　刚 架 计 算

一、刚架布置图

刚架布置图见图 12-4。

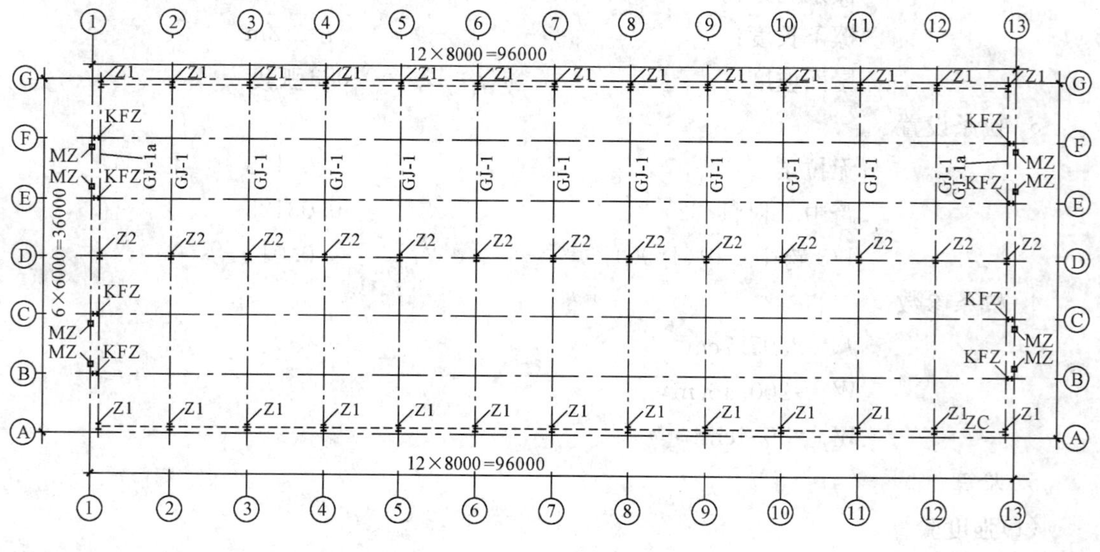

图 12-4　刚架布置图

二、刚架构件计算长度系数

(1)钢柱的计算长度系数。

根据线刚度比计算柱的计算长度系数：$u_1=2.65$。

稳定计算实际采用柱计算长度系数：$u_x=1.99$，$u_y=0.49$。

(2)钢梁稳定计算实际采用梁计算长度系数见表 12-1。

表 12-1　钢梁实际计算长度系数

梁号	u_x	u_y	梁号	u_x	u_y
1	7.47	0.63	4	7.10	0.60
2	4.44	0.37	5	4.44	0.37
3	7.47	0.63	6	7.10	0.60

三、刚架计算

1. 基本资料

结构重要性系数：1.00

节点总数：9

柱数：2

梁数：6

支座约束数：2

标准截面总数：6

钢材：Q345

梁柱自重计算增大系数：1.20

梁刚度增大系数：1.00

钢结构净截面面积与毛截面面积比：0.85

钢结构受拉柱容许长细比：300

钢结构受压柱容许长细比：180

钢梁(恒+活)容许挠跨比：1/240

柱顶容许水平位移/柱高：1/60

考虑：活荷载不利布置和风荷载以及恒载作用下柱的轴向变形。可以不考虑地震作用。节点坐标见表 12-2。

表 12-2　节　点　坐　标

节点号	X	Y	节点号	X	Y	节点号	X	Y
①	0.25	8.50	④	31.00	8.92	⑦	18.00	10.00
②	35.75	8.50	⑤	13.00	9.58	⑧	0.25	0.00
③	5.00	8.92	⑥	23.00	9.58	⑨	35.75	0.00

2. 截面特性钢梁截面特性

钢梁截面特性表见表 12-3。

表 12-3　　钢梁截面特性表

截面号	x_c (mm)	y_c (mm)	I_x (mm^4)	I_y (mm^4)	A (mm^2)	i_x (mm)	i_y (mm)	W_{1x} (mm^3)	W_{2x} (mm^3)	W_{1y} (mm^3)	W_{2y} (mm^3)
1	0.175	0.375	0.17037	0.10015	0.18464	0.30376	0.73647	0.45432	0.45432	0.57226	0.57226
2	0.150	0.4375	0.21646	0.63122	0.18564	0.34147	0.58312	0.49476	0.49476	0.42081	0.42081
3	0.110	0.350	0.83082	0.21325	0.10688	0.27881	0.44668	0.23738	0.23738	0.19386	0.19386
4	0.125	0.400	0.10965	0.26075	0.11240	0.31234	0.48165	0.27413	0.27413	0.20860	0.20860
5	0.150	0.4375	0.21646	0.6322	0.18564	0.34147	0.58312	0.49476	0.49476	0.42081	0.42081
6	0.150	0.4375	0.21646	0.63122	0.18564	0.34147	0.58312	0.49476	0.49476	0.42081	0.42051

四、荷载计算

(1)恒荷载计算。

恒荷载值取 4.0kN/m^2。恒荷载标准值作用结果见表 12-4。恒荷载作用下的节点位移见表 12-5。其受力图见图 12-5～图 12-9。

表 12-4　　恒荷载计算表

柱梁号	柱下端			柱上端		
	M(kN·m)	N(kN)	V(kN)	M(kN·m)	N(kN)	V(kN)
柱 1	0	107.77	−60.18	−511.56	−92.99	60.18
柱 2	0	107.77	60.18	511.56	−92.99	60.18
梁 1	511.56	68.08	87.37	−160.06	−65.68	−60.07
梁 2	160.06	65.42	60.35	163.65	−68.08	87.37
梁 3	160.06	65.68	−60.06	−511.56	−59.98	5.00
梁 4	−163.65	62.08	20.30	202.02	−65.42	60.35
梁 5	−163.65	62.08	−20.30	−160.06	−65.42	60.35
梁 6	−202.02	59.98	5.00	163.65	−62.08	20.30

表 12-5　　恒荷载作用下的节点位移(单位:mm)

节点号	X 向位移	Y 向位移	节点号	X 向位移	Y 向位移
1	−6.27	0.23	5	−0.72	69.71
2	6.27	0.23	6	0.72	69.71
3	−4.67	19.50	7	0.00	79.90
4	4.67	19.50			

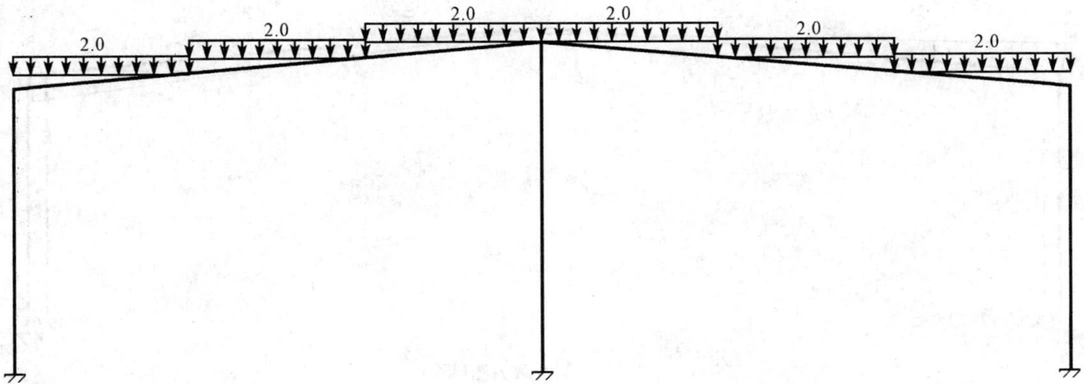

图 12-5　恒载图

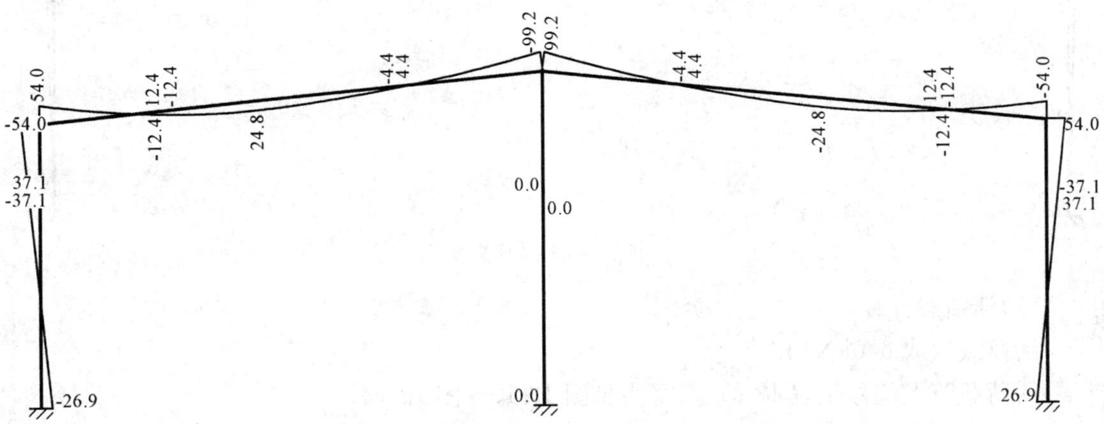

图 12-6　恒载弯矩图(kN · m)

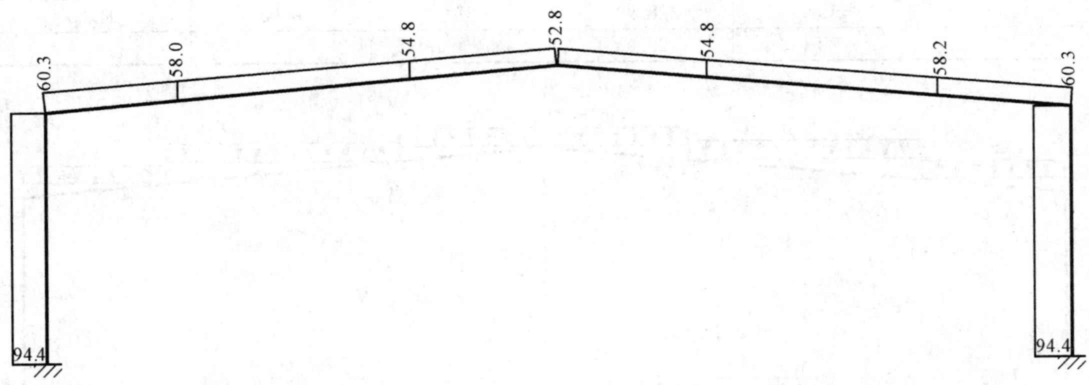

图 12-7　恒载轴力图(kN)

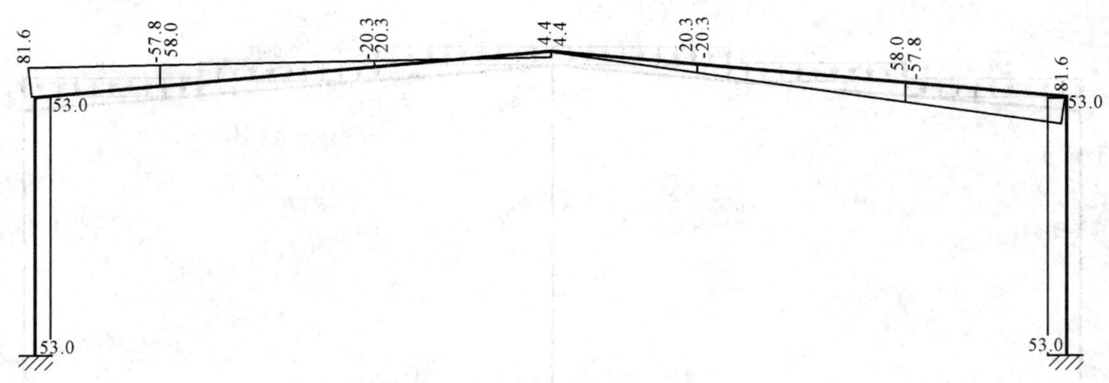

图 12-8　恒载剪力图(kN)

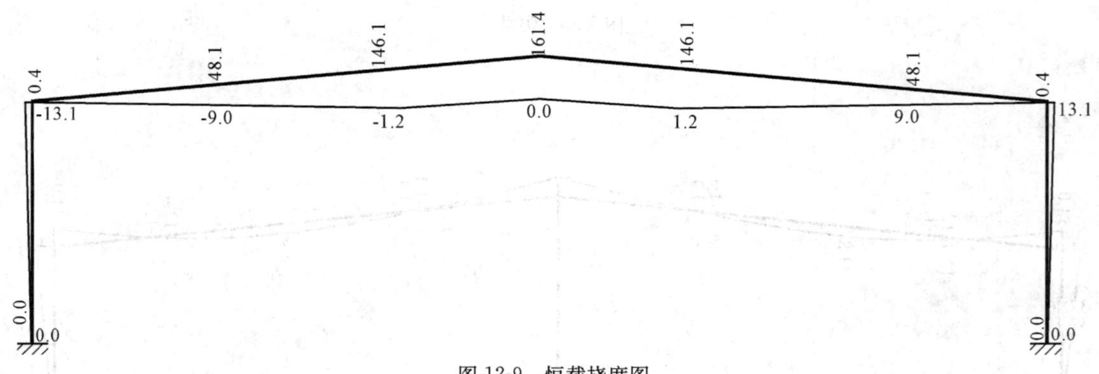

图 12-9　恒载挠度图

(2)活荷载计算。

活荷载值取 6.0kN/m²。

活荷载节点位移见表 12-6。其受力见图 12-10～图 12-12。

表 12-6　　**活荷载节点位移表**(单位:mm)

节点号	X 向位移	Y 向位移	节点号	X 向位移	Y 向位移
1	−7.44	0.24	5	−0.85	83.08
2	7.44	0.24	6	0.85	83.08
3	−5.54	28.99	7	0.00	94.65
4	5.54	29.00			

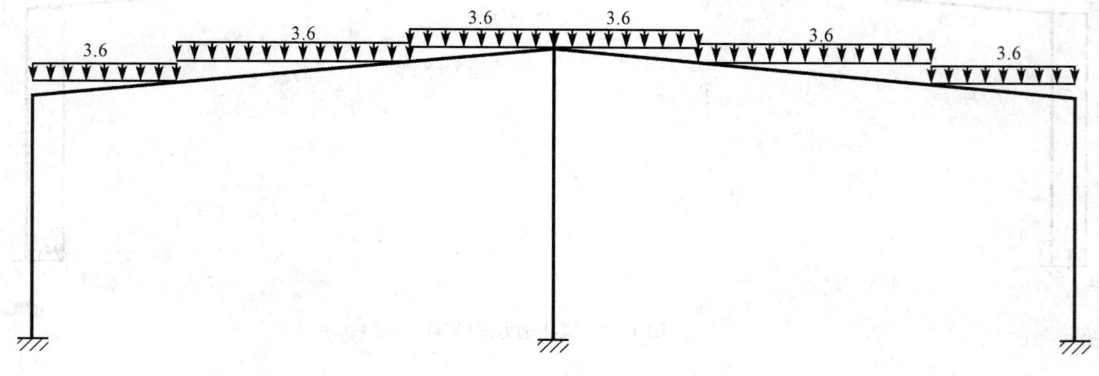

图 12-10　活载图

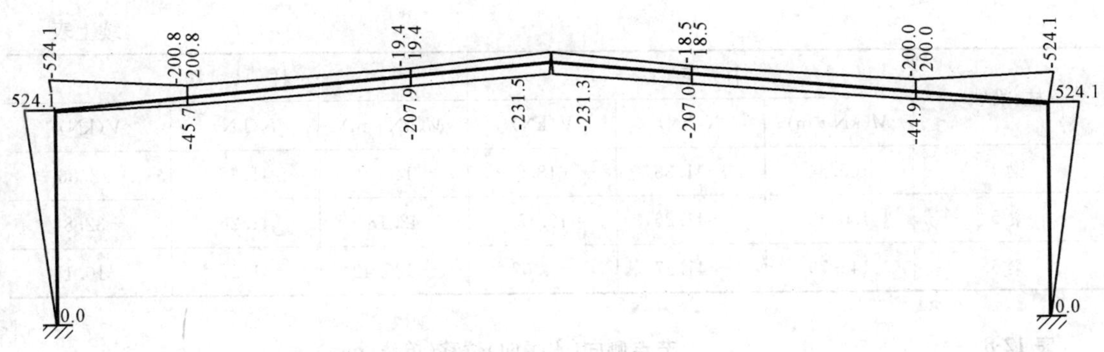

图 12-11　活载弯矩包络图(kN·m)

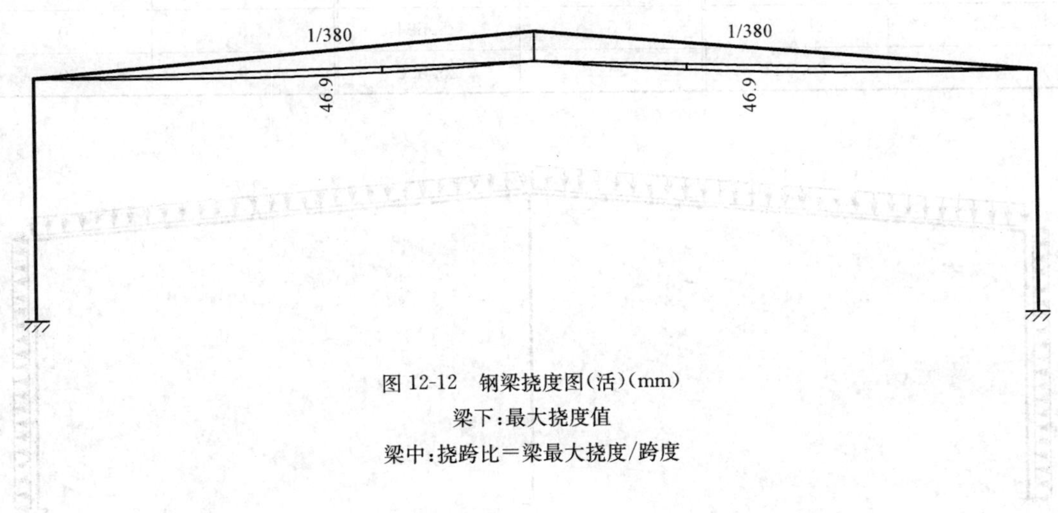

图 12-12　钢梁挠度图(活)(mm)

梁下:最大挠度值

梁中:挠跨比=梁最大挠度/跨度

(3)风荷载计算。

1)左风荷载值。

柱荷载值取 5.40kN/m²、2.39kN/m²,梁荷载为－4.36kN/m²、－4.36kN/m²、－2.84kN/m²、－4.36kN/m²、－2.84kN/m²、－2.84kN/m²,内力计算见表 12-7,节点侧向(水平向)位移见表 12-8。其受力见图 12-13～图 12-15。

表 12-7　　　　**内力计算表**

柱、梁号	柱下端			柱上端		
	M(kN·m)	N(kN)	V(kN)	M(kN·m)	N(kN)	V(kN)
柱 1	0.00	－77.74	80.84	492.05	77.74	－34.94
柱 2	0.00	－49.57	－16.89	－229.97	49.57	37.22
梁 1	－492.05	－41.60	－74.39	186.75	41.60	53.66
梁 2	－186.75	－41.36	－53.85	－105.44	41.36	18.95
梁 3	－42.13	－41.40	32.66	229.97	41.40	－46.13

续上表

柱、梁号	柱下端			柱上端		
	M(kN·m)	N(kN)	V(kN)	M(kN·m)	N(kN)	V(kN)
梁 4	105.44	−41.36	−18.95	−145.79	41.36	−2.86
梁 5	130.42	−41.26	10.15	42.13	41.26	−32.84
梁 6	145.79	−41.27	−4.02	−130.42	41.27	−10.15

表 12-8 **节点侧向(水平向)位移(单位:mm)**

节点号	δ_x	节点号	δ_x	节点号	δ_x
1	30.192	4	22.843	7	25.657
2	21.055	5	25.594	8	0
3	29.622	6	25.550	9	0

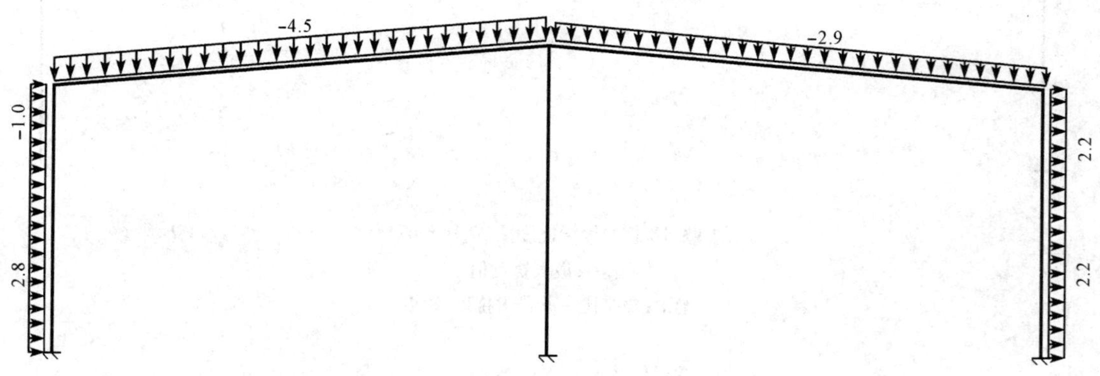

图 12-13 左风载

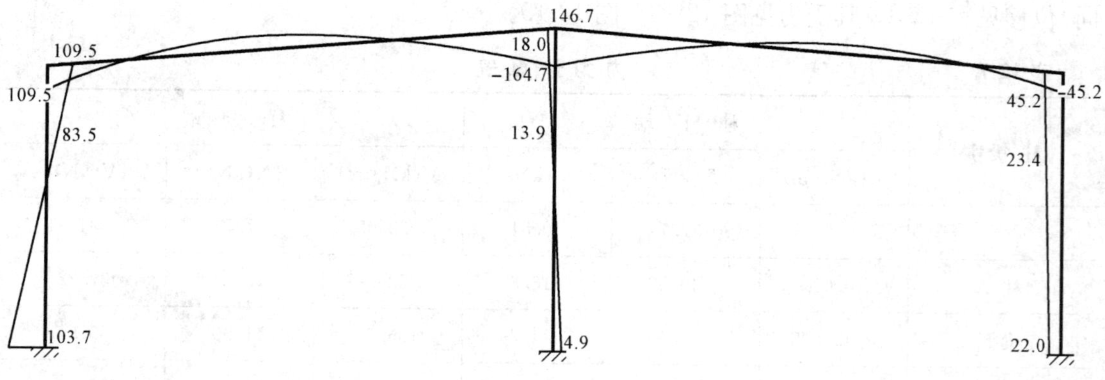

图 12-14 左风载弯矩图(kN·m)

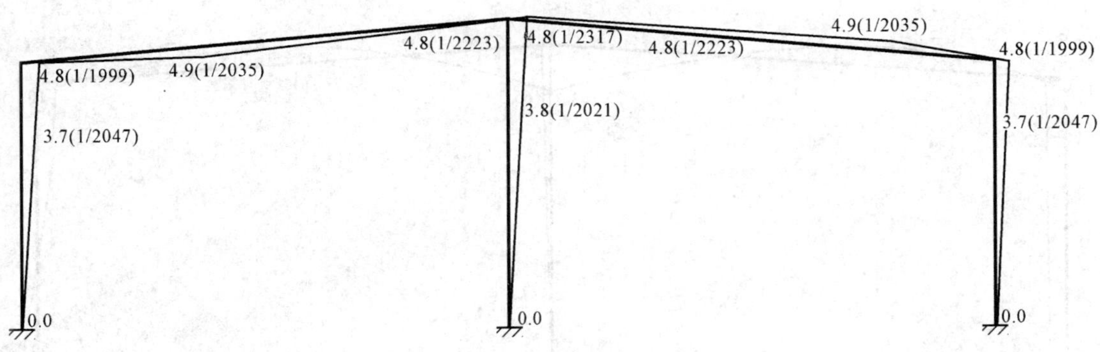

图 12-15　左风载挠度图

2)右风荷载值。

柱荷载值取 5.40kN/m²、1.09kN/m²。

梁荷载值分别为 − 2.84kN/m²、− 2.84kN/m²、− 4.36kN/m²、− 2.84kN/m²、−4.36kN/m²、−4.36kN/m²。

内力计算见表 12-9。节点侧向(水平向)位移见表 12-10。其受力见图 12-16～图12-18。

表 12-9　　节点侧向(水平向)位移(单位:mm)

节点号	δ_x	节点号	δ_x	节点号	δ_x
1	−15.607	4	−23.214	7	−19.738
2	−23.822	5	−19.570	8	0.0
3	−17.091	6	−20.460	9	0.0

表 12-10　　内力计算表

柱、梁号	M(kN·m)	N(kN)	V(kN)	M(kN·m)	N(kN)	V(kN)
柱 1	0	−50.90	5.82	244.58	50.90	−51.72
柱 2	0	−76.41	−58.68	−459.54	76.41	49.45
梁 1	−244.58	−55.97	−46.18	56.49	55.97	32.71
梁 2	−56.49	−55.83	−32.95	−117.01	55.83	10.27
梁 3	−166.59	−55.93	51.07	459.54	55.93	−71.80
梁 4	117.01	−55.83	−10.27	−132.97	55.83	−3.91
梁 5	105.30	−55.71	16.42	166.59	55.71	−51.32
梁 6	132.97	−55.71	−5.39	−105.30	55.71	−16.42

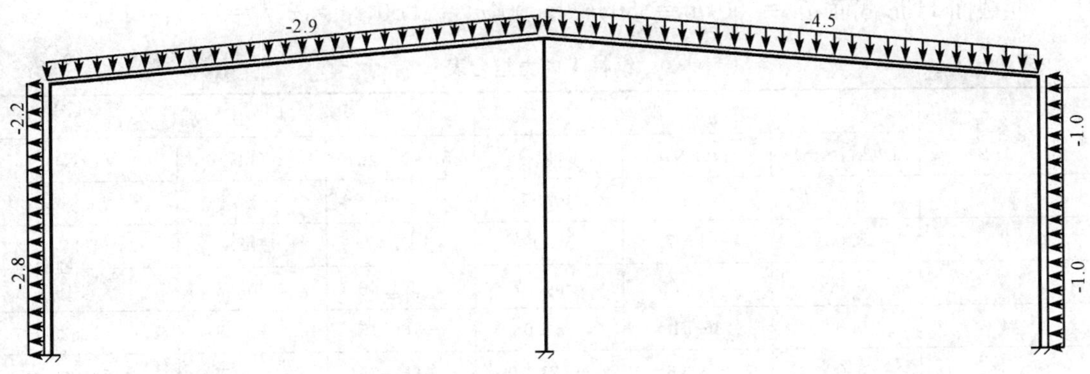

图 12-16　右风载

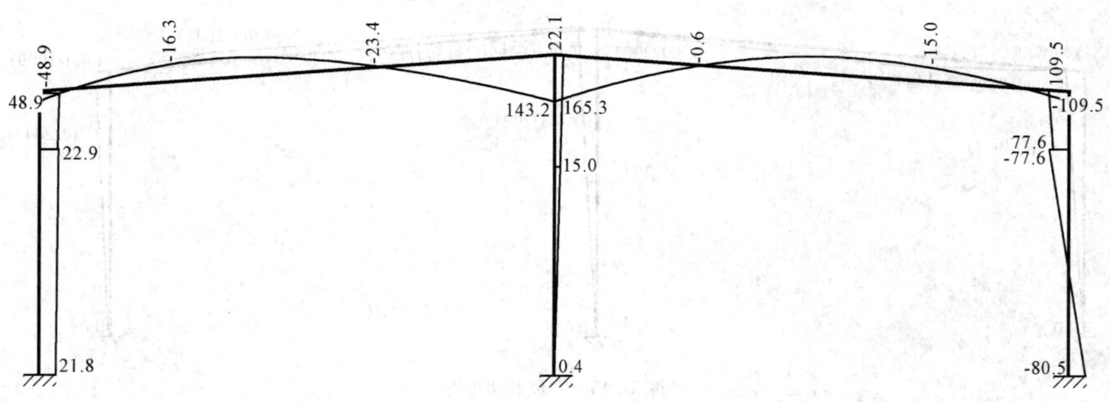

图 12-17 右风载弯矩图(kN·m)

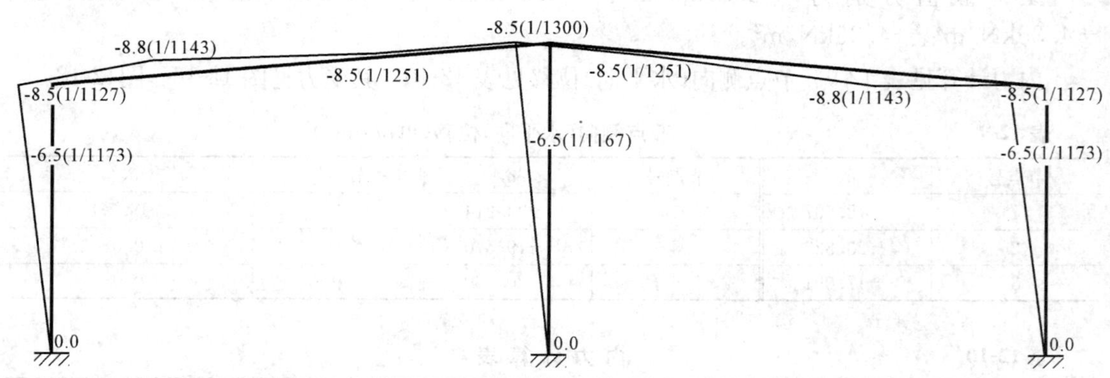

图 12-18 右风载挠度图

(4)荷载效应组合计算。

荷载效应组合及强度、稳定、配筋计算见表 12-11～表 12-24。其受力见图 12-19～图12-27。

1)钢柱 1。

截面类型=27;计算长度:l_x=16.91,l_y=4.20;长细比:λ_x=80.4,λ_y=52.2。

构件长度=8.50:计算长度系数:u_x=1.99,u_y=0.49。

变截面 H 形截面:b_1=350,b_2=350,h_1=500,h_2=1000,t_1=12,t_2=14,t_3=14。

表 12-11 **钢柱 1 内力组合表**

组合号	柱下端			柱上端		
	M(kN·m)	N(kN)	V(kN)	M(kN·m)	N(kN)	V(kN)
1	0.00	20.49	40.95	74.99	−2.74	23.31
2	0.00	−1.07	52.99	177.30	15.85	11.27
3	0.00	58.07	−64.07	−271.46	−40.33	−0.19
4	0.00	36.51	−52.03	−169.15	−21.73	−12.23
5	0.00	278.96	−171.39	−613.88	−111.58	72.22

续上表

组合号	柱下端			柱上端		
	M(kN·m)	N(kN)	V(kN)	M(kN·m)	N(kN)	V(kN)
6	0.00	257.40	−159.36	−511.56	−92.99	60.18
7	0.00	250.23	−150.67	−690.61	−125.53	81.25
8	0.00	278.96	−171.39	−1456.86	−261.22	171.39
9	0.00	257.40	−159.36	−1354.54	−242.62	159.36
10	0.00	250.23	−150.67	−1280.70	−230.27	150.67
11	0.00	278.96	−171.39	−1456.86	−261.22	171.39
12	0.00	257.40	−159.36	−1354.54	−242.62	159.36
13	0.00	250.23	−150.67	−1280.70	−230.27	150.67
14	0.00	129.32	−72.22	−613.88	−111.58	72.22
15	0.00	107.77	−60.18	−511.56	−92.99	60.18
16	0.00	145.49	−81.25	−690.61	−125.53	81.25
17	0.00	213.65	−103.49	−200.56	−46.28	42.87
18	0.00	192.10	−91.45	−98.24	−27.68	30.84
19	0.00	236.20	−166.50	−408.43	−68.83	28.77
20	0.00	214.65	−154.47	−306.11	−50.23	16.74
21	0.00	213.65	−103.49	−1043.53	−195.91	142.05
22	0.00	192.10	−91.45	−941.22	−177.31	130.01
23	0.00	236.20	−166.50	−1251.41	−218.46	127.95
24	0.00	214.65	−154.47	−1149.09	−199.86	115.91
25	0.00	213.65	−103.49	−1043.53	−195.91	142.05
26	0.00	192.10	−91.45	−941.22	−177.31	130.01
27	0.00	236.20	−166.50	−1251.41	−218.46	127.95
28	0.00	214.65	−154.47	−1149.09	−199.86	115.91
29	0.00	64.02	−4.32	−200.56	−46.28	42.87
30	0.00	42.47	7.72	−98.24	−27.68	30.84
31	0.00	86.57	−67.33	−408.43	−68.83	28.77
32	0.00	65.02	−55.29	−306.11	−50.23	16.74
33	0.00	125.23	−28.47	74.99	−2.74	23.31
34	0.00	103.67	−16.43	177.30	15.85	11.27
35	0.00	162.81	−133.49	−271.46	−40.33	−0.19
36	0.00	141.26	−121.45	−169.15	−21.73	−12.23
37	0.00	125.23	−28.47	−515.09	−107.49	92.73
38	0.00	103.67	−16.43	−412.78	−88.89	80.69
39	0.00	162.81	−133.49	−861.55	−145.07	69.23
40	0.00	141.26	−121.45	−759.23	−126.47	57.19

续上表

组合号	柱下端			柱上端		
	M(kN·m)	N(kN)	V(kN)	M(kN·m)	N(kN)	V(kN)
41	0.00	125.23	−28.47	−515.09	−107.49	92.73
42	0.00	103.67	−16.43	−412.78	−88.89	80.69
43	0.00	162.81	−133.49	−861.55	−145.07	69.23
44	0.00	141.26	−121.45	−759.23	−126.47	57.19
45	0.00	20.49	40.95	74.99	−2.74	23.31
46	0.00	−1.07	52.99	177.30	15.85	11.27
47	0.00	58.07	−64.07	−271.46	−40.33	−0.19
48	0.00	36.51	−52.03	−169.15	−21.73	−12.23

表 12-12　钢柱 2 内力组合表

组合号	柱下端			柱上端		
	M(kN·m)	N(kN)	V(kN)	M(kN·m)	N(kN)	V(kN)
1	0.00	59.93	48.56	291.92	−42.18	−20.12
2	0.00	38.37	36.53	189.61	−23.59	−8.08
3	0.00	22.34	−9.94	−29.49	−4.60	−3.00
4	0.00	0.79	−21.97	−131.80	13.99	9.04
5	0.00	278.96	171.39	1456.85	−261.21	−171.39
6	0.00	257.40	159.36	1354.54	−242.62	−159.36
7	0.00	250.23	150.67	1280.69	−230.27	−150.67
8	0.00	250.23	150.67	1280.69	−230.27	−150.67
9	0.00	257.40	159.36	511.56	−92.99	−60.18
10	0.00	250.23	150.67	690.61	−125.53	−81.25
11	0.00	278.96	171.39	1456.85	−261.21	−171.39
12	0.00	257.40	159.36	1354.54	−242.62	−159.36
13	0.00	250.23	150.67	1280.69	−230.27	−150.67
14	0.00	129.32	72.22	613.87	−111.58	−72.22
15	0.00	107.77	60.18	511.56	−92.99	−60.18
16	0.00	145.49	81.25	690.61	−125.53	−81.25
17	0.00	237.32	157.20	1263.68	−219.58	−140.13
18	0.00	214.76	145.17	1161.36	−200.98	−128.10
19	0.00	214.77	122.10	1070.83	−197.03	−129.86
20	0.00	193.21	110.06	968.52	−178.43	−117.82
21	0.00	237.32	157.20	420.70	−69.94	−40.96
22	0.00	215.76	145.17	318.39	−51.35	−28.92
23	0.00	214.77	122.10	227.86	−47.39	−30.69
24	0.00	193.21	110.06	125.55	−28.80	−18.65

续上表

组合号	柱下端			柱上端		
	M(kN·m)	N(kN)	V(kN)	M(kN·m)	N(kN)	V(kN)
25	0.00	237.32	157.20	1263.68	−219.58	−140.13
26	0.00	215.76	145.17	1161.36	−200.98	−128.10
27	0.00	214.77	122.10	1070.83	−197.03	−129.86
28	0.00	193.21	110.06	968.52	−178.43	−117.82
29	0.00	87.69	58.03	420.70	−69.94	−40.96
30	0.00	66.13	45.99	318.39	−51.35	−28.92
31	0.00	65.14	22.93	227.86	−47.39	−30.69
32	0.00	43.58	10.89	125.55	−28.80	−18.65
33	0.00	164.67	117.99	882.00	−146.93	−89.54
34	0.00	143.11	105.95	779.69	−128.33	−77.50
35	0.00	127.09	59.49	560.60	−109.34	−72.42
36	0.00	105.53	47.45	458.28	−90.75	−60.38
37	0.00	164.67	117.99	291.92	−42.18	−20.12
38	0.00	143.11	105.95	189.61	−23.59	−8.08
39	0.00	127.09	59.49	−29.49	−4.60	−3.00
40	0.00	105.53	47.45	−131.80	13.99	9.04
41	0.00	164.67	117.99	882.00	−146.93	−89.54
42	0.00	143.11	105.95	779.69	−128.33	−77.50
43	0.00	127.09	59.49	560.60	−109.34	−72.42
44	0.00	105.53	47.45	458.28	−90.75	−60.38
45	0.00	59.93	48.57	291.92	−42.18	−20.12
46	0.00	38.37	36.53	189.61	−23.59	−8.08
47	0.00	22.34	−9.94	−29.49	−4.60	−3.00
48	0.00	0.79	−21.97	−131.80	13.99	9.04

表 12-13 **钢梁 1 内力组合表**

组合号	柱下端			柱上端		
	M(kN·m)	N(kN)	V(kN)	M(kN·m)	N(kN)	V(kN)
1	−74.99	23.46	0.70	69.38	−20.58	3.05
2	−177.30	9.84	−16.78	101.39	−7.45	15.06
3	271.46	3.33	40.19	−122.98	−0.46	−26.28
4	−10.28	22.72	−80.97	12.68	−14.27	
5	1456.86	193.56	245.24	−128.17	−112.06	−117.48
6	1354.54	179.95	227.76	−96.16	−98.92	−105.47

续上表

组合号	柱下端			柱上端		
	M(kN·m)	N(kN)	V(kN)	M(kN·m)	N(kN)	V(kN)
7	1280.70	170.22	216.23	−171.35	−111.94	−112.87
8	613.88	81.70	104.85	−524.64	−153.95	−127.17
9	511.56	68.08	87.37	−492.63	−140.82	−115.16
10	690.61	91.91	117.95	−448.88	−141.27	−119.65
11	1043.54	158.62	182.75	28.69	−77.11	−72.40
12	941.22	145.01	165.28	60.71	−63.98	−60.39
13	1251.41	146.55	206.45	−80.72	−65.04	−90.00
14	1149.09	132.93	188.97	−48.71	−51.90	−77.99
15	200.56	46.75	42.36	−367.77	−119.01	−82.09
16	98.24	33.14	24.88	−335.76	−105.87	−70.08
17	408.43	34.68	66.05	−477.19	−106.94	−99.69
18	306.11	21.06	48.58	−445.18	−93.80	−87.68
19	515.09	101.77	98.97	114.10	−43.85	−28.73
20	412.78	88.15	81.50	146.12	−30.71	−16.72
21	861.55	81.64	138.46	−68.25	−23.72	−58.06
22	759.23	68.02	120.99	−36.24	−10.59	−46.05
23	−74.90	23.46	0.70	−163.42	−73.18	−35.51
24	−177.30	9.84	−16.78	−131.41	−60.04	−23.50
25	271.46	3.33	40.19	−345.78	−53.05	−64.85
26	169.15	−10.28	22.72	−313.77	−39.91	−52.84
31	653.26	89.58	141.67	−150.98	−83.20	−69.00
32	550.94	75.96	124.20	−118.97	−70.06	−56.99
33	718.18	97.42	143.73	−187.32	−91.74	−78.94
34	1417.48	185.68	208.41	−501.83	−182.81	−175.65
35	1315.17	172.07	190.94	−469.82	−169.67	−163.63
36	1253.13	164.70	190.45	−432.91	−161.47	−153.59
37	239.93	54.63	79.18	5.89	−48.26	−23.93
38	137.62	41.02	61.71	37.90	−35.12	−11.91
39	447.81	42.56	102.88	−103.53	−36.18	−41.53
40	345.49	28.94	85.40	−71.52	−23.05	−29.51
41	1004.16	150.74	145.92	−344.97	−147.87	−130.57
42	901.84	137.13	128.45	−312.96	−134.73	−118.55
43	1212.03	138.67	169.62	−454.38	−135.79	−148.17
44	1109.72	125.05	152.15	−422.37	−122.66	−136.16
45	−47.43	28.97	26.48	98.14	−23.65	5.20

续上表

组合号	柱　下　端			柱　上　端		
	M(kN·m)	N(kN)	V(kN)	M(kN·m)	N(kN)	V(kN)
46	−149.74	15.36	9.00	130.15	−10.51	17.22
47	299.03	8.85	65.97	−84.22	−3.52	−24.13
48	196.71	−4.77	48.49	−52.21	9.61	−12.12
49	487.53	96.25	73.19	−147.46	−93.38	−69.45
50	385.22	82.63	55.72	−115.45	−80.24	−57.43
51	833.98	76.12	112.69	−329.82	−73.25	−98.79
52	731.67	62.51	95.21	−297.81	−60.11	−86.77

表 12-14　　（恒＋活）梁的挠度（单位：mm）

截　面	1	2	3	4	5	6	7
挠度值	0.00	−0.81	−1.14	−1.01	−0.46	0.48	1.79

表 12-15　　钢梁 2 内力组合表

组合号	柱　下　端			柱　上　端		
	M(kN·m)	N(kN)	V(kN)	M(kN·m)	N(kN)	V(kN)
1	−69.38	20.60	−2.96	48.77	−16.59	2.17
2	−101.39	7.51	−15.03	16.04	−4.18	6.23
3	112.98	0.34	26.29	32.57	3.66	−9.98
4	80.97	−12.74	14.22	−0.16	16.08	−5.92
5	524.64	153.40	127.84	501.72	−146.18	−41.30
6	492.63	140.31	115.77	468.99	−133.77	−37.25
7	448.88	140.74	120.27	434.66	−133.99	−39.26
8	128.17	111.55	117.97	163.14	−105.15	−41.17
9	96.16	98.46	105.89	130.41	−92.73	−37.11
10	171.35	111.45	113.35	197.66	−105.27	−39.17
11	367.77	118.65	82.61	413.15	−111.44	−25.39
12	335.76	105.57	70.54	380.42	−99.02	−21.33
13	477.19	106.50	100.16	403.43	−99.28	−32.68
14	445.18	93.41	88.09	370.70	−86.87	−28.62
15	−28.69	76.80	72.74	74.57	−70.41	−25.25
16	−60.71	63.72	60.67	31.84	−57.99	−21.19
17	80.72	64.65	90.28	64.85	−58.25	−32.54
18	48.71	51.56	78.21	32.13	−45.83	−28.48
19	163.42	73.02	35.83	262.50	−66.77	−9.69
20	131.41	59.94	23.76	229.77	−54.35	−5.63

续上表

组合号	柱下端			柱上端		
	M(kN·m)	N(kN)	V(kN)	M(kN·m)	N(kN)	V(kN)
21	345.78	52.77	65.08	246.30	−46.51	−21.84
22	313.77	39.68	53.01	213.58	−34.10	−17.78
23	−114.10	43.73	28.92	25.50	−38.05	−9.60
24	−146.12	30.64	16.85	−7.23	−25.63	−5.54
25	68.25	23.47	58.17	9.30	−17.79	−21.75
26	36.24	10.38	46.10	−23.43	−5.37	−17.69
31	196.25	133.91	140.22	466.78	−124.31	−24.96
32	164.24	120.83	128.15	434.05	−111.89	−20.90
33	219.00	127.10	128.94	410.21	−118.68	−27.82
34	456.57	131.03	105.58	198.08	−127.03	−57.51
35	424.56	117.95	93.51	165.35	−114.61	−53.46
36	401.23	125.09	104.69	222.11	−120.58	−50.61
37	39.38	99.17	95.00	378.21	−89.56	−9.04
38	7.37	86.08	82.92	345.48	−77.15	−4.98
39	148.80	87.01	112.54	368.50	−77.41	−16.33
40	116.78	73.93	100.47	335.77	−64.99	−12.27
41	299.70	96.29	60.35	109.51	−92.28	−41.60
42	267.69	83.20	48.28	76.78	−79.86	−37.54
43	409.12	84.13	77.90	99.79	−80.13	−48.89
44	377.10	71.05	65.83	67.06	−67.71	−44.83
45	−66.45	59.38	44.50	238.05	−51.46	1.75
46	−98.46	46.30	32.43	205.32	−39.04	5.81
47	115.91	39.13	73.75	221.85	−31.20	−10.40
48	83.89	26.04	61.68	189.12	−18.78	−6.34
49	115.77	57.37	20.25	49.95	−53.36	−21.04
50	83.76	44.28	8.18	17.23	−40.94	−16.98
51	298.13	37.11	49.50	33.76	−33.10	−33.19
52	266.12	24.02	37.43	1.03	−20.69	29.13

表 12-16 （恒+活）梁的挠度（单位:mm）

截　面	1	2	3	4	5	6	7
挠度值	1.79	8.83	16.17	22.61	27.13	28.93	27.42

表 12-17　　钢梁 3 内力组合表

组合号	柱下端			柱上端		
	M(kN·m)	N(kN)	V(kN)	M(kN·m)	N(kN)	V(kN)
1	133.08	20.85	−26.36	−291.92	−23.73	40.27
2	101.07	7.72	−14.35	−189.61	−10.11	22.79
3	−41.16	0.51	−0.57	29.49	−3.39	4.32
4	−73.17	−12.62	11.44	131.80	10.23	−13.15
5	524.64	153.95	−127.17	−613.87	−81.69	104.85
6	492.63	140.82	−115.16	−511.56	−68.08	87.37
7	448.87	141.27	−119.65	−690.61	−91.91	117.95
8	128.17	112.06	−117.48	−1456.85	−193.56	245.24
9	96.16	98.92	−105.47	−1354.54	−179.95	227.76
10	171.35	111.94	−112.87	−1280.69	−170.21	216.28
11	489.24	119.17	−99.74	−420.70	−46.92	66.10
12	457.23	106.04	−87.73	−318.39	−33.30	48.62
13	384.70	106.97	−84.27	−227.86	−34.71	44.53
14	352.69	93.83	−72.25	−125.65	−21.10	27.06
15	92.78	77.28	−90.05	−1263.68	−158.78	206.49
16	60.77	64.14	−78.03	−1161.36	−145.17	189.02
17	−11.77	65.07	−74.58	−1070.83	−146.58	184.93
18	−43.78	51.93	−62.56	−968.52	−132.96	167.45
19	365.88	73.45	−64.92	−291.92	−23.73	40.27
20	333.87	60.31	−52.91	−189.61	−10.11	22.79
21	191.64	53.11	−39.14	29.49	−3.39	4.32
22	159.63	39.97	−27.13	131.80	10.23	−13.15
23	88.35	44.12	−58.14	−882.00	−102.04	138.54
24	56.34	30.98	−46.13	−779.69	−88.42	121.07
25	−85.89	23.68	−32.35	−560.60	−81.70	102.60
26	−117.90	10.64	−20.34	−458.28	−68.08	85.12
31	150.98	83.20	−69.00	−653.25	−89.57	141.67
32	118.97	70.06	−56.99	−550.94	−75.96	124.20
33	187.31	91.74	−78.94	−718.17	−97.42	143.73
34	501.83	182.81	−175.65	−1417.47	−185.68	208.41
35	469.82	169.67	−163.63	−1315.16	−172.07	190.94
36	432.91	161.46	−153.58	−1253.13	−164.70	190.45
37	115.59	48.42	−41.57	−460.08	−54.80	102.92
38	83.58	35.28	−29.56	−357.77	−41.18	85.45
39	11.04	36.22	−26.10	−267.24	−42.59	81.36

续上表

组合号	柱下端			柱上端		
	M(kN·m)	N(kN)	V(kN)	M(kN·m)	N(kN)	V(kN)
40	−20.97	23.08	−14.09	−164.92	−28.97	63.88
41	466.44	148.03	−148.21	−1224.30	−150.90	169.66
42	434.43	134.89	−136.20	−1121.99	−137.29	152.19
43	361.89	135.82	−132.74	−1031.45	−138.70	148.10
44	329.88	122.69	−120.73	−929.14	−125.08	130.63
45	104.32	23.92	−24.21	−319.49	−29.25	66.04
46	72.31	10.78	−12.19	−127.17	−15.63	48.57
47	−69.92	3.58	1.58	1.92	−8.90	30.10
48	−101.94	−9.56	13.59	104.23	4.71	12.63
49	349.91	93.65	−98.86	−854.44	−96.52	112.76
50	317.90	80.51	−86.84	−752.13	−82.91	95.29
51	175.67	73.31	−73.07	−533.03	−76.18	76.82
52	143.66	60.17	−61.06	−430.72	−62.56	59.36

表 12-18 (恒十活)梁的挠度(单位:mm)

截面	1	2	3	4	5	6	7
挠度值	1.79	0.49	−0.46	−1.01	−1.14	−0.81	0.00

表 12-19 钢梁 4 内力组合表

组合号	柱下端			柱上端		
	M(kN·m)	N(kN)	V(kN)	M(kN·m)	N(kN)	V(kN)
1	−48.77	16.59	−2.17	38.32	−14.06	1.99
2	−16.04	4.18	−6.23	−2.09	−2.07	0.99
3	−32.57	−3.67	9.98	56.27	6.20	0.53
4	0.16	−16.08	5.92	15.86	18.19	−0.47
5	−163.14	105.15	41.17	578.58	−170.80	14.23
6	−130.41	92.73	37.11	538.17	−158.81	13.23
7	−197.66	105.27	39.17	508.03	−150.15	12.51
8	−501.72	146.18	41.30	242.43	−71.97	6.00
9	−468.99	133.77	37.25	202.02	−59.98	5.00
10	−434.66	133.99	39.26	272.73	−80.97	6.75
11	−74.57	70.40	25.25	456.11	−136.06	11.33
12	−41.84	57.99	21.19	415.70	−124.06	10.83
13	−64.85	58.25	32.54	466.88	−123.90	10.95
14	−32.13	45.83	28.48	426.47	−111.91	9.95

续上表

组合号	柱下端			柱上端		
	M(kN·m)	N(kN)	V(kN)	M(kN·m)	N(kN)	V(kN)
15	−413.15	111.44	25.39	119.96	−37.23	3.59
16	−380.42	99.02	21.33	79.56	−25.23	2.59
17	−403.43	99.28	32.68	130.73	−25.07	2.72
18	−370.70	86.87	28.62	90.33	−13.08	1.72
19	−25.50	38.05	9.60	273.62	83.25	7.76
20	7.23	25.63	5.54	233.22	−62.99	6.29
21	−9.30	17.79	21.75	291.57	−62.99	6.29
22	23.43	5.37	17.69	251.16	−50.99	5.29
23	−262.50	66.77	9.69	38.32	−14.06	1.99
24	−229.77	54.36	5.63	2.09	−2.07	0.99
25	−246.30	46.51	21.84	56.27	6.20	0.53
26	−213.58	34.10	17.78	15.86	18.19	−0.47
31	−478.72	171.99	55.83	577.35	−165.96	16.52
32	−445.99	159.57	51.77	536.94	−153.97	15.52
33	−418.56	152.06	49.43	507.17	−146.76	14.11
34	−186.14	79.34	26.64	243.66	−76.81	3.71
35	−153.41	66.92	22.58	203.25	−64.82	2.71
36	−213.76	87.20	29.00	273.59	−84.36	5.15
37	−390.15	137.25	39.92	454.88	−131.22	14.12
38	−357.42	124.83	35.86	414.47	−119.22	13.12
39	−380.43	125.09	47.21	465.65	−119.06	13.24
40	−347.70	112.67	43.15	425.24	−107.07	12.24
41	−97.57	44.60	10.72	121.19	−42.07	1.31
42	−64.84	32.18	6.67	80.79	−30.07	0.31
43	−87.85	32.44	18.01	131.96	−29.91	0.43
44	−55.12	20.02	13.95	91.56	−17.92	−0.57
45	−246.41	84.84	19.86	272.76	−79.86	9.36
46	−213.68	72.42	15.80	232.36	−67.86	8.36
47	−230.21	64.58	32.01	290.71	−59.60	7.89
48	−197.48	52.16	27.95	250.30	−47.60	6.90
49	−41.60	19.98	−0.57	39.18	−17.45	0.39
50	−8.87	7.57	−4.63	−1.22	−5.46	−0.61
51	−25.40	−0.28	11.58	57.13	2.81	−1.07
52	7.33	−12.69	7.52	16.72	14.80	−2.07

表 12-20　　(恒+活)梁的挠度(单位:mm)

截　面	1	2	3	4	5	6	7
挠度值	27.42	26.34	23.71	19.76	14.39	7.77	0.00

表 12-21　　钢梁 5 内力组合表

组合号	柱下端			柱上端		
	M(kN·m)	N(kN)	V(kN)	M(kN·m)	N(kN)	V(kN)
1	−13.79	16.73	−10.14	−133.08	−20.74	26.45
2	18.94	4.31	−6.08	−101.07	−7.65	14.38
3	−48.96	−3.49	−1.37	41.16	−0.51	0.58
4	−16.23	−15.91	2.69	73.17	12.57	−11.49
5	−163.14	105.15	−41.17	−128.17	−111.54	117.97
6	−130.41	92.73	−37.11	−96.16	−98.46	105.89
7	−197.66	105.27	−39.17	−171.35	−111.45	113.35
8	−501.72	146.18	−41.30	−524.64	−153.40	127.84
9	−468.99	133.76	−37.25	−492.63	−140.31	115.77
10	−434.66	133.99	−39.26	−448.87	−140.74	120.27
11	−53.59	70.49	−32.64	−92.78	−76.88	90.38
12	−20.86	58.07	−28.58	−60.77	63.80	78.31
13	−74.69	58.35	−27.38	11.77	−64.75	74.86
14	−41.96	45.94	−23.32	43.78	−51.66	62.79
15	−392.17	111.52	−32.78	−489.24	−118.74	100.26
16	−359.44	99.10	−28.72	−457.23	−105.65	88.19
17	−413.27	99.39	−27.51	−384.70	−106.60	84.73
18	−380.54	86.97	−23.45	352.69	−93.52	72.66
19	9.47	38.19	−21.91	−88.35	−43.86	58.33
20	42.20	25.77	−17.85	−56.34	−30.78	46.26
21	25.69	17.96	−13.14	85.89	−23.64	32.46
22	7.04	5.54	−9.08	117.90	−10.56	20.39
23	−227.53	66.91	−22.01	−365.88	−73.16	65.24
24	−194.80	54.49	−17.95	−333.87	−60.08	53.17
25	−262.70	46.68	−13.23	−191.64	−52.94	39.37
26	−229.97	34.27	−9.17	−159.63	−39.85	27.30
31	−466.78	124.31	−24.96	−196.24	−133.91	140.22
32	−434.05	111.89	−20.90	−164.23	−120.83	128.15
33	−410.21	118.68	−27.82	−219.00	−127.10	128.94
34	−198.08	127.02	−57.51	−456.56	−131.03	105.58
35	−165.35	114.61	−53.46	−424.55	−117.94	93.51

续上表

组合号	柱下端			柱上端		
	M(kN·m)	N(kN)	V(kN)	M(kN·m)	N(kN)	V(kN)
36	−222.11	120.58	−50.61	−401.22	−125.09	104.68
37	−357.23	89.65	−16.43	−160.85	−99.25	12.64
38	−324.50	77.23	−12.37	−128.84	−86.17	100.57
39	−378.33	77.51	−11.17	−56.31	−87.12	97.12
40	−345.60	65.09	−7.11	−24.30	−74.03	85.05
41	−88.53	92.36	−48.99	−421.17	−96.37	78.00
42	−55.80	79.95	−44.93	−389.16	−83.28	65.93
43	−109.62	80.23	−43.72	−316.63	−84.23	62.47
44	−76.90	67.81	−39.66	−284.61	−71.15	50.40
45	−203.08	51.60	−10.56	−136.00	−59.52	73.91
46	−170.35	39.18	−6.50	−103.99	−46.44	61.84
47	−238.24	31.37	−1.79	38.24	−39.30	48.04
48	−205.51	18.95	2.27	70.25	−26.21	35.97
49	−14.98	53.50	−33.35	−318.23	−57.50	49.66
50	17.75	41.08	−29.29	−286.22	−44.42	37.59
51	−50.15	33.27	−24.58	−143.98	−37.28	23.79
52	−17.42	20.86	−20.52	−111.97	−24.19	11.72

表 12-22　　(恒+活)梁的挠度(单位:mm)

截　面	1	2	3	4	5	6	7
挠度值	27.42	28.93	27.13	22.61	16.17	8.83	1.79

表 12-23　　**钢梁 6 内力组合表**

组合号	柱下端			柱上端		
	M/(kN·m)	N(kN)	V(kN)	M(kN·m)	N(kN)	V(kN)
1	−38.32	14.20	0.36	13.79	−16.73	10.14
2	2.09	2.20	−0.64	−18.94	−4.31	6.08
3	−56.27	−6.02	−1.55	48.96	3.49	1.37
4	−15.86	−18.02	−2.55	16.23	15.91	−2.69
5	−242.43	71.97	6.00	501.72	−146.18	41.30
6	−202.02	59.98	5.00	468.99	−133.77	37.24
7	−272.73	80.97	6.75	434.66	−133.99	39.26
8	−578.58	170.80	14.23	163.14	−105.15	41.17
9	−538.17	158.81	13.23	130.41	−92.74	37.11
10	−508.04	150.15	12.51	197.66	−105.27	39.17

续上表

组合号	柱下端			柱上端		
	M(kN·m)	N(kN)	V(kN)	M(kN·m)	N(kN)	V(kN)
11	−119.96	37.31	2.62	392.17	−111.52	32.78
12	−79.56	25.31	1.62	359.44	−99.10	28.72
13	−130.73	25.18	1.47	413.27	−99.39	27.51
14	−90.33	13.18	0.47	380.54	−86.97	23.45
15	−456.11	136.14	10.85	53.59	−70.49	32.64
16	−415.70	124.15	9.85	20.86	−58.07	28.58
17	−466.88	124.01	9.71	74.69	−58.36	27.38
18	−426.47	112.01	8.71	41.96	−45.94	23.32
19	−38.32	14.20	0.36	227.53	−66.91	22.01
20	2.09	2.20	−0.64	194.80	−54.49	17.95
21	−56.27	−6.02	−1.55	262.70	−46.68	13.23
22	−15.86	−18.02	−2.55	229.97	−34.27	9.17
23	−273.62	83.38	6.13	−9.47	−38.18	21.91
24	−233.22	71.39	5.13	−42.20	−25.77	17.85
25	−291.57	63.16	4.22	25.69	−17.96	13.14
26	−251.16	51.17	3.22	−7.04	−5.55	9.08
31	−577.35	165.96	16.52	478.72	−171.99	55.83
32	−536.94	153.97	15.52	445.99	−159.58	51.77
33	−507.17	146.76	14.11	418.57	−152.06	49.43
34	−243.66	76.81	3.71	186.14	−79.34	26.64
35	−203.25	64.82	2.71	153.41	−66.92	22.58
36	−273.59	84.36	5.15	213.76	−87.20	29.00
37	−454.88	131.30	13.14	369.17	−137.33	47.30
38	−414.47	119.31	12.14	336.44	−124.91	43.25
39	−465.65	119.17	11.99	390.27	−125.20	42.04
40	−425.24	107.17	10.99	357.54	−112.78	37.98
41	−121.19	42.15	0.33	76.59	−44.68	18.11
42	−80.79	30.15	−0.67	43.86	−32.26	14.05
43	−131.96	30.02	−0.82	97.69	−32.55	12.85
44	−91.56	18.02	−1.81	64.96	−20.13	8.79
45	−272.76	79.99	7.73	211.43	−84.97	32.18
46	−232.36	68.00	6.73	178.70	−72.56	28.12
47	−290.71	59.77	5.82	246.60	−64.75	23.40
48	−250.30	47.78	4.82	213.87	−52.34	19.34
49	−39.18	17.59	−1.24	6.62	−20.12	11.74
50	1.22	5.59	−2.24	−26.10	−7.70	7.68
51	−57.13	−2.63	−3.15	41.79	0.10	2.97
52	−16.72	−14.63	−4.15	9.06	12.52	−1.09

表 12-24　(恒十活)梁的挠度(单位:mm)

截　面	1	2	3	4	5	6	7
挠度值	0.00	7.77	14.39	19.76	23.77	26.35	27.42

考虑腹板屈曲后强度 M=0.00,N=278.96kN,M=1456.86kN·m,N=−261.22kN。
柱下端截面考虑屈曲后强度有效截面面积比 A_e/A=1.000。
柱上端截面考虑屈曲后强度有效截面面积比 A_e/A=1.000。
考虑屈曲后强度强度计算应力比=0.872。
平面内稳定计算最大应力=260.52N/mm^2。
平面内稳定计算最大应力比=0.840。
平面外稳定计算最大应力=236.54N/mm^2。
平面外稳定计算最大应力比=0.763。
腹板容许高厚比[h_0/t_w]=206.33。
翼缘容许宽厚比[b/t]=12.38。
考虑屈曲后强度强度计算应力比=0.872<1.0。
平面内稳定计算最大应力<310N/mm^2。
平面外稳定计算最大应力<310N/mm^2。
腹板高厚比 h_0/t_w=81.00<[h_0/t_w]=206.33。
翼缘容许宽厚比 b/t=12.07<[b/t]=12.38。
压杆平面内长细比　λ=80<[λ]=180。
压杆平面外长细比　λ=52<[λ]=180。
构质量=1232.01kg。
2)钢柱 2。
截面类型=27:计算长度　l_x=16.91,l_y=4.20;长细比:λ_x=80.4,λ_y=52.2。
构件长度=8.50;计算长度系数:u_x=1.99,u_y=0.49。
变截面 H 形截面:b_1=350,b_2=350,h_1=500,h_2=1000,t_1=12,t_2=14,t_3=14。
考虑腹板屈曲后强度 M=0.00,N=278.96kN,M=1456.85,N=261.21kN。
柱下端截面考虑屈曲后强度有效截面面积比 A_e/A=1.000。
柱上端截面考虑屈曲后强度有效截面面积比 A_e/A=1.000。
考虑屈曲后强度强度计算应力比=0.872。
平面内稳定计算最大应力=260.52N/mm^2。
平面内稳定计算最大应力比=0.840。
平面外稳定计算最大应力=236.54N/mm^2。
平面外稳定计算最大应力比=0.763。
腹板容许高厚比[h_0/t_w]=206.33。
翼缘容许宽厚比[b/t]=12.38。
考虑屈曲后强度强度计算应力比=0.872<1.0。
平面内稳定计算最大应力<310.00N/mm^2。
平面外稳定计算最大应力<310.00N/mm^2。
腹板高厚比 H_0/T_w=81.00<[H_0/T_w]=206.33。

翼缘容许宽厚比 $B/T=12.07<[B/T]=12.38$。

压杆平面内长细比 $\lambda=80<[\lambda]=180$。

压杆平面外长细比 $\lambda=52<[\lambda]=180$。

构质量=1232.01kg。

3)钢梁 1。

截面类型=27;布置角度=0;计算长度:$l_x=35.63$,$l_y=3.00$。

构件长度=4.77;计算长度系数:$u_x=7.47$,$u_y=0.63$。

变截在 H 形截面:$b_1=300$,$b_2=300$,$h_1=1050$,$h_2=700$,$t_1=12$,$t_2=14$,$t_3=14$。

考虑腹板屈曲后强度:

控制截面考虑屈曲后计算有效截面积比 $A_e/A=1.000$。

考虑屈曲后强度强度计算应力比=0.901。

平面外稳定最大应力=246.66N/mm²。

平面外稳定计算最大应力比=0.796。

考虑屈曲后强度计算应力比=0.901<1.0。

平面外稳定最大应力<310N/mm²。

腹板高厚比 $h_0/t_w=85.17<[h_0/t_w]=206.33$。

翼缘宽厚比 $b/t=10.29<[b/t]=12.38$。

最大挠度值=1.79。

最大挠度/梁跨度=1/9966。

斜梁坡度初始值:1/11.40。

变形后斜梁坡度最小值:1/13.13。

变形后斜梁坡度改变率=0.132<1/3。

构件质量=694.86kg。

4)钢梁 2。

截面类型=16;布置角度=0;计算长度:$l_x=35.63$,$l_y=3.00$。

构件长度=8.03;计算长度系数:$u_x=4.44$,$u_y=0.37$。

截面参数:$b_1=220$,$b_2=220$,$h=700$,$t_w=8$,$t_1=12$,$t_2=12$。

考虑腹板屈曲后强度:

控制截面考虑屈曲后计算有效截面积比 A_e/A:1.000。

考虑屈曲后强度强度计算应力比=0.879。

平面外稳定最大应力=255.66N/mm²。

平面外稳定计算最大应力比=0.825。

考虑屈曲后强度计算应力比=0.879<1.0。

平面外稳定最大应力<310N/mm²。

腹板高厚比 $h_0/t_w=84.50<[h_0/t_w]=206.33$。

翼缘宽厚比 $b/t=8.83<[b/t]=12.38$。

最大挠度值=28.93,最大挠度/梁跨度=1/616。

斜梁坡度初始值:1/12.00。

变形后斜梁坡度最小值=1/14.72。

变形后斜梁坡度改变率=0.185<1/3。

构件质量=673.53kg。

5)钢梁 3。

截面类型=27;布置角度=0;计算长度:l_x=35.63,l_y=3.00。

构件长度=4.77;计算长度系数:u_x=7.47,u_y=0.63。

变截面 H 形截面:B_1=300,B_2=300,H_1=700,H_2=1050,T_1=12,T_2=14,T_3=14。

考虑腹板屈曲后强度:

控制截面考虑屈曲后计算有效截面积比 A_e/A=1.000。

考虑屈曲后强度强度计算应力比=0.901。

平面外稳定最大应力=246.66N/mm^2。

平面外稳定计算最大应力比=0.796。

考虑屈曲后强度计算应力比=0.901<1.0。

平面外稳定最大应力<310.00N/mm^2。

腹板高厚比 h_0/t_w=85.17<$[h_0/t_w]$=206.33。

翼缘宽厚比 b/t=10.29<$[b/t]$=12.38。

最大挠度值=1.79,最大挠度/梁跨度=1/9963。

斜梁坡度初始值=1/11.40。

变形后斜梁坡度最小值=1/13.13。

变形后斜梁坡度改变率=0.132<1/3。

构件质量=694.86kg。

6)钢梁 4。

计算长度:l_x=35.63,l_y=3.00。

构件长度=5.02;计算长度系数;u_x=7.10,u_y=0.60。

变截面 H 形截面:b_1=250,b_2=250,h_1=700,h_2=900,t_1=8,t_2=10,t_3=10。

考虑腹板屈曲后强度:

控制截面考虑屈曲后计算有效截面积比 A_e/A=1.000。

考虑屈曲后强度计算应力比=0.875。

平面外稳定最大应力比=211.19N/mm^2。

平面外稳定计算最大应力比=0.681。

考虑屈曲后强度计算应力比=0.875<1.0。

平面外稳定最大应力<310.00N/mm^2。

腹板高厚比 h_0/t_w=110.00<$[h_0/t_w]$=206.33。

翼缘宽厚比 b/t=12.10<$[b/t]$=12.38。

最大挠度值=27.42,最大挠度/梁跨度=1/650。

斜梁坡度初始值=1/12.00。

变形后斜梁坡度最小值=1/13.45。

变形后斜梁坡度改变率=0.108<1/3。

构件质量=442.70kg。

7)钢梁 5。

计算长度:l_x=35.63,l_y=3.00。

构件长度=8.03;计算长度系数;u_x=4.44,u_y=0.37。

截面参数：$b_1=220$，$b_2=220$，$h_1=700$，$t_w=8$，$t_1=12$，$t_2=12$，$t_3=10$。
考虑腹板屈曲后强度：
控制截面考虑屈曲后计算有效截面积比 $A_e/A=1.000$。
考虑屈曲后强度强度计算应力比＝0.879。
平面外稳定最大应力＝255.66N/mm^2。
平面外稳定计算最大应力比＝0.825。
考虑屈曲后强度计算应力比＝0.879＜1.0。
腹板高厚比 $h_0/t_w=84.50<[h_0/t_w]=206.33$。
翼缘宽厚比 $b/t=8.83<[b/t]=12.38$。
最大挠度值＝28.93。
最大挠度/梁跨度＝1/616。
斜梁坡度初始值＝1/12.00。
变形后斜梁坡度最小值＝1/14.72。
变形后斜梁坡度改变率＝0.185＜1/3。
构件质量＝673.53kg。
8)钢梁 6。
截面类型＝27；布置角度＝0；计算长度；$l_x=35.63$，$l_y=3.00$。
构件长度＝5.02；计算长度系数：$u_x=7.10$，$u_y=0.60$。
变截面 H 形截面：$b_1=250$，$b_2=250$，$h_1=900$，$h_2=700$，$t_1=8$，$t_2=10$，$t_3=10$。
控制截面考虑屈曲后计算有效截面积比 $A_e/A=1.00$。
考虑屈曲后强度强度计算应力比＝0.875。
平面外稳定最大应力＝211.19N/mm^2。
平面外稳定计算最大应力比＝0.681。
考虑屈曲后强度计算应力比＝0.875＜1.0。
平面外稳定最大应力＜310.00N/mm^2。
腹板高厚比 $h_0/t_w=110.00<[h_0/t_w]=206.33$。
翼缘宽厚比 $b/t=12.10<[b/t]=12.38$。
最大挠度值＝27.42，最大挠度/梁跨度＝1/650。
斜梁坡度初始值＝1/12.00。
变形后斜梁坡度最小值＝1/13.45。
变形后斜梁坡度改变率＝0.108＜1/3。
构件质量＝442.70kg。
风荷载作用下柱顶最大水平（X 向）位移：
节点(1)，水平位移 $d_x=30.192\text{mm}=H/282$。
梁的（恒＋活）最大挠度：
梁(5)，挠跨比＝1/616。
风载作用下柱顶最大水平位移：$H/282<$柱顶位移容许值 $H/60$。
梁的（恒＋活）最大挠跨比：$H/616<$梁的容许挠跨比 $H/240$。
所有钢柱的总质量＝2464kg。
所有钢梁的总质量＝3622kg。

钢梁与钢柱质量之和＝6086kg。

相应计算内力图见图 12-19～图 12-27。

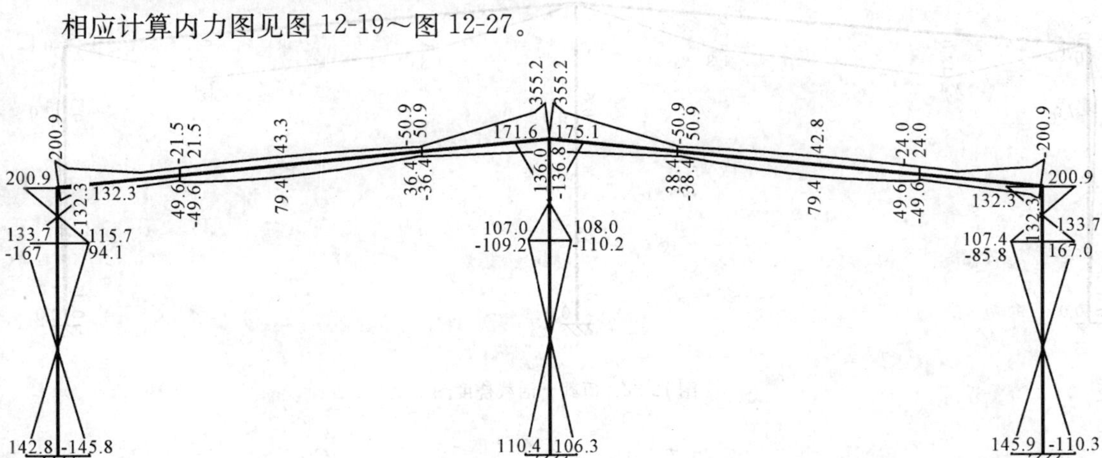

图 12-19　弯矩包络图(kN·m)

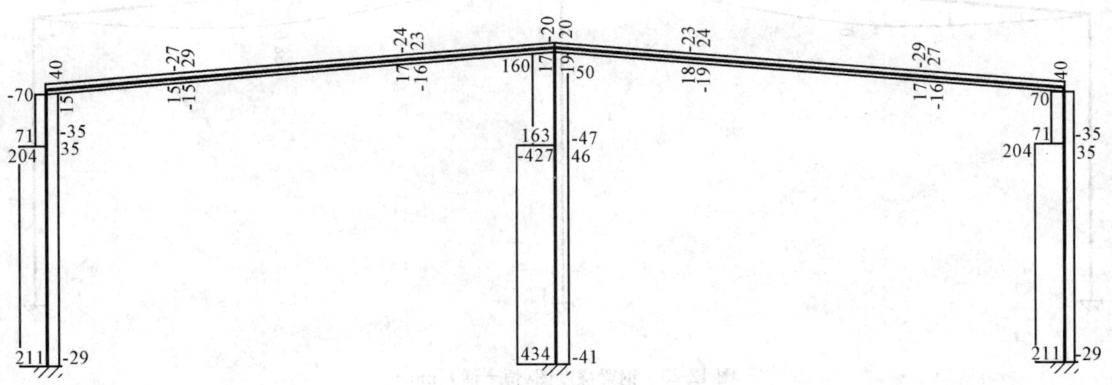

图 12-20　轴力包络图(kN)

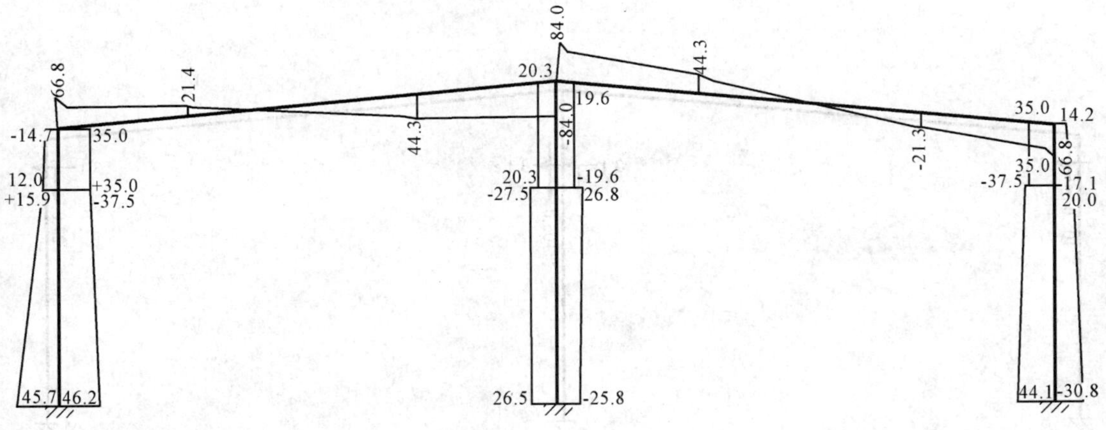

图 12-21　剪力包络图(kN)

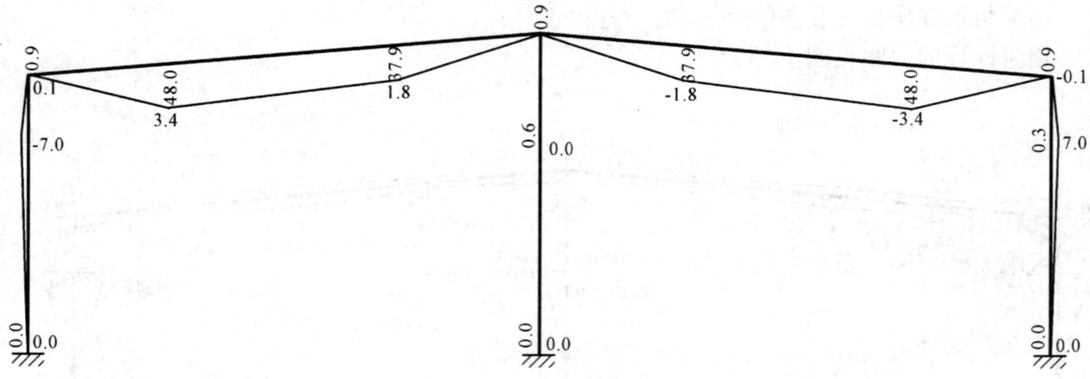

图 12-22 恒载+活载挠度图

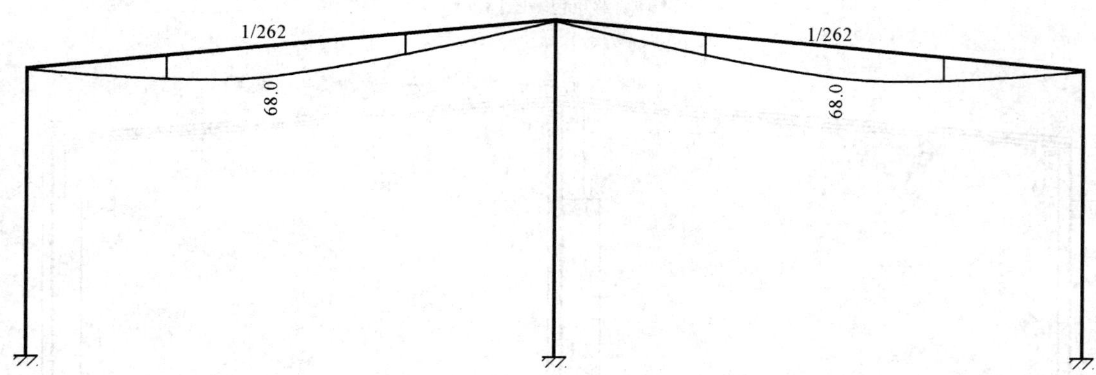

图 12-23 钢梁挠度图(恒+活)(mm)

梁下:最大挠度值

梁中:挠跨比=梁最大挠度/跨度

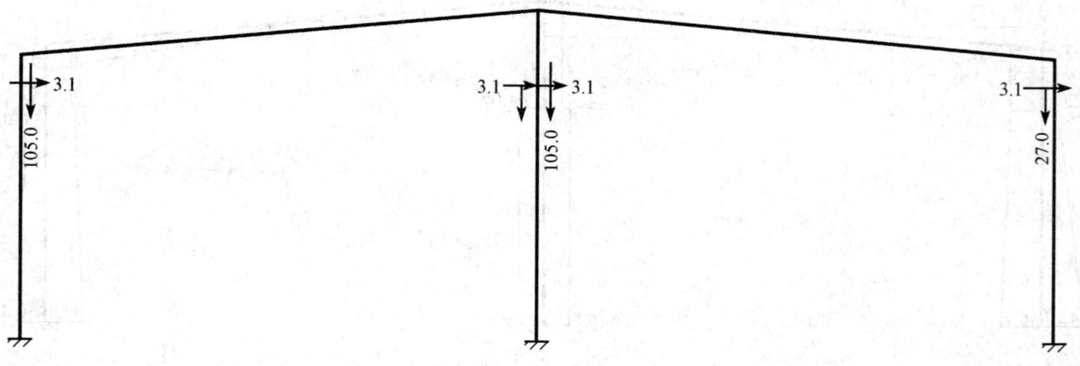

图 12-24 吊车荷载图

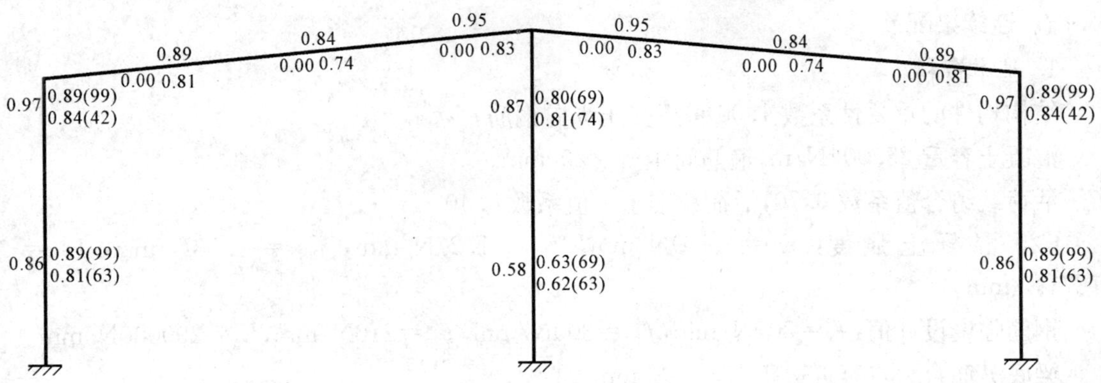

图 12-25　配筋包络和钢结构应力图

钢结构应力图说明：

柱左:作用弯矩与考虑屈曲后强度抗弯承载力比值

右上:平面外稳定应力比(对应长细比)

梁上:作用弯矩与考虑屈曲后强度抗弯承载力比值

左下:平面内稳定应力比

右下:平面外稳定应力比

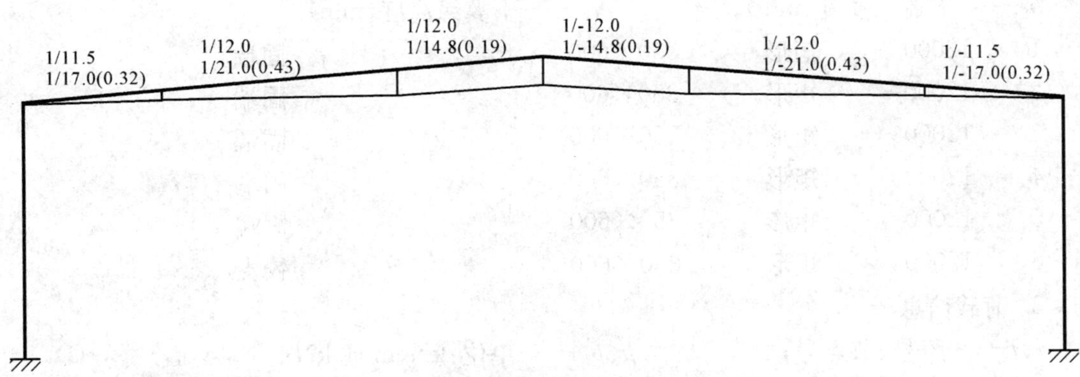

图 12-26　钢斜梁坡度图

梁中上:初始坡度

梁中下:变形后坡度(变形后坡度改变率)

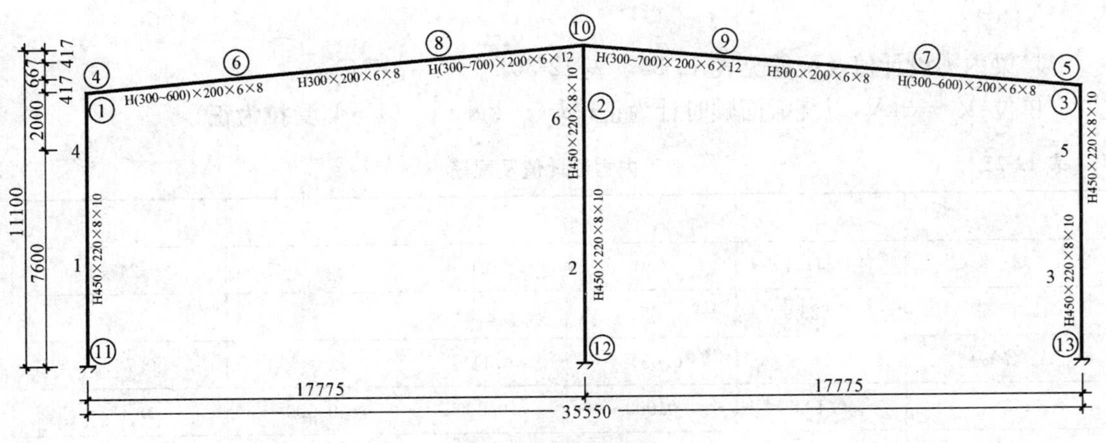

图 12-27　框架立面图

五、连续梁配筋

1. 基本资料

结构构件的重要性系数 1.00 考虑受压纵向钢筋。

混凝土容重 25.00kN/m，箍筋间距 s_v=200mm。

活荷载组合值系数 0.70，活荷载准永久值系数 0.40。

C25 混凝土强度：f_c = 11.9N/mm，f_t = 1.27N/mm，f_{tk} = 1.78N/mm，E_c = 27871N/mm。

钢筋强度设计值：f_y=300N/mm，f'_y=300N/mm，f_{yv}=210N/mm，E_s=200000N/mm。

梁底纵筋合力点至近边距离 a_s=25mm。

梁面纵筋合力点至近边距离 a'=25mm。

受拉钢筋最小配筋率 0.20%。

2. 几何信息

i——跨号； L_i——第 i 跨跨度(mm)；

b——截面宽度(mm)； h——截面高度(mm)；

b'_f——上翼缘高度(mm)； h'_f——上翼缘高度(mm)；

b_f——下翼缘高度(mm)； h_f——下翼缘高度(mm)。

1 12000 矩形 350×600 固端
2 12000 矩形 350×600 固端
3 12000 矩形 350×600 固端
4 12000 矩形 350×600 固端
5 12000 矩形 350×600 固端
6 12000 矩形 350×600 铰支

3. 荷载信息

i、j——跨号、节点号； p、p_1——单位：kN/m 或 kN；

M——单位：kN·m； x、x_1——单位：mm。

跨中荷载取均布恒荷载 10kN/m

梁自重取均布恒荷载 5.25kN/m

4. 计算结果

(1)梁内力设计值及配筋见表 12-25～表 12-30。

(单位：V——kV，以绕截面顺时针为正；M——kN·m，以下侧受拉为正)

表 12-25 **梁 1 内力设计值及配筋**

i	1	2	4	6	j
$M-$	−247.1	0.0	0.0	0.0	−247.1
A_s 面筋	1523	55	223	55	1523
$A_s/(bh_0)$	0.76%	0.03%	0.11%	0.03%	0.76%
x/h_0	0.133	0.000	0.000	0.000	0.133
裂缝宽度	0.244	0.000	0.000	0.000	0.244

续上表

i	1	2	4	6	j
实配面筋	1675	60	245	60	1675
$M+$	0.0	30.9	123.5	30.9	0.0
A_s 底筋	457	182	743	182	457
$A_s/(bh_0)$	0.23%	0.09%	0.37%	0.09%	0.23%
x/h_0	0.000	0.016	0.065	0.016	0.000
裂缝宽度	0.000	0.045	0.272	0.045	0.000
实配底筋	503	201	817	201	503
V	123.5	61.8	0.0	−61.8	−123.5
A_{sv}	16	16	16	16	16

构造配筋　$A_{s,min}=420$　$A_{sv,min}=16$　$D_{min}=6$　$S_{max}=350$

挠度验算　截面 4：$f=-25.1$　$f/L_i=1/478$

表 12-26　　梁 2 内力设计值及配筋

i	1	2	4	6	j
$M-$	−247.0	0.0	0.0	0.0	−24.7.1
A_s 面筋	1523	55	223	55	1523
$A_s/(bh_0)$	0.76%	0.03%	0.11%	0.03%	0.76%
x/h_0	0.133	0.000	0.000	0.000	0.133
裂缝宽度	0.244	0.000	0.000	0.000	0.244
实配面筋	1675	60	245	60	1675
$M+$	0.0	30.9	123.5	30.9	0.0
A_s 底筋	457	182	743	182	457
$A_s/(bh_0)$	0.23%	0.09%	0.37%	0.09%	0.23%
x/h_0	0.000	0.016	0.065	0.016	0.000
裂缝宽度	0.000	0.045	0.272	0.045	0.000
实配底筋	503	201	817	201	503
V	123.5	61.8	0.0	−61.8	−123.5
A_{sv}	16	16	16	16	16

构造配筋　$A_{s,min}=420$　$A_{sv,min}=16$　$D_{min}=6$　$S_{max}=350$

挠度验算　截面 4：$f=-25.1$　$f/L_i=1/478$

表 12-27　　梁 3 内力设计值及配筋

i	1	2	4	6	j
$M-$	−247.1	0.0	0.0	0.0	−247.1
A_s 面筋	1523	55	223	55	1523
$A_s/(bh_0)$	0.76%	0.03%	0.11%	0.03%	0.76%
x/h_0	0.133	0.000	0.000	0.000	0.133

续上表

i	1	2	4	6	j
裂缝宽厚	0.244	0.000	0.000	0.000	0.244
实配面筋	1675	60	245	60	1675
M+	0.0	30.9	123.5	30.9	0.0
A_s 底筋	457	182	743	182	457
$A_s/(bh_0)$	0.23%	0.09%	0.37%	0.09%	0.23%
x/h_0	0.000	0.016	0.065	0.016	0.000
裂缝宽度	0.000	0.045	0.272	0.045	0.000
实配底筋	503	201	817	201	503
V	123.5	61.8	0.0	−61.8	−123.5
A_{sv}	16	16	16	16	16
构造配筋 $A_{s,min}=420$ $A_{sy,min}=16$ $D_{min}=6$ $S_{max}=350$					
挠度验算 截面 4：$f=-25.1$ $f/L_i=1/478$					

表 12-28　梁 4 内力设计值及配筋

i	1	2	4	6	j
M−	−247.1	0.0	0.0	0.0	−247.1
A_s 面筋	1523	55	223	55	1523
$A_s/(bh_0)$	0.76%	0.03%	0.11%	0.03%	0.76%
x/h_0	0.133	0.000	0.000	0.000	0.133
裂缝宽度	0.244	0.000	0.000	0.000	0.244
实配面筋	1675	60	245	60	1675
M+	0.0	30.9	123.5	30.9	0.0
A_s 底筋	457	182	743	182	457
$A_s/(bh_0)$	0.23%	0.09%	0.37%	0.09%	0.23%
x/h_0	0.000	0.016	0.065	0.016	0.000
裂缝宽度	503	201	817	201	503
实配底筋	503	201	817	201	503
V	123.5	61.8	0.0	−61.8	−123.5
A_{sv}	16	16	16	16	16
构造配筋 $A_{s,min}=420$ $A_{sv,min}=16$ $D_{min}=6$ $S_{max}=350$					
挠度验算 截面 4：$f=-25.1$ $f/L_i=1/478$					

表 12-29　梁 5 内力设计值及配筋

i	1	2	4	6	j
M−	−247.1	0.0	0.0	0.0	−247.1
A_s 面筋	1523	55	223	55	1523
$A_s/(bh_0)$	0.76%	0.03%	0.11%	0.03%	0.76%

续上表

i	1	2	4	6	j
x/h_0	0.133	0.000	0.000	0.000	0.133
裂缝宽度	0.244	0.000	0.000	0.000	0.244
实配面筋	1675	60	245	60	1675
$M+$	0.0	30.9	123.5	30.9	0.0
A_s 底筋	457	182	743	182	457
$A_s/(bh_0)$	0.23%	0.09%	0.37%	0.09%	0.23%
x/h_0	0.000	0.016	0.065	0.016	0.000
裂缝宽度	0.000	0.045	0.272	0.045	0.000
实配底筋	503	201	817	201	503
V	123.5	61.8	0.0	−61.8	−123.5
A_{sv}	16	16	16	16	16
构造配筋 $A_{s,min}=420$ $A_{sv,min}=16$ $D_{min}=6$ $S_{max}=350$					
挠度验算 截面 4：$f=-25.1$ $f/L_i=1/478$					

表 12-30 **梁 6 内力设计值及配筋**

i	1	2	4	6	j
$M-$	−370.6	0.0	0.0	0.0	0.0
A_s 面筋	2347	0	338	338	0
$A_s/(bh_0)$	1.17%	0.00%	0.17%	0.17%	0.00%
x/h_0	0.205	0.000	0.000	0.000	0.000
裂缝宽度	0.202	0.000	0.000	0.000	0.000
实配面筋	2582	0	372	372	0
$M+$	0.0	0.0	185.3	185.3	0.0
A_s 底筋	704	0	1128	1128	0
$A_s/(bh_0)$	0.35%	0.00%	0.56%	0.56%	0.00%
x/h_0	0.000	0.000	0.099	0.099	0.000
裂缝宽度	0.000	0.000	0.265	0.265	0.000
实配底筋	775	0	1241	1241	0
V	154.4	92.6	30.9	−30.9	−92.6
A_{sv}	16	16	16	16	16
构造配筋 $A_{s,min}=420$ $A_{sv,min}=16$ $D_{min}=6$ $S_{max}=350$					
挠度验算 截面 4：$f=-46.1$ $f/L_i=1/260$					

(2)钢梁配筋见图 12-28。

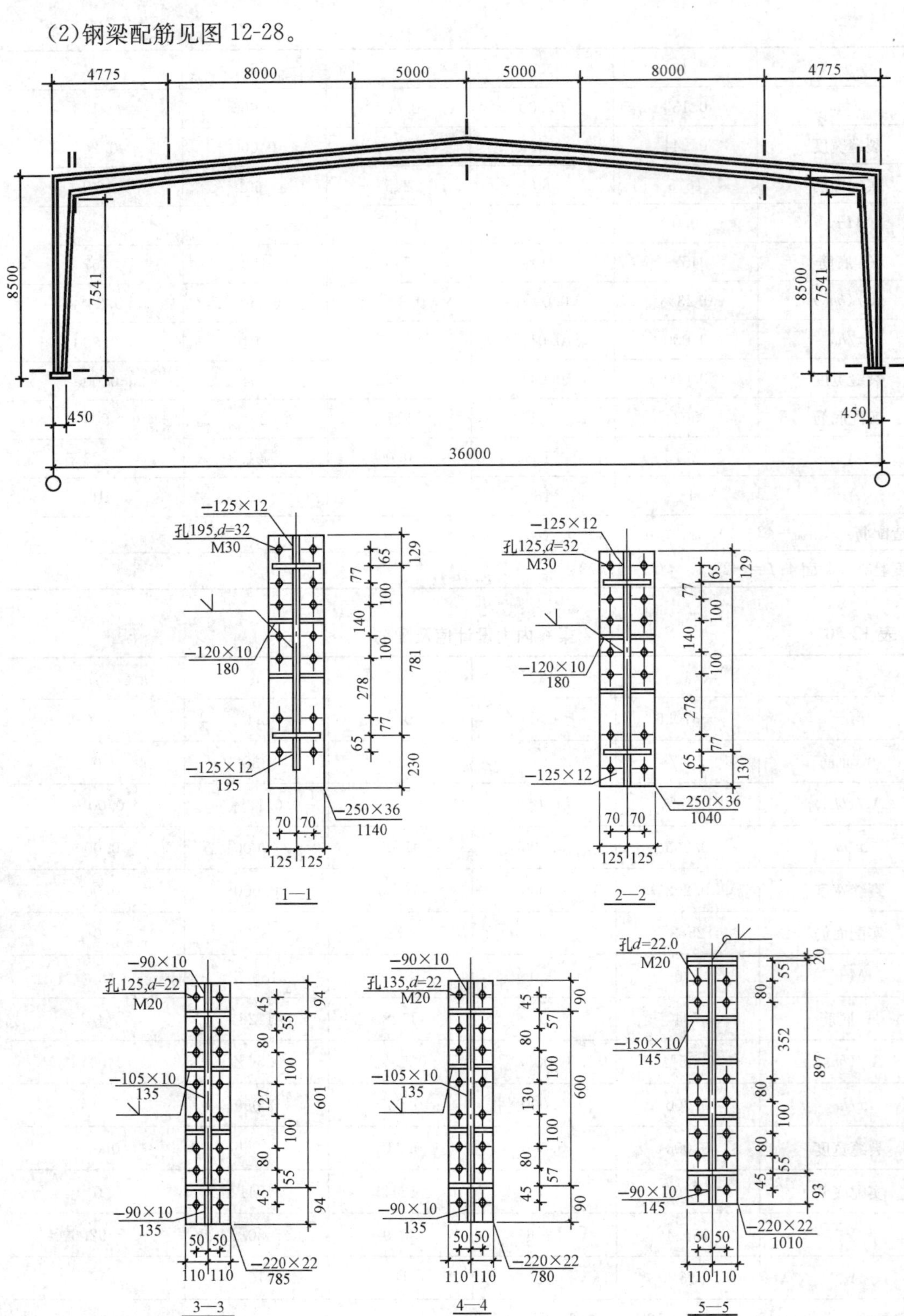

图 12-28　钢梁

第六节　连 接 计 算

一、螺栓计算

1. 柱 1、梁 1 连接

(1)内力设计值。

弯矩 M=1301.146kN·m,剪力 V=254.214kN。

高强度螺栓承载力:M30,F_{tb}=284.000kN,F_{vb}=95.850kN。

高强度螺栓受力:$F_{t,max}$=270.082kN,$F_{v,max}$=63.553kN。

反向弯矩设计值:M_l=−198.825kN·m。

高强度螺栓拉力:$F_{tl,max}$=65.696kN。

高强度螺栓抗拉满足。高强度螺栓抗剪满足。

端板厚度:36mm,构件翼缘和腹板与端板的连接采用全熔透的坡口焊缝。

焊缝强度:F_{tw}=160.0N/(mm^2)。

(2)端板外伸处加劲肋连接角焊缝计算。

采用内力设计值:T=270.082kN。

加劲肋压应力:σ=214.351N/mm^2,加劲肋强度满足。

角焊缝焊脚尺寸:与端板连接处 13mm,与翼缘 13mm。

角焊缝应力:与端板连接处 128.0N/mm^2,与翼缘板连接处 144.8N/mm^2,角焊缝应力满足。

(3)翼缘内部加劲肋连接角焊缝计算。

采用内力设计值:T=211.184kN。

加劲肋压应力:σ=211.184N/mm^2,加劲肋强度满足。

角焊缝焊脚尺寸:与端板连接处 11mm,与腹板 11mm。

角焊缝应力:与端板连接处 124.9N/mm^2,与腹板连接处 154.1N/mm^2,角焊缝应力满足。

与端板连接的构件腹板应力比为 1.9,与端板连接的构件腹板强度验算不满足,设置腹板加劲肋(CECS 102:202 第 7.2.11 条)。

梁柱连接节点域应力比为 2.3,梁柱连接节点域剪应力验算不满足,设置斜加劲肋(CECS 102:2002 第 7.2.10 条)。

2. 柱 1、梁 2 连接

(1)内力设计值。

弯矩 M=1301.146kN·m,剪力 V=254.214kN。

高强度螺栓承载力:M30,F_{tb}=284.000kN,F_{vb}=95.850kN。

高强度螺栓受力:$F_{t,max}$=270.082kN,$F_{v,max}$=63.553kN。

反向弯矩设计值:M_l=−198.825kN·m。

高强度螺栓拉力:$F_{tl,max}$=65.696kN。

高强度螺栓抗拉满足。

高强度螺栓抗剪满足。

端板厚度:36mm。

构件翼缘和腹板与端板的连接采用全熔透的坡口焊缝。

焊缝强度：F_{tw}＝160.0N/mm^2。

(2)端板外伸处外劲肋连接角焊缝计算。

采用内力设计值：T＝270.082kN。

加劲肋压应力：σ＝214.351N/mm^2，加劲肋强度满足。

角焊缝焊脚尺寸：与端板连接处 13mm，与翼缘 13mm。

角焊缝应力：与端板连接处 128.0N/mm^2，与翼缘板连接处 144.8N/mm^2，角焊缝应力满足。

(3)翼缘内部加劲肋连接角焊缝计算。

采用内力设计值：T＝211.184kN。

加劲肋压应力：σ＝211.184N/mm^2，加劲肋强度满足。

角焊缝焊脚尺寸：与端板连接处 11mm，与腹板 11mm。

角焊缝应力：与端板连接处 124.9N/mm^2，与腹板连接处 154.1N/mm^2，角焊缝应力满足。

与端板连接的构件腹板应力比为 1.9，与端板连接的构件腹板强度验算不满足，设置腹板加劲肋(CECS 102：2002 第 7.2.11 条)。

梁柱连接节点域应力比为 2.3，梁柱连接节点域剪应力验算不满足设置斜加劲肋(CECS 102：2002 第 7.2.10 条)。

3. 柱 2、梁 3 连接

(1)内力设计值。

弯矩 M＝－130.150kN·m，剪力 V＝254.214kN。

高强度螺栓承载力：M30，F_{tb}＝284.000kN，F_{vb}＝95.850kN。

高强度螺栓受力：$F_{t,max}$＝270.084kN，$F_{v,max}$＝63.553kN。

反向弯矩设计值：M_l＝157.015kN·m。

高强度螺栓拉力：$F_{tl,max}$＝51.881kN。

高强度螺栓抗拉满足。高强度螺栓抗剪满足。

端板厚度：36mm。

构件翼缘和腹板与端板的连接采用全熔透的坡口焊缝。

焊缝强度：F_{tw}＝160.0N/(mm^2)。

(2)端板外伸处加劲肋连接角焊缝计算。

采用内力设计值：T＝270.084kN。

加劲肋压应力：σ＝214.352N/mm^2，加劲肋强度满足。

角焊缝焊脚尺寸：与端板连接处 13mm，与翼缘 13mm。

角焊缝应力：与端板连接处 128.0N/mm^2，与翼缘板连接处 144.8N/mm^2，角焊缝应力满足。

(3)翼缘内部加劲肋连接角焊缝计算。

采用内力设计值：T＝211.185kN。

加劲肋压应力：σ＝211.185N/mm^2，加劲肋强度满足。

角焊缝焊脚尺寸：与端板连接处 11mm，与腹板 11mm。

角焊缝应力：与端板连接处 124.9N/mm^2，与腹板连接处 154.1N/mm^2，角焊缝应力满足。

与端板连接的构件膜板应力比为 1.9，与端板连接的构件腹板强度验算不满足，设置腹板加劲肋(CECS 102：2002 第 7.2.11 条)。

梁柱连接节点域应力比为 2.3，梁柱连接节点域剪应力验算不满足，设置斜加劲肋(CECS 102：2002 第 7.2.10 条)。

4. 柱 2、梁 3 连接

(1)内力设计值。

弯矩 $M=-1301.150$kN · m，剪力 $V=254.214$kN。

高强度螺栓承载力：M30，$F_{tb}=284.000$kN，$F_{vb}=95.850$kN。

高强度螺栓受力：$F_{t,max}=270.084$kN，$F_{v,max}=63.553$kN。

反向弯矩设计值：$M_l=157.015$kN · m。

高强度螺栓拉力：$F_{tl,max}=51.881$kN。

高强度螺栓抗拉满足。高强度螺栓抗剪满足。

端板厚度：36mm，构件翼缘和腹板与端板的连接采用全熔透的坡口焊缝。

焊缝强度：$F_{tw}=160.0\text{N/mm}^2$。

(2)端板外伸加劲肋连接角焊缝计算。

采用内力设计值：$T=270.084$kN。

加劲肋压应力：$\sigma=214.352\text{N/mm}^2$，加劲肋强度满足。

角焊缝焊脚尺寸：与端板连接处 13mm，与翼缘 13mm。

角焊缝应力：与端板连接处 128.0N/mm^2，与翼缘板连接处 144.8N/mm^2，角焊缝应力满足。

(3)翼缘内部加劲肋连接角焊缝计算。

采用内力设计值：$T=211.185$kN。

加劲肋压应力：$\sigma=211.185\text{N/mm}^2$，加劲肋强度满足。

角焊缝焊脚尺寸：与端板连接处 11mm，与腹板 11mm。

角焊缝应力：与端板连接处 124.9N/mm^2，与腹板连接处 154.1N/mm^2，角焊缝应力满足。

与端板连接的构件腹板应力比为 1.9，与端板连接的构件腹板强度验算不满足，设置腹板加劲肋(CECS 102：2002 第 7.2.11 条)。

梁柱连接节点域应力比为 2.3，梁柱连接节点域剪应力验算不满足，设置斜加劲肋(CECS 102：2002 第 7.2.10 条)。

5. 梁 1、梁 2 连接

(1)内力设计值。

弯矩 $M=401.332$kN · m，剪力 $V=137.756$kN。

高强度螺栓承载力：M20，$F_{tb}=124.000$kN，$F_{vb}=41.850$kN。

高强度螺栓受力：$F_{t,max}=116.499$kN，$F_{v,max}=17.220$kN。

反向弯矩设计值：$M_l=401.332$kN · m。

高强度螺栓拉力：$F_{tl,max}=116.499$kN。

高强度螺栓抗拉满足。高强度螺栓抗剪满足。

端板厚度：22mm，构件翼缘和腹板与端板的连接采用全熔透的坡口焊缝。

焊缝强度：F_{tw}＝160.0N/mm²。

(2)端板外伸处加劲肋连接角焊缝计算。

采用内力设计值：T＝116.499kN。

加劲肋应力：σ＝166.427N/mm²，加劲肋强度满足。

角焊缝焊脚尺寸：与端板连接处 9mm，与翼缘 9mm。

角焊缝应力：与端板连接处 126.3N/mm²，与翼缘板连接处 159.4N/mm²，角焊缝应力满足。

(3)翼缘内部加劲肋连接角焊计算。

采用内力设计值：T＝91.257kN。

加劲肋压应力：σ＝107.361N/mm²，加劲肋强度满足。

角焊缝焊脚尺寸：与端板连接处 8mm，与腹板 8mm。

角焊缝应力：与端板连接处 89.0N/mm²，与腹板连接处 151.5N/mm²。角焊缝应力满足。

与端板连接的构件腹析应力比＝0，与端板连接的构件腹板强度验算满足。

6. 梁 3、梁 5 连接

(1)内力设计值。

弯矩 M＝401.336kN·m，剪力 V＝138.224kN。

高强度螺栓承载力：M20，F_{tb}＝124.000kN，F_{vb}＝41.850kN。

高强度螺栓受力：$F_{t,max}$＝115.711kN，$F_{v,max}$＝17.278kN。

反向弯矩设计值：M_l＝401.336kN·m。

高强度螺栓拉力：$F_{tl,max}$＝115.711kN。

高强度螺栓抗拉满足。高强度螺栓抗剪满足。

端板厚度：22mm。

构件翼缘和腹板与端板的连接采用全熔透的坡口焊缝。

焊缝强度：F_{tw}＝160.0N/mm²

(2)端板外伸外劲肋连接角焊缝计算。

采用内力设计值：T＝115.711kN。

加劲肋压应力：σ＝165.301N/mm²，加劲肋强度满足。

角焊缝焊脚尺寸：与端板连接处 9mm，与翼缘 9mm。

角焊缝应力：与端板连接处 125.5N/mm²，与翼缘板连接处 158.3N/mm²，角焊缝应力满足。

(3)翼缘内部加劲肋连接角焊缝计算。

采用内力设计值：T＝90.773kN。

加劲肋压应力：σ＝106.792N/mm²，加劲肋强度满足。

角焊缝焊脚尺寸：与端板连接处 8mm，与腹板 8mm。

角焊缝应力：与端板连接处 88.6N/mm²，与腹板连接处 150.7N/mm²，角焊缝应力满足。

与端板连接的构件腹板应力比＝0，与端板连接的构件腹板强度验算满足。

7. 梁 4、梁 6 连接

(1)内力设计值。

弯矩 M＝727.071kN·m，剪力 V＝3.346kN。

高强度螺栓承载力：M20，F_{tb}＝124.000kN，F_{vb}＝41.850kN。
高强度螺栓受力：$F_{t,max}$＝119.514kN，$F_{v,max}$＝0.836kN。
反向弯矩设计值：M_l＝11.007kN·m。
高强度螺栓拉力：$F_{tl,max}$＝3.639kN。
高强度螺栓抗拉满足。高强度螺栓抗剪满足。
端板厚度：22mm，构件翼缘和腹板与端板的连接采用全熔透的坡口焊缝。
焊缝强度：F_{tw}＝160.0N/mm^2。
(2)端板外伸加劲肋连接角焊缝计算。
采用内力设计值：T＝119.514kN。
加劲肋压应力：σ＝170.735N/mm^2，加劲肋强度满足。
角焊缝焊脚尺寸：与端板连接处9mm，与翼缘9mm。
角焊缝应力：与端板连接处129.6N/mm^2，与翼缘板连接处140.1N/mm^2，角焊缝应力满足。
(3)翼缘内部加劲肋连接角焊缝计算。
采用内力设计值：T＝100.658kN。
加劲肋压应力：σ＝118.421N/mm^2
加劲肋强度满足。
角焊缝焊脚尺寸：与端板连接处8mm，与腹板8mm。
角焊缝应力：与端板连接处98.2N/mm^2，与腹板连接处142.8N/mm^2，角焊缝应力满足。
与端板连接的构件腹板应力比为0.0，与端板连接的构件腹板强度验算满足。

二、柱脚连接

1. 柱脚连接1
计算柱脚底板的设计内力：M＝0.000kN·m，N＝263.668kN。
基础混凝土强度等级：C20。
基础混凝土强度等级：C10。
基础混凝土最大压应力：1.873N/mm^2，柱脚混凝土抗压满足。
计算柱脚锚栓的设计内力：M＝0.000kN·m，N＝7.054kN。
柱脚锚栓抗拉强度：M24，F_{tb}＝140.000N/mm^2。
锚栓拉应力：$F_{t,max}$＝20.010N/mm^2，柱脚锚栓抗拉满足。
柱脚底板厚度：20mm，柱脚需要设计抗剪力。
柱端与底板连接周边采用坡口焊缝。
2. 柱脚连接2
计算柱脚底板的设计内力：M＝0.000kN·m，N＝263.668kN。
基础混凝土强度等级C20。
基础混凝土强度等级C10。
基础混凝土最大压应力：1.873N/mm^2，柱脚混凝土抗压满足。
计算柱脚锚栓的设计内力：M＝0.000kN·m，N＝6.126kN。
柱脚锚栓抗拉强度：M24，F_{tb}＝140.000N/mm^2。
锚栓拉应力：$F_{t,max}$＝17.378N/mm^2，柱脚锚栓抗拉满足。
柱脚底板厚度：20mm。
相应计算及详图见图12-29和图12-30。

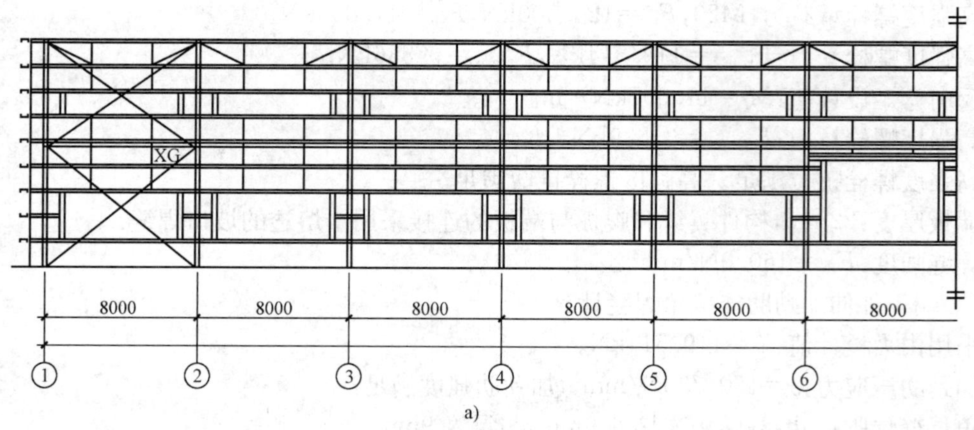

a)

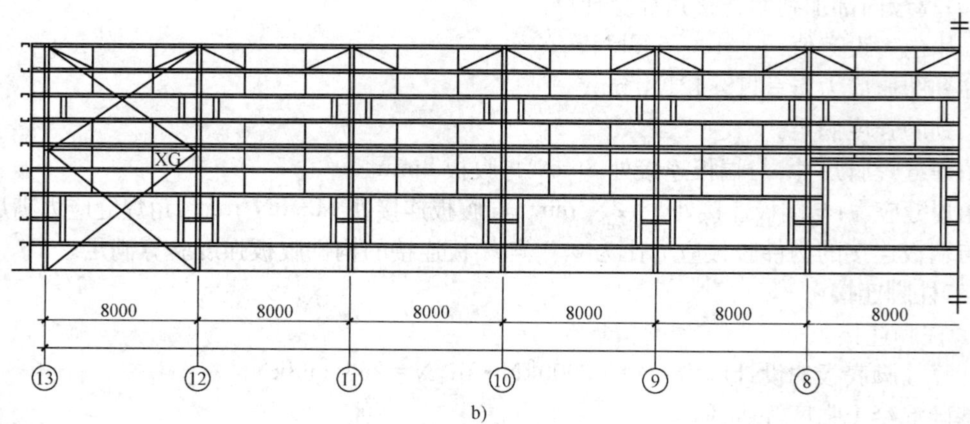

b)

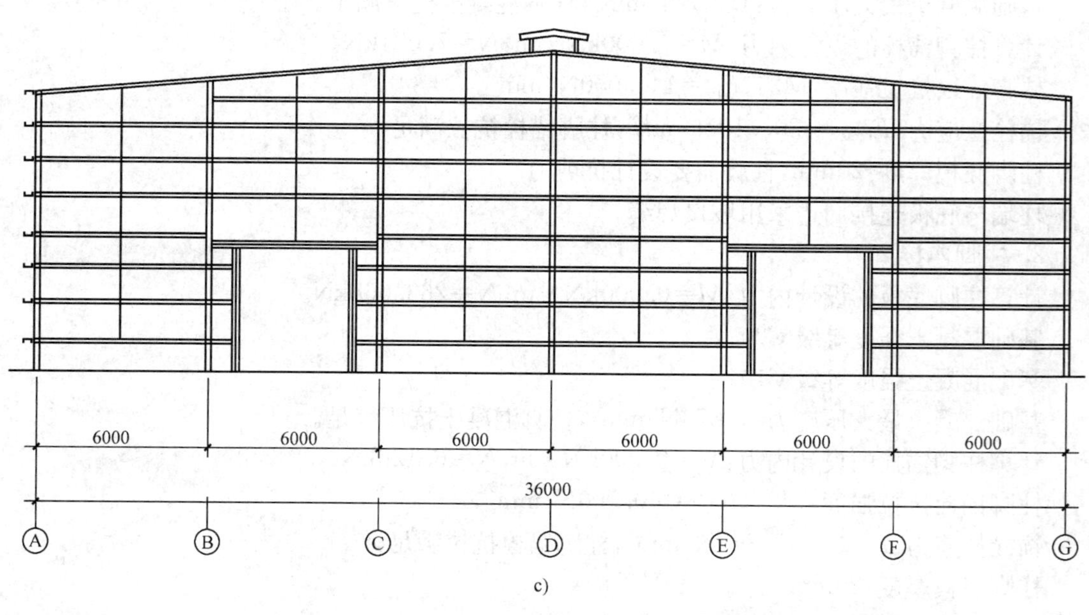

XG
8000
8000
8000
8000
8000
8000
1
2
3
4
5
6

XG
8000
8000
8000
8000
8000
8000
13
12
11
10
9
8

6000
6000
6000
6000
6000
6000
36000
A
B
C
D
E
F
G

c)

图 12-29

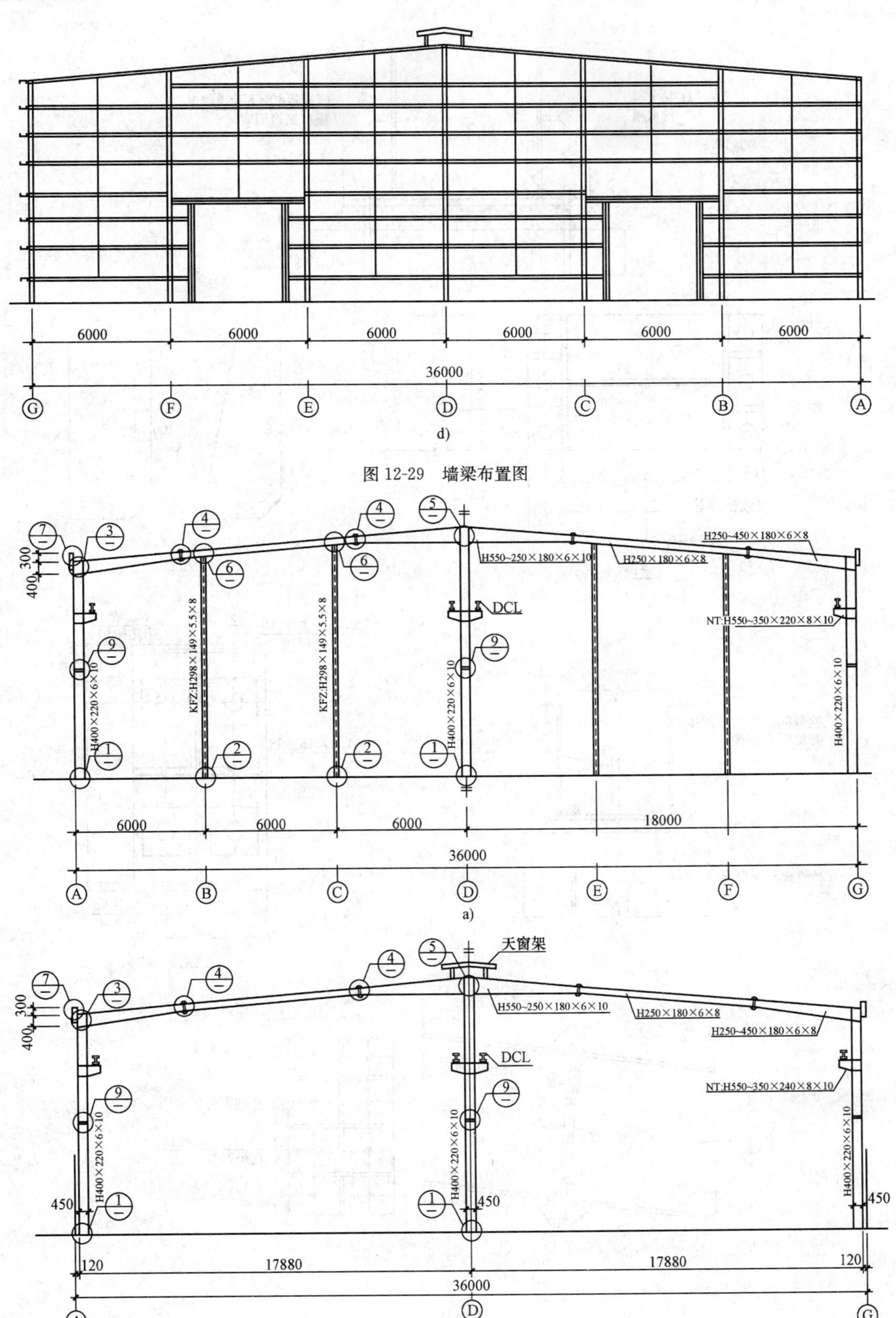

图 12-29 墙梁布置图

图 12-30

[20,L=40
抗剪槽
螺栓板80×80×6居中
板与底板固定
C25微膨石
1
1
−80×80×6
4
孔d=36
M30
−25×450×800
200
200
80
320
320
80
400
400
75
150
225
90
90
150
225
75
1—1
50
200
-8
120
100
200
-8
加板
(c)
栓板80×80×10居中,
与底板点连接
加板−150×107×8
C25微膨石混凝土
2
2
(d)
板−80×80×10
孔径26
M24螺栓
孔径30
板−150×10×78
-20
4
10
60
180
60
10
50
50
50
50
200
2—2
加板8厚(余同)
450×240×20
12M20 10.9高:螺栓
孔径21.5
3
3
3—3
(e)

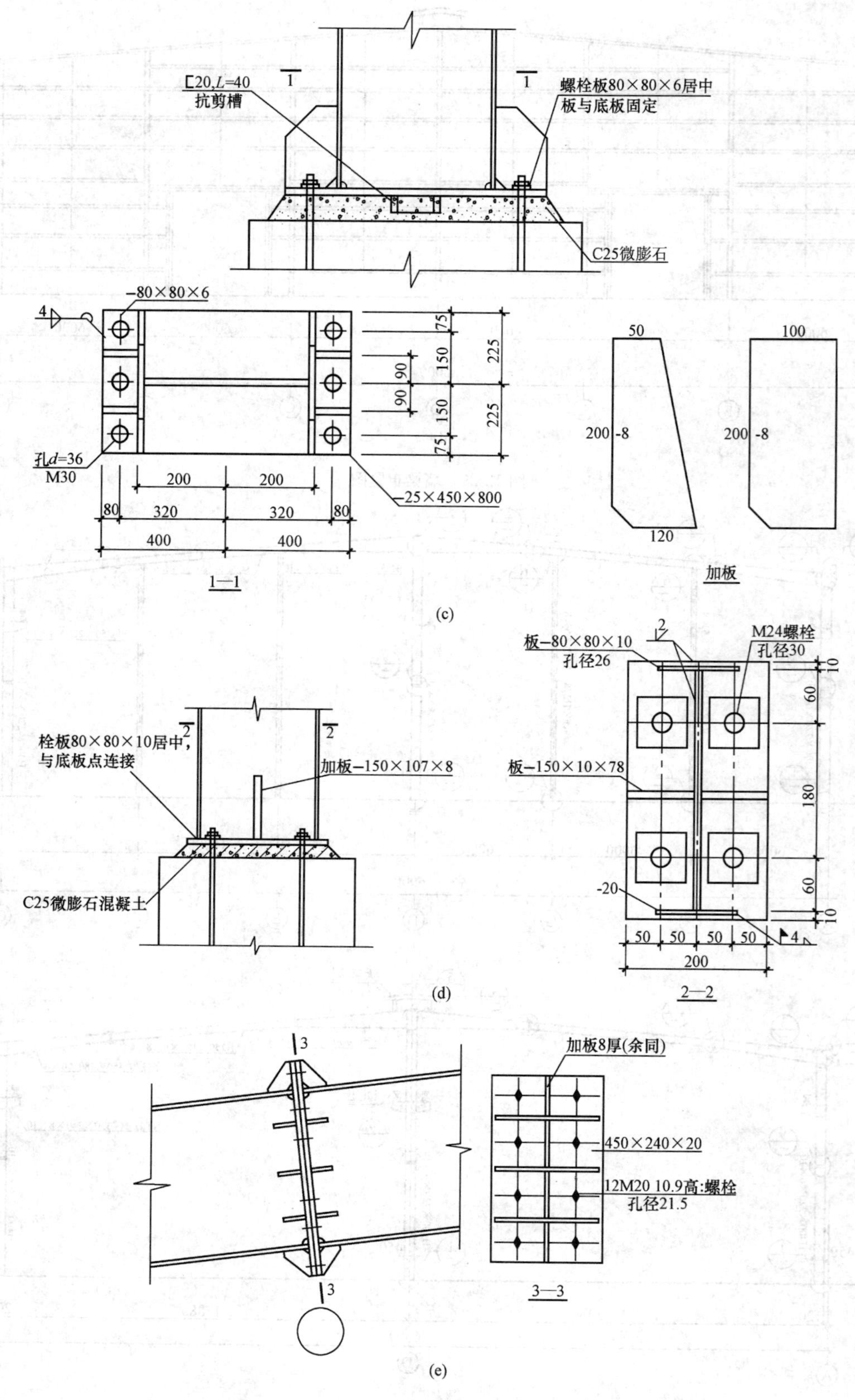

图 12-30

4M20 10.9:螺栓
8厚封板
10厚加板
4
6厚
10厚加板
10.9s M20 孔径22
4—4
4M20 10.9高:螺栓
孔径21.5
5—5
(f)
10厚加板
6
10.9s M20
孔径22
6—6
(g)
QL
160×170×6
7
170×170×6
H190×150×6×6
ϕ13.5孔4M12螺栓
7—7
(h)
8
6厚加板
9
4M16 10.9高:螺栓
孔径17.5
加板 8厚
8—8
12×400×200
9—9
(i)

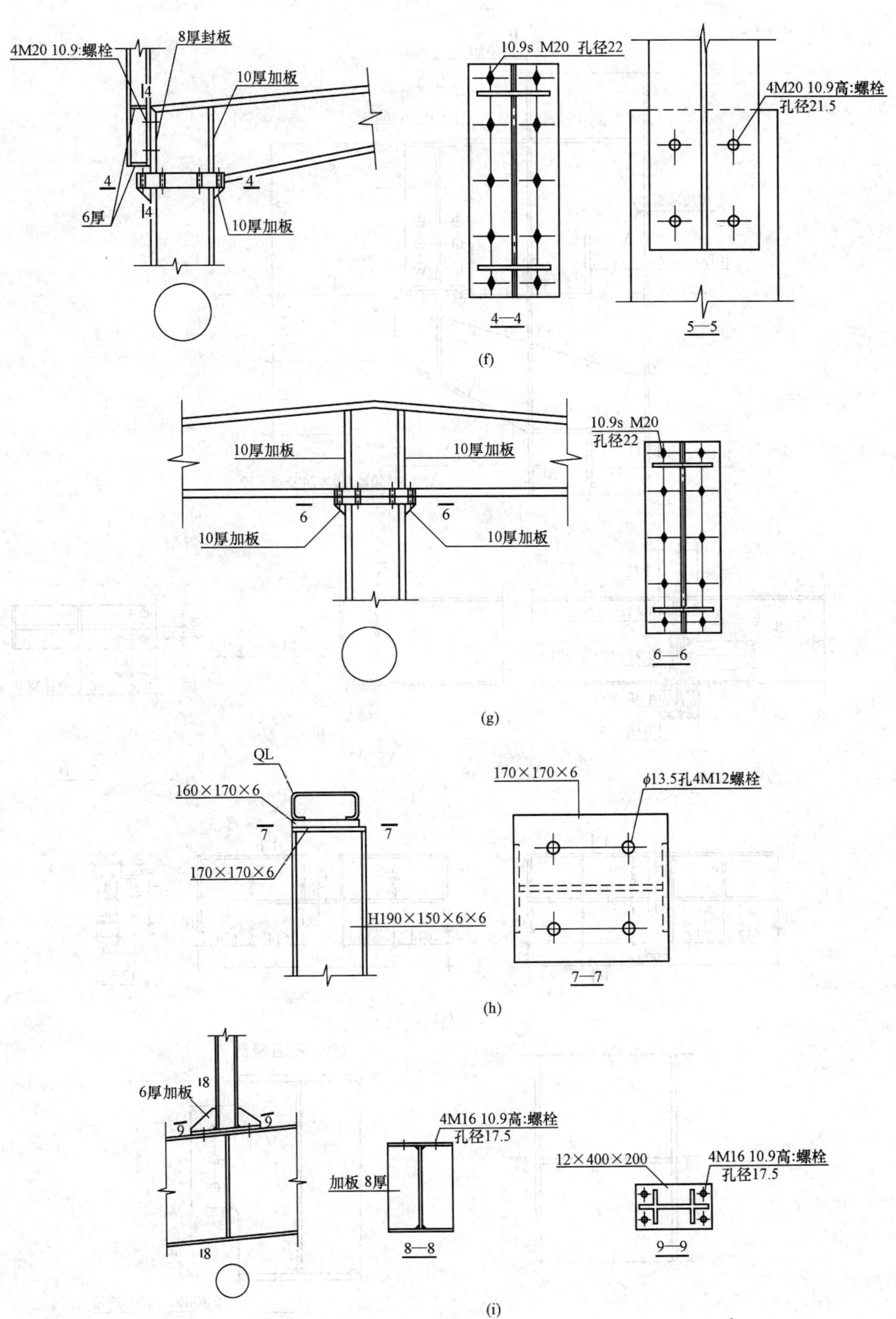

图 12-30

10
350
60 60
-10×160×160
DCL
10加厚板
10厚ZC接板
11
450
350
200
550
NT:H550×350×240×8×10
上柱
10×240×200
10.9s M20 孔φ21.5
牛腿
下柱
60 60
10—10
11—11
上柱宽
200 300
(j)
12
6
16
612
7990
614
6390
280
450
380
220
12—12
(k)
3M16 10.9高:螺栓
13
9
13—13
接板8厚，与XG连接
(l)

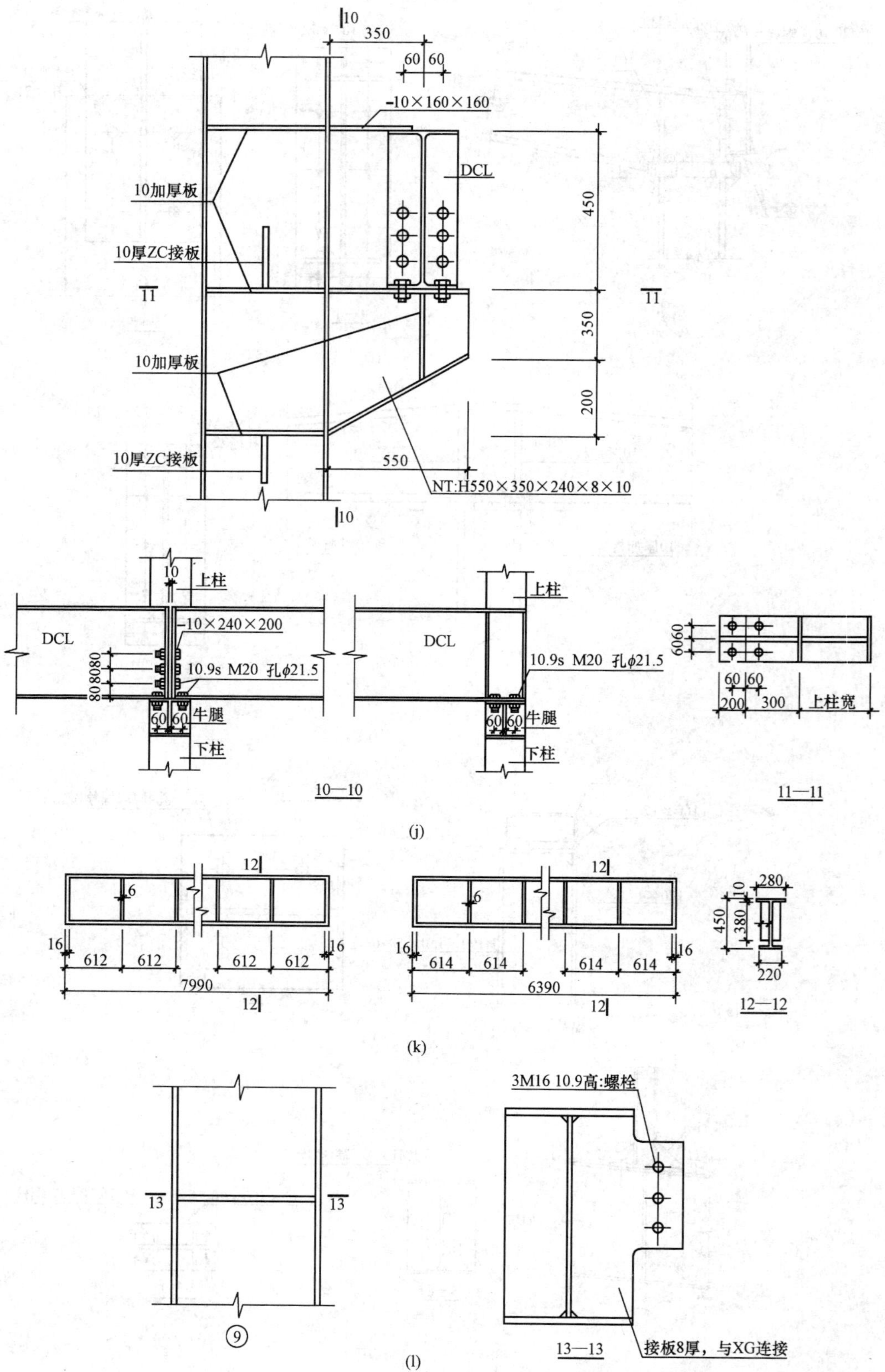

图 12-30

10.9高：螺栓 3M16
孔φ17.5
TDP-1
150
-230×170×10
箸梁
8厚加板
250
230
40
80
40
120
150
80
TDP-1
t=10
(m)
250
6厚加板
400
1150
(n)
LT:C220×70×20×2.0
1000
1000
200
200
1000
1000
700
1500
LT:C220×70×20×2.0
450
450
加板-12×90
750
1500
1500
750
4500
(o)

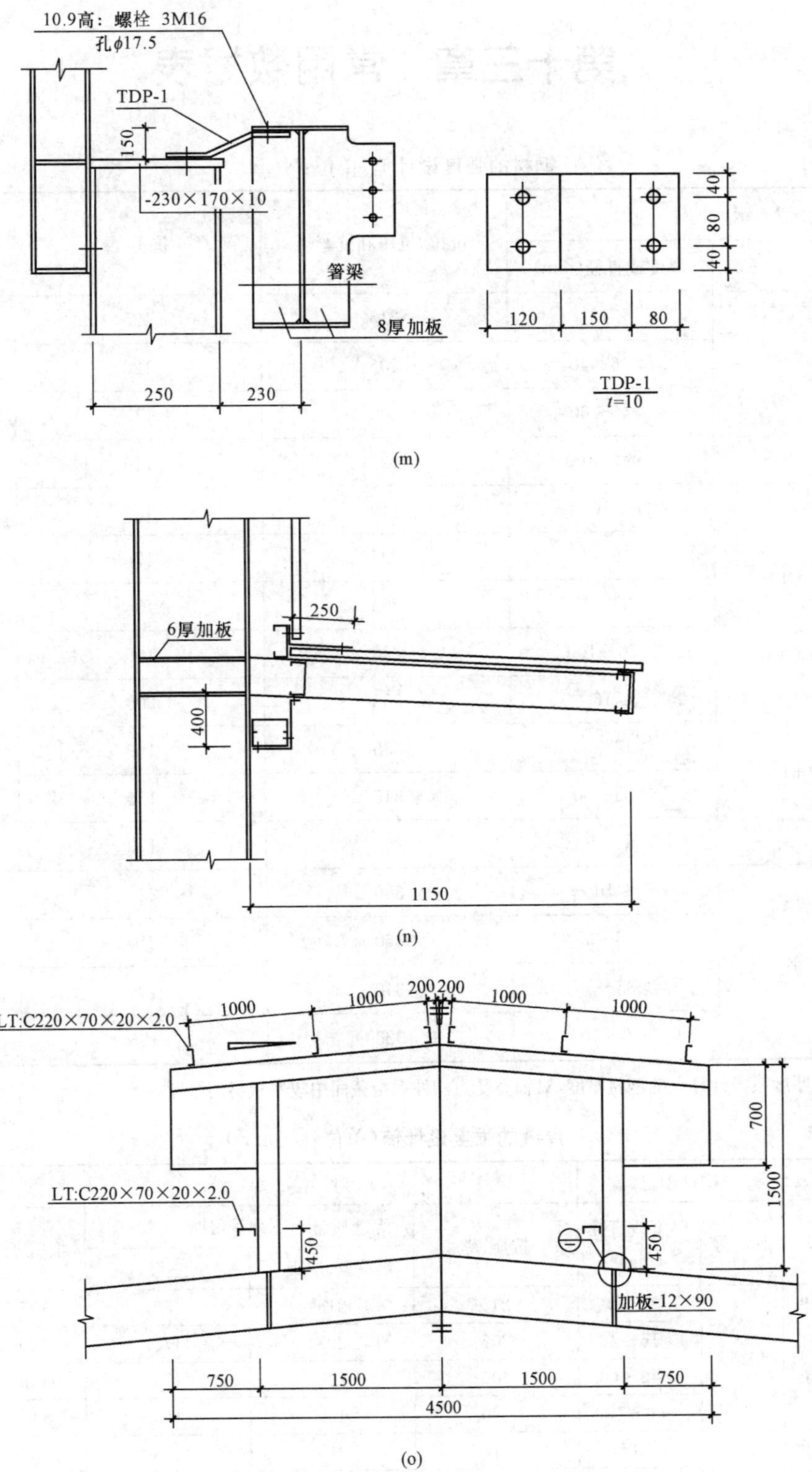

图 12-30　施工详图

第十三章　常用数据表

表 13-1　　**钢材的强度设计值**(单位:N/mm^2)

钢材		抗拉、抗压和抗弯 f	抗剪 f_v	端面承压(刨平顶紧)f_{ce}
牌号	厚度或直径(mm)			
Q235 钢	≤16	215	125	325
	>16～40	205	120	
	>40～60	200	115	
	>60～100	190	110	
Q345 钢	≤16	310	180	400
	>16～35	295	170	
	>35～50	265	155	
	>50～100	250	145	
Q390 钢	≤16	350	205	415
	>16～35	335	190	
	>35～50	315	180	
	>50～100	295	170	
Q420 钢	≤16	380	220	440
	>16～35	360	210	
	>35～50	340	195	
	>50～100	325	185	

注:表中厚度系指计算点的钢材厚度,对轴心受力构件系指截面中较厚板材的厚度。

表 13-2　　**焊缝的强度设计值**(单位:N/mm^2)

焊接方法和焊条型号	构件钢材		对接焊缝				角焊缝
	牌号	厚度或直径(mm)	抗压 f_c^w	焊缝质量为下列等级时,抗拉 f_t^w		抗剪 f_v^w	抗拉、抗压和抗剪 f_f^w
				一级、二级	三级		
自动焊、半自动焊和E43型焊条的手工焊	Q235	≤16	215	215	185	125	160
		>16～40	205	205	175	120	
		>40～60	200	200	170	115	
		>60～100	190	190	160	110	
自动焊、半自动焊和E50型焊条的手工焊	Q345	≤16	310	310	265	180	200
		>16～35	295	295	250	170	
		>35～50	265	265	225	155	
		>50～100	250	250	210	145	

续上表

焊接方法和焊条型号	构件钢材		对接焊缝				角焊缝
	牌号	厚度或直径(mm)	抗压 f_c^w	焊缝质量为下列等级时,抗拉 f_t^w		抗剪 f_v^w	抗拉、抗压和抗剪 f_f^w
				一级、二级	三级		
自动焊、半自动焊和E55型焊条的手工焊	Q390	≤16	350	350	300	205	220
		>16~35	335	335	285	190	
		>35~50	315	315	270	180	
		>50~100	295	295	250	170	
	Q420	≤16	380	380	320	220	
		>16~35	360	360	305	210	
		>35~50	340	340	290	195	
		>50~100	325	325	275	185	

注:1. 自动焊和半自动焊所采用的焊丝和焊剂,应保证其熔敷金属的力学性能不低于现行国家标准《碳素钢埋弧焊用焊剂》(GB/T 5293)和《低合金钢埋弧焊用焊剂》(GB/T 12470)中相关的规定。

2. 焊缝质量等级应符合现行国家标准《钢结构工程施工质量验收规范》(GB 50205)的规定。其中厚度小于 8mm 钢材的对接焊缝,不应用超声波探伤确定焊缝质量等级。

3. 对接焊缝在受压区的抗弯强度设计值取 f_c^w,在受拉区的抗弯强度设计值取 f_t^w。

4. 同表 13-1 注。

表 13-3　螺栓连接的强度设计值(单位:N/mm²)

螺栓的性能等级、锚栓和构件钢材的牌号		普通螺栓						锚栓	承压型连接高强度螺栓		
		C级螺栓			A级、B级螺栓						
		抗拉 f_t^b	抗剪 f_v^b	承压 f_c^b	抗拉 f_t^b	抗剪 f_v^b	承压 f_c^b	抗拉 f_t^a	抗拉 f_t^b	抗剪 f_v^b	承压 f_c^b
普通螺栓	4.6级、4.8级	170	140	—	—	—	—	—	—	—	—
	5.6级	—	—	—	210	190	—	—	—	—	—
	8.8级	—	—	—	400	320	—	—	—	—	—
锚栓	Q235钢	—	—	—	—	—	—	140	—	—	—
	Q345钢	—	—	—	—	—	—	180	—	—	—
承压型连接高强度螺栓	8.8级	—	—	—	—	—	—	—	400	250	—
	10.9级	—	—	—	—	—	—	—	500	310	—
构件	Q235	—	—	305	—	—	405	—	—	—	470
	Q345	—	—	385	—	—	510	—	—	—	590
	Q390	—	—	400	—	—	530	—	—	—	615
	Q420	—	—	425	—	—	560	—	—	—	655

注:1. A级螺栓用于 $d \leqslant 24$mm 和 $l \leqslant 10d$ 或 $l \leqslant 150$mm(按较小值)的螺栓;B级螺栓用于 $d > 24$mm 和 $l > 10d$ 或 $l > 150$mm(按较小值)的螺栓。d 为公称直径,l 为螺杆公称长度。

2. A、B级螺栓孔的精度和孔壁表面粗糙度,C级螺栓孔的允许偏差和孔壁表面粗糙度,均应符合现行国家标准《钢结构工程施工质量验收规范》(GB 50205)的要求。

3. 属于下列情况者为Ⅰ类孔:

①在装配好的构件上按设计孔径钻成的孔。

②在单个零件和构件上按设计孔径分别用钻模钻成的孔。

③在单个零件上先钻成或冲成较小的孔径,然后在装配好的构件上再扩钻至设计孔径的孔。

4. 在单个零件上一次冲成和不用钻模钻成设计孔径的孔属于Ⅱ类孔。

表 13-4　冷弯薄壁型钢高强度螺栓抗滑称系数 μ 值

连接处构件接触面的处理方法	构件的钢材牌号	
	Q235	Q345
喷砂(丸)	0.40	0.45
热轧钢材轧制表面清除浮锈	0.30	0.35
冷轧钢材轧制表面清除浮锈	0.25	—

注:除锈方向应与受力方向相垂直。

表 13-5　螺栓或铆钉的最大、最小容许距离

<table>
<tr><th>名　称</th><th colspan="3">位置和方向</th><th>最大容许距离
(取两者的较小值)</th><th>最小容许
距离</th></tr>
<tr><td rowspan="5">中心间距</td><td colspan="3">外排(垂直内力方向或顺内力方向)</td><td>$8d_0$ 或 $12t$</td><td rowspan="5">$3d_0$</td></tr>
<tr><td rowspan="3">中间排</td><td colspan="2">垂直内力方向</td><td>$16d_0$ 或 $24t$</td></tr>
<tr><td rowspan="2">顺内力方向</td><td>构件受压力</td><td>$12d_0$ 或 $18t$</td></tr>
<tr><td>构件受拉力</td><td>$16d_0$ 或 $24t$</td></tr>
<tr><td colspan="3">沿对角线方向</td><td>—</td></tr>
<tr><td rowspan="4">中心至构件边缘距离</td><td colspan="3">顺内力方向</td><td rowspan="4">$4d_0$ 或 $8t$</td><td>$2d_0$</td></tr>
<tr><td rowspan="3">垂直内力方向</td><td colspan="2">剪切边或手工气割边</td><td rowspan="2">$1.5d_0$</td></tr>
<tr><td rowspan="2">轧制边、自动气割或锯割边</td><td>高强度螺栓</td></tr>
<tr><td>其他螺栓或铆钉</td><td>$1.2d_0$</td></tr>
</table>

注:1. d_0 为螺栓或铆钉的孔径,t 为外层较薄板件的厚度。
2. 钢板边缘与刚性构件(如角钢、槽钢等)相连的螺栓或铆钉的最大间距,可按中间排的数值采用。

表 13-6　螺栓的有效面积

螺栓直径 d(mm)	螺距 p(mm)	螺栓有效直径 d_e(mm)	螺栓有效面积 A_e(mm^2)
16	2	14.1236	156.7
18	2.5	15.6545	192.5
20	2.5	17.6545	244.8
22	2.5	19.6545	303.4
24	3	21.1854	352.5
27	3	24.1854	459.4
30	3.5	26.7163	560.6
33	3.5	19.7163	693.6
36	4	32.2472	816.7
39	4	35.2472	975.8
42	4.5	37.7781	1121
45	4.5	40.7781	1306
48	5	43.3090	1473
52	5	47.3090	1758
56	5.5	50.8399	2030
60	5.5	54.8399	2362
64	6	58.3708	2676
68	6	62.3708	3055
72	6	66.3708	3460
76	6	70.3708	3889

续上表

螺栓直径 d(mm)	螺距 p(mm)	螺栓有效直径 d_e(mm)	螺栓有效面积 A_e(mm^2)
80	6	74.3708	4344
85	6	79.3708	4948
90	6	84.3078	5591
95	6	89.3078	6273
100	6	94.3078	6995

注：表中的螺栓有效面积值系按下式算得：

$$A_e=\frac{\pi}{4}\left(d-\frac{13}{24}\sqrt{3}p\right)^2。$$

表 13-7　　摩擦面的抗滑移系数 μ

在连接处构件接触面的处理方法	构件的钢号		
	Q235 钢	Q345 钢、Q390 钢	Q420 钢
喷砂(丸)	0.45	0.50	0.50
喷砂(丸)后涂无机富锌漆	0.35	0.40	0.40
喷砂(丸)后生赤锈	0.45	0.50	0.50
钢丝刷消除浮锈或未经处理干净轧制表面	0.30	0.35	0.40

表 13-8　　一个高强度螺栓的设计预拉力值(单位:kN)

螺栓的性能等级	螺栓的公称直径(mm)					
	M16	M20	M22	M24	M27	M30
8.8 级	80	125	150	175	230	280
10.9 级	100	155	190	225	290	355

表 13-9　　截面塑性发展系数 γ_x、γ_y 值

截面形式	γ_x	γ_y	截面形式	γ_x	γ_y
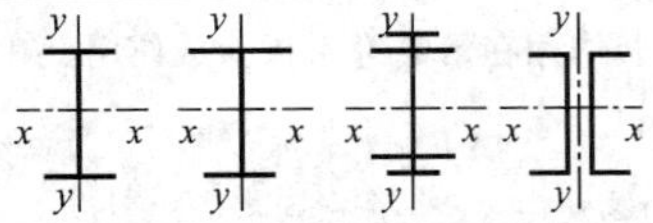	1.05	1.2	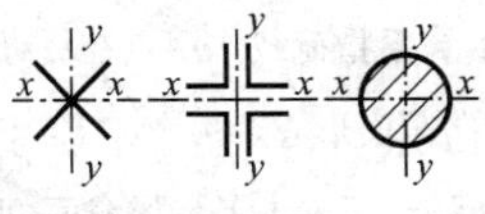	1.2	1.2
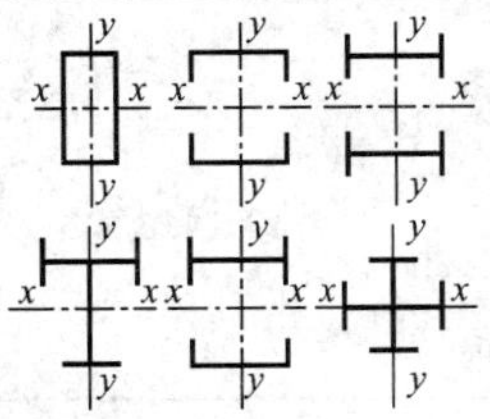		1.05	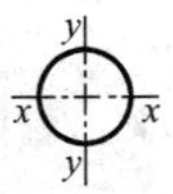	1.15	1.15
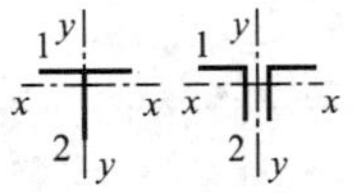	$\gamma_{x1}=1.05$ $\gamma_{x2}=1.2$	1.2	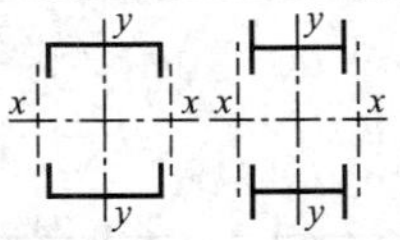	1.0	1.05
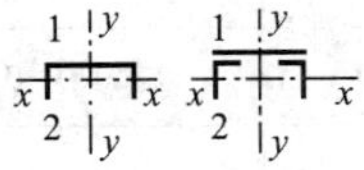		1.05	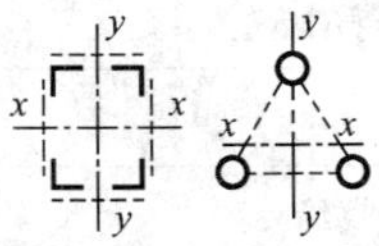		1.0

注：1. 当受压翼缘自由外伸宽度与其厚度之比仅满足$\leqslant 15\sqrt{235/f_y}$但$>13\sqrt{235/f_y}$时，取相应的$\gamma_x=1.0$。

2. 直接承受动力荷载时，取$\gamma_x=\gamma_y=1.0$。

表 13-10　工字形截面简支梁的系数 β_b

序号	侧向支撑	荷　　载		$\xi=\frac{l_1t_1}{b_1h}$		说　　明
				$\xi\leqslant2.0$	$\xi>2.0$	
1	跨中无侧向支撑	均布荷载作用在	上翼缘	$0.69+0.13\xi$	0.95	
2			下翼缘	$1.73-0.20\xi$	1.33	
3		集中荷载作用在	上翼缘	$0.73+0.18\xi$	1.09	
4			下翼缘	$2.23-0.28\xi$	1.67	
5	跨度中点有一个侧向支撑点	均布荷载作用在	上翼缘	1.15		b_1——受压翼缘的宽度；M_1、M_2——侧向支撑点间梁的端弯矩，使梁产生同向曲率时 M_1 和 M_2 取同号，产生反向曲率时取异号，$\lvert M_1\rvert\geqslant\lvert M_2\rvert$
6			下翼缘	1.40		
7		集中荷载作用在截面高度上任意位置		1.75		
8	跨中有不少于两个等距离侧向支撑点	任意荷载作用在	上翼缘	1.20		
9			下翼缘	1.40		
10	梁端有弯矩，但跨中无荷载作用			$1.75-1.05\left(\frac{M_2}{M_1}\right)+0.3\left(\frac{M_2}{M_1}\right)^2$，但$\leqslant2.3$		

注：1. 表中项次 3、4 和 7 的集中荷载是指一个或少数几个集中荷载位于跨度中央附近的情况，对其他情况的集中荷载应按项次 1、2、5 和 6 内的数值采用。

2. 表中项次 8、9 的 β_b，当集中荷载作用在侧向支撑点处时，取 $\beta_b=1.20$。

3. 荷载作用在上翼缘系指荷载作用点在翼缘表面，方向指向截面形心；荷载作用在下翼缘系指荷载作用点在翼缘表面，方向背向截面形心。

4. 对 $\alpha_b>0.8$ 的加强受压翼缘工字形截面，下列情况的 β_b 值应乘以相应的系数：

项次 1　当 $\xi\leqslant1.0$ 时　　0.95

项次 2　当 $\xi\leqslant0.5$ 时　　0.90

当 $0.5<\xi\leqslant1.0$ 时　　0.95

表 13-11　双轴对称工字形截面悬臂（含 H 型钢）梁的系数 β_b

序号	荷载形式		$\xi=\frac{l_1t}{bh}$		
			$0.60\leqslant\xi\leqslant1.24$	$1.24<\xi\leqslant1.96$	$1.96<\xi\leqslant3.10$
1	自由端一个集中荷载作用在	上翼缘	$0.21+0.67\xi$	$0.72+0.26\xi$	$1.17+0.03\xi$
2		下翼缘	$2.94-0.65\xi$	$2.64-0.40\xi$	$2.15-0.15\xi$
3	均布荷载作用在上翼缘		$0.62+0.82\xi$	$1.25+0.31\xi$	$1.66+0.10\xi$

注：1. l_1 为悬臂梁的悬伸长度。

2. 当用于由邻跨延伸出来的伸臂梁时，应在构造上采取措施加强支撑处的抗扭能力。

表 13-12　整体稳定系数 φ'_b

φ_b	0.60	0.65	0.70	0.75	0.80	0.85	0.90
φ'_b	0.600	0.636	0.667	0.694	0.717	0.738	0.756
φ_b	0.95	1.00	1.05	1.10	1.15	1.20	1.25
φ'_b	0.773	0.788	0.801	0.813	0.824	0.835	0.844
φ_b	1.30	1.35	1.40	1.45	1.50	1.60	1.80
φ'_b	0.853	0.861	0.868	0.875	0.882	0.893	0.913
φ_b	2.00	2.25	2.50	3.00	3.50	≥4.00	
φ'_b	0.929	0.944	0.957	0.976	0.989	1.000	

注：表中 φ'_b，按下式算得：

$$\varphi'_b=1.07-\frac{0.282}{\varphi_b}\leqslant 1.0$$

表 13-13　轧制普通工字钢简支梁的 φ_b

序号	荷载情况			工字钢型号	自由长度 l_1/m								
					2	3	4	5	6	7	8	9	10
1	跨中无侧向支撑点的梁	集中荷载作用于	上翼缘	10～20	2.00	1.30	0.99	0.80	0.68	0.58	0.53	0.48	0.43
				22～32	2.40	1.48	1.09	0.86	0.72	0.62	0.54	0.49	0.45
				36～63	2.80	1.60	1.07	0.83	0.68	0.56	0.50	0.45	0.40
2			下翼缘	10～20	3.10	1.95	1.34	1.01	0.82	0.69	0.63	0.57	0.52
				22～40	5.50	2.80	1.84	1.37	1.07	0.86	0.73	0.64	0.56
				45～63	7.30	3.60	2.30	1.62	1.20	0.96	0.80	0.69	0.60
3		均布荷载作用于	上翼缘	10～20	1.70	1.12	0.84	0.68	0.57	0.50	0.45	0.41	0.37
				22～40	2.10	1.30	0.93	0.73	0.60	0.51	0.45	0.40	0.36
				45～63	2.60	1.45	0.97	0.73	0.59	0.50	0.44	0.38	0.35
4			下翼缘	10～20	2.50	1.55	1.08	0.83	0.68	0.56	0.52	0.47	0.42
				22～40	4.00	2.20	1.45	1.10	0.85	0.70	0.60	0.52	0.46
				45～63	5.60	2.80	1.80	1.25	0.95	0.78	0.65	0.55	0.49
5	跨中有侧向支撑点的梁（不论荷载作用点在截面高度上的位置）			10～20	2.20	1.39	1.01	0.79	0.66	0.57	0.52	0.47	0.42
				22～40	3.00	1.80	1.24	0.96	0.76	0.65	0.56	0.49	0.43
				45～63	4.00	2.20	1.38	1.01	0.80	0.66	0.56	0.49	0.43

注：1. 与表 13-10 的注 1、注 3 相同。

2. 表中的 φ_b 适用于 Q235 钢，对其他钢，表中数值应乘以 $235/f_y$。

3. 表中 φ_b 大于 0.60 时，应按表 13-12 中的 φ'_b 代替。

表 13-14　　　　受弯构件整体稳定系数 φ_b 的近似计算公式

序号	截面形式		近似计算公式
1	双轴对称工字形截面		$\varphi_b=1.07-\frac{\lambda_y^2}{44000}\cdot\frac{f_y}{235}$
2	单轴对称工字形截面		$\varphi_b=1.07-\frac{W_{1x}}{(2\alpha_b+0.1)Ah}\frac{\lambda_y^2}{14000}\cdot\frac{f_y}{235}$
3	双角钢 T 形截面	弯矩使翼缘受压	$\varphi_b=1-0.0017\lambda_y\sqrt{\frac{f_y}{235}}$
4		弯矩使翼缘受拉且腹板宽厚比不大于 $18\sqrt{235/f_y}$	$\varphi_b=1-0.0005\lambda_y\sqrt{\frac{f_y}{235}}$
5	部分 T 形钢和两板组成 T 形截面	弯矩使翼缘受压	$\varphi_b=1-0.0022\lambda_y\sqrt{\frac{f_y}{235}}$
6		弯矩使翼缘受拉且腹板宽厚比不大于 $18\sqrt{235/f_y}$	$\varphi_b=1-0.0005\lambda_y\sqrt{\frac{f_y}{235}}$

注：受均布弯矩的受弯构件，当 $\lambda_y\leqslant120\sqrt{\frac{235}{f_y}}$ 时，其整体稳定系数 φ_b 可按本表中所列的近似公式计算。当算得的 φ_b 值大于 0.6 时，不需按表 13-12 换算成 φ'_b 值，当 $\varphi_b>1$ 时，取 $\varphi_b=1$。

表 13-15　　　　受压翼缘宽厚比的规定

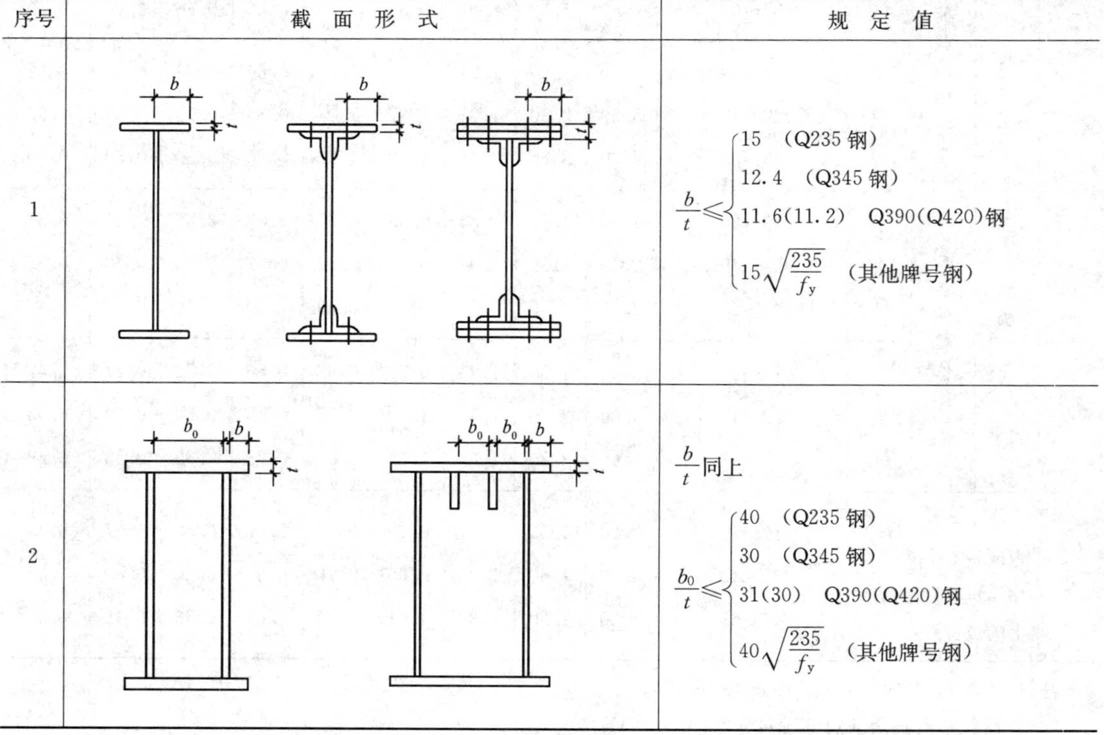

序号	截面形式	规定值
1	（图）	$\frac{b}{t}\leqslant\begin{cases}15 & \text{(Q235 钢)}\\ 12.4 & \text{(Q345 钢)}\\ 11.6(11.2) & \text{Q390(Q420)钢}\\ 15\sqrt{\frac{235}{f_y}} & \text{(其他牌号钢)}\end{cases}$
2	（图）	$\frac{b}{t}$ 同上 $\frac{b_0}{t}\leqslant\begin{cases}40 & \text{(Q235 钢)}\\ 30 & \text{(Q345 钢)}\\ 31(30) & \text{Q390(Q420)钢}\\ 40\sqrt{\frac{235}{f_y}} & \text{(其他牌号钢)}\end{cases}$

注：图中 b，对焊接构件，取腹板边至翼缘板（肢）边缘距离。

表 13-16　　**轴心受压构件的截面分类**（板厚 $t<40$mm）

截　面　形　式	对 x 轴	对 y 轴
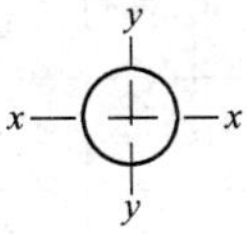 轧制	a 类	a 类
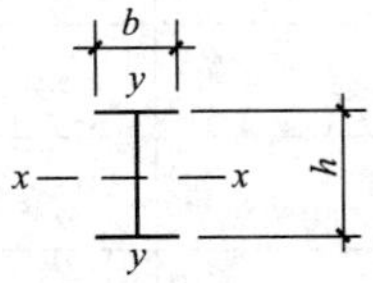 轧制，$b/h\leqslant0.8$	a 类	b 类
轧制，$b/h>0.8$；焊接、翼缘为焰切边；焊接；轧制；轧制等边角钢；轧制，焊接（板件宽厚比大于 20）；轧制或焊接 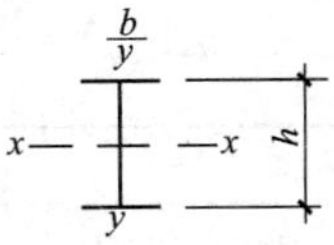 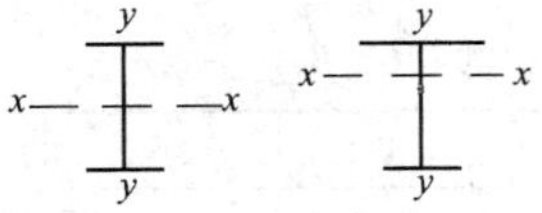 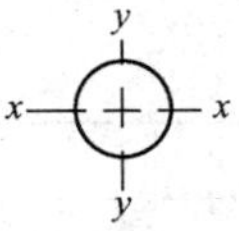 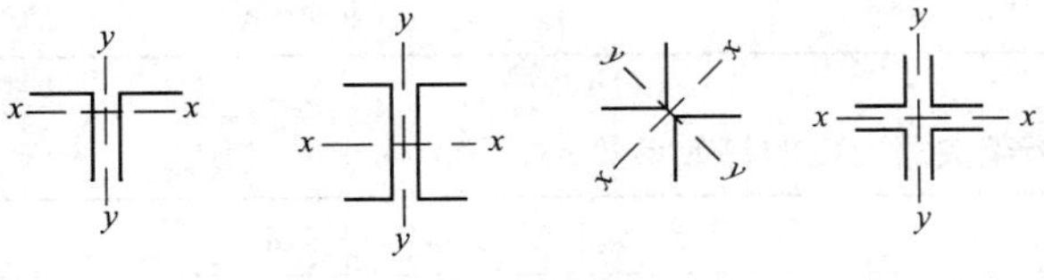 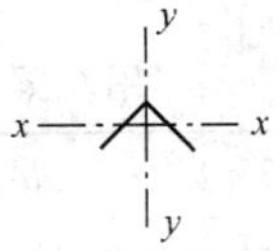 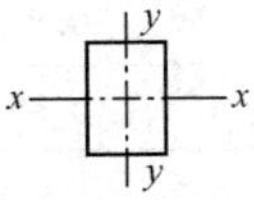 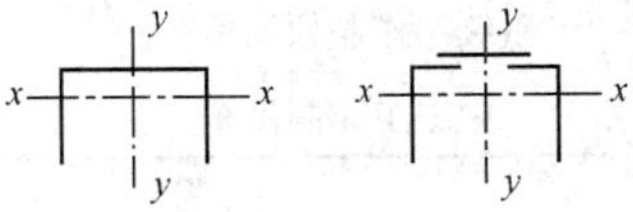	b 类	b 类
焊接；轧制截面和翼缘为焰切边的焊接截面；格构式；焊接，板件边缘焰切 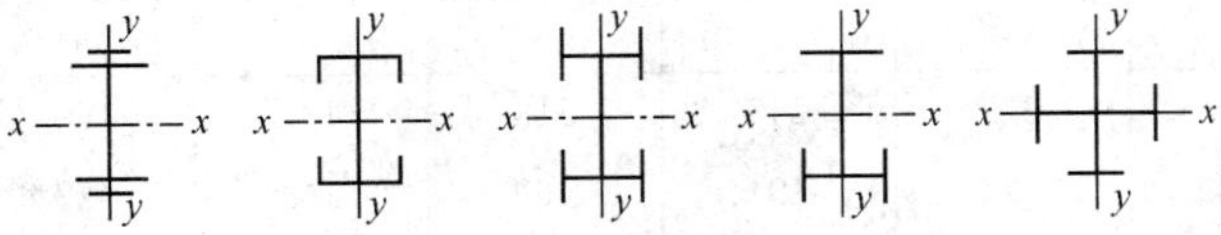 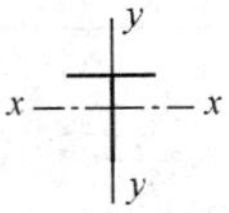 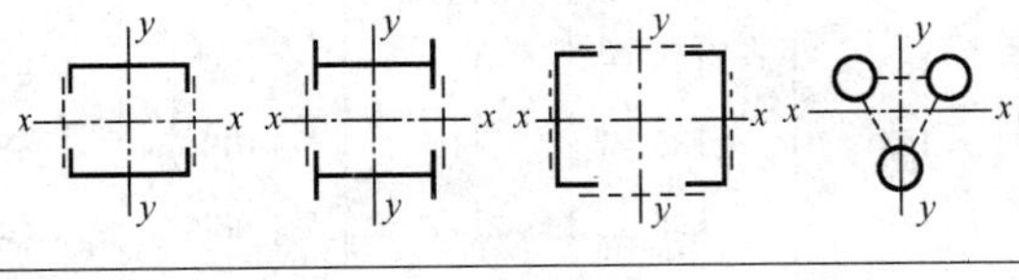 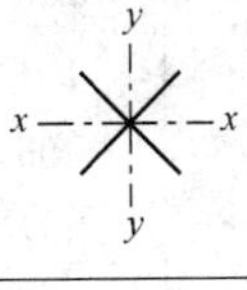	b 类	b 类
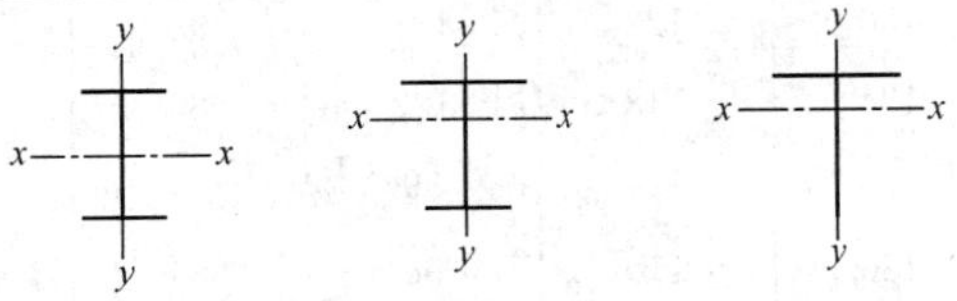 焊接、翼缘为轧制或剪切边	b 类	c 类
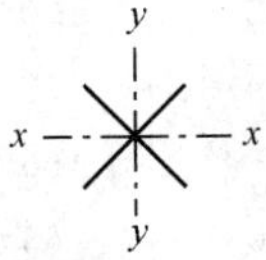 焊接，板件边缘轧制或剪切；焊接，板件宽厚比$\leqslant$20 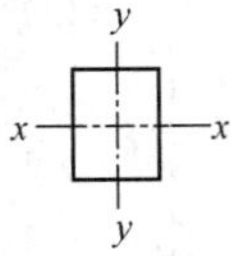	c 类	c 类

注：无对称轴的截面，例如不等边单角钢对任意轴，应按 c 类截面。

表 13-17　　轴心受压构件的截面分类(板厚 $t \geqslant 40$mm)

截面形式			对 x 轴	对 y 轴
(图)	轧制工字形或 H 形截面	$t<80$mm	b类	c类
		$t \geqslant 80$mm	c类	d类
(图)	焊接工字形截面	翼缘为焰切边	b类	b类
		翼缘为轧制或剪切边	c类	d类
(图)	焊接箱形截面	板件宽厚比>20	b类	b类
		板件宽厚比≤20	c类	c类

表 13-18　　参　数　C、β

构件和连接类别	1	2	3	4	5	6	7	8
C	1940×10^{12}	861×10^{12}	3.26×10^{12}	2.18×10^{12}	1.47×10^{12}	0.96×10^{12}	0.65×10^{12}	0.41×10^{12}
β	4	4	3	3	3	3	3	3

表 13-19　　吊车梁和吊车桁架欠载效应的等效系数 α_f

序号	吊车类别	α_f
1	重级工作制硬钩吊车(如均热炉车间夹钳吊车)	1.0
2	重级工作制软钩吊车	0.8
3	中级工作制吊车	0.5

表 13-20　　容许应力幅$[\Delta\sigma]$(单位:N/mm²)

循环次数	构件和连接类别							
	1	2	3	4	5	6	7	8
1×10^5	373	305	319	279	245	213	187	160
2×10^5	314	256	254	222	194	169	148	127
3×10^5	284	231	221	194	170	147	129	111
4×10^5	264	215	201	176	154	134	118	101
5×10^5	250	204	187	163	143	124	109	94
6×10^5	238	195	176	154	135	117	103	88
7×10^5	229	187	167	146	128	111	98	84
8×10^5	222	181	160	140	122	106	93	80
9×10^5	215	176	154	134	118	102	80	77
10×10^5	209	171	148	130	114	99	87	74
11×10^5	205	167	144	126	110	96	84	72
12×10^5	201	164	140	122	107	93	82	70
13×10^5	197	160	136	119	104	90	79	68
14×10^5	193	157	133	116	102	88	77	66
15×10^5	190	155	130	113	99	86	76	65
16×10^5	187	152	127	111	97	84	74	64

续上表

循环次数	构件和连接类别							
	1	2	3	4	5	6	7	8
17×10^5	184	150	124	109	95	83	73	62
18×10^5	181	148	122	107	93	81	71	61
19×10^5	178	146	120	105	92	80	70	60
20×10^5	176	144	118	103	90	78	69	59

表 13-21　　角钢肢背和肢尖的角焊缝内力分配系数 k_1 和 k_2 值

项次	角钢类别与连接形式	分配系数	
		k_1	k_2
1	等边角钢一肢相连	0.70	0.30
2	不等边角钢短肢相连	0.75	0.25
3	不等边角钢长肢相连	0.65	0.35

表 13-22　　每厘米长直角焊缝的承载力设计值

角焊缝的焊脚尺寸 h_t(mm)	受压、受拉、受剪的承载力设计值 N_1^w(kN/cm)		
	采用自动焊、半自动焊和用E43××型焊条的手工焊焊接 Q235 钢构件	采用自动焊、半自动焊和用E50××型焊条的手工焊焊接 16Mn 钢、16Mnq 钢构件	采用自动焊、半自动焊和用E55××型焊条的手工焊焊接 15MnV 钢、$15MnV_q$ 钢构件
3	3.36	4.20	4.62
4	4.48	5.60	6.16
5	5.60	7.0	7.70
6	6.72	8.4	9.24
8	8.96	11.2	12.3
10	11.2	14.0	15.4
12	13.4	16.8	18.5
14	15.7	19.6	21.6
16	17.9	22.4	24.6
18	20.2	25.2	27.7
20	22.4	28.0	30.8
22	24.6	30.8	33.9
24	26.9	33.6	37.0

续上表

角焊缝的焊脚尺寸 h_f(mm)	受压、受拉、受剪的承载力设计值 N_f^w(kN/cm)		
	采用自动焊、半自动焊和用E43××型焊条的手工焊焊接Q235钢构件	采用自动焊、半自动焊和用E50××型焊条的手工焊焊接16Mn钢、16Mnq钢构件	采用自动焊、半自动焊和用E55××型焊条的手工焊焊接15MnV钢、15MnVq钢构件
26	29.1	36.4	46.0
28	31.4	39.2	43.1

注：1. 表中的焊缝承载力设计值系按下式算得：$N_f^w=0.7h_f f_f^w$。

2. 对施工条件较差的高空安装焊缝，其承载力设计值应乘以系数0.9。

3. 单角钢单面连接的直角角焊缝，其承载力设计值应按表中的数乘以0.85。

表13-23　每厘米长对接焊缝的承载力设计值

焊接件的较小厚度 t(mm)	采用自动焊、半自动焊和用E43××型焊条的手工焊焊接Q235钢构件				采用自动焊、半自动焊和用E50××型焊条的手工焊焊接16Mn钢、16Mnq钢构件				采用自动焊、半自动焊和用E55××型焊条的手工焊焊接15MnV钢、15MnVq钢构件			
	受压的承载力设计值 N_c^w(kN)	受拉、受弯的承载力设计值(kN)		受剪的承载力设计值 N_v^w(kN)	受压的承载力设计值 N_c^w(kN)	受拉、受弯的承载力设计值(kN)		受剪的承载力设计值 N_v^w(kN)	受压的承载力设计值 N_c^w(kN)	受拉、受弯的承载力设计值 N_t^w(kN)		受剪的承载力设计值 N_v^w(kN)
		一、二级焊缝	三级焊缝			一、二级焊缝	三级焊缝			一、二级焊缝	三级焊缝	
4	8.6	8.6	7.4	5.0	12.6	12.6	10.8	7.4	14.0	14.0	12.0	8.2
6	12.9	12.9	11.1	7.5	18.9	18.9	16.2	11.1	21.0	21.01	18.0	12.3
8	17.2	17.2	14.8	10.0	25.2	25.2	21.6	14.8	28.0	28.0	24.0	16.4
10	21.5	21.5	18.5	12.5	31.5	31.5	27.0	18.5	35.0	35.0	30.0	20.5
12	25.8	25.8	22.2	15.0	37.8	37.8	32.4	22.2	42.0	42.0	36.0	24.6
14	30.1	30.0	25.9	17.5	44.1	44.1	37.8	25.9	49.0	49.0	42.0	28.7
16	34.4	34.4	29.6	20.0	50.4	50.4	43.2	29.6	56.0	56.0	48.0	32.8
18	38.7	38.7	33.3	22.5	54.0	54.0	45.9	31.5	60.3	60.3	51.3	35.1
20	43.0	43.0	37.0	25.0	60.0	60.0	51.0	35.0	67.0	67.0	57.0	39.0
22	44.0	44.0	37.4	25.3	66.0	66.0	56.1	38.5	73.7	73.7	62.7	42.9
24	48.0	48.0	40.8	27.6	72.0	72.0	61.2	42.0	80.4	80.4	68.4	46.8
25	50.0	50.0	42.5	28.8	75.0	75.0	63.8	43.8	83.8	83.8	71.3	48.8
26	52.0	52.0	44.2	29.9	75.4	75.4	63.7	44.2	83.2	83.2	70.2	48.1
28	56.0	56.0	47.6	32.2	81.2	81.2	68.6	47.6	89.6	89.6	75.6	51.8
30	60.0	60.0	51.0	34.5	87.0	87.0	73.5	51.0	96.0	96.0	81.0	55.5
32	64.0	64.0	54.4	36.8	92.8	92.8	78.4	54.4	102.4	102.4	86.4	59.2
34	68.0	68.0	57.8	39.1	98.6	98.6	83.3	57.8	108.8	108.8	91.8	62.9
36	72.0	72.0	61.2	41.4	104.4	104.4	88.2	61.2	115.2	115.2	97.2	66.6*
38	76.0	76.0	64.6	43.7								
40	80.0	80.0	68.0	46.0								

注：1. 表中的焊缝承载力设计值系按下列公式算得：

$$受压\ N_c^w=tf_c^w；受拉、受弯\ N_t^w=tf_t^w；受剪\ N_v^w=tf_v^w$$

2. 对施工条件较差的高空安装焊缝，其承载力设计值应乘以系数0.9。

表 13-24　　一个摩擦型高强螺栓的承载力设计值

螺栓的性能等级	构件钢材的钢号	构件在连续处接触面的处理方法	抗剪的承载力设计值 N_v^b(kN)											
			单剪						双剪					
			当螺栓直径 d 为 16～30mm 时											
			16	20	22	24	27	30	16	20	22	24	27	30
8.8 级	Q235 钢	喷砂	28.4	44.6	54.7	62.8	83.0	101.3	56.7	89.1	109.4	125.6	166.0	202.5
		喷砂后涂无机富锌漆	22.1	34.7	42.5	48.8	64.6	78.8	44.1	69.3	85.1	97.7	129.2	157.5
		喷砂后生赤锈	28.4	44.6	54.7	62.8	83.0	101.3	56.7	89.1	109.4	125.6	166.0	202.5
		钢丝刷清除浮锈或未经处理的干净轧制表示	18.9	29.7	36.5	41.9	55.4	67.5	37.8	59.4	72.9	85.7	110.7	135.0
	16Mn 钢、16Mnq 钢	喷砂	34.7	54.5	66.8	76.7	101.5	123.8	69.3	108.9	133.7	153.5	203.0	247.5
		喷砂后涂无机富锌漆	25.2	39.6	48.6	55.8	73.8	90.0	50.4	79.2	97.2	111.6	147.6	180.0
		喷砂后生赤锈	34.7	54.5	66.8	76.7	101.5	123.8	69.3	108.9	133.7	153.5	203.0	247.5
		钢丝刷清除浮锈或未经处理的干净轧制表示	22.1	34.7	42.5	48.8	64.6	78.8	44.1	69.3	85.1	97.7	129.2	157.5
	15MnV 钢、15MnVq 钢	喷砂	34.7	54.5	66.8	76.7	101.5	123.8	69.3	108.9	133.7	153.5	203.0	247.5
		喷砂后涂无机富锌漆	25.2	39.6	48.6	55.8	73.8	90.0	50.4	79.2	97.2	111.6	147.6	180.0
		喷砂后生赤锈	34.7	54.5	66.8	76.7	101.5	123.8	69.3	108.9	133.7	153.5	203.0	247.5
		钢丝刷清除浮锈或未经处理的干净轧制表示	22.1	34.7	42.5	48.8	64.6	78.8	44.1	69.3	85.1	97.7	129.2	157.5
10.9 级	Q235 钢	喷砂	40.5	62.8	77.0	91.1	117.5	143.8	81.0	125.6	153.9	182.2	234.9	287.5
		喷砂后涂无机富锌漆	31.5	48.8	59.9	70.9	91.4	111.8	63.0	97.7	119.7	141.8	182.7	223.7
		喷砂后生赤锈	40.5	62.8	77.0	91.1	117.5	143.8	81.0	125.6	153.9	182.2	234.9	287.6
		钢丝刷清除浮锈或未经处理的干净轧制表示	27.0	41.9	51.3	60.8	78.3	95.9	54.0	83.7	102.6	121.5	156.6	191.7
	16Mn 钢、16Mnq 钢	喷砂	49.5	76.7	94.1	111.4	143.6	175.7	99.0	153.5	188.1	222.8	287.1	351.5
		喷砂后涂无机富锌漆	36.0	55.8	68.4	81.0	104.4	127.8	72.0	111.6	136.8	162.0	208.8	255.6
		喷砂后生赤锈	49.5	76.7	94.1	111.4	143.6	175.7	99.0	153.5	188.1	222.8	287.1	351.5
		钢丝刷清除浮锈或未经处理的干净轧制表示	31.5	48.8	59.9	70.9	91.4	111.8	93.0	97.7	119.7	141.8	182.7	223.7
	15MnV 钢、15MnVq 钢	喷砂	49.5	76.7	94.1	111.4	143.6	175.7	99.0	153.5	188.1	222.8	287.1	351.5
		喷砂后涂无机富锌漆	36.0	55.8	68.4	81.0	104.4	127.8	72.0	111.6	136.8	162.0	208.8	255.6
		喷砂后生赤锈	49.5	76.7	94.1	111.4	143.6	175.7	99.0	153.5	188.1	222.8	287.1	351.5
		钢丝刷清除浮锈或未经处理的干净轧制表示	31.5	48.8	59.9	70.9	91.4	111.8	63.0	97.7	119.7	141.8	182.7	223.7

注：1. 表中高强度螺栓受剪的承载力设计值系按下式算得：

$$N_v^b = 0.9 n_t \mu P$$

式中，n_t 为传力的摩擦面数目；μ 为摩擦系数；P 为高强度螺栓的预拉力。

2. 单角钢单面连接的高强度螺栓，其承载力设计值应按表中的数值乘以 0.85。

表 13-25　　一个承压型高强螺栓的承载力设计值

螺栓的性能等级	螺栓直径 d (mm)	螺栓毛截面面积 A (cm^2)	螺栓有效截面面积 A_e (cm^2)	构件钢材的钢号	承压的承载力设计值 N_c^b(kN) 当承压板的厚度 t 为 6～20mm 时									受拉的承载力设计值 N_t^b(kN)	受剪的承载力设计值 N_v^b(kN)			
					6	7	8	10	12	14	16	18	20		承剪面在螺杆处 单剪	承剪面在螺杆处 双剪	承剪面在螺纹处 单剪	承剪面在螺纹处 双剪
8.8级	16	2.011	1.567	Q235 钢	44.6	52.1	59.5	74.4	89.3	104.2	119.0	133.9	148.8	56.0	50.3	100.6	39.2	78.4
				16Mn 钢、16Mnq 钢	61.4	71.7	81.9	102.4	122.9	143.4	163.8	177.1	196.8					
				15MnV 钢、15MnVq 钢	63.8	74.5	85.1	106.4	127.7	149.0	170.2	184.3	204.8					
	20	3.142	2.448	Q235 钢	55.8	65.1	74.4	93.0	111.6	130.2	148.8	167.4	186.0	88.0	78.5	157.0	61.2	122.4
				16Mn 钢、16Mnq 钢	76.8	89.6	102.4	128.0	153.6	179.2	204.8	221.4	246.0					
				15MnV 钢、15MnVq 钢	79.8	93.1	106.4	133.0	159.6	186.2	212.8	230.4	256.0					
	22	3.801	3.034	Q235 钢	61.4	71.6	81.8	102.3	122.8	143.2	163.7	184.1	204.6	108	95.0	190.1	75.9	151.7
				16Mn 钢、16Mnq 钢	84.5	98.6	112.6	140.8	169.0	197.1	225.3	243.5	270.6					
				15MnV 钢、15MnVq 钢	87.8	102.4	117.0	146.3	175.6	204.8	234.1	253.4	281.6					
	24	4.524	3.525	Q235 钢	67.0	78.1	89.3	111.6	133.9	156.2	178.6	200.9	223.2	124	113.1	226.2	88.1	176.3
				16Mn 钢、16Mnq 钢	92.2	107.5	122.9	153.6	184.3	215.0	245.8	265.7	295.2					
				15MnV 钢、15MnVq 钢	95.8	111.7	127.7	159.6	191.5	223.4	255.4	276.5	307.2					
	27	5.726	4.594	Q235 钢	75.3	87.9	100.4	125.6	150.7	175.8	200.9	226.0	251.1	164	143.2	286.3	114.9	229.7
				16Mn 钢、16Mnq 钢	103.7	121.0	138.2	172.8	207.4	2415.9	276.5	298.9	332.1					
				15MnV 钢、15MnVq 钢	107.7	125.7	143.6	179.6	215.5	251.4	287.3	311.0	345.6					
	30	7.069	5.606	Q235 钢	83.7	97.7	111.6	139.5	167.4	195.3	223.2	251.1	279.0	200	176.7	353.5	140.2	280.3
				16Mn 钢、16Mnq 钢	115.2	134.4	153.6	192.0	203.4	268.8	307.2	332.1	269.0					
				15MnV 钢、15MnVq 钢	119.7	139.7	159.6	199.5	239.4	279.3	319.2	345.6	384.0					

续上表

螺栓的性能等级	螺栓直径 d (mm)	螺栓毛截面面积 A (cm²)	螺栓有效截面面积 A_c (cm²)	构件钢材的钢号	承压的承载力设计值 N_c^b(kN)									受拉的承载力设计值 N_t^b(kN)	受剪的承载力设计值 N_v^b(kN)			
					当承压板的厚度 t 为 6～20mm 时										承剪面在螺杆处		承剪面在螺纹处	
					6	7	8	10	12	14	16	18	20		单剪	双剪	单剪	双剪
10.9 级	16	2.011	1.567	Q235 钢	44.6	52.1	59.5	74.4	89.3	104.2	119.0	133.9	148.8	80.0	62.3	124.7	48.6	97.2
				16Mn 钢、16Mnq 钢	61.4	71.7	81.9	102.4	122.9	143.4	163.8	177.1	196.8					
				15MnV 钢、15MnVq 钢	63.8	74.5	85.1	106.4	127.7	149.0	170.2	184.3	204.8					
	20	3.142	2.448	Q235 钢	55.8	65.1	74.4	93.0	111.6	130.2	148.8	167.4	186.0	124	97.4	194.8	75.9	151.8
				16Mn 钢、16Mnq 钢	76.8	89.6	102.4	128.0	153.6	179.2	204.8	221.4	246.0					
				15MnV 钢、15MnVq 钢	79.8	93.1	106.4	133.0	159.6	186.2	212.8	230.4	256.0					
	22	3.801	3.034	Q235 钢	61.4	71.6	81.8	102.3	122.8	143.2	163.7	184.1	204.6	152	117.8	235.7	94.1	188.1
				16Mn 钢、16Mnq 钢	84.5	98.6	112.6	140.8	169.0	197.1	225.3	243.5	270.6					
				15MnV 钢、15MnVq 钢	87.8	102.4	117.0	146.3	175.6	204.8	234.1	253.4	281.6					
	24	4.524	3.525	Q235 钢	67.0	78.1	89.3	111.6	133.0	156.2	178.6	200.9	223.2	180	140.2	280.5	109.3	218.6
				16Mn 钢、16Mnq 钢	92.2	107.5	122.9	153.6	184.3	215.0	245.8	265.7	295.2					
				15MnV 钢、15MnVq 钢	95.8	111.7	127.7	159.6	191.5	223.4	255.4	276.5	307.2					
	27	5.726	4.594	Q235 钢	75.3	87.9	100.4	125.6	150.7	175.8	200.9	226.0	251.1	232	177.5	355.0	142.4	284.8
				16Mn 钢、16Mnq 钢	103.7	121.0	138.2	172.6	207.4	241.9	276.5	298.9	332.1					
				15MnV 钢、15MnVq 钢	107.7	125.7	143.6	179.6	215.5	251.4	287.3	311.0	345.6					
	30	7.069	5.606	Q235 钢	83.7	97.7	111.6	139.5	167.4	195.3	223.2	251.1	279.0	284	219.1	438.3	173.8	347.6
				16Mn 钢、16Mnq 钢	115.2	134.4	153.6	192.0	203.4	268.8	307.2	332.1	369.6					
				15MnV 钢、15MnVq 钢	119.7	139.7	159.6	199.5	239.4	279.3	319.2	345.6	284.0					

注：1. 表中高强度螺栓的承载力设计值系按下列公式算得：

承压 $N_c^b = dtf_c^b$；受拉 $N_t^b = 0.8P$；受剪（在螺杆处）$N_v^b = n_v A f_v^b$；受剪（在螺纹处）$N_v^t = n_v A f_v^b$

式中，n_v 为每个高强度螺栓的受剪面数目。

2. 单角钢单面连接的高强度螺栓，其承载力设计值应按表中的数值乘以 0.85。

表 13-26　　a 类截面轴心受压构件的稳定系数 φ

$\lambda\sqrt{\frac{f_y}{235}}$	0	1	2	3	4	5	6	7	8	9
0	1.000	1.000	1.000	1.000	0.999	0.999	0.998	0.998	0.997	0.996
10	0.995	0.994	0.993	0.992	0.991	0.989	0.988	0.986	0.985	0.983
20	0.981	0.979	0.977	0.976	0.974	0.972	0.970	0.968	0.966	0.964
30	0.963	0.961	0.959	0.957	0.955	0.952	0.950	0.948	0.946	0.944
40	0.941	0.939	0.937	0.934	0.932	0.929	0.927	0.924	0.921	0.919
50	0.916	0.913	0.910	0.907	0.904	0.900	0.879	0.894	0.890	0.886
60	0.883	0.897	0.875	0.871	0.867	0.863	0.858	0.854	0.849	0.844
70	0.839	0.834	0.829	0.824	0.818	0.813	0.807	0.801	0.795	0.789
80	0.783	0.776	0.770	0.763	0.757	0.750	0.743	0.736	0.728	0.721
90	0.714	0.706	0.699	0.691	0.684	0.676	0.668	0.661	0.653	0.645
100	0.638	0.630	0.622	0.615	0.607	0.600	0.592	0.585	0.577	0.570
110	0.563	0.555	0.548	0.541	0.534	0.527	0.520	0.514	0.507	0.500
120	0.494	0.488	0.481	0.475	0.469	0.463	0.457	0.451	0.445	0.440
130	0.434	0.429	0.423	0.418	0.412	0.407	0.402	0.397	0.392	0.387
140	0.383	0.378	0.373	0.369	0.364	0.360	0.356	0.351	0.347	0.343
150	0.339	0.335	0.331	0.327	0.323	0.320	0.316	0.312	0.309	0.305
160	0.302	0.298	0.295	0.292	0.289	0.285	0.282	0.279	0.276	0.273
170	0.270	0.267	0.264	0.262	0.259	0.256	0.253	0.251	0.248	0.246
180	0.243	0.241	0.238	0.236	0.233	0.231	0.229	0.226	0.224	0.222
190	0.220	0.218	0.215	0.213	0.211	0.209	0.207	0.205	0.203	0.201
200	0.199	0.198	0.196	0.194	0.192	0.190	0.189	0.187	0.185	0.183
210	0.182	0.180	0.179	0.177	0.175	0.174	0.172	0.171	0.169	0.168
220	0.166	0.165	0.164	0.162	0.161	0.159	0.158	0.157	0.155	0.154
230	0.153	0.152	0.150	0.149	0.148	0.147	0.146	0.144	0.143	0.142
240	0.141	0.140	0.139	0.138	0.136	0.135	0.134	0.133	0.132	0.131
250	0.130	—	—	—	—	—	—	—	—	—

注：见表 13-29 注。

表 13-27　　b 类截面轴心受压构件的稳定系数 φ

$\lambda\sqrt{\frac{f_y}{235}}$	0	1	2	3	4	5	6	7	8	9
0	1.000	1.000	1.000	0.999	0.999	0.998	0.997	0.996	0.995	0.994
10	0.992	0.991	0.989	0.987	0.985	0.983	0.981	0.978	0.976	0.973
20	0.970	0.967	0.963	0.960	0.957	0.953	0.950	0.946	0.943	0.939
30	0.936	0.932	0.929	0.925	0.922	0.918	0.914	0.910	0.906	0.903
40	0.899	0.895	0.891	0.887	0.882	0.878	0.874	0.870	0.865	0.861
50	0.856	0.852	0.847	0.842	0.838	0.833	0.828	0.823	0.818	0.813
60	0.807	0.802	0.797	0.791	0.786	0.780	0.774	0.769	0.763	0.757
70	0.751	0.745	0.739	0.732	0.726	0.720	0.714	0.707	0.701	0.694

续上表

$\lambda\sqrt{\frac{f_y}{235}}$	0	1	2	3	4	5	6	7	8	9
80	0.688	0.681	0.675	0.668	0.661	0.655	0.648	0.641	0.635	0.628
90	0.621	0.614	0.608	0.601	0.594	0.588	0.581	0.575	0.568	0.561
100	0.555	0.549	0.542	0.536	0.529	0.523	0.517	0.511	0.505	0.499
110	0.493	0.487	0.481	0.475	0.470	0.464	0.458	0.453	0.447	0.442
120	0.437	0.432	0.426	0.421	0.416	0.411	0.406	0.402	0.397	0.392
130	0.387	0.383	0.378	0.374	0.370	0.365	0.361	0.357	0.353	0.349
140	0.345	0.341	0.337	0.333	0.329	0.326	0.322	0.318	0.315	0.311
150	0.308	0.304	0.301	0.298	0.295	0.291	0.288	0.285	0.282	0.279
160	0.276	0.273	0.270	0.267	0.265	0.262	0.259	0.256	0.254	0.251
170	0.249	0.246	0.244	0.241	0.239	0.236	0.234	0.232	0.229	0.227
180	0.225	0.223	0.220	0.218	0.216	0.214	0.212	0.210	0.208	0.206
190	0.204	0.202	0.200	0.198	0.197	0.195	0.193	0.191	0.190	0.188
200	0.186	0.184	0.183	0.181	0.180	0.178	0.176	0.175	0.173	0.172
210	0.170	0.169	0.167	0.166	0.165	0.163	0.162	0.160	0.159	0.158
220	0.156	0.155	0.154	0.153	0.151	0.150	0.149	0.148	0.146	0.145
230	0.144	0.143	0.142	0.141	0.140	0.138	0.137	0.136	0.135	0.134
240	0.133	0.132	0.131	0.130	0.129	0.128	0.127	0.126	0.125	0.124
250	0.123	—	—	—	—	—	—	—	—	—

注：见表13-29注。

表 13-28　　c 类截面轴心受压构件的稳定系数 φ

$\lambda\sqrt{\frac{f_y}{235}}$	0	1	2	3	4	5	6	7	8	9
0	1.000	1.000	1.000	0.999	0.999	0.998	0.997	0.996	0.995	0.993
10	0.992	0.990	0.988	0.986	0.983	0.981	0.978	0.976	0.973	0.970
20	0.966	0.959	0.953	0.947	0.940	0.934	0.928	0.921	0.915	0.909
30	0.902	0.896	0.890	0.884	0.877	0.871	0.865	0.858	0.852	0.846
40	0.839	0.833	0.826	0.820	0.814	0.807	0.801	0.794	0.788	0.781
50	0.775	0.768	0.762	0.755	0.748	0.742	0.735	0.729	0.722	0.715
60	0.709	0.702	0.695	0.689	0.682	0.676	0.669	0.662	0.656	0.649
70	0.643	0.636	0.629	0.623	0.616	0.610	0.604	0.597	0.591	0.584
80	0.578	0.572	0.566	0.559	0.553	0.547	0.541	0.535	0.529	0.523
90	0.517	0.511	0.505	0.500	0.494	0.488	0.483	0.477	0.472	0.467
100	0.463	0.458	0.454	0.449	0.445	0.441	0.436	0.432	0.428	0.423
110	0.419	0.415	0.411	0.407	0.403	0.399	0.395	0.391	0.387	0.383
120	0.379	0.375	0.371	0.367	0.364	0.360	0.356	0.353	0.349	0.346
130	0.342	0.339	0.335	0.332	0.328	0.325	0.322	0.319	0.315	0.312

续上表

$\lambda\sqrt{\frac{f_y}{235}}$	0	1	2	3	4	5	6	7	8	9
140	0.309	0.306	0.303	0.300	0.297	0.294	0.291	0.288	0.285	0.282
150	0.280	0.277	0.274	0.271	0.269	0.266	0.264	0.261	0.258	0.256
160	0.254	0.251	0.249	0.246	0.244	0.242	0.239	0.237	0.235	0.233
170	0.230	0.228	0.226	0.224	0.222	0.220	0.218	0.216	0.214	0.212
180	0.210	0.208	0.206	0.205	0.203	0.201	0.199	0.197	0.196	0.194
190	0.192	0.190	0.189	0.187	0.186	0.184	0.182	0.181	0.179	0.178
200	0.176	0.175	0.173	0.172	0.170	0.169	0.168	0.166	0.165	0.163
210	0.162	0.161	0.159	0.158	0.157	0.156	0.154	0.153	0.152	0.151
220	0.150	0.148	0.147	0.146	0.145	0.144	0.143	0.142	0.140	0.139
230	0.138	0.137	0.136	0.135	0.134	0.133	0.132	0.131	0.130	0.129
240	0.128	0.127	0.126	0.125	0.124	0.124	0.123	0.122	0.121	0.120
250	0.199	—	—	—	—	—	—	—	—	—

注：见表 13-29 注。

表 13-29　　d 类截面轴心受压构件的稳定系数 φ

$\lambda\sqrt{\frac{f_y}{235}}$	0	1	2	3	4	5	6	7	8	9
0	1.000	1.000	0.999	0.999	0.998	0.996	0.994	0.992	0.990	0.987
10	0.984	0.981	0.978	0.974	0.969	0.965	0.960	0.955	0.949	0.944
20	0.937	0.927	0.918	0.909	0.900	0.891	0.883	0.874	0.865	0.857
30	0.848	0.840	0.831	0.823	0.815	0.807	0.799	0.790	0.782	0.774
40	0.766	0.759	0.751	0.743	0.735	0.728	0.720	0.712	0.705	0.697
50	0.690	0.683	0.675	0.668	0.661	0.654	0.646	0.639	0.632	0.625
60	0.618	0.612	0.605	0.598	0.591	0.585	0.578	0.572	0.565	0.559
70	0.552	0.546	0.540	0.534	0.528	0.522	0.516	0.510	0.504	0.498
80	0.439	0.487	0.481	0.476	0.470	0.465	0.460	0.454	0.449	0.444
90	0.493	0.434	0.429	0.424	0.419	0.414	0.410	0.405	0.401	0.397
100	0.394	0.390	0.387	0.383	0.380	0.376	0.373	0.370	0.366	0.363
110	0.359	0.356	0.353	0.350	0.346	0.343	0.340	0.337	0.334	0.331
120	0.328	0.325	0.322	0.319	0.316	0.313	0.310	0.307	0.304	0.301
130	0.299	0.296	0.293	0.290	0.288	0.285	0.282	0.280	0.277	0.275
140	0.272	0.270	0.267	0.265	0.262	0.260	0.258	0.255	0.253	0.251
150	0.248	0.246	0.244	0.242	0.240	0.237	0.235	0.233	0.231	0.229
160	0.227	0.225	0.223	0.221	0.219	0.217	0.215	0.213	0.212	0.210
170	0.208	0.206	0.204	0.203	0.201	0.199	0.197	0.196	0.194	0.192

续上表

$\lambda\sqrt{\frac{f_y}{235}}$	0	1	2	3	4	5	6	7	8	9
180	0.191	0.189	0.188	0.186	0.184	0.183	0.181	0.180	0.178	0.177
190	0.176	0.174	0.173	0.171	0.170	0.168	0.167	0.166	0.164	0.163
200	0.162	—	—	—	—	—	—	—	—	—

注:1.表 13-26～表 13-29 中的 φ 值系按下列公式算得:

当 $\lambda_n=\frac{\lambda}{\pi}\sqrt{f_y/E}\leqslant 0.215$ 时:

$$\varphi=1-\alpha_1\lambda_n^2$$

当 $\lambda_n>0.215$ 时:

$$\varphi=\frac{1}{2\lambda_n^2}\left[(\alpha_2+\alpha_3\lambda_n+\lambda_n^2)-\sqrt{(\alpha_2+\alpha_3\lambda_n+\lambda_n^2)^2-4\lambda_n^2}\right]$$

式中,α_1,α_2,α_3 为系数,根据《钢结构设计规范》(GB 50017—2003)表 5.1.2 的截面分类,按表 13-30 采用。

2.当构件的 $\lambda\sqrt{f_y/235}$ 值超出表 13-26～表 13-29 的范围时,则 φ 值按注 1 所列的公式计算。

表 13-30　　系数 α_1、α_2、α_3

截面类别		α_1	α_2	α_3
a类		0.41	0.986	0.152
b类		0.65	0.965	0.300
c类	$\lambda_n\leqslant 1.05$	0.73	0.906	0.595
	$\lambda_n>1.05$		1.216	0.302
d类	$\lambda_n\leqslant 1.05$	1.35	0.868	0.915
	$\lambda_n>1.05$		1.375	0.432

表 13-31　　无侧移框架柱的计算长度系数 μ

K_2 \ K_1	0	0.05	0.1	0.2	0.3	0.4	0.5	1	2	3	4	5	≥10
0	1.000	0.990	0.981	0.964	0.949	0.935	0.922	0.875	0.820	0.791	0.773	0.760	0.732
0.05	0.990	0.981	0.971	0.955	0.940	0.926	0.914	0.867	0.814	0.784	0.766	0.754	0.726
0.1	0.981	0.971	0.962	0.946	0.931	0.918	0.906	0.860	0.807	0.778	0.760	0.748	0.721
0.2	0.964	0.955	0.946	0.930	0.916	0.903	0.891	0.846	0.795	0.767	0.749	0.737	0.711
0.3	0.949	0.940	0.931	0.916	0.902	0.889	0.878	0.834	0.784	0.756	0.739	0.728	0.701
0.4	0.935	0.926	0.918	0.903	0.889	0.877	0.866	0.823	0.774	0.747	0.730	0.719	0.693
0.5	0.922	0.914	0.906	0.891	0.878	0.866	0.855	0.813	0.765	0.738	0.721	0.710	0.685
1	0.875	0.867	0.860	0.846	0.834	0.823	0.813	0.774	0.729	0.704	0.688	0.677	0.654
2	0.820	0.814	0.807	0.795	0.784	0.774	0.765	0.729	0.686	0.663	0.648	0.638	0.615
3	0.791	0.784	0.778	0.767	0.756	0.747	0.738	0.704	0.663	0.640	0.625	0.616	0.593
4	0.773	0.766	0.760	0.749	0.739	0.730	0.721	0.688	0.648	0.625	0.611	0.601	0.580

续上表

K_2 \ K_1	0	0.05	0.1	0.2	0.3	0.4	0.5	1	2	3	4	5	≥10
5	0.760	0.754	0.748	0.737	0.728	0.719	0.710	0.677	0.638	0.616	0.601	0.592	0.570
≥10	0.732	0.726	0.721	0.711	0.701	0.693	0.685	0.654	0.615	0.593	0.580	0.570	0.549

注：1. 表中的计算长度系数 μ 值系按下式算得：

$$\left[\left(\frac{\pi}{\mu}\right)^2+2(K_1+K_2)-4K_1K_2\right]\frac{\pi}{\mu}\cdot\sin\frac{\pi}{\mu}-2\left[(K_1+K_2)\left(\frac{\pi}{\mu}\right)^2+4K_1K_2\right]\cos\frac{\pi}{\mu}+8K_1K_2=0$$

式中，K_1、K_2 分别为相交于柱上端、柱下端的横梁线刚度之和与柱线刚度之和的比值。当梁远端为铰接时，应将横梁线刚度乘以 1.5；当横梁远端为嵌固时，则将横梁线刚度乘以 2。

2. 当横梁与柱铰接时，取横梁线刚度为零。
3. 对底层框架柱：当柱与基础铰接时，取 $K_2=0$（对平板支座可取 $K_2=0.1$）；当柱与基础刚接时，取 $K_2=10$。
4. 当与柱刚性连接的横梁所受轴心压力 N_b 较大时，横梁线刚度应乘以折减系数 α_N；

横梁远端与柱刚接和横梁远端铰支时：$\alpha_N=1-N_b/N_{Eb}$

横梁远端嵌固时：$\alpha_N=1-N_b/(2N_{Eb})$

式中，$N_{Eb}=\pi^2EI_b/l^2$，I_b 为横梁截面惯性矩，l 为横梁长度。

表 13-32　有侧移框架柱的计算长度系数 μ

K_2 \ K_1	0	0.05	0.1	0.2	0.3	0.4	0.5	1	2	3	4	5	≥10
0	∞	6.02	4.46	3.42	3.01	2.78	2.64	2.33	2.17	2.11	2.08	2.07	2.03
0.05	6.02	4.16	3.47	2.86	2.58	2.42	2.31	2.07	1.94	1.90	1.87	1.86	1.83
0.1	4.46	3.47	3.01	2.56	2.33	2.20	2.11	1.90	1.79	1.75	1.73	1.72	1.70
0.2	3.42	2.86	2.56	2.23	2.05	1.94	1.87	1.70	1.60	1.57	1.55	1.54	1.52
0.3	3.01	2.58	2.33	2.05	1.90	1.80	1.74	1.58	1.49	1.46	1.45	1.44	1.42
0.4	2.78	2.42	2.20	1.94	1.80	1.71	1.65	1.50	1.42	1.39	1.37	1.37	1.35
0.5	2.64	2.31	2.11	1.87	1.74	1.65	1.59	1.45	1.37	1.34	1.32	1.32	1.30
1	2.33	2.07	1.90	1.70	1.58	1.50	1.45	1.32	1.24	1.21	1.20	1.19	1.17
2	2.17	1.94	1.79	1.60	1.49	1.42	1.37	1.24	1.16	1.14	1.12	1.12	1.10
3	2.11	1.90	1.75	1.57	1.46	1.39	1.34	1.21	1.14	1.11	1.10	1.09	1.07
4	2.08	1.87	1.73	1.55	1.45	1.37	1.32	1.20	1.12	1.10	1.08	1.08	1.06
5	2.07	1.86	1.72	1.54	1.44	1.37	1.32	1.19	1.12	1.09	1.08	1.07	1.05
≥10	2.03	1.83	1.70	1.52	1.42	1.35	1.30	1.17	1.10	1.07	1.06	1.05	1.03

注：1. 表中的计算长度系数 μ 值系按下式算得：

$$\left[36K_1K_2-\left(\frac{\pi}{\mu}\right)^2\right]\sin\frac{\pi}{\mu}+6(K_1+K_2)\frac{\pi}{\mu}\cdot\cos\frac{\pi}{\mu}=0$$

式中，K_1、K_2 分别为相交于柱上端、柱下端的横梁线刚度之和与柱线刚度之和的比值。当横梁远端为铰接时，应将横梁线刚度乘以 0.5；当横梁远端为嵌固时，则应乘以 2/3。

2. 当横梁与柱铰接时，取横梁线刚度为零。
3. 对底层框架柱：当柱与基础铰接时，取 $K_2=0$（对平板支座可取 $K_2=0.1$）；当柱与基础刚接时，取 $K_2=10$。
4. 当与柱刚性连接的横梁所受轴心压力 N_b 较大时，横梁线刚度应乘以折减系数 α_N：

横梁远端与柱刚接时：$\alpha_N=1-N_b/(4N_{Eb})$

横梁远端铰支时：$\alpha_N=1-N_b/N_{Eb}$

横梁远端嵌固时：$\alpha_N=1-N_b/(2N_{Eb})$

N_{Eb}的计算式见表 13-31 注 4。

表 13-33　　　柱上端为自由的单阶柱下段的计算长度系数 μ_2

简图	K_1 / η_1	0.06	0.08	0.10	0.12	0.14	0.16	0.18	0.20	0.22	0.24	0.26	0.28	0.3	0.4	0.5	0.6	0.7	0.8
I_1, I_2, H_1, H_2; $K_1=\frac{I_1}{I_2}\cdot\frac{H_2}{H_1}$; $\eta_1=\frac{H_1}{H_2}\cdot\sqrt{\frac{N_1}{N_2}\cdot\frac{I_2}{I_1}}$; N_1——上段柱的轴心力; N_2——下段柱的轴心力	0.2	2.00	2.01	2.01	2.01	2.01	2.01	2.01	2.02	2.02	2.02	2.02	2.02	2.02	2.03	2.04	2.05	2.06	2.07
	0.3	2.01	2.02	2.02	2.02	2.03	2.03	2.03	2.04	2.04	2.05	2.05	2.05	2.06	2.08	2.10	2.12	2.13	2.15
	0.4	2.02	2.03	2.04	2.04	2.05	2.06	2.07	2.07	2.08	2.09	2.09	2.10	2.11	2.14	2.18	2.21	2.25	2.28
	0.5	2.04	2.05	2.06	2.07	2.09	2.10	2.11	2.12	2.13	2.15	2.16	2.17	2.18	2.24	2.29	2.35	2.40	2.45
	0.6	2.06	2.08	2.10	2.12	2.14	2.16	2.18	2.19	2.21	2.23	2.25	2.26	2.28	2.36	2.44	2.52	2.59	2.66
	0.7	2.10	2.13	2.16	2.18	2.21	2.24	2.26	2.29	2.31	2.34	2.36	2.38	2.41	2.52	2.62	2.72	2.81	2.90
	0.8	2.15	2.20	2.24	2.27	2.31	2.34	2.38	2.41	2.44	2.47	2.50	2.53	2.56	2.70	2.82	2.94	3.06	3.16
	0.9	2.24	2.29	2.35	2.39	2.44	2.48	2.52	2.56	2.60	2.63	2.67	2.71	2.74	2.90	3.05	3.19	3.32	3.44
	1.0	2.36	2.43	2.48	2.54	2.59	2.64	2.69	2.73	2.77	2.82	2.86	2.90	2.94	3.12	3.29	3.45	3.59	3.74
	1.2	2.69	2.76	2.83	2.89	2.95	3.01	3.07	3.12	3.17	3.22	3.27	3.32	3.37	3.59	3.80	3.99	4.17	4.34
	1.4	3.07	3.14	3.22	3.29	3.36	3.42	3.48	3.55	3.61	3.66	3.72	3.78	3.83	4.09	4.33	4.56	4.77	4.97
	1.6	3.47	3.55	3.63	3.71	3.78	3.85	3.92	3.99	4.07	4.12	4.18	4.25	4.31	4.61	4.88	5.14	5.38	5.62
	1.8	3.88	3.97	4.05	4.13	4.21	4.29	4.37	4.44	4.52	4.59	4.66	4.73	4.80	5.13	5.44	5.73	6.00	6.26
	2.0	4.29	4.39	4.48	4.57	4.65	4.74	4.82	4.90	4.99	5.07	5.14	5.22	5.30	5.66	6.00	6.32	6.63	6.92
	2.2	4.71	4.81	4.91	5.00	5.10	5.19	5.28	5.37	5.46	5.54	5.63	5.71	5.80	6.19	6.57	6.92	7.26	7.58
	2.4	5.13	5.24	5.34	5.44	5.54	5.64	5.74	5.84	5.93	6.03	6.12	6.21	6.30	6.73	7.14	7.52	7.89	8.24
	2.6	5.55	5.66	5.77	5.88	5.99	6.10	6.20	6.31	6.41	6.51	6.61	6.71	6.80	7.27	7.71	8.13	8.25	8.90
	2.8	5.97	6.09	6.21	6.33	6.44	6.55	6.67	6.78	6.89	6.99	7.10	7.21	7.31	7.81	8.28	8.73	9.16	9.57
	3.0	6.39	6.52	6.64	6.77	6.89	7.01	7.13	7.25	7.37	7.48	7.59	7.71	7.82	8.35	8.86	9.34	9.80	10.24

注：表中的计算长度系数 μ_2 值系按下式计算得出：

$$\eta_1 K_1 \cdot \tan\frac{\pi}{\mu_2} \cdot \tan\frac{\pi\eta_1}{\eta_2} - 1 = 0$$

表 13-34　　柱上端可移动但不转动的单阶柱下段的计算长度系数 μ_2

简图	η_1 \ K_1	0.06	0.08	0.10	0.12	0.14	0.16	0.18	0.20	0.22	0.24	0.26	0.28	0.3	0.4	0.5	0.6	0.7	0.8
	0.2	1.96	1.94	1.93	1.91	1.90	1.89	1.88	1.86	1.85	1.84	1.83	1.82	1.81	1.76	1.72	1.68	1.65	1.62
	0.3	1.96	1.94	1.93	1.92	1.91	1.89	1.88	1.87	1.86	1.85	1.84	1.83	1.82	1.77	1.73	1.70	1.66	1.63
	0.4	1.96	1.95	1.94	1.92	1.91	1.90	1.89	1.88	1.87	1.86	1.85	1.84	1.83	1.79	1.75	1.72	1.68	1.66
	0.5	1.96	1.95	1.94	1.93	1.92	1.91	1.90	1.89	1.88	1.87	1.86	1.85	1.85	1.81	1.77	1.74	1.71	1.69
I_1 H_1 I_2 H_2	0.6	1.97	1.96	1.95	1.94	1.93	1.92	1.91	1.90	1.90	1.89	1.88	1.87	1.87	1.83	1.80	1.78	1.75	1.73
	0.7	1.97	1.97	1.96	1.95	1.94	1.94	1.93	1.92	1.92	1.91	1.90	1.90	1.89	1.86	1.84	1.82	1.80	1.78
	0.8	1.98	1.98	1.97	1.96	1.96	1.95	1.95	1.94	1.94	1.93	1.93	1.93	1.92	1.90	1.88	1.87	1.86	1.84
	0.9	1.99	1.99	1.98	1.98	1.98	1.97	1.97	1.97	1.97	1.96	1.96	1.96	1.96	1.95	1.94	1.93	1.92	1.92
$K_1=\frac{I_1}{I_2}\cdot\frac{H_2}{H_1}$	1.0	2.00	2.00	2.00	2.00	2.00	2.00	2.00	2.00	2.00	2.00	2.00	2.00	2.00	2.00	2.00	2.00	2.00	2.00
$\eta_1=\frac{H_1}{H_2}\cdot\sqrt{\frac{N_1}{N_2}\cdot\frac{I_2}{I_1}}$	1.2	2.03	2.04	2.04	2.05	2.06	2.07	2.07	2.08	2.08	2.09	2.10	2.10	2.11	2.13	2.15	2.17	2.18	2.20
N_1——上段柱的轴心力；	1.4	2.07	2.09	2.11	2.12	2.14	2.16	2.17	2.18	2.20	2.21	2.22	2.23	2.24	2.29	2.33	2.37	2.40	2.42
	1.6	2.13	2.16	2.19	2.22	2.25	2.27	2.30	2.32	2.34	2.36	2.37	2.39	2.41	2.48	2.54	2.59	2.63	2.67
N_2——下段柱的轴心力	1.8	2.22	2.27	2.31	2.35	2.39	2.42	2.45	2.48	2.50	2.53	2.55	2.57	2.59	2.69	2.76	2.83	2.88	2.93
	2.0	2.35	2.41	2.46	2.50	2.55	2.59	2.62	2.66	2.69	2.72	2.75	2.77	2.80	2.91	3.00	3.08	3.14	3.20
	2.2	2.51	2.57	2.63	2.68	2.73	2.77	2.81	2.85	2.89	2.92	2.95	2.98	3.01	3.14	3.25	3.33	3.41	3.47
	2.4	2.68	2.75	2.81	2.87	2.92	2.97	3.01	3.05	3.09	3.13	3.17	3.20	3.24	3.38	3.50	3.59	3.68	3.75
	2.6	2.87	2.94	3.00	3.06	3.12	3.17	3.22	3.27	3.31	3.35	3.39	3.43	3.46	3.62	3.75	3.86	3.95	4.03
	2.8	3.06	3.14	3.20	3.27	3.33	3.38	3.43	3.48	3.53	3.58	3.62	3.66	3.70	3.87	4.01	4.13	4.23	4.32
	3.0	3.26	3.34	3.41	3.47	3.54	3.60	3.65	3.70	3.75	3.80	3.85	3.89	3.93	4.12	4.27	4.40	4.51	4.61

注：表中的计算长度系数 μ_2 值系按下式计算得出：

$$\tan\frac{\pi\eta_1}{\mu_2}+\eta_1K_1\cdot\tan\frac{\pi}{\mu_2}=0$$

表 13-35

柱上端为自由的双阶柱下段的计算长度系数 μ_3

简图	η_1	η_2 \ K_1 / K_2	0.05											0.10										
			0.2	0.3	0.4	0.5	0.6	0.7	0.8	0.9	1.0	1.1	1.2	0.2	0.3	0.4	0.5	0.6	0.7	0.8	0.9	1.0	1.1	1.2
	0.2	0.2	2.02	2.03	2.04	2.05	2.05	2.06	2.07	2.08	2.09	2.10	2.10	2.03	2.03	2.04	2.05	2.06	2.07	2.08	2.08	2.09	2.10	2.11
		0.4	2.08	2.11	2.15	2.19	2.22	2.25	2.29	2.32	2.35	2.39	2.42	2.09	2.12	2.16	2.19	2.23	2.26	2.29	2.33	2.36	2.39	2.42
		0.6	2.20	2.29	2.37	2.45	2.52	2.60	2.67	2.73	2.80	2.87	2.93	2.21	2.30	2.38	2.46	2.53	2.60	2.67	2.74	2.81	2.87	2.93
		0.8	2.42	2.57	2.71	2.83	2.95	3.06	3.17	3.27	3.37	3.47	3.56	2.44	2.58	2.71	2.84	2.96	3.07	3.17	3.28	3.37	3.47	3.56
		1.0	2.75	2.95	3.13	3.30	3.45	3.60	3.74	3.87	4.00	4.13	4.25	2.76	2.96	3.14	3.30	3.46	3.60	3.74	3.88	4.01	4.13	4.25
		1.2	3.13	3.38	3.60	3.80	4.00	4.18	4.35	4.51	4.67	4.82	4.97	3.15	3.39	3.61	3.81	4.00	4.18	4.35	4.52	4.68	4.83	4.98
	0.4	0.2	2.04	2.05	2.05	2.06	2.07	2.08	2.09	2.09	2.10	2.11	2.12	2.07	2.07	2.08	2.08	2.09	2.10	2.11	2.12	2.12	2.13	2.14
		0.4	2.10	2.14	2.17	2.20	2.24	2.27	2.31	2.34	2.37	2.40	2.43	2.14	2.17	2.20	2.23	2.26	2.30	2.33	2.36	2.39	2.42	2.46
		0.6	2.24	2.32	2.40	2.47	2.54	2.62	2.68	2.75	2.82	2.88	2.94	2.28	2.36	2.43	2.50	2.57	2.64	2.71	2.77	2.84	2.90	2.96
		0.8	2.47	2.60	2.73	2.85	2.97	3.08	3.19	3.29	3.38	3.48	3.57	2.53	2.65	2.77	2.88	3.00	3.10	3.21	3.31	3.40	3.50	3.59
		1.0	2.79	2.98	3.15	3.32	3.47	3.62	3.75	3.89	4.02	4.14	4.26	2.85	3.02	3.19	3.34	3.49	3.64	3.77	3.91	4.03	4.16	4.28
		1.2	3.18	3.41	3.62	3.82	4.01	4.19	4.36	4.52	4.68	4.83	4.98	3.24	3.45	3.65	3.85	4.03	4.21	4.38	4.54	4.70	4.85	4.99
	0.6	0.2	2.09	2.09	2.10	2.10	2.11	2.12	2.12	2.13	2.14	2.15	2.15	2.22	2.19	2.18	2.17	2.18	2.18	2.19	2.19	2.20	2.20	2.21
		0.4	2.17	2.19	2.22	2.25	2.28	2.31	2.34	2.38	2.41	2.44	2.47	2.31	2.30	2.31	2.33	2.35	2.38	2.41	2.44	2.47	2.49	2.52
		0.6	2.32	2.38	2.45	2.52	2.59	2.66	2.72	2.79	2.85	2.91	2.97	2.48	2.49	2.54	2.60	2.66	2.72	2.78	2.84	2.90	2.96	3.02
		0.8	2.56	2.67	2.79	2.90	3.01	3.11	3.22	3.32	3.41	3.50	3.60	2.72	2.78	2.87	2.97	3.07	3.17	3.27	3.36	3.46	3.55	3.64
		1.0	2.88	3.04	3.20	3.36	3.50	3.65	3.78	3.91	4.04	4.16	4.26	3.04	3.15	3.28	3.42	3.56	3.70	3.83	3.95	4.08	4.20	4.31
		1.2	3.26	3.46	3.66	3.86	4.04	4.22	4.38	4.55	4.70	4.85	5.00	3.40	3.56	3.74	3.91	4.09	4.26	4.42	4.58	4.73	4.88	5.03
	0.8	0.2	2.29	2.24	2.22	2.21	2.21	2.22	2.22	2.22	2.23	2.23	2.4	2.63	2.49	2.43	2.40	2.38	2.37	2.37	2.36	2.36	2.37	2.37
		0.4	2.37	2.34	2.34	2.36	2.38	2.40	2.43	2.45	2.48	2.51	2.54	2.71	2.59	2.55	2.54	2.54	2.55	2.57	2.59	2.61	2.63	2.65
		0.6	2.52	2.52	2.56	2.61	2.67	2.73	2.79	2.85	2.91	2.96	3.02	2.86	2.76	2.76	2.78	2.82	2.86	2.91	2.96	3.01	3.07	3.12
		0.8	2.74	2.79	2.88	2.98	3.08	3.17	3.27	3.36	3.46	3.55	3.63	3.06	3.02	3.06	3.13	3.20	3.29	3.37	3.46	3.54	3.63	3.71
		1.0	3.04	3.15	3.28	3.42	3.56	3.69	3.82	3.95	4.07	4.19	4.31	3.33	3.35	3.44	3.55	3.67	3.79	3.90	4.03	4.15	4.26	4.37
		1.2	3.39	3.55	3.73	3.91	4.08	4.25	4.42	4.58	4.73	4.88	5.02	3.65	3.73	3.86	4.02	4.18	4.34	4.49	4.64	4.79	4.94	5.08

简图（I_1、I_2、I_3；H_1、H_2、H_3）：

$K_1=\frac{I_1}{I_3}\cdot\frac{H_3}{H_1}$

$K_2=\frac{I_2}{I_3}\cdot\frac{H_3}{H_2}$

$\eta_1=\frac{H_1}{H_3}\sqrt{\frac{N_1}{N_3}\cdot\frac{I_3}{I_1}}$

$\eta_2=\frac{H_2}{H_3}\sqrt{\frac{N_2}{N_3}\cdot\frac{I_3}{I_2}}$

N_1——上段柱的轴心力；

N_2——中段柱的轴心力；

N_3——下段柱的轴心力

续上表

简图：

l_1, l_2, l_3; H_1, H_2, H_3

$K_1=\frac{I_1}{I_3}\cdot\frac{H_3}{H_1}$

$K_2=\frac{I_2}{I_3}\cdot\frac{H_3}{H_2}$

$\eta_1=\frac{H_1}{H_3}\sqrt{\frac{N_1}{N_3}\cdot\frac{I_3}{I_1}}$

$\eta_2=\frac{H_2}{H_3}\sqrt{\frac{N_2}{N_3}\cdot\frac{I_3}{I_2}}$

N_1——上段柱的轴心力；

N_2——中段柱的轴心力；

N_3——下段柱的轴心力

η_1	K_1	0.05											0.10										
	η_2 \ K_2	0.2	0.3	0.4	0.5	0.6	0.7	0.8	0.9	1.0	1.1	1.2	0.2	0.3	0.4	0.5	0.6	0.7	0.8	0.9	1.0	1.1	1.2
1.0	0.2	2.69	2.57	2.51	2.48	2.46	2.45	2.45	2.44	2.44	2.44	2.44	3.18	2.95	2.84	2.77	2.73	2.70	2.68	2.67	2.66	2.65	2.65
	0.4	2.75	2.64	2.60	2.59	2.59	2.59	2.60	2.62	2.63	2.65	2.67	3.24	3.03	2.93	2.88	2.85	2.84	2.84	2.84	2.85	2.86	2.87
	0.6	2.86	2.78	2.77	2.79	2.83	2.87	2.91	2.96	3.01	3.06	3.10	3.36	3.16	3.09	3.07	3.08	3.09	3.12	3.15	3.19	3.23	3.27
	0.8	3.04	3.01	3.05	3.11	3.19	3.27	3.35	3.44	3.52	3.61	3.69	3.52	3.37	3.34	3.36	3.41	3.46	3.53	3.60	3.67	3.75	3.82
	1.0	3.29	3.32	3.41	3.52	3.64	3.76	3.89	4.01	4.13	4.24	4.35	3.74	3.64	3.67	3.74	3.83	3.93	4.03	4.14	4.25	4.35	4.46
	1.2	3.60	3.69	3.83	3.99	4.15	4.31	4.47	4.62	4.77	4.92	5.06	4.00	3.97	4.05	4.17	4.31	4.45	4.59	4.73	4.87	5.01	5.14
1.2	0.2	3.16	3.00	2.92	2.87	2.84	2.81	2.80	2.79	2.78	2.77	2.77	3.77	3.47	3.32	3.23	3.17	3.12	3.07	3.05	3.05	3.04	3.03
	0.4	3.21	3.05	2.98	2.94	2.92	2.90	2.90	2.90	2.90	2.91	2.92	3.82	3.53	3.39	3.31	3.26	3.22	3.19	3.19	3.19	3.19	3.19
	0.6	3.30	3.15	3.10	3.08	3.08	3.10	3.12	3.15	3.18	3.22	3.26	3.91	3.64	3.51	3.45	3.42	3.42	3.43	3.43	3.45	3.48	3.50
	0.8	3.43	3.32	3.30	3.33	3.37	3.43	3.49	3.56	3.63	3.71	3.78	4.04	3.80	3.71	3.68	3.69	3.76	3.81	3.81	3.86	3.92	3.98
	1.0	3.62	3.57	3.60	3.68	3.77	3.87	3.98	4.09	4.20	4.31	4.42	4.21	4.02	3.97	3.99	4.05	4.20	4.29	4.29	4.39	4.48	4.58
	1.2	3.88	3.88	3.98	4.11	4.25	4.39	4.54	4.68	4.83	4.97	5.10	4.43	4.30	4.31	4.38	4.48	4.72	4.85	4.85	4.98	5.11	5.24
1.4	0.2	3.66	3.46	3.36	3.29	3.25	3.23	3.20	3.19	3.18	3.17	3.16	4.37	4.01	3.82	3.71	3.63	3.58	3.54	3.51	3.49	3.47	3.45
	0.4	3.70	3.50	3.40	3.35	3.31	3.29	3.27	3.26	3.26	3.26	3.26	4.41	4.06	3.88	3.77	3.70	3.66	3.63	3.60	3.59	3.58	3.57
	0.6	3.77	3.58	3.49	3.45	3.43	3.42	3.42	3.43	3.45	3.47	3.49	4.48	4.15	3.98	3.89	3.83	3.80	3.79	3.78	3.79	3.80	3.81
	0.8	3.87	3.70	3.64	3.63	3.64	3.67	3.70	3.75	3.81	3.86	3.92	4.59	4.28	4.13	4.07	4.04	4.04	4.06	4.08	4.12	4.16	4.21
	1.0	4.02	3.89	3.87	3.90	3.96	4.04	4.12	4.22	4.31	4.41	4.51	4.74	4.45	4.35	4.32	4.34	4.38	4.43	4.50	4.58	4.66	4.74
	1.2	4.23	4.15	4.19	4.27	4.39	4.51	4.64	4.77	4.91	5.04	5.17	4.92	4.69	4.63	4.65	4.72	4.80	4.90	5.10	5.13	5.24	5.36

续上表

简图	η_1	η_2 \ K_1/K_2	0.20 0.2	0.20 0.3	0.20 0.4	0.20 0.5	0.20 0.6	0.20 0.7	0.20 0.8	0.20 0.9	0.20 1.0	0.20 1.1	0.20 1.2	0.30 0.2	0.30 0.3	0.30 0.4	0.30 0.5	0.30 0.6	0.30 0.7	0.30 0.8	0.30 0.9	0.30 1.0	0.30 1.1	0.30 1.2
	0.2	0.2	2.04	2.04	2.05	2.06	2.07	2.08	2.08	2.09	2.10	2.11	2.12	2.05	2.05	2.06	2.07	2.08	2.09	2.09	2.10	2.11	2.12	2.13
		0.4	2.10	2.13	2.17	2.20	2.24	2.27	2.30	2.34	2.37	2.40	2.43	2.12	2.15	2.18	2.21	2.25	2.28	2.31	2.35	2.38	2.41	2.44
		0.6	2.23	2.31	2.39	2.47	2.54	2.61	2.68	2.75	2.82	2.88	2.94	2.25	2.33	2.41	2.48	2.56	2.63	2.69	2.76	2.83	2.89	2.95
		0.8	2.46	2.60	2.73	2.85	2.97	3.08	3.18	3.29	3.38	3.48	3.57	2.49	2.62	2.75	2.87	2.98	3.09	3.20	3.30	3.39	3.49	3.58
		1.0	2.79	2.98	3.15	3.32	3.47	3.61	3.75	3.89	4.02	4.14	4.26	3.82	3.00	3.17	3.33	3.48	3.63	3.76	3.90	4.02	4.15	4.27
		1.2	3.18	3.41	3.62	3.82	4.01	4.19	4.36	4.52	4.68	4.83	4.98	3.20	3.43	3.64	3.83	4.02	4.20	4.37	4.53	4.69	4.84	4.99
	0.4	0.2	2.15	2.13	2.13	2.14	2.14	2.15	2.15	2.16	2.17	2.17	2.18	2.26	2.21	2.20	2.19	2.19	2.20	2.20	2.21	2.21	2.22	2.23
		0.4	2.24	2.24	2.26	2.29	2.32	2.35	2.38	2.41	2.44	2.47	2.50	2.36	2.33	2.33	2.35	2.38	2.40	2.43	2.46	2.49	2.51	2.54
		0.6	2.40	2.44	2.50	2.56	2.63	2.69	2.76	2.82	2.88	2.94	3.00	2.54	2.54	2.58	2.63	2.69	2.75	2.81	2.87	2.93	2.99	3.04
		0.8	2.66	2.74	2.84	2.95	3.05	3.15	3.25	3.35	3.44	3.53	3.62	2.79	2.83	2.91	3.01	3.10	3.20	3.30	3.39	3.48	3.57	3.66
$K_1=\frac{I_1}{I_3}\cdot\frac{H_3}{H_1}$		1.0	2.98	3.12	3.25	3.40	3.54	3.68	3.81	3.94	4.07	4.19	4.30	3.11	3.20	3.32	3.46	3.59	3.72	3.85	3.98	4.10	4.22	4.33
$K_2=\frac{I_2}{I_3}\cdot\frac{H_3}{H_2}$		1.2	3.35	3.53	3.71	3.90	4.08	4.25	4.41	4.57	4.73	4.87	5.02	3.47	3.60	3.77	3.95	4.12	4.28	4.45	4.60	4.75	4.90	5.05
$\eta_1=\frac{H_1}{H_3}\sqrt{\frac{N_1}{N_3}\cdot\frac{I_3}{I_1}}$	0.6	0.2	2.57	2.42	2.37	2.34	2.33	2.32	2.32	2.32	2.32	2.32	2.33	2.93	2.68	2.57	2.52	2.49	2.47	2.46	2.45	2.45	2.45	2.45
$\eta_2=\frac{H_2}{H_3}\sqrt{\frac{N_2}{N_3}\cdot\frac{I_3}{I_2}}$		0.4	2.67	2.54	2.50	2.50	2.51	2.52	2.54	2.56	2.58	2.61	2.63	3.02	2.79	2.71	2.67	2.66	2.66	2.67	2.69	2.70	2.72	2.74
N_1——上段柱的轴心力；		0.6	2.83	2.74	2.73	2.76	2.80	2.85	2.90	2.96	3.01	3.06	3.12	3.17	2.98	2.93	2.93	2.95	2.98	3.02	3.07	3.11	3.16	3.21
N_2——中段柱的轴心力；		0.8	3.06	3.01	3.05	3.12	3.20	3.29	3.38	3.46	3.55	3.63	3.72	4.37	3.24	3.23	3.27	3.33	3.41	3.48	3.56	3.67	3.72	3.80
N_3——下段柱的轴心力		1.0	3.34	3.35	3.44	3.56	3.68	3.80	3.92	4.04	4.15	4.27	4.38	3.63	3.56	3.60	3.69	3.79	3.90	4.01	4.12	4.23	4.34	4.45
		1.2	3.67	3.74	3.88	4.03	4.19	4.35	4.50	4.65	4.80	4.94	5.08	3.94	3.92	4.02	4.15	4.29	4.43	4.58	4.72	4.87	5.01	5.14
	0.8	0.2	3.25	2.96	2.82	2.74	2.69	2.66	2.64	2.62	2.61	2.61	2.60	3.78	3.38	3.18	3.06	2.98	2.93	2.89	2.86	2.84	2.83	2.82
		0.4	3.33	3.05	2.93	2.87	2.84	2.83	2.83	2.83	2.84	2.85	2.87	3.85	3.47	3.28	3.18	3.12	3.09	3.07	3.06	3.06	3.06	3.06
		0.6	3.45	3.21	3.12	3.10	3.10	3.12	3.14	3.18	3.22	3.26	3.30	3.96	3.61	3.46	3.39	3.36	3.35	3.36	3.38	3.41	3.44	3.47
		0.8	3.63	3.44	3.39	3.41	3.45	3.51	3.57	3.64	3.71	3.79	3.86	4.12	3.82	3.70	3.67	3.68	3.72	3.76	3.82	3.88	3.94	4.01
		1.0	3.86	3.73	3.73	3.80	3.88	3.98	4.08	4.18	4.29	4.39	4.50	4.32	4.07	4.01	4.03	4.08	4.16	4.24	4.33	4.43	4.52	4.62
		1.2	4.13	4.07	4.13	4.24	4.36	4.50	4.64	4.78	4.91	5.05	5.18	4.57	4.38	4.38	4.44	4.54	4.66	4.78	4.90	5.03	5.16	5.29

续上表

简图	η_1	η_2 \ K_1 / K_2	0.20											0.30										
			0.2	0.3	0.4	0.5	0.6	0.7	0.8	0.9	1.0	1.1	1.2	0.2	0.3	0.4	0.5	0.6	0.7	0.8	0.9	1.0	1.1	1.2
	1.0	0.2	4.00	3.60	3.39	3.26	3.18	3.13	3.08	3.05	3.03	3.01	3.00	4.68	4.15	3.86	3.69	3.57	3.49	3.43	3.38	3.35	3.32	3.30
		0.4	4.06	3.67	3.48	3.37	3.30	3.26	3.23	3.21	3.21	3.20	3.20	4.73	4.21	3.94	3.78	3.68	3.61	3.57	3.54	3.51	3.50	3.49
		0.6	4.15	3.79	3.63	3.54	3.50	3.48	3.49	3.50	3.51	3.54	3.57	4.82	4.33	4.08	3.95	3.87	3.83	3.80	3.80	3.80	3.81	3.83
		0.8	4.29	3.97	3.84	3.80	3.79	3.81	3.85	3.90	3.95	4.01	4.07	4.94	4.49	4.28	4.18	4.14	4.13	4.14	4.17	4.20	4.25	4.29
		1.0	4.48	4.21	4.13	4.13	4.17	4.23	4.31	4.39	4.48	4.57	4.66	5.10	4.70	4.53	4.48	4.48	4.51	4.56	4.62	4.70	4.77	4.85
		1.2	4.70	4.49	4.47	4.52	4.60	4.71	4.82	4.94	5.07	5.19	5.31	5.30	4.95	4.84	4.83	4.88	4.96	5.05	5.15	5.26	5.37	5.48
	1.2	0.2	4.76	4.26	4.00	3.83	3.72	3.65	3.59	3.54	3.51	3.48	3.46	5.58	4.93	4.57	4.35	4.20	4.10	4.01	3.95	3.90	3.86	3.83
		0.4	4.81	4.32	4.07	3.91	3.82	3.75	3.70	3.67	3.65	3.63	3.62	5.62	4.98	4.64	4.43	4.29	4.19	4.12	4.07	4.03	4.01	3.98
		0.6	4.89	4.43	4.19	4.05	3.98	3.93	3.91	3.89	3.89	3.90	3.91	5.70	5.08	4.75	4.56	4.44	4.37	4.32	4.29	4.27	4.26	4.26
		0.8	5.00	4.57	4.36	4.26	4.21	4.20	4.21	4.23	4.26	4.30	4.34	5.80	5.21	4.91	4.75	4.66	4.61	4.59	4.59	4.60	4.62	4.65
		1.0	5.15	4.76	4.59	4.53	4.53	4.55	4.60	4.66	4.73	4.80	4.88	5.93	5.38	5.12	5.00	4.95	4.94	4.95	4.99	5.03	5.09	4.15
		1.2	5.34	5.00	4.88	4.87	4.91	4.98	5.07	5.17	5.27	5.38	5.49	6.10	5.59	5.38	5.31	5.30	5.33	5.39	5.46	5.54	5.63	5.73
	1.4	0.2	5.53	4.94	4.62	4.42	4.29	4.19	4.12	4.06	4.02	3.98	3.95	6.49	5.72	5.30	5.03	4.85	4.72	4.62	4.54	4.48	4.43	4.38
		0.4	5.57	4.99	4.68	4.49	4.36	4.27	4.21	4.16	4.13	4.10	4.08	6.53	5.77	5.35	5.10	4.93	4.80	4.71	4.64	4.59	4.55	4.51
		0.6	5.64	5.07	4.78	4.60	4.49	4.42	4.38	4.35	4.33	4.32	4.32	6.59	5.85	5.45	5.21	5.05	4.95	4.87	4.82	4.78	4.76	4.74
		0.8	5.74	5.19	4.92	4.77	4.69	4.64	4.62	4.62	4.63	4.65	4.67	6.68	5.96	5.59	5.37	5.24	5.15	5.10	5.08	5.06	5.06	5.07
		1.0	5.86	5.35	5.12	5.00	4.95	4.94	4.96	4.99	5.03	5.09	5.15	6.79	6.10	5.76	5.58	5.48	5.43	5.41	5.41	5.44	5.47	5.51
		1.2	6.02	5.55	5.36	5.29	5.28	5.31	5.37	5.44	5.52	5.61	5.71	6.95	6.28	5.98	5.84	5.78	5.76	5.79	5.83	5.89	5.95	6.03

简图（I_1、I_2、I_3；H_1、H_2、H_3）：

$K_1=\frac{I_1}{I_3}\cdot\frac{H_3}{H_1}$

$K_2=\frac{I_2}{I_3}\cdot\frac{H_3}{H_2}$

$\eta_1=\frac{H_1}{H_3}\sqrt{\frac{N_1}{N_3}\cdot\frac{I_3}{I_1}}$

$\eta_2=\frac{H_2}{H_3}\sqrt{\frac{N_2}{N_3}\cdot\frac{I_3}{I_2}}$

N_1——上段柱的轴心力；

N_2——中段柱的轴心力；

N_3——下段柱的轴心力

注：表中的计算长度系数 μ_3 值系按下式算得：

$$\frac{\eta_1 K_1}{\eta_2 K_2}\cdot\tan\frac{\pi\eta_1}{\mu_3}\cdot\tan\frac{\pi\eta_2}{\mu_3}+\eta_1 K_1\cdot\tan\frac{\pi\eta_1}{\mu_3}\cdot\tan\frac{\pi}{\mu_3}+\eta_2 K_2\cdot\tan\frac{\pi\eta_2}{\mu_3}\cdot\tan\frac{\pi}{\mu_3}-1=0$$

表 13-36　　**柱顶可移动但不转动的双阶柱下段的计算长度系数 μ_3**

η_1	η_2 \ K_1	0.05											0.10										
	K_2	0.2	0.3	0.4	0.5	0.6	0.7	0.8	0.9	1.0	1.1	1.2	0.2	0.3	0.4	0.5	0.6	0.7	0.8	0.9	1.0	1.1	1.2
0.2	0.2	1.99	1.99	2.00	2.00	2.01	2.02	2.02	2.03	2.04	2.05	2.06	1.96	1.96	1.97	1.97	1.98	1.98	1.99	2.00	2.00	2.01	2.02
	0.4	2.03	2.06	2.09	2.12	2.16	2.19	2.22	2.25	2.29	2.32	2.35	2.00	2.02	2.05	2.08	2.11	2.14	2.17	2.20	2.23	2.26	2.29
	0.6	2.12	2.20	2.28	2.36	2.43	2.50	2.57	2.64	2.71	2.77	2.83	2.07	2.14	2.22	2.29	2.36	2.43	2.50	2.56	2.63	2.69	2.75
	0.8	2.28	2.43	2.57	2.70	2.82	2.94	3.04	3.15	3.26	3.34	3.43	2.20	2.35	2.48	2.61	2.73	2.84	2.94	3.05	3.14	3.24	3.33
	1.0	2.53	2.76	2.96	3.13	3.29	3.44	3.59	3.72	3.85	3.98	4.10	2.41	2.64	2.83	3.01	3.17	3.32	3.46	3.59	3.72	3.85	3.97
	1.2	2.86	3.15	3.39	3.61	3.80	3.99	4.16	4.33	4.49	4.64	4.79	2.70	2.99	3.23	3.45	3.65	3.84	4.01	4.18	4.34	4.49	4.64
0.4	0.2	1.99	1.99	2.00	2.01	2.01	2.02	2.03	2.04	2.04	2.05	2.06	1.96	1.97	1.97	1.98	1.98	1.99	2.00	2.00	2.01	2.02	2.03
	0.4	2.03	2.06	2.09	2.13	2.16	2.19	2.23	2.26	2.29	2.32	2.35	2.00	2.03	2.06	2.09	2.12	2.15	2.18	2.21	2.24	2.27	2.30
	0.6	2.12	2.20	2.28	2.36	2.44	2.51	2.58	2.64	2.71	2.77	2.84	2.08	2.15	2.23	2.30	2.37	2.44	2.51	2.57	2.64	2.70	2.76
	0.8	2.29	2.44	2.58	2.71	2.83	2.94	3.05	3.15	3.25	3.35	3.44	2.21	2.36	2.49	2.62	2.73	2.85	2.95	3.05	3.15	3.24	3.34
	1.0	2.54	2.77	2.96	3.14	3.30	3.45	3.59	3.73	3.85	3.98	4.10	2.43	2.65	2.84	3.02	3.18	3.33	3.47	3.60	3.73	3.85	3.97
	1.2	2.87	3.15	3.40	2.61	3.81	3.99	4.17	4.33	4.49	4.65	4.79	2.71	3.00	3.24	3.46	3.66	3.85	4.02	4.19	4.34	4.49	4.64
0.6	0.2	1.99	1.98	2.00	2.01	2.02	2.03	2.04	2.04	2.05	2.06	2.07	1.97	1.98	1.98	1.99	2.00	2.00	2.01	2.02	2.02	2.03	2.04
	0.4	2.04	2.07	2.10	2.14	2.17	2.20	2.23	2.27	2.30	2.33	2.36	2.01	2.04	2.07	2.10	2.13	2.16	2.19	2.22	2.26	2.29	2.32
	0.6	2.13	2.21	2.29	2.37	2.45	2.52	2.59	2.65	2.72	2.78	2.84	2.09	2.17	2.24	2.32	2.39	2.46	2.52	2.59	2.65	2.71	2.77
	0.8	2.30	2.45	2.59	2.72	2.84	2.95	3.06	3.16	3.26	3.35	3.44	2.23	2.38	2.51	2.64	2.75	2.86	2.97	3.07	3.16	3.26	3.35
	1.0	2.56	2.78	2.97	3.15	3.31	3.46	3.60	3.73	3.86	3.99	4.11	2.45	2.68	2.86	3.03	3.19	3.34	3.48	3.61	3.74	3.86	3.98
	1.2	2.89	3.17	3.41	3.62	3.82	4.00	4.17	4.34	4.50	4.65	4.80	2.74	3.02	3.26	3.48	3.67	3.86	4.03	4.20	4.35	4.50	4.65
0.8	0.2	2.00	2.01	2.02	2.02	2.03	2.04	2.05	2.05	2.06	2.07	2.08	1.99	1.99	2.00	2.01	2.01	2.02	2.03	2.04	2.04	2.05	2.06
	0.4	2.05	2.08	2.12	2.15	2.18	2.21	2.25	2.28	2.31	2.34	2.37	2.03	2.06	2.09	2.12	2.15	2.19	2.22	2.25	2.28	2.31	2.34
	0.6	2.15	2.23	2.31	2.39	2.46	2.53	2.60	2.67	2.73	2.79	2.85	2.12	2.19	2.27	2.34	2.41	2.48	2.55	2.61	2.67	2.73	2.79
	0.8	2.32	2.47	2.61	2.73	2.85	2.96	3.07	3.17	3.27	3.36	3.45	2.27	2.41	2.54	2.66	2.78	2.89	2.99	3.09	3.18	3.28	3.37
	1.0	2.59	2.80	2.99	3.16	3.32	3.47	3.61	3.74	3.87	3.99	4.11	2.49	2.70	2.89	3.06	3.21	3.36	3.50	3.63	3.76	3.88	4.00
	1.2	2.92	3.19	3.42	3.63	3.83	4.01	4.18	4.35	4.51	4.66	4.81	2.78	3.05	3.29	3.50	3.69	3.88	4.05	4.21	4.37	4.52	4.66

简　图

I_1　I_2　I_3　H_1　H_2　H_3

$$K_1=\frac{I_1}{I_3}\cdot\frac{H_3}{H_1}$$

$$K_2=\frac{I_2}{I_3}\cdot\frac{H_3}{H_2}$$

$$\eta_1=\frac{H_1}{H_3}\sqrt{\frac{N_1}{N_3}\cdot\frac{I_3}{I_1}}$$

$$\eta_2=\frac{H_2}{H_3}\sqrt{\frac{N_2}{N_3}\cdot\frac{I_3}{I_2}}$$

N_1——上段柱的轴心力；

N_2——中段柱的轴心力；

N_3——下段柱的轴心力

续上表

简图	η_1	η_2 \ K_2 \ K_1	0.05											0.10										
			0.2	0.3	0.4	0.5	0.6	0.7	0.8	0.9	1.0	1.1	1.2	0.2	0.3	0.4	0.5	0.6	0.7	0.8	0.9	1.0	1.1	1.2
$K_1=\frac{I_1}{I_3}\cdot\frac{H_3}{H_1}$ $K_2=\frac{I_2}{I_3}\cdot\frac{H_3}{H_2}$ $\eta_1=\frac{H_1}{H_3}\sqrt{\frac{N_1}{N_3}\cdot\frac{I_3}{I_1}}$ $\eta_2=\frac{H_2}{H_3}\sqrt{\frac{N_2}{N_3}\cdot\frac{I_3}{I_2}}$ N_1——上段柱的轴心力； N_2——中段柱的轴心力； N_3——下段柱的轴心力	1.0	0.2	2.02	2.02	2.03	2.04	2.05	2.05	2.06	2.07	2.08	2.09	2.09	2.01	2.02	2.03	2.04	2.04	2.05	2.06	2.07	2.07	2.08	2.09
		0.4	2.07	2.10	2.14	2.17	2.20	2.23	2.26	2.30	2.33	2.36	2.39	2.06	2.10	2.13	2.16	2.19	2.22	2.25	2.28	2.31	2.34	2.37
		0.6	2.17	2.26	2.33	2.41	2.48	2.55	2.62	2.68	2.75	2.81	2.87	2.16	2.24	2.31	2.38	2.45	2.51	2.58	2.64	2.70	2.76	2.82
		0.8	2.36	2.50	2.63	2.76	2.87	2.98	3.08	3.19	3.28	3.38	3.47	2.32	2.46	2.58	2.70	2.81	2.92	3.02	3.12	3.21	3.30	3.39
		1.0	2.62	2.83	3.01	3.18	3.34	3.48	3.62	3.75	3.33	4.01	4.12	2.55	2.75	2.93	3.09	3.25	3.39	3.53	3.66	3.78	3.90	4.02
		1.2	2.95	3.21	3.44	3.65	3.82	4.02	4.20	4.36	4.52	4.67	4.81	2.84	3.10	3.32	3.53	3.72	3.90	4.07	4.23	4.39	4.54	4.68
	1.2	0.2	2.04	2.05	2.06	2.06	2.07	2.08	2.09	2.09	2.10	2.11	2.12	2.07	2.08	2.08	2.09	2.09	2.10	2.11	2.11	2.12	2.13	2.13
		0.4	2.10	2.13	2.17	2.20	2.23	2.26	2.29	2.32	2.35	2.38	2.41	2.13	2.16	2.18	2.21	2.24	2.27	2.30	2.33	2.35	2.38	2.41
		0.6	2.22	2.29	2.37	2.44	2.51	2.58	2.64	2.71	2.77	2.83	2.89	2.24	2.30	2.37	2.43	2.50	2.56	2.63	2.68	2.74	2.80	2.86
		0.8	2.41	2.54	2.67	2.78	2.90	3.00	3.11	3.20	3.30	3.39	3.48	2.41	2.53	2.64	2.75	2.86	2.96	3.06	3.15	3.24	3.33	3.42
		1.0	2.68	2.87	3.04	3.21	3.36	3.50	3.64	3.77	3.90	4.02	4.14	2.64	2.82	2.98	3.14	3.29	3.43	3.56	3.69	3.81	3.93	4.04
		1.2	3.00	3.25	3.47	3.67	3.86	4.04	4.21	4.37	4.53	4.68	4.83	2.92	3.16	3.37	3.57	3.76	3.93	4.10	4.26	4.41	4.56	4.70
	1.4	0.2	2.10	2.10	2.10	2.11	2.11	2.12	2.13	2.13	2.14	2.15	2.15	2.20	2.18	2.17	2.17	2.17	2.18	2.18	2.19	2.19	2.20	2.23
		0.4	2.17	2.19	2.21	2.24	2.27	2.30	2.33	2.36	2.39	2.41	2.44	2.26	2.26	2.27	2.29	2.32	2.34	2.37	2.39	2.42	2.44	2.47
		0.6	2.29	2.35	2.41	2.48	2.55	2.61	2.67	2.74	2.80	2.86	2.91	2.37	2.41	2.46	2.51	2.57	2.63	2.68	2.74	2.80	2.85	2.91
		0.8	2.48	2.60	2.71	2.82	2.93	3.03	3.13	3.23	3.32	3.41	3.50	2.53	2.62	2.72	2.82	2.92	3.01	3.11	3.20	3.29	3.37	3.46
		1.0	2.74	2.92	3.08	3.24	3.39	3.53	3.66	3.79	3.92	4.04	4.15	2.75	2.90	3.05	3.20	3.34	3.47	3.60	3.72	3.84	3.96	4.07
		1.2	3.06	3.29	3.50	3.70	3.89	4.06	4.23	4.39	4.55	4.70	4.84	3.02	3.23	3.43	3.62	3.80	3.97	4.13	4.29	4.44	4.59	4.73

续上表

简图	η_1	η_2 \ K_1	0.20											0.30										
		K_2	0.2	0.3	0.4	0.5	0.6	0.7	0.8	0.9	1.0	1.1	1.2	0.2	0.3	0.4	0.5	0.6	0.7	0.8	0.9	1.0	1.1	1.2
	0.2	0.2	1.94	1.93	1.93	1.93	1.93	1.93	1.94	1.94	1.95	1.95	1.96	1.92	1.91	1.90	1.89	1.89	1.89	1.90	1.90	1.90	1.90	1.91
		0.4	1.96	1.98	1.99	2.02	2.04	2.07	2.09	2.12	2.15	2.17	2.20	1.95	1.95	1.96	1.97	1.99	2.01	2.04	2.06	2.08	2.11	2.13
		0.6	2.02	2.07	2.13	2.19	2.26	2.32	2.38	2.44	2.50	2.56	2.62	1.99	2.03	2.08	2.13	2.18	2.24	2.29	2.35	2.41	2.46	2.52
		0.8	2.12	2.23	2.35	2.47	2.58	2.68	2.78	2.88	2.98	3.07	3.15	2.07	2.16	2.27	2.37	2.47	2.57	2.66	2.75	2.84	2.93	3.01
		1.0	2.28	2.47	2.65	2.82	2.97	3.12	3.26	3.39	3.51	3.63	3.75	2.20	2.37	2.53	2.69	2.83	2.97	3.10	3.23	3.35	3.46	3.57
		1.2	2.50	2.77	3.01	3.22	3.42	3.60	3.77	3.93	4.09	4.23	4.38	2.39	2.63	2.85	3.05	3.24	3.42	3.58	3.74	3.89	4.03	4.17
	0.4	0.2	1.93	1.93	1.93	1.93	1.94	1.94	1.95	1.95	1.96	1.96	1.97	1.92	1.91	1.91	1.90	1.90	1.91	1.91	1.91	1.92	1.92	1.92
		0.4	1.97	1.98	2.00	2.03	2.05	2.08	2.11	2.13	2.16	2.19	2.22	1.95	1.96	1.97	1.99	2.01	2.03	2.05	2.08	2.10	2.12	2.15
		0.6	2.03	2.08	2.14	2.21	2.07	2.33	2.40	2.46	2.52	2.58	2.63	2.00	2.04	2.09	2.14	2.20	2.26	2.31	2.37	2.42	2.48	2.53
		0.8	2.13	2.25	2.37	2.48	2.59	2.70	2.80	2.90	2.99	3.08	3.17	2.08	2.18	2.28	2.39	2.49	2.59	2.68	2.77	2.86	2.95	3.03
$K_1=\frac{I_1}{I_3}\cdot\frac{H_3}{H_1}$		1.0	2.29	2.49	2.67	2.83	2.99	3.13	3.27	3.40	3.53	3.64	3.76	2.22	2.39	2.55	2.71	2.85	2.99	3.12	3.24	3.36	3.48	3.59
$K_2=\frac{I_2}{I_3}\cdot\frac{H_3}{H_2}$		1.2	2.52	2.79	3.02	3.23	3.43	3.61	3.78	3.94	4.10	4.24	4.39	2.41	2.65	2.87	3.07	3.26	3.43	3.60	3.75	3.90	4.04	4.18
$\eta_1=\frac{H_1}{H_3}\sqrt{\frac{N_1}{N_3}\cdot\frac{I_3}{I_1}}$	0.6	0.2	1.95	1.95	1.95	1.95	1.96	1.96	1.97	1.97	1.98	1.98	1.99	1.93	1.93	1.92	1.92	1.93	1.93	1.93	1.94	1.94	1.95	1.95
$\eta_2=\frac{H_2}{H_3}\sqrt{\frac{N_2}{N_3}\cdot\frac{I_3}{I_2}}$		0.4	1.98	2.00	2.02	2.05	2.08	2.10	2.13	2.16	2.19	2.21	2.24	1.96	1.97	1.99	2.01	2.03	2.06	2.08	2.11	2.13	2.16	2.18
N_1——上段柱的轴心力；		0.6	2.04	2.10	2.17	2.23	2.30	2.36	2.42	2.48	2.54	2.60	2.66	2.02	2.06	2.12	2.17	2.23	2.29	2.35	2.40	2.46	2.51	2.57
N_2——中段柱的轴心力；		0.8	2.15	2.27	2.39	2.51	2.62	2.72	2.82	2.92	3.01	3.10	3.19	2.11	2.21	2.32	2.42	2.52	2.62	2.71	2.80	2.89	2.98	3.06
N_3——下段柱的轴心力		1.0	2.32	2.52	2.70	2.86	3.01	3.16	3.29	3.42	3.55	3.66	3.78	2.25	2.42	2.59	2.74	2.88	3.02	3.15	3.27	3.39	3.50	3.61
		1.2	2.55	2.82	3.05	3.26	3.45	3.63	3.80	3.96	4.11	4.26	4.40	2.44	2.69	2.91	3.11	3.29	3.46	3.62	3.78	3.93	4.07	4.20
	0.8	0.2	1.97	1.97	1.98	1.98	1.99	1.99	2.00	2.01	2.01	2.02	2.03	1.96	1.95	1.96	1.96	1.97	1.97	1.98	1.98	1.99	1.99	2.00
		0.4	2.00	2.03	2.06	2.08	2.11	2.14	2.17	2.20	2.22	2.25	2.28	1.99	2.01	2.03	2.05	2.08	2.10	2.13	2.15	2.18	2.21	2.23
		0.6	2.08	2.14	2.21	2.27	2.34	2.40	2.46	2.52	2.58	2.64	2.69	2.05	2.10	2.16	2.22	2.28	2.34	2.40	2.45	2.51	2.56	2.81
		0.8	2.19	2.32	2.44	2.55	2.66	2.76	2.86	2.96	3.05	3.13	3.22	2.15	2.26	2.37	2.47	2.57	2.67	2.76	2.86	2.94	3.02	3.10
		1.0	2.37	2.57	2.74	2.90	3.05	3.19	3.33	3.45	3.58	3.69	3.81	2.30	2.48	2.64	2.79	2.93	3.07	3.19	3.31	3.43	3.54	3.65
		1.2	2.61	2.87	3.09	3.30	3.49	3.66	3.83	3.99	4.14	4.29	4.42	2.50	2.74	2.96	3.15	3.33	3.50	3.66	3.81	3.96	4.10	4.23

续上表

简图	η_1	η_2 \ K_1	0.20											0.30										
		K_2	0.2	0.3	0.4	0.5	0.6	0.7	0.8	0.9	1.0	1.1	1.2	0.2	0.3	0.4	0.5	0.6	0.7	0.8	0.9	1.0	1.1	1.2
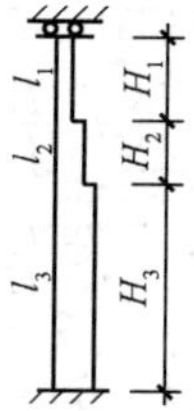	1.0	0.2	2.01	2.02	2.03	2.03	2.04	2.05	2.05	2.06	2.07	2.07	2.08	2.01	2.02	2.02	2.03	2.04	2.04	2.05	2.06	2.06	2.07	2.07
		0.4	2.06	2.09	2.11	2.14	2.17	2.20	2.23	2.25	2.28	2.31	2.33	2.05	2.08	2.10	2.13	2.16	2.18	2.21	2.23	2.26	2.28	2.31
		0.6	2.14	2.21	2.27	2.34	2.40	2.46	2.52	2.58	2.63	2.69	2.74	2.13	2.19	2.25	2.30	2.36	2.42	2.47	2.53	2.58	2.63	2.68
		0.8	2.27	2.39	2.51	2.62	2.72	2.82	2.91	3.00	3.09	3.18	3.26	2.24	2.35	2.45	2.55	2.65	2.74	2.83	2.92	3.00	3.08	3.16
		1.0	2.46	2.64	2.81	2.96	3.10	3.24	3.37	3.50	3.61	3.73	3.84	2.40	2.57	2.72	2.86	3.00	3.13	3.25	2.37	3.48	3.59	3.70
		1.2	2.69	2.94	3.15	3.35	3.53	3.71	3.87	4.02	4.17	4.32	4.46	2.60	2.83	3.03	3.22	3.39	3.56	3.71	3.86	4.01	4.14	4.28
	1.2	0.2	2.13	2.12	2.12	2.13	2.13	2.14	2.14	2.15	2.15	2.16	2.16	2.17	2.16	2.16	2.16	2.16	2.16	2.17	2.17	2.18	2.18	2.29
$K_1=\frac{I_1}{I_3}\cdot\frac{H_3}{H_1}$		0.4	2.18	2.19	2.21	2.24	2.26	2.29	2.31	2.34	2.36	2.38	2.41	2.22	2.22	2.24	2.26	2.28	2.30	2.32	2.34	2.36	2.39	2.41
$K_2=\frac{I_2}{I_3}\cdot\frac{H_3}{H_2}$		0.6	2.27	2.32	2.37	2.43	2.49	2.54	2.60	2.65	2.70	2.76	2.81	2.29	2.33	2.38	2.43	2.48	2.52	2.58	2.62	2.67	2.72	2.77
$\eta_1=\frac{H_1}{H_3}\sqrt{\frac{N_1}{N_3}\cdot\frac{I_3}{I_1}}$		0.8	2.41	2.50	2.60	2.70	2.80	2.89	2.98	3.07	3.15	3.23	3.32	2.41	2.49	2.58	2.67	2.75	2.84	2.92	3.00	3.08	3.16	3.23
$\eta_2=\frac{H_2}{H_3}\sqrt{\frac{N_2}{N_3}\cdot\frac{I_3}{I_2}}$		1.0	2.59	2.74	2.89	3.04	3.17	3.30	3.43	3.55	3.66	3.78	3.89	2.56	2.69	2.83	2.96	3.09	3.21	3.33	3.44	3.55	3.66	3.76
N_1——上段柱的轴心力；		1.2	2.81	3.03	3.32	3.42	3.59	3.76	3.92	4.07	4.22	4.36	4.49	2.74	2.94	3.13	3.30	3.47	3.63	3.78	3.92	4.06	4.20	4.33
N_2——中段柱的轴心力；	1.4	0.2	2.35	2.31	2.29	2.28	2.27	2.27	2.27	2.27	2.27	2.28	2.28	2.45	2.40	2.37	2.35	2.35	2.34	2.34	2.34	2.34	2.34	2.34
N_3——下段柱的轴心力		0.4	2.40	2.37	2.37	2.38	2.39	2.41	2.43	2.45	2.47	2.49	2.51	2.48	2.45	2.44	2.44	2.45	2.46	2.48	2.49	2.51	2.53	2.55
		0.6	2.48	2.49	2.52	2.56	2.61	2.65	2.70	2.75	2.80	2.85	2.89	2.55	2.54	2.56	2.60	2.63	2.67	2.71	2.75	2.80	2.84	2.88
		0.8	2.60	2.66	2.73	2.82	2.90	2.98	3.07	3.15	3.23	3.31	3.38	2.64	2.68	2.74	2.81	2.89	2.96	3.04	3.11	3.18	3.25	3.33
		1.0	2.77	2.88	3.01	3.14	3.26	3.38	3.50	3.62	3.73	3.84	3.94	2.77	2.87	2.98	3.09	3.20	3.32	3.43	3.53	3.64	3.74	3.84
		1.2	2.99	3.15	3.33	3.50	3.67	3.83	3.98	4.13	4.27	4.41	4.54	2.94	3.09	3.26	3.41	3.57	3.72	3.86	4.00	4.13	4.26	4.39

注：表中的计算长度系数 μ_3 值系按下式算得：

$$\frac{\eta_1 K_1}{\eta_2 K_2}\cdot\cot\frac{\pi\eta_1}{\mu_3}\cdot\cot\frac{\pi\eta_2}{\mu_3}+\frac{\eta_1 K_1}{(\eta_2 K_2)^2}\cdot\cot\frac{\pi\eta_1}{\mu_3}\cdot\cot\frac{\pi}{\mu_3}+\frac{1}{\eta_2 K_2}\cdot\cot\frac{\pi\eta_2}{\mu_3}\cdot\cot\frac{\pi}{\mu_3}-1=0$$

表 13-37　　单层厂房阶形柱计算长度的折减系数

<table>
<tr><th colspan="4">厂 房 类 型</th><th rowspan="2">折减系数</th></tr>
<tr><th>单跨或多跨</th><th>纵向温度区段内一个柱列的柱子数</th><th>屋面情况</th><th>厂房两侧是否有通长的屋盖纵向水平支撑</th></tr>
<tr><td rowspan="4">单跨</td><td>等于或少于 6 个</td><td>—</td><td>—</td><td rowspan="2">0.9</td></tr>
<tr><td rowspan="3">多于 6 个</td><td rowspan="2">非大型钢筋混凝土屋面板的屋面</td><td>无纵向水平支撑</td></tr>
<tr><td>有纵向水平支撑</td><td rowspan="3">0.8</td></tr>
<tr><td>大型钢筋混凝土屋面板的屋面</td><td>—</td></tr>
<tr><td rowspan="3">多跨</td><td rowspan="3">—</td><td rowspan="2">非大型钢筋混凝土屋面板的屋面</td><td>无纵向水平支撑</td></tr>
<tr><td>有纵向水平支撑</td><td rowspan="2">0.7</td></tr>
<tr><td>大型钢筋混凝土屋面板的屋面</td><td>—</td></tr>
</table>

注：有横梁的露天结构（如落锤车间等），其折减系数可采用 0.9。

表 13-38　　构件和连接分类

项 次	简 图	说 明	类别
1	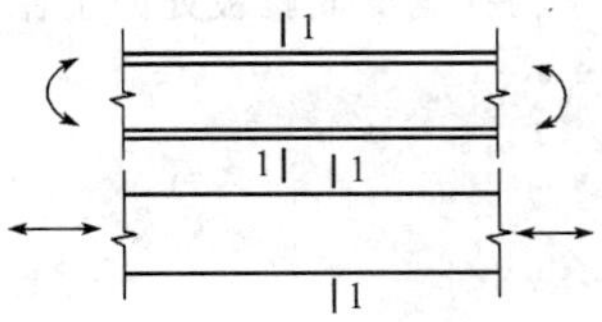	无连接处的主体金属： (1)轧制工字钢。 (2)钢板： ①两边为轧制边或刨边。 ②两侧为自动、半自动切割边[切割质量标准应符合《钢结构工程施工质量验收规范》(GB 50205—2001)]	 1 1 2
2	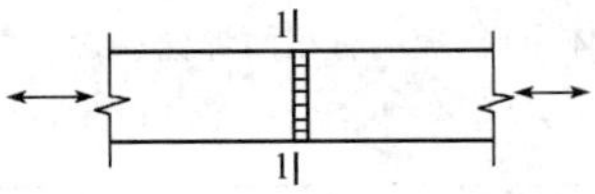	横向对接焊缝附近的主体金属： (1)符合《钢结构工程施工质量验收规范》(GB 50205—2001)的一级焊缝。 (2)焊缝经加工、磨平的一级焊缝	 3 2
3	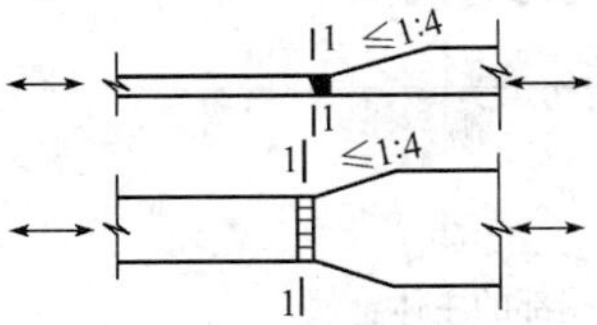	不同厚度(或宽度)横向对接焊缝附近的主体金属，焊缝加工成平滑过渡并符合一级焊缝标准	2
4	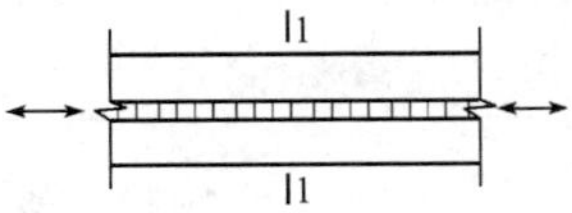	纵向对接焊缝附近的主体金属，焊缝符合二级焊缝标准	2
5	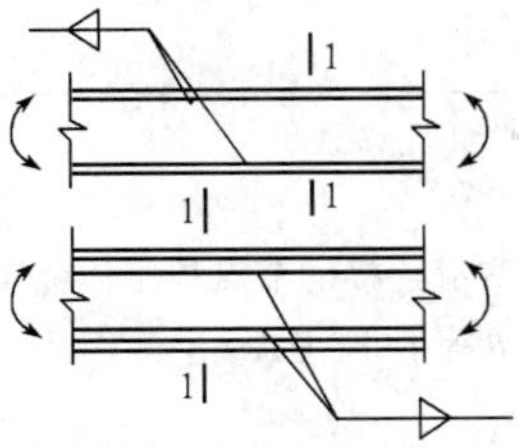	翼缘连接焊缝附近的主体金属： (1)翼缘板与腹板的连接焊缝： ①自动焊，二级 T 形对接和角接组合焊缝。 ②自动焊，角焊缝，外观质量符合二级。 ③手工焊，角焊缝，外观质量符合二级。 (2)双层翼缘板之间的连接焊缝： ①自动焊，角焊缝，外观质量符合二级。 ②手工焊，角焊缝，外观质量符合二级	 2 3 4 3 4

续上表

项次	简图	说明	类别
6	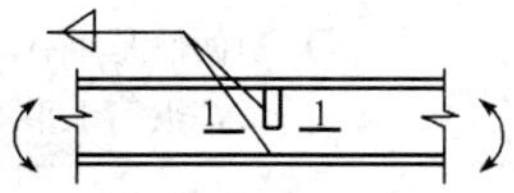	横向加劲肋端部附近的主体金属： (1)肋端不断弧(采用回焊) (2)肋端断弧	 4 5
7	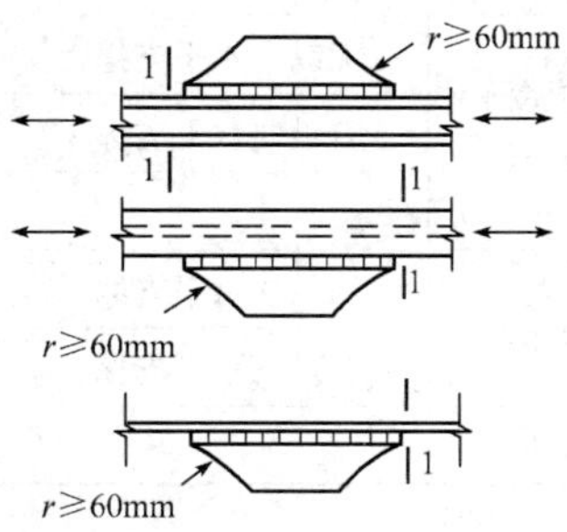 $r \geqslant 60$mm $r \geqslant 60$mm $r \geqslant 60$mm	梯形节点板用对接焊缝焊于梁翼缘、腹板以及桁架构件处的主体金属，过渡处在焊后铲平、磨光，成圆滑过渡，不得有焊接起弧、灭弧缺陷	5
8	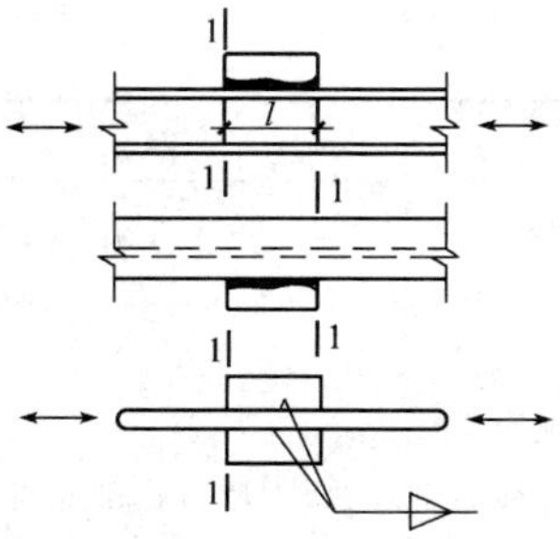	矩形节点板焊接于构件翼缘或腹板处的主体金属，$l>150$mm	7
9	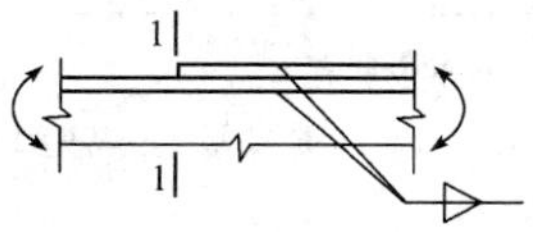	翼缘板中断处的主体金属(板端有正面焊缝)	7
10	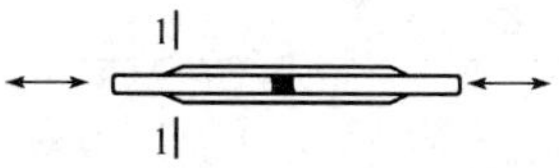	向正面角焊缝过渡处的主体金属	6
11	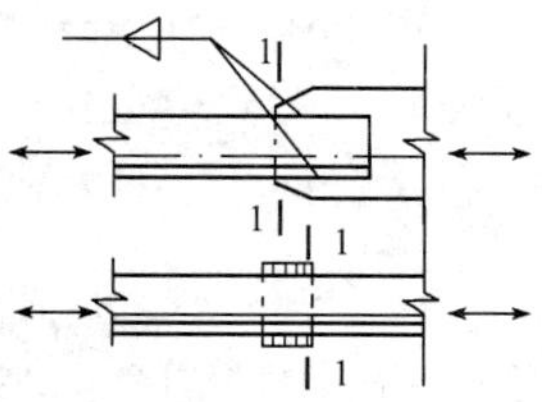	两侧面角焊缝连接端部的主体金属	8
12	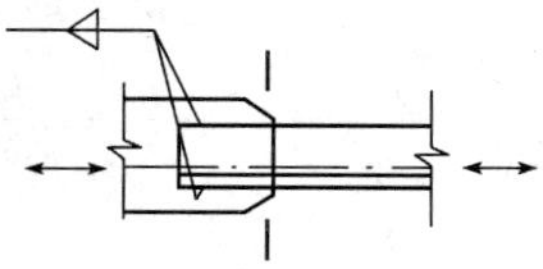	三面围焊的角焊缝端部主体金属	7
13	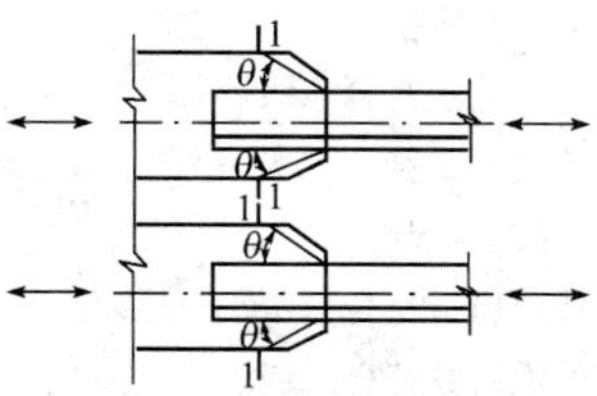	三面围焊或两侧面角焊缝连接的节点板主体金属(节点板计算宽度按扩散角θ等于30°考虑)	7

续上表

项　次	简　图	说　明	类别
14		K形坡口T形对接与角接组合焊缝处的主体金属，两板轴线偏离小于0.15t，焊缝为二级，焊趾角 $\alpha \leqslant 45°$	5
15		十字形接头角焊缝处的主体金属，两板轴线偏离小于0.15t	7
16	角焊缝	按有效截面确定的剪应力幅计算	8
17		铆钉连接处的主体金属	3
18		连系螺栓和虚孔处的主体金属	3
19		高强度螺栓摩擦型连接处的主体金属	2

注：1. 所有对接焊缝及T形对接和角接组合焊缝均需焊透。所有焊缝外形尺寸均应符合现行国家标准《钢结构焊缝外形尺寸》(GB 10854)的规定。

2. 项次16中的剪应力幅 $\Delta\tau = \tau_{max} - \tau_{min}$，其中 τ_{min} 的正负值为：与 τ_{max} 同方向时，取正值；与 τ_{max} 反方向时，取负值。

3. 第17、18项中的应力应以净截面面积计算，第19项应以毛截面面积计算。

表 13-39　　卷边的最小高厚比

$\frac{b}{t}$	15	20	25	30	35	40	45	50	55	60
$\frac{a}{t}$	5.4	6.3	7.2	8.0	8.5	9.0	9.5	10.0	10.5	11.0

注：a——为卷边的高度；

b——为带卷边板件的宽度；

t——为板厚。

表 13-40　　受压构件的容许长细比

项　次	构　件　名　称	容许长细比
1	柱、桁架和天窗架中的杆件	150
	柱的缀条、吊车梁或吊车桁架以下的柱间支撑	

续上表

项 次	构 件 名 称	容许长细比
2	支撑(吊车梁或吊车桁架以下的柱间支撑除外)	200
	用以减小受压构件长细比的杆件	

注:1. 桁架(包括空间桁架)的受压腹杆,当其内力等于或小于承载能力的50%时,容许长细比值可取为200。

2. 计算单角钢受压构件的长细比时,应采用角钢的最小回转半径,但在计算在交叉点相互连接的交叉杆件平面外的长细比时,可采用与角钢肢边平行轴的回转半径。

3. 跨度等于或大于60m的桁架,其受压弦杆和端压杆的容许长细比值宜取为100,其他受压腹杆可取为150(承受静力荷载或间接承受动力荷载)或120(直接承受动力荷载)。

4. 由容许长细比控制截面的杆件,在计算其长细比时,可不考虑扭转效应。

表 13-41　　受拉构件的容许长细比

项 次	构件名称	承受静力荷载或间接承受动力荷载的结构		直接承受动力荷载
		一般建筑结构	有重级工作制吊车的厂房	
1	桁架的杆件	350	250	250
2	吊车梁或吊车桁架以下的柱间支撑	300	200	—
3	其他拉杆、支撑、系杆等(张紧的圆钢除外)	400	350	—

注:1. 承受静力荷载的结构中,可仅计算受拉构件在竖向平面内的长细比。

2. 在直接或间接承受动力荷载的结构中,单角钢受拉构件长细比的计算方法可见相关规定。

3. 中、重级工作制吊车桁架下弦杆的长细比不宜超过200。

4. 在设有夹钳或刚性料耙等硬钩吊车的厂房中,支撑(表中第2项除外)的长细比不宜超过300。

5. 受拉构件在永久荷载与风荷载组合作用下受压时,其长细比不宜超过250。

6. 跨度等于或大于60m的桁架,其受拉弦杆和腹杆的长细比不宜超过300(承受静力荷载或间接承受动力荷载)或250(直接承受动力荷载)。

表 13-42　　屋架支座底板和锚栓尺寸选用表(单位:mm)

支座反力(kN)		130	260	390	520	650
底板的平面尺寸	C20及以上	250×(220～250)	300×(220～300)	300×(220～300)	350×(220～350)	350×(250～350)
底板的厚度为	Q235	16	20	20	20	24
	Q345	16	16	20	20	20
焊缝的焊脚尺寸		6	6	7	8	8
锚栓直径		20	20	20	24	24
底板上的锚栓孔径 d		50	50	50	60	60

表 13-43　　两相邻边支承及三边简支、一边自由板的弯矩系数 β 值

b_1/a_1	0.3	0.4	0.5	0.6	0.7	0.8	0.9	1.0	1.2	≥1.4
β	0.026	0.042	0.058	0.072	0.085	0.092	0.104	0.11	0.120	0.128

注:1. 对三边简支,一边自由的板表中 a_1 为自由边长,b_1 为与自由边垂直的支承边长。

2. 表中前三项,仅适用于两边支承。

表 13-44　　**设置纵向支撑的条件参考表**

序号	厂房跨数	柱顶高度≤15m(有天窗) 柱顶高度≤18m(无天窗)		柱顶高度>15m(有天窗) 柱顶高度>18m(无天窗)	
		中级工作制 (A4、A5级)吊车	重级工作制 (A6、A8级)吊车	中级工作制 (A4、A5级)吊车	重级工作制 (A6、A8级)吊车
1	单跨	Q≥50t	Q≥15t	Q≥30t	Q≥10t
2	等高多跨	Q≥75t	Q≥20t	Q≥50t	Q≥15t

表 13-45　　**屋盖支撑杆件的参考截面**(屋架间距为 6m)

序号	支撑种类	几何图形(mm)	h(mm)	杆件截面	
				无吊车和有轻、中级工作制(A1～A5级)吊车	有重级工作制(A6～A8级)吊车
1	上、下弦平面支撑或垂直支撑		3000	∟56×5	∟63×5
			3500	∟63×5	∟70×5
			4000	∟63×5	∟70×5
			4500	∟63×5	∟70×5
			5000	∟70×5	∟75×5
			5500	∟70×5	∟75×5
			6000	∟70×5	∟80×5
			7000	∟70×5	∟90×6(∟100×63×6)
			8000	∟90×6(∟100×63×5)	∟100×6(∟100×80×6)
			9000	∟90×6(∟100×63×6)	∟100×6(∟100×80×6)
2	垂直支撑		2500	a—∟63×5	a—∟63×5
			3000	a—∟70×5	a—∟70×5
			3500	a—┼50×5	a—┼50×5
			4000	a—┼50×5	a—┼50×5
3			100	a—∟50×5	a—∟50×5
			1500	a—∟56×5	a—∟56×5
			2000	a—∟63×5	a—∟63×5
			2500	a—∟75×5	a—∟75×5
			3000	a—⊤50×5	a—⊤50×5
4	刚性系杆	6000	—	┼70×5	┼70×5
5	柔性系杆	6000	—	∟70×5	∟80×5

注:1. 采用不等边角钢时,长肢应伸出支撑桁架平面外。

2. 轻型钢结构屋架的角钢支撑杆件在满足长细比要求情况下可采用更小更薄的角钢。

表 13-46　柱身板件的宽厚比限值

序号	类型	截面形式	翼缘板	腹板
1	受弯构件	工字形截面 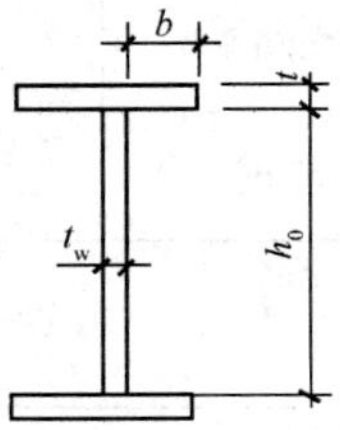	$\frac{b}{t}\leqslant 13\sqrt{\frac{235}{f_y}}$ f_y 为钢材牌号所指屈服点，详见表注 2	当 $0<\alpha_0\leqslant 1.6$ 时 $\frac{h_0}{t_w}\leqslant(16\alpha_0+0.5\lambda+25)\sqrt{\frac{235}{f_y}}$ 当 $1.6<\alpha_0<2.0$ 时 $\frac{h_0}{t_w}\leqslant(48\alpha_0+0.5\lambda-26.2)\sqrt{\frac{235}{f_y}}$ 其中 α_0 为柱腹板应力不均匀系数，$\alpha_0=\frac{\sigma_{max}-\sigma_{min}}{\sigma_{max}}$
		T 形截面 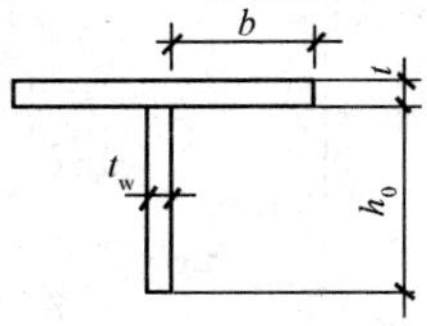	$\frac{b}{t}\leqslant 13\sqrt{\frac{235}{f_y}}$	当 $\alpha_0\leqslant 1.0$ 时 $\frac{h_0}{t_w}\leqslant 15\sqrt{\frac{235}{f_y}}$ 当 $\alpha_0>1.0$ 时 $\frac{h_0}{t_w}\leqslant 18\sqrt{\frac{235}{f_y}}$
		箱形截面 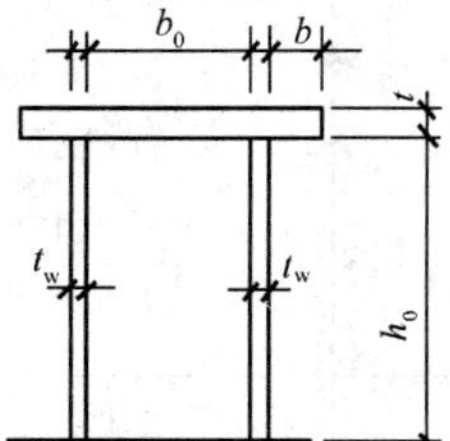	$\frac{b}{t}\leqslant 40\sqrt{\frac{235}{f_y}}$	当 $0\leqslant\alpha_0\leqslant 1.6$ 时 $\frac{h_0}{t_w}\leqslant(12.8\alpha_0+0.4\lambda+20)\sqrt{\frac{235}{f_y}}$ 当 $1.6\leqslant\alpha_0\leqslant 2.0$ 时 $\frac{h_0}{t_w}\leqslant(38.4\alpha_0+0.4\lambda-21)\sqrt{\frac{235}{f_y}}$ 上二式算得值如小于 $40\sqrt{\frac{235}{f_y}}$ 时则采用$40\sqrt{\frac{235}{f_y}}$
		圆管截面 	圆管截面的受压构件，其外径与壁厚之比应满足下列要求： $\frac{d}{t}\leqslant 100\sqrt{\frac{235}{f_y}}$	

续上表

序号	类型	截面形式	翼缘板	腹　　板
2	轴心受压构件	工字形截面（b, t, h_0, t_w）	$\frac{b}{t}\leqslant(10+0.1\lambda)\sqrt{\frac{235}{f_y}}$	$\frac{h_0}{t_w}\leqslant(25+0.5\lambda)\sqrt{\frac{235}{f_y}}$
		T形截面（b, t, h_0, t_w）	$\frac{b}{t}\leqslant(10+0.1\lambda)\sqrt{\frac{235}{f_y}}$	$\frac{h_0}{t_w}\leqslant(10+0.1\lambda)\sqrt{\frac{235}{f_y}}$
		箱形截面（b_0, t, h_0, t_w）	$\frac{b_0}{t}\leqslant40\sqrt{\frac{235}{f_y}}$	$\frac{h_0}{t_w}\leqslant40\sqrt{\frac{235}{f_y}}$

注：1. 当强度和稳定计算中取 $\gamma_x=1.0$ 时，b/t 可放宽至 $15\sqrt{235/f_y}$。

2. 表中符号说明：

f_y——钢材牌号所指屈服点（N/mm^2），Q235 钢，$f_y=235N/mm^2$；Q345 钢，$f_y=345N/mm^2$；Q390 钢，$f_y=390N/mm^2$；Q420 钢，$f_y=420N/mm^2$；

σ_{max}——腹板计算高度边缘的最大压应力，计算时不考虑构件的稳定系数和截面塑性发展系数；

σ_{min}——腹板计算高度另一边缘相应的应力，压应力取正值，拉应力取负值；

λ——构件在弯矩作用平面内的长细比：当 $\lambda<30$ 时，取 $\lambda=30$；当 $\lambda>100$，取 $\lambda=100$。

3. 当工字形、箱形截面的 h_0/t_w 不能满足要求时，腹板截面应仅考虑计算高度边缘范围内两侧宽度 $20t_w\sqrt{235/f_y}$ 的部分（计算构件稳定系数时仍用全截面）或用纵向加劲肋加强；纵向加劲肋宜在腹板两侧成对配置，其一侧外伸宽度不应小于 $10t_w$，厚度不应小于 $0.75t_w$。

表 13-47　　十字交叉支撑斜杆最大长细比

位　　置		抗震设防烈度			
		6	7	8	9
地震区	上柱支撑	250	250	200	150
	下柱支撑	200	200	150	150
位　　置		有轻、中级工作制吊车的厂房		有重级工作制吊车的厂房	
非地震区	上柱支撑	400		350	
	下柱支撑	300		200	

注：1. 计算单角钢受拉杆件的长细比时，应采用角钢最小回转半径；但在计算单角钢交叉拉杆在支撑平面外的长细比时，应采用与角钢肢边平行轴的回转半径。

2. 在设有夹钳吊车或刚性料耙吊车的厂房中（非地震区），吊车梁以上的柱间支撑和其他支撑，其长细比不宜超过 300。

表 13-48　　压杆在循环荷载下的应力降低系数 η

钢号	长细比							
	60	70	80	90	100	120	150	200
Q235	0.816	0.792	0.769	0.747	0.727	0.689	0.639	0.571
Q345	0.785	0.758	0.733	0.709	0.687	0.646	0.594	0.523

注:中间数值可按直线插入求得。

表 13-49　　地区温度计算差值

厂房类型及使用条件		Δt
采暖车间		25°～30°
非采暖车间	北方地区	35°～45°
	中部地区	25°～35°
	南方地区	15°～25°
热加工车间		≈40°
露天栈桥	北方地区	≈55°
	南方地区	≈45°

注:中部地区系指长江中、下游及陇海铁路之间;南方地区包括四川盆地。

表 13-50　　吊车规格技术资料表

<table>
<tr><td rowspan="5">吊车台数</td><td colspan="2" rowspan="2">吊车起重量</td><td rowspan="4">吊车跨度 S</td><td rowspan="5">工作制级别</td><td colspan="4">极限位置</td><td colspan="9">主要尺寸</td><td colspan="2">重量</td><td colspan="2">轮压</td><td rowspan="5">每侧制动轮数</td><td rowspan="5">推荐采用的大车轨道</td></tr>
<tr><td colspan="4">吊钩至轨道中心距离</td><td colspan="3" rowspan="2">吊车轮距</td><td rowspan="2">吊车最大宽度</td><td rowspan="2">轨道中心至吊车外端距离</td><td rowspan="2">轨道顶面至吊车顶端距离</td><td rowspan="2">轨道中心至缓冲器距离</td><td rowspan="2">轨道中心至操纵室外侧距离</td><td rowspan="2">操纵室底面至大梁底面距离</td><td rowspan="2">小车重量</td><td rowspan="2">吊车总重量</td><td rowspan="2">最大轮压</td><td rowspan="2">最小轮压</td></tr>
<tr><td>主钩</td><td>副钩</td><td colspan="2">主钩</td><td colspan="2">副钩</td></tr>
<tr><td colspan="2">Q</td><td>L_1</td><td>L_2</td><td>L_3</td><td>L_4</td><td>K</td><td>K_1</td><td>K_2</td><td>B</td><td>B_1</td><td>H</td><td>H_1</td><td>B_2</td><td>h_3</td><td>g</td><td>G</td><td>P_{max}</td><td>P_{min}</td></tr>
<tr><td colspan="2">(t)</td><td>(m)</td><td colspan="13">(mm)</td><td colspan="4">(t)</td></tr>
<tr><td></td><td></td><td></td><td></td><td></td><td></td><td></td><td></td><td></td><td></td><td></td><td></td><td></td><td></td><td></td><td></td><td></td><td></td><td></td><td></td><td></td><td></td><td></td><td></td></tr>
</table>

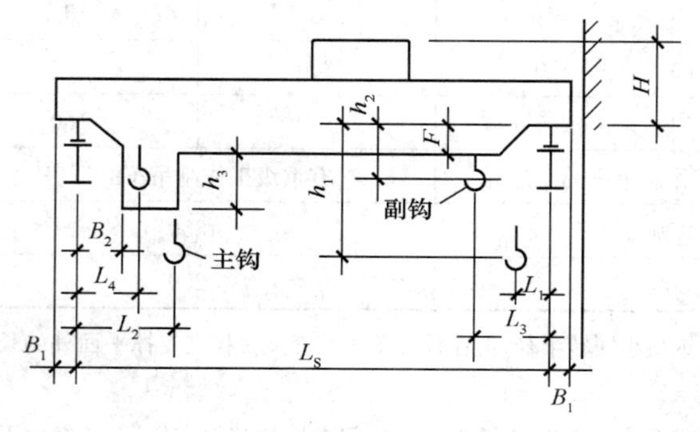

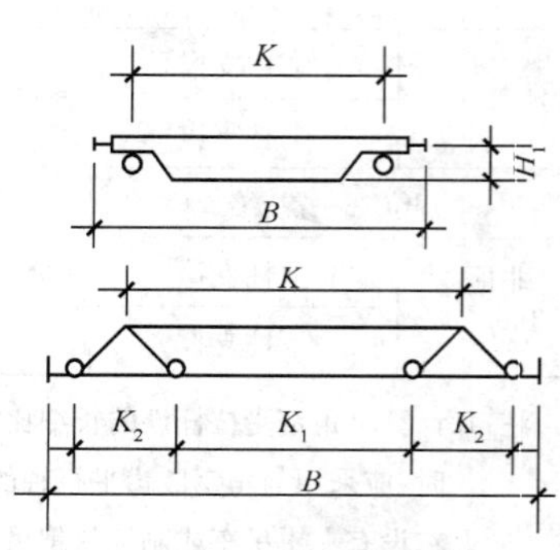

吊车的基本尺寸

表 13-51　　吊车梁自重影响系数 β_w 值

系数 \ 吊车梁或吊车桁架	吊车梁				吊车桁架
	梁跨度(m)				
	6	12	15	≥18	
β_w 值	1.03	1.05	1.06	1.07	1.06

表 13-52　　轴心受压等边和短边相连不等边角钢的折减系数

角钢类型 \ 长细比 λ	100	110	120	130	140	150	160	170	180	190	200
等边角钢	0.75	0.77	0.78	0.80	0.81	0.83	0.84	0.86	0.87	0.89	0.90
短边相连的不等边角钢	0.75	0.78	0.80	0.83	0.85	0.88	0.90	0.93	0.95	0.98	1.00

表 13-53　　作用于梁上两个轮时简支吊车梁最大竖向弯矩、剪力计算公式

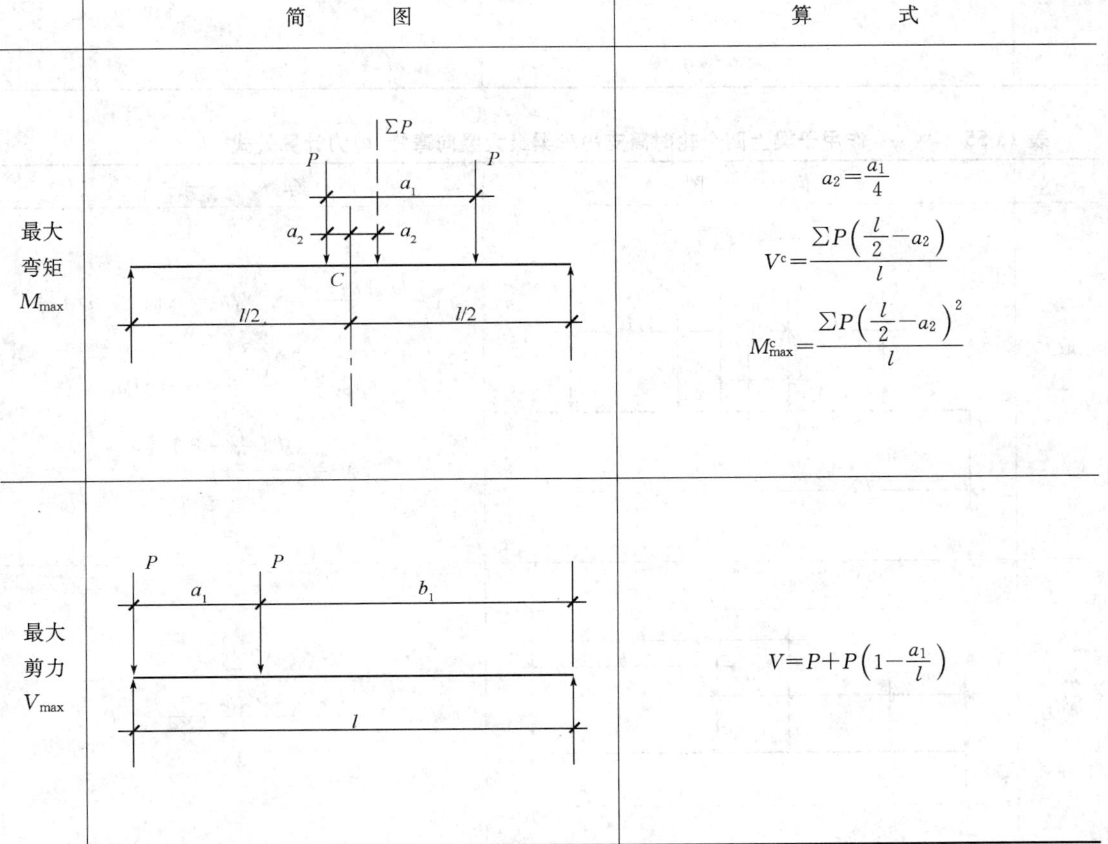

	简图	算式
最大弯矩 M_{max}	ΣP, P, P, a_1, a_2, a_2, C, l/2, l/2	$a_2=\frac{a_1}{4}$ $V^c=\frac{\Sigma P\left(\frac{l}{2}-a_2\right)}{l}$ $M^c_{max}=\frac{\Sigma P\left(\frac{l}{2}-a_2\right)^2}{l}$
最大剪力 V_{max}	P, P, a_1, b_1, l	$V=P+P\left(1-\frac{a_1}{l}\right)$

表 13-54　　作用于梁上三个轮时简支吊车梁最大竖向弯矩、剪力计算公式

	简　图	算　式
最大弯矩 M_{max}	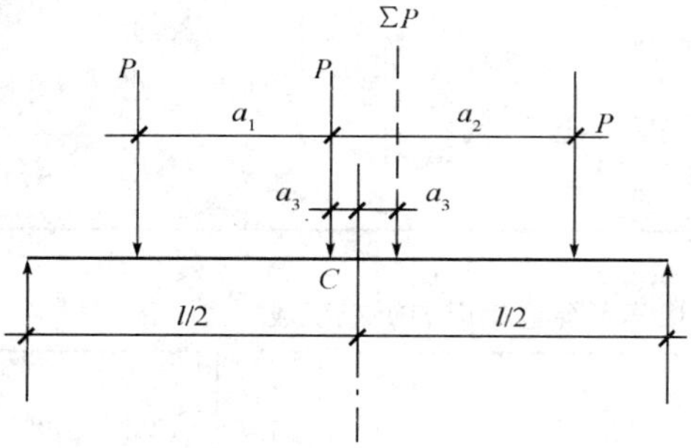 ΣP, P, P, P, a_1, a_2, a_3, a_3, C, l/2, l/2	$a_3=\frac{a_2-a_1}{6}$ $M^c_{max}=\frac{\Sigma P\left(\frac{l}{2}-a_3\right)^2}{l}-Pa_1$ $V^c=\frac{\Sigma P\left(\frac{l}{2}-a_3\right)}{l}-P$
最大剪力 V_{max}	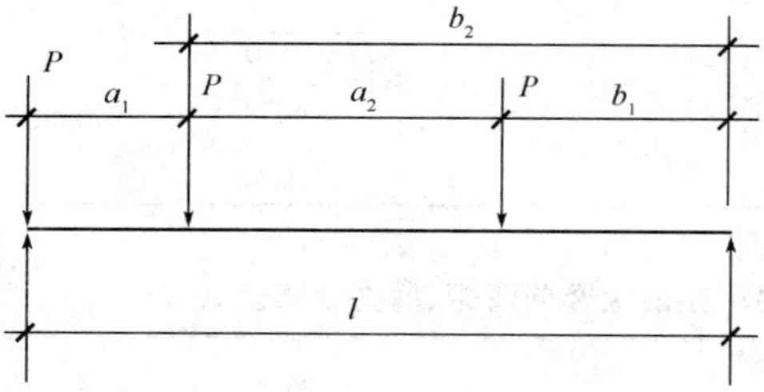 b_2, P, P, P, a_1, a_2, b_1, l	$V=\frac{P\times b_1+P\times b_2}{l}+P$

表 13-55　　作用于梁上四个轮时简支吊车梁最大竖向弯矩、剪力计算公式

	简　图	算　式
最大弯矩 M_{max}	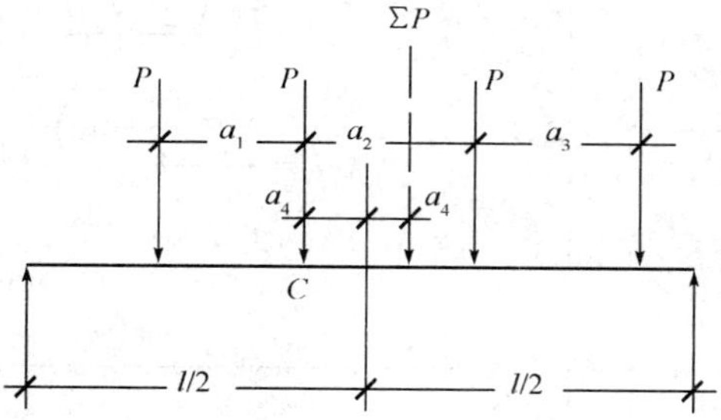 ΣP, P, P, P, P, a_1, a_2, a_3, a_4, a_4, C, l/2, l/2	$a_4=\frac{2a_2+a_3-a_1}{8}$　当 $a_3=a_1$ 时　$a_4=\frac{a_2}{4}$ $M^c_{max}=\frac{\Sigma P\left(\frac{l}{2}-a_4\right)^2}{l}-Pa_1$ $V^c=\frac{\Sigma P\left(\frac{l}{2}-a_4\right)}{l}-P$
最大剪力 V_{max}	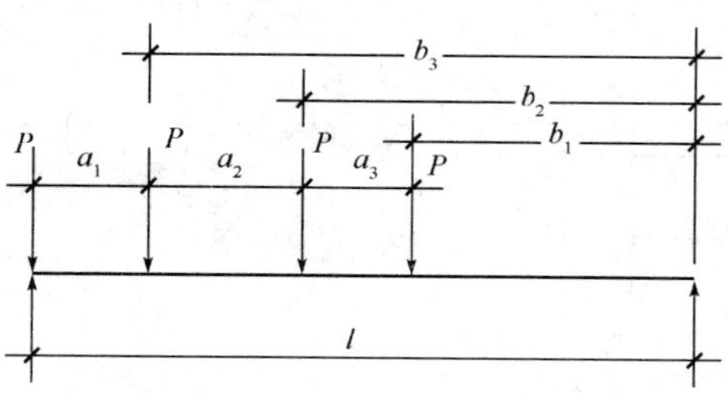 b_3, b_2, b_1, P, P, P, P, a_1, a_2, a_3, l	$V=\frac{P\times b_1+P\times b_2+P\times b_3}{l}+P$

表 13-56 作用于梁上六个轮时简支吊车梁最大竖向弯矩、剪力计算公式

	简 图	算 式
最大弯矩 M_{max}	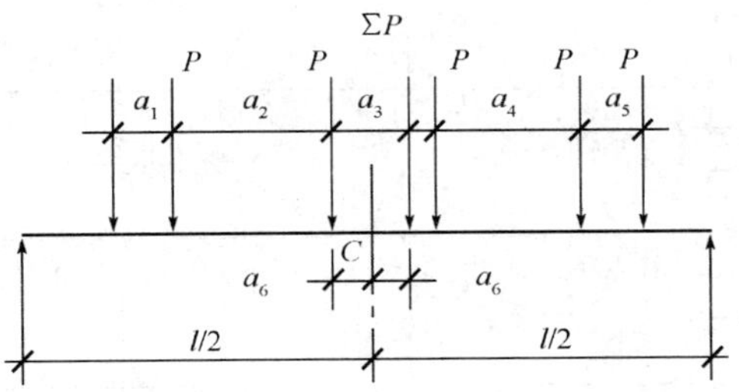	$a_6=\frac{3a_3+2a_4+a_5-a_1-2a_2}{12}$ 当 $a_3=a_5=a_1$ 及 $a_4=a_2$ 时，$a_6=\frac{a_1}{4}$ $M_{max}^c=\sum P\frac{\left(\frac{l}{2}-a_6\right)^2}{l}-P(a_1+2a_2)$ $V^c=\frac{\sum P\left(\frac{l}{2}-a_6\right)}{l}-2P$
最大剪力 V_{max}	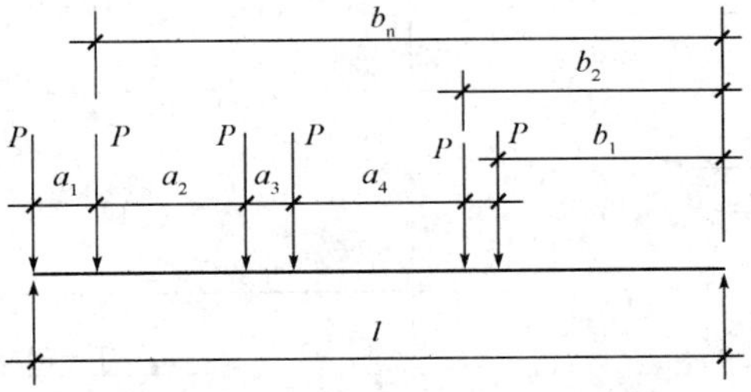	$V=\frac{P\times b_1+P\times b_2+P\times(b_2+a_4)}{l}$ $\frac{P\times(b_2+a_3+a_4+a_2)}{l}+\frac{P\times(b_2+a_3+a_4)}{l}+P$

表 13-57 柱脚铰接楔形刚架柱的计算长度系数 μ_r

K_2/K_1		0.1	0.2	0.3	0.5	0.75	1.0	2.0	≥10.0
$\frac{I_{c0}}{I_{c1}}$	0.01	0.428	0.368	0.349	0.331	0.320	0.318	0.315	0.310
	0.02	0.600	0.502	0.470	0.440	0.428	0.420	0.411	0.404
	0.03	0.729	0.599	0.558	0.520	0.501	0.492	0.483	0.473
	0.05	0.931	0.756	0.694	0.644	0.618	0.606	0.589	0.580
$\frac{I_{c0}}{I_{c1}}$	0.07	1.075	0.873	0.801	0.742	0.711	0.697	0.672	0.650
	0.10	1.252	1.027	0.935	0.857	0.817	0.801	0.790	0.739
	0.15	1.518	1.235	1.109	1.021	0.965	0.938	0.895	0.872
	0.20	1.745	1.395	1.254	1.140	1.080	1.045	1.000	0.969

表 13-58 一端固定一端铰支梁的固端弯矩计算公式

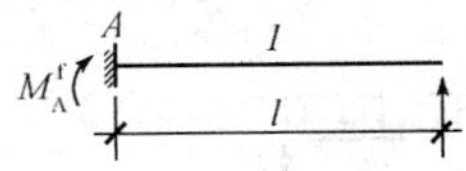

（图中所示力的方向为正值）

序 号	变形或荷载图形	固端弯矩 M_A^f
1	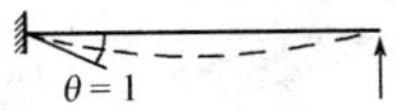 θ=1	$\frac{3EI}{l}$
2	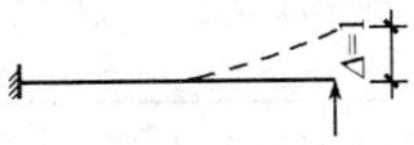 Δ=1	$\frac{3EI}{l^2}$

续上表

序　号	变形或荷载图形	固端弯矩 M_A^F
3	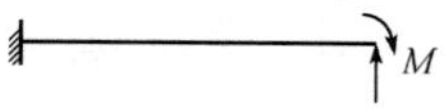	$\frac{M}{2}$
4	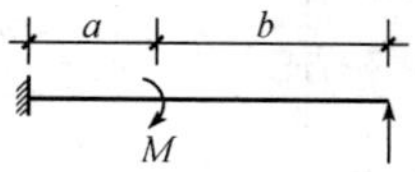	$\frac{l^2-3b^2}{2l^2}M$
5	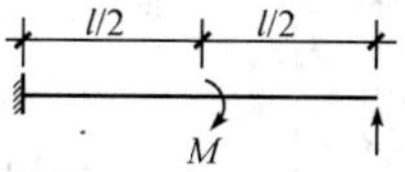	$\frac{M}{8}$
6	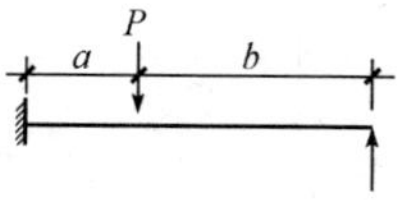	$-\frac{Pab(b+l)}{2l^2}$
7	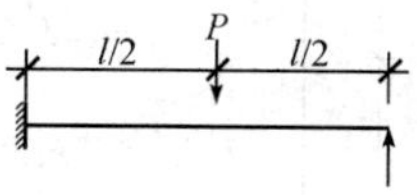	$-\frac{3}{16}Pl$
8	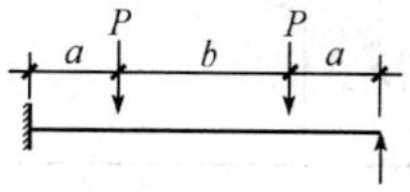	$-\frac{3Pa(a+b)}{2l}$
9	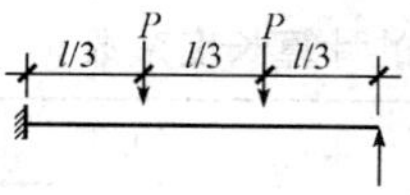	$-\frac{Pl}{3}$
10	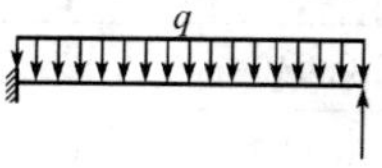	$-\frac{ql^2}{8}$
11	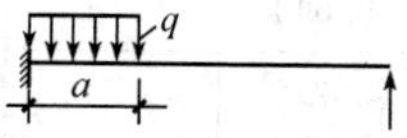	$-\frac{qa^2}{8l^2}(2l-a)^2$
12	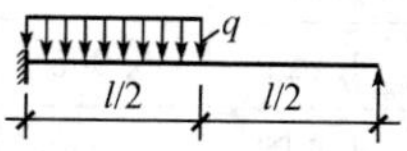	$-\frac{9}{128}ql^2$
13	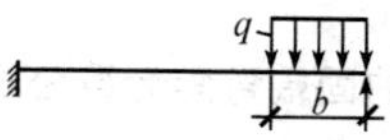	$-\frac{qb^2}{8l^2}(2l^2-b^2)$
14	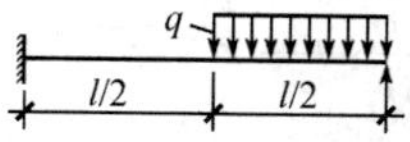	$-\frac{7}{128}ql^2$
15	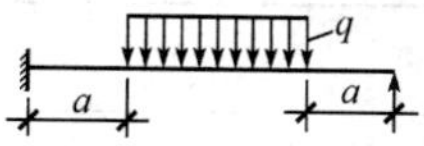	$-\frac{q'}{8l}(l^3-6a^2l+4a^2)$
16	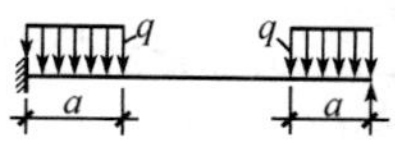	$-\frac{qa^2}{4l}(3l-2a)$

续上表

序　号	变形或荷载图形	固端弯矩 M_A^f
17	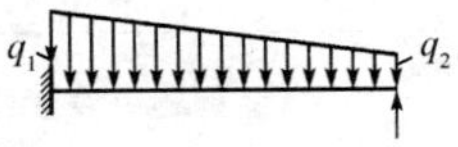	$-\frac{l^2}{120}(8q_1+7q_2)$
18	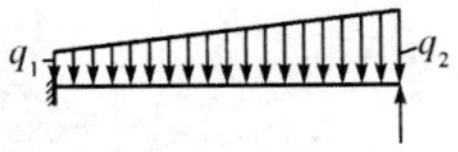	$-\frac{l^2}{120}(7q_1+8q_2)$
19	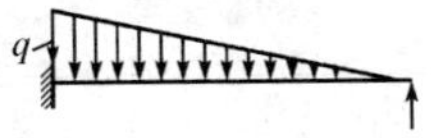	$-\frac{1}{15}ql^2$
20	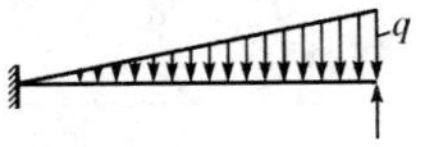	$-\frac{7}{120}ql^2$
21	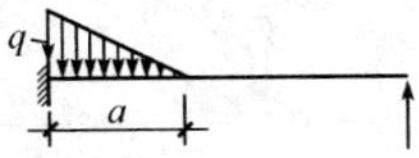	$-\frac{qa^2}{120l^2}(20l^2-15al+3a^2)$
22	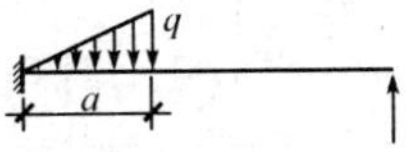	$-\frac{qa^2}{120l^2}(40l^2-45al+12a^2)$
23	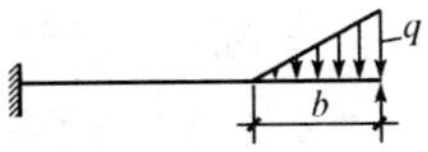	$-\frac{qb^2}{120l^2}(10l^2-3b^2)$
24	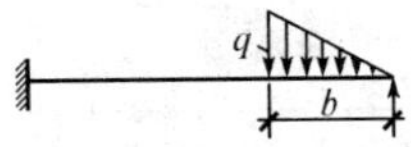	$-\frac{qb^2}{30l^2}(5l^2-3b^2)$
25	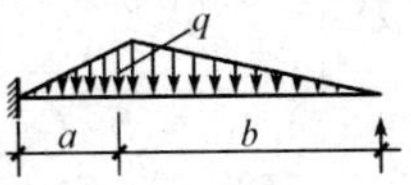	$-\frac{q}{120l}(a+2b)(7l^2-3b^2)$
26	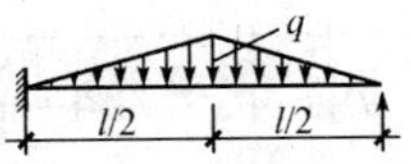	$-\frac{5}{64}ql^2$

表 13-59　　**两端固定梁的固端弯矩计算公式**

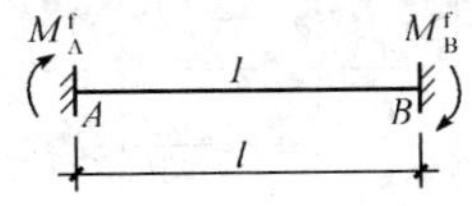

（图中所示力的方向为正值）

序　号	变形或荷载图形	固　端　弯　矩	
		M_A^f	M_B^f
1	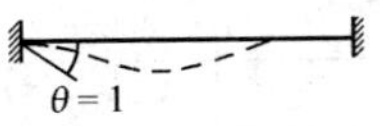 $\theta=1$	$\frac{4EI}{l}$	$\frac{2EI}{l}$
2	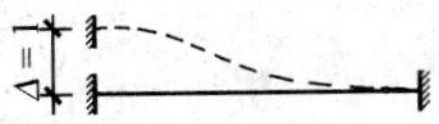	$-\frac{6EI}{l^2}$	$-\frac{6EI}{l^2}$

续上表

序　号	变形或荷载图形	固　端　弯　矩	
		M_A^f	M_B^f
3	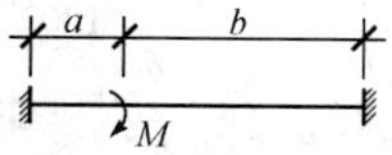	$\frac{b}{l^2}(3a-l)M$	$\frac{a}{l^2}(3b-l)M$
4	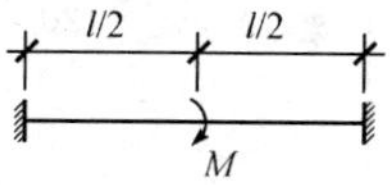	$\frac{M}{4}$	$\frac{M}{4}$
5	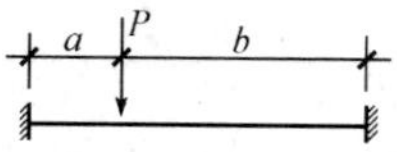	$-\frac{Pab^2}{l^2}$	$\frac{Pa^2b}{l^2}$
6	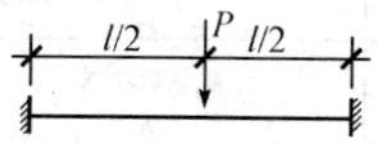	$-\frac{Pl}{8}$	$\frac{Pl}{8}$
7	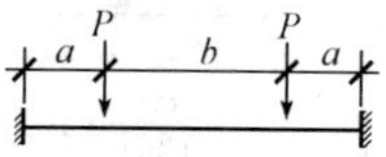	$-\frac{Pa}{l}(a+b)$	$\frac{Pa}{l}(a+b)$
8	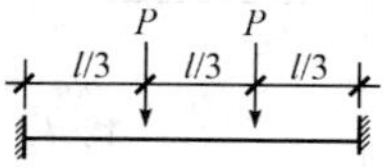	$-\frac{2}{9}Pl$	$\frac{2}{9}Pl$
9	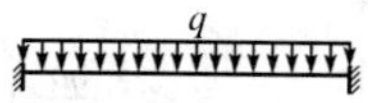	$-\frac{1}{12}ql^2$	$\frac{1}{12}ql^2$
10	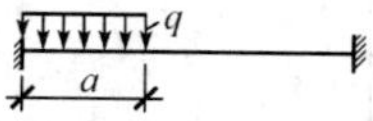	$-\frac{qa^2}{12l^2}(6l^2-8al+3a^2)$	$\frac{qa^3}{12l^2}(4l-3a)$
11	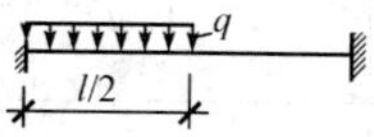	$-\frac{11}{192}ql^2$	$\frac{5}{192}ql^2$
12	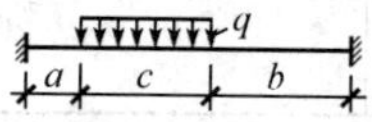	$-\frac{q}{12l^2}-\{6l^2[(a+c)^2-a^2]-8l$ $\times[(a+c)^3-a^3]+3[(a+c)^4-a^4]\}$	$\frac{q}{12l^2}\{4l[(a+c)^3-a^3]-3$ $\times[(a+c)^4-a^4]\}$
13	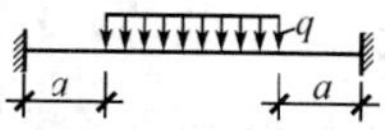	$-\frac{a}{12l}(l^3-6a^2l+4a^3)$	$-\frac{q}{12l}(l^3-6a^2l+4a^3)$
14	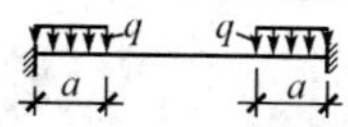	$-\frac{qa^2}{6l}(3l-2a)$	$\frac{qa^2}{6l}(3l-2a)$
15	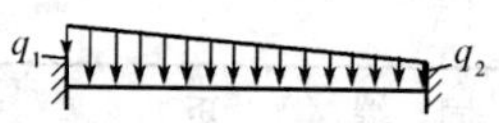	$-\frac{l^2}{60}(3q_1+2q_2)$	$\frac{l^2}{60}(2q_1+3q_2)$
16	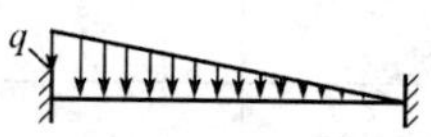	$-\frac{1}{20}ql^2$	$\frac{1}{30}ql^2$
17	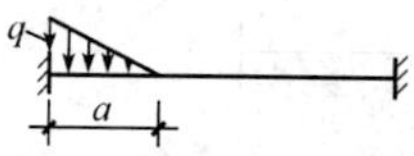	$-\frac{qa^2}{60l^2}(10l^2-10al+3a^2)$	$\frac{qa^3}{60l^2}(5l-3a)$

续上表

序 号	变形或荷载图形	固端弯矩	
		M_A^f	M_B^f
18	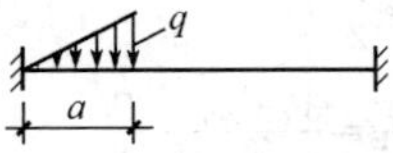	$-\frac{qa^2}{30l^2}(10l^2-15al+6a^2)$	$\frac{qa^3}{20l^2}(5l-4a)$
19	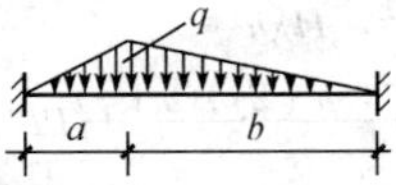	$-\frac{q}{60l}[2a^2(a+4b)+3b^2(4a+b)]$	$\frac{q}{60l}[3a^2(a+4b)+2b^3(4a+b)]$
20	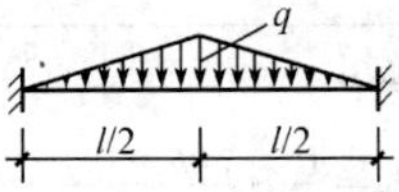	$-\frac{5}{96}ql^2$	$\frac{5}{96}ql^2$

表 13-60　　双坡门式铰接刚架计算公式

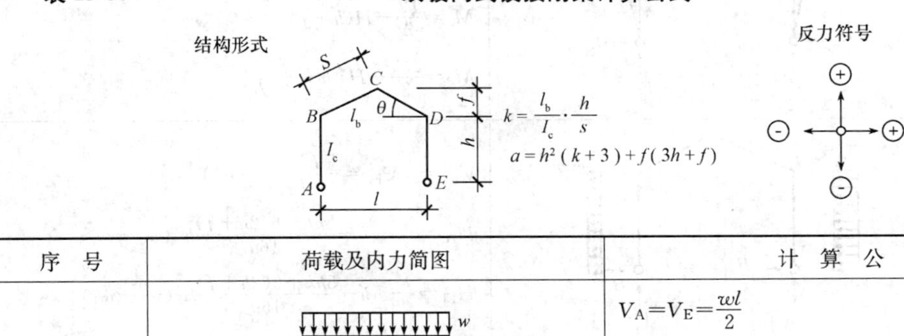

序 号	荷载及内力简图	计算公式
1	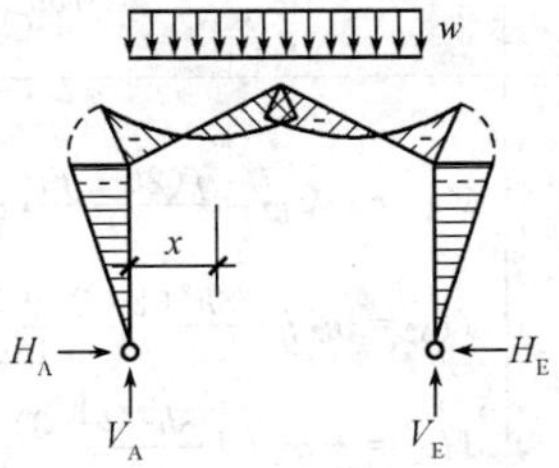	$V_A=V_E=\frac{wl}{2}$ $H_A=-H_E=\frac{wl^2}{32}\cdot\frac{8h+5f}{a}$ $M_B=M_D=-H_h$ $M_C=\frac{wl^2}{8}-H(h+f)$ $M_x=V_A\cdot x-H_A\left(h+\frac{2fx}{l}\right)-\frac{wx^2}{2}$
2	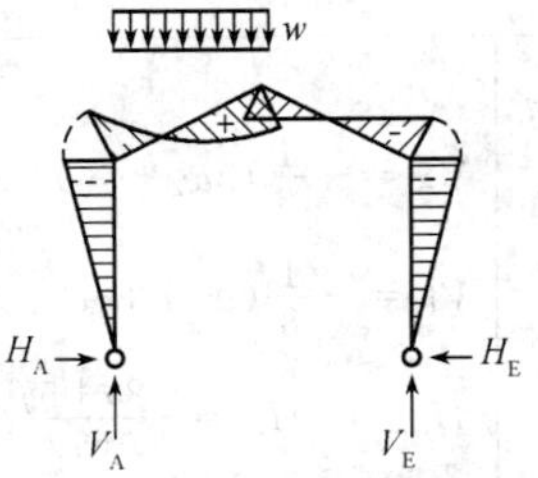	$V_A=\frac{3wl}{8},V_E=\frac{wl}{8}$ $H_A=-H_E=\frac{wl^2}{64}\cdot\frac{8h+5f}{a}$ $M_B=M_D=-H_h$ $M_C=\frac{wl^2}{16}-H(h+f)$
3	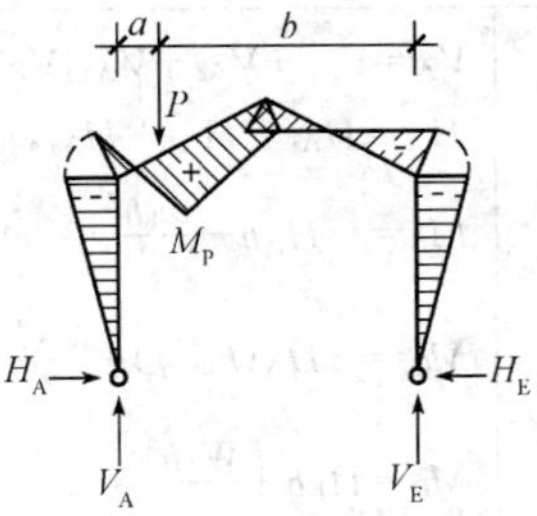	$V_A=\frac{P\cdot b}{l},V_E=\frac{P\cdot a}{l}$ $H_A=-H_E=\frac{P\cdot a}{4l^2}\cdot\frac{6hbl+f(3l^2-4a^2)}{a}$ $M_B=M_D=-H_h$ $M_C=\frac{P\cdot a}{2}-H(h+f)$ $M_P=V_A\cdot a-H\left(h+\frac{2fa}{l}\right)$

续上表

序 号	荷载及内力简图	计 算 公 式
4	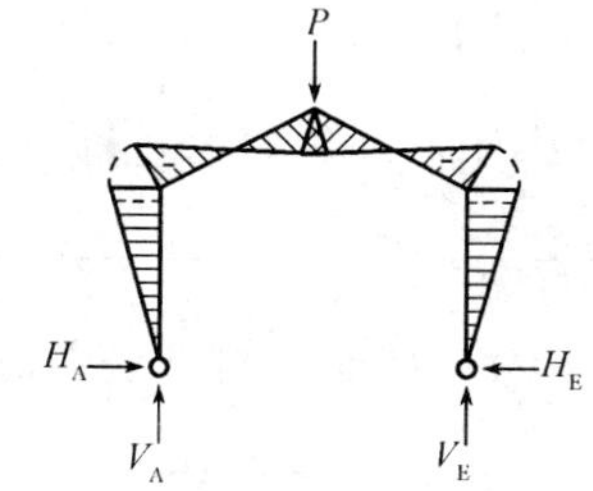 P H_A H_E V_A V_E	$V_A=V_E=\frac{P}{2}$ $H_A=-H_E=\frac{3h+2f}{a}\cdot\frac{Pl}{8}$ $M_B=M_D=-H_Ah$ $M_C=\frac{Pl}{4}-\frac{(3h+2f)(h+f)}{8a}Pl$
5	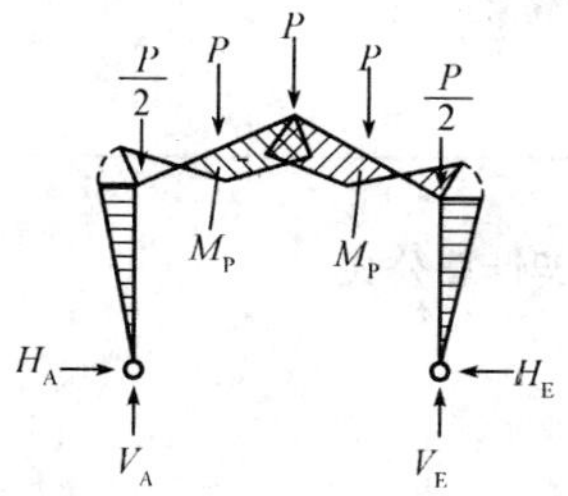 $\frac{P}{2}$ P P P $\frac{P}{2}$ M_P M_P H_A H_E V_A V_E	$V_A=V_E=2P$ $H_A=-H_E=\frac{Pl}{32}\cdot\frac{30h+19f}{a}$ $M_B=M_D=-Hh$ $M_C=\frac{Pl}{2}-H(h+f)$ $M_P=\frac{2Pl}{3}-H\left(h+\frac{f}{2}\right)$
6	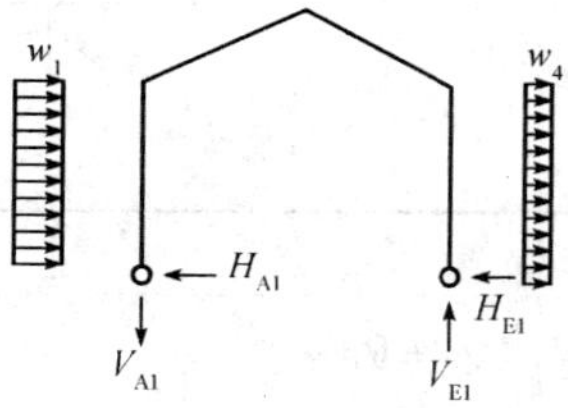 w_1 w_4 H_{A1} H_{E1} V_{A1} V_{E1}	$V_{A1}=-V_{E1}=-\frac{h^2}{2l}(w_1+w^4)$ $H_{A1}=-w_1h+\frac{5hk+6(2h+f)}{16a}h^2(w_1-w_4)$ $H_{E1}=-w_4h-\frac{5hk+6(2h+f)}{16a}h^2(w_1-w_4)$
7	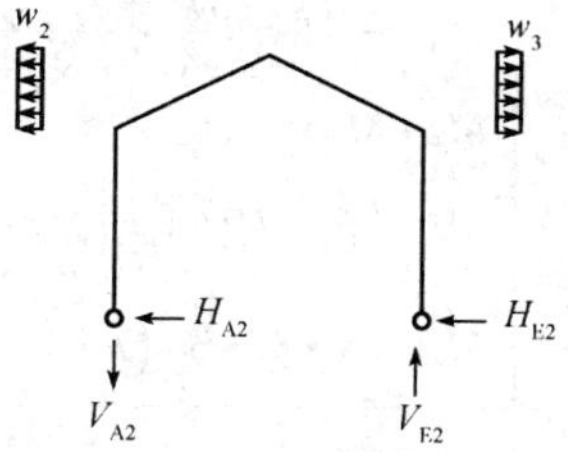 w_2 w_3 H_{A2} H_{E2} V_{A2} V_{E2}	$V_{A2}=-V_{E2}=\frac{f(2h+f)}{2l}(w_2-w_3)$ $H_{A2}=w_2f-\frac{8h^2(k+3)+5f(4h+f)}{16a}f(w_2+w_3)$ $H_{E2}=-w_3f+\frac{8h^2(k+3)+5f(4h+f)}{16a}f(w_2+w_3)$
8	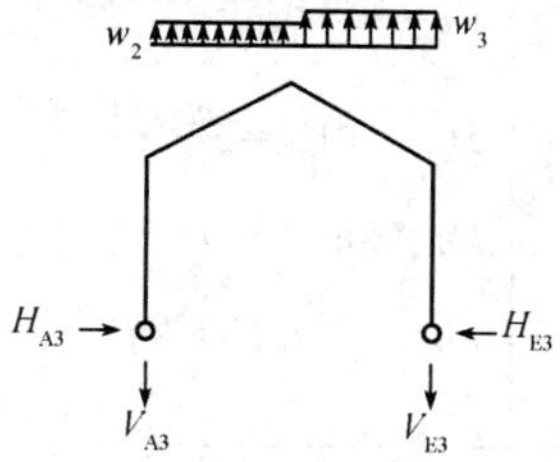 w_2 w_3 H_{A3} H_{E3} V_{A3} V_{E3}	$V_{A3}=-\frac{1}{8}(3w_2+w_3)$ $V_{E3}=-\frac{1}{8}(w_2+3w_3)$ $H_{A3}=-H_{E3}=-\frac{8h+5f}{64a}l^2(w_2+w_3)$
9	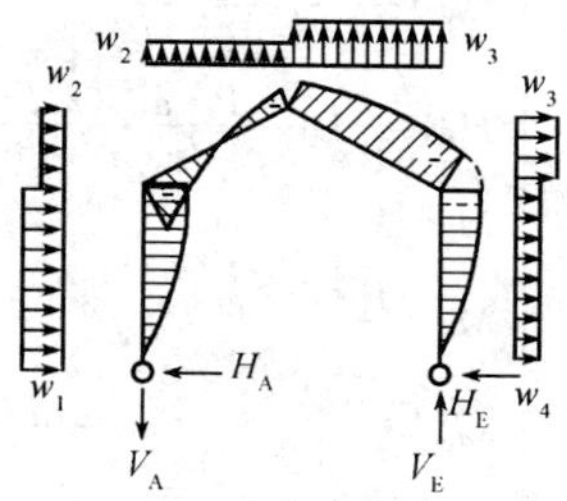 w_2 w_3 w_2 w_3 w_1 w_4 H_A H_E V_A V_E	$V_A=V_{A1}+V_{A2}+V_{A3}, V_E=V_{E1}+V_{E2}+V_{E3}$ $H_A=H_{A1}+H_{A2}+H_{A3}, H_E=H_{E1}+H_{E2}+H_{E3}$ $M_B=-H_Ah-\frac{w_1h^2}{2}$ $M_C=-H_A(h+f)+\frac{V_Al}{2}-w_1h\left(\frac{h}{2}+f\right)+\frac{w_2s^2}{2}$ $M_D=H_Eh+\frac{W_4h^2}{2}$

续上表

序　号	荷载及内力简图	计　算　公　式
10		$V_A=-V_E=-\frac{Ph}{l}$ $H_E=-\frac{Ph}{4}\cdot\frac{2hk+d^3(2h+f)}{a}$ $H_A=-P-H_E$ $M_B=-H_Ah, M_D=H_Eh$ $M_C=\frac{Ph}{2}+H_E(h+f)$
11		$V_A=\frac{P(l-e)}{l}, V_E=\frac{P\cdot e}{l}$ $H=H_A=-H_E=\frac{3P\cdot e}{4h}\cdot\frac{k(h^2-a^2)+h(2h+f)}{a}$ $M_{FA}=-H\cdot a, M_{FB}=P\cdot e-H\cdot a$ $M_B=P\cdot e-Hh$ $M_C=\frac{-P\cdot e}{2}+H(h+f), M_D=-Hh$
12		$-V_A=V_E=\frac{P\cdot a}{l}$ $H_E=-\frac{P\cdot a}{4}\cdot\frac{k(3h-a^2/h)+3(2h+f)}{a}$ $H_A=-P-H_E$ $M_F=-H_A\cdot a$ $M_B=-P(h-a)-H_Ah, M_C=\frac{P\cdot a}{2}+H_E(h+f)$ $M_D=H_Eh$

表 13-61　　双坡门式刚接刚架计算公式

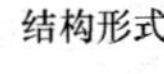

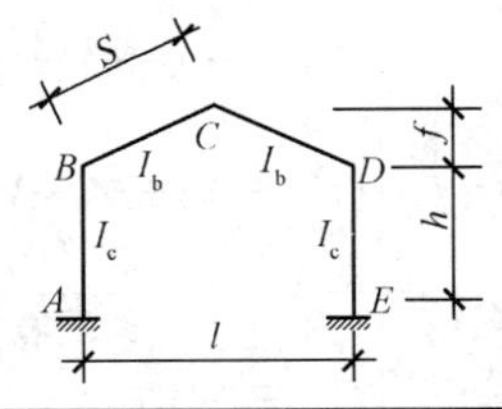

反力符号

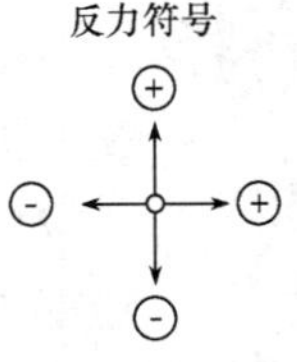

序　号	荷载及内力简图	计　算　公　式
1		$V_A=V_E=\frac{wl}{2}$ $H_A=-H_E=\frac{wl^2}{8}\cdot\frac{k(4h+5f)+f}{N}$ $M_A=M_E=\frac{wl^2}{48}\cdot\frac{kh(8h+15f)+f(6h-f)}{N}$ $M_B=M_D=-\frac{wl^2}{48}\cdot\frac{kh(16h+15f)+f^2}{N}$ $M_C=-H(h+f)+M_A+\frac{wl^2}{8}$

续上表

序号	荷载及内力简图	计算公式
2	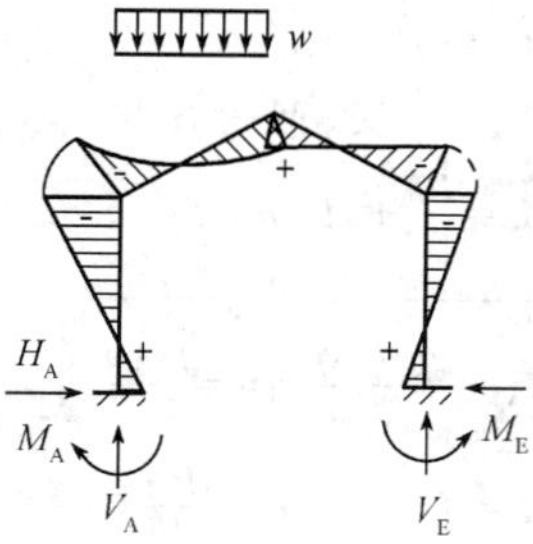 w H_A M_A V_A H_E M_E V_E	$V_A=\frac{wl}{32}\cdot\frac{36k+13}{3k+1},V_E=\frac{wl}{32}\cdot\frac{12k+3}{3k+1}$ $H_A=-H_E=\frac{wl^2}{16}\cdot\frac{k(4h+5f)+f}{N}$ $M_A=\frac{wl^2}{96}\left[\frac{kh(8h+15f)+f(6h-f)}{N}-\frac{3}{2(3k+1)}\right]$ $M_E=\frac{wl^2}{96}\left[\frac{kh(8h+15f)+f(6h-f)}{N}+\frac{3}{2(3k+1)}\right]$ $M_B=-\frac{wl^2}{96}\left[\frac{kh(16h+15f)+f^2}{N}+\frac{3}{2(3k+1)}\right]$ $M_D=-\frac{wl^2}{96}\left[\frac{kh(16h+15f)+f^2}{N}+\frac{3}{2(3k+1)}\right]$ $M_C=-H(h+f)+M_E+\frac{1}{2}V_E$
3	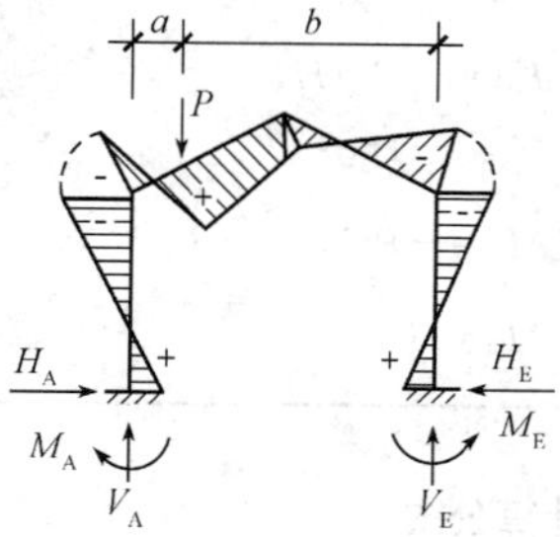 a b P H_A M_A V_A H_E M_E V_E	$V_A=P-V_E,V_E=\frac{P\cdot a}{l^2}\cdot\frac{3kl^2+a(l+2b)}{3k+1}$ $H_A=-H_E=\frac{P\cdot a}{l^2}\times\frac{3kl^2(h+f)-4a^2f(k+1)-3al(kh-f)}{N}$ $M_A=\frac{P\cdot a}{2l^2}\left[\frac{2lh^2bk+3hlf(2a+lk)-f^2l(l-4a)}{N}+\right.$ $\left.\frac{-4a^2fh(k+2)-4a^2f^2}{N}-\frac{b(b-a)}{3k+1}\right]$ $M_E=\frac{P\cdot a}{2l^2}\left[\frac{2lh^2bk+3hlf(2a+lk)-f^2l(l-4a)}{N}+\right.$ $\left.\frac{-4a^2fh(k+2)-4a^2f^2}{N}-\frac{b(b-a)}{3k+1}\right]$ $M_B=-Hh+M_A,M_D=-Hh+M_E$ $M_C=-H(h+f)+M_E+V_E\frac{l}{2}$ $M_P=-H\left(h+\frac{2fa}{l}\right)+M_A+V_A\cdot a$
4	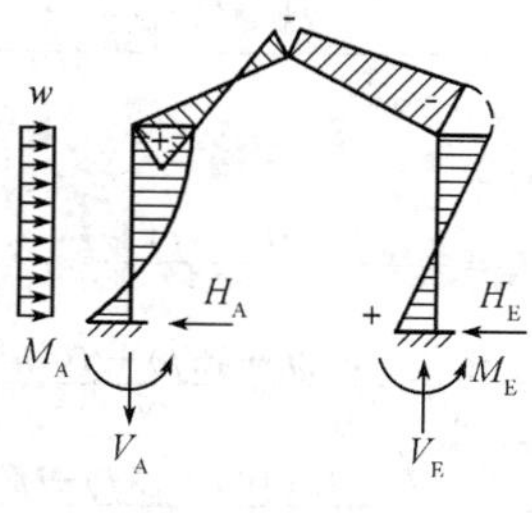 w H_A M_A V_A H_E M_E V_E	$-V_A=V_E=\frac{wh^2}{2l}\cdot\frac{k}{3k+1}$ $H_A=-wh-H_E,H_E=-\frac{wkh^2}{4}\cdot\frac{h(k+3)+2f}{N}$ $M_A=-\frac{wh^2}{24}\left[\frac{kh^2(k+6)+kf(15h+16f)+6f^2}{N}+\frac{12k+6}{3k+1}\right]$ $M_E=-\frac{wh^2}{24}\left[\frac{kh^2(k+6)+kf(15h+16f)+6f^2}{N}-\frac{12k+6}{3k+1}\right]$ $M_B=-H_Ah+M_A+\frac{wh^2}{2},M_D=-H_Eh+M_E$ $M_C=-H_E(h+f)+M_E+V\frac{l}{2}$

续上表

序　号	荷载及内力简图	计　算　公　式
5	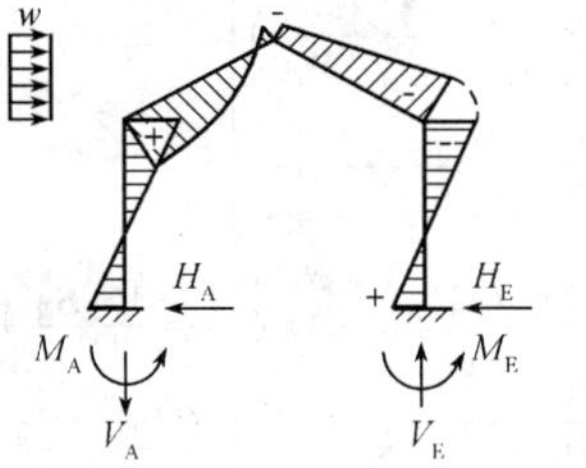	$-V_A=V_E=\frac{wf}{8l}\cdot\frac{5f+12k(f+h)}{3k+1}$ $H_A=-\frac{wf}{4}\cdot\frac{2kh^2(k+4)+14khf+f^2(11k+3)}{N}$ $H_E=-\frac{wf}{4}\cdot\frac{5kf(2h+f)+2kh^2(k+4)+f^2}{N}$ $M_A=-\frac{wf}{24}\left[\frac{f\{kh(4h+9f)+f(6h+f)\}}{N}+\frac{12h(3k+2)+3f}{6k+2}\right]$ $M_E=-\frac{wf}{24}\left[\frac{f\{kh(4h+9f)+f(6h+f)\}}{N}-\frac{12h(3k+2)+3f}{6k+2}\right]$ $M_B=-H_Ah+M_A$ $M_D=-H_Eh+M_E$ $M_C=-H_E(h+f)+M_E+\frac{1}{2}V_E$
6	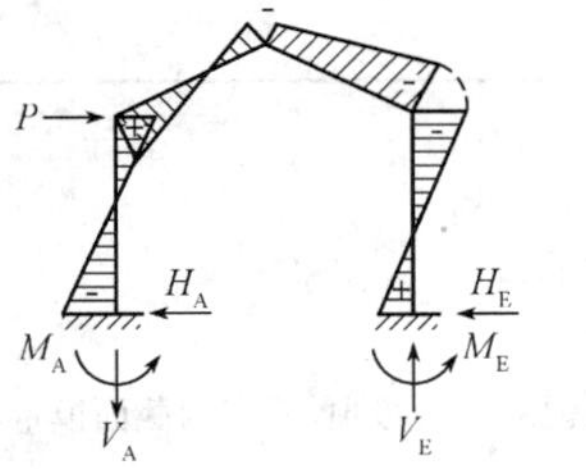	$-V_A=V_E=\frac{3Ph}{2l}\cdot\frac{k}{3k+1}$ $H_A=-P-H_E, H_E=-\frac{P\cdot k\cdot h}{2}\cdot\frac{h(k+4)+3f}{N}$ $M_A=-\frac{Ph}{2}\left[\frac{f(kh+f+2fk)}{N}+\frac{3k+2}{6k+2}\right]$ $M_E=-\frac{Ph}{2}\left[\frac{f(kh+f+2fk)}{N}-\frac{3k+2}{6k+2}\right]$ $M_B=-H_Ah+M_A, M_D=-H_Eh+M_E$ $M_C=-H_E(h+f)+M_E+\frac{1}{2}V$

表 13-62　　钢与混凝土弹性模量比

混凝土强度等级	C20	C25	C30	C35	C40	C45	C50	C55	C60
E_s	20.6								
E_c	2.55	2.80	3.00	3.15	3.25	3.35	3.45	3.55	3.60
α_E	8.08	7.36	6.87	6.54	6.34	6.15	5.97	5.80	5.72

注：E_s 为钢材弹性模量（$10kN/mm^2$）；E_c 为混凝土弹性模量（$10kN/mm^2$）；α_E 为钢与混凝土弹性模量比。

表 13-63　　腹板高厚比 h_0/t_w 值

钢　号	配置横向加劲肋	配置纵向加劲肋		任何情况下的最大值
		受压翼缘扭转受约束	受压翼缘扭转未受约束	
Q235 钢	≤80	＞170	＞150	250
Q345 钢	≤66	＞140	＞124	206
Q390 钢	≤62	＞132	＞116	194
Q420 钢	≤60	＞127	＞112	187

注：1. 对其他钢，当 $h_0/t_w \leqslant 80\sqrt{235/f_y}$ 时，需配置横向加劲肋。

2. 受压翼缘扭转受约束时，若为单轴对称梁，h_0 应取腹板受压区高度 h_c 的 2 倍。

表 13-64　　组合梁使用阶段应力计算公式

<table>
<tr><th rowspan="3">截面位置</th><th colspan="4">组合梁正应力，当作用或荷载为以下各项时</th><th colspan="2">钢梁应力</th></tr>
<tr><th>1</th><th>2</th><th>3</th><th>4</th><th rowspan="2">剪应力</th><th rowspan="2">折算应力</th></tr>
<tr><th>竖向荷载</th><th>竖向荷载考虑徐变</th><th>温差作用</th><th>收缩作用</th></tr>
<tr><td>混凝土板顶面</td><td>$\sigma_{0c}^{t}=\frac{-M_{\text{Ⅱ}}}{\alpha_E W_{0c}^{t}}$</td><td>$\sigma_{0c}^{tc}=-\frac{M_{\text{Ⅱ}}}{\alpha_E W_{0c}^{t}}-\frac{M_{\text{Ⅱ}g}}{2\alpha_E W_{0c}^{tc}}$</td><td>$\sigma_{0c}^{tt}=T_t\left(\frac{1}{A_c}-\frac{y_2}{W_1}\right)$</td><td>$\sigma_{0c}^{ts}=T_s\left(\frac{1}{A_c}-\frac{y_2}{W_1}\right)$</td><td rowspan="4">$\tau=\frac{V_{\text{Ⅰ}g}S_{sc}}{I_{sc}t_w}+\frac{(V_{\text{Ⅱ}q}+V_{\text{Ⅱ}g})S_{scl}}{I_{scl}t_w}\leqslant f_v$</td><td rowspan="4">$\sqrt{\sigma^2+3\tau^2}\leqslant 1.1f$</td></tr>
<tr><td>混凝土板底面</td><td>$\sigma_{0c}^{b}=\pm\frac{M_{\text{Ⅱ}}}{\alpha_E W_{0c}^{b}}$</td><td>$\sigma_{0c}^{bc}=\pm\frac{M_{\text{Ⅱ}q}}{\alpha_E W_{0c}^{b}}\pm\frac{M_{\text{Ⅱ}g}}{2\alpha_E W_{0c}^{bc}}$</td><td>$\sigma_{0c}^{bt}=T_t\left(\frac{1}{A_c}+\frac{y_2}{W_2}\right)$</td><td>$\sigma_{0c}^{bs}=T_s\left(\frac{1}{A_c}+\frac{y_2}{W_2}\right)$</td></tr>
<tr><td>钢梁上翼缘</td><td>$\sigma_{0}^{t}=-\frac{M_{\text{Ⅰ}s}}{W_1^{t}}\pm\frac{M_{\text{Ⅱ}}}{W_0^{t}}$</td><td>$\sigma_{0}^{tc}=\pm\frac{M_{\text{Ⅱ}q}}{W_0^{t}}\pm\frac{M_{\text{Ⅰ}g}+M_{\text{Ⅱ}g}}{W_0^{tc}}$</td><td>$\sigma_{0}^{tt}=-T_t\left(\frac{1}{A_s}-\frac{y_3}{W_3}\right)$</td><td>$\sigma_{0}^{ts}=-T_s\left(\frac{1}{A_s}-\frac{y_3}{W_3}\right)$</td></tr>
<tr><td>钢梁下翼缘</td><td>$\sigma_{0}^{b}=\frac{M_{\text{Ⅰ}s}}{W_1^{b}}+\frac{M_{\text{Ⅱ}}}{W_0^{b}}$</td><td>$\sigma_{0}^{bc}=\frac{M_{\text{Ⅱ}q}}{W_0^{b}}+\frac{M_{\text{Ⅰ}g}+M_{\text{Ⅱ}g}}{W_0^{bc}}$</td><td>$\sigma_{0}^{bt}=-T_t\left(\frac{1}{A_s}-\frac{y_3}{W_4}\right)$</td><td>$\sigma_{0}^{bs}=-T_s\left(\frac{1}{A_s}-\frac{y_3}{W_4}\right)$</td></tr>
</table>

注：$M_{\text{Ⅱ}q}$——使用阶段活荷载产生的弯矩；

$M_{\text{Ⅰ}g}$、$M_{\text{Ⅱ}g}$——施工阶段、使用阶段的永久荷载产生的弯矩；

$M_{\text{Ⅱ}}$——使用阶段荷载产生的弯矩为 $M_{\text{Ⅱ}q}$、$M_{\text{Ⅱ}g}$之和；

α_E——钢与混凝土弹性模量比；

W_{0c}^{t}、W_{0c}^{b}——组合梁在荷载基本组合作用时，换算截面中混凝土板板顶、板底的截面模量；

W_1^{t}、W_1^{b}——钢梁截面上、下翼缘的截面模量；

W_0^{t}、W_0^{b}——组合梁在荷载的基本组合作用时换算截面中钢梁上、下翼缘的截面模量；

W_{0c}^{tc}、W_{0c}^{bc}——组合梁在荷载的准永久组合作用时换算截面中混凝土板板顶、板底的截面模量；

W_0^{tc}、W_0^{bc}——考虑荷载准永久组合作用时换算截面中，钢梁上、下翼缘的截面模量；

σ_0^{t}、σ_0^{b}——垂直荷载作用下钢梁上、下翼缘的正应力；

σ_{0c}^{t}、σ_{0c}^{b}——垂直荷载作用下混凝土板板顶、板底的正应力；

σ_0^{tc}、σ_0^{bc}——考虑混凝土徐变在垂直荷载作用下钢梁上、下翼缘的正应力；

σ_{0c}^{tc}、σ_{0c}^{bc}——考虑混凝土徐变在垂直荷载作用下混凝土板板顶、板底的正应力；

σ_{0c}^{tt}、σ_{0c}^{bt}、σ_0^{tt}、σ_0^{bt}——温差引起的混凝土板板顶、板底和钢梁上翼缘、下翼缘处的正应力；

σ_{0c}^{ts}、σ_{0c}^{bs}、σ_0^{ts}、σ_0^{bs}——混凝土收缩引起的混凝土板板顶、板底和钢梁上翼缘、下翼缘处的正应力；

A_c、A_s——混凝土板（包括板托）、钢梁的面积；

y_1、y_2——混凝土板（包括板托）重心线距板顶、板底的距离；

y_3、y_4——钢梁重心线距上、下翼缘的距离；

I_c、I_s——混凝土板（包括板托）、钢梁绕自身截面的惯性矩；

W_1、W_2——混凝土板（包括板托）板顶、板底的截面模量，分别为 I_c/y_1 和 I_c/y_2；

W_3、W_4——钢梁上、下翼缘的截面模量，分别为 I_s/y_3 和 I_s/y_4；

τ——钢梁的剪应力，当换算截面中和轴位于钢梁以上时剪应力计算点取钢梁腹板计算高度上边缘处，当换算截面中和轴位于钢梁腹板时剪力计算点取换截面中和轴处；

$V_{\text{Ⅰ}g}$——组合梁施工阶段永久荷载产生的剪力；

$V_{\text{Ⅱ}g}$、$V_{\text{Ⅱ}q}$——组合梁使用阶段永久荷载及活载产生的剪力；

I_{sc}、I_{scl}——组合梁在荷载的基本组合和准永久组合时的换算截面的截面惯性矩；

S_{sc}、S_{scl}——组合梁在荷载的基本组合和准永久组合时，剪应力计算点以上部分对换算截面中和轴的面积矩。

表 13-65　　有侧移排架等截面柱的计算长度系数 μ

柱与基础连接方式	K_0												
	0	0.05	0.1	0.2	0.3	0.4	0.5	1	2	3	4	5	≥10
刚性固定	2.03	1.83	1.70	1.52	1.42	1.35	1.30	1.17	1.10	1.07	1.06	1.05	1.03
铰　接	∞	6.02	4.46	3.42	3.01	2.78	2.64	2.33	2.17	2.11	2.08	2.07	2.03

注：1. 当屋架（横梁）的远端为铰接时，应将横梁或屋架的线刚度乘以 0.5；当屋架或横梁远端为嵌固时，则应乘以 2/3。

2. 当屋架（横梁）两端与柱铰接时，取横梁线刚度为零，也即 $K_0=0$。

3. 当与柱刚性连接的横梁所受轴心压力 N_b 较大时，横梁线刚度应乘以折减系数 α_N：

横梁远端与柱刚接时　$\alpha_N=1-\dfrac{N_b}{4N_{Eb}}$

横梁远端与柱铰接时　$\alpha_N=1-\dfrac{N_b}{N_{Eb}}$

横梁远端与柱嵌固时　$\alpha_N=1-\dfrac{N_b}{2N_{Eb}}$

其中 $N_{Eb}=\pi^2 EI_b/L^2$，I_b 为横梁截面惯性矩；E 为钢材的弹性模量；L 为横梁的跨度。

表 13-66　　$\beta_v=1$、$\eta=1$ 时圆柱头焊钉的抗剪承载力设计值

直径 d(mm)	截面面积 A_s (mm^2)	混凝土强度等级	一个圆柱头焊钉抗剪承载设计值 $\beta_v=1$、$\eta=1$ 时的 N_v^c(kN)		在下列间距(mm)沿梁每米单排圆柱头焊钉的抗剪承载力设计值(kN)									
			$0.7A_s rf$	$0.43A_s\sqrt{E_c f_c}$	150	175	200	250	300	350	400	450	500	600
16	201.1	C20	50.5	42.8	285	245	214	171	143	122	107	95	86	71
		C30		56.6	336	289	253	202	168	144	126	112	101	84
		C40		68.1										
19	283.5	C20	71.3	60.3	402	345	302	241	201	172	151	134	121	101
		C30		79.8	475	407	357	285	238	204	178	158	143	119
		C40		96.0										
22	380.1	C20	95.5	80.9	539	462	405	324	270	231	202	180	162	135
		C30		107.1	637	546	478	382	318	273	239	212	191	159
		C40		128.8										

参 考 文 献

[1] 钢结构设计规范(GB 50017—2003)[S]. 北京:中国计划出版社,2003.

[2] 冷弯薄壁型钢结构技术规范(GB 50018—2002)[S]. 北京:中国计划出版社,2002.

[3] 建筑结构荷载规范(GB 50009—2001)[S]. 北京:中国建筑工业出版社,2002.

[4] 钢结构工程施工质量验收规范(GB 50205—2001)[S]. 北京:中国计划出版社,2001.

[5] 崔佳,魏明钟,赵熙元,等. 钢结构设计规范理解与应用[M]. 北京:中国建筑工业出版社,2004.

[6] 周学军. 钢结构设计规范(GB 50017—2003)应用指导[M]. 济南:山东科学技术出版社,2004.

[7]《钢结构设计手册》编辑委员会. 钢结构设计手册(上册)[M]. 北京:中国建筑工业出版社,2004.

[8]《钢结构设计规范》编制组.《钢结构设计规范》应用讲解[M]. 北京:中国计划出版社,2003.

[9] 刘大海,杨翠如. 高楼钢结构设计(钢结构、钢－混凝土混合结构)[M]. 北京:中国建筑工业出版社,2003.

[10] 包头钢铁设计研究院,中国钢结构协会房屋建筑钢结构协会. 钢结构设计与计算[M]. 北京:机械工业出版社,2002.

[11] 沈祖炎,陈扬骥,陈以一. 钢结构基本原理[M]. 北京:中国建筑工业出版社,2000.

[12] 钟善桐. 高层钢管混凝土结构[M]. 哈尔滨:黑龙江科学技术出版社,1999.

[13] 俞国音,李大鹏. 钢结构工程质量检验评定手册[M]. 北京:中国计划出版社,1996.

[14] 陈绍蕃. 钢结构稳定设计指南[M]. 北京:中国建筑工业出版社,1996.

[15] 强十渤,程协瑞. 安装工程分项施工工艺手册·钢结构与电梯工程[M]. 北京:中国计划出版社,1996.

[16] 夏志斌,姚谏. 钢结构设计例题集[M]. 北京:中国建筑工业出版社,1994.

[17] 陈绍蕃. 钢结构[M]. 北京:中国建筑工业出版社,1994.

[18] 李和华. 钢结构连接节点设计手册[M]. 北京:中国建筑工业出版社,1992.

[19] 本书编委会. 钢结构设计新旧规范对照理解与应用实例[M]. 北京:中国建材工业出版社,2005.